交通运输建设科技丛书 · 公路基础设施建设与养护
交通运输建设科技项目经费支持

汶川地震公路震害调查

地质灾害

主　编　陈乐生
副主编　庄卫林　赵河清　万振江

人民交通出版社
China Communications Press

内 容 提 要

本书从地质环境条件入手，结合大量翔实的汶川地震及震后地质灾害调查资料，深入浅出地阐述了汶川地震灾区公路受损的原理、成因和现状，为灾后公路重建和震后地质灾害预防提供了良好的技术支持。全书图文并茂，共分十四章，介绍了地质灾害综述、地表破裂带及液化、地震崩滑灾害、震后次生泥石流等主要内容，并附以大量珍贵的公路受灾实例。

本书可供公路工程一线人员学习使用，也可供公路重建工程决策者借鉴学习。

图书在版编目（CIP）数据

汶川地震公路震害调查 . 地质灾害 / 陈乐生主编
—北京：人民交通出版社，2012.3
（交通运输建设科技丛书 . 公路基础设施建设与养护）
ISBN 978-7-114-09674-7

Ⅰ . ①汶… Ⅱ . ①陈… Ⅲ . ①公路—地震灾害—研究—汶川县—2008 ②公路—地质灾害—研究—汶川县—2008 Ⅳ . ① P315.9 ② P316.271.4

中国版本图书馆 CIP 数据核字（2012）第 037254 号

交通运输建设科技丛书・公路基础设施建设与养护

书　　名：汶川地震公路震害调查　地质灾害
著 作 者：陈乐生
责任编辑：沈鸿雁　曲　乐　岑　瑜
出版发行：人民交通出版社
地　　址：（100011）北京市朝阳区安定门外外馆斜街 3 号
网　　址：http://www.ccpress.com.cn
销售电话：（010）59757969，59757973
总 经 销：人民交通出版社发行部
经　　销：各地新华书店
印　　刷：北京盛通印刷股份有限公司
开　　本：787 × 1092　1/16
印　　张：35
字　　数：808 千
版　　次：2012 年 3 月　第 1 版
印　　次：2012 年 3 月　第 1 次印刷
书　　号：ISBN 978-7-114-09674-7
定　　价：123.00 元
（有印刷、装订质量问题的图书由本社负责调换）

《汶川地震公路震害调查》编写委员会

主　编：陈乐生

副主编：庄卫林　赵河清　万振江

编　委：（按姓氏笔画排列）

万振江　马洪生　王克海　王明年　王　联　刘　启

刘振宇　吉随旺　向　波　庄卫林　朱学雷　权　全

朱　钰　吴祥海　李玉文　李家春　李建中　陈乐生

陈　强　张建经　林国进　林柏松　苗　宇　赵河清

赵灿辉　唐永建　唐光武　涂　静　舒　森　程　强

黄　浩　黄润秋　裴向军

《汶川地震公路震害调查》编写单位

四川省交通运输厅公路规划勘察设计研究院

甘肃省公路管理局

陕西省公路局

西南交通大学

成都理工大学

交通运输部公路科学研究院

重庆交通科研设计院

同济大学

总　序

"十一五"以来，交通运输行业深入贯彻落实科学发展观，加快转变发展方式，大力推进交通运输事业又好又快发展。到2010年年底，全国公路通车总里程突破400万公里，从改革开放之初的世界第七位跃居第二位，其中高速公路通车里程达到7.4万公里，居世界第二位；公路货运量从世界第六位跃居第一位；内河通航里程、港口货物和集装箱吞吐量均居世界第一。交通运输事业的快速发展不仅在应对国际金融危机、保持经济平稳较快发展等方面发挥了重要作用，而且为改善民生、促进社会和谐作出了积极贡献。

长期以来，部党组始终把科技创新作为推进交通运输发展的重要动力，坚持科技工作面向交通运输发展主战场，加大科技投入，强化科技管理，推进产学研相结合，开展重大科技研发和创新能力建设，取得了显著成效。通过广大科技工作者的不懈努力，在多年冻土、沙漠等特殊地质地区公路建设技术，特大跨径桥梁建设技术，特长隧道建设技术和深水航道整治技术等方面取得重大突破和创新，获得了一系列具有国际领先水平的重大科技成果，显著提升了行业自主创新能力，有力支撑了重大工程建设，培养和造就了一批高素质的科技人才，为发展现代交通运输业奠定了坚实基础。同时，部积极探索科技成果推广的新途径，通过实施科技示范工程，开展材料节约与循环利用专项行动计划，发布科技成果推广目录等多种方式，推动了科技成果更多更快地向现实生产力转化，营造了交通运输发展主动依靠科技创新，科技创新更加贴近交通运输发展的良好氛围。

组织出版《交通运输建设科技丛书》，是深入实施科技强交战略，加大科技成果推广应用的又一重要举措。该丛书共分为公路基础设施建设与养护、水运基础设施建设与养护、安全与应急保障、运输服务和绿色交通等领域，将汇集交通运输建设科技项目研究形成的具有较高学术和应用价值的优秀专著。丛书的逐年出版和不断丰富，将有助于集中展示交通运输建设重大科技成果，传承科技创新文化，体现交通运输行业科技人员的智慧，促进高层次的技术交流、学术传播和专业人才培养，并逐渐成为科技成果转化的重要载体。

"十二五"期是加快转变发展方式、发展现代交通运输业的关键时期。深入实施科技强交战略，是一项关系全局的基础性、引领性工程。希望广大交通运输科技工作者进一步增强做好交通运输科技工作的责任感和紧迫感，团结一致，协力攻坚，努力开创交通运输科技工作新局面，为交通运输全面、协调和可持续发展作出新的更大贡献！

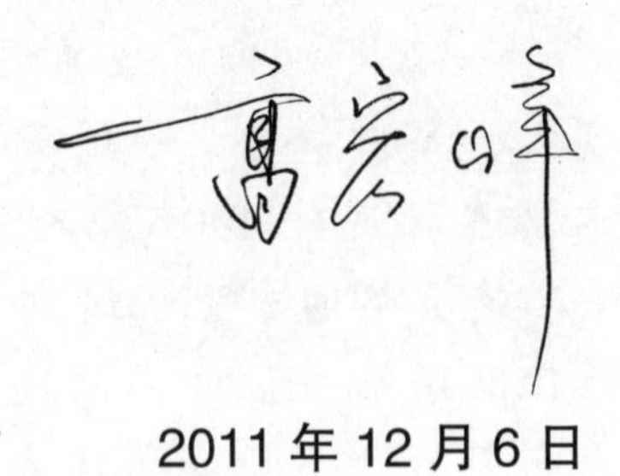

2011年12月6日

前　言

2008年5月12日14时28分，四川省汶川县发生了里氏8.0级特大地震，这是新中国成立以来破坏性最强、波及范围最广、救灾难度最大的一次特大自然灾害。公路基础设施在此次地震中受到严重的破坏，路基被掩埋和淹没、桥梁垮塌、隧道受损，通往灾区的公路一度完全中断，给抢险救灾带来极大的困难。

地震震害调查是人们认识地震、研究工程抗震技术最直接的方法，是恢复重建的必需工作，也是为防震减灾工作提供宝贵基础资料的有效手段。“5·12”汶川地震发生后，交通运输部各级领导亲赴灾区指导公路抗震救灾和公路抢通工作的同时，要求将公路震害详细、客观地记录下来作为史料保存并加以深入研究。

为此，交通运输部科技司及西部交通建设科技项目管理中心相继启动公路抗震救灾系列科研项目，形成“汶川地震灾后重建公路抗震减灾关键技术研究”重大专项。通过近三年的研究，西部交通建设科技项目“汶川地震公路震害评估、机理分析及设防标准评价”于2011年5月通过交通部西部交通建设科技项目管理中心组织的鉴定验收。该研究针对“5·12”汶川地震灾区公路震害开展系统调查，以文字、图片及数据库方式完整保存公路震害史料，建立基于地理信息系统、可供查询的公路震害数据库，并在大量震害统计分析基础上借助振动台模型试验、数值模拟、理论分析等方法进行典型震害机理分析，并结合公路震损特点评价设防标准适宜性，提出抗震设防对策及建议。

汶川地震公路震害调查范围覆盖了四川、甘肃、陕西三省重灾区、极重灾区内的所有高速公路和国省干线，以及部分具有典型震害特征的县乡道路，共47条，总长约7 074km。调查工作量：937个公路沿线地质灾害点，600余条实测地质剖面，1 488个路基震害点，2 207座桥梁，56座隧道，拍摄收集公路震害照片50 000余张等。

在公路震害调查中，四川省交通运输厅公路规划勘察设计研究院牵头负责四川省境内，甘肃省公路管理局牵头负责甘肃省境内，陕西省公路局牵头负责陕西省境内，最后由四川省交通运输厅公路规划勘察设计研究院牵头汇总所有调查资料。

为了给公路抗震减灾能力的研究提供基础资料，并为相关研究者和关注者提供借鉴，项目组分阶段整理研究成果，于2009年5月出版《汶川地震公路震害图集》，现又将公路震害调查和机理分析的主要成果整理形成《汶川地震公路震害调查》（共四册）和《汶川地震公路震害分析》（共两册）。

本书力求全面、客观展示汶川地震灾区公路震害，另外，为了便于研究，书中对能收集到的原设计情况进行了描述。

《汶川地震公路震害调查》按专业分为地质灾害、路基、桥梁、隧道等四册。

本书为地质灾害分册，共分14章。第一章为综述，主要介绍汶川地震区区域地质背景、汶川地震概况，汶川地震诱发公路沿线地质灾害主要形式、对公路危害及灾害发育规律的统计。第二章为地表破裂带及液化，主要介绍了地表破裂带对公路的损毁情况，以及公路沿线地震液化现象。第三章至第十三章为地震崩塌及滑坡灾害，为本书的重点内容，分章节叙述汶川地震灾区国省干线公路和部分县乡道路沿线的地震崩滑灾害。第十四章主要介绍震后次生泥石流灾害。

本册主要由程强、裴向军、吴祥海、朱钰执笔编写。另外，黄润秋、吉随旺、袁进科、张元才、周永江、吴事贵、苏玉杰、王军、廖文林、邵江、肖学沛、廖芳茂、舒森、涂静、李家春、田伟平、刘连昌、宋阳军等人也参加了本册的编写工作。

本册由程强、裴向军统稿。陈乐生、黄润秋、唐永建、庄卫林、李玉文、吉随旺、向波、马洪生、赵河清、万振江等同志对本册进行了审阅。

本书的编写自始至终得到了交通运输部、交通部西部交通建设科技项目管理中心、四川省交通运输厅、甘肃省交通运输厅、陕西省交通运输厅等单位的各级领导的关心、帮助和指导，人民交通出版社为本书的出版给予热忱关怀，谨此致谢！

限于编者水平有限，加之时间紧迫，书中不足之处在所难免，恳请广大读者批评指正。

编　者

2011年10月

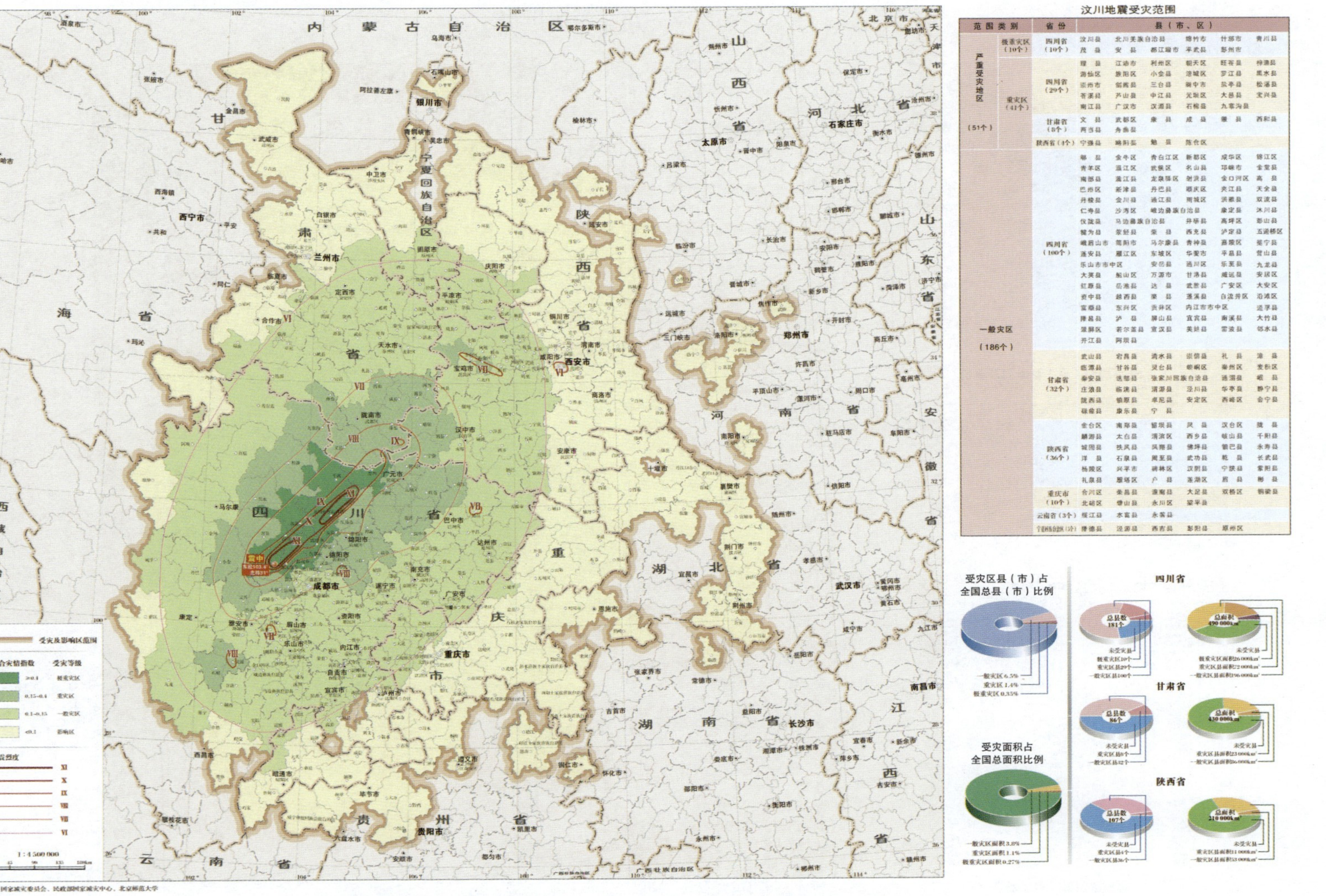

汶川地震受灾范围

范围类别		省份	县（市、区）
严重受灾地区（51个）	极重灾区（10个）	四川省（10个）	汶川县 北川羌族自治县 绵竹市 什邡市 青川县 茂县 安县 都江堰市 平武县 彭州市
	重灾区（41个）	四川省（29个）	理县 江油市 利州区 朝天区 旺苍县 梓潼县 游仙区 旌阳区 小金县 涪城区 罗江县 黑水县 崇州市 剑阁县 三台县 阆中市 盐亭县 松潘县 苍溪县 芦山县 中江县 元坝区 大邑县 宝兴县 南江县 广汉市 汉源县 石棉县 九寨沟县
		甘肃省（8个）	文县 武都区 康县 成县 徽县 西和县 两当县 舟曲县
		陕西省（4个）	宁强县 略阳县 勉县 陈仓区
一般灾区（186个）		四川省（100个）	郫县 金牛区 青白江区 新都区 成华区 锦江区 青羊区 温江区 武侯区 名山县 邛崃市 金堂县 南部县 蒲江县 龙泉驿区 射洪县 金口河区 高县 巴州区 新津县 丹巴县 顺庆区 夹江县 天全县 丹棱县 金川县 通江县 雨城区 洪雅县 双流县 仁寿县 沙湾区 峨边彝族自治县 康定县 沐川县 仪陇县 马边彝族自治县 井研县 高坪区 彭山县 犍为县 荥经县 荣县 西充县 泸定县 五通桥区 峨眉山市 简阳市 马尔康县 青神县 嘉陵区 冕宁县 蓬安县 雁江区 东坡区 华蓥市 平昌县 营山县 乐山市市中区 安岳县 通川区 乐至县 九龙县 大英县 船山区 万源市 甘洛县 威远县 安居区 红原县 岳池县 达县 武胜县 广安区 大安区 资中县 越西县 渠县 蓬溪县 自流井区 沿滩区 富顺县 东兴区 贡井区 内江市市中区 道孚县 隆昌县 泸县 屏山县 宜宾县 南溪县 大竹县 翠屏区 若尔盖县 宣汉县 美姑县 雷波县 邻水县 开江县 阿坝县
		甘肃省（32个）	武山县 宕昌县 清水县 崇信县 礼县 漳县 临潭县 甘谷县 灵台县 崆峒区 秦州区 麦积区 秦安县 迭部县 张家川回族自治县 通渭县 岷县 庄浪县 临洮县 渭源县 泾川县 华亭县 静宁县 陇西县 镇原县 卓尼县 安定区 西峰区 会宁县 碌曲县 康乐县 宁县
		陕西省（36个）	金台区 南郑县 留坝县 凤县 汉台区 陇县 麟游县 太白县 渭滨区 西乡县 岐山县 千阳县 城固县 扶风县 凤翔县 佛坪县 镇巴县 永寿县 洋县 石泉县 周至县 武功县 乾县 长武县 杨陵区 兴平市 碑林区 汉阴县 宁陕县 紫阳县 礼泉县 雁塔区 户县 莲湖区 眉县 彬县
		重庆市（10个）	合川区 荣昌县 潼南县 大足县 双桥区 铜梁县 北碚区 璧山县 永川区 梁平县
		云南省（3个）	绥江县 水富县 永善县
		宁夏回族自治区（5个）	隆德县 泾源县 西吉县 彭阳县 原州区

汶川地震受灾范围与程度（资料引自《汶川地震灾害地图集》）

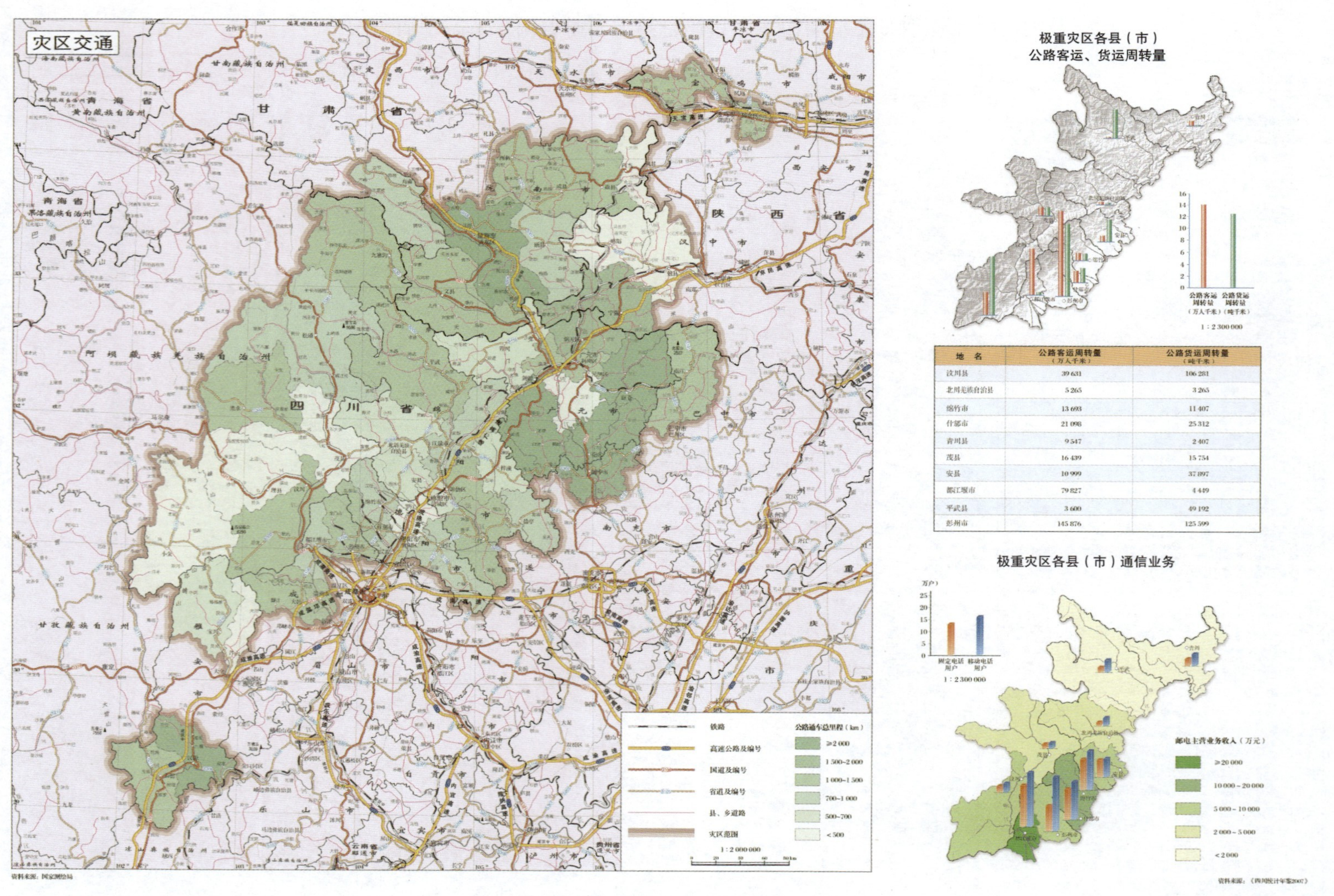

地　名	公路客运周转量（万人千米）	公路货运周转量（吨千米）
汶川县	39 631	106 281
北川羌族自治县	5 265	3 265
绵竹市	13 693	11 407
什邡市	21 098	25 312
青川县	9 547	2 407
茂县	16 439	15 754
安县	10 999	37 897
都江堰市	79 827	4 449
平武县	3 600	49 192
彭州市	145 876	125 599

汶川地震重灾区交通图

目　录

第一篇　综　述

第二篇　地表破裂带及液化

第三篇　地震崩滑灾害

第四篇 震后次生泥石流

Contents

Part 1 Review

Part 2 The surface rupture zone and liquefaction

Part 3 The Slope disasters triggered by earthquake

Part 4 The Debris flow after Earthquake

第一篇 综　述

Part 1　Review

第1章 综　　述
Chapter 1 Review

1.1 区域地质环境及汶川地震概况 Regional geological environment and Wenchuan earthquake conditions

1.1.1 区域地貌 Regional geomorphology

汶川地震发生于青藏高原东缘龙门山构造带，在地貌上处于青藏高原和四川盆地过渡带，该区域在不到50km范围内，地形高差达5km以上[1]，形成了龙门山深切峡谷地貌条件（图1-1）。

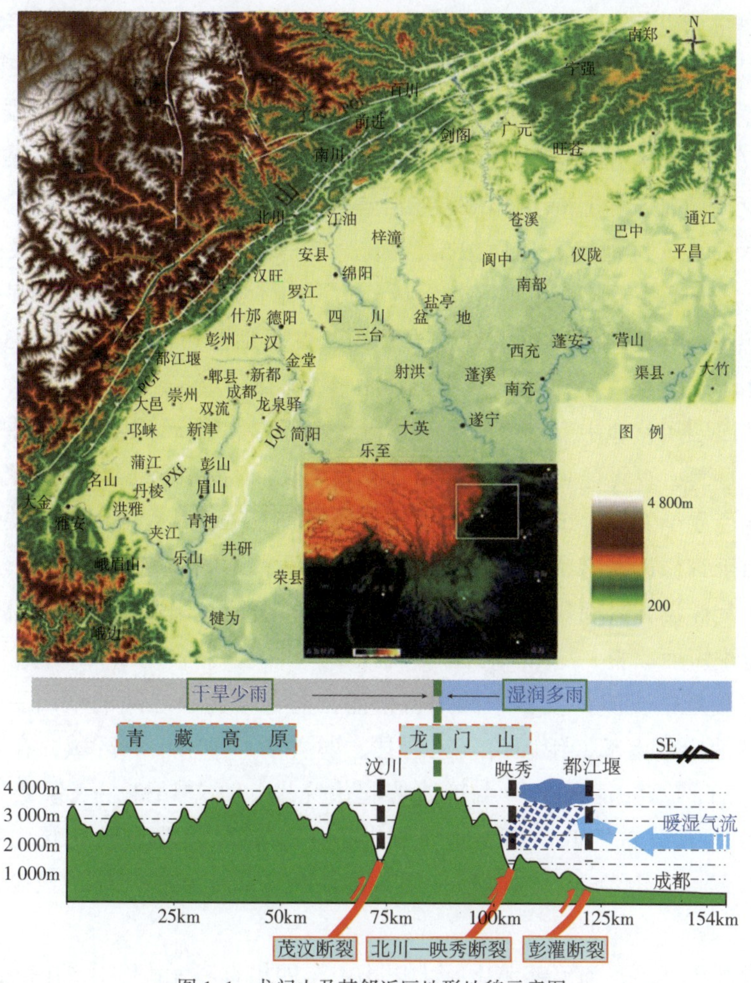

图1-1　龙门山及其邻近区地形地貌示意图

Figure 1-1　Longmen Mountain and its surrounding areas topography diagram

1.1.2 气象水文 Hydrology and Meteorology

龙门山区深居内陆，气候除受大气环流影响外，还受地形影响形成非地带性的干旱河谷气候。由于受西风环流与季风暖流交错控制，气候变化在水平上从亚热带向暖温带，再向寒温带过渡。在垂直方向上从河谷干旱向中山半湿润再向亚高山、高山的湿润气候过渡。

区域内主要发育有岷江、沱江、涪江、嘉陵江等水系，龙门山区主要处于各河流水系的中上游。

岷江发源于岷山南麓，流经松潘、汶川、映秀，在都江堰流出峡谷进入成都平原。岷江流域山前地带（都江堰、映秀等地区）位于中亚热带湿润性季风气候区，由于北有秦岭大巴山，西有邛崃山等山脉，阻挡了西北寒冷气流南下，冬无严寒。骤然升高的地势，在夏季截迎了太平洋北上的东南湿润季风气流，与西风环流常在这一带山地交锋，地形雨非常丰富，成为我国著名的“华西雨屏带”。基本特点主要表现为常年阴湿、多云多雨、辐射量少且蒸发量低。岷江上游区在南北走向的特殊地貌和西南季风共同作用下，焚风效应显著，干湿季明显。上游干旱河谷区域降水量，受大气环流的影响，在汶川与茂县地区，由于河谷切割深，相对高差大，暖湿气流越山而下，不利于降水的形成，所以该地区降水稀少，仅490~600mm左右，且小于当年蒸发量，气候干燥，在河谷深切和九顶山背风坡产生的焚风效应，是造成汶川和茂县干旱河谷形成的重要因素。暖湿气流越过干旱河谷后，深入西北，因地势升高而致雨，故松潘、黑水和理县的降水量又明显增多，达730~850mm，从而形成岷江上游地区降雨量分布为山体中上部高于山麓的特点。

沱江发源地位于四川盆地西北缘的九顶山，九顶山西边为湔江，长139km；中间为石亭江，长141km，东边为绵远河，长180km；它们汇合在金堂赵镇附近，为沱江干流。沱江流域上游属四川盆地中亚热带湿润气候区，气候温和，降水充沛，四季分明，大陆季风性气候特点显著，夏无酷暑，冬无严寒，无霜期长，春季冷空气活动频繁，气温回升不稳定，常有春、夏旱发生，盛夏多暴雨，有洪涝天气发生，秋季气温下降快，常有连阴雨天气出现。由于它位于龙门山麓，平坝和山区属于两种不同的气候带类型，平坝区为盆西气候带类型，气候温和、雨量充沛、日照偏少，四季分明。山区属温湿森林气候带，特点是冬季长，夏季短而凉爽。

涪江是嘉陵江的支流，发源于四川省松潘县与九寨沟县之间的岷山主峰雪宝顶，流经平武县、江油市西南部，绵阳市、三台县、射洪县、遂宁市等区域，在重庆市合川市市区汇入嘉陵江。涪江流域上游由于地势起伏突出，高差悬殊，气候要素随着海拔高度的变化而呈垂直分布。低山河谷地带属北亚带山地湿润性季风气候，低中山地带属山地温暖带气候，中山地带属寒温带气候，高山地带属亚寒带气候，极高山地带属寒带气候。

嘉陵江发源于秦岭，流经略阳，穿大巴山，至四川省广元市昭化纳白龙江，南流经南充到合川先后与涪江、渠江汇合，到重庆市注入长江。嘉陵江四川境内上游气候属于亚热带湿润季风气候。该区域地处秦岭南麓，是南北的过渡带，既有南方的湿润气候特征，又有北方天高云淡、艳阳高照的特点。南部低山，冬冷夏热；北部中山区冬寒夏凉，秋季降温迅速。

1.1.3 地层岩性 Formation rock property

区内地层极为复杂，根据西南地区区域地层表（四川分册）[2]，大致以洞水—北川—汶川—耿达一线为界，分属扬子地层区和巴彦喀拉—秦岭地层区，区内主要地层分布情况见图1–2。

该区域地层发育较全，自中元古界至第四系，其中发育多套滑脱层，如志留系龙马溪群（S_1l）和茂县群（Smx）、中三叠统雷口坡组（T_2l）~下三叠统嘉陵江组（T_1j）等，根据不同地层的变形特征，以区域不整合为界，将龙门山冲断带的地层系统划分为大层序，即基底层序，寒武系~奥陶系层序，志留系滑脱层序，泥盆系~下三叠统飞仙关组层序，中三叠统雷口坡组~下三叠统嘉陵江组盐膏岩层序，上三叠统~白垩系碎屑岩层序（表1–1）。

（1）基底层序

出露于龙门山中、南段的彭灌杂岩和宝兴岩体的黄水河群，推测为龙门山的基底，它主要由一系列变质的中基性和酸性火山岩、火山碎屑岩与沉积岩组成的细碧角斑岩建造，并有晋宁期和澄江期各类岩浆侵入，早震旦世有基性~酸性火山喷发岩和火山碎屑岩。从其岩石组合与组构分析，经历了晚元古代岛弧地体发展阶段，其后与扬子板块碰撞、焊合，成为扬子板块的一部分。

晚震旦世后，龙门山中段同扬子板块的其他地区一样，演变为碳酸盐台地发展阶段。受阿坝和康滇古隆影响，一些时期发育滨、浅海相陆源碎屑岩，有时甚至成为古陆的一部分，停止了沉积并遭受剥蚀，其中尤以早古生代为甚。

（2）寒武系~奥陶系层序

寒武系、奥陶系层序沿着四川盆地边缘和断层上盘在地面出露，前者在盆地中的埋深一般为2 500~5 000m，后者埋深多为2 300~4 500m，在研究区地表出露不多，主要分布在中北段区域，并且多在青川—平武断裂、茂县—汶川断裂与北川—映秀断裂之间分布。

（3）志留系层序

志留系层序是研究区内极为重要的一个地质层位，在龙门山冲断带内地表有大量的出露，主要分布在中北段地区，在研究区分布的志留系主要有龙马溪群、茂县群、沙帽群和罗惹坪群。其中龙马溪群厚度183~370m，下部为深色页岩，中上部为灰绿色页岩、砂岩和粉砂岩，向西南方向，志留系被划分为罗惹坪群和沙帽群，逐渐演变为块状石灰岩相，具有典型的生物碎屑结晶灰岩及灰质页岩和泥质灰岩夹层。志留系发生明显的褶皱变形，逆冲断裂较为发育，体现出塑性变形的特征。平面上，在龙门山冲断带的北段，志留系分布在北川—映秀断裂以西区域，在中南段，主要分布在茂县—汶川断裂以西。

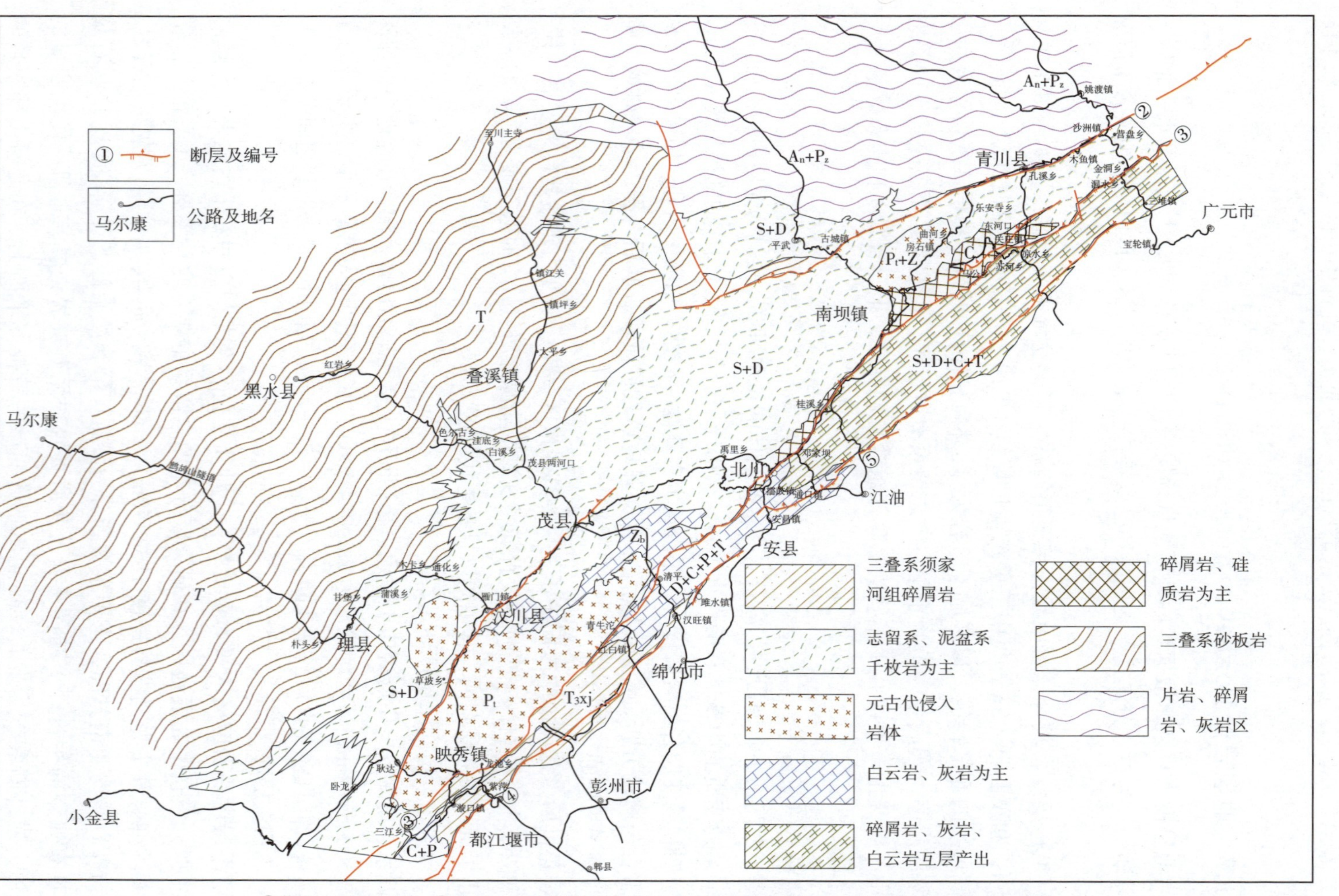

①茂县—汶川断裂；②青川—平武断裂；③北川—映秀断裂；④安县—灌县断裂；⑤江油断裂

图 1-2　汶川地震区地质简图

Figure 1-2　Simplified geological map of the earthquake zone of Wenchuan

表 1-1　龙门山冲断带地层层序简表

Table 1-1　Stratigraphic sequence of Longmenshan thrust belt

地层					滑脱层	主要构造运动
界	系	统	组符号	岩性简述		
新生界	第四系			陆相粗碎屑堆积		
	新近系	上新统				喜马拉雅山运动晚期
		中新统				
	古近系	渐新统	芦山组（E_3l）			喜马拉雅山运动早期
		始新统	名山组（$E_{1-2}m$）			
		古新统				
中生界	白垩系	上统	灌口组（K_2g）–夹关组（K_2j）	棕红色泥岩、泥质粉砂岩		燕山运动Ⅴ
		下统	剑门关组（K_1j）	钙质碎屑砂岩与砂泥岩互层		
	侏罗系	上统	蓬莱镇组（J_3p）	砂岩、砾岩、砂砾岩		燕山运动Ⅳ
			遂宁组（J_3s）	红色湖相砂泥岩		燕山运动Ⅲ
		中统	沙溪庙组（J_2s）	红色碎屑岩沉积		燕山运动Ⅱ
			千佛崖组（J_2p）			燕山运动Ⅰ
		下统	白田坝组（J_1b）	砂砾岩和砾岩		印支运动Ⅱ
	三叠系	上统	须家河组（T_3x）	陆相碎屑岩沉积，主要为碎屑石英砂岩、粉砂岩、局部含有煤层		安县运动
			小塘子组（T_3xt）	海陆过渡相沉积，主要为泥岩、砂质泥岩、粉砂岩		印支运动Ⅰ
			马鞍塘组（T_3m）			
		中统	雷口坡组（T_2l）	浅海相膏质白云岩和膏岩		
		下统	嘉陵江组（T_1j）	浅海相膏质白云岩和膏岩		
			飞仙关组（T_1f）	浅海相砂岩或泥灰岩		
古生界	二叠系	上统	长兴组（P_2c）	生物碎屑灰岩		
			龙潭组（P_2l）			
		下统	茅口组（P_1m）	灰岩和含燧石结核灰岩		
			栖霞组（P_1q）			
			梁山组（P_1l）			
	石炭系		C	以海相碳酸盐岩为主		华力西运动
	泥盆系		D	石英砂岩、泥质粉砂岩		
	志留系		S	薄层砂岩、板岩和泥页岩		
	奥陶系		O	灰色泥灰岩或结晶灰岩		加里东运动
	寒武系		∈	浅海相泥质粉砂岩等		
新元古界	震旦系		Z	白云岩、硅质岩		晋宁运动
	南华系		Nh	变质砂岩、砂质板岩		
中元古界				通木梁群为石英角斑岩、角斑质凝灰岩等，黄水河群为灰黑色片岩、结晶灰岩等		

（4）泥盆系—下三叠统飞仙关组层序

该套层序位于上下两套区域滑脱层，三叠统雷口坡组—下三叠统嘉陵江组盐膏岩和志留系滑脱层序之间，在研究区发生的多期构造演化中，该套层序发生复杂的构造变形与演化。在龙门山冲断带，泥盆系的出露主要分布在两个大的区域：一是位于平武县西部和西南部区域，表现为与志留系成东西展布的指状交叉，从龙门山冲断带的北部至南部，该泥盆系的地表出露具有连续性；另一个主要分布在前山断裂和中央驻断裂之间。

石炭系和二叠系在龙门山冲断带内部未见大规模的地表出露，仅在出露泥盆系的区域内偶有出露，或者在位于中央主断裂与前山断裂之间大量“飞来峰”地区有所出露。下三叠统飞仙关组主要出露在龙门山冲断带中北段，介于北川—映秀断裂和江油断裂之间，在岩性上该地层为一套浅海相砂页岩—泥灰岩沉积，深色紫红色泥灰岩，夹灰色晶体状鲕粒灰岩层。

（5）中三叠统雷口坡组—下三叠统嘉陵江组盐膏岩层序

雷口坡组在龙门山冲断带内发育广泛，具有塑性变形特征，主要在龙门山构造带中北段出露，岩性主要为白云岩、泥质白云岩和灰岩，沉积厚度在400~1 000m之间。

（6）上三叠统—白垩系碎屑岩层序

上三叠统主要分布在江油断裂以东区域，发生较为强烈的构造变形，发育大量的逆冲断裂，侏罗系在研究区各段均有大量出露，呈长条状展布，岩性主要为砂岩、砾岩和泥岩。白垩系主要分布在绵阳以北地区，岩性主要为砂岩或者砂砾岩。

1.1.4 地质构造 Geological structure

在区域构造上，龙门山构造带位于松潘—甘孜褶皱带与扬子板块的结合部位。龙门山以西为松潘—甘孜褶皱带，龙门山以东为扬子板块，为晋宁运动固化的稳定克拉通，以晚元古界变质基底之上的典型地层沉积为特征，具有典型的地台型结构。该区自北西向南东由松潘—甘孜褶皱带—龙门山构造带—前陆盆地（四川盆地西部）等三个构造单元构成了一个完整的构造系统，见图1–3[3]。

龙门山地区的地壳由若干个刚性块体拼合而成，岩石圈纵、横向存在明显的不均一性，发育多条深大断裂，其中以龙门山岩石圈断裂带和鲜水河断裂带最为重要。

汶川地震及其余震都与龙门山断裂带有关。龙门山断裂带南起泸定、天全，向北东延伸经宝兴、灌县、江油、广元进入陕西勉县一带，全长约500km，宽40~50km，主要由龙门山后山断裂带、中央断裂带和前山断裂带组成（见图1–3~图1–5）。龙门山后山断裂带由青川—平武断裂、汶川—茂县断裂和耿达—陇东断裂组成；中央主断裂由北川茶坝—林庵寺断裂、映秀—北川断裂和盐井—五龙断裂组成，其中映秀—北川逆断裂，沿映秀—北川—平通—南坝展布，连续性较好，这次8级地震破裂主要发生在这条断裂上；前山断裂带由马角坝断裂、中段的灌县—江油断裂、西南段的大川—双石断裂组成。

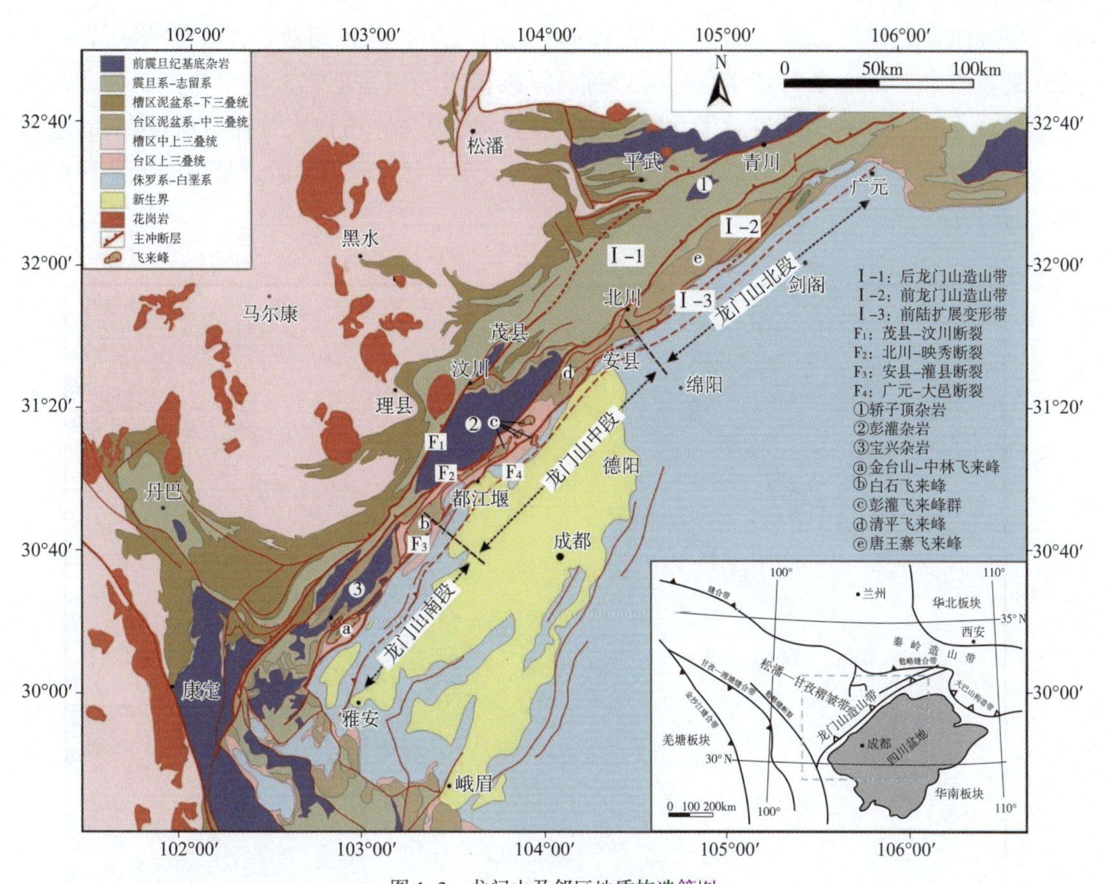

图1-3 龙门山及邻区地质构造简图

Figure 1-3 Longmen Mountain and its adjacent areas geological structure sketch

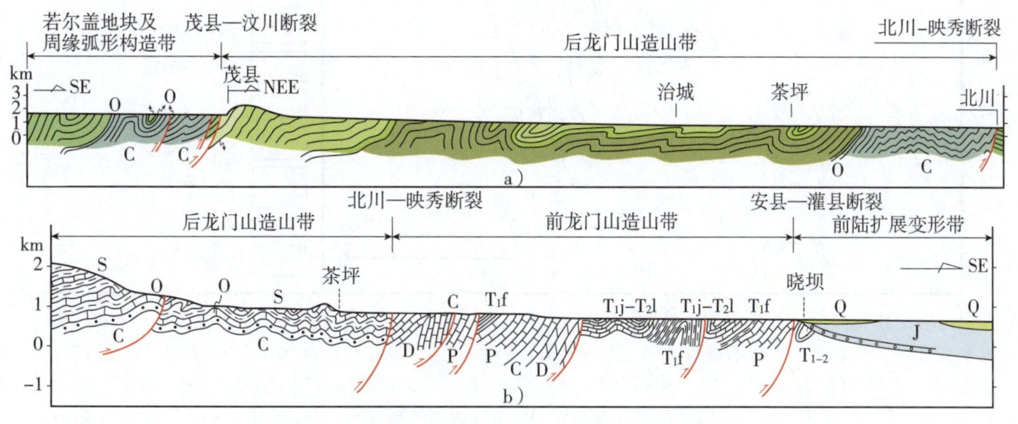

图1-4 龙门山构造带中段及邻区构造特征综合图

Figure 1-4 Middle structural belts of Longmen Mountain and its adjacent areas comprehensive map of tectonic features

1.1.5 发震构造 Seismogenic structure

1.1.5.1 断裂构造总体特征

龙门山前山、中央和后山断裂在垂直剖面上呈叠瓦状向四川盆地内逆冲推覆，断裂倾角在接近地表处较高（50°~60°），随深度向下逐渐变缓，大致到地下20多公里深处，三条断裂收敛合并成一条剪切带，成为青藏高原推覆于四川盆地之上的主要控制构造，见图1-5[4]。强烈的相对运动导致了龙门山与四川盆地的高差十分巨大，在不到60km的范围内，从海拔约600m迅速上升到4 000~5 000m，形成巨大的地貌台阶，是中国大陆地形最陡峭的地方。

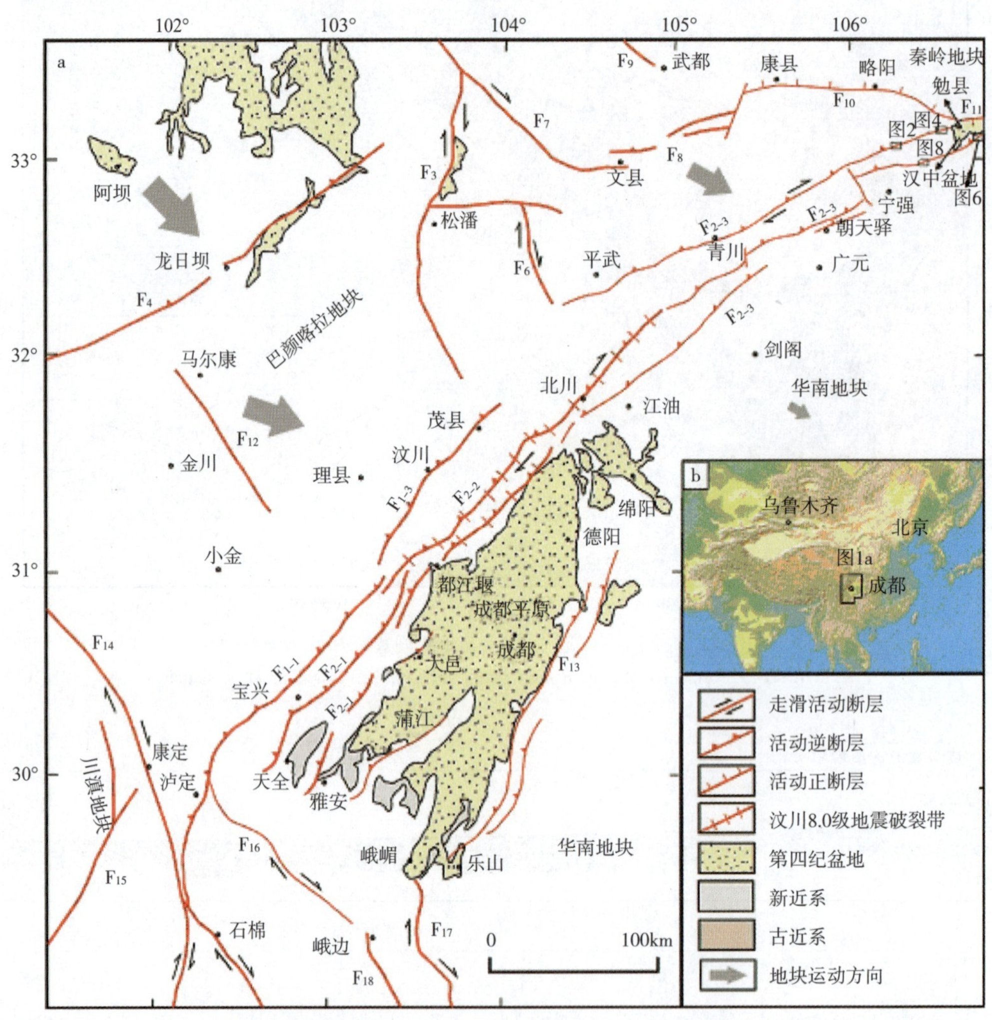

F_1：龙门山后山断裂；F_{1-1}：耿达—陇东断裂；F_{1-2}：茂县—汶川断裂；F_{1-3}：青川断裂；F_2：龙门山中央断裂；F_{2-1}：盐井—五龙断裂；F_{2-2}：北川—映秀断裂；F_{2-3}：茶坝—林庵寺断裂；F_3：龙门山前山断裂；F_{3-1}：大川—双石断裂；F_{3-2}：灌县—安县断裂；F_{3-3}：江油断裂；F_4：龙日坝断裂；F_5：岷江断裂；F_6：虎牙断裂；F_7：东昆仑断裂；F_8：文县断裂；F_9：白龙江断裂；F_{10}：勉县—略阳断裂；F_{11}：汉中盆地北缘断裂；F_{12}：抚边河断裂；F_{13}：龙泉山断裂；F_{14}：鲜水河断裂；F_{15}：玉农希断裂；F_{16}：泸定—峨边断裂；F_{17}：利店断裂；F_{18}：峨边断裂；F_{19}：蒲江—新津断裂；F_{20}：大邑断裂

图1-5　龙门山推覆构造带及其邻区地质构造简图

Figure 1-5　Thrust structural belts of Longmen Mountain and its adjacent areas geological structure sketch

1）龙门山后山断裂带

南起泸定一带，向北东经陇东、鱼子溪、耿达、草坡、汶川、茂汶、平武、青川进入陕西境内，是三条断裂中生成时间最早、活动最强烈、切割深度最大的断裂，它已切穿岩石圈。该断裂总体倾向北西，倾角60°~85°，延伸稳定，连续性好，地表表现为多条变形强弱不同的构造变形带，其宽300~2 000m不等，其构造岩为糜棱岩和构造片岩。后山断裂西北面为以砂板岩为主的一套浅变质岩系。断裂带由一系列倾向北西的叠瓦状逆断层组成，地表倾角较大，发育于前震旦纪花岗岩、中元古界彭灌杂岩、震旦系或志留、泥盆系之间，具韧性剪切变形特征。

（1）青川—平武断裂：走向N60°~70°E，南起平武，经青溪、青川、广坪，止于阳平镇一带，左旋走滑性质。长约200 km，为切穿地壳的深断裂。主断面主要倾向北西，仅局部反倾，浅部陡倾，深部缓倾，呈铲状。断裂带一般宽500~700m，最宽处可达2 000m，由2~5条次级断裂分支复合组成。带内的石英脉、砾石被强烈定向拉长，形成黏滞型布丁构造。断裂带各种旋转剪切应变标志、拉伸线理的产状及断裂带的运动学特征表明北西盘由北向南逆冲推覆。

（2）汶川—茂县断裂：为龙门山后山断裂的主干断裂，北起茂县神溪沟，南经茂县、汶川，断裂总体走向北东，倾向北西，倾角50°~70°，为上盘向南东推覆仰冲的逆冲断裂，并具有左旋特征，该断裂由一系列倾向北西的叠瓦状逆冲断层组成。

（3）耿达—陇东断裂：位于龙门山南段的耿达—陇东地区。走向N45°E，发育于古生代地层中，断裂沿线存在糜棱岩、流劈理、片理等结构。

2）龙门山中央断裂带

中央断裂南起泸定两河口以南，经盐井、映秀、茶坪、北川、南坝、茶坝进入陕西境内与勉县—阳平断裂相交，由数条次级逆断层组成叠瓦状构造，表现出脆~韧性过渡的变形特征。走向上和倾向上均呈舒缓波状，总体倾向北西，倾角50°~70°不等，断裂破碎带宽300~1 000m不等。其构造岩为糜棱岩、构造片岩等，断裂两盘主要为古生界及前寒武系杂岩体组成。

（1）林庵寺—茶坝断裂：北起东溪河乡林庵寺，经三堆至青川茶坝，走向南西倾北西、北北西或正北，倾角一般在60°以上。在林庵寺一带，震旦系元吉组白云岩断覆于志留系变质砂质页岩之上，地貌呈现明显断层陡岩景观，使南崖山复背斜遭到破坏，并在羊模、蒲家、西北、水磨一带，切割了早期断裂，为变质岩与未变质岩的分界线。

（2）北川—映秀断裂：在卫星图像上，各线性构造的地貌景观为直线或弧形展布的凹地、断层崖、构造透镜体等。断裂带平面上多分叉、复合，断面呈波状，并有叠置的推覆岩片夹于其间（图1-6）。

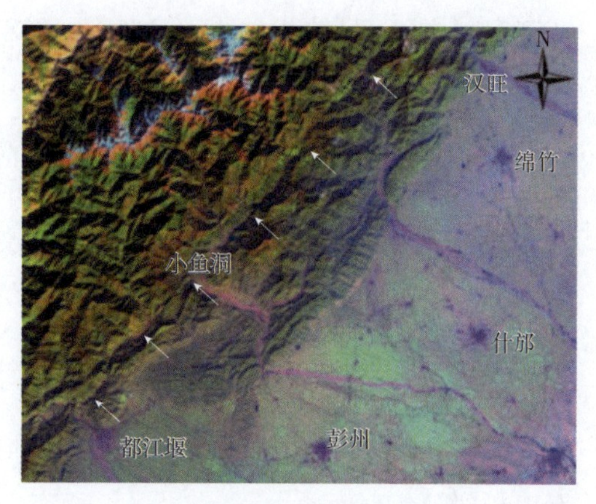

图1-6 映秀—北川断裂遥感影像图（局部，白色箭头所指为断层通过位置）

Figure 1-6 Yingxiu—Beichuan fault remote sensing image (local, by the white arrow indicates the fault location)

断裂带以韧性剪切变形为主要特征，发育

有透入性片理、糜棱岩、塑性柔皱流变带，并有脆性岩石夹层形成的石香肠与变形压扁的化石、砾石等以及构造剪切力导致的区域动力变质岩。但在断裂前锋，当上冲接近地表浅构造层次时，则有以压碎岩、碎裂岩、构造角砾岩等为标志的脆性变形。在早期韧性变形基础上，常叠加了后期脆性变形。断裂两侧分属中深构造层次产物的韧性剪切形变和浅构造层次的脆性变形可直接接触。这佐证了燕山运动特别是喜马拉雅运动以来，断裂两侧曾发生显著的断块差异运动。断裂带中的主断裂多属推覆剪切滑移面的地表露头形迹，断面上下盘则为规模不等的外来推覆岩。断裂带的特征是：①变形性质：推覆挤压带后部，为上叠岩片，经受地壳中深构造层次的韧性剪切变形；中部片岩，以韧性变形为主，伴有浅层脆性变形；前部下置岩片，属浅层脆性变形。②变质作用：后部岩片为区域动力变质作用，属低绿片岩相，部分应力集中处产生中压型动热渐进变质带及局部混合岩化现象；中部岩片仅沿剪切带的劈理、片理中出现新生应力矿物或变质矿物；前缘岩片基本无变质作用。③运动学特征：剪切滑移面伴生的拖曳柔性剪切褶皱的轴面、滑移剪切擦痕、砾石拉伸线理、矿物旋转方位、剪切方向等，均一致指示推覆岩片自西北向南东方向逆冲运动。④岩片布列特点：剖面上呈叠瓦状，平面上为右行雁列展布，反映断裂带伴随有右行剪切运动。⑤岩片时代：自西而东，除基底岩块外，构成挤压带后部上叠岩片到前缘下置岩片的地层时代，一般有从老到新直至中、上侏罗统渐次出露的趋势；相应的岩石建造类型，也有从冒地槽沉积经槽、台过渡型到地台型沉积的变化规律。⑥推覆面形态：各推覆岩片的后缘或前缘的断裂皆向北西倾，倾角从上而下由缓变陡，具上凸形态特征。次级分支断裂在前缘岩片中最发育，且多位于其东侧下方。⑦推覆时间：自西向东，从印支末期开始经燕山期而至喜马拉雅期，表现了构造应力多阶段、多期次连续向东挤压、迁移，依次叠置的过程。⑧地球物理异常：沿断裂带是重力及航磁明显的异常梯度变化带。重力等值线显示断裂西倾地壳加积增生的增厚曲线与山脉走向一致。⑨地震及新构造运动：沿断裂带地震频繁，如 1169 年 1 月 24 日北川地震（M=4.75），1597 年 2 月 14 日北川地震（M=5），1657 年 4 月 21 日汶川地震（M=6），1958 年 2 月 8 日北川地震（M=6.2），1961 年 12 月 4 日北川地震（M=4.7），1966 年 6 月 27 日北川地震（M=4.8），等。

（3）盐井—五龙断裂：位于龙门山南段的宝兴县盐井—五龙地区，呈北东—南西向延伸，总体倾向北西，倾角为 60°~70°；往北东方向延伸与映秀—北川断裂相连，西南与康滇地轴相接。断裂带上盘（北西盘）主要出露前震旦纪盐井群、澄江期花岗岩、古生代奥陶系、志留系、泥盆系。断裂带宽为 200~1 000m，由密集的韧性断裂组成；断裂构造岩主要为构造片岩和糜棱岩[5]。

3）龙门山前山断裂带

前山断裂由北段江油—广元（马角坝断裂）断裂、中段灌县—江油断裂与南段双石—大川断裂等斜列而成。

（1）江油—广元（马角坝断裂）断裂：呈南西 ~ 北东向条带状，夹于仰天窝复向斜和天井山复背斜之间，断裂极复杂，不同方向、不同序次的断裂，互相切割，形成“帚状”断裂带，断裂带内的褶皱结构多遭破坏而残缺不全。

（2）灌县—江油断裂：该断裂经绵竹汉旺，什邡莹华、八角，彭县白鹿、通济，都江堰市向峨、二王庙，崇庆童家山与双石—大川断裂相接；走向北东 30°~60°，倾向北西，倾角 40°~53°，为压扭性断层。在卫星图像上，各线性构造的地貌景观为直线或弧形展布的凹地、断层崖、构造透镜体等。断裂带平面上多分叉、复合，断面呈波状，并有叠置的推覆岩片夹于其间（图 1-7）。

（3）双石—大川断裂：为龙门山推覆构造带南段一条区域性大断裂，走向 N43°E，倾向北西，倾角 45°~65°不等，其东南侧为开阔的中新生代陆相盆地，西北侧为古生代地层组成的中高山区，可见断裂切割古生界、二叠系煤系和白垩系砂砾岩。

4）龙门山山前隐伏断裂

龙门山山前断裂由南西向北东断续出露于雅安、大邑灌口、彭州关口一带，其余地方大多隐伏于地下，简称广元—大邑（隐伏）断裂。该断裂发育于四川盆地内部，是逆冲活动进一步向前陆扩展的结果，主要沿侏罗纪以来的陆相碎屑岩地层发育。断裂以西地层不同程度卷入变形，以东地区变形微弱，大多数地段表现为岩层倾角的快速变缓。广元—大邑（隐伏）断裂是一条浅层次脆性断裂，以逆冲为主，向下切割较浅，主要发育在中生代盖层内部[6]。

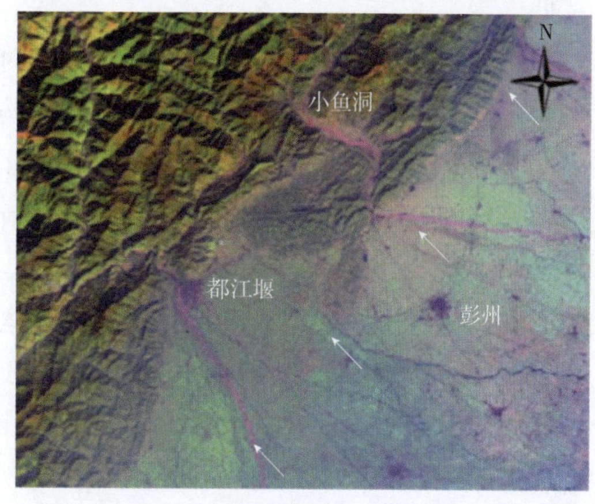

图 1-7 灌县—彭县断裂遥感影像图（局部，白色箭头所指为断层通过位置）

Figure 1-7 Guanxian—Peng County fault remote sensing image（local, by the white arrow indicates the fault location）

1.1.5.2 *龙门山主边界断裂活动性*

活动构造的时限，国内外学者的认识不完全一致，一般取晚更新世（10 万年 ~3 万年）以来有过活动、今后仍继续再活动的构造，包括活动断层、活动隆起或盆地等构造。中国活动断裂的格局基本上控制着中国强震的分布，研究活动断裂的特征及其与地震的关系，具有重要的理论和实际意义。龙门山活动构造带处扬子板块西部边缘，一直是地学工作者开展区域地质调查、大地变形测量、定点地壳变形观测、地壳应力状况、地震活动性监测等长期调查研究的区域。

龙门山构造带三条主干断裂，晚第四纪以来均是继承性活动断裂，又表现出新生性的特点，均显示由北西向南东的逆冲运动，并兼有右旋走滑分量；尽管现有资料不足以鉴别古地震的震级，但从活动断裂遗迹的地表破裂和位错的强度来看，龙门山没有历史文字记录的多次古地震达 7 级左右。自公元前 780 年中国有历史记载地震资料以来，龙门山三条主干大活动断裂带均有破坏性地震的记录，如后龙门山断裂带上盘 1713 年茂县叠溪 7 级，1933 年 8 月 25 日茂县叠溪 7.5 级，1957 年汶川 6.5 级，1958 年北川 6.2 级，1970 年大邑 6.2 级，均为 20km 以内的浅源性地震。

龙门山构造带新构造活动的总体表现特征如下：

（1）龙门山前主边界大断裂、龙门山主中央大断裂、后龙门山大断裂是龙门山构造带的三条主干大断裂及其内部发育的一系列次一级迭瓦状构造形式。每一条大断裂的西盘向东超迭、仰冲，而东南盘相对向西俯冲。这种构造变形作用是龙门山构造带新生代时地壳加厚和缩短的重要原因。从动力作用模式看，龙门山构造带有与喜马拉雅构造带近似之处。

（2）龙门山冲断带内，普遍存在不同时代、不同成因的不同类型岩石的大小断片、断块相互叠复，是继承、改造印支—燕山期构造断块的结果。这种断块活动显然既不同于新构造的“差异性断块活动”，也不是一般的垂直运动拉张型的断块活动，而是大构造单元之间强烈的陆内汇聚、对挤造成的叠复型断块活动。

（3）从“彭灌杂岩体”的断裂块隆起，龙门山构造带大规模的“推覆体”、“飞来峰”的形成，反映出龙门山构造带继早期造山运动后，显著的造山事件的时期是中新世。

（4）龙门山构造带活动构造在汶川—茂汶断裂、映秀—北川断裂、二王庙—安县断裂等断裂均保存有活动性的遗迹，主要表现在错断水系、山脊、洪积扇及河流阶地等构造地貌现象。

1）龙门山后山断裂活动性

后山断裂包括北段青川断裂、中段汶川—茂汶断裂和南段耿达—陇东断裂。该断裂具明显的分段活动性，自汶川至茂县，断裂控制了一系列新发育的沟槽和陡坎，是断裂晚第四纪新活动的证据。据地面变形量估算其全新世的逆垂直滑动速率为0.5mm/年，晚更新世以来的右旋滑动速率为0.8~1.0mm/年[7]。

（1）青川断裂：走向N60°~70°E，南起平武，经青溪、青川、广坪，止于阳平镇一带，左旋走滑性质[8]，第四纪早中期有过活动，但晚更新世以来不活动。

（2）茂县—汶川断裂：位于彭灌杂岩西北侧，走向N25°~45°E，近地表倾角较大，唐荣昌（1993）曾报导茂县—汶川断裂上的岷江Ⅰ级支流右旋位错达数百米的现象，可能是晚第四纪以来古地震的累计位移。茂县第四纪盆地，长约8km，宽约2km，是断裂右旋走滑拉分的结果（经TL法测定的砂砾石层年龄值为23 700±a）。在茂县城北瓦厂，可见志留系千枚岩逆冲在Ⅲ级河流阶地上，在汶川县岷江南岸姜维城，高出现代河床120m的Ⅴ级阶地的冲洪积层中发育扭性断层，以及一组已充填在破裂带中的砂脉，有可能是古地震事件的产物。在高坎村南山脊面上的Ⅲ级阶地砂砾石层（3万多年）被右旋位错30~40m，在港浪鼓沟可见废弃古冲沟侧壁亚砂土层（近10万年）被活动断裂右旋位错80~100m[9]。据计算，汶川—茂汶断裂晚更新世以来右旋滑动速率为0.8~1.4mm/a，全新世逆冲垂直滑动速率为0.5mm/年。

（3）耿达—陇东断裂：走向N45°E，发育于古生代地层中，断裂沿线存在糜棱岩、流劈理、片理等结构，晚第四纪活动性不详。

2）龙门山中央断裂活动性

龙门山中央断裂走向N45°E，倾向北西，倾角60°左右，南西始于泸定两河口以南，经盐井、映秀、茶坪、北川、南坝、茶坝进入陕西境内与勉县—阳平断裂相接，长约500km，由北段茶坝—林庵寺断裂、中段北川—映秀断裂与南段盐井—五龙断裂等组成。

（1）茶坝—林庵寺断裂：主要发育在奥陶纪、志留纪和泥盆纪地层中，由多条次级断裂组成，晚更新世以来不活动[10]。

（2）北川—映秀断裂：走向N35°~45°E，倾向北西，由数条次级逆断裂组成叠瓦状构造，表现为元古代彭灌杂岩和上古生界至中、下三叠统向南东逆冲到上三叠统须家河组之上，断裂西侧为龙门高山区，海拔4 000~5 000m，东侧为海拔1 000~2 000m的中低山区，大幅度坡降的地貌反差强烈，在航卫片上断裂呈N40°~45°E方向线性影像呈现十分醒目，活动性构造地貌遗迹完好。

在映秀变电站西曾有学者报导晋宁期彭灌杂岩（γ_2）逆冲在第四纪河流相砂砾石层之上，测得阶地面年龄为76 360年 ±6 490年。此Ⅳ级阶地被断裂断错形成约40m高的断坎。

在北川县城至擂鼓一带，据李勇研究发现由于北川断裂的右旋错动，导致盖头山断块隆起（图1-8）[5]，并迫使湔江改道，形成蛇形大拐弯。盖头山顶面高出湔江河床面400m，山顶面黄褐色砂砾石沉积物（TL年龄值为432 000年 ±43 000年）。估算该地晚更新世以来逆冲垂直滑动速率为0.6~1mm/年，右旋滑动速率为1mm/年（邓起东等，1994；赵小麟等，1994；马保起等，2005；李勇等，2006；Densmore et al.，2007）。盖头山隆起区还记录了二次古地震事件，最晚事件在13 810年 ±260年以后。

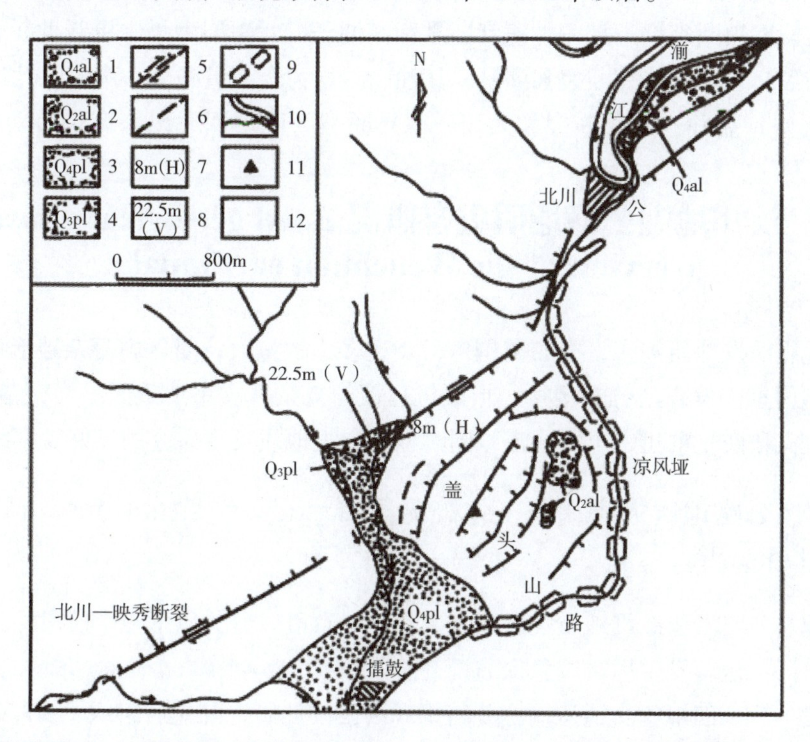

1- 全新世河流相砂砾石层；2- 中更新世河流相砂砾石层；3- 全新世洪积物；4- 晚更新世洪积物；5- 主干断裂及错动方向；6- 推测断裂；7- 水平位错值；8- 垂直位错值；9- 古河床；10- 河流、冲沟及流向；11- 观测点位置；12- 前第四系基岩

图1-8 北川擂鼓附近北川—映秀断裂活动构造地貌图

Figure 1-8 The Beichuan— Yingxiu fault activity around Leigu of Beichuan tectonic geomorphology map

（3）盐井—五龙断裂：曾被发现切割宝兴西河阶地堆积物，是晚第四纪以来断裂活动的最新证据[4]。

3）龙门山前山断裂活动性

龙门山前山断裂又称灌县—江油断裂，走向呈 N35°~45° E，断面倾向北西，倾角 50°~70°，南起天全，经灌县、江油、广元进入陕西宁强、勉县一带，由北段江油—广元断裂、中段灌县—江油断裂与南段双石—大川断裂等斜列而成。

（1）江油—广元（马角坝断裂）断裂：发育在寒武纪与志留纪地层中，顶部被晚更新世—全新世地层覆盖，最晚活动时代应在第四纪以前[10]。

（2）灌县—江油断裂：主要发育在中生代地层中，倾向北西，倾角较陡，断裂带内角砾岩、碎裂岩发育，断裂切割河流谷坡，形成断层崖、断层沟槽及垭口，控制着晚第四纪地层的分布，说明晚更新世晚期以来有过较强烈的活动，晚更新世中期以来逆冲垂直滑动速率约为 0.2mm/a[7]。

（3）大川—双石断裂：为龙门山推覆构造带南段一条区域性大断裂，走向 N43° E，倾向北西，倾角 45°~65° 不等，其东南侧为开阔的中新生代陆相盆地，西北侧为古生代地层组成的中高山区，可见断裂切割古生界、二叠系煤系和白垩系砂砾岩，晚第四纪以来有过活动[4]。

综合上述资料可以看出，龙门山构造带三条主干断裂晚第四纪以来均是继承性活动断裂，又表现出新生性的特点，均显示由北西向南东的逆冲运动，并兼有右旋走滑分量。龙门山推覆构造带北段青川断裂、茶坝—林庵寺断裂和江油—广元断裂为早中更新世断裂，中段汶川—茂县断裂、北川—映秀断裂和灌县—江油断裂均为全新世断裂，南段除耿达—陇东断裂情况不明外，盐井—五龙断裂和大川—双石断裂为晚第四纪以来有过活动的断裂。

1.2 汶川地震公路地质灾害概况 Road geological disasters overview of the Wenchuan earthquake

汶川地震诱发地质灾害，分布范围广，类型多，数量大，受区内复杂地形地质条件影响，其影响因素、发育及分布规律、形成机理极为复杂。汶川地震区纵横交错的公路网，成为抢险救灾和恢复重建的重要通道，同时也是地震地质灾害研究的良好观察线路。

1.2.1 公路地质灾害调查工作概况 The survey situations of the road geological disaster

汶川地震公路沿线地震地质灾害调查工作，大致可以分为以下三个阶段。

第一阶段：地震发生后，应急保通调查阶段。

地震发生后，四川省交通运输厅公路规划勘察设计研究院先后组织了 30 多个调查组，调查工作人员冒着生命危险，深入地震灾区，在各种艰难条件下获得了宝贵的第一手地震地质灾害资料。这些资料生动、真实，未遭到破坏，多以影像资料得以保存，极为珍贵。

随后公路部门组织对汶川地震灾区国省干线和主要县乡道路进行了系统的调查和检测

工作，逐路段、逐灾害点地进行现场调查和检测，掌握了全部灾区公路震害资料。

第二阶段：汶川地震地质灾害调查研究阶段。

震后，交通运输部立项开展“汶川地震公路震害评估、机理分析及设防标准评价”项目研究工作。研究中，制订了系统的调查工作计划和工作方法，在第一阶段应急调查资料，以及掌握各路段基本地质资料及重点路段遥感影像资料的基础上，进行了系统深入的震害调查工作。

第三阶段：震后补充调查阶段。

主要结合地震灾区新建公路工程和灾后公路恢复重建工程勘察设计，将灾害勘察资料作为震害资料的补充，对震后发生的大量泥石流、崩塌灾害，也进行了跟踪调查工作。

累计进行详细地质灾害调查 6 056km，见表 1–2，地震崩滑灾害点 / 群 1 041 个，泥石流灾害点 103 个，实测地质剖面近 600 条。为便于灾害统计，对汶川地震区进行分区，见图 1–9。

表 1–2 灾害统计分区

Table 1–2 Division of disaster statistics

段落分区	地质构造部位	地震烈度	里程长度（km）	灾害点数量（处）	不同规模灾害点数量（处）			
					$<1\times10^4$	1×10^4~1×10^5	1×10^5~1×10^6	$>1\times10^6$
A	前山断裂与中央主断裂之间	Ⅹ ~ Ⅺ	211.50	144	114	22	4	4
B	中央主断裂与后山断裂之间	Ⅹ ~ Ⅺ	314.18	290	95	107	78	10
C–1	后山断裂带内及两侧	Ⅸ	282.80	109	70	29	5	5
C–2	中央主断裂两侧	Ⅺ						
D	后山断裂上盘方向	Ⅷ（局部Ⅸ ~ Ⅹ）	311.50	154	113	36	5	0
E	后山断裂上盘方向	Ⅶ	686.00	55	38	12	3	2
A~E 区合计			1 805.98	752	430	206	95	21
其他区域	如上 A~E 以外的区域	Ⅷ度及以下局部Ⅸ	4 250.06	289	284	5		
总计			6 056.04	1 041	714	211	95	21

注：（1）表中公路长度数据扣除了山前平原无灾害段落；（2）连续、成片分布灾害点，合并为灾害群统计。

1.2.2 公路地质灾害主要形式 The chief formational of the road geological disaster

汶川地震诱发的地震地质灾害，主要有地表破裂带、地震液化、地震崩塌及滑坡、震后次生泥石流等几类。

（1）地表破裂带

汶川地震产生地表破裂，对破裂带沿线公路、房屋、铁路、管线等造成严重损毁，对公路的危害主要表现为公路路基错断、桥梁垮塌、挡墙错断。图 1–10 为映秀—北川地表破裂带导致 G213 线映秀镇附近桥梁垮塌、挡土墙错位、公路路基错断的照片。

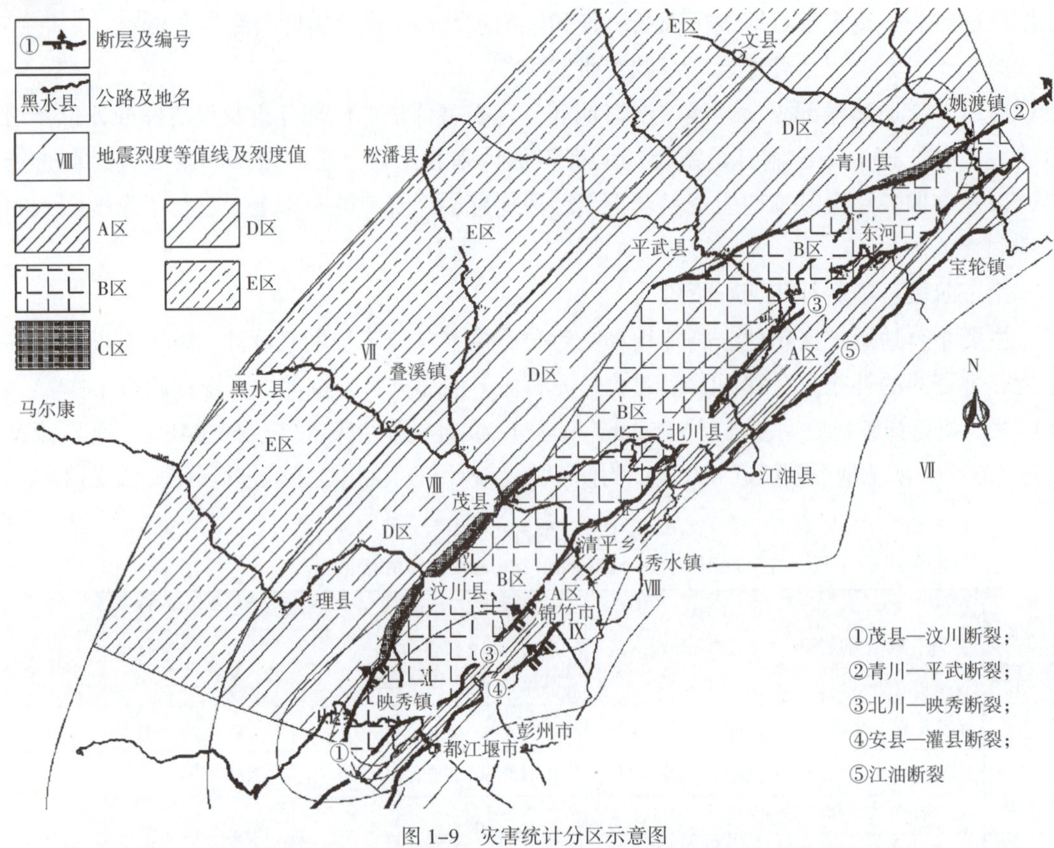

图 1-9　灾害统计分区示意图

Figure 1-9　Division diagram of disaster statistics

图 1-10　地表破裂致 G213 线映秀顺河桥垮塌及挡墙错位、路基错断照片

Figure 1-10　The collapse of Shunhe bridge of Yingxiu G213 road and the misalignment of retaining wall, dislocation roadbed caused by surface rupture photos

（2）地震液化

地震液化是一种常见的地震灾害形式，但与其他地震区不同，在汶川地震区特殊的地质背景条件下，少见单一、较厚的砂层，第四系河流堆积物多为卵砾石层、局部夹砂层。汶川地震诱发大量卵砾石层液化现象，尤其是有些第四系更新统卵砾石层液化（图 1-11）。

图 1-11 拟建成都—什邡—绵阳公路沿线地震液化现象（左图可见喷出卵石）

Figure 1-11 The phenomenon of liquefaction along the highway proposed by Chengdu-Mianyang, Shifang (left shows smoke pebbles)

（3）地震崩塌及滑坡

地震崩滑灾害是汶川地震区主要的地质灾害形式，在地震力作用下的斜坡失稳灾害，与常规重力、降雨作用下的斜坡失稳灾害有显著的不同。地震灾区地处龙门山区，在强烈的隆升作用和河流下切作用下，区内山高谷深，地形地质条件复杂，斜坡地质结构类型多样，斜坡失稳灾害类型极为丰富多样，其中高速远程滑坡、高位崩塌、土层及强风化岩体失稳（山扒皮）、高位块石抛射是几种比较典型、有代表性的灾害形式。

① 高速远程滑坡。主要为动力条件下诱发的大型滑坡灾害，主要发生在高陡斜坡中上部，以岩体震动拉裂、高速启程为特征，并有远程滑动现象，如牛圈沟高速远程滑坡/碎屑流、G213 老虎嘴滑坡、谢家店子滑坡、唐家山滑坡、陈家坝滑坡、东河口滑坡等。该类滑坡对公路的危害表现为大段掩埋公路，或堰塞河道形成堰塞湖，淹没公路（图 1-12）。

a）G213 老虎嘴滑坡及堰塞湖

b）东河口滑坡遥感影像图

图 1-12 典型滑坡及堰塞湖

Figure 1-12 Typical landslide and barrier lake

②高位岩质斜坡崩塌。汶川地震诱发崩塌灾害，多发生于高陡斜坡中上部和地貌突出部位，尤其是很多深切峡谷地段，基岩陡坡崩塌，大量块石崩落，往往造成顺河谷布线公

路桥梁被毁、路基被埋。图 1-13 为岷江左岸高度超过 600m 的基岩陡坡崩塌，坠落块石击毁 G213 彻底关大桥。

图 1-13 高位崩塌落石致彻底关大桥桥梁被砸毁、路基被埋

Figure 1-13 The bridge of Chedi custom were destroyed, buried in the roadbed which caused by the high collapse falling rock

③斜坡上部土层及强风化岩体失稳。汶川地震区地处龙门山区，为深切峡谷地貌，河流两侧斜坡陡峻，风化及卸荷作用强烈，斜坡上部往往有厚度不大的土层及一定范围的强风化、卸荷松动岩体，在地震力作用下，这部分岩土体最容易失稳破坏，造成大量“山扒皮”现象。此类失稳块碎石堆积于坡脚，往往造成公路大段被埋。图 1-14 为典型图片。

图 1-14 典型斜坡上部土层及强风化岩体失稳（山扒皮）图片

Figure 1-14 Typical upper slopes soil layer and strongly weathered rock instability (Hill grilled skin) images

④高位块石抛射。在高陡斜坡上部地貌突出部位，在强烈的地震动和高陡斜坡放大效应作用下，结构面切割岩体失稳破坏，高速启程抛射，也是汶川地震区一种较为常见的现象。图 1-15 为映秀至卧龙公路某斜坡，陡坡中上部岩体倾倒崩塌破坏，顺坡坠落、弹跳，损坏路面及公路两侧树木。个别块体抛射，并在水面多次弹跳。最大运动水平距离 280m，而斜坡高度仅 142m。

图 1-15 映秀至卧龙公路某斜坡块石抛射图片

Figure 1-15 The images of slope rock projectile in the Yingxiu to Wolong highway

（4）次生泥石流

汶川地震诱发大量崩滑灾害，地震崩滑堆积物残留在沟谷及斜坡上，在后期降雨作用下，极易诱发泥石流灾害。震后 3 年的情况表明，泥石流灾害是震后的主要灾害形式，如 2010 年 8 月 13 日四川暴雨诱发大量泥石流灾害，S303 线映秀至卧龙公路、G213 线映秀至汶川公路、汉旺—清平—桂花岩公路等公路沿线，爆发大量泥石流灾害，给公路造成严重损毁。图 1-16 a）为 S303 线映秀至卧龙公路肖家沟泥石流，堰塞渔子溪，导致公路被埋、被淹，并堵塞了新建南华隧道出口。图 1-16b）为 G213 线映秀至汶川公路烧房沟泥石流，掩埋新建明洞并堰塞岷江，大段淹没公路。汉旺—清平—桂花岩公路所在绵远河上游流域，2010 年 8 月暴雨，几乎所有次级沟谷均爆发泥石流，导致绵远河河床整体抬高。图 1-16c）左图所示为新建桥梁桥墩被埋，右图原为深达 30 余米的堰塞湖，被泥石流完全填平，原跨河桥梁完全被埋。

a）映秀至卧龙公路肖家沟泥石流，形成堰塞湖，大段淹没、掩埋公路，并堵塞新建隧道洞口

b）烧房沟泥石流堆积区掩埋棚洞、堰塞岷江，大段掩埋、淹没公路

c）绵远河两侧沟谷普遍爆发泥石流，对公路的损毁情况

图 1-16　震后典型泥石流灾害

Figure 1-16　Typical debris flow after the earthquake

1.2.3　公路地质灾害特征 The characteristics of the road geological disaster

1.2.3.1　地震滑坡灾害特征

汶川地震诱发大量滑坡灾害，但其滑坡灾害呈现出一系列与通常重力环境下地质灾害迥异的特征。主要表现为[11]：

（1）失稳前独特的震动拉裂现象。

（2）特殊的溃滑失稳机制。

（3）超强的动力特性和大规模的高速抛射与远程运动。

图1–17是汶川地震强震条件下与通常重力作用下滑坡失稳的概念模型对比。

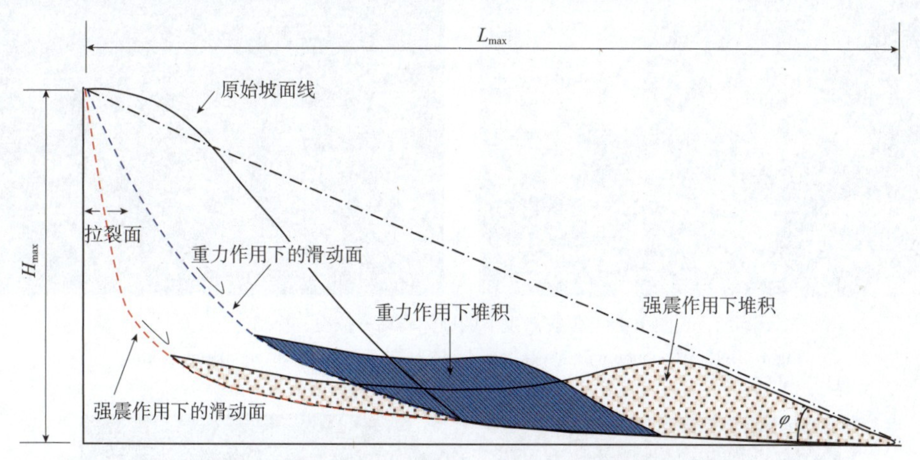

图1–17 强震条件与重力作用下斜坡变形失稳概念模型对比

Figure 1–17 The conceptual model comparison of instability of the slope deformation under earthquake conditions and gravity

强震条件下次生地质灾害失稳破坏最基本和内在的变形破坏机理可用“拉裂—剪切滑移”来概括。在强震条件下，斜坡主要表现为以拉裂破坏为主的特征。在地震的强大水平惯性力作用下，首先在坡体后缘产生与坡面平行且陡倾坡外的深大拉裂，形成坡体的后缘拉裂面，这也是在汶川地震区几乎所有次生地质灾害中都可见到一高大、陡直、粗糙的滑坡后壁的主要原因。紧接着，在地震动力的持续作用下，拉裂岩体再根据不同的坡体结构特征，在底部（拉裂体的根部）产生拉裂—剪切滑移面，并最终沿此面滑出，形成滑坡。因此，强震作用下，斜坡岩体最基本的变形破坏单元就是拉裂和剪切滑移。

通过对汶川地震典型滑坡分析，强震条件下滑坡的产生主要包括山体震动拉裂、高速启程、远程运动等阶段。

（1）山体震动—拉裂、松动阶段

在映秀、北川、青川等极震区，因高程、特殊地形和岩性组合等的放大效应，汶川地震过程中极震区大部分山体中上部的水平和竖直加速度已达到1~2g，甚至更大。地震过程中的拉裂破坏，使得地震区斜坡岩体被普遍地震裂、松动。这一点可以从极震区发现的大量“裂”而未“滑”、“松”而未“动”的震裂松动山体得到印证（图1–18）。震裂松动过程中产生的竖向拉张裂缝为斜坡的进一步失稳破坏提供了条件。

汶川地震诱发滑坡灾害还表现出另一现象，即绝大部分滑坡体的发生时间基本与强震过程同步，而个别滑坡体，其发生时间滞后于强震过程。例如，S303映秀—卧龙K24+500滑坡发生于2008年5月13日6：00~7：00，滑坡后缘与滑体运动最前缘最大距离263m，滑体质心水平运动距离约175m，垂直降落高差80m，估算体积$2.6\times10^4m^3$。高速滑坡体冲入渔子溪河道，在强大惯性力作用下急速前冲并掩埋了滑源区对面的映秀至卧龙公路。图1–19为该滑坡区航空影像图。

图 1-18 强震激发下的山体震动—拉裂、松动

Figure 1-18 The mountain shock-crack，loose undet strong earthquake excitation

图 1-19 S303 线汶川至卧龙公路耿达段 K24 滑坡航空影像图

Figure 1-19 Wenchuan to Wolong highway of section K24 Gengda of S303 road landslide aerial imagery map

（2）启动阶段的高位高速水平抛射

在强大的水平地震惯性力的作用下，位于斜坡中上部的岩体（大多为近水平层状岩体或岩浆岩块状岩体），以一定的初速度整体高位抛出，并在空中作一定距离的临空飞跃，然后落地停积或继续向前运动。由于启动时本身就具有一定的初速度，再加上其为高位滑坡，在其运动过程中随其高程的下降势能会不断地转化为动能，运动的速度会不断地增加，往往可达到每秒数十米的运动速度。在高速临空运动的过程中，一方面块状或层状岩体因各部位速度的差异或通过相互碰撞会不断地自行解体碎裂；另一方面，滑体在高速运动过程中，往往要与河谷对岸山体或沟谷侧壁山体发生强烈的碰撞，致使滑体物质完全碎裂解体，最后主要以碎块石的形式停积。

在汶川地震区发现大多数高位滑坡都具有显著的高速临空抛射特点，其抛射距离可达数百米甚至数千米。例如，映秀牛眠沟滑坡，滑体高速启程后沿牛眠沟高速下行，后在牛眠沟多次撞击，累计运动距离达 2.2km（图 1–20）。

图 1–20 牛眠沟高速远程滑坡 / 碎屑流

Figure 1–20 Niumian Ditch slope with high speed and long distance/Debris flow

（3）运动阶段的高速远程碎屑流化

地震诱发的崩滑灾害大多具有高速运动的特点。东河口滑坡山体在强大的地震水平力作用下，临空抛射 300 余米后，高速撞击、砸落到滑坡前部左侧地形相对较突出的山体，完全解体并铲削、裹携坡面松散物质后，顺主河道方向呈流体状高速运动 2km 左右（图 1–21）。

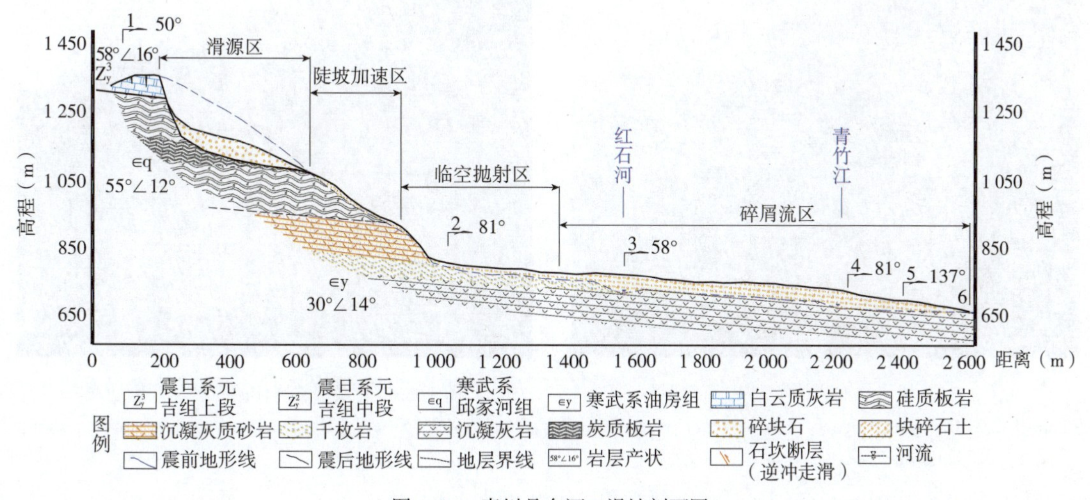

图 1–21 青川县东河口滑坡剖面图

Figure 1–21 Qingchuan East River landslide profile picture

滑体物质在高速运动过程中，如果前部地形开阔，或具有能使滑体继续保持运动状态的与滑动方向呈大角度相交的沟谷，其在运动过程中往往会自行解体（或通过与沟岸的碰

撞解体），转化为碎屑物质，沿沟谷呈流态状作长距离运动。

（4）停积阶段的“一垮到底”

强震诱发的滑坡在停积阶段还具有“一垮到底”的特征。也就是说，在强震条件下，坡体一旦失稳破坏，其下滑往往很彻底，其堆积区主要位于高程和势能均较低的坡底，堆积物一般具有铺开、展平特征。而滑源区后壁暴露彻底，基本不留滑坡残留物，这一特点与常规重力式滑坡明显不同。对比可以发现，相似坡体结构的滑坡，其滑坡物质在堆积方式上有较大的差别，通常，重力式滑坡为典型的锥状堆积，而地震诱发滑坡为展平的面状堆积，甚至爬高到对岸形成反坡堆积。

1.2.3.2 地震崩塌灾害特征及主要形式

在强震作用下，崩塌变形破坏的基本机制也属于强震下的拉裂破坏效应，斜坡主要表现为以拉裂破坏为主的特征，山体受到的拉裂效应非常明显，坡体变坡点后缘常常发育宽大沟深的拉裂缝，变形失稳机制可以归结为拉裂—倾倒、拉裂—滑移、拉裂—错断、拉裂—溃散、拉裂—溃屈、拉裂—抛射、震动—滚动等形式。

（1）拉裂—倾倒崩塌

这种类型力学模式发生在岩体强度较高、结构面发育、岩体陡倾结构面发育的坡体中。边坡临空面条件好，坡度较陡（图1-22），在强震的作用下，陡立坡体的顶部或者中上部产生拉裂折断、倾倒、崩落。边坡后缘拉裂缝和深部的贯通，往往形成陡峻的拉裂面（图1-23），在高烈度区拉裂面高度可以达到100m。被震裂的山体在山坡后缘不仅会发现拉伸裂缝，而且还会残留拉裂折断痕迹，形成孤立的危岩体。

图1-22 块状结构岩体拉裂—倾倒崩塌

Figure 1-22 Block structure of rock fracturing~dump collapse

图1-23 陡倾层状岩体的拉裂—倾倒崩塌

Figure 1-23 Steeply dipping layer rock fracturing-dump collapse

（2）拉裂—滑移崩塌

这种类型力学模式发生在岩体强度较高、坡体发育缓倾顺坡向的层面或者软弱结构面的斜坡中。其变形破坏主要受外倾结构面控制（图1-24）。边坡临空面条件好，外倾结构面间受到地震力作用下产生拉裂，在坡体上往往能见到宽大、光滑的滑移面（图1-25）。

边坡临空条件好，在地震力作用下，岩体沿顺倾向的层面或者顺坡的非贯通性结构面被震动拉裂。边坡后缘产生拉裂缝，岩体沿层面或顺倾结构面被震裂，这种被震裂的层面或者结构面跟拉裂缝相互贯通，形成了滑移面，崩塌体向临空方向滑移崩落，其演化过程示意图如图1-26所示。

图1-24 顺层滑移型崩塌（擂鼓田坝村）
Figure 1-24 Bedding slip-type collapse (Leigu Tianba Village)

图1-25 宽大光滑的滑移面（南坝石凑子）
Figure 1-25 Large smooth sliding surface (Nanba Shicouzi)

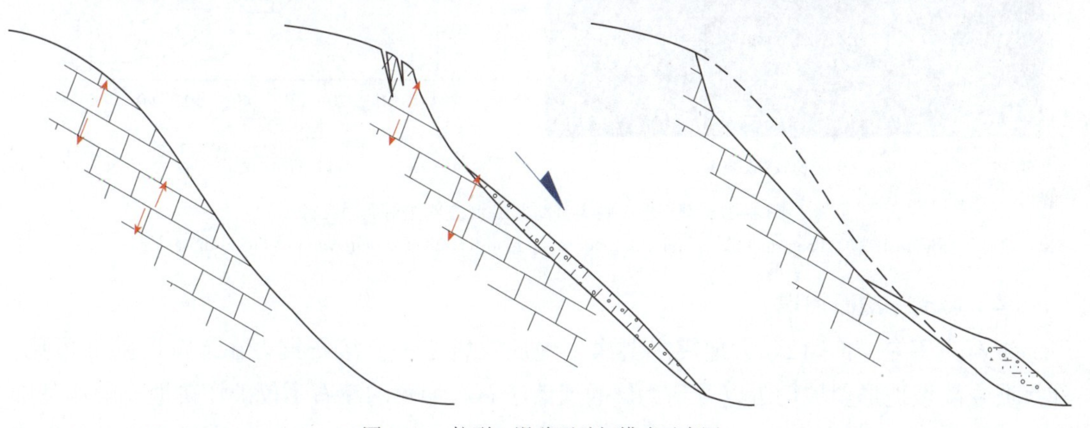

图1-26 拉裂—滑移型破坏模式示意图
Figure 1-26 Tension fracture ~ slip type failure mode diagram

（3）拉裂—抛落崩塌

在汶川地震强震区，坡体物质从山体高位处受地震力被抛出的现象十分普遍。这种破坏类型主要发生在山脊上部或者山体陡缓坡度变化凸出部位，不单是局部单个块体的抛落，甚至是坡表部分物质被整体抛出，表现为岩体结构发生震裂解体，抛出体在运动过程中还具有一定的飞行特征。

单个块体的抛落主要发生在高陡的山脊顶部部位，这是由于山脊顶部的地震动力放大效应非常明显，特别是靠近发震断裂带附近，块体在抛落过程中可以具有很高的初始速度，质量可达上百吨。如映秀百花著名的“地震石”，达300余吨的巨石被临空抛射（图1-27）。

a）全貌照片（拼接）　b）抛落块石

c）失稳破坏区　d）剖面示意图

图 1-27　都江堰至映秀公路 K1008 左侧抛射崩塌灾害

Figure 1-27　The projectile collapse disaster to the road K1008 of Dujiangyan to Yingxiu in the left

（4）震动—滚石崩塌

滚石灾害是“5·12”大地震主要次生地质灾害之一。滚石灾害在地震区随处可见，在缓坡～陡坡地形斜坡均可以看到大量的崩落滚石。崩落的滚石不仅破坏耕地、砸坏基础设施，甚至造成人员伤亡，造成巨大的损失。图 1-28 所示为坡上某处块石在地震力作用下失稳运动，停积在公路边的情况。

（5）拉裂—溃屈崩塌

强震条件下，巨大陡立岩体拉裂后，下部岩体瞬间承受巨大压力，导致岩体溃屈失稳，瞬间解体。图 1-29 所示为映秀至卧龙公路某处溃屈崩塌图片。

（6）拉裂—溃散崩塌

这种类型的崩塌发生在岩体较破碎的基岩山体和松散层坡体中，山高坡陡，靠近发震断裂的这类崩塌往往是成片分布，规模巨大。

在强震作用下，岩体整体被震裂、解体、溃散后垮塌，震裂的块体沿着溃裂边界崩塌。崩塌散落的范围较大，通常散布于坡体表面。对于一些位于极震区、靠近断裂带附近的山体，构造作用强烈，基岩岩体结构面十分发育，岩体呈破碎结构，溃裂边界通常形成高陡的溃裂面。溃裂面粗糙、呈锯齿状，这点与强震作用下形成的滑坡后缘拉裂壁特征相类似，被震裂的块体沿着高陡的溃裂边界“一崩到底”。

图 1-28 都江堰至龙池公路滚石灾害

Figure 1-28 The rolling stone disasters from Dujiangyan to Longchi road

图 1-29 岩体拉裂—溃屈破坏

Figure 1-29 Rock mass tension fracture~Collapse of the submission damage

（7）拉裂—错断崩塌

因差异风化或局部崩塌，坡体中下部产生凹岩腔，上部出现悬挂岩体，在强震作用下，悬挂岩体的后缘、侧缘岩桥突然剪断，岩体急速下坠。

1.2.3.3 震后次生泥石流灾害特征

汶川地震诱发大量崩塌滑坡灾害，崩滑物质堆积于沟谷、斜坡坡面，为后期泥石流灾害提供了丰富的物源。地震发生后，每年均发生大量的泥石流灾害，尤以 2010 年 8 月 13 日暴雨诱发的泥石流灾害最为严重。

震后泥石流灾害，主要表现为坡面泥石流灾害和沟谷型泥石流灾害。在数量上，坡面泥石流较多，在规模和危害上，沟谷型泥石流较大。图 1-30 为典型坡面型和沟谷型泥石流照片。

图 1-30 震后典型坡面型及沟谷型泥石流照片

Figure 1-30 A typical debris flow on slope and valley type after the earthquake photo

从震后 3 年泥石流发育情况看，震后泥石流主要有两个高发区：

Ⅰ区：北川—南坝—东河口一线，中央主断裂上盘。该区域位于中央主断裂上盘，地震诱发大量崩滑灾害，崩滑堆积物以碎石土为主，大颗粒物质较少，泥石流爆发主要发生在 2008~2009 年，数量多，但规模普遍不大，且泥石流多位于公路对面。

Ⅱ区：映秀北川段，中央主断裂与后山断裂之间，侵入岩体、灰岩分布区，以及前山断裂与中央主断裂之间，灰岩分布区。

地震崩滑堆积物中坚硬、大粒径物质偏多，2008~2009年间爆发部分泥石流灾害，在2010年大规模爆发，数量众多、规模巨大。

震后泥石流灾害主要有如下特点：

（1）灾害群发

震后泥石流灾害特点之一为群发性，以2010年8月13日暴雨为例，诱发映秀至卧龙、映秀至草坡、都江堰龙池公路、红白—青牛沱公路、汉旺—清平—桂花岩公路等泥石流灾害集中爆发。其中映秀至卧龙公路爆发对公路有影响的泥石流灾害32处，映秀至草坡公路爆发对公路有影响的泥石流灾害17处。

灾害群发的根本原因在于如下两个方面：

①区域内地形地质条件、地形地貌条件、气候条件的相似性。该区域内处于龙门山带地形梯度最大区域，不足20km范围内海拔高度由900m左右上升到4 989m，区内河谷密布、溯源侵蚀作用极为强烈，且处于“华西雨屏带”，降雨量大且多暴雨。

②在特殊的地层岩性、地形地貌条件下，区内为地震崩滑灾害强烈发育区，大量地震崩滑堆积物堆积于斜坡坡面、次级沟谷，为泥石流爆发提供了丰富的物源。

（2）灾害突发

突发性是泥石流灾害本身的一个固有特点，汶川地震震后泥石流更具有突发性，往往一夜数小时之内，泥石流突然爆发，造成严重损毁。

灾害突发性首先在于区内特殊的气候条件，即容易产生暴雨灾害；其次在于特殊的山区沟域地形特点，山区沟谷往往具有汇水面积大、沟床纵坡陡，而流通区范围小、出口狭窄的特点。第三在于地震崩滑堆积物堆积特点，地震区崩滑主要发生在沟谷两侧，其堆积物往往顺沟不连续堆积，暴雨条件下排水不畅形成连续堰塞湖，一旦启动容易形成连锁反应。

图1-31 映秀至汶川几处典型泥石流遥感影像图

Figure 1-31 Several typical debris flow of Yingxiu to Wenchuan remote sensing image

（3）危害巨大

震后泥石流破坏力巨大的原因，主要在于特殊的地形地貌条件。沟谷型泥石流多发生在岷江、渔子溪等次级沟谷，河谷狭窄，泥石流冲出后没有充分的堆积空间，直接掩埋公路，堰塞主河道形成堰塞湖，危害巨大。坡面型泥石流爆发后则直接掩埋公路。图1-31为映秀至汶川公路几处典型泥石流遥感影像图，由图可以看出泥石流爆发后，堆积物直接掩埋公路、堰塞岷江。

1.2.4 地质灾害对公路危害 The damage to the road by geological disaster

汶川地震地质灾害对公路的危害主要表现在如下几个方面。

（1）掩埋公路路基，致使公路无法通行

汶川地震区公路多沿河谷布线，上方多为高陡斜坡，地震诱发崩塌及滑坡灾害，崩滑堆积物往往造成大段路基被掩埋，次生坡面及沟谷泥石流灾害，也往往直接掩埋公路路基。如S303线映秀至耿达隧道进口段，总长18.56km（不含隧道）的公路中，共13.71km公路被埋或被淹，占路线总长度的73.9%。

通过对汶川地震区27段，总长1 630km的国、省干线公路统计（表1-3），共69.02km公路路基被埋，占路线总长度的4.2%，47.2km公路被堰塞湖淹没，占路线总长度2.9%，累计被埋和被淹公路总长116.22km，占总长的7.1%。

崩塌、滑坡及泥石流掩埋公路各自所占比例见图1-32a），考虑堰塞湖淹没公路后各类灾害导致公路被埋或被淹的比例见图1-32b）。

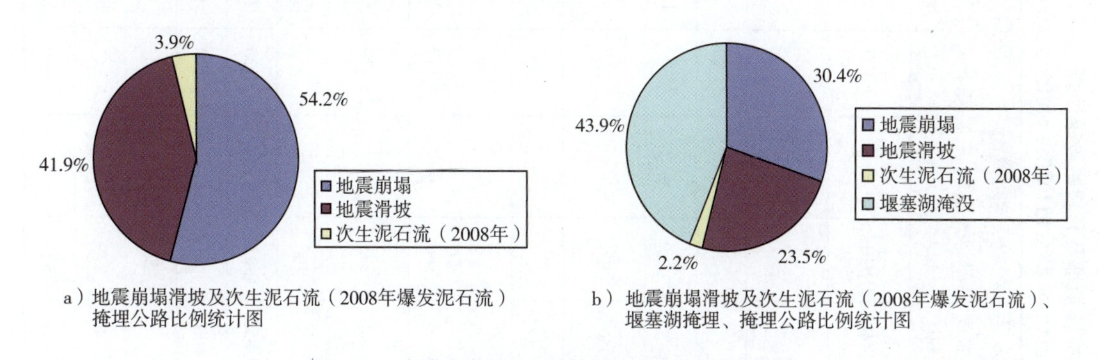

a）地震崩塌滑坡及次生泥石流（2008年爆发泥石流）掩埋公路比例统计图

b）地震崩塌滑坡及次生泥石流（2008年爆发泥石流）、堰塞湖掩埋、掩埋公路比例统计图

图1-32　各类灾害导致公路被埋或被淹没比例统计图

Figure 1-32　Various types of disasters leading to road buried or submerged ratio graph

（2）部分掩埋路基、损毁路面，影响正常通行

地震诱发崩塌落石灾害，往往造成公路挡土墙、护栏、路面等被砸坏，影响公路通行，图1-33为典型崩塌落石危害挡土墙、护栏、路面，影响公路通行的照片。通过对汶川地震区27段、总长1630km的国、省干线公路统计，共88.6km公路路基部分被埋或被损坏（表1-3），影响公路通行，其中地震崩塌占97%。

a）崩塌落石砸坏挡墙

b）崩塌落石砸坏路面

图1-33　典型崩塌落石灾害影响路面通行照片

Figure 1-33　Typical collapse rockfall disaster affecting road traffic photos

表 1-3　汶川地震区地震地质灾害掩埋及影响路段统计表

Table1-3　Road sections in Wenchuan earthquake area buried or affectd by the earthquake geological disaster table

路线名称	路线长度（km）	扣除隧道后的长度（km）	灾害点数量（处）	崩塌数量（处）	滑坡数量（处）	泥石流数量（处）	掩埋公路长度（m）	崩塌掩埋长度（m）	滑坡掩埋长度（m）	泥石流掩埋长度（m）	影响路段长度（m）	崩塌影响长度（m）	滑坡影响长度（m）	泥石流影响长度（m）	堰塞湖个数（处）	堰塞湖淹没公路长度（m）
G213 线都江堰至映秀公路	30.6	30	45	24	21	2	1 770	860	910		3 820	3 120	700			
都江堰至映秀高速公路	25.5	16.7	5	4	1											
汉旺至清平公路	21.3	21.3	17	17			3 320				2 640				3	2 560
S105 安昌至北川	22.3	22.3	13	10	2	1	0				2 050	1 850	150	50		
S302 通口至邓家坝（北川）段	13.7	13.7	14	12	2		850	550	300		1 120	1 120				
S205 线桂溪至江油段	17.9	17.9	7	7			0				210	210				
G212 三堆至洞水段	13.2	13.2	6	6			0				746	746				
S303 线映秀至耿达段	19.78	18.56	67	62	1	4	11 491	10 821	180	490	3 740	3 740			11	2 220
G213 线映秀至草坡段	27.2	20.72	44	43	1		9 415	9 020	395		5 440	5 440			1	400
清平至烂柴湾公路	10.1	10.1	28	28			5 500								11	4 600
S302 线北川至茂县	102.5	102.5	34	24	7	3	6 015	1 855	2 820	1 340	2 020	2 020			1	35 900
S205 南坝至古城	39.7	39.7	21	14	7		2 100	400	1 700		1 030	530	500		1	200
G212 洞水至沙洲段	21	21	5	3	2		50		50		484	304	180			
S303 线耿达至卧龙段	23.5	23.5	39	31	4	4	2 747	2 140	397	210	4 347	4 147	200		3	220
G317 线汶川至理县段	57	57	20	17	3		1 180	660	520		1 980	1 980				

续上表

路线名称	路线长度（km）	扣除隧道后的长度（km）	灾害点数量（处）	崩塌数量（处）	滑坡数量（处）	泥石流数量（处）	掩埋公路长度（m）	崩塌掩埋长度（m）	滑坡掩埋长度（m）	泥石流掩埋长度（m）	影响路段长度（m）	崩塌影响长度（m）	滑坡影响长度（m）	泥石流影响长度（m）	堰塞湖个数（处）	堰塞湖淹没公路长度（m）
S302 茂县两河口—黑水	96	96	20	13	7		1 613	770	843		1 242	1 042	200			
G213 线茂县至叠溪段	62	62	47	42	5		4 120		4 120		19 100	19 100				
S205 古城至平武白沟段	58	58	25	25			0				750	750				
G212 线沙洲至姚渡至甘肃宏宕	341	341	20	9	6	5	5 853	3 000	2 753	100	15 800	15 600	200			
G317 线理县至马尔康段	155	155	4	3	1		80	80			450	400	50			
G213 线叠溪至川主寺	101	101	7	7			0				1 900	1 900				
S205 线平武白沟至九寨沟两河口段	89	89	28	20	8		480	400	80		1 068	898	170		1	200
G213 线草坡至汶川段	27.7	26.183	10	8	2		390	350	40		4 090	3 930	160			
G213 汶川至茂县段	42	42	28	24	4		800		800		9 500	9 500				
S105 线北川至南坝	79.1	79.1	39	26	11	2	4 710	100	4 410	200	2 960	2 830	130		4	900
S105 南坝至乐安寺	64	64	18	11	7		5 010	1 010	4 000		1 950	1 650	300			
S105 线乐安寺—青川至沙洲	70	70	13	7	6		1 530	610	920		150	150				
合计	1 630.08	1 611.463	624	497	108	21	69 024	32 626	25 238	2340	88 587	82 957	2 940	50	36	47 200

备注：（1）表中统计为主要区域国省干线统计数据；（2）泥石流为 2008 年爆发泥石流，且仅计列了对公路有影响的灾害点。

（3）掩埋隧道洞口，损坏洞门结构物

汶川地震崩滑灾害对隧道洞口影响，主要在于崩滑堆积物掩埋洞口或损坏洞口构造物。据调查统计，共有7个隧道洞口被埋，9个隧道洞口受地震崩塌落石影响（图1-34），主要隧道洞口受损情况见表1-4。

图1-34 隧道洞口被埋、洞门结构被损坏

Figure 1-34 Tunnel entrance buried, the structure of tunnel portal was damaged

表1-4 汶川地震区受地震崩滑灾害损坏隧道情况表

Table1-4 The table of tunnels damaged by the earthquake slump disaster in Wenchuan earthquake area

路线名称	桥梁名称	受损情况
S303线映秀—卧龙公路	烧火坪隧道	隧道进口受崩塌落石影响，隧道出口被地震崩滑堆积物完全掩埋
	盘龙山隧道	隧道进口受崩塌落石影响，隧道出口被地震崩塌堆积物掩埋过半
	耿达隧道	隧道进口明洞被上方落石击穿
G213线都江堰—映秀—汶川公路	龙洞子隧道	隧道进口左侧滚石，局部损坏洞门结构；隧道出口上方陡坡崩塌，崩塌堆积物掩埋隧道右洞洞口
	龙溪隧道	隧道出口上方斜坡局部崩塌，洞口局部被崩落块石损坏
	皂角湾隧道	隧道出口洞门结构被上方崩落块石损坏
	毛家湾隧道	隧道出口被上方斜坡崩滑堆积物掩埋过半
	彻底关隧道	隧道进口被上方斜坡崩滑堆积物掩埋过半
	福堂隧道	隧道进口被上方斜坡崩滑堆积物掩埋过半；隧道出口外路面被上方陡坡崩塌堆积物掩埋
	桃关隧道	隧道进口洞门结构被地震崩塌块石损坏；隧道出口被崩塌块石损坏
	草坡隧道	隧道进口被掩埋过半；隧道出口洞门墙被上方崩塌坠落碎石损坏

（4）砸毁桥梁，致使桥梁无法通行

汶川地震灾区桥梁多为跨越河谷及次级沟谷、或顺河布设，桥梁容易受到上方崩滑灾害威胁，有些则被堰塞湖淹没，表1-5为汶川地震区部分路段受地震地质灾害影响桥梁统计表。据统计，被地震崩落块石完全砸毁桥梁4座，分别为S303映秀至卧龙公路渔子溪

2号桥、G213线一碗水中桥、电站沟中桥、彻底关拱桥；有5座大桥部分桥跨被砸毁导致无法通行，分别为S303映秀至卧龙公路渔子溪1号桥、K24电站顺河桥、彻底关大桥、桃关大桥、草坡大桥；S302线22座桥梁被唐家山堰塞湖淹没；还有若干桥梁受地震崩塌落石威胁，致使桥梁结构受损。受损桥梁情况见表1-5，典型桥梁被毁情况见图1-35。

表1-5 汶川地震区受地震崩滑灾害损坏桥梁情况表

Table 1-5 The table of bridges damaged by the earthquake slump disaster in Wenchuan earthquake area

路线名称	桥梁名称	受损情况
S303线映秀—卧龙公路	渔子溪1号桥	桥梁与河流小角度相交，映秀侧2跨桥梁被崩塌坠落块石砸毁，块石滚落至老桥桥面
	渔子溪2号桥	桥梁与河流小角度相交，全桥被崩塌坠落块石砸毁
	渔子溪3号桥	桥梁与河流小角度相交，桥位一侧被崩塌弹跳块石击中，桥面受损
	K24顺河桥	顺河桥，桥梁被上方坠落块石砸毁1跨
	K34渔子溪桥	新桥与河流小角度相交，护栏被上方崩落块石损坏，相邻老桥大量块石坠落击中，结构完好
G213线映秀—汶川公路	映秀岷江大桥	桥梁与河流近于正交，河流左岸桥台被埋，一跨受损但未垮塌
	K27顺河桥	顺河桥，一跨被砸跨，桥梁护栏受损
	K28顺河桥	顺河桥，一跨被砸跨，桥梁护栏受损
	一碗水中桥	顺河桥，全桥被上方崩落块石砸毁
	电站沟中桥	顺河桥，全桥被上方崩落块石砸毁
	彻底关拱桥	桥梁与河流正交，被两侧崩落块石砸毁
	彻底关大桥	桥梁与河流小角度相交、汶川侧被崩塌坠落块石砸毁2跨
	桃关大桥	桥梁与河流小角度相交、汶川侧被崩塌坠落块石砸毁2跨
	草坡大桥	桥梁与河流小角度相交、汶川侧被崩塌坠落块石砸毁2跨
S302线北川至禹里段		22座桥梁被唐家山堰塞湖淹没

图1-35 地震崩塌落石砸毁桥梁

Figure 1-35 Falling rock of earthquake collapse smashed the bridge

（5）损坏桥梁，影响通行

地震崩落块石坠落在桥梁上，致使桥梁部分受损，但桥梁尚可通行。

（6）崩塌、滑坡及泥石流堆积物堰塞河道、淹没公路

地震崩塌、滑坡及泥石流堆积物堰塞河道，形成堰塞湖，则淹没大段公路。

调查范围内，共有堰塞湖36处，淹没公路累计长度约47.2km，淹没桥梁22座，见表1–3。

1.3 公路沿线地质灾害发育规律[12] The disaster development regularity along the road

1.3.1 灾害统计 Disaster statistical

项目研究依托地震灾区纵横交错的公路网，以现场调查为基础，在掌握约6 056 km国省干线公路及典型县乡道路沿线地质灾害详细资料基础上，形成了若干条垂直龙门山构造带和平行龙门山构造带的完整观察路线，并依据地质构造、地层岩性、地震烈度、地形地貌等进行研究区域划分和灾害统计。通过观察路线灾害的研究分析，以及不同地质构造、地层岩性、地震烈度和地形地貌条件典型段落灾害的对比分析，研究汶川地震崩滑灾害发育特征以及分布规律。

依据地质构造、地震烈度等，进行了灾害统计及区域划分，见图1–9和表1–2，表1–2列出了各分区灾害点总量及不同规模灾害点数据。

在如上分段基础上，选取典型公路路段地震崩滑灾害数据进行统计，见表1–6。

1.3.2 龙门山构造带垂向上发育规律分析 The development regularity analysis on vertical of Longmenshan structural leelt

根据地质构造部位并考虑走向上岩性的变化，划分为映秀至北川段、北川至东河口段、东河口北东方向段3个区域进行研究分析。

1.3.2.1 映秀至北川段

映秀至北川段，中央主断裂至后山断裂之间以侵入岩体及灰岩、白云岩等硬质岩为主。本段以都江堰—映秀—卧龙和汉旺—清平—茂县两个代表性段落分析。

（1）都江堰—映秀—卧龙公路沿线

该线路前山断裂为安县—灌县断裂，中央主断裂为北川—映秀断裂，后山断裂为茂县—汶川断裂。前山断裂南东（下盘）方向为山前冲积平原。在现场地震地质灾害调查基础上，结合遥感影像资料分析，绘制沿线崩滑灾害发育图见图1–36。

由图1–36可以清晰地看出，不同地质构造部位的地震地质灾害发育情况，北川—映秀断裂与茂县—汶川断裂之间为地震地质灾害密集发育区，各类崩塌滑坡灾害几乎连续分布。为更深入地认识沿线地质灾害发育情况，进一步细化段落划分并进行统计，见表1–7。

表 1-6 典型公路路段地震崩滑灾害统计

Table 1-6 Seismic landslides and collapse statistics of typical highway sections

段落分区	典型段落	主体岩性	地质构造	地震烈度	与中央主断裂的垂直距离（km）	与中央主断裂交点距震中的距离（km）	灾害点数量（处）	路线长度（km）	灾害点密度（处 /km）	灾害点平均规模（m^3/ 处）
A-1	G213 线都江堰—映秀	碎屑岩为主，局部灰岩	前山断裂与中央主断裂之间	Ⅸ ~ Ⅺ	-8.5~0.0	2.3	44	30.6	1.44	1 432
A-2	汉旺—清平（棋盘石）公路	灰岩、白云岩为主，局部碎屑岩		Ⅸ ~ Ⅹ	-12.3~0.0	78.0	16	12.5	1.36	117 647
A-3	S302 通口—邓家坝	碎屑岩、灰岩等		Ⅸ ~Ⅺ	-9.9~0.0	135.0	14	13.7	1.02	3 907
A-4	S205 江油（大康）—桂溪	碎屑岩、灰岩等		Ⅸ ~ Ⅺ	-15.6~-1.8	150.0	7	17.9	0.39	86
A-5	G212 三堆—洞水	碎屑岩、灰岩等		Ⅷ ~ Ⅹ	-9.8~0.0	259.0	6	13.2	0.46	200
B-1	S303 线映秀—耿达	花岗岩、闪长岩、辉长岩、片岩等	中央主断裂与后山断裂之间	Ⅹ ~ Ⅺ	0.0~12.7	2.3	68	18.7	3.58	134 107
B-2	G213线映秀—草坡				0.0~24.1	2.3	44	20.7	2.13	244 852
B-3	清平（棋盘石）—烂柴湾	闪长岩、白云岩等		Ⅹ	0.0~7.4	78.0	28	10.1	2.77	123 929
B-4	S302线北川—茂县 0~10 km	寒武系碎屑岩		Ⅹ ~ Ⅺ	0.0~5.0	126.0	4	10.6	0.38	5 115 000
	S302线北川—茂县 禹里—茂县	千枚岩为主，局部夹灰岩		Ⅸ ~ Ⅹ	12.2~26.9	126.0	27	56.0	0.48	5 037
B-5	S205线南坝—古城 0~9.2 km	寒武系碎屑岩		Ⅹ ~ Ⅺ	0.0~4.4	181.0	7	9.2	0.76	200 429
	S205线南坝—古城 9.2 km~古城	千枚岩为主，局部碎屑岩、灰岩		Ⅷ ~ Ⅹ	4.4~27.8	181.0	17	30.5	0.50	5 582
B-6	G212 洞水—沙洲	千枚岩夹灰岩		Ⅷ ~ Ⅸ	0.0~12.3	259.0	5	21.0	0.24	500

续上表

段落分区	典型段落	主体岩性	地质构造	地震烈度	与中央主断裂的垂直距离（km）	与中央主断裂交点距震中的距离（km）	灾害点数量（处）	路线长度（km）	灾害点密度（处/km）	灾害点平均规模（m^3/处）
C–1	新G213线草坡—汶川—茂县	砂板岩、千枚岩、灰岩，局部侵入岩体	后山断裂带内	Ⅷ～Ⅸ	24.1~26.9		37	67.2	0.55	20 862
C–2	S105线北川—桂溪—南坝	上盘寒武系碎屑岩，下盘灰岩、碎屑岩等	中央主断裂附近	Ⅺ	－3.6~0.5		31	75.0	0.41	356 274
C–3	S105线青川—沙洲	上盘片岩、凝灰岩等变质岩，下盘千枚岩	后山断裂带附近	Ⅸ	－1.0~1.0*		13	29.5	0.44	119 700
D–1	S303线耿达—卧龙	变质岩、灰岩、碎屑岩	后山断裂上盘方向	Ⅸ～Ⅹ	12.7~21.2		37	23.5	1.57	11 146
D–2	G317线汶川—理县	砂板岩、千枚岩、灰岩		Ⅷ	30.1~51.3		20	57.0	0.35	10 660
D–3	G213线茂县—叠溪	砂板岩、千枚岩夹灰岩		Ⅷ	26.9~65.3		42	62.0	0.68	12 371
D–4	S205古城—平武白沟	千枚岩、板岩、片岩等		Ⅷ	27.8~65.0		25	58.0	0.43	618
D–5	G212线沙洲—姚渡	上盘片岩、凝灰岩等变质岩		Ⅷ～Ⅸ	12.3~24.8		4	21.0	0.19	1 025
E–1	G317线理县—马尔康	砂板岩、千枚岩夹灰岩	远离后山断裂	≤Ⅶ	51.3~149.9		4	155.0	0.03	2 725
E–2	G213线叠溪—川主寺	砂板岩、千枚岩夹灰岩		Ⅶ	65.3~75.3		8	101.0	0.08	5 588
E–3	S205线平武白沟—九寨沟双河	变质岩、碎屑岩、灰岩		≤Ⅶ	65.0~115.5		28	89.0	0.31	4 380

注：标示*者为距离后山断裂的距离；表中公路长度扣除了隧道长度；统计中删除了公路对面、对公路无影响的灾害数据；表中灾害点大部分为多个灾害点组成的灾害群；地震烈度依参考文献[13]。

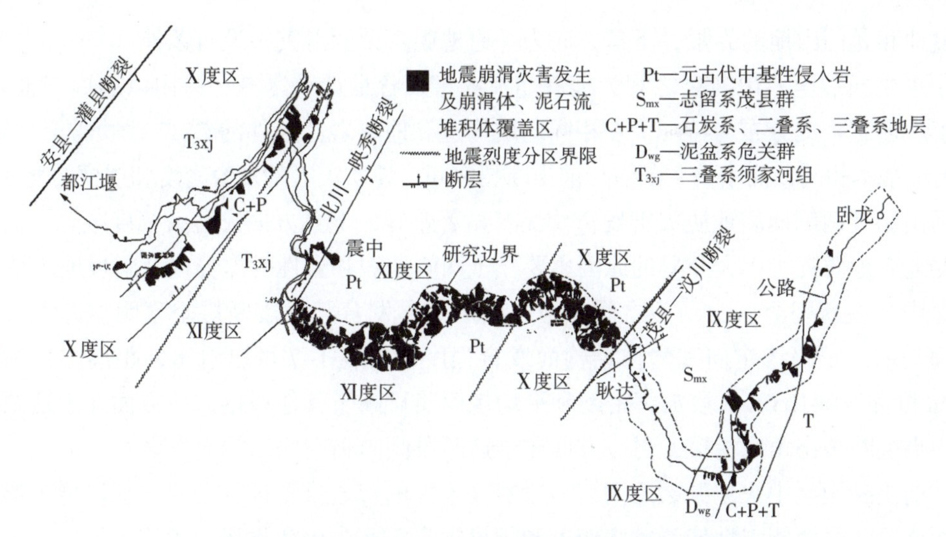

图 1-36 都江堰—映秀—卧龙公路沿线地震崩滑灾害简图

Figure 1-36 Distribution sketch of seismic landslide and collapse along the highway of Dujiangyan—Yingxiu—Wolong

表 1-7 都江堰—映秀—卧龙公路沿线地震崩滑灾害统计数据

Table 1-7 Statistics of seismic landslide and collapse along the highway of Dujiangyan—Yingxiu—Wolong

段落编号		地层岩性及构造		路线长度（km）	距离中央主断裂垂直距离（km）	灾害点数量（处）	灾害点密度（处/km）	灾害点平均规模（m³/处）	路线平均走向（°）	与主断裂夹角（°）	密度×平均规模（m³/km）
A-1	F1	砂岩、泥岩、粉砂岩互层，局部夹煤层	路线与构造线近于平行	20.20	4.2~8.4	20	0.990	1 466	230	5	1 451
	F2		路线与构造线近于斜交	10.40	0.0~4.2	24	2.308	1 404	358	57	3 240
B-1	F1	元古代中基性侵入岩，主要为闪长岩、石英闪长岩、辉长岩等，为硬质岩		3.30	0.0~3.0	11	3.333	111 840	292	57	372 799
	F2			6.50	3.0~6.0	21	3.231	211 362	229	6	682 863
	F3			3.30	6.0~8.8	8	2.424	53 750	306	71	130 303
	F4			2.90	8.8~10.0	14	4.828	140 090	251	16	676 299
	F5			2.70	10.0~12.7	13	4.815	71 160	327	88	342 621
D-1	F1	后山断裂带内，以片岩、千枚岩为主		3.60	12.7~16.0	3	0.833	1 867	333	82	1 556
	F2	变质砂岩、粉砂岩、页岩、千枚岩夹灰岩		5.04	16.0~20.0	8	1.587	27 698	333	82	43 965
	F3	灰岩、变质砂岩、粉砂岩、页岩、千枚岩		14.86	20.0~21.2	28	1.884	9 129	222	13	17 201

根据图 1-36 及表 1-7 的分析可以得出，都江堰—映秀—卧龙这一线路所代表的以震中映秀为中心，横穿龙门山构造带方向灾害的发育特征：

①中央主断裂、后山断裂和前山断裂对地震崩滑灾害具有重要控制作用。前山断裂为

山前盆地和龙门山地的界限，下盘方向为平原地貌，无崩滑灾害发育条件。

中央主断裂至后山断裂之间为地震崩滑灾害发育最严重区域，区内以崩塌灾害为主，以成群、连续密集分布为特征，在相同地质构造和地层岩性条件的G213线映秀至草坡段，灾害特征基本相同；而中央主断裂与前山断裂之间，地质灾害的发育密度和规模明显降低。

后山断裂两侧地震地质灾害发育情况有显著差异，上盘方向灾害大幅度减轻。后山断裂两侧地震地质灾害巨大差异的原因主要在于两侧地貌和岩性的差异以及斜坡地质结构。

②中央主断裂至后山断裂之间，地震崩滑灾害发育与发震断层垂直距离并无直接关系，而是取决于路线走向和岩体结构面发育程度。由表1–7可以看出，距离中央主断裂3~6 km段和8.8~10.0 km段灾害密度和平均规模明显高于其他段落，一方面在于这两段路线与中央主断裂小角度相交，另一方面在于这两段倾向临空面结构面发育。

③前山断裂至中央主断裂之间有一段宽度不大的灰岩推覆体，公路主要以隧道形式穿过，而该段灰岩两侧斜坡崩滑灾害密度和规模远高于区内碎屑岩段，表明了岩性及地貌对崩滑灾害发育的影响。

（2）汉旺—清平—茂县公路沿线

该公路汉旺—清平段为二级公路，清平—桂花岩段为矿山公路，桂花岩之后为待建公路，震害有如下特点：

①前山断裂下盘方向为冲积平原，无崩滑灾害发育条件。

②前山断裂与中央主断裂之间，主要为灰岩地层，构造线与路线近于正交，地面横坡陡峻，多见地貌突出部位，地震诱发一把刀、小岗剑、天池等多处大型崩滑灾害，形成堰塞湖，大段掩埋或淹没公路，尤其是清平乡文家沟滑坡，规模巨大，但位于公路对面，对公路无影响。

③中央主断裂与后山断裂之间，可以分为两段：第一段为棋盘石至桂花岩段，为闪长岩、白云岩、灰岩分布区，地面横坡陡峻，河谷下切作用强烈且沟谷狭窄，地震诱发崩塌灾害成片、连续分布，形成串珠状堰塞湖，几乎全部掩埋或淹没公路；第二段为桂花岩至茂县段，主要为千枚岩地层，九顶山分水岭地带，崩滑灾害零星分布、规模不大。

上两段反映了岩性和地貌对灾害的控制作用。千枚岩为主地层岩性软弱、地面横坡较缓且少见突出部位，加之分水岭段沟谷切割深度有限，是灾害不发育的原因。

1.3.2.2 北川至东河口段

北川至东河口段，沿中央主断裂多为河谷地貌，断层上盘为寒武系碎屑岩、硅质岩地层，多形成地貌突出部位。以江油（通口）—北川—茂县—川主寺公路、南坝—古城—平武—双河公路两条线路为代表进行分析。

（1）江油（通口）—北川—茂县—川主寺公路

该段公路以北川为中心，总体上垂直于龙门山构造带，由A–3，B–4（进一步根据岩性划分为寒武系地层段B–4–1，禹里至茂县千枚岩为主段B–4–2），D–3和E–2等段落组成，详细数据见表1–6，为直观对比各段灾害发育情况，绘制对比图（图1–37）。

由表1–6以及图1–37可以看出，中央主断裂上盘寒武系地层段灾害最发育，其中唐家山滑坡规模巨大，形成堰塞湖，淹没公路 36 km、桥梁 22 座。而同样处于中央主断裂与后山断裂之间的千枚岩段，灾害点密度 × 平均规模仅 2 422 m^3/km。

G213 线叠溪至川主寺段（E–2），远离后山断裂，地震烈度为Ⅶ，灾害点密度最低，平均规模最小。

（2）南坝—古城—平武—双河段沿线

该段公路以南坝为中心，总体上垂直于龙门山构造带，为进一步分析地层岩性及地质构造对崩滑灾害发育的影响，绘制对比图见图 1–38。

B–5 段处于中央主断裂与后山断裂之间，进一步划分为 B–5–1，B–5–2 和 B–5–3。其中 B–5–1 段为寒武系地层，紧邻中央主断裂上盘（4.4 km 以内），有多处大型滑坡灾害，灾害点密度 × 平均规模达到 152 500m^3/km；B–5–2 段主要为震旦系、寒武系地层，公路边坡多为顺层斜坡，距离中央主断裂 4.40~16.07 km，地震诱发多处顺层滑坡灾害，灾害点密度 × 平均规模为 5 243m^3/km；B–5–3 段主要为千枚岩，片理走向多垂直公路路线，灾害点密度和规模明显降低。

E–3 段进一步分为 E–3–1 和 E–3–2：其中 E–3–1 段为板岩、变质砂岩、片岩等。片理走向与公路多大角度相交，公路沿线以小规模崩塌落石灾害为主；E–3–2 段为灰岩，发育有一处大型崩塌灾害，使图 1–38 中该段数据偏高。

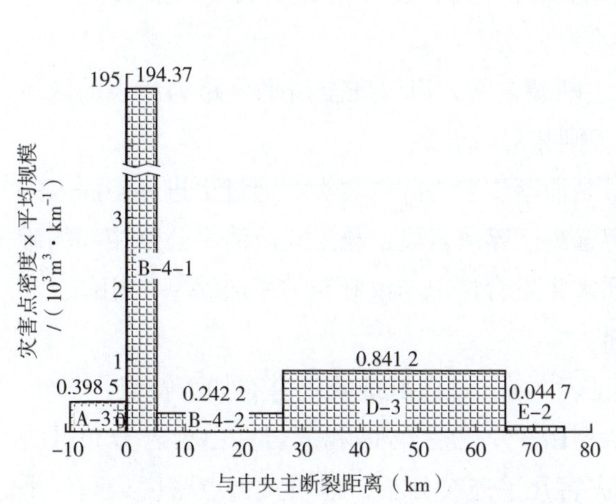

图 1–37 通口—北川—茂县—川主寺公路沿线地震崩滑灾害统计

Figure 1–37 Statistics of seismic landslide and collapse along the highway of Tongkou—Beichuan—Maoxian—Chuanzhusi

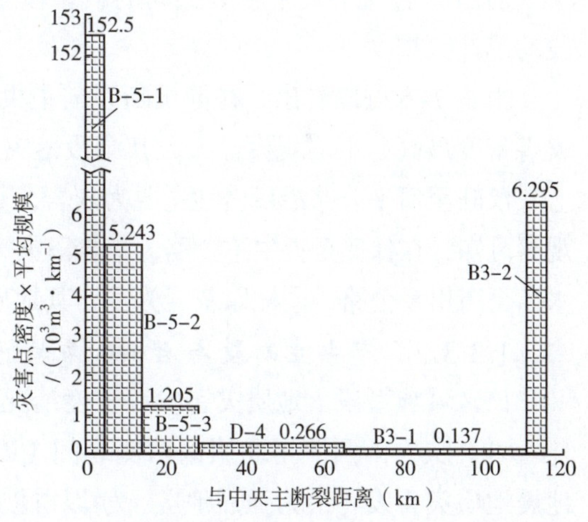

图 1–38 S205 南坝—古城—平武—双河公路沿线地震崩滑灾害统计

Figure 1–38 Statistics of seismic landslide and collapse along the highway of Nanba—Gucheng—Pingwu—Shuanghe

如上两段代表了北川—东河口沿线，横穿龙门山构造带方向的地质灾害发育情况，有如下规律：

①中央主断裂上盘，条带状分布寒武系地层区（碎屑岩、硅质岩等），为地震崩滑灾害高发区，地震诱发的大量高速远程滑坡灾害（如唐家山滑坡、王家岩滑坡、陈家坝滑坡、东河口滑坡等），主要分布在该套地层内。

②千枚岩段由于岩性软弱、地面横坡相对较缓，灾害发育密度较低，灾害点平均规模较小，少见大型崩滑灾害。

③除中央主断裂上盘寒武系地层段外，其余段落灾害发育主要受地层岩性、斜坡地质结构控制，不利结构面外倾路段以及灰岩等地貌突出部位更易发生滑坡及崩塌灾害。

④相同或相似岩性及地质构造条件下，地震烈度越低，灾害点密度越低、平均规模越小。

（3）广元（宝轮）—沙洲—姚渡公路

该公路处于龙门山构造带北段，本次地震地表破裂终止于东河口，并没有延伸至此，沿线地震地质灾害发育程度明显较前两段（江油（通口）—北川—茂县—川主寺公路和南坝—古城—平武—双河段沿线）轻，各地质构造部位之间地质灾害发育程度也没有明显区别（见表1-6）。实际上从东河口往北东方向，中央主断裂控制作用减弱，其上、下盘灾害无明显差异。

1.3.3 龙门山构造带走向上灾害对比分析 The disaster comparative analysis on strike of Longmenshan tectonic belt

1.3.3.1 前山断裂与中央主断裂之间

前山断裂与中央主断裂之间的典型段落地质灾害发育密度情况见表1-6中A-1~A-5段的统计数据。

由表1-6可以看出，在前山断裂与中央主断裂之间，以汉旺至清平公路为代表的区域灾害密度最高、平均规模最大，其余段落灾害则相对较轻。

汉旺至清平公路沿线岩性主要为灰岩，其余段落主要为碎屑岩类。通过更进一步深入的观察可知，在什邡至青牛沱公路，灰岩段灾害远高于碎屑岩段，与汉旺至清平公路相邻的睢水镇至高川乡公路，同样以灰岩为主，其地质灾害发育情况与汉旺至清平公路基本相似。

1.3.3.2 中央主断裂与后山断裂之间

该区域典型段落地质灾害发育密度情况见表1-6，该区域地质灾害有如下特点：

（1）映秀南西侧至北川南西侧之间（B-1~B-3），侵入岩体和灰岩、白云岩分布区为地震地质灾害发育最为强烈地区，崩塌滑坡灾害几乎连续分布，地质灾害点密度最高、平均规模最大。

（2）北川至东河口一线（B-4，B-5），断层上盘寒武系地层中发育大型高速远程滑坡灾害，而在千枚岩地层，震害明显减轻。

（3）东河口再往北东方向（B-6），震害明显减轻，中央主断裂上、下盘灾害无明显差异，而地表破裂也在东河口终止。

1.3.3.3 后山断裂带内及后山断裂上盘方向

各段统计数据见表1-6，灾害有如下发育特征：

（1）茂汶断裂带草坡—汶川段为一系列次级断层组成的压扭性断裂带，两侧岩体破碎、风化强烈，地震诱发大量斜坡中上部土层及强风化岩土体滑移失稳灾害，单体规模不大，但成片、连续分布，几乎全部掩埋了紧邻斜坡布设的老 G213 公路。

（2）青川—平武断裂的青川—沙洲段大致以木鱼为中心，类似于中央主断裂北川至东河口段，形成了上盘条带状地质灾害高发区，尤其是发育有很多尚未失稳的震裂山体。

（3）茂汶断裂以及青川—平武断裂上盘方向，岩性多为千枚岩、砂板岩，其次零星分布石英片岩、侵入岩体、灰岩等，地震地质灾害主要顺河谷呈带状分布，而区内公路多顺河谷布线，致使公路受灾害影响严重。其中耿达至卧龙公路地震烈度最高，灾害相对最严重。

1.3.4 地震崩滑灾害发育程度分区及总体发育规律 The development subarea of slope disaster triggered by earthquake and the general development regularity

1.3.4.1 地震崩滑灾害发育程度分区

根据公路沿线灾害调查数据，在如上统计分析基础上，进行了汶川地震崩滑灾害发育程度分区。共划分 5 个大区、8 个亚区，见表 1-8 及图 1-39。

表 1-8 地震崩滑灾害发育程度分区

Table 1-8 Zoning of seismic landslide and collapse according to their development degree

发育级别	分区代号	区域范围描述	地质特征	灾害特征
极强烈	Ⅰ-1	中央主断裂与后山断裂之间，映秀至清平、北川、汶川、耿达之间	花岗岩、闪长岩等侵入岩体，灰岩、白云岩，地震烈度Ⅸ~Ⅺ度	（1）以崩塌灾害为主，成群、连续分布，灾害规模一般在数万至数十万立方米，少量超过 10^6m^3 的特大型灾害；（2）灾害点密度大于 2 处 /km，平均规模大于 10^5m^3/ 处；（3）70% 以上公路被埋或被淹
	Ⅰ-2	自北川至东河口，中央主断裂上盘以上 1~10 km 范围内	寒武系碎屑岩、硅质岩、灰岩，地震烈度Ⅸ~Ⅺ度	以中央主断裂上盘动力条件下诱发大型高速远程滑坡为主，如唐家山滑坡、陈家坝滑坡、东河口滑坡等，以堰塞河道、大段掩埋或淹没公路为特征。公路原位无法恢复，需在滑体上便道通过
强烈	Ⅱ	前山断裂与中央主断裂之间，南西至遵道—青牛沱，北东至桑枣、北川	灰岩为主，地震烈度Ⅸ~Ⅺ度	（1）以崩塌灾害为主，成群、连续分布，少量大型滑坡崩塌灾害，如文家沟滑坡、岳家山滑坡等；（2）灾害点密度大于 2 处 /km，平均规模大于 10^5m^3/ 处；（3）40% 以上公路被埋或被淹
较强烈	Ⅲ-1	自都江堰至宝轮，前山断裂与中央主断裂之间碎屑岩分布区	前山断裂与中央主断裂之间，碎屑岩区，地震烈度Ⅷ~Ⅺ度	灾害点密度小于 1.5 处 /km，平均规模一般小于 10^4m^3/ 处。5%~10% 道路被埋或受影响
	Ⅲ-2	后山断裂上盘，至Ⅷ度等震线以内	千枚岩及砂板岩为主，地震烈度Ⅷ~Ⅹ度	灾害点密度小于 1.5 处 /km，平均规模一般小于 10^4m^3/ 处。5%~10% 道路被埋或受影响
	Ⅲ-3	草坡至汶川、青川至沙洲，断裂带附近	后山断裂带内、青川—平武断裂上盘，地震烈度为Ⅷ~Ⅸ度	（1）草坡至汶川后山断裂带内，两侧岩体破碎、风化强烈，以密集分布的土层及强风化层滑移失稳为特征，大段掩埋老 G213 线，难以恢复；（2）青川断裂上盘，为凝灰质砂岩、绿泥石英片岩等，多见崩塌、滑坡灾害，掩埋公路，且震裂山体广泛分布，震后大多稳定

续上表

发育级别	分区代号	区域范围描述	地质特征	灾 害 特 征
中等	Ⅳ	后山断裂上盘，Ⅷ～Ⅶ度等震线之间	后山断裂上盘，千枚岩及砂板岩为主，地震烈度为Ⅶ度	灾害类型以崩塌及滑坡灾害为主，灾害点密度一般小于0.5处/km，平均规模一般小于10^4m^3/处。被埋或受影响道路长度小于总长度5%
弱	Ⅴ	其他区域	—	灾害点零星分布，少见大于10^4m^3/处的灾害点。公路基本可通行

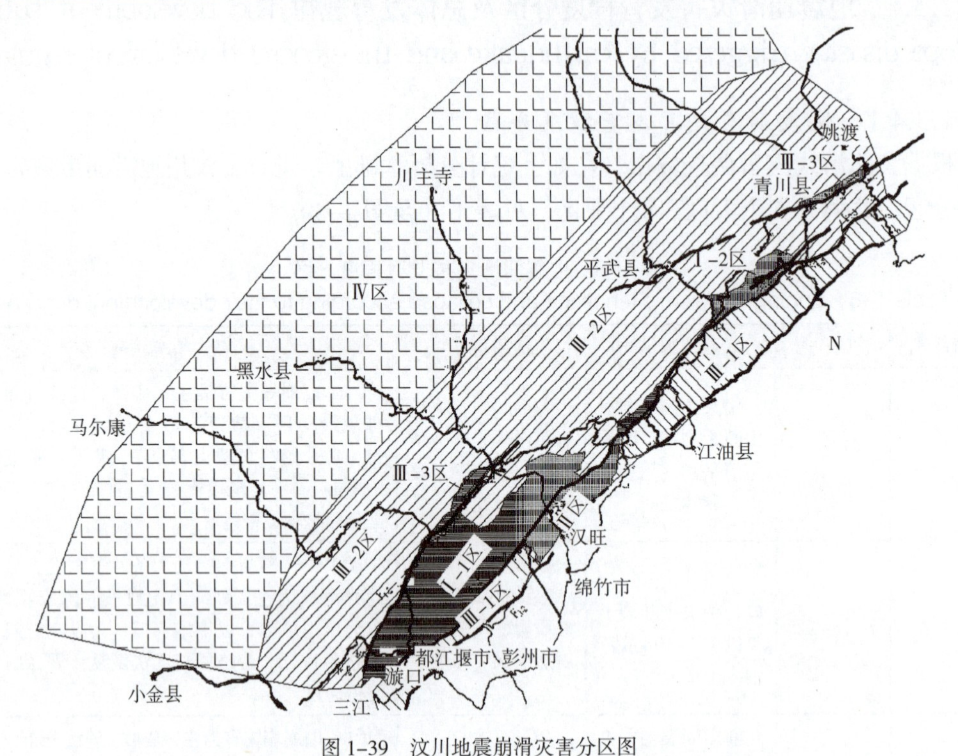

图 1-39 汶川地震崩滑灾害分区图

Figure 1-39 Zoning diagram of the landslide and collapse induced by Wenchuan earthquake

1.3.4.2 汶川地震崩滑灾害总体发育规律

（1）断裂构造控制了地震崩滑灾害的发育

龙门山构造带垂直方向和走向方向的研究表明，3条主干断裂带均对灾害的发育具有重要控制作用。

①前山断裂控制作用：前山断裂为龙门山区和山前冲洪积平原以及山前红层盆地的重要地貌和构造界线，上盘为地震地质灾害较强烈～强烈发育区，下盘为弱发育区。下盘方向都江堰至安昌段为山前冲积平原及红层浅丘，不具备崩滑地质灾害发育条件；安昌至竹园坝段为山前红层低山丘陵区，崩滑灾害零星分布且规模不大；自竹园坝以后，前山断裂的控制作用减弱，断层上、下盘灾害无明显不同。

②中央主断裂的控制作用：中央主断裂作为发震断裂，上、下盘灾害有显著差异，两个极强烈发育区均位于其上盘，总体上可分为3段：

第一段为自映秀西南侧至北川，控制了极强烈I–1区。该区域以侵入岩体及灰岩、白云岩等硬质岩为主，主要为崩塌类灾害，以成群、连续分布为特征。在紧邻断层上盘及灰岩、白云岩中，还发育多处特大型滑坡灾害，如大光包滑坡、牛眠沟滑坡等。

第二段为自北川至东河口，为极强烈I–2区，以在中央主断裂上盘0~10 km范围内，一系列主要发育在寒武系碎屑岩、硅质岩地层中的大型、特大型高速远程滑坡灾害，大段掩埋公路或形成堰塞湖淹没公路为特征。该段下盘有少量大型崩塌灾害，主要分布在灰岩地层中。

第三段为东河口之后，控制作用减弱，断层上下盘灾害无明显差异，反映了发震断层的控制作用。

③后山断裂的控制作用：龙门山后山断裂主要由茂县—汶川断裂和青川—平武断裂两条断裂组成。

茂县—汶川断裂（主要在耿达至汶川段）为重要的地貌和岩性界线，上、下盘灾害发育程度有巨大差异，下盘为灾害极强烈发育区，上盘为中等发育区，这在映秀—卧龙公路沿线体现最为明显。

后山断裂之青川—平武断裂，在青川至沙洲段有明显的断层上盘效应，上盘崩滑灾害发育密度和规模远高于下盘。

（2）受断层控制的同时，岩性也对地震崩滑灾害的发育具有重要的控制作用

汶川地震灾区岩性分布情况见图1–2，为便于研究，从侵入岩、碳酸盐岩（灰岩、白云岩等硬质岩）、碎屑岩、千枚岩类、砂板岩类等几大岩性类别进行研究，统计数据见表1–9。

表1–9 不同岩性地震崩滑灾害对比

Table 1–9 Seismic landslide and collapse comparison of different lithologies

岩性	典型段落	地震烈度	灾害点密度（处/km）	灾害点平均规模（m^3/处）
侵入岩体	B–1，B–2，B–3	Ⅹ~Ⅺ	2.13~3.58	123 929~244 852
碳酸盐岩	B–3	Ⅹ~Ⅺ	2.77	123 929
	A–2	Ⅺ~Ⅹ	1.36	117 647
碎屑岩	A–1	Ⅹ~Ⅺ	1.44	1 432
千枚岩	B–4，B–5	Ⅹ~Ⅺ	0.48~0.50	5 037~5 582
砂板岩	D–2	Ⅷ	0.35	10 660

注：千枚岩类扣除了段落内其他岩性段，与表1–7数据有所不同。

由表1–9可以看出，侵入岩体和碳酸盐岩类地震地质灾害发育密度和平均规模最高。分析其原因为如下两个方面：①容易形成高陡斜坡，且多地貌突出部位，地震放大效应显著；②岩性均匀，地震波传播速度快且能量损耗低，地震能量绝大部分消耗在斜坡中上部及突出部位，造成斜坡岩土体的大规模破坏。

而对于软硬互层岩体及软岩体，一方面地面横坡相对较缓、少见突出部位，地形放大

作用不是很强烈。

因不同岩性地貌条件有较大差异，汶川地震区在相同地震烈度水平下，碎屑岩类、千枚岩类、砂板岩类崩滑灾害密度、平均规模远小于硬质侵入岩体、碳酸盐岩类。

（3）地质结构对地震崩滑灾害的发育也有重要影响

谷德振等[14-15]的研究奠定了岩体结构问题的研究基础，指出岩体结构是控制岩体变形破坏的基础。根据汶川地震崩滑灾害失稳破坏的调查研究，控制动力失稳破坏的边界面仍然是岩体中各类结构面，动力条件下，斜坡岩体结构特征依然是控制斜坡变形破坏的主要因素。

根据汶川地震崩滑失稳破坏调查，从研究斜坡动力失稳角度，初步将斜坡地质结构划分为土层及强风化层—基岩二元结构、块状结构、层状及似层状结构、碎裂结构、土层等几大类型，其中似层状结构指千枚岩、砂板岩等片理发育岩体。

与常规岩体结构类型划分最大的不同在于：汶川地震区土层及强风化层—基岩二元结构斜坡是地震灾区最为普遍、失稳数量最多的斜坡坡体结构类型。由于汶川地震区地处深切峡谷区，地面横坡陡峻，在长期重力、降雨作用下，斜坡中上部多发育厚度不大的覆盖土层以及强风化、卸荷松动岩体，而这部分岩土体又多处于斜坡中上部，在地震力作用下最容易失稳破坏，形成大量的“山扒皮”破坏现象。

（4）地形地貌的控制作用

①不同地貌条件对灾害发育的影响。临空面的存在是崩滑类地质灾害发育的基础，汶川地震区在不到 50 km 的范围内，地形高差达到 5 km 以上，深切河谷形成大量高陡斜坡，从而为地震崩滑类地质灾害提供了发育条件。

表 1-10 为几个崩滑灾害发育程度分区地貌特征汇总表，可以看出，河谷切割越强烈、相对高差越大、岸坡越陡，灾害越发育。Ⅰ-1 区主要为侵入岩体分布区，受岩性及地质构造影响，是汶川地震区相对高差最大、地面横坡最陡的地区，崩滑灾害最发育；Ⅱ与Ⅲ-1 区同样处于前山断裂与中央主断裂之间，虽然相对高差基本相同，但Ⅱ区以灰岩、白云岩为主，河谷岸坡陡峻，斜坡上多转折、突出部位，崩滑灾害远较Ⅲ-1 区发育。

表 1-10 各崩滑灾害发育程度分区地貌特征

Table 1-10 Geomorphological characteristics of each section of seismic landslide and collapse according to their development degree

分区代号	最高海拔（m）	最低海拔（m）	高差（m）	地貌特点
I-1	4 989	879	4 110	深切峡谷、岸坡陡峻，且处于山前降雨带，河谷溯源侵蚀强烈
II	2 402	800	1 602	深切峡谷、岸坡陡峻，且处于山前降雨带，河谷溯源侵蚀强烈
III-1	2 441	800	1 641	河谷地貌，除局部硬岩段外，地面横坡一般小于 40°，横剖面上转折平顺
III-2	4 769	1 337	3 432	河谷地貌，除局部硬岩段外，地面横坡一般小于 40°，横剖面上转折平顺

②地震崩滑失稳部位及坡度。根据实测剖面分析及现场调查分析，地震崩滑失稳灾害主要发生在斜坡中上部，尤其是斜坡上陡~缓变坡点附近。

地震斜坡失稳部位的坡度统计如图1-40所示，共统计399个崩塌灾害数据，崩塌灾害失稳部位坡度在35°以上的有384个，占总数的96.2%，坡度40°以上的有363个，占总数的91.0%。滑坡灾害共有152个，坡度20°~60°的有128个，占总数的84%。

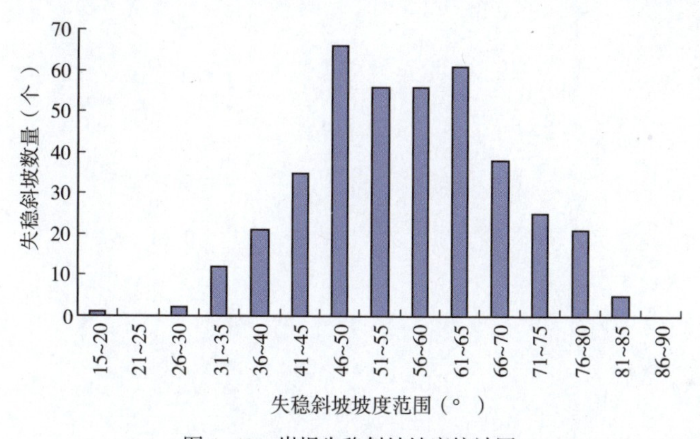

图1-40 崩塌失稳斜坡坡度统计图

Figure 1-40 Statistical graph of instable slope gradient

因此可以认为，汶川地震诱发崩塌失稳灾害主要发生在40° 以上的斜坡，陡坡硬岩段为地震崩滑灾害高发区。

第二篇　地表破裂带及液化

Part 2　The surface rupture zone and liquefaction

第 2 章 地表破裂带及液化
Chapter 2 The surface rupture zone and liquefaction

2.1 地表破裂带 The surface rupture zone

2.1.1 汶川地震地表破裂特征 The characteristics of surface rupture zone by Wenchuan earthquake

汶川地震发生于青藏高原东缘龙门山构造带，主要发育有前山断裂、中央主断裂和后山断裂三条深大断裂带，以及地震产生的北川—映秀地表破裂带、汉旺—白鹿地表破裂带和小鱼洞破裂带。

在汶川地震产生的 3 条地表破裂带中，沿北川—映秀断裂展布的北川—映秀地表破裂带是汶川地震的主体地表破裂带，西起汶川县映秀镇以西（31.061° N，103.333° E），接近中国地震台网中心（中国地震信息网，2008）和美国地质调查局（USGS，2008）测定的震中或起始破裂点位置，东止于平武县水观乡以东与青川县交界地带（32.233° N，104.878° E），总长 240km（图 2-1）。

沿龙门山推覆构造带前山断裂，即灌县—江油断裂分布的汉旺—白鹿地表破裂带是汶川地震产生的第二大地表破裂带，位于北川—映秀地表破裂带东南约 12km。该破裂带西起彭县通济镇（30.98600° N，103.36400° E），向 N（45° ± 5°）E 延伸，经绵竹市汉旺镇后，连续延伸到安县桑枣镇川主村（31.62850° N，104.37200° E），长约 72km。与北川—映秀地表破裂带不同，汉旺—白鹿破裂带为纯逆断层型破裂。

小鱼洞地表破裂带是汶川 8.0 地震产生的一条走向 N（35° ± 5°）W 的逆冲兼具左旋走滑的次级地表破裂，形成挠曲坎等断裂地貌。位于北川—映秀破裂带虹口与龙门山镇—清平两次级地表破裂带斜列阶区附近至南部汉旺—白鹿破裂带西端之间，长约 6km，近于垂直上述 2 条地震主破裂带，运动性质为左旋走滑兼逆冲分量。

2.1.2 地表破裂对公路的损毁 The damage to the road by surface rupture

汶川地震地表破裂主要造成公路桥梁错断垮塌、挡土墙剪断破坏，以及公路路基路面的破坏。

（1）地表破裂对桥梁的破坏

地表破裂带造成桥梁破坏的，主要为 G213 线映秀至汶川公路映秀顺河桥，该桥位布设于岷江左岸，垂直中央主断裂，汶川地震地表破裂穿过桥位，造成桥梁垮塌（图 2-2 和图 2-3）。

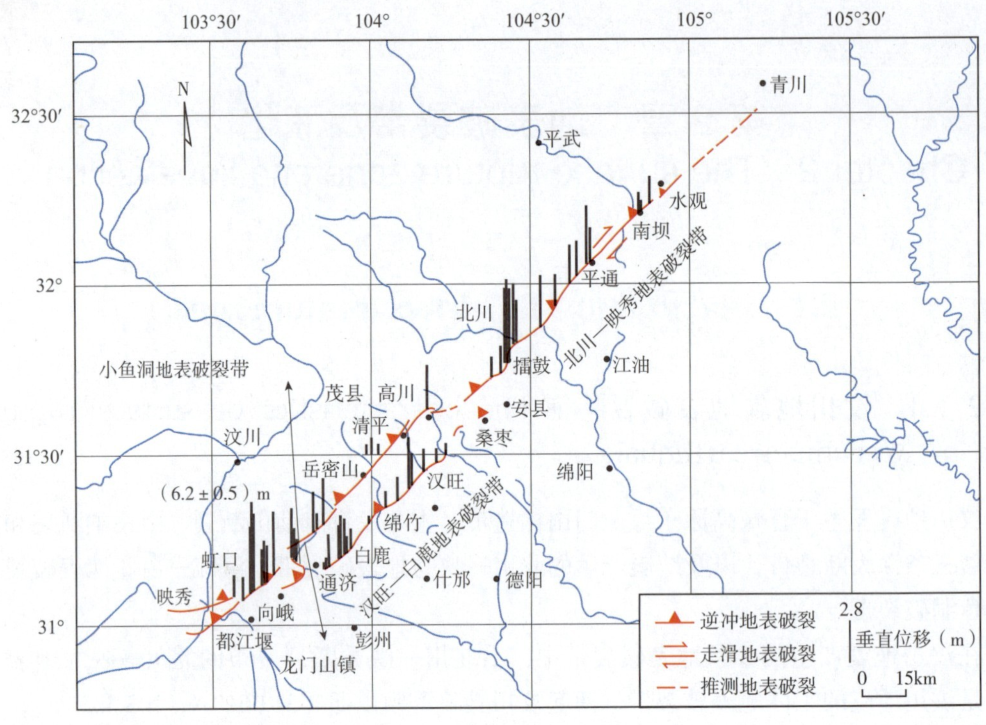

a)同震垂直位移分布图

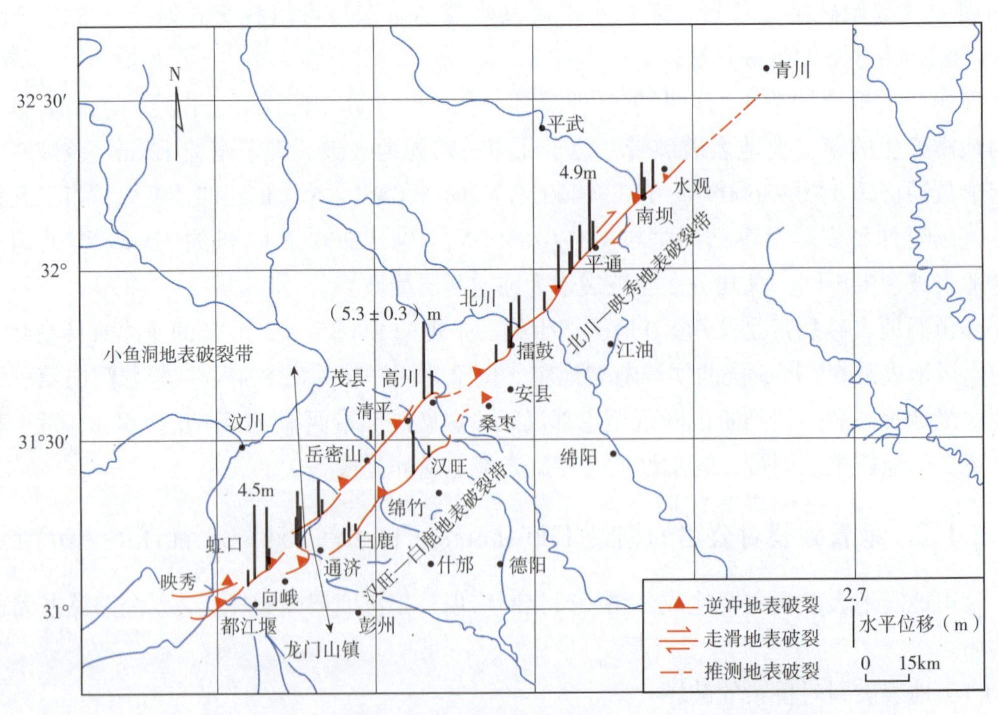

b)同震右旋走滑位移分布图

图 2-1 龙门山推覆构造带中段汶川 8.0 地震地表破裂带及其同震位移分布图

Figure 2-1 Wenchuan Ms8. 0 earthquake in the middle of Longmen Mountain thrust structural belts,the surface rupture zone and coseismic displacement distribution map

图 2-2　地表破裂致 G213 线映秀顺河桥垮塌

Figure 2-2　The Shunhe bridge of G213 in Yingxiu collapsed by surface rupture

（2）地表破裂对挡土墙的破坏

地表破裂带致挡土墙破坏，主要为映秀镇岷江两岸顺河挡土墙，均被地表破裂带剪切、错断（图 2-4）。

（3）地表破裂带导致的路基路面破坏

地表破裂带通过公路路基，均导致路基的一侧拱起抬高，路面损坏破裂，但路基的抬升是在一定范围内产生的，并非垂直错断，因此被错断的公路经简单抢修即可通行。汶川地震区有多条公路与地表破裂带相交，因此地表破裂带导致路基抬升、路面破坏的现象较多。主要有如下破坏：

①G213 线映秀镇地表破裂导致路基破坏。岷江左岸位置地表破裂带，导致 G213 线路基错断，其上盘方向垂向抬升约 2.0m，右行位错约 1.7m，见图 2-5。

②都江堰至龙池公路地表破裂带导致路基破坏。断层走向 68°，北西侧逆冲约 1.5m，未见平移分量。断层致使公路错断，断层通过位置造成房屋倒塌，但断层上盘 27.5m，与断层平行的房屋完好，仅局部轻微裂缝，见图 2-6。

③绵竹—汉旺—清平公路地表破裂带导致路基破坏。地表破裂致公路错断，上盘上升 3m 以上，见图 2-7。

图 2-3　地表破裂致 G213 线枫香树沟中桥平面错位 1.5m

Figure 2-3　The middle of bridge plane of G213 Fengxiangshu ditch dislocated 1.5m by surface rupture

图 2-4 地表破裂致 G213 线岷江右岸挡墙错断、移位

Figure 2-4 Surface rupture cause the dislocation and displacement of the retaining wall alongside the Minjiang river right bank of G213 line

图 2-5 G213 线映秀镇地表破裂造成路基垂向及水平错断，路面破坏

Figure 2-5 The Yingxiu Town of G213 line surface rupture cause the roadbed vertical and horizontal dislocation, pavement damage

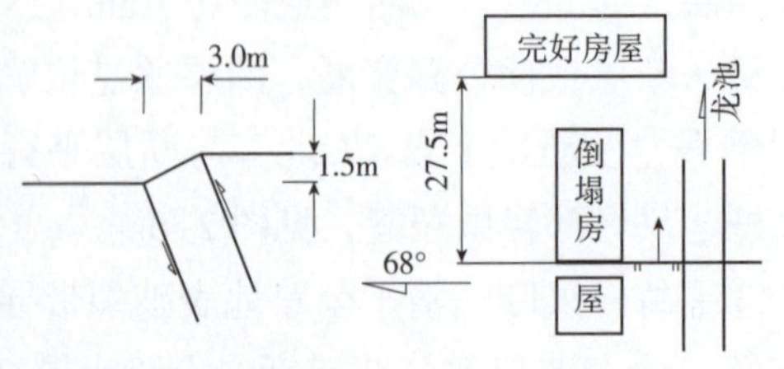

图 2-6 地表破裂致都江堰至龙池公路错断

Figure 2-6 Surface rupture cause the dislocation of Dujiangyan to Longchi

④平通镇地表破裂带导致路基破坏。地表破裂带通过平通镇，致公路错断，并见明显的右行分量，如图 2–8 所示。

图 2–7 地表破裂致清平至矿区公路地表错断，上盘抬升 3.3m

Figure 2–7 Surface rupture cause road surface dislocation of Qingping to mine, hanging plate uplift 3.3m

图 2–8 平通镇地表破裂带导致路基抬升与右行错动

Figure 2–8 Surface rupture zone of the Pingtong town lead to the roadbed uplift and right line dislocation

2.2 地震液化 The liquefaction by earthquake

与其他地震液化不同的是，汶川地震诱发大量卵砾石层液化，以及第四系更新统地层液化现象。

汶川地震发生时，正值新建成都—什邡—绵阳高速公路地质勘察期间，地质调查中发现了一些液化现象，沿线主要有如下几处地震液化点。

（1）K23+930 斑鸠河中桥前后，以及 K25+230 四平—什邡公路附近

该处为冲洪积平原地貌，液化区约 2km^2, 主要分布在 K23+930 斑鸠河中桥附近，以及 K25+230 四平—什邡公路附近，多个液化点不均匀分布，主要如下：

①液化区内房屋受损明显比邻区严重，水泥地面开裂，房屋墙体开裂，见图 2–9。

②液化区内稻田、水井、厂房及房屋地面出现裂缝，裂缝多见喷砂冒水现象，见图 2–10。

③液化区出现多个喷砂冒水点，最大喷射高度约 1.5m，喷出砂含有砾石，单点一般少于 0.2m³。地震终止后，喷砂冒水结束，图 2-11 所示为稻田、房屋内水井的喷砂冒水残留砾石、砂。

图 2-9 液化区房屋墙体开裂、水泥地面开裂

Figure 2-9 Liquefaction zone houses' wall and cement ground cracks

图 2-10 四平—什邡公路附近木器场地面液化现象

Figure 2-10 The carpentry farm near the Siping – Shifang Road, the surface of ground liquefaction

图 2-11 液化喷出砂砾石

Figure 2-11 Liquefaction spray of sand and gravel

据调查，该处震前地下水位 1.5~2m，震后地下水位 1.5~2 m，推测液化深度为 1.5~2m，液化地层为卵砾石层。

根据附近工点地质勘探，场地主要为第四系上更新统冰水堆积层（Q_3^{fgl}），一般具二元结构，上部为粉质黏土，下部为卵砾石。

根据地质勘探成果，液化区主要为圆砾层及卵石层，地质剖面图见图 2–12。

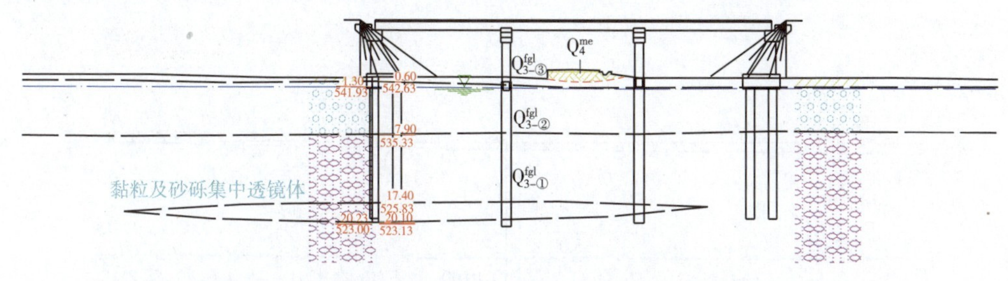

图 2–12　液化区跨四平公路桥梁地质勘探剖面图（尺寸单位：m）

Figure 2–12　The geological survey profile about the bridge across Siping Road in the Liquefaction zone

根据地质勘探及测试资料：

地层中圆砾呈灰黄色、灰色，砾石石质成分主要为花岗岩、闪长岩等，少量石英岩、砂岩，次圆状 ~ 圆状，少量强风化花岗岩卵砾石；一般粒径组成：200~60mm 的约占 5%~10%，60~20mm 的约占 35%，20~2mm 的约占 30%，余为砂及粉黏粒，结构不均，饱和，稍密，透水性好。N120 动探锤击数 1.40~7.80 击 /10cm，平均 4.97 击 /10cm。从 N120 动探分析可知：该层圆砾结构均一性差，局部砂及卵石集中。

卵石：灰黄色、灰褐色等杂色，卵石石质成分主要为强 ~ 中风化的花岗岩、闪长岩等，少量石英岩、砂岩，次圆状 ~ 圆状，强风化花岗岩质软；一般粒径组成：200~60mm 的约占 20%，60~20mm 的约占 35%，20~2mm 的约占 25%，余为砂及粉黏粒，结构不均，偶见 >200mm 的漂石，局部砂砾及黏土富集，密实，潮湿 ~ 饱和，透水性好；N120 动探锤击数 7.10~17.70 击 /10cm，平均 10.40 击 /10cm。

（2）K56 双瓦村地震液化

根据地质勘探，该处为冲洪积平原地貌，为第四系冲洪积卵砾石层，夹薄砂层。

根据地质勘察资料，可分三层：

第三层：粉质黏土：灰褐 ~ 黄褐色，稍湿，硬塑，成分以黏粒为主，粉粒次之，偶夹卵砾石、细砂，韧性及干强度高，无摇震反应。表层为薄层耕土，钻孔揭露厚度为 0.5m。

第二层：圆砾：褐灰色，湿 ~ 饱和，渗透性好。成分为石英岩、花岗岩、灰岩等，次圆状 ~ 圆状。一般粒组组成：200~20mm 约占 15%~25%，20~2mm 约占 35%~45%，余为砂及粉粒充填。钻孔揭露厚度为 9.5m。

第一层：卵石：褐灰色，饱和，渗透性好。成分为石英岩、花岗岩、灰岩等，次圆状 ~ 圆状。一般粒组组成：200~20mm 约占 50%~55%，20~2mm 约占 25%~35%，余为砂及粉粒充填。钻孔揭露厚度为 7.7m。

该液化区范围约 3km²，在稻田内不均匀分布多个液化点。液化区房屋建筑受损特征：液化区内房屋受损明显比邻区严重，水泥地面开裂，房屋墙体开裂。液化区出现多个喷砂冒水点，溢出主要为黄色粉细砂。地震终止后，喷砂冒水结束。

根据调查，震前地下水位 7 m，震后地下水位 10m，推测液化深度位置 7~10m，液化地层为砂夹层。液化区双瓦村中桥地质勘探剖面见图 2-13。

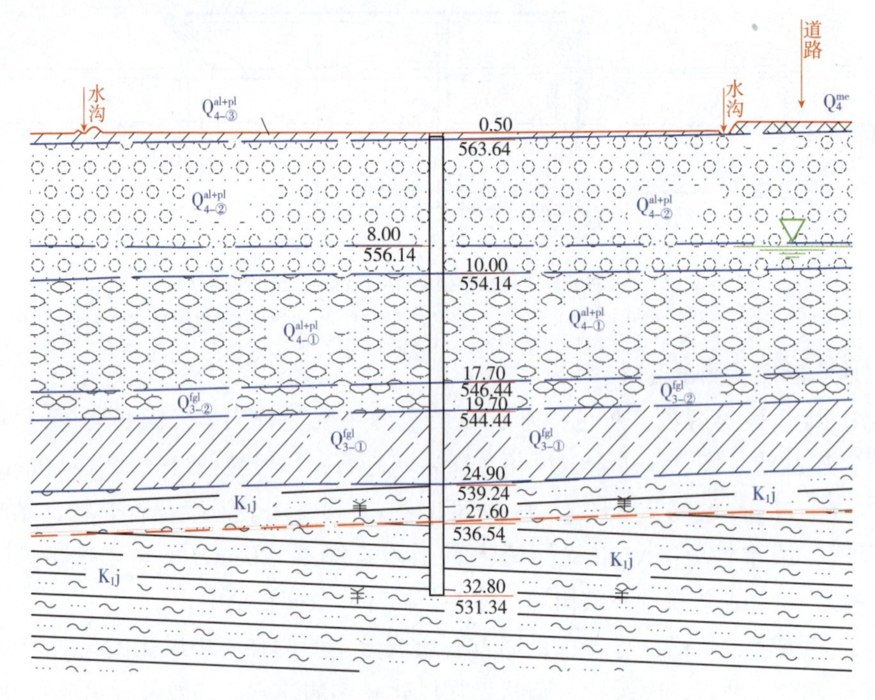

图 2-13　液化区双瓦村中桥地质勘探剖面图（尺寸单位：m）

Figure 2-13　The geological survey profile of Zhongqiao of Shuangwa village in liquefaction zone

（3）孝德镇、金土村 15 组，射水河大桥附近地震液化

冲洪积平原地貌，根据地质勘探，场地为第四系冲洪积卵砾石层夹薄砂层。

根据地质勘察资料，第四系冲洪积层可分为两层：

粉质黏土：灰黄色，主要由黏粒组成，其次为粉粒，干强度一般，韧性一般，呈软塑状，仅钻孔 K45138.5 有揭露，揭露厚度为 1.5m。

卵石：杂色，卵石成分以花岗岩为主，次为石英岩、闪长岩、砂岩、灰岩等，次圆 ~ 圆状，卵石弱风化。一般粒组组成：直径大于 200mm 占 5%~20%，200~60mm 约占 40%~50%，60~20mm 约占 15%~25%，20~2mm 约占 5%~20%，余为中细砂及少量粉黏粒充填物，结构不均。钻孔揭露厚度 2.60~6.40m，平均厚 4.50m。

液化区面积约 3km^2，液化区内房屋受损明显比邻区严重，水泥地面开裂，房屋墙体开裂。据访问该村 70% 农户房屋开裂，田地内分布多处冒砂点（图 2-14）。

液化区出现多个喷砂冒水点，喷出中粗砂夹卵砾石（图 2-15）。喷水高度 1m 左右，最大高度 4~5m。

根据调查，震前地下水位 3m，震后地下水位 2m，推测液化深度位置 2~3m，液化地层为砂砾石层。液化区射水河大桥地质勘探剖面见图 2-16。

图 2–14 液化区地貌及受损房屋

Figure 2–14 The topography and damaged houses in liquefaction zone

图 2–15 液化区喷出的含砾中粗砂

Figure 2–15 Liquefaction zone spray of gravel–medium coarse sand

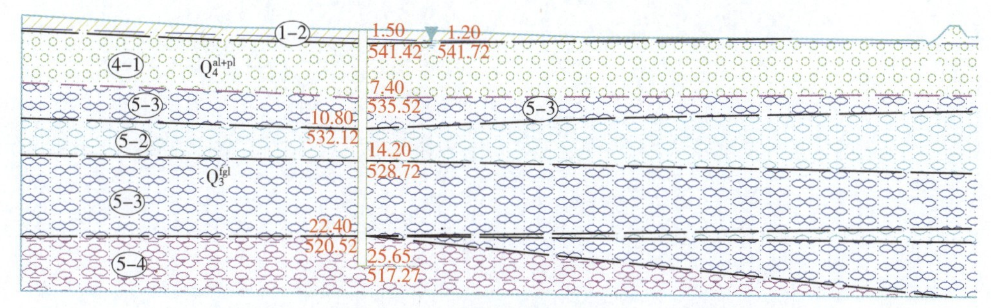

图 2–16 液化区射水河大桥地质勘探剖面图（尺寸单位：m）

Figure 2–16 The geological survey profile of the bridge on the Sheshui River in liquefaction zone

第三篇　地震崩滑灾害

Part 3　The Slope disasters triggered by earthquake

第 3 章 国道 G213 线都江堰至映秀段（含高速公路段）地震崩滑灾害

Chapter 3 The Slope disasters triggered by earthquake from Dujiangyan to Yingxiu road (include the expressway) (G213)

3.1 公路概况 Highway survey

国道 G213 线都江堰至映秀段起自都江堰市麻溪镇，沿岷江逆流而上，穿过白云顶，经漩口镇，至汶川县映秀镇。路线全长约 46km，二级公路，为修建紫坪铺水库淹没原公路后，修建的绕坝公路。公路位置见图 3-1。

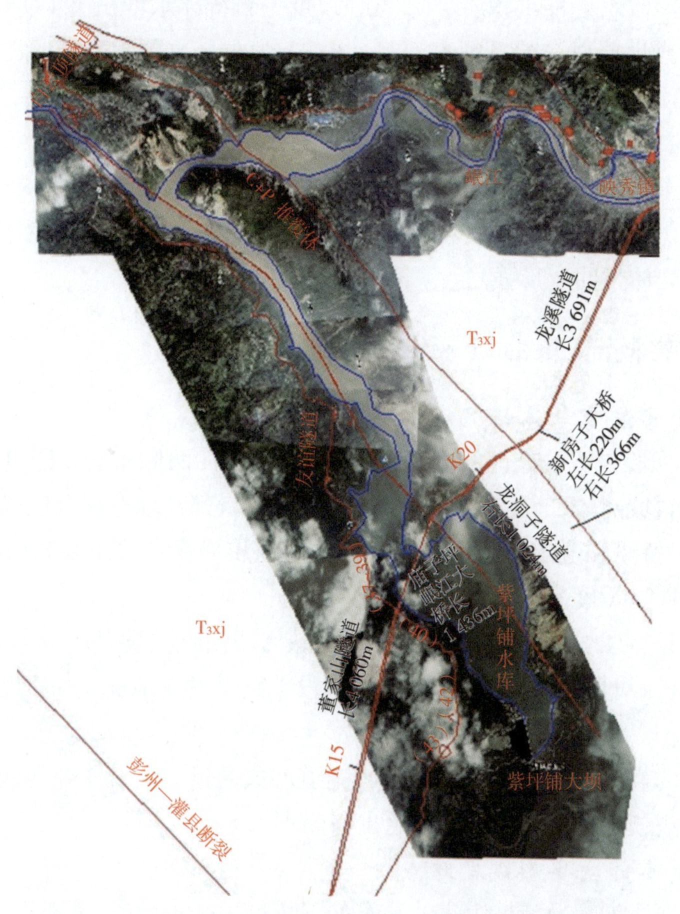

图 3-1 国道 G213 线都江堰至映秀段公路线位及地质概况简图

Figure 3-1 Road alignment and geological sketch of the road between Dujiangyan and Yingxiu in state road G213

都江堰至映秀段高速公路起自都江堰，接成灌高速公路，设紫坪铺隧道、庙子坪特大桥跨紫坪铺水库、龙洞子隧道、龙溪隧道，止于映秀。该公路自从2005年开始建设，地震前尚未完工。

3.2　地质环境条件及灾害概况 Geological environmental conditions and disaster situation

3.2.1　地质环境条件 Geological conditions

3.2.1.1　地形地貌

公路所在区域为岷江高中山峡谷区，公路路线沿岷江两岸布线，都江堰为最低点，海拔600m左右，顺沿岷江河谷逆流而上，至映秀高程约880m，沿线瓦窑坪海拔为1 988m。

3.2.1.2　地层岩性

公路沿线第四系地层主要为第四系全新统崩坡积层（Q_4^{c+dl}）、滑坡堆积层（Q_4^{del}）、崩积层（Q^{4c}）、崩积层（Q_4^{c}）、冲洪积层（Q_4^{al+pl}），以及更新统冰水堆积层（Q_p^{fgl}）等。

公路沿线出露地层以三叠系须家河组（T_3xj）为主，主要为砂岩、泥页岩互层，并夹有煤层。在白云顶—龙洞子隧道一线。

为石炭系～二叠系（C+P）推覆体，灰岩为主。

3.2.1.3　地质构造

公路沿线处于北川—映秀断裂和灌县—江油断裂之间，为北东向龙门山构造带。沿线次级断层发育，岩体褶曲变形强烈。

3.2.2　灾害概况 Disaster situation

3.2.2.1　灾害发育总体情况

都江堰—映秀段二级公路路线全长约46km，沿岷江两侧布线，通过路段为高中山峡谷地貌区，两侧斜坡陡峻，斜坡高度多在数百米之上。都江堰—映秀段高速公路路线全长约25km，主要以桥梁和隧道形式通过。根据中国地震局发布汶川8.0级地震烈度分布图，该段地震烈度为Ⅸ～Ⅺ度。

根据调查统计，G213线二级公路都江堰—映秀段沿线共发育崩滑灾害45处，其中崩塌落石灾害24处，滑坡21处，共掩埋（含淹没）路基约1.5km，占全线总长度的3.2%；另有长约18km路段，受到落石威胁。

都江堰至映秀高速公路段主要以桥梁、隧道形式通过，共有4处地震崩滑灾害，一处边坡拉裂变形，规模最大的为龙洞子隧道出口崩塌。

3.2.2.2　灾害的主要形式及特点

公路沿线主要为崩塌及滑坡灾害，具有如下特点：

（1）崩塌滑坡灾害以人工开挖边坡上方强风化岩体及土层失稳为主

该公路沿线以三叠系须家河组砂岩和泥页岩地层为主，中间夹有条带状灰岩（C+P）推覆体。其中，须家河组砂岩和泥页岩地层风化强烈，地面横坡多在20°~40°之间，地貌突出部位较少，自然斜坡崩塌失稳灾害并不多见。而推覆体之C+P灰岩在岷江岸形成陡坡地貌，自然斜坡中上部产生大量崩塌灾害，但多位于公路对岸，对公路无影响。

公路两侧的崩塌滑坡灾害，主要体现在人工开挖边坡的失稳灾害，多表现为斜坡中上部岩土体的滑移和崩塌失稳。通过对沿线49处崩塌滑坡灾害的调查统计，人工开挖边坡灾害点45处，自然斜坡灾害点仅4处。

（2）沿线崩塌滑坡灾害规模一般不大

公路沿线崩塌滑坡灾害，主要表现为斜坡中上部强风化岩体和土层失稳、顺外倾结构面的岩体滑移失稳等，一般规模不大。48处（其中一处仅为变形开裂，无法计算规模）灾害点规模统计见图3-2，由图可以看出，小于1 000m^{3}的共28处，占总数量的58.3%，小于10 000m^{3}的46处，占总数量的95.8%。

（3）距离发震断层垂直距离越近，灾害点密度越大

图3-3为距离发震断层不同垂直距离段落内灾害点数量统计图，其中在4~8km内，由于公路基本与发震断层近于平行，因此该段灾害点密度相对较大。由距离发震断层0~4km内的统计数据可以看出，距离发震断层越近，灾害点密度越高。

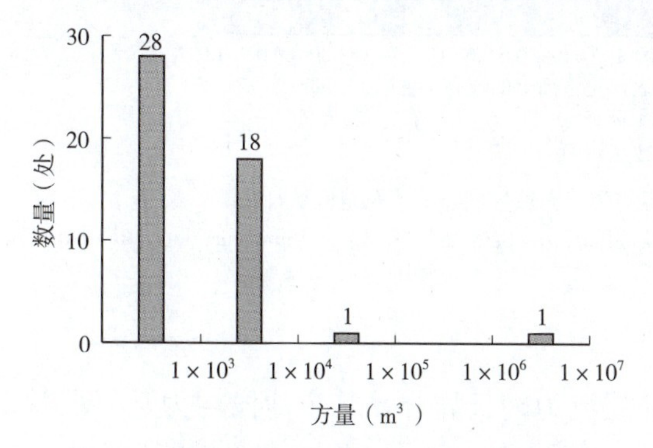

图3-2 都江堰至映秀公路沿线灾害规模统计图

Figure 3-2 Statisticalgraph of scale of the disaster along the road between Dujiangyan and Yingxiu

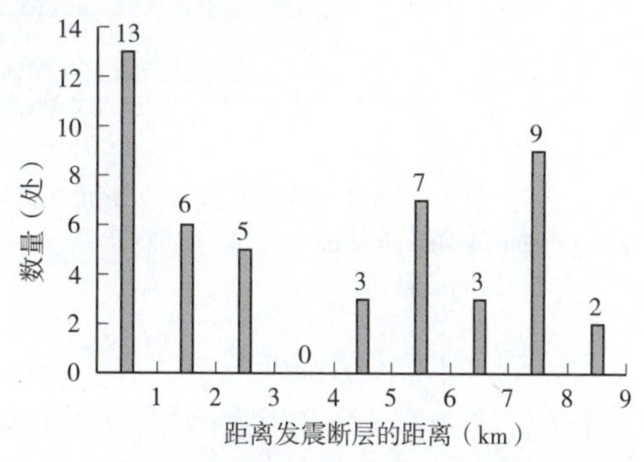

图3-3 都江堰至映秀公路沿线灾害与发震断层垂直距离统计图

Figure 3-3 Statisticalgraph of vertical distance from earthquake fault to disasters along the road between Yingxiu and Dujiangyan

（4）失稳斜坡坡向、坡度及范围统计

失稳斜坡坡向统计见图3-4a），由该图可以看出，失稳斜坡临空面方向主要集中在与发震断层平行（NE60°）和垂直（NW30°和SE30°）两个方向上，这和地质构造特点和地震波的传播方向有关。

失稳斜坡坡度统计见图3-4b），统计表明失稳斜坡坡度在35°~84°之间，主要分布在40°以上，共44个，占总数量的95.7%，实际上由于大于70°的自然斜坡是极为少见的，因此可以认为该公路沿线地震诱发斜坡失稳灾害主要发生在40°以上的斜坡，这主要是由于陡斜坡地震放大效应明显。

调查表明斜坡失稳部位主要分布在斜坡中上部，统计计算表明（图 3-4c）平均失稳位置在斜坡 0.51 坡高以上，主要失稳部位在 0.3 坡高以上，占总数量的 73.9%。

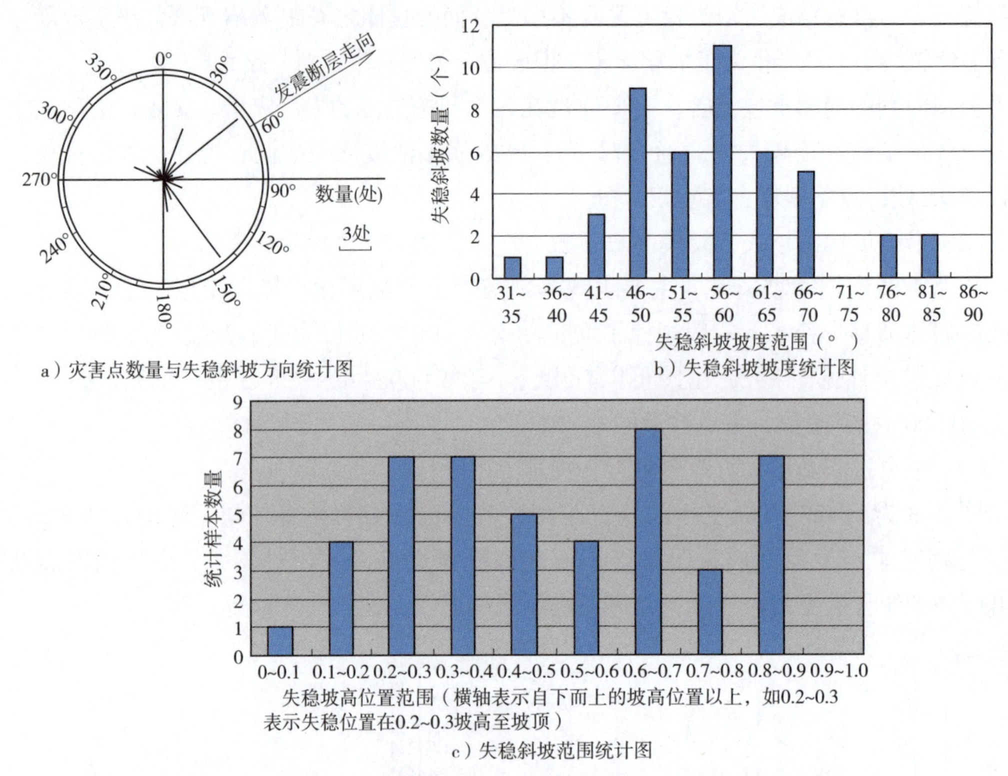

a）灾害点数量与失稳斜坡方向统计图　b）失稳斜坡坡度统计图

c）失稳斜坡范围统计图

图 3-4　都江堰至映秀公路沿线灾害与失稳斜坡坡向、坡度及范围统计图

Figure 3-4　Statisticalgraph of the number of disasters、the direction、gradient and the range of unstable slopes along the road from Dujiangyan to Yingxiu

（5）失稳斜坡体结构类型

沿线斜坡失稳灾害除牛圈沟高速远程碎屑流为闪长岩外，其余地段均为基岩层状结构，以 T_3xj 地层为主，少量 C+P 灰岩地层。

根据斜坡地质结构类型的划分，沿线 49 处斜坡失稳灾害中，层状结构边坡 23 处，碎裂结构边坡 1 处，土层边坡 10 处，土层及强风化层——基岩二元结构斜坡 15 处。失稳边坡中，各类岩体结构边坡所占比例见图 3-5。

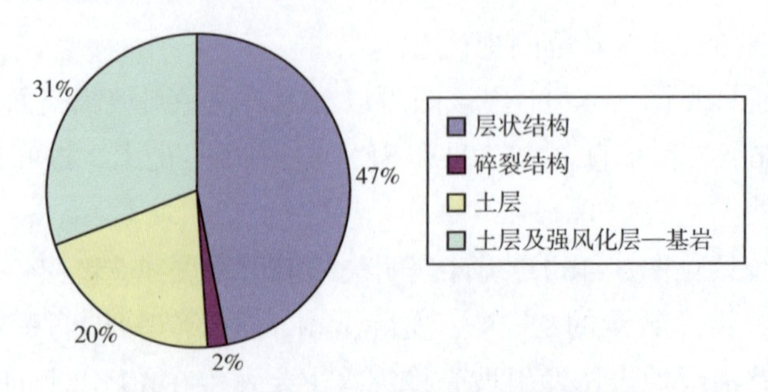

图 3-5　失稳边坡中各类结构边坡所占的比例

Figure 3-5　The proportion of various types of structure slope in unstable slopes

3.3　G213 都江堰—白云顶隧道段灾害点 The disasters from Dujiangyan to Baiyunding tunnel（G213）

灾害点名称及位置	灾害点地质概况	地震破坏情况	附 图
K1035+100 左侧边坡崩塌	T_3xj 砂泥岩互层、近于正交层状结构边坡。坡高 15m，坡向 55°，层面产状 310° ∠ 50°	陡坡表层岩体倾倒失稳。掩埋公路边沟，少量坠落至路面，失稳方量小于 $100m^3$	
K1035+650 左侧边坡滑移式崩塌	公路开挖边坡，T_3xj 砂泥岩互层、反倾结构边坡。层面产状 310° ∠ 50°，发育外倾结构面产状 60° ∠ 64°，坡高 65m，坡向 65°。震前为挂网喷混凝土防护	斜坡中上部岩土体沿外倾结构面滑移失稳，掩埋公路，失稳方量约 5 000m^3	图 3-6
K1034+200~280 左侧结构面切割岩体崩塌	斜坡位于条状山脊前缘，T_3xj 砂泥岩互层、近于正交结构。层面产状 305° ∠ 68°，发育 60° ∠ 64°、55° ∠ 62° 两组节理。斜坡高约 100m，坡向 25°	斜坡靠近顶部结构面切割岩体倾倒、滑移失稳，失稳岩体顺坡坠落、滚动、弹跳，砸坏挡墙、路面，失稳方量约 $900m^3$	图 3-7
K1033+780~815 左侧边坡滑坡	公路开挖边坡，挂网喷混凝土防护，土层及强风化层—基岩二元结构。坡高 18m，坡向 20°	斜坡中上部岩土体滑移破坏，掩埋公路，失稳方量约 $200m^3$	
庙子坪桥前左侧边坡土体滑坡	碎石土斜坡，坡高 10m，坡向 350°	地震诱发土层滑坡，掩埋公路，失稳方量约 $100m^3$	
K1032+750~K1032+790 左侧斜坡滑坡	公路开挖边坡，挂网喷混凝土防护。边坡为 T_3xj 砂泥岩互层、反倾结构。层面产状 300° ∠ 13°。坡高 45m，坡向 60°	斜坡中上部岩体沿外倾结构面滑移，掩埋公路，失稳约 1 500m^3	图 3-8

a）K1035+650 左侧边坡崩塌道路抢通前的全貌

图　3-6

Figure　3-6

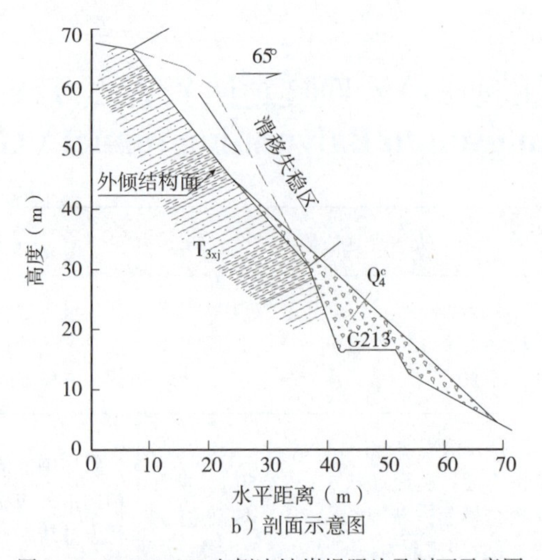

b）剖面示意图

图 3-6 K1035+650 左侧边坡崩塌照片及剖面示意图

Figure 3-6 Full view of the collapse in the K1035+650′s left side and Sketch map of the cross-section

a）K1034+200~280 左侧边坡崩塌全貌

b）砸坏挡土墙

c）块石堆积路面

d）剖面示意图

图 3-7 K1034+200~280 左侧边坡崩塌典型照片及剖面示意图

Figure 3-7 Full view of the collapse in the K1034+200~280′s left side and Sketch map of the cross-section

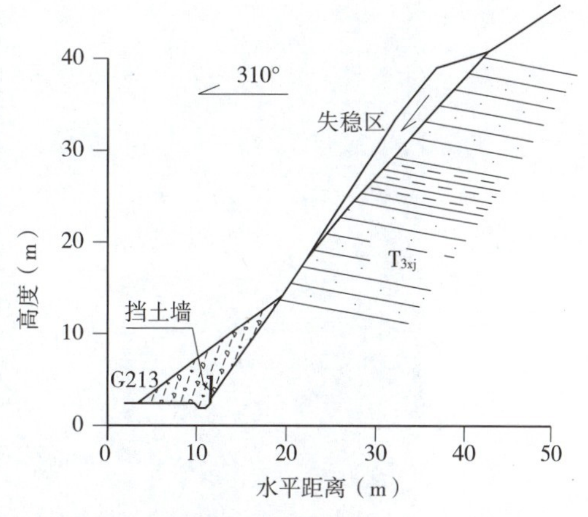

图 3-8　K1032+750~K1032+790 左侧斜坡崩塌典型照片及剖面示意图

Figure 3-8　Full view of the collapse in the K1032+750~K1032+790′s left side and sketch map of the cross-section

灾害点	基本地质情况	地震破坏情况	附 图
K1031+934~K1032+065 左侧斜坡崩塌	T_3xj 砂泥岩互层结构，挂网喷混凝土防护，斜坡中上部风化强烈，为土层及强风化层——基岩二元结构，坡高 55m，坡向 267°	斜坡中上部土层及强风化层滑移失稳，混凝土喷层防护局部破坏，失稳方量约 3 000m³	图 3-9
K1031+480~520 左侧岩体崩塌	公路开挖边坡，挂网喷混凝土防护，T_3xj 砂泥岩互层、反倾结构，坡高 30m，坡向 300°，岩层产状 165°∠30°	斜坡上方未防护岩体倾倒失稳，块石顺坡滚动，停积于路面。部分未防护边坡表层破坏，失稳方量约 1 000m³	
K1031+740~765 左侧斜坡崩塌	斜坡为土层及强风化层——基岩二元结构，坡高 30m，坡向 300°	斜坡中上部岩土体滑移失稳，掩埋公路，失稳方量约 3 000m³	
K1024+250~330 左侧边坡崩塌	T_3xj 砂泥岩互层，层面 145°∠20°，为顺层结构。坡高 20m，坡向 135°	斜坡中上部岩土体滑移失稳，失稳岩土体堆积于挡土墙上缓坡地带，部分坠落至路面，失稳方量约 200m³	图 3-10
K1023+770~820 左侧边坡崩塌	T_3xj 砂岩陡坡，主动网防护，反倾结构，坡高约 40m，坡向 340°，岩层产状 150°∠25~30°	斜坡中上部岩体倾倒失稳，失稳岩体坠落堆积于坡脚，掩埋公路，失稳方量约 2 000m³	图 3-11
K1021+900 左侧边坡岩体崩塌	T_3xj 砂泥岩互层，层面：130°∠20°，外倾节理 310°∠45°，反倾结构。坡高 30m，坡向 310°	斜坡中上部岩体沿外倾结构面滑移失稳，崩塌堆积体掩埋公路，失稳方量约 2 400m³	图 3-12
K1023+680~760 左侧边坡岩体崩塌	白云顶隧道进口段陡坡，C_3h 灰岩，层面：44°∠53°，反倾结构。坡高大于 100m，坡向 300°	斜坡中上部岩体倾倒、滑移失稳，崩落岩体顺坡滚动、弹跳，堆积于斜坡地带，部分滚落至公路，失稳方量约 500m³	图 3-13

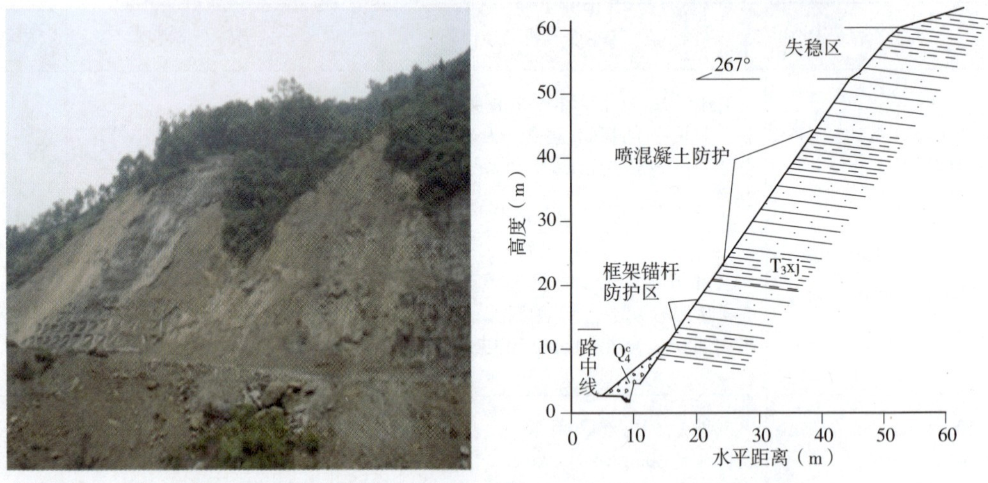

图 3-9　K1031+934~K1032+065 左侧斜坡崩塌典型照片及剖面示意图

Figure 3-9　Full view of the collapse in the K1031+934~K1032+065′s left side and sketch map of the cross-section

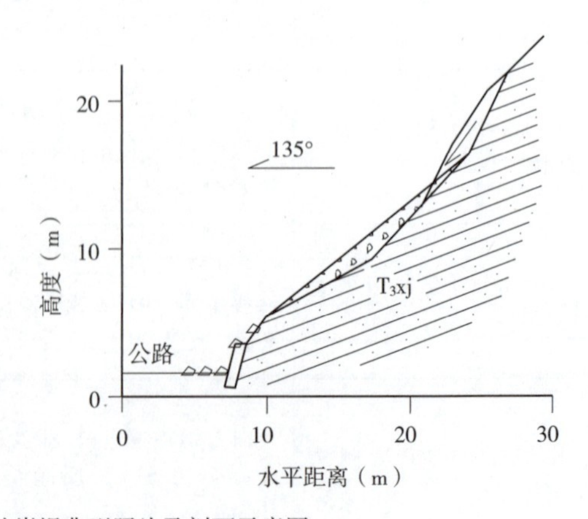

图 3-10　K1024+250~330 左侧斜坡崩塌典型照片及剖面示意图

Figure 3-10　Full view of the collapse in the K1024+250~330′s left side and sketch map of the cross-section

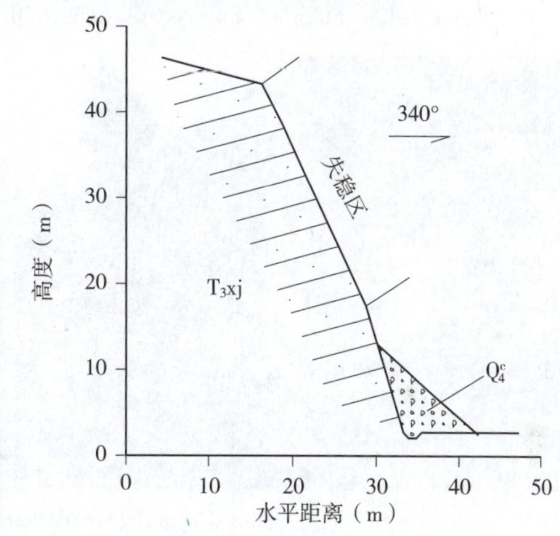

图 3-11　K1023+770~820 左侧边坡崩塌典型照片及剖面示意图

Figure 3-11　Full view of the collapse in the K1023+770~820′s left side and sketch map of the cross-section

图　3-12

Figure　3-12

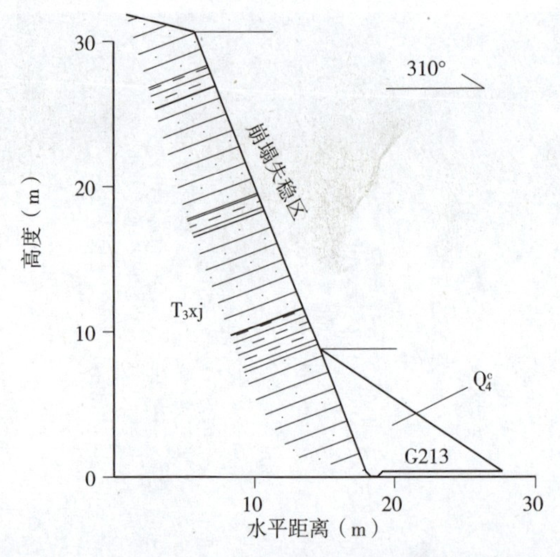

图 3-12 K1021+900 左侧边坡岩体典型崩塌照片及剖面示意图

Figure 3-12 Full view of the collapse in the K1021+900′s left side and sketch map of the cross-section

图 3-13 K1023+680~760 左侧边坡岩体崩塌典型照片

Figure 3-13 Full view of the collapse in the K1023+680~760′s left side

3.4 G213 白云顶隧道—映秀段灾害点 The disasters from Baiyunding tunnel to Yingxiu（G213）

灾害点	基本地质情况	地震破坏情况	附图
K1019+520~615 左侧斜坡滑坡	位于公路转弯部位，公路人工开挖边坡，下设挡土墙支护。T_3xj 砂泥岩互层，层面 350°∠ 48°，反倾结构，上部岩体风化强烈、岩体破碎。坡高约 20m，坡向 100°	边坡上部岩土体滑移失稳，前缘剪出将挡土墙上部剪断，滑体堆积于公路之上，失稳方量约 3 000m^3	图 3-14
K1019+810~830 左侧边坡岩体崩塌	人工开挖边坡，挂网喷混凝土 + 框架锚杆加固，T_3xj 砂泥岩互层，层面 150°∠ 20°，反倾结构。坡高约 55m，坡向 40°	斜坡顶部岩体滑移失稳，失稳岩土体顺坡坠落、滚动，停积于斜坡坡面及坡脚公路上，失稳方量约 2 000m^3	图 3-15
古溪沟桥头右岸斜坡崩塌	人工开挖边坡，挂网喷混凝土防护。T_3xj 砂泥岩互层，层面 150°∠ 20°，斜坡中上部风化强烈，呈土层及强风化层——基岩二元结构。坡高约 50m，坡向 80°	斜坡中上部土层及强风化层滑移失稳，失稳岩土体顺坡坠落，堆积于公路之上，失稳方量约 4 000m^3	图 3-16

续上表

灾害点	基本地质情况	地震破坏情况	附图
K1017+010~040、K1016+065~090 左侧土层斜坡崩塌（27 号、28 号）	岷江阶地堆积卵石层人工开挖边坡，坡高约 10m，坡向 115°	边坡上部表层土体坍塌，顺坡坠落堆积于坡脚，掩埋公路，失稳方量约 100~200m³	
K1015+640~670 左侧边坡崩塌（26 号）	公路开挖边坡，T_3xj 砂泥岩互层，反倾结构，坡高约 20m，坡向 60°	斜坡中上部岩体沿外倾结构面滑移失稳，掩埋公路，失稳方量约 200m³	

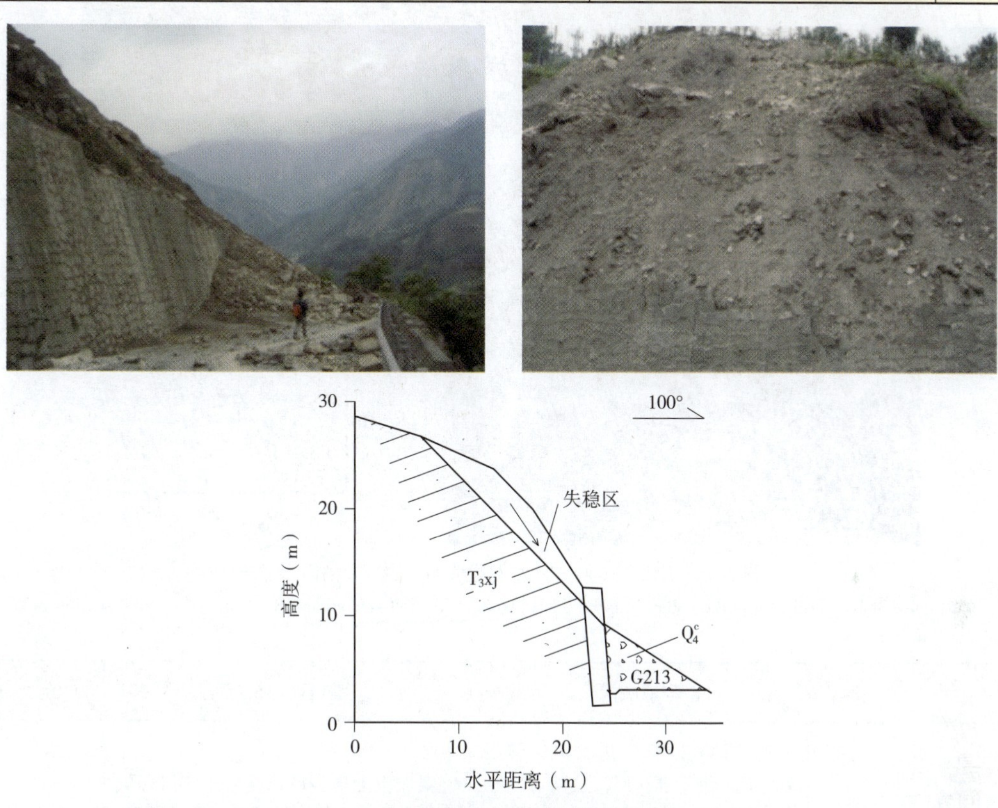

图 3-14　K1019+520~615 左侧斜坡滑坡照片及剖面示意图

Figure 3-14　Full view of the landslide in the K1019+520~615′s left side and sketch map of the cross-section

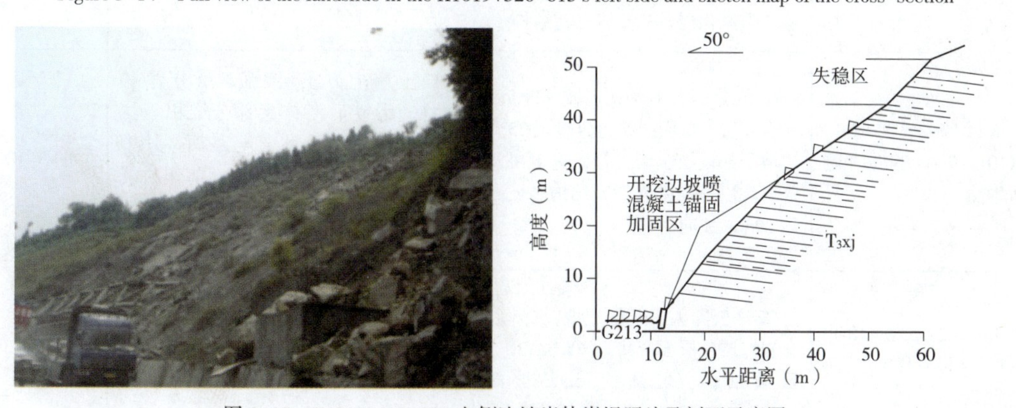

图 3-15　K1019+810~830 左侧边坡岩体崩塌照片及剖面示意图

Figure 3-15　Full view of the collapse in the K1019+810~830′s left side and sketch map of the cross-section

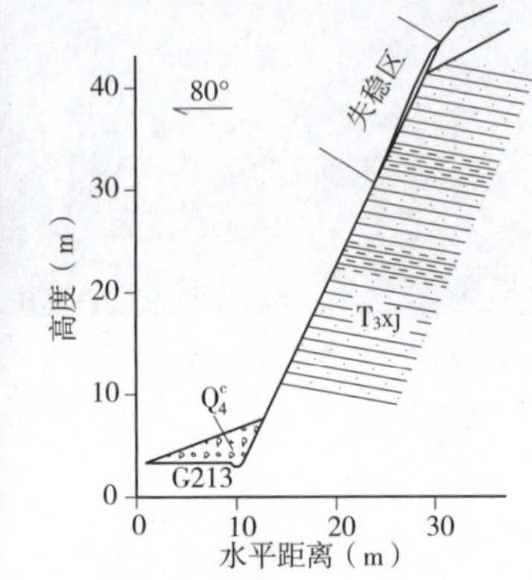

图 3-16　K1015+640~670 左侧边坡崩塌照片及剖面示意图

Figure 3-16　Full view of the collapse in the K1015+640~670′s left side and sketch map of the cross-section

灾害点	基本地质情况	地震破坏情况	附图
K1015+100 右侧沟谷边坡崩塌	斜坡地貌，位于沟谷出口转折处，T_3xj 砂泥岩互层，层面产状为 300°∠25°，坡高约 100m，坡向 170°。斜坡中上部风化强烈，为土层及强风化层——基岩二元结构	斜坡中上部表层风化岩土体滑移失稳，失稳岩土体顺坡滑动，解体翻滚，堆积于坡脚，失稳方量约 500m³	图 3-17
K1014+830~860、K1014+700~750 左侧滑坡	G213 公路人工开挖边坡，T_3xj 砂泥岩互层，层面产状为 300°∠25°，边坡下部设挡土墙支护，呈土层及强风化层——基岩二元结构。坡高约 20m，坡向 180°	挡土墙上方土层/强风化层滑移失稳，滑动后滑体大部分堆积于挡土墙之上，部分坠落至路面。其中 K1014+700~750 左侧边坡震前作喷混凝土防护，喷层破坏，失稳方量约 300~500m³	图 3-18
K1012+230~280、K1012+100~180 左侧边坡滑坡	G213 公路人工开挖边坡，T_3xj 砂泥岩互层，层面产状为 300°∠21°，反倾结构。坡高约 15m，坡向 140°	斜坡表层岩体滑移失稳，失稳岩体顺坡滑动，堆积于公路上。其中 K1012+100~180 左侧边坡为喷混凝土防护边坡，喷层破坏，失稳方量约 100m³	图 3-19

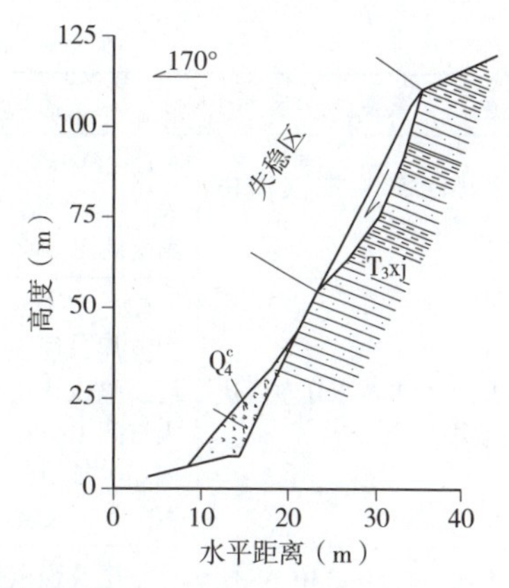

图 3-17　K1015+100 右侧边坡崩塌照片及剖面示意图

Figure 3-17　Full view of the collapse in the K1015+100′s right side and sketch map of the cross-section

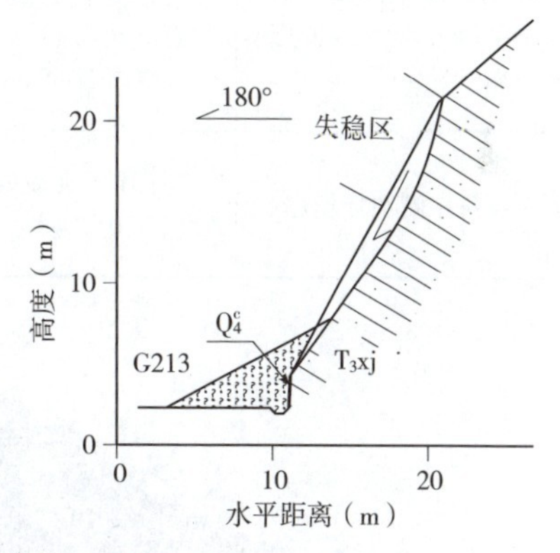

图 3-18　K1014+700~750 滑坡照片及剖面示意图

Figure 3-18　Full view of the landslide in the K1014+700~750 and sketch map of the cross-section

图 3-19　K1012+230~280、K1012+100~180 左侧边坡表层失稳照片

Figure 3-19　Full view of the landslide in the K1012+230~280 and the K1012+100~180′s left side

灾害点	基本地质情况	地震破坏情况	附图
K1012+040~K1012+080、K1011+900~K1011+950 左侧斜坡滑坡	G213 公路人工开挖边坡，T_3xj 砂泥岩互层，层面产状为 300°∠ 76°，近于正交。坡高约 10~15m，坡向 45°	边坡岩体顺外倾结构面滑移失稳，堆积体掩埋公路，失稳方量分别约 2 000m³，200m³	图 3-20

续上表

灾害点	基本地质情况	地震破坏情况	附图
K1011+500~古溪沟桥头左侧滑坡	G213公路人工开挖边坡，T_3xj 砂泥岩互层，层面产状为300°∠78°，反倾斜交结构。最大坡高30m，坡向57°	边坡岩体顺结构面滑移失稳，掩埋公路，失稳方量约6 000m³	图3-21
K1011+380~500左侧边坡崩塌	G213公路人工开挖边坡，T_3xj 砂泥岩互层，层面产状为300°∠78°，土层及强风化层——基岩二元结构。最大坡高100m，坡向47°。一级边坡护面墙+抗滑桩+框架锚索，其上为缓坡平台，缓坡以上为自然边坡	（1）上部自然边坡靠近坡顶约30m范围内岩体垮塌，顺坡滚落，堆积于缓坡平台坡脚；（2）垮塌造成局部框架锚索破坏；（3）形成局部坡面泥石流砸坏护栏，右侧挡墙局部开裂。失稳方量约1 000m³	图3-22
K1011+280~330左侧滑坡	土层及强风化层——基岩二元结构斜坡，坡高30m，坡向60°	表层土体滑移失稳，部分越过挡土墙坠落至公路，失稳方量约100m³	图3-23
K1010+550~650、K1010+200~390左侧斜坡崩塌	人工开挖边坡，T_3xj 砂泥岩互层，层面产状为120°∠70°，陡倾顺层结构。坡高30~50m，坡向140°	斜坡岩体滑移、倾倒失稳，部分混凝土喷层破坏，失稳岩土体顺坡坠落、滚动，停积于坡脚，掩埋公路，失稳方量分别约1 000m³、200m³	图3-24
百花桥左侧边坡崩塌	T_3xj 砂岩夹泥岩陡坡，层面产状为120°∠70°，坡向16°，坡高约150m	斜坡中上部岩体沿外倾结构面失稳，失稳岩体顺坡坠落、滚动，堆积于坡脚，失稳方量约4 000m³	图3-25

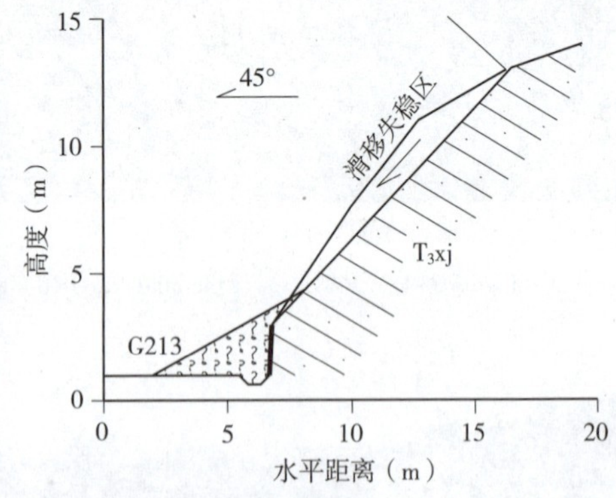

图3-20 K1011+900~K1011+950左侧斜坡滑坡照片及剖面示意图

Figure 3-20 Full view of the landslide in the K1011+900~K1011+950′s left side and sketch map of the cross-section

图 3-21

Figure 3-21

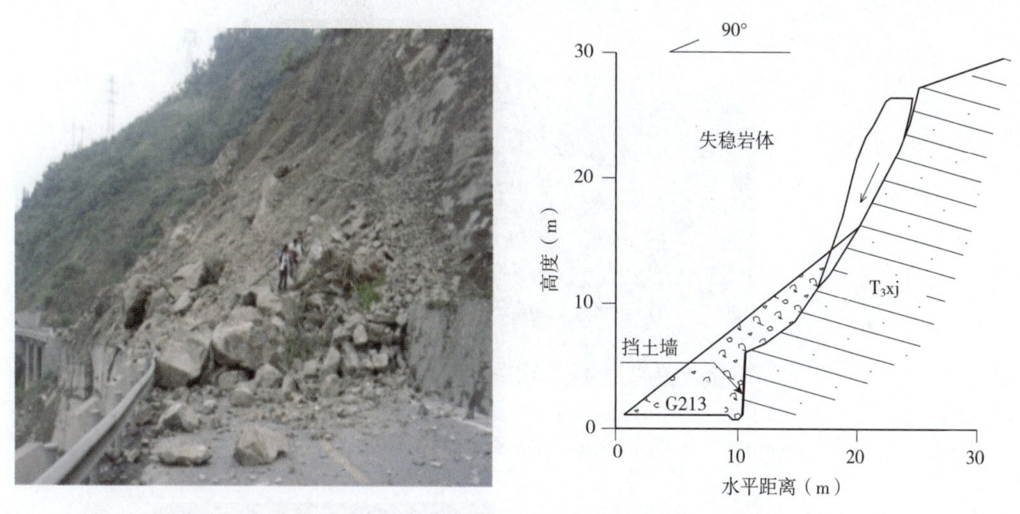

图 3-21　K1011+500~ 桥头左侧边坡滑坡照片及示意图

Figure 3-21　Full view of the landslide in the K1011+500~the head of bridge′s left side and sketch map of the cross-section

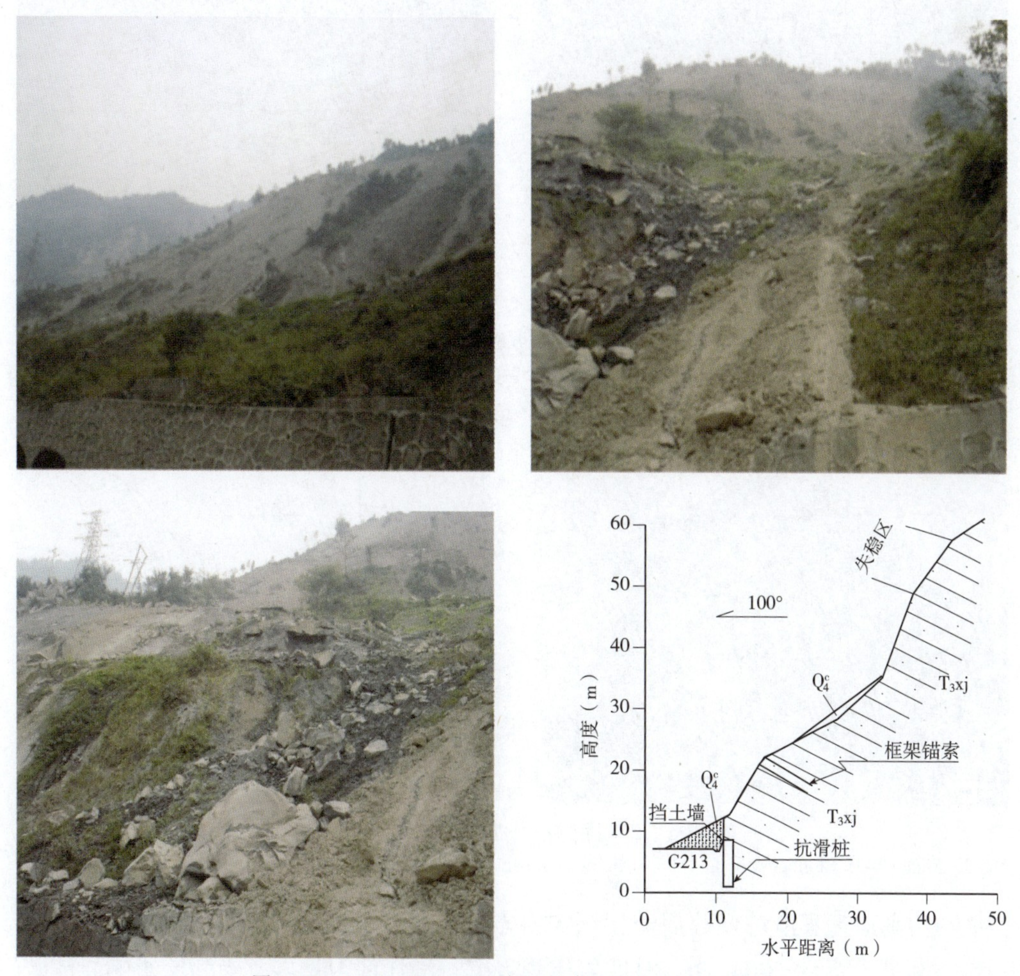

图 3-22　K1011+380~500 左侧边坡崩塌照片及剖面示意图

Figure 3-22　Full view of the collapse in the K1011+380~500′s left side and sketch map of the cross-section

图 3-23 K1010+200~390 左侧斜坡崩塌失稳岩体停积于路面

Figure 3-23 Full view of the collapse in the K1010+200~390′s left side

图 3-24 K1010+550~650 左侧斜坡崩塌失稳区及混凝土喷层破坏情况

Figure 3-24 Instability region of the collapse in the K1010+550~650′s left side and destruction of the layer sprayed with concrete

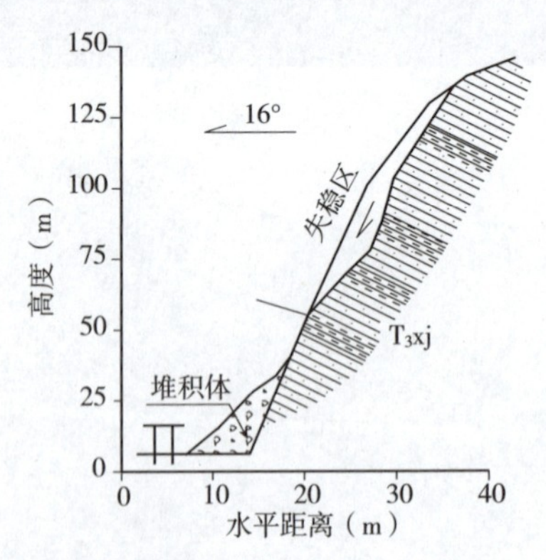

图 3-25 百花桥左侧边坡崩塌照片及剖面示意图

Figure 3-25 Full view of the collapse in the baihua bridge′s left side and sketch map of the cross-section

牛圈沟高速远程滑坡及碎屑流：该灾害点位于牛圈沟右侧支沟左侧，滑源区位于北川—映秀断裂上盘约 500m 处，斜坡岩体为晋宁—澄江期闪长岩，受断层影响岩体破碎。在地震力作用下，滑坡体高速启程，沿牛圈沟左侧支沟高速下滑形成碎屑流（运动距离约 1 200m），碎屑流体两次冲击牛圈沟右岸，在牛圈沟内堆积长度约 1 000m，前缘距百花桥头 206m，牛圈沟内形成堰塞湖。其后在地表水作用下形成泥石流，最终泥石流堆积物前缘进入岷江（见图 3-26）。

a）牛圈沟碎屑流遥感图

b）滑源区及碎屑流运动区拼接图

c）滑源区

d）碎屑流通过痕迹

图 3-26　牛圈沟高速远程滑坡 / 碎屑流

Figure 3-26　High-speed long-distance landslide/debris flow in Niuquan ditch

该冲沟两侧均为 T_3xj 地层，而沟床内堆积碎屑物质全部为晋宁～澄江期闪长岩、石英闪长岩块石，证明其来自北川—映秀断裂上盘。

灾害点	基本地质情况	地震破坏情况	附图
牛圈沟沟口左侧滑坡、泥石流（10 号）	T_3xj 砂泥岩互层边坡，斜坡上部覆盖土层及强风化层，呈土层及强风化层—基岩二元结构。坡高 30~50m，坡向 120°	斜坡上方土层及强风化层滑移失稳，顺坡及微冲沟下泻，掩埋公路，后期形成坡面泥石流，失稳方量约 2 000m³	图 3-27
K1008+500~K1008+890 左侧 4 处滑坡（7~9-1 号）	岷江右岸为其基座阶地，边坡多呈上部卵石层、下部 T_3xj 砂岩结构，边坡高度多在 30~50m	公路左侧边坡多采用挂网喷混凝土防护，地震多诱发上方卵石层边坡滑移破坏，共 4 处（其中 2 处为挂网喷混凝土防护），局部砂岩边坡岩体倾倒失稳，掩埋公路，失稳方量分别为 3 000m³、6 000m³、200m³、2 000m³	图 3-28

续上表

灾害点	基本地质情况	地震破坏情况	附图
K1007+950~K1008+320 左侧边坡崩塌（5~6 号）	T_3xj 砂岩陡坡，层面 120°∠70~75°，边坡坡向 150° 左右，陡倾层状结构，岩体呈板状	地震诱发板状岩体倾倒失稳为主，失稳岩体坠落堆积于坡脚，掩埋公路。其中一处岩体震动—抛射，岩石块体尺寸 6m×8m×10m，失稳方量约 1 500m^3	图 3-29
映秀中学附近，公路左侧 3 处边坡滑坡灾害（2~4 号）	映秀中学渔子溪对面，公路布设于渔子溪右岸，在岷江基座阶地前缘开挖形成边坡。边坡多呈上部阶地卵石层、下部 T_3xj 砂岩结构，边坡高度多在 20~30m	地震诱发 3 处边坡滑坡灾害，主要表现为卵石层中上部滑移破坏，T_3xj 砂岩边坡顺外倾结构面滑移破坏，失稳方量约 2 000m^3	图 3-30
渔子溪桥头、渔子溪右岸斜坡崩塌（1 号）	折线斜坡地貌，下部为岷江阶地卵石层，公路前缘开挖形成高约 20m 边坡，中部缓坡平台，上为元古代晋宁～澄江期闪长岩斜坡。中央主断裂自中部缓坡平台段斜穿而过	地震诱发下部卵石土人工开挖边坡中上部滑移失稳，失稳土体坠落堆积于坡脚，掩埋公路；上部闪长岩陡坡中上部岩体崩塌破坏，失稳岩体顺坡坠落、滚动，堆积于坡面及缓坡平台，失稳方量约 2 000m^3	图 3-31

图 3-27 牛圈沟沟口左侧滑坡及次生泥石流

Figure 3-27 Landslide in left side of Niuquan ditch's opening and debris flow

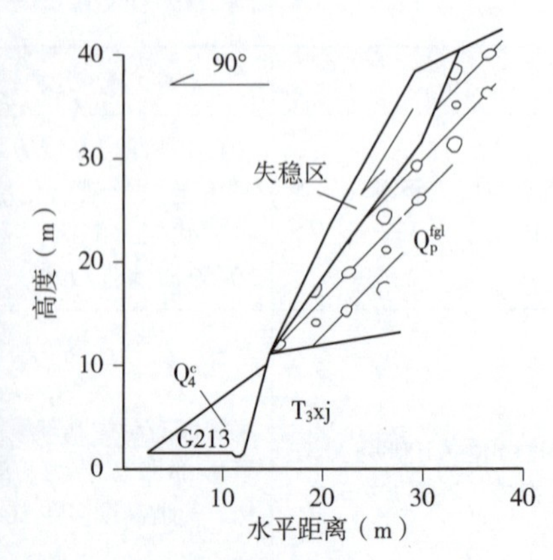

图 3-28 K1008+620~K1008+720 左侧土层滑坡照片及剖面示意

Figure 3-28 Full view of the landslide in the K1008+620~K1008+720's left side and sketch map of the cross-section

图 3-29　K1007+950~K1008+320 左侧边坡崩塌典型照片及剖面示意图

Figure 3-29　Full view of the collapse in the K1007+950~K1008+320′s left side and sketch map of the cross-section

a）边坡上部卵石层的坍塌破坏　　b）T_3xj 砂岩边坡，顺外倾结构面的滑移破坏

图 3-30　映秀中学附近，公路左侧滑坡灾害照片

Figure 3-30　Full view of three landslides in the road′s left side，close to Yingxiu high school

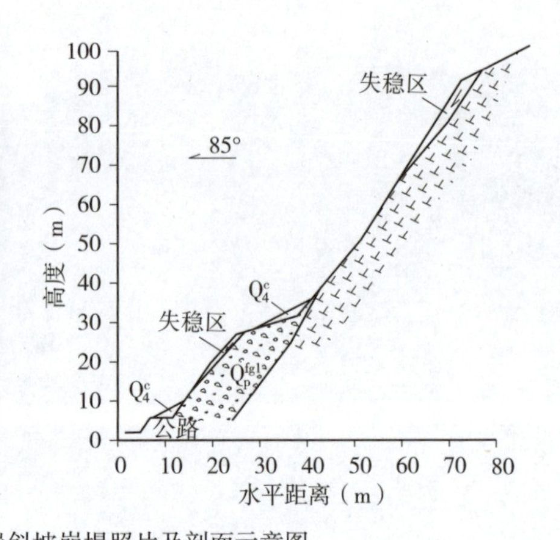

图 3-31 渔子溪桥头、渔子溪右岸斜坡崩塌照片及剖面示意图

Figure 3-31 Full view of the collapse in The Yuzixi's right side and Sketch map of the cross-section

3.5 都江堰—映秀高速公路灾害点 The disasters from Dujiangyan to Yingxiu（Expressway）

（1）紫坪铺隧道出口仰坡局部崩塌

该边坡为三叠系须家河组（T_3xj）地层，岩性为砂泥岩互层，受构造影响强烈，岩体破碎，在边坡施工开挖及防护期间多次出现变形开裂现象，后采用竖梁锚杆结合坡面植草防护综合处治（图 3-32）。地震后调查表明边坡整体稳定，仅在左侧局部未防护边坡产生崩塌失稳，距公路较远，对公路无影响。

图 3-32 紫坪铺隧道出口斜坡全貌及局部崩塌

Figure 3-32 Full view of the slope at the outlet of Zipingpu tunnel and Partial collapse

（2）龙洞子隧道进口左侧滚石

龙洞子隧道进口斜坡为 C+P 灰岩斜坡，植被茂密，地震后斜坡整体稳定，仅左洞上方一处岩体失稳，失稳块石顺坡滚落，停积于隧道洞门左侧及路面（图 3-33）。

（3）龙洞子隧道出口崩塌

隧道出口为石炭系灰岩陡坡，反倾结构，受构造影响岩体破碎，结构面发育。地震诱发斜坡顶部结构面切割岩体倾倒、滑移失稳，左侧洞口被掩埋，约 80 000m³。震后 2010 年 7 月 9 日斜坡顶部岩体倾倒失稳，失稳岩体顺坡坠落、滚动，损坏最上一层被动网（图 3-34）。

图 3-33　龙洞子隧道进口左侧滚石照片

Figure 3-33　stones falled from the slope at the inlet of Longdongzi tunnel

a）都江堰至映秀高速公路龙洞子隧道出口崩塌照片

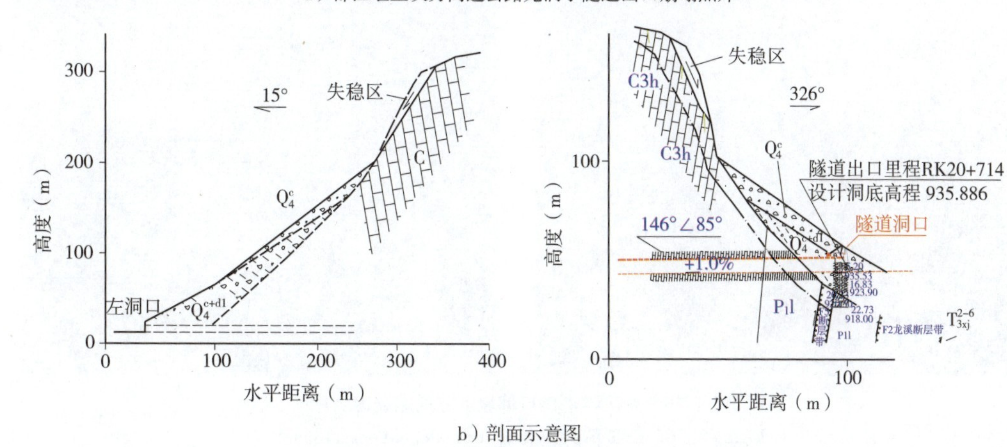

b）剖面示意图

图 3-34　龙洞子隧道出口崩塌照片及剖面示意图

Figure 3-34　Full view of the collapse at the outlet of Longdongzi tunnel and sketch map of the cross-section

（4）新房子大桥下方斜坡土体变形开裂

新房子大桥下方覆盖层厚度较大，地震诱发斜坡土体变形开裂，新房子大桥桥墩移位（图 3-35）。

图 3-35　新房子大桥下方边坡变形开裂照片

Figure 3-35　The slope's deform and crack under the Xinfangzi bridge

（5）龙溪隧道出口仰坡局部岩体崩塌

龙溪隧道出口靠近中央主断裂，仰坡上方岩体为 T_3xj 砂岩、泥岩，地震诱发斜坡上部表层岩体倾倒、滑移失稳，顺坡坠落、滚动，停积于坡面及隧道出口外路面（图 3-36）。

图 3-36　龙溪隧道出口仰坡上方崩塌灾害照片

Figure 3-36　Collapse overhead the outlet of Longxi tunnel

第 4 章 G213 线映秀—汶川公路地震崩滑灾害
Chapter 4 The Slope disasters triggered by earthquake from Yingxiu to Wenchuan road (G213)

4.1 公路概况 Highway survey

映秀—汶川公路是西部大通道国道 G213 线（兰州—磨憨）和国道 G317 线（成都—那曲）的共用段，是通往西藏的主要通道之一，是甘肃南部、青海至成都的必经之路，是阿坝藏族羌族自治州各县南下通往成都的最主要通道，也是成都通往著名旅游景区九寨沟、黄龙寺最近的通道（图 4-1）。

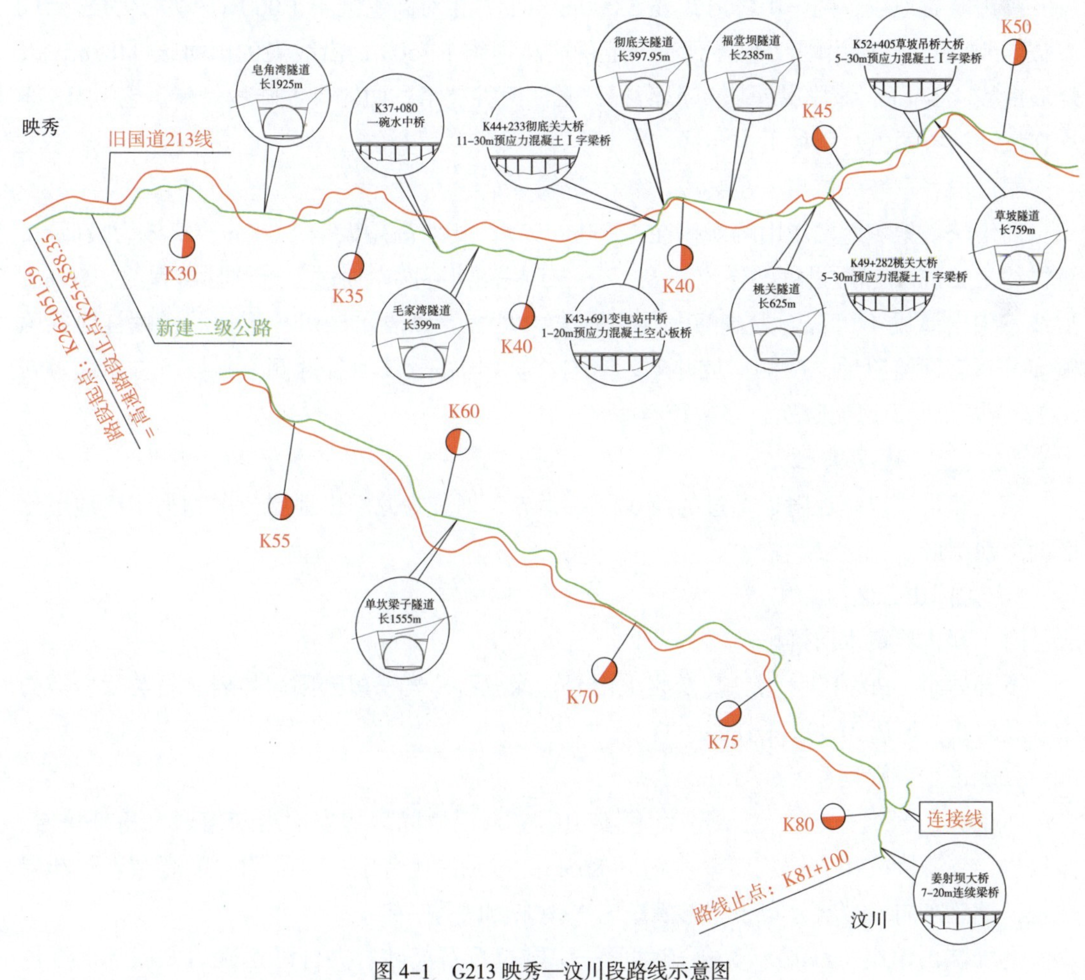

图 4-1 G213 映秀—汶川段路线示意图

Figure 4-1 G213 route between Yingxiu road and Wenchuan road

映秀—汶川公路共有新、老 G213 线两条公路，均布设于岷江两岸。新国道 213 线映秀—汶川段为二级公路，设计速度 40km/h，路基宽度 8.5m，长 56.2km，2007 年底已建成通车。老国道 213 线为三级公路标准，设计速度 30km/h，路基宽度 7.5m，长 56.87km，标准较低，多顺河随弯就弯，布设于斜坡坡脚。

4.2 地质环境条件及灾害概况 Geological environmental conditions and disaster situation

4.2.1 地质环境条件 Geological conditions

4.2.1.1 地形地貌

该公路顺岷江河谷逆流而上，属深切峡谷地貌区，可分为如下两个段落：

第一段：映秀—草坡段

高山峡谷地貌，两岸山峰海拔在 3 000m 以上，相对高差大于 1 000m。映秀为最低点，海拔约 900m，然后沿岷江逆流而上，至草坡高程约 1 150m，沿线尖尖山海拔 3488m，火烧坡海拔 4 141m。该段属深切 V 形河谷，岷江河谷狭窄，两侧岸坡陡峻。新、老 G213 线均在岷江河谷两侧、斜坡下方布线。

第二段：草坡—汶川—茂县段

高山峡谷地貌，两岸山峰海拔在 3 500m 以上，相对高差大于 1 000m。草坡为最低点，海拔约 1 150m，然后沿岷江逆流而上，公路于岷江河谷两岸通过，至茂县高程约 1 500m，沿线三尖山海拔 4 148m，最高峰九顶山海拔 4 969m。该段属深切 U 形河谷，岷江河谷两侧多分布有河流阶地，两侧岸坡陡峻。老 G213 线均在岷江河谷两侧、斜坡下方布线。新 G213 线多布设于河流阶地，多次跨越岷江。

4.2.1.2 地层岩性

该公路沿线以草坡附近通过的茂汶断裂为界，划分为龙门山地层分区和马尔康地层分区两个地层区。

1）龙门山分区

（1）元古界黄水河群

下部岩组（Pthn1）：为一套变质火山岩、绿泥石片岩、黑云阳起片岩、石英片岩类的中变质岩系。厚度为 895~1 189m。

（2）古生界震旦系

下统火山岩组（Za）：上部灰绿色安山岩夹灰褐色晶岩屑安山凝灰熔岩、角砾块岩、流纹岩，下部为安山玄武岩，厚度为 0~863m。与元古代晋宁—澄江期“彭灌杂岩”断层接触，呈北东向条带状分布于“彭灌杂岩”南东侧映秀一带。

上统陡山沱组（Zbd）：为褐灰色薄—中层长石石英砂岩夹含砾粗砂岩，底部褐红色花岗质砂砾岩，厚 0~150m。

上统灯影组（Zbdn）：为灰色厚层—块状细晶白云岩夹黑色炭质页岩、紫红色泥质灰岩，厚0~700m。

区内岩浆岩主要为元古代晋宁—澄江期多期次喷发和侵入的由超基性—酸性岩类构成的复式岩体，称作“彭灌杂岩”。岩性组合极为复杂，由于受动力变质和接触变质作用，局部地段岩石具片麻状构造，并见混杂、混合岩化现象。主要有黑云母花岗岩（$\gamma 2^{(4)}$）、斜长花岗岩（$\gamma o2^{(4)}$）、花岗闪长岩（$\gamma\delta 2^{(3)}$）、闪长岩（$\delta 2^{(3)}$），共同构成“彭灌杂岩”的主体。另外有零星辉绿岩脉（βμ）等岩脉侵入其中，形体狭小又以分散出露为特征。岩石多为浅灰色、灰绿色，中—粗粒结构，块状结构。岩浆岩体呈北东—南西向分布在映秀—下索关之间，南东、北西分别受北川—映秀、茂县—汶川两条活动性断裂所控制。

2）马尔康分区

（1）古生界志留系

茂县群第二段（S_{mx}^2）：上部为薄层、中层厚层状晶灰岩、砂泥质灰岩与绿色绢云板岩呈不等厚互层，下部为以灰、灰绿色绢云板岩为主，夹薄层、透镜状砂泥质灰岩，底部为杂色钙质石英砂岩，厚120~316m。

茂县群第三段（S_{mx}^3）：岩性以绿色绢云板岩为主，夹砂质灰岩、生物介屑灰岩、石英砂岩，厚107~519m。

（2）古生界泥盆系

月里寨群下段（D_{yl}^1）：上部为灰色千枚岩、灰色薄—厚层灰岩，下部以深灰、黑灰色炭质千枚岩为主，夹灰色绢云石英千枚岩、泥质灰岩及石英砂岩，厚度160~379m。

月里寨群上段（D_{yl}^2）：上部为灰色千枚岩、灰色薄—厚层灰岩，下部以深灰、黑灰色炭质千枚岩为主，夹灰色绢云石英千枚岩、泥质灰岩及石英砂岩，厚度130~1 056m。

（3）新生界第四系

公路沿线第四系地层主要为第四系全新统崩坡积层（Q_4^{c+dl}）、滑坡堆积层（Q_4^{del}）、崩积层（Q_4^{c}）、冲洪积层（Q_4^{al+pl}），以及更新统冰水堆积层（Q_p^{fgl}）等。

4.2.1.3 地质构造

该段属龙门山构造带，主要发育有北川—映秀断裂（龙门山中央主断裂）和茂县—汶川断裂（龙门山后山断裂）。

映秀—草坡段处于龙门山中央主断裂和后山断裂之间，其间次级断裂构造发育。草坡—玉龙—汶川段与后山断裂并行，发育多条次级断层，岩体破碎，风化强烈。

4.2.2 灾害概况 Disaster situation

4.2.2.1 灾害发育总体情况

G213映秀—汶川公路沿岷江河谷两侧布线，通过路段为V字形高山峡谷地段，两侧斜坡横坡陡峻，基岩斜坡多在40°以上，斜坡高度多在数百米之上，甚至接近千米。根据中国地震局发布汶川8.0级地震烈度分布图，该段地震烈度为Ⅹ～Ⅺ度。

根据公路沿线地质灾害发育情况，可以划分为以下两段：

（1）映秀—草坡隧道段

该段地质构造上处于龙门山中央主断裂和后山断裂之间，出露地层主要为震旦系黑云母花岗岩、闪长岩、辉长岩等岩浆岩。该段岩性为硬质岩为主，岷江两岸斜坡地面横坡较陡，地震作用下斜坡中上部地震放大效应显著，加之斜坡岩体结构面发育、斜坡中上部岩体风化、卸荷作用强烈，地震诱发大量崩塌及滑坡灾害，对新、老 G213 线均造成严重损毁。

（2）草坡隧道—汶川段

该段地质构造上处于龙门山后山断裂带，由一系列分支断裂组成，分支断裂间岩体呈夹片状产出。岩性较为复杂，岩浆岩、变质岩、沉积岩均有出露。受地质构造及岩性影响，该段岷江河谷相对较宽，两侧斜坡岩体破碎、风化作用极为强烈。该段地震诱发地质灾害其规模、密度明显小于映秀至草坡段，斜坡失稳的主要模式是斜坡中上部土层及强风化岩体的失稳破坏，单点规模一般不大。

老 G213 线基本沿河谷陡坡下部布线，而新 G213 线多在河流阶地及漫滩，多跨岷江。因此，该段老 G213 线损毁极为严重，大段路基被崩塌堆积体掩埋，而新 G213 线由于绝大部分路段远离斜坡，其受地震地质灾害影响相对较小（见表 4–1）。

表 4–1　映秀—汶川公路沿线地震地质灾害发育情况表

Table 4–1　Table of geological disasters along the road from Yingxiu to Wenchuan

段落范围	地层岩性	地质结构	地形地貌	地震地质灾害发育情况
映秀—草坡隧道出口（K25+600~K53+268）	晋宁—澄江期中基性侵入岩，主要为闪长岩、花岗岩、辉长岩等，夹角闪石英片岩，为硬质岩	处于北川—映秀断裂和茂县—汶川断裂之间，其间发育若干次级断层，岩体结构面发育	受地质构造及岩性影响，河谷狭窄，两侧斜坡高陡，地面横坡多在 40° 以上	地震地质灾害极为发育，沿线崩滑灾害密集连续分布，大量崩滑堆积体大段掩埋公路、堰塞河道。新老 G213 线均严重损毁
草坡隧道出口—汶川段（K53+268~K70）	岩性较为复杂，岩浆岩、变质岩、沉积岩均有出露。岩体破碎、风化强烈	处于茂县—汶川断裂带内，由一系列次级断层，以及断层间透镜状岩体组成	受地层及构造影响，该段河谷相对宽缓，两侧斜坡相对较缓	地震诱发地质灾害其规模、密度明显小于映秀—草坡段，斜坡失稳的主要模式是斜坡中上部土层及强风化岩体的失稳破坏，单点规模一般不大。 老 G213 线多布线于斜坡坡脚，大段被地震崩塌堆积物掩埋。 新 G213 线多布设于河流阶地，受地震地质灾害影响相对较小

4.2.2.2　灾害的主要形式及发育特点

根据沿线灾害调查，地震诱发沿线地质灾害以崩塌为主，滑坡次之。沿线崩塌灾害，从现象上，主要为斜坡中上部强风化岩体及土层失稳、结构面切割岩体失稳两种形式。

自然斜坡上方多存在强风化、卸荷松动岩体及一定厚度的覆盖土层，地震力作用下，这部分岩土体最容易失稳。此类灾害为汶川地震诱发最为普遍的斜坡失稳类型，因斜坡高陡，岩土体失稳后沿坡面或微冲沟向下倾泻、坠落，掩埋公路并堰塞河道。结构面切割岩体失稳多发生在较为完整的块状结构或层状结构边坡。

该公路沿线地震地质灾害有如下发育规律和特点：

（1）崩塌滑坡灾害以自然斜坡失稳为主，人工开挖边坡高度有限且都进行了防护，防护结构一般稳定性较好。

（2）沿线崩塌滑坡灾害规模较大，且映秀—草坡隧道段和草坡隧道—汶川段灾害规模有显著差异。

该段调查映秀—草坡隧道段新、老 G213 线 62 处崩塌及滑坡灾害（大部分为崩塌灾害群），平均规模约 40 万立方米 / 处；调查草坡隧道至汶川段新、老 G213 线 19 处崩塌及滑坡灾害，平均规模约 1.4 万立方米 / 处（见图 4–2）。

（3）由统计数据可以看出，距离发震断层越近，灾害点密度越高（见图 4–3）。

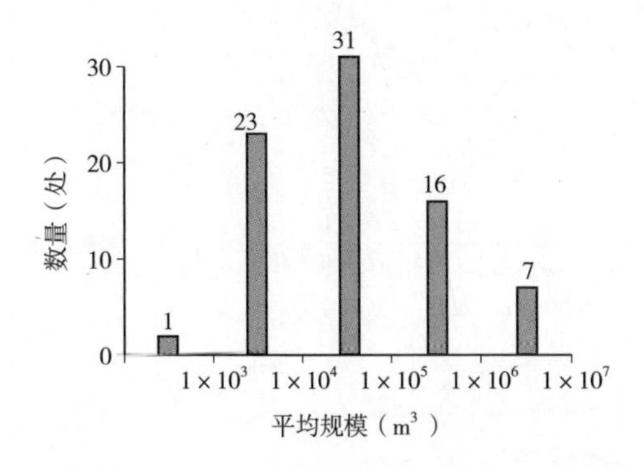

图 4–2 映秀—汶川公路沿线灾害规模统计图

Figure 4–2 Statistical graph of Scale of the disaster along the road from Yingxiu to Wenchuan

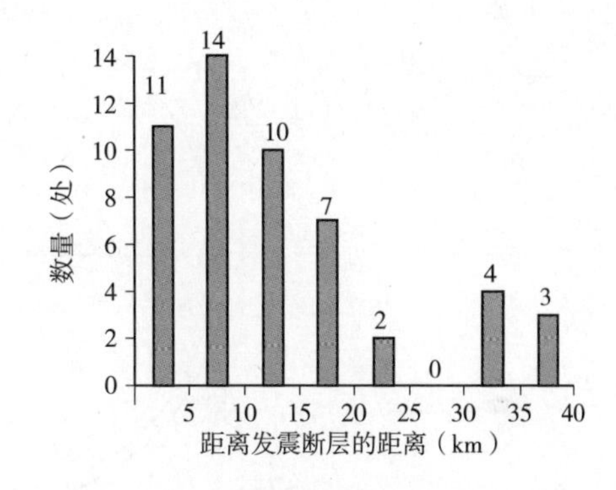

图 4–3 新 G213 线两侧灾害数量与发震断层垂直距离统计图

Figure 4–3 Statistical graph of Vertical distance from earthquake fault to Disasters and the number of disasters in the both sides of the G213

（4）失稳斜坡坡向、坡度及范围统计。

失稳斜坡坡向统计见图 4–4a)，由该图可以看出，失稳斜坡临空面方向主要集中在和发震断层平行（NE60°）和小角度相交（NW60°）两个方向上，这和地质构造特点及地震波的传播方向有关。

失稳斜坡坡度统计见图 4–4b)，统计表明失稳斜坡坡度在 35°~83° 之间，主要分布在 41°~70° 之间，共 50 个，占总数量的 87.7%，实际上由于大于 70° 的自然斜坡是极为少见的，因此可以认为该公路沿线地震诱发斜坡失稳灾害主要发生在 40° 以上的斜坡，这主要是由于陡斜坡地震放大效应明显。

调查表明斜坡失稳部位主要分布在斜坡中上部，统计计算表明（图 4–4c)，失稳位置在 0.15 坡高以上至 0.87 坡高以上，平均失稳位置在斜坡 0.53 坡高以上，主要失稳部位在 0.3 坡高以上，占总数量的 82.5%（见表 4-2）。

表 4-2　不同坡向失稳斜坡数量统计表

Table 4-2　Statistical table of the slope's number at the different gradient

坡向范围（°）	0~15	15~30	30~45	45~60	60~75	75~90	90~105	105~120
数量（个）	0	0	2	6	5	5	3	4
坡向范围（°）	120~135	135~150	150~165	165~180	180~195	195~210	210~225	225~240
数量（个）	4	1	1	0	0	1	1	8
坡向范围（°）	240~255	255~270	270~285	285~300	300~315	315~330	330~345	345~360
数量（个）	5	6	5	14	2	3	2	0

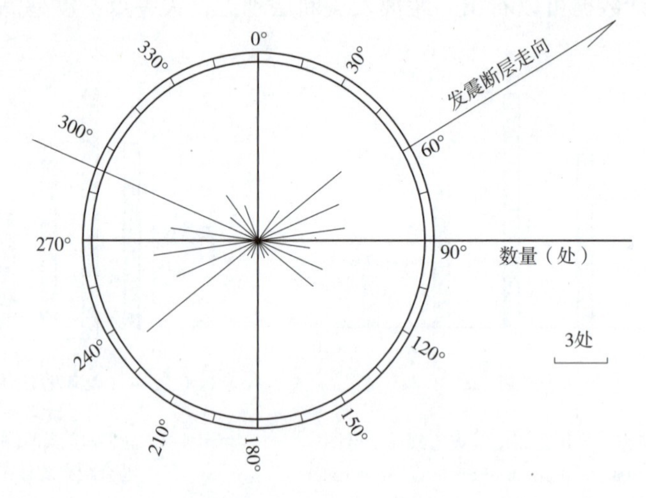

a）灾害点数量与失稳斜坡方向统计图

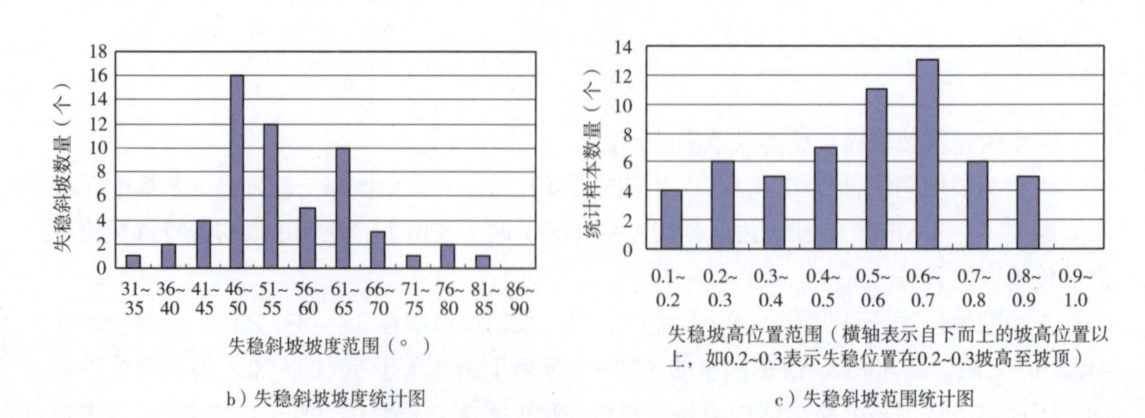

b）失稳斜坡坡度统计图

c）失稳斜坡范围统计图

图 4-4　映秀至汶川公路沿线灾害与失稳斜坡坡向、坡度及范围统计图

Figure 4-4　Statistical graph of the number of disasters、the direction、gradient and the range of unstable slopes along the road from Yingxiu to Wenchuan

4.3 映秀—皂角湾隧道段灾害点 The disasters from Yingxiu to Zaojiaowan tunnel

各灾害点位置如图 4-5 所示。

图 4-5 映秀—皂角湾隧道段汶川地震后遥感影像图
（图中编号与各灾害点名称后括号内编号对应）

Figure 4-5 Remote sensing image along the tunnel from Yingxiu to Zaojiaowan after the Wenchuan Earthquake
（The number of disaster in the picture is the following disaster's number in brackets）

（1）K26+220~K26+578 右侧边坡崩塌（1 号点）

该灾害点位于岷江左岸。高度约 260m，坡向 230°，基岩（元古代澄江—晋宁期花岗闪长岩）边坡，浅层岩体风化强烈。该段斜坡位于龙门山中央主断裂上盘，距地表破裂带约 100m，受构造影响岩体破碎，呈碎裂结构，发育 150°∠ 65°、245°∠ 40~55°（外倾结构面）、320°∠ 60~75° 三组主要结构面。

地震诱发斜坡中上部岩体沿外倾结构面滑移破坏，失稳岩土体顺坡面滑动，解体坠落堆积于坡脚，失稳方量约 250 000m³，掩埋公路 260m，挤占岷江河道，并掩埋映秀岷江大桥左岸桥台（见图 4-6）。

（2）K26+535~K26+940 对面，老 G213 左侧斜坡崩塌（岷江右岸，2 号点）

斜坡位于条状山脊北东侧。单面斜坡地貌，基岩（花岗闪长岩）裸露，坡面微冲沟发育，坡顶及微冲沟两侧为厚度不大的土层及强风化层。微冲沟下部震前即存在崩积体。斜坡坡向 50° ，最大斜坡高度约 260m。

地震诱发斜坡土层及强风化岩体溃散、滑移失稳，主要位于斜坡中上部，尤其是微冲沟顶部及两侧，局部基岩陡坡岩体倾倒破坏。失稳岩土体顺坡、微冲沟下泻，掩埋公路长约 300m，失稳方量约 15 000m³（见图 4-7）。

（3）K26+900 公路右侧边坡崩塌（3 号点）

前段（3-1）为烧房沟，沟口高于公路路面及岷江 20m 以上，冲沟两侧斜坡岩体风化强烈，局部覆盖土层，呈土层及强风化层——基岩二元结构。地震诱发烧房沟上部及两侧斜坡岩土体失稳破坏，失稳岩土体堆积于沟床内（成为后期泥石流物源），部分顺沟下泻堆积于坡脚，掩埋公路长约55m，方量约150 000m³。该冲沟震后爆发泥石流，泥石流堆积物掩埋公路、堰塞岷江。

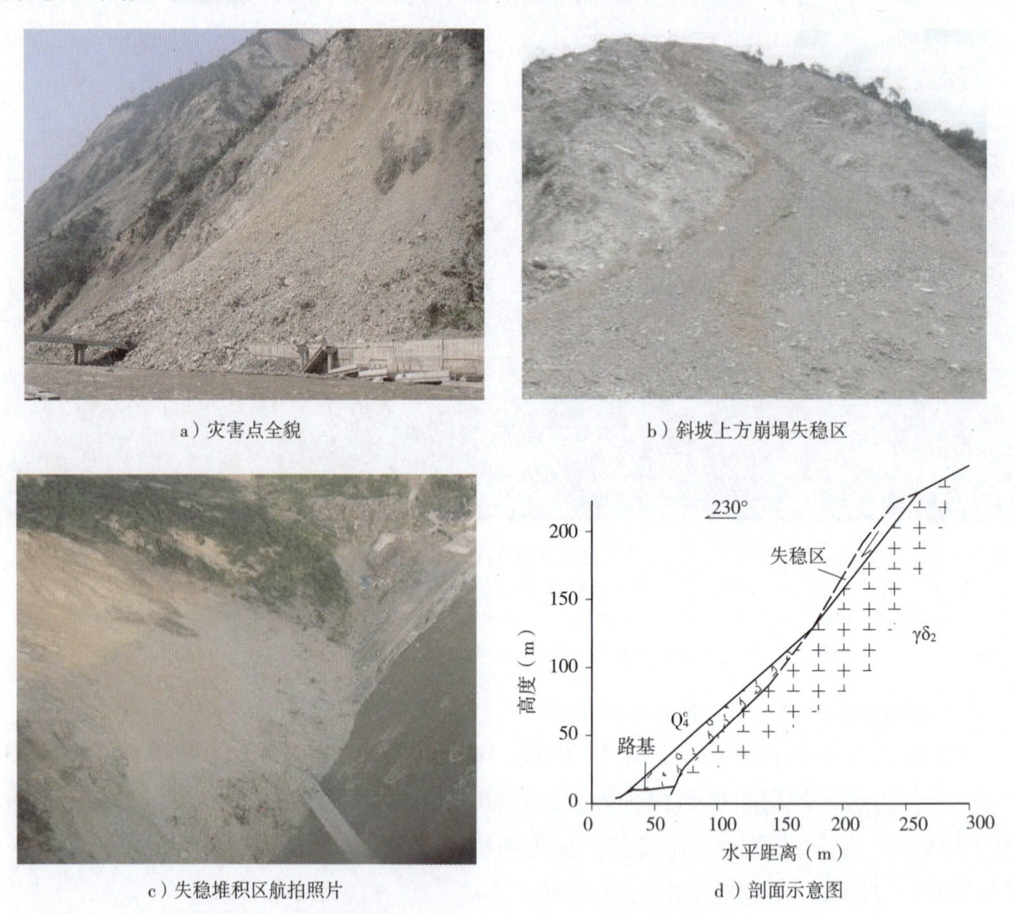

a）灾害点全貌

b）斜坡上方崩塌失稳区

c）失稳堆积区航拍照片

d）剖面示意图

图4-6 K26+220~K26+578右侧边坡崩塌剖面示意图及典型照片

Figure 4-6 Full view of the collapse in the K26+220~K26+578′s right side and sketch map of the cross-section

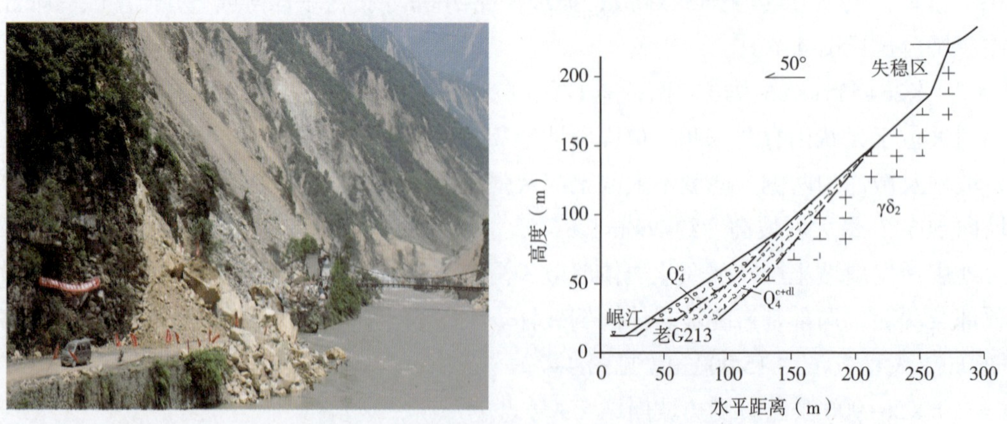

图4-7 K26+535~K26+940对面，老G213左侧斜坡崩塌典型照片及剖面示意图

Figure 4-7 Full view of the collapse at the opposite of the K26+535~K26+940, at the left side of the old G213 and sketch map of the cross-section

后段（3-2）为陡立块状结构花岗闪长岩边坡，发育160°∠72°、230°∠78°两组陡倾结构面，坡高约100m，坡向230°。地震诱发基岩陡坡浅层岩体倾倒失稳，失稳岩体顺坡坠落、滚动，堆积于坡脚，掩埋公路长约240m，方量约10 000m³（见图4-8）。

图4-8 K26+900公路右侧边坡崩塌照片及剖面示意图

Figure 4-8 Full view of the collapse in the K26+900′s right side and sketch map of the cross-section

（4）K26+940~K27+550对面，老G213左侧斜坡崩塌（4号点）

单面斜坡地貌，坡面微冲沟发育，坡顶及微冲沟两侧为厚度不大的土层及强风化层。微冲沟下多为震前崩积体。斜坡坡向90°，最大斜坡高度约300m。

地震诱发斜坡浅表层土层及强风化岩体溃散、滑移失稳，主要分布在斜坡中上部，局部块状结构岩体倾倒失稳。失稳岩土体顺坡、微冲沟下泻、滚动、弹跳，堆积于坡脚，掩埋公路长420m，失稳方量约50 000m³，损毁电站设施（见图4-9）。

（5）K26+980~K27+250段右侧斜坡崩塌（5号点）

斜坡地貌，中部发育微冲沟，冲沟下部为崩坡积碎石土。块状结构花岗闪长岩斜坡，局部呈土层及强风化层——基岩二元结构，斜坡坡向90°，最大斜坡高度约200m。

a）拼接全貌照片（下方堆积体已清除）

图 4-9

Figure 4-9

b）下部堆积区（部分已清理）

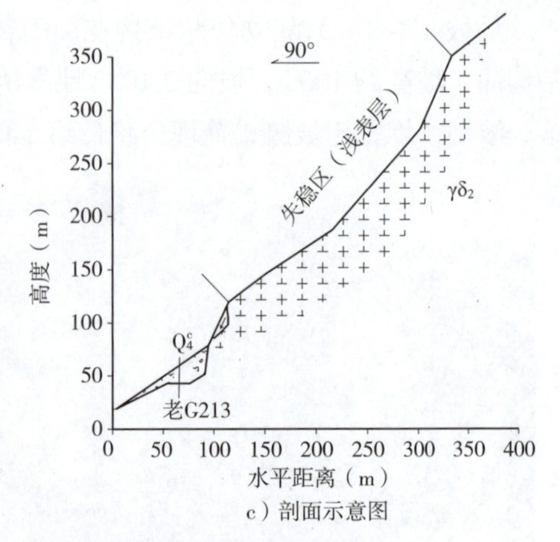

c）剖面示意图

图 4-9 K26+940~K27+550 对面，老 G213 左侧斜坡崩塌照片及剖面示意图

Figure 4-9 Full view of the collapse at the opposite of the K26+940~K27+550, at the left side of the old G213 and sketch map of the cross-section

地震诱发斜坡岩土体滑移、倾倒失稳破坏，失稳主要发生在陡坡中上部、陡缓变坡点下方，失稳岩土体顺沟槽向下运动，堆积于坡脚，掩埋公路长 270m，失稳方量约 15 000m³。震后多次发生大规模崩塌灾害（见图 4-10）。

a）斜坡微冲沟地貌及上部失稳区（被动网为震后施工）

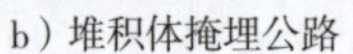

b）堆积体掩埋公路

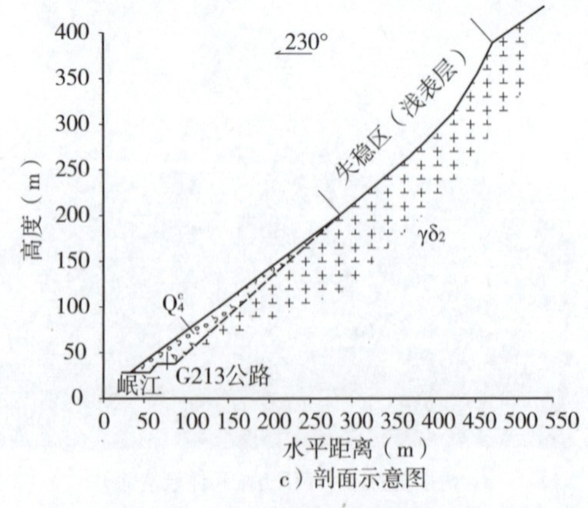

c）剖面示意图

图 4-10 K26+980~K27+250 段右侧斜坡崩塌典型照片及剖面示意图

Figure 4-10 Full view of the collapse in the K26+980~K27+250′s right side and sketch map of the cross-section

（6）K27+550~K27+860 对面，老 G213 左侧斜坡崩塌（7 号点）

单面斜坡地貌，坡面较顺直。斜坡坡向 90°，最大斜坡高度约 200m。表层及斜坡中上部风化强烈，呈土层及强风化层——基岩二元结构。

地震诱发斜坡中上部浅表层岩土体溃散、滑移失稳，顺坡滑动、坠落、滚动，堆积于坡脚，掩埋老 G213 公路长 250m，并损毁电站，挤占岷江河道，失稳方量约 10 000m³（见图 4–11）。

（7）K27+250~K27+525 段右侧斜坡崩塌（6 号点）

斜坡地貌，坡面起伏不平，多见“突出部位”。为块状结构花岗闪长岩，主要发育 160°∠ 10~15°、230°∠ 75°、310°∠ 80°三组结构面。斜坡坡向 230°，最大斜坡高度约 400m。

地震诱发斜坡岩体倾倒、滑移失稳破坏，失稳主要发生于转折、地貌突出部位，多位于陡缓变坡点下部。失稳岩体顺坡坠落、滚动、弹跳，堆积于坡脚，掩埋公路长 275m，失稳方量约 50 000m³（见图 4–12）。

图 4–11　K27+550~K27+860 对面，老 G213 左侧斜坡崩塌失稳区

Figure 4–11　Instability region of collapse at the opposite of the K27+550~K27+860, at the left side of the old G213

图 4–12　K27+250~K27+525 段右侧斜坡地貌及崩塌失稳区公路路基被埋情况

Figure 4–12　Instability region of collapse at the right side of the K27+250~K27+525

（8）K27+700 右侧边坡崩塌（8 号点）

折线斜坡地貌，上部为块状结构花岗闪长岩陡坡，下部为崩坡积块碎石土斜坡，公路在斜坡前缘以顺河桥及路基通过。斜坡坡向 250° ，最大斜坡高度约 300m。

地震诱发斜坡中上部岩体倾倒破坏、个别岩体抛射，顺坡坠落、滚动、弹跳，堆积于坡脚及斜坡上，飞石损坏栏杆，砸毁桥梁 1 跨，并损毁电站设施，掩埋公路 90m，失稳方量约 50 000m³（见图 4–13）。

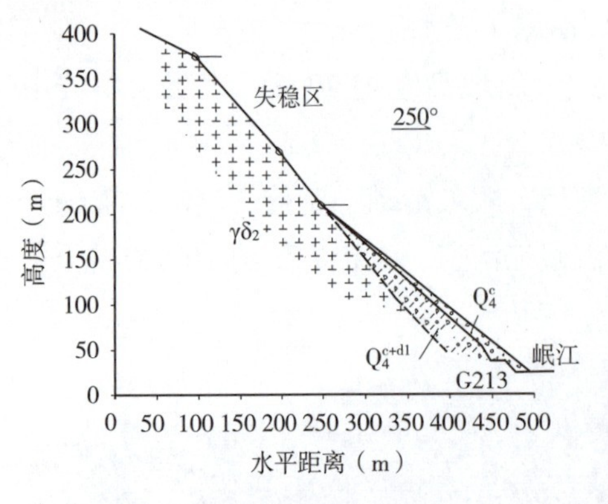

a）典型剖面示意图

b）斜坡上部失稳区（被动网为震后施工）

c）崩塌堆积物损坏桥梁，块石损坏厂房

d）崩塌

图 4-13 K27+525~770 右侧边坡崩塌典型照片及剖面示意图

Figure 4-13 Full view of the collapse in the K27+525~770′s right side and sketch map of the cross-section

（9）K27+240 对面，老 G213 线左侧崩塌及次生泥石流（9 号点）

位于岷江右侧，古泥石流沟沟口，斜坡下部为泥石流堆积物，上部为花岗闪长岩斜坡，浅层风化强烈，呈土层及强风化层——基岩二元结构。

地震诱发斜坡中上部浅层岩体滑塌失稳，顺坡滑动、解体滚动，堆积于坡脚及斜坡凹槽地带，掩埋老 G213 公路长约 150m，后期形成泥石流灾害（见图 4-14）。

图4-14　K27+240对面，老G213线左侧崩滑灾害照片

Figure 4-14　Collapse at the opposite of the K27+240，at the left side of the old G213

（10）K27+900~K28+000右侧边坡崩塌（10号点）

块状结构闪长岩陡坡，主要发育245°∠75、342°∠77°两组结构面。斜坡坡向265°，坡高约36m。

地震诱发结构面切割岩体倾倒失稳破坏，坠落堆积于坡脚，砸毁半边桥1跨，掩埋公路长约40m，失稳方量约1 000m³（见图4-15）。

a）崩塌失稳区及被砸毁的桥梁

b）路面堆积的块石

图4-15　K27+900~K28+000右侧边坡崩塌照片

Figure 4-15　Collapse at the right side of the K27+900~K28+000

（11）K28+270~K28+665右侧滑坡（11号点）

位于岷江内凹转弯处，高陡块状结构闪长岩斜坡，发育外倾结构面产状290°∠48°。斜坡坡向295°，坡高约400m。

地震诱发斜坡中上部岩体沿外倾结构面滑移破坏，失稳岩体滑移抛射而出，堰塞岷江，掩埋G213公路长约400m，形成堰塞湖淹没新G213线长1130m，老G213线1350m，失稳方量约3 000 000m³（见图4-16）。

a）滑坡区全貌

b）滑坡堆积体

c）滑坡后壁

d）滑坡堰塞湖

e）滑坡剖面示意图

图 4-16 K28+270~ K28+665 右侧滑坡典型照片及剖面示意图

Figure 4-16 Full view of the landslide in the K28+270~ K28+665′s right side and sketch map of the cross-section

（12）K28+665~K29+500 右侧斜坡崩塌（12 号点）

坡体呈折线形，上部为闪长岩陡坡，中下部台阶为岷江高阶地卵石层及崩坡积层。斜坡坡向 280°，坡高大于 500m。

地震诱发上部基岩陡坡崩塌失稳，失稳岩土体堆积于平台上。下部卵石层及崩坡积土层斜坡中上部滑移失稳破坏，失稳土体堆积于坡脚，掩埋公路长 710m，失稳方量约

200 000m³（见图4-17）。

（13）K29+200对面，老G213线左侧斜坡崩塌（13号点）

岷江右岸斜坡，斜坡上部为河流阶地堆积卵石土层，下部闪长岩。斜坡坡向105°，两级坡高合计约400m。

地震诱发上部斜坡中上部土层滑移失稳、局部岩体倾倒破坏，堆积于坡脚及缓坡平台，失稳方量约100 000m³，该段公路为堰塞湖淹没区（见图4-18）。

图4-17　K28+665~K29+500右侧斜坡崩塌照片

Figure 4-17　Full view of the collapse in the K28+665~K29+500′s right side

a）崩塌照片

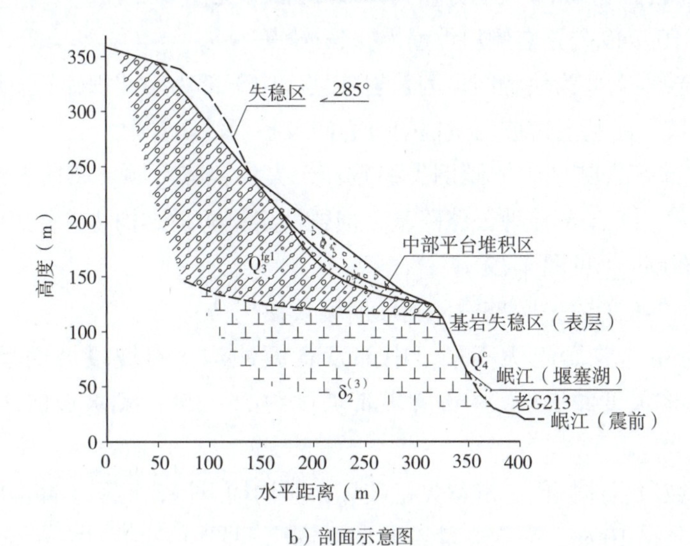

b）剖面示意图

图4-18　K29+200对面，老G213线左侧斜坡崩塌照片及剖面示意图

Figure 4-18　Full view of the collapse at the opposite of the K29+200, in the old G213′s left side and sketch map of the cross-section

（14）K29+500对面，老G213线左侧斜坡崩塌（14号点）

块状结构闪长岩陡坡，斜坡坡向105°，坡高约100m。主要发育20°∠45°、

125°∠ 55°两组结构面。地震诱发结构面切割岩体滑移式崩塌破坏，失稳岩体堆积于坡脚，失稳方量约 40 000m³，该段公路为堰塞湖淹没区（见图 4–19）。

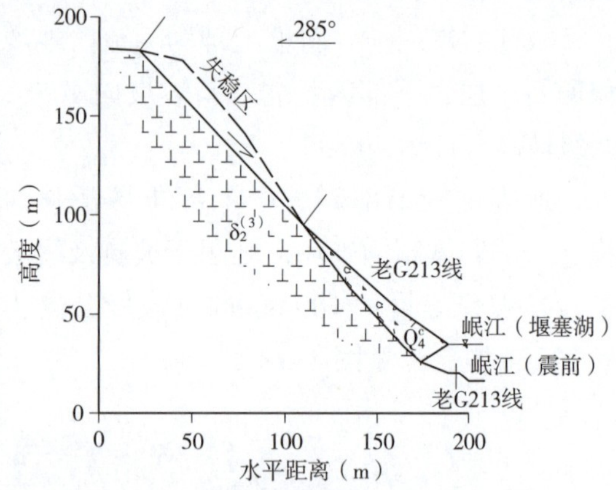

图 4–19 K29+500 对面，老 G213 线左侧斜坡崩塌照片及剖面示意图

Figure 4–19 Full view of the collapse at the opposite of the K29+500, in the old G213′s left side and sketch map of the cross–section

（15）K30 对面，老 G213 左侧斜坡崩塌灾害群（15 号点）

块状结构闪长斜坡，坡面为冲沟发育，斜坡上部、微冲沟两侧有一定厚度土层及强风化层，呈土层及强风化层——基岩二元结构。

地震诱发斜坡中上部、微冲沟两侧及顶部土层及强风化层溃散、滑移失稳破坏，局部基岩突出部位倾倒失稳。失稳岩土体顺坡坠落、滚动，堆积于微冲沟斜坡坡面中下部及坡脚，掩埋老 G213 公路 400m，失稳方量约 100 000m³（见图 4–20）。

（16）K29+810~940 公路右侧斜坡崩塌（16 号点）

折线斜坡地貌，上部为块状结构闪长岩陡坡，中下部为崩坡积碎石土层。公路在下部开挖形成路基边坡，路基上边坡已做框架空心砖及护面墙防护。

地震诱发上部基岩陡坡岩体倾倒失稳破坏，失稳块碎石顺坡坠落、滚动、弹跳，在斜坡坡面、坡脚停积，局部掩埋公路路基，损毁框架梁防护结构物，受影响段长约 400m，失稳方量约 100 000m³（见图 4–21）。

（17）K30+130~K30+330 公路右侧斜坡崩塌（18 号点）

折线斜坡地貌，坡面起伏不平，中部发育微冲沟，斜坡段坡面呈折线形，上下陡，中部缓，总体坡度约 50°，中部缓坡带坡度约 25~35°。斜坡坡向 240°，坡高大于 400m。

地震诱发陡坡段岩体倾倒、滑移失稳破坏，顺沟槽下泻，堆积于冲沟内，部分下泻堆积于坡脚，掩埋公路 100m，失稳方量约 110 000m³（见图 4–22）。

（18）K30+330~K30+580 右侧斜坡崩塌（19 号点）

前段为块状结构闪长岩陡坡；后段发育冲沟，微冲沟顶部及两侧为碎石土层。斜坡坡向 240°，坡高大于 500m。

地震诱发前段基岩斜坡中上部浅层岩体滑移、倾倒式失稳，失稳岩体坠落堆积于斜坡坡面及坡脚；后段斜坡上部、微冲沟顶部及两侧岩土体滑移、倾倒破坏，顺坡及微冲沟坠落、滚动、弹跳，在斜坡部位以及坡脚堆积，后期形成多次泥石流灾害。掩埋公路 150m，失稳方量约 30 000m³（见图 4-23）。

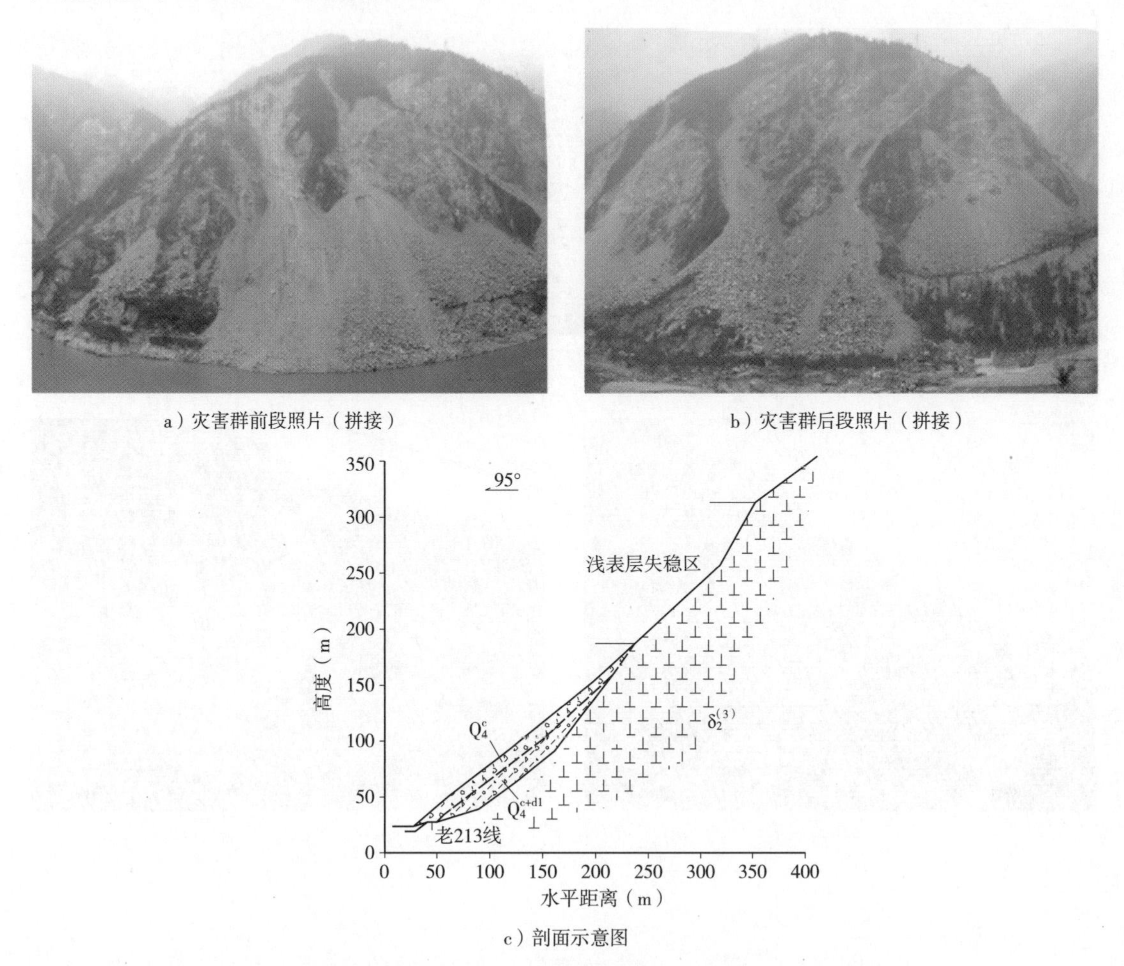

a）灾害群前段照片（拼接）　　b）灾害群后段照片（拼接）

c）剖面示意图

图 4-20　K30 对面，老 G213 左侧斜坡崩塌灾害群照片及剖面示意图

Figure 4-20　Full view of the collapse at the opposite of the K30, in the old G213′s left side and sketch map of the cross-section

（19）K30+500~K31+500 对面，老 G213 线左侧斜坡崩塌灾害群（20 号点）

单面斜坡地貌，坡面微冲沟发育，基岩为块状结构闪长岩，坡体上部、微冲沟两侧有一定厚度土层及强风化层，呈土层及强风化层——基岩二元结构。

地震诱发斜坡中上部、微冲沟两侧及顶部土层及强风化层溃散、滑移失稳破坏，局部基岩突出部位倾倒失稳。失稳岩土体顺坡坠落、滚动，堆积于微冲沟斜坡坡面中下部及坡脚，掩埋公路 800m，失稳方量约 350 000m³。震后微冲沟多处形成泥石流灾害（图 4-24）。

（20）K30+940~K31+250 右侧斜坡崩塌（21 号点）

折线斜坡地貌，上部为块状结构闪长岩陡坡，下为崩坡积块碎石土层。斜坡坡向 330°，坡高约 300m。

地震诱发上部陡坡岩体滑移、倾倒破坏，失稳岩体顺陡坡坠落，在下部斜坡段滚动、弹跳、堆积，掩埋公路100m，部分路段堆积块石，失稳方量约3 000m³（见图4-25）。

a）灾害点全貌（拼接）

b） c）

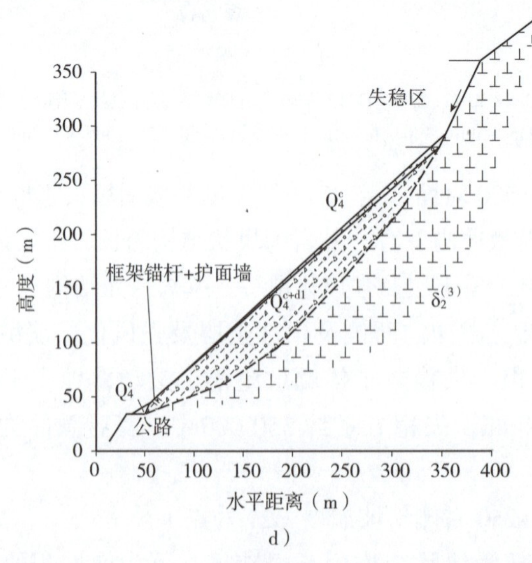

d）

图4-21 K29+810~940公路右侧斜坡崩塌照片及剖面示意图

Figure 4-21 Full view of the collapse in the K29+810~940′s right side and sketch map of the cross-section

a）灾害点全貌（下部堆积体已清除）

b）

c）

d）地震崩塌堆积体掩埋公路的情况

e）震后修建棚洞

f）被 2010 年 8 月 14 日泥石流掩埋的棚洞

g）2010 年 8 月 14 日暴雨诱发泥石流，掩埋公路

图 4–22　K30+130~K30+330 公路右侧斜坡崩塌照片及剖面示意图

Figure 4–22　Full view of the collapse in the K30+130~K30+330′s right side and sketch map of the cross–section

图 4-23　K30+330~K30+580 右侧斜坡崩塌灾害点全貌（左侧为次生泥石流灾害，右侧为崩塌）

Figure 4-23　Full view of the collapse in the K30+330~K30+580′s right side (the lef is the secondary debris flow, and the right is the collapse)

a）灾害点远观全貌

b）岩体崩塌掩埋老 G213 线

c）泥石流掩埋老 G213 线

d）灾害群侧视照片

图 4-24　K30+500~K31+500 对面，老 G213 线左侧斜坡崩塌灾害群照片

Figure 4-24　Full view of the collapse at the opposite of the K30+500~K31+500, in the old G213′s left side

a）崩塌失稳区及在斜坡堆积的块石

b）崩塌块石掩埋路基、砸毁路面（1）

c）崩塌块石掩埋路基、砸毁路面（2）

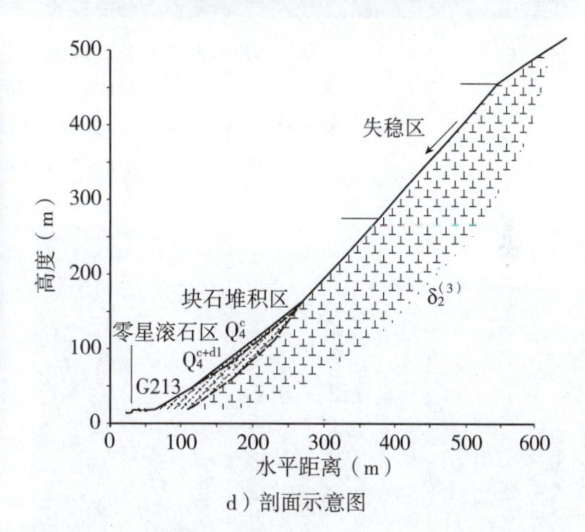

d）剖面示意图

图 4–25　K30+940~K31+250 右侧斜坡崩塌照片及剖面示意图

Figure 4–25　Full view of the collapse in the K30+940~K31+250′s right side and sketch map of the cross–section

4.4　皂角湾隧道—毛家湾隧道段灾害点 The disasters from Zaojiaowan tunnel to Maojiawan tunnel

各灾害点位置如图 4–26 所示。

（1）K33+850 皂角湾隧道出口仰坡及左侧斜坡崩塌（22 号点）

斜坡位于岷江转弯处，条状山脊北侧，斜坡中部为缓坡平台，块状结构闪长岩，主要发育 315°∠ 75°、35°∠ 50° 两组结构面。斜坡坡向 35°，坡高大于 400m。新 G213 线皂角湾隧道在斜坡下部设隧道口，老 G213 线顺斜坡坡脚布设。

地震诱发上部陡坡段岩体滑移、倾倒失稳破坏，失稳岩体顺陡坡滑动、坠落、滚动、弹跳，在斜坡缓坡段及坡脚堆积。部分块石坠落至新 G213 线洞门以及桥面上、损坏洞门结构，老 G213 线部分段落被埋。失稳方量约 70 000m³（见图 4–27）。

（2）K34+100~K34+320 右侧崩塌（23 号点）

块状结构辉长岩陡坡，主要发育 210°∠ 50°、10°∠ 60°、305°∠ 52°、120°∠ 36° 四组结构面。斜坡坡向 265°，坡高 74m。

图 4-26　皂角湾隧道—毛家湾隧道段遥感影像图
（图中灾害点编号为下述各灾害点名称括号内编号）

Figure 4-26　Remote sensing image from the Zaojiaowan tunnel to the Maojiawan tunnel
（The number of disaster in the picture is the following disaster's number in brackets）

a）隧道出口上方斜坡崩塌照片

b）失稳岩体坡面弹跳，坠落至桥面

c）隧道出口左侧崩塌照片

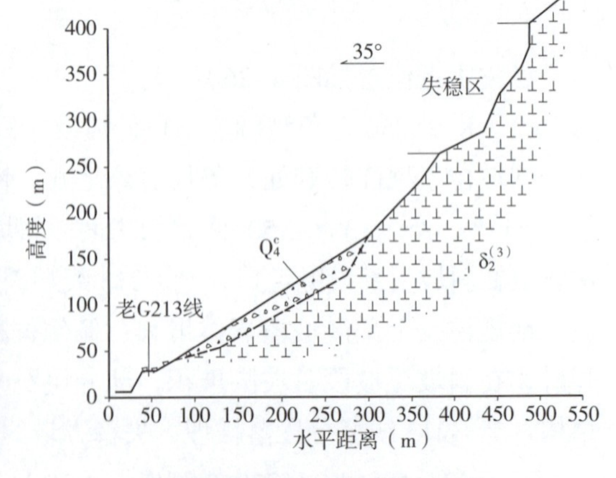

d）隧道口左侧斜坡崩塌剖面示意图

图 4-27　K33+850 皂角湾隧道出口仰坡及左侧斜坡崩塌照片及剖面示意图

Figure 4-27　Full view of the collapse at the outlet of Zaojiaowan tunnel and sketch map of the cross-section

地震诱发陡坡岩体滑移、倾倒破坏，失稳岩体堆积于坡脚，掩埋公路220m，失稳方量约5 000m³（见图4-28）。

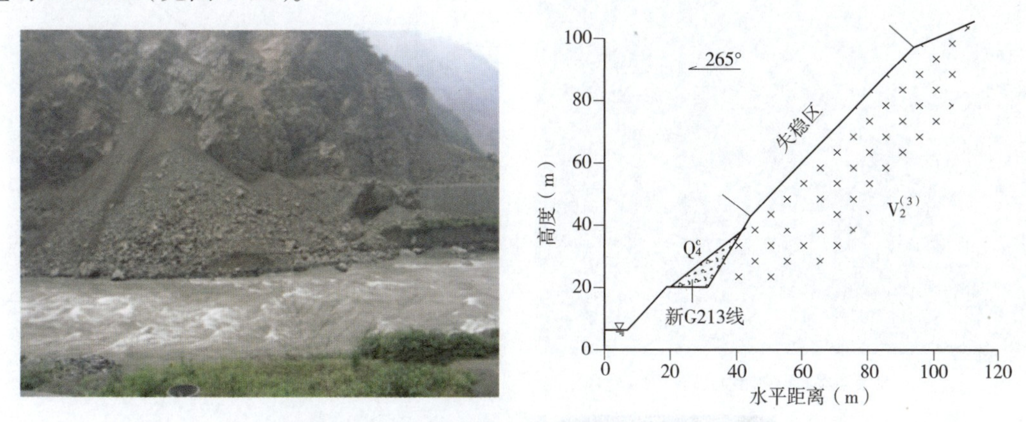

图4-28　K34+100~K34+320右侧崩塌照片及剖面示意图

Figure 4-28　Full view of the collapse in the K34+100~K34+320's right side and sketch map of the cross-section

（3）K34+200对面，老G213线左侧斜坡崩塌（24号点）

块状结构辉长岩陡坡，主要发育10°∠45°、90°∠60°二组结构面。斜坡坡向75°，坡高40m。

地震诱发陡坡结构面切割岩体滑移失稳，失稳岩体顺坡滑动、解体坠落，堆积于坡脚，掩埋老G213公路270m，失稳方量约4 000m³（见图4-29）。

图4-29　K34+200对面，老G213线左侧斜坡崩塌照片

Figure 4-29　Full view of the collapse at the opposite of the K34+200, in the old G213's left side

（4）K34+370~K34+700右侧崩塌（25号点）

斜坡上陡下缓，上部基岩裸露、风化强烈、局部覆盖土层，植被不发育，下部为崩坡积块碎石土层。呈土层及强风化层——基岩二元结构。斜坡坡向290°，坡高273m。

地震诱发斜坡上部土层、强风化岩体滑移失稳破坏、陡坡段局部岩体倾倒破坏，顺坡滑动、坠落、滚动，堆积于下部斜坡段及坡脚，掩埋公路280m，失稳方量约20 000m³。后期降雨形成次生坡面泥石流（见图4-30）。

a）地震崩塌堆积物掩埋公路

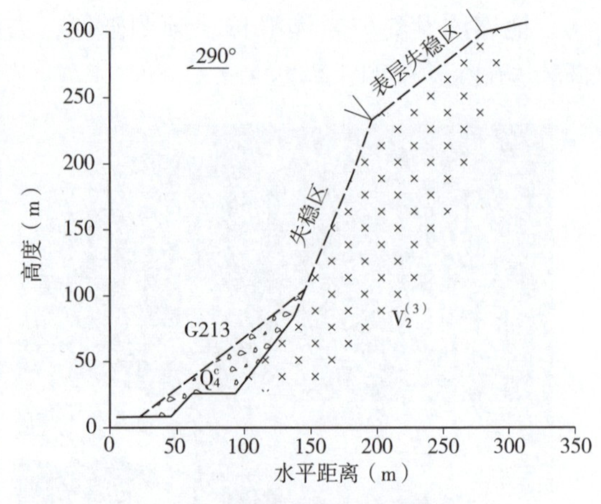

b）地震崩塌失稳剖面示意图

c）2010 年 8 月 14 日，暴雨诱发泥石流掩埋公路

图 4-30　K34+370~K34+700 右侧边坡地震崩塌照片及剖面示意图

Figure 4-30　Full view of the collapse in the K34+370~K34+700′s right side and sketch map of the cross-section

（5）K35+580 对面，老 G213 线左侧斜坡崩塌（26 号点）

单面斜坡地貌，碎裂结构辉长岩，斜坡坡向 120°，坡高 300m。

地震诱发斜坡中上部岩体滑移失稳破坏，顺坡滑动、解体滚动，在斜坡下部及坡脚堆积，掩埋公路 330m，失稳方量约 10 000m³（见图 4-31）。

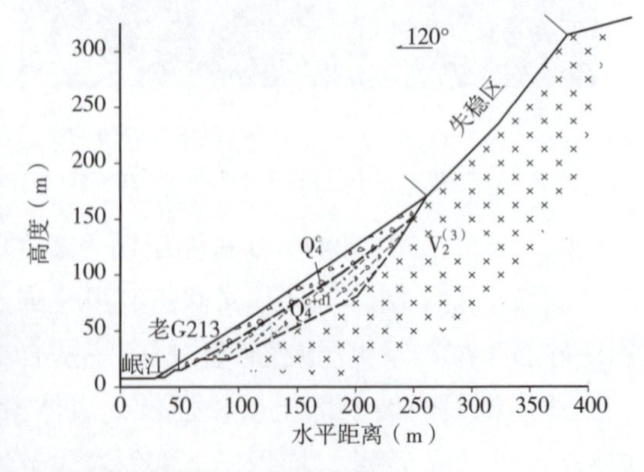

图 4-31　K35+580 对面，老 G213 线左侧斜坡崩塌照片及剖面示意图

Figure 4-31　Full view of the collapse at the opposite of the K35+580, in the old G213′s left side and sketch map of the cross-section

（6）K35+690~K35+860 右侧斜坡崩塌（27 号点）

块状结构辉长岩陡坡，主要发育 290°∠ 55°、175°∠ 60° 两组结构面，斜坡坡向 290°，坡高 150m。

地震诱发斜坡结构面切割岩体滑移、倾倒失稳破坏，堆积于坡脚，掩埋公路 100m，失稳方量约 2 000m³（见图 4–32）。

图 4–32　K35+690~K35+860 右侧斜坡崩塌照片

Figure 4–32　Full view of the collapse in the K35+690~K35+860′s right side

（7）K35+760~K36+220 右侧斜坡崩塌（29 号点）

土层及强风化层——基岩二元结构斜坡，基岩为闪长岩，斜坡坡向 290°，坡高 150m。地震诱发斜坡中上部土层及强风化岩体滑移失稳破坏、局部陡坡岩体倾倒失稳，顺坡滑动、坠落、滚动，堆积于斜坡缓坡地带及坡脚，掩埋公路 370n，失稳方量约 50 000m³（见图 4–33）。

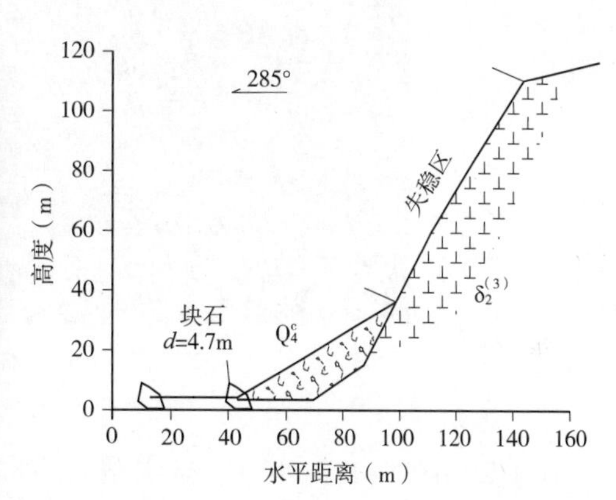

图 4–33　K35+760~K35+985 右侧斜坡崩塌照片及剖面示意图

Figure 4–33　Full view of the collapse in the K35+760~K35+985′s right side and sketch map of the cross–section

（8）K36+100 对面，老 G213 线左侧斜坡崩塌（30 号点）

块状结构闪长岩斜坡，斜坡坡向 130°，坡高大于 300m。地震诱发斜坡岩体顺外倾结构面滑移失稳破坏，失稳岩体顺坡滑动、解体滚动，堆积于坡脚，掩埋老 G213 公路 140m，失稳方量约 10 000m³（见图 4–34）。

（9）K36+660~K36+970 右侧斜坡崩塌（31 号点）

单面斜坡地貌，前半段为碎石土斜坡，后半段为块状结构闪长岩斜坡，斜坡上部局部段落有厚度不大的覆盖土层及强风化层坡脚公路边坡开挖，局部框架锚杆加固。斜坡坡向 295°，坡高 140m。

地震诱发斜坡中上部土层及强风化层滑移失稳破坏，基岩陡坡段岩体滑移、倾倒失稳破坏，失稳岩土体顺坡坠落、滚动、弹跳，堆积于斜坡中下部及坡脚，掩埋公路 310m，失稳方量约 15 000m³（见图 4–35）。

图 4–34 K36+100 对面，老 G213 线左侧斜坡崩塌照片

Figure 4–34 Full view of the collapse at the opposite of the K36+100, in the old G213′s left side

图 4–35 K36+660~K36+970 右侧斜坡崩塌照片

Figure 4–35 Full view of the collapse in the K36+660~K36+970′s right side

（10）K36+970~K37+130 一碗水顺河桥右侧斜坡崩塌（32 号点）

高陡块状结构闪长岩斜坡，坡面不平顺，有多处变坡点。斜坡坡向 285°，坡高 150m。

地震诱发陡坡段岩体倾倒失稳破坏，多发生于陡缓变坡点附近，失稳岩体顺坡坠落、滚动、弹跳，砸毁一碗水顺河桥，失稳方量约 10 000m^3（见图 4–36）。

（11）K37+130~ K37+380 右侧斜坡崩塌（33 号点）

折线形斜坡，上部为基岩陡坡，下部为崩坡积块碎石土斜坡。坡面微冲沟发育，冲沟顶部及两侧有一定厚度土层及强风化层。公路在坡脚以开挖边坡通过，设有挡墙。斜坡坡向 285°，坡高 150m。

地震诱发微冲沟顶部、斜坡中上部岩土体滑移失稳破坏，陡坡段岩体倾倒失稳破坏，顺坡、微冲沟下泻，堆积于斜坡中下部及坡脚，掩埋公路 240m，失稳方量约 30 000m^3（见图 4–37）。

（12）K37+380~K37+560 公路右侧斜坡崩塌（34 号点）

块状结构闪长岩斜坡，上部陡坡基岩裸露，下部为崩坡积块碎石土。斜坡坡向

305°，坡高大于 400m。地震诱发上方陡坡岩体顺外倾结构面滑移失稳破坏，失稳块石顺坡坠落、滚动、弹跳，在下部斜坡段以及坡脚停积，部分块石坠落至公路，块石损坏路面，失稳方量约 5 000m³（见图 4-38）。

图 4-36　K36+970~K37+130 一碗水顺河桥右侧斜坡崩塌照片及剖面示意图

Figure 4-36　Full view of the collapse in the K36+970~K37+130′s right side and sketch map of the cross-section

图 4-37　K37+130~K37+380 右侧斜坡崩塌照片及剖面示意图

Figure 4-37　Full view of the collapse in the K37+130~K37+380′s right side and sketch map of the cross-section

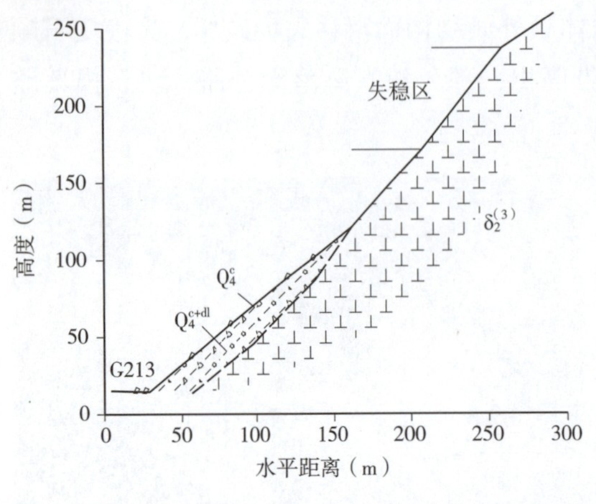

图 4–38 K37+380~K37+560 公路右侧斜坡崩塌照片及剖面示意图

Figure 4–38 Full view of the collapse in the K37+380~K37+560′s right side and sketch map of the cross–section

（13）K37+800 对面，老 G213 线左侧边坡崩塌（35 号点）

斜坡地貌，两侧发育微冲沟，中部突出条状山脊，斜坡上方为基岩陡坡，中下部为崩坡积碎石土。斜坡坡向 130°，坡高大于 400m。

地震诱发上方浅层土体及强风化岩体溃散、滑移失稳破坏，失稳岩体顺坡滑动、坠落、滚动、弹跳，堆积于下部斜坡及坡脚地带，掩埋老 G213 公路 310m，失稳方量约 50 000m³（见图 4–39）。

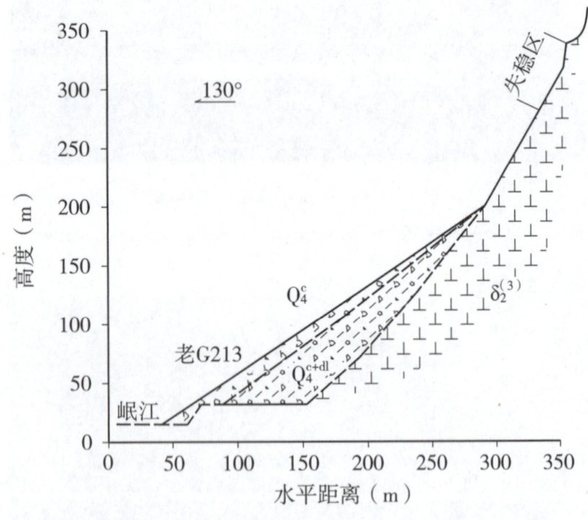

图 4–39 K37+800 对面，老 G213 线左侧边坡崩塌照片及剖面示意图

Figure 4–39 Full view of the collapse at the opposite of the K37+800, in the old G213′s left side and sketch map of the cross–section

（14）K37+600~K37+920 公路右侧斜坡崩塌（36 号点）

折线斜坡地貌，上部为块状结构闪长岩陡坡，发育 330°∠ 55°（外倾）、230°∠ 45° 两组结构面，下为崩坡积块碎石土斜坡。斜坡坡向 330°，坡高 150m。

地震诱发上方陡坡岩体滑移、倾倒失稳破坏，失稳块石顺坡坠落、滚动、弹跳，在中下部斜坡坡面堆积，部分块石滚动至路面，失稳方量约 5 000m³（见图 4–40）。

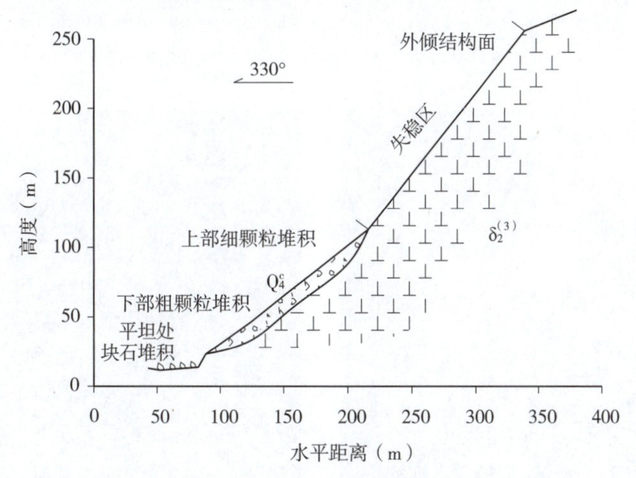

图 4-40　K37+600~K37+920 公路右侧斜坡崩塌照片及剖面示意图

Fig4-40　Full view of the collapse in the K37+600~K37+920′s right side and sketch map of the cross-section

4.5　毛家湾隧道—彻底关（彻底关隧道）段灾害点 The disasters from Maojiawan tunnel to Chediguan tunnel

各灾害点位置见图 4-41。

（1）K38+200~600 右侧边坡崩塌（37 号点）

块状结构闪长岩斜坡，主要发育 95°∠ 85°、160°∠ 45°、345°∠ 80° 三组结构面，坡面发育多条微冲沟，斜坡上部浅层风化强烈，局部覆盖土层。斜坡坡向 225°，坡高 200m。

地震诱发上方陡坡岩体滑移、倾倒失稳破坏，主要发生于陡缓变坡点下方，失稳块石顺坡坠落、滚动、弹跳，堆积于坡面及坡脚，掩埋公路 150m，失稳方量约 15 000m³。后期雨季隧道出口右侧坡面泥石流（见图 4-42）。

图 4-41 毛家湾隧道—彻底关隧道段遥感影像图

（图中灾害点编号为下述各灾害点名称括号内编号）

Figure 4-41 Remote sensing image from the Maojiawan tunnel to the Chediguan tunnel

（The number of disaster in the picture is the following disaster's number in brackets）

图 4-42 K38+200~600 右侧边坡崩塌及次生泥石流照片

Figure 4-42 Full view of the collapse and secondary debris flow in the K38+200~600's right side

（2）K38+660~K38+910 右侧边坡崩塌（38 号点）

块状结构角闪石英片岩斜坡，主要发育 350°∠ 50°、280°∠ 45° 两组结构面，坡面发育多条微冲沟，微冲沟顶部及两侧为基岩，冲沟中下部堆积崩坡积块碎石土层。斜坡坡向 245°，坡高大于 400m。

地震诱发上方陡坡岩体倾倒失稳破坏，失稳块石顺坡坠落、滚动、弹跳，堆积于碎石土斜坡之上，部分坠落至下方平台及公路，失稳方量约 6 000m³（见图 4–43）。

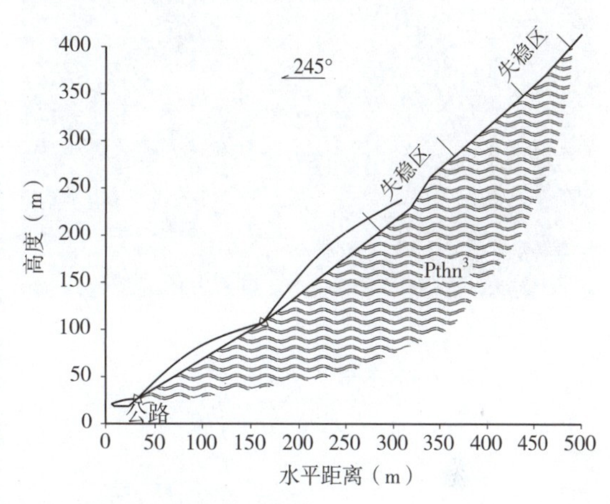

图 4–43　K38+660~K38+910 右侧边坡崩塌照片及剖面示意图

Figure 4–43　Full view of the collapse in the K38+660~K38+910′s right side and sketch map of the cross–section

（3）K38+500~K40+000 对面，老 G213 左侧斜坡崩塌（39 号点）

岷江右侧斜坡，坡面微冲沟发育，微冲沟两侧及顶部覆盖厚度不大的土层及强风化层，呈土层及强风化层——基岩二元结构。冲沟中下部多崩坡积块碎石土层。斜坡坡向 85°，坡高大于 400m。

地震诱发微冲沟顶部及两侧岩土体溃散、滑移失稳破坏，陡坡段岩体倾倒失稳破坏，顺微冲沟下泻，堆积于斜坡下部，掩埋老 G213 公路 1 500m，失稳方量约 3 000 000m³。后期雨季形成次生泥石流灾害（见图 4–44）。

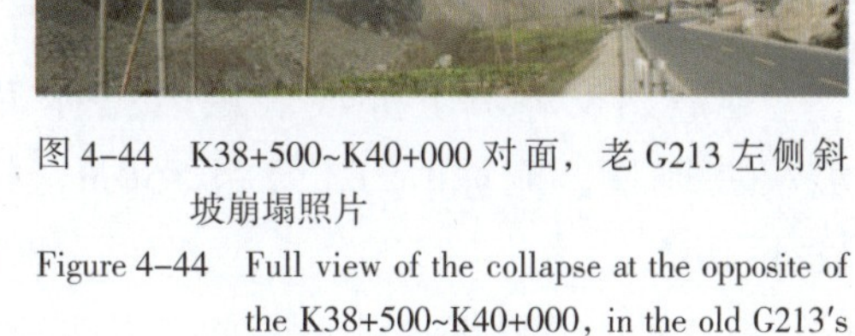

图 4–44　K38+500~K40+000 对面，老 G213 左侧斜坡崩塌照片

Figure 4–44　Full view of the collapse at the opposite of the K38+500~K40+000, in the old G213′s left side

（4）K39+000~K39+330、K39+460~K39+800 右侧斜坡崩塌（40 号点及 40–1 号点）

坡体呈折线形，中上部较陡，块状结构角闪石英片岩，发育 350°∠ 70°、185°∠ 65°、295°∠ 70° 三组结构面。斜坡坡向 290°，坡高大于 200m。

地震诱发斜坡上部岩体倾倒、滑移失稳破坏，失稳岩体顺坡坠落、滚动、弹跳，多堆积于坡脚，掩埋公路 250m，失稳方量约 200 000m³。部分岩石弹跳至房屋之内，如杨刚军家中 1 楼及 2 楼，岩石粒径可达 2~5m。1 楼的岩石较大，块径约 3~5m；2 楼的岩石一般块径 2m 以下，个别 3m（见图 4–45）。

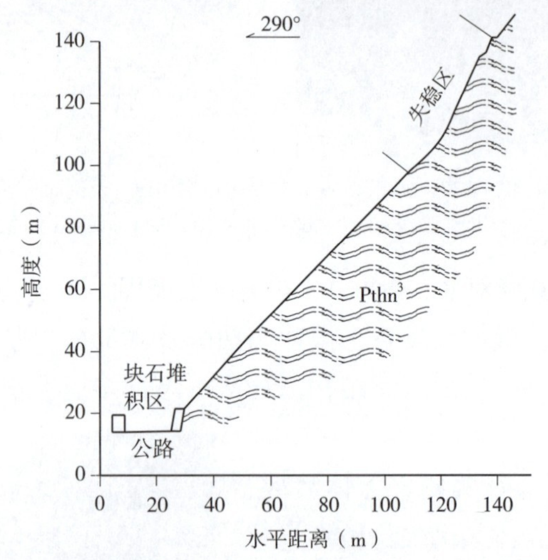

图 4-45 K39+000~K39+330、K39+460~K39+800 右侧斜坡崩塌照片及剖面示意图

Figure 4-45 Full view of the collapse in the K39+000~K39+330、K39+460~K39+800′s right side and sketch map of the cross-section

（5）K39+900~K40+260~ K40+420 右侧崩塌（41 号点）

崩坡积块碎石土层斜坡（经映汶高速公路连山村大桥地质钻探证实）。斜坡坡向 295°，坡高 100m。上边坡前 180m 已做挡土墙及框架空心砖，后段无防护。

地震诱发斜坡上部浅表层岩土体滑移失稳破坏，失稳岩土体堆积于坡脚及斜坡缓坡地带，掩埋 G213 公路 350m，损坏边坡防护结构，失稳方量约 80 000m^3（见图 4-46）。

（6）K40+000~K41+150 对面，老 G213 左侧斜坡崩塌（42 号点）

折线斜坡地貌，上部为基岩陡坡，下为崩坡积、泥石流堆积块碎石土，坡面微冲沟极发育，斜坡呈土层及强风化层——基岩二元结构。斜坡坡向 115°，坡高大于 500m。

地震诱发上方岩土体溃散、滑移失稳破坏，局部陡坡岩体倾倒失稳破坏，失稳岩土体顺坡、冲沟下泻，堆积于冲沟内及斜坡地带，雨季形成泥石流，掩埋老 G213 公路 400m，失稳方量约 600 000m^3（见图 4-47）。

a）崩塌堆积物掩埋公路

b）清理崩塌堆积物后的斜坡坡面

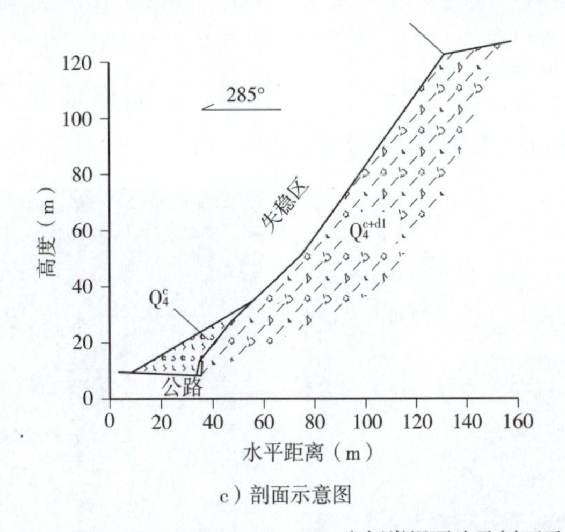

c）剖面示意图

图 4-46　K39+900~K40+260~ K40+420 右侧崩塌照片及剖面示意图

Figure 4-46　Full view of the collapse in the K39+900~K40+260~K40+420′s right side and sketch map of the cross-section

图 4-47　K40+000~K41+150 对面，老 G213 左侧斜坡崩塌及次生泥石流照片

Figure 4-47　Full view of the collapse and secondary debris flowat the opposite of the K40+000~K41+150, in the old G213′s left side

（7）K40+490~K40+880 右侧边坡崩塌（43 号点）

前段为折线斜坡地貌，上为基岩陡坡，下方为崩坡积块碎石土层；后段为角闪石英片

图 4–48 K40+490~K40+880 右侧边坡崩塌照片

Figure 4–48 Full view of the collapse in the K40+490~K40+880′s right side

岩陡坡，斜坡坡向 300°，坡高 100m。地震诱发基岩陡坡岩体倾倒、滑移失稳破坏，部分块石滚落至公路。块碎石土边坡中上部大块石失稳，其中一块石滚落至公路，高度 7m。失稳方量约 20 000m³（见图 4–48）。

（8）K40+750~K41+120、K41+320~K41+390 右侧崩塌（44 及 44–1 号点）

坡体呈折线形，上部黑云母花岗岩陡坡，下为崩坡积块碎石土层。斜坡坡向 300°，坡高 100m。地震诱发上方陡坡岩体倾倒失稳破坏，失稳岩体顺坡坠落、滚动、弹跳，在斜坡坡面及坡脚堆积，掩埋公路 410m，失稳方量约 10 000m³（见图 4–49）。

K41+320~K41+390 小型崩塌

K42+200~K42+310 中型崩塌

图 4–49 K41+320~K41+390 右侧崩塌照片

Figure 4–49 Full view of the collapse in the K41+320~K41+390′s right side

（9）沙坪关对面，岷江右岸斜坡崩塌灾害群（45 号点）

坡体呈折线形，上部黑云母花岗岩陡坡，下为崩坡积块碎石土层。斜坡坡向 750°，坡高大于400m。地震诱发斜坡中上部岩体滑移、倾倒、错断失稳破坏，失稳岩体顺坡坠落，堆积于下部块碎石土层之上及坡脚，掩埋老G213公路1080m，失稳方量约600 000m³（见图4-50）。

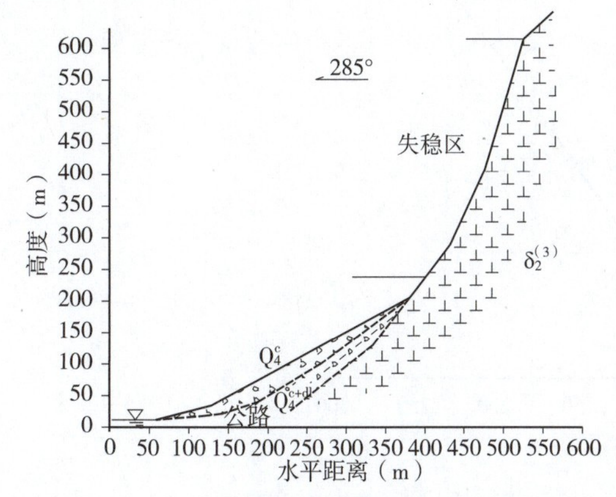

图4-50 沙坪关对面，岷江右岸斜坡崩塌灾害群照片及剖面示意图

Figure 4-50 Full view of collapses at the opposite of Shapingguan, in the Minjiang River's right side and sketch map of the cross-section

（10）K42+630~K42+880右侧边坡崩塌（46号点）

块状结构黑云母花岗岩斜坡，发育320°∠70°、155°∠60°、230°∠70°三组结构面，斜坡坡向230°，坡高大于400m。

地震诱发斜坡上方岩体倾倒、滑移失稳破坏，顺坡坠落、滚动、弹跳，堆积于坡脚，砸毁房屋，掩埋公路190m，失稳方量约20 000m³（见图4-51）。

（11）K42+730~K43+800对面，老G213左侧斜坡崩塌（47号点）

位于岷江，右岸为黑云母花岗岩斜坡，坡面发育多条微冲沟，微冲沟顶部、两侧局部覆盖崩坡积层。斜坡坡向85°，坡高大于500m。

地震诱发斜坡中上部土层及强风化层溃散、滑移失稳破坏，基岩陡坡段倾倒失稳破坏，失稳岩土体顺坡、微冲沟坠落、滚动、弹跳，堆积于斜坡下部，掩埋老G213公路1 110m，失稳方量约800 000m³（见图4-52）。

（12）K42+800~K43+700右侧崩塌（48号点）

块状结构黑云母花岗岩斜坡，发育260°∠65°、170°∠70°、335°∠50°三组结构面。折线斜坡，上为近直立陡坡，下为崩坡积块碎石土层。斜坡坡向265°，坡高大于500m。

地震诱发斜坡上部岩体倾倒失稳破坏，失稳岩体顺坡坠落，堆积于坡脚，弹跳块石砸毁跨岷江桥梁，掩埋公路600m，失稳方量约700 000m³（见图4-53）。

（13）K43+690变电站中桥，右侧崩塌（49号点）

斜坡冲沟地貌，斜坡中部发育微冲沟。冲沟内覆盖崩坡积块石层，冲沟后部及两侧为基岩陡壁。

地震诱发两侧及冲沟顶部陡坡岩体倾倒失稳破坏，失稳岩体坠落至冲沟内，顺冲沟滚动、弹跳、停积，部分向下滚动、弹跳至岷江，砸毁电站沟中桥，失稳方量约5 000m³（见图4-54）。

图 4-51　K42+630~K42+880 右侧边坡崩塌照片及剖面示意图

Figure 4-51　Full view of the collapse in the K42+630~K42+880′s right side and sketch map of the cross-section

灾害点侧视全貌

图 4-52　K42+730~K43+800 对面，老 G213 左侧斜坡崩塌

Figure 4-52　Full view of the collapse at the opposite of the K42+730~K43+800, in the old G213′s left side

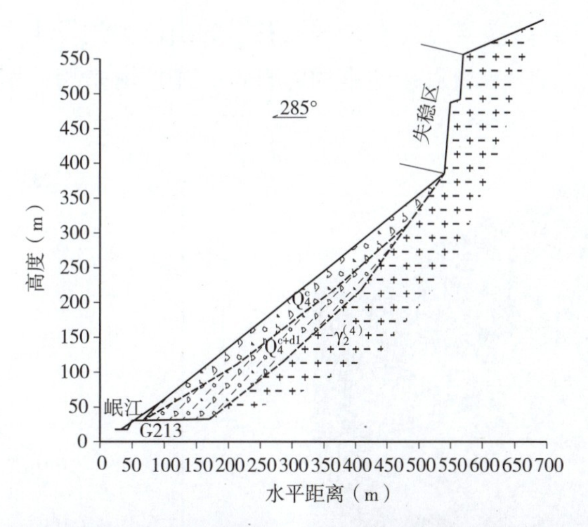

图 4-53　K42+800~K43+700 右侧崩塌照片及剖面示意图

Figure 4-53　Full view of the collapse in the K42+800~K43+700′s right side and sketch map of the cross-section

（14）K43+800~K44+410，老 G213 公路左侧斜坡崩塌（50 号点）

岷江右侧块状结构黑云母花岗岩高陡斜坡，发育 330°∠75°、60°∠75°、160°∠55° 三组结构面，发育微冲沟，冲沟中下部为崩坡积块碎石层。斜坡坡向 70°，坡高大于 800m。

地震诱发斜坡中上部岩体倾倒、错断失稳破坏，失稳岩体顺坡坠落、滚动、弹跳，在微冲沟下部、坡脚堆积，部分块石弹跳停积在岷江阶地，部分块石击中彻底关大桥桥墩，掩埋老 G213 公路 480m，失稳方量约 400 000m³。隧道出口上方岩体崩塌部分掩埋彻底关隧道进口（见图 4-55）。

图 4-54　K43+690 变电站中桥，右侧崩塌照片

Figure 4-54　Full view of the collapse in the K43+690′s right side

在2009年7月25日凌晨4点左右，岷江右岸的山体突然发生大规模崩塌。一万多立方米的土石轰然坠下，其中一块百余吨重的巨石将一座桥墩击垮，引发2跨桥梁完全倒塌损毁。

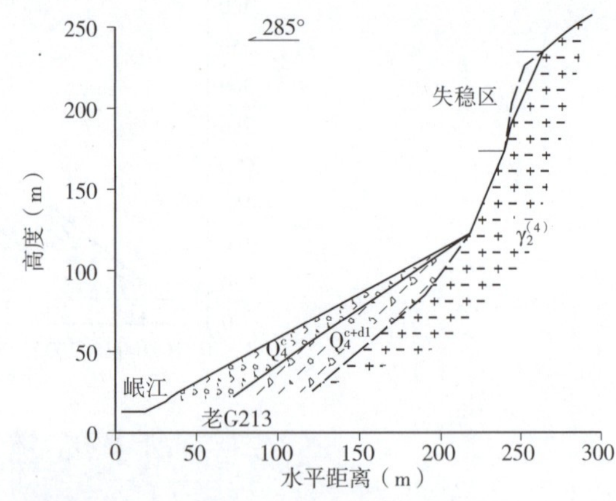

a）彻底关桥左侧斜坡崩塌失稳区照片及示意图

b）彻底关隧道进口被埋情况及上方崩塌失稳区

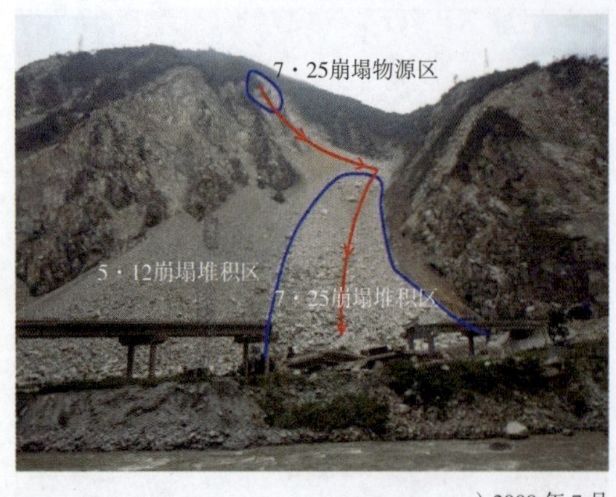

c）2009年7月25日震后崩塌照片

图4-55 彻底关大桥左侧崩塌照片及剖面示意图

Figure 4-55 Full view of the collapse in the Chediguan bridge's left side and sketch map of the cross-section

（15）彻底关大桥映秀侧桥头右侧边坡，岷江左岸（51号点）

岷江左侧块状结构黑云母花岗岩高陡斜坡，发育330°∠75°、60°∠75°、160°∠55°三组结构面，靠映秀侧发育微冲沟，冲沟下部为崩坡积块碎石层。斜坡坡向265°，坡高600m。

地震诱发斜坡中上部岩体倾倒、错断失稳破坏，失稳岩体顺坡坠落、滚动、弹跳，在微冲沟下部、坡脚堆积，部分块石弹跳至岷江，其中一岩块击中并砸毁彻底关大桥，失稳方量约500 000m³（见图4-56）。

图4-56　彻底关大桥右侧斜坡崩塌照片及剖面示意图

Figure 4-56　Full view of the collapse in the Chediguan bridge′s right side and sketch map of the cross-section

（16）福堂坝隧道进口上方斜坡崩塌（51-1号点）

福堂坝隧道洞口上方斜坡，坡表块碎石土层，下为黑云母花岗岩。地震诱发洞口左上方土层滑移失稳，失稳土体顺坡滑动，堆积于坡脚，部分掩埋隧道洞口（见图4-57）。

图 4-57 福堂坝隧道进口斜坡崩塌

Figure 4-57 Full view of the collapse at the outlet of Futangba tunnel

4.6 彻底关（彻底关隧道）段—草坡隧道段灾害点 The disasters from Chediguan tunnel to Caopo tunnel

各灾害点位置如图 4-58 所示。

图 4-58 彻底关隧道—草坡隧道段遥感影响图

（图中灾害点编号为下述各灾害点名称括号内编号）

Figure 4-58 Remote sensing image from the Chediguan tunnel to the Caopo tunnel

(The number of disaster in the picture is the following disaster's number in brackets)

（1）K47+290~K47+600 左侧边坡崩塌（52 号点）

福堂坝隧道出口至岷江桥左侧之黑云母花岗岩陡坡，块状结构，发育 160°∠ 75°、70°∠ 40°（不发育）、340°∠ 65°、70°∠ 70° 等结构面，其中陡倾结构面贯通性好。斜坡坡向 70°，坡高 200m。

地震诱发高陡基岩斜坡中上部岩体倾倒失稳破坏，失稳岩体顺坡坠落、滚动、弹跳，堆积于坡脚及路面，砸毁桥梁和公路护栏，掩埋公路180m，失稳方量约5 000m³（见图4–59）。

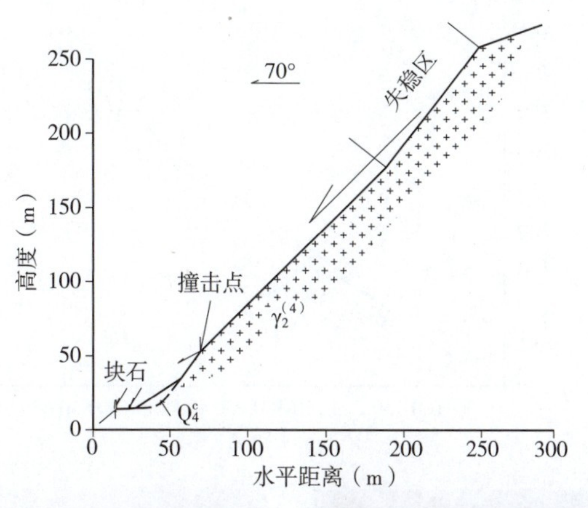

图4–59　K47+290~K47+600左侧边坡崩塌照片及剖面示意图

Figure 4–59　Full view of the collapse in the K47+290~K47+600′s left side and sketch map of the cross–section

（2）K47+900~K48+050右侧斜坡崩塌（53号点）

斜坡地貌，上部为块状结构黑云母花岗岩陡坡，斜坡中下部为崩坡积块碎石土层。公路于崩坡积层下部以开挖路堑边坡形式通过，开挖边坡浆砌块石护坡防护。斜坡坡向245°，坡高500m。

地震诱发上方陡坡岩体倾倒失稳破坏，失稳块石顺陡坡坠落，在下部块碎石斜坡段滚动、弹跳，坡面堆积，部分块石滚动、弹跳至坡脚公路路堑中，停积于路面，砸坏护坡，失稳方量约5 000m³（见图4–60）。

（3）K49+200~K49+270右侧斜坡崩塌（54号点）

桃关隧道出口斜坡，呈折线起伏。块状结构黑云母花岗岩，发育335°∠75°、285°∠15~30°、255°∠70~80°、140°∠65°等结构面。

出口0~140m范围，坡体呈折线形，下部及上部近直立，中部一缓坡段，基岩裸露。地震诱发岩体滑移失稳破坏，失稳块石顺坡坠落、滚动、弹跳，砸毁下部桥梁，块石粒径1~7m不等。

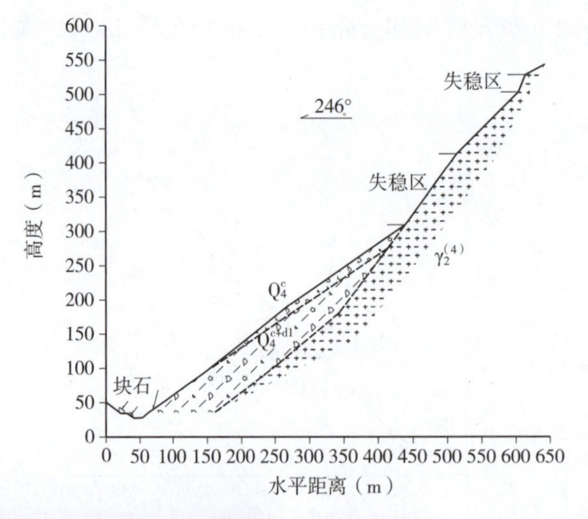

图 4-60 K47+900~K48+050 右侧斜坡崩塌照片及剖面示意图

Figure 4-60 Full view of the collapse in the K47+900~K48+050′s right side and sketch map of the cross-section

出口 140~300m 范围，坡体呈折线形，上陡下缓，震后发生滑塌，失稳岩土体掩埋老 G213 公路，失稳方量约 15 000m³（见图 4-61）。

（4）K49+500~K50+900 左侧斜坡崩塌灾害群（55 号点、55-1 号点）

斜坡地貌，坡面发育三条微冲沟，斜坡总体为块状结构黑云母花岗岩，冲沟顶部及两侧有厚度不大土层及强风化层。斜坡坡向 65°，坡高大于 500m。

地震诱发斜坡中上部、微冲沟顶部及两侧岩土体滑移、倾倒及错断失稳破坏，失稳岩土体顺坡、微冲沟坠落、下泻，在坡面滚动弹跳，部分停积于微冲沟中下部之斜坡坡面，部分堆积于坡脚，后期雨季形成泥石流，掩埋公路 850m，失稳方量约 1 000 000m³（见图 4-62）。

（5）K50+600~K51+200 对面，老 G213 右侧斜坡崩塌（56 号点）

斜坡地貌，坡面微冲沟发育，上部为块状结构黑云母花岗岩陡坡，下为崩坡积块碎石土层，微冲沟顶部及两侧覆盖厚度不大土层及强风化层。斜坡坡向 270°，坡高 580m。

地震诱发基岩陡坡倾倒失稳破坏，微冲沟顶部及两侧土层及强风化层滑移失稳破坏，顺微冲沟下泻，掩埋公路350m，失稳方量20 000m³（见图4-63）。

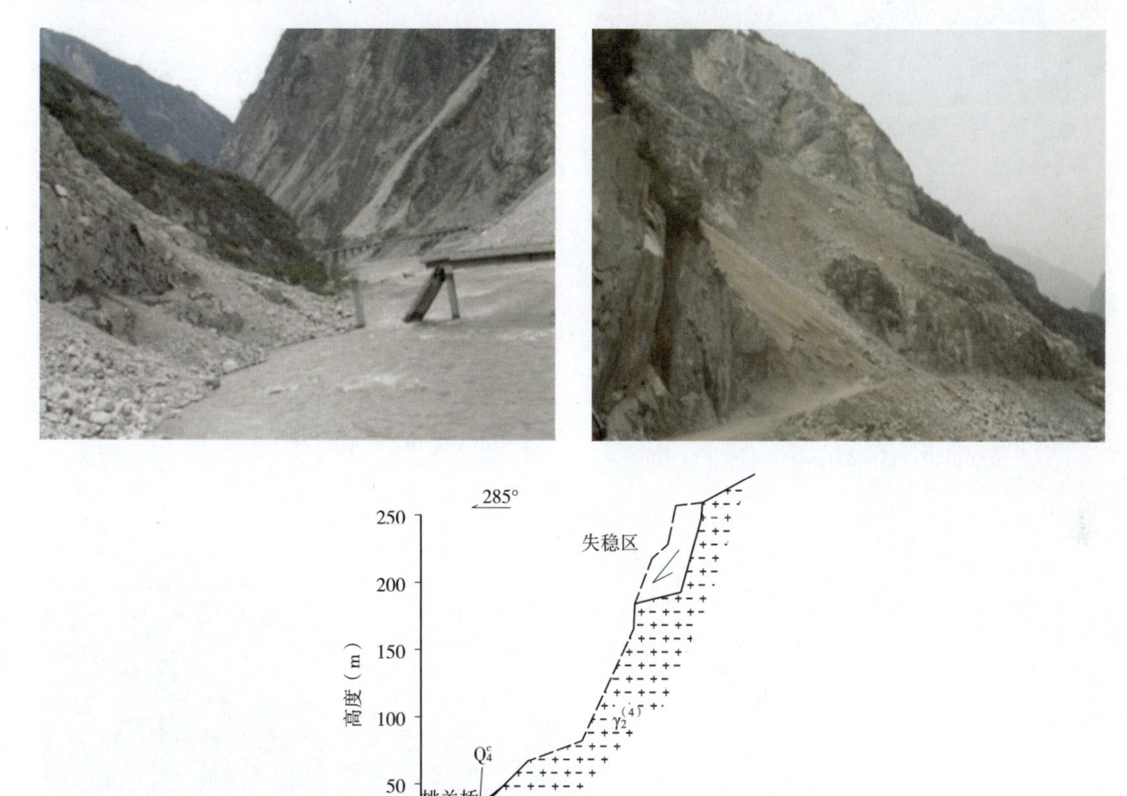

图4-61 K49+200~K49+270右侧斜坡崩塌照片及剖面示意图

Figure 4-61 Full view of the collapse in the K49+200~K49+270′s right side and sketch map of the cross-section

图4-62 K49+500~K50+900左侧斜坡崩塌灾害群典型照片

Figure 4-62 Full view of the collapse in the K49+500~K50+900′s left side

图 4-63 K50+600~K51+200 对面，老 G213 右侧斜坡崩塌照片

Figure 4-63 Full view of the collapse at the opposite of the K50+600~K51+200, in the old G213's right side

（6）K50+900~K51+520 左侧斜坡、K51+520~K51+950 对面斜坡崩塌（57 号点、57-1 号点）

折线斜坡地貌，坡面微冲沟发育，上部为块状结构黑云母花岗岩陡坡，在微冲沟顶部及两侧有一定厚度土层及强风化层，呈土层及强风化层——基岩结构，下为崩坡积块碎石土层。斜坡坡向 90°，坡高大于 800m。

地震诱发斜坡土层及强风化岩体溃散、滑移失稳，顺微冲沟下泻，陡坡局部岩体倾倒破坏，掩埋公路 790m，失稳方量约 2 400 000m³（见图 4-64）。

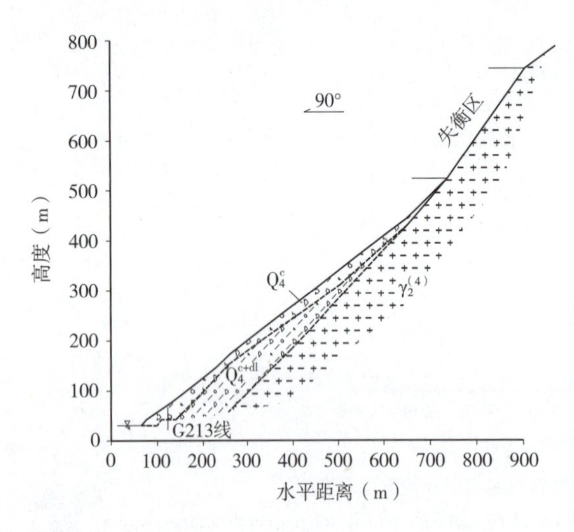

图 4-64 K50+900~K51+520 左侧斜坡、K51+520~K51+950 对面斜坡崩塌照片及剖面示意图

Figure 4-64 Full view of the collapse in the K50+900~K51+520's left side, the collapse at the opposite of the K51+520~K51+950 and sketch map of the cross-section

（7）K52+120~K52+500 右侧斜坡崩塌（58 号点）

折线斜坡地貌，上部为块状结构黑云母花岗岩陡坡，下为崩坡积块碎石土层，坡面微冲沟发育。斜坡坡向 255°，坡高 750m。

地震诱发基岩陡坡倾倒失稳破坏，失稳岩体顺坡坠落，在缓坡平台堆积，部分滚动弹跳向下，坠入岷江，砸毁草坡岷江大桥。下部碎石土斜坡中上部土层滑移失稳破坏。掩埋公路 240m，失稳方量约 30 000m³（见图 4-65）。

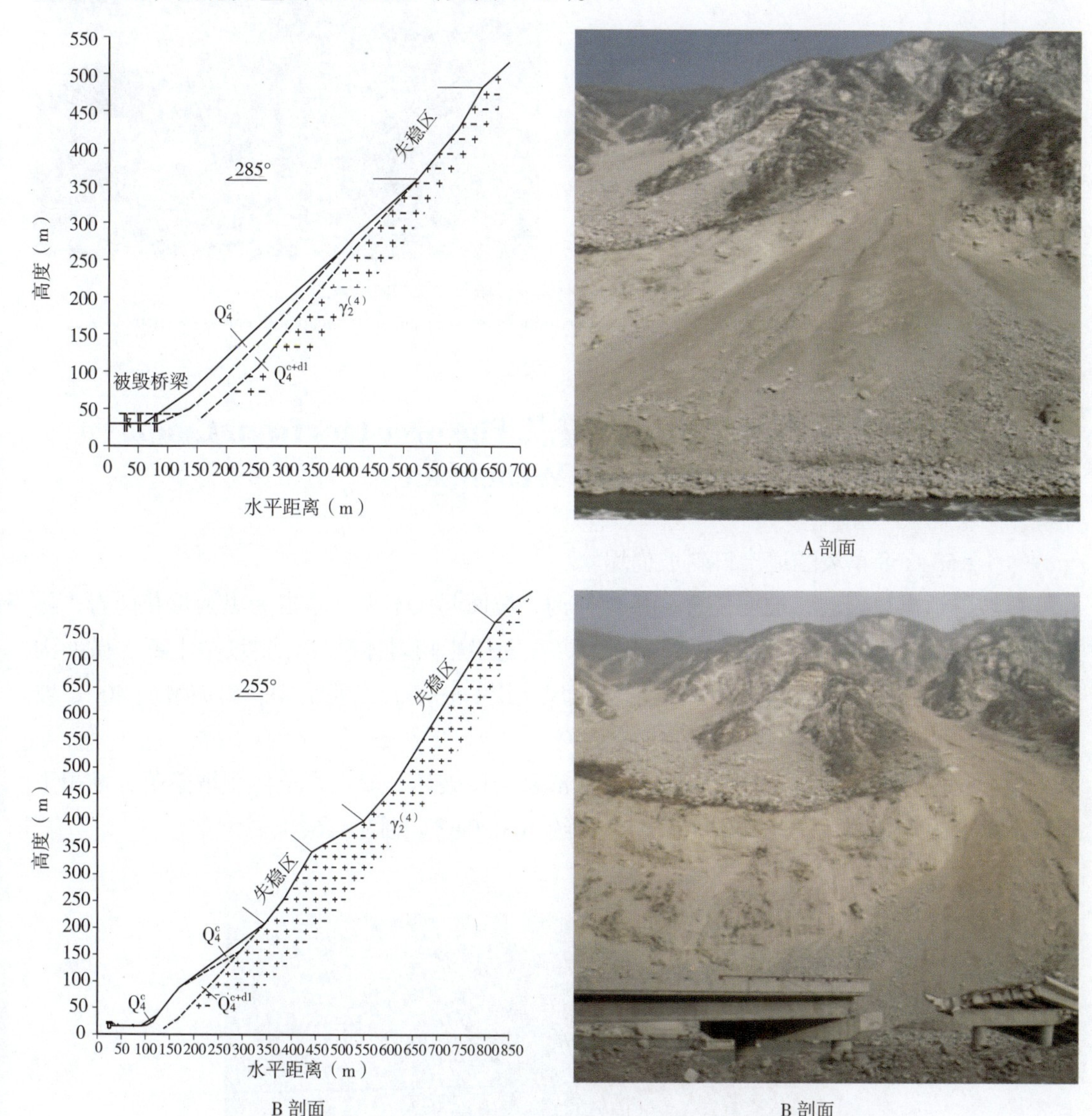

图 4-65　K52+120~K52+500 右侧斜坡崩塌照片及剖面示意图

Figure 4-65　Full view of the collapse in the K52+120~K52+500's right side and sketch map of the cross-section

（8）草坡隧道进口左侧边坡崩塌（59 号点）

草坡隧道进口之左侧边坡，呈土层及强风化层——基岩二元结构。斜坡坡向 80°，坡高 220m。

地震诱发斜坡中上部土层及强风化岩体滑移失稳破坏，崩塌堆积体掩埋公路 200m 及隧道口，失稳方量约 20 000m³（见图 4–66）。

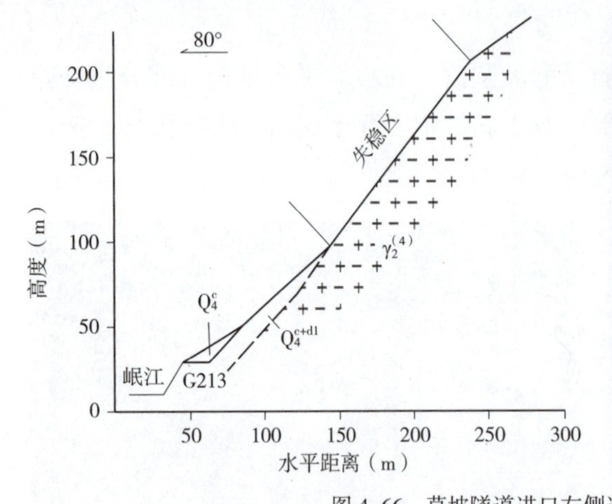

图 4–66 草坡隧道进口左侧边坡崩塌照片及剖面示意图

Figure 4–66 Full view of the collapse in the Caopo tunnel′s left side and sketch map of the cross–section

4.7 草坡隧道—汶川段灾害点 The disasters from Caopo tunnel to Wenchuan

（1）K53+268 草坡隧道出口斜坡崩塌

草坡隧道出口斜坡，坡面发育多条微冲沟，坡面起伏不平。基岩为黑云母花岗岩，隧道出口左侧约 150m 为茂县—汶川断裂通过，受断层影响岩体破碎，斜坡中上部、微冲沟两侧及顶部风化强烈，边坡岩体呈土层及强风化层——基岩二元结构。斜坡坡向 40°，坡高 430m。

地震诱发斜坡中上部土层及强风化岩体滑移失稳破坏，崩塌岩土体顺坡坠落，堆积于斜坡下部及坡脚，损坏洞门结构。失稳方量约 50 000m³（见图 4–67）。

图 4–67 K53+268 草坡隧道出口斜坡崩塌照片

Figure 4–67 Full view of the collapse at the outlet of the Caopo tunnel

（2）K53+950~K54+460 右侧边坡崩塌

折线斜坡地貌，上部为块状结构黑云母花岗岩陡坡，下为崩坡积块碎石土斜坡。斜坡坡向 307°，坡高 700m。地震诱发上方基岩陡坡岩体顺外倾结构面滑移失稳破坏，失稳岩体顺陡坡坠落，在下部碎石土斜坡段滚动、弹跳、停积，部分块石滚动至路面。掩埋公路 150m，失稳方量约 20 000m³（见图 4-68）。

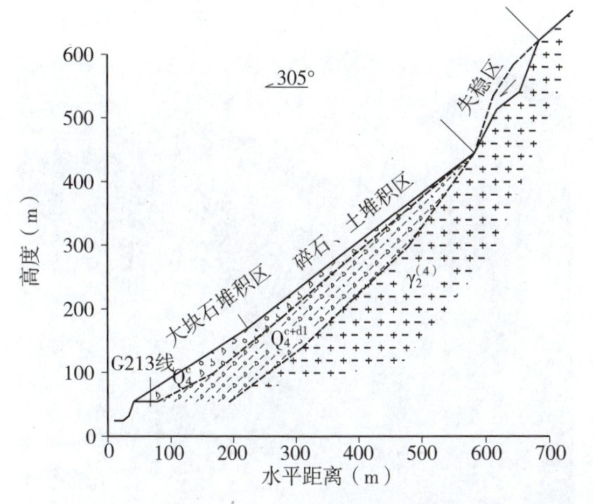

图 4-68　K53+950~K54+460 右侧边坡崩塌照片及剖面示意图

Figure 4-68　Full view of the collapse in the K53+950~K54+460′s right side and sketch map of the cross-section

（3）K55~ 绵池段

该段岷江河谷与后山断裂平行，河谷两侧斜坡为晋宁—澄江期花岗岩，受构造影响岩体破碎、风化强烈，斜坡多呈土层及强风化层—岩体二元结构。地震诱发斜坡上部土层及强风化岩体滑移失稳为主，失稳岩土体顺坡坠落，堆积于坡脚。该段灾害密集、连续分布于河谷两侧，单个灾害点规模不大。新 G213 线于河谷中部河流阶地以及跨河桥的形式通过，受崩滑灾害影响小，而老 G213 线布设于斜坡之下，几乎全部被埋（见图 4-69）。

a）典型灾害点照片

b）遥感影像图

图 4-69　K55 至绵池段典型土层及强风化岩体滑移失稳

Figure 4-69　Soil and Weathered rock Slip from the K55 to Mianchi

（4）绵池崩塌

位于绵池镇，老 G213 线右侧斜坡，为晋宁—澄江期花岗岩陡坡，植被茂密，坡面微冲沟发育。地震诱发土层及强风化岩体滑移失稳、陡坡段结构面切割岩体倾倒失稳，主要发生于微冲沟顶部及两侧，陡缓变坡点附近，失稳岩土体主要顺微冲沟下泻，部分块石在坡面滚动、弹跳，部分掩埋老 G213 公路，弹跳块石损坏房屋（见图 4-70）。

a）灾害点全貌

b）失稳岩体越过公路、损坏房屋

c）灾害点遥感影像图

图 4-70 绵池崩塌照片

Figure 4-70 Collapse at Mianchi

（5）单坎梁子隧道出口右侧，老 G213 线左侧边坡崩塌

灾害点前段为块状结构闪长岩陡坡，下部公路修建开挖近直立边坡；后段为折线斜坡，上部为基岩斜坡，下为崩坡积块碎石土斜坡。斜坡坡向 53°，坡高 195m。

地震诱发前段基岩斜坡上部、变坡点附近结构面切割岩体失稳（浅层）；后段土层斜坡中上部滑移失稳，掩埋老 G213 公路，失稳方量约 8 000m^3（见图 4-71）。

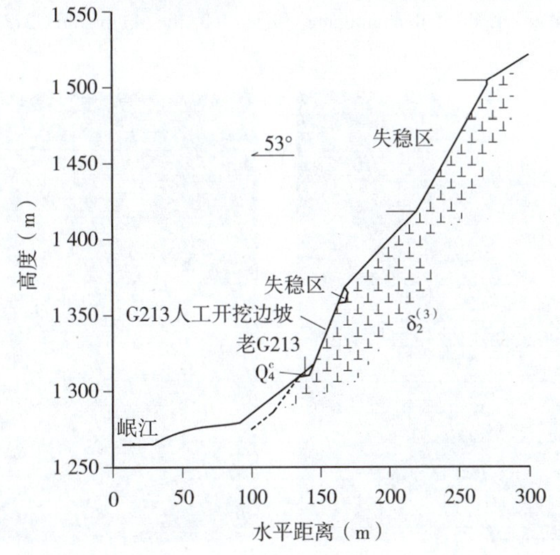

图 4-71　单坎梁子隧道出口右侧，老 G213 线左侧边坡照片及剖面示意图

Figure 4-71　Full view of the collapse at the Dankanliangzi tunnel′s right side, in the old G213′s left side and sketch map of the cross-section

（6）玉龙岷江桥右侧、岷江左岸，老 G213 线右侧边坡崩塌

块状结构闪长岩斜坡，坡面微冲沟发育，冲沟下部为崩坡积块碎石土堆积体。斜坡坡向 233°，坡高 300m。地震诱发陡坡上方，靠近边坡点位置岩体倾倒失稳破坏，失稳岩体顺陡坡坠落，在中下部斜坡段滚动、弹跳，堆积于斜坡坡面及坡脚，掩埋老 G213 公路，失稳方量约 3 000m³（见图 4-72）。

（7）玉龙岷江桥右侧、岷江左岸，老 G213 线右侧边坡崩塌

岷江左侧斜坡地貌，块状结构闪长岩，坡面微冲沟发育，微冲沟顶部及两侧、斜坡中上部有一定厚度土层及强风化层。斜坡坡向 335°，坡高大于 200m。

地震诱发微冲沟顶部及两侧土层及强风化层滑移失稳，陡坡段岩体倾倒破坏，失稳岩土体顺坡、微冲沟下泻，堆积于斜坡下部，掩埋老 G213 线，失稳方量约 1 000m³（见图 4-73）。

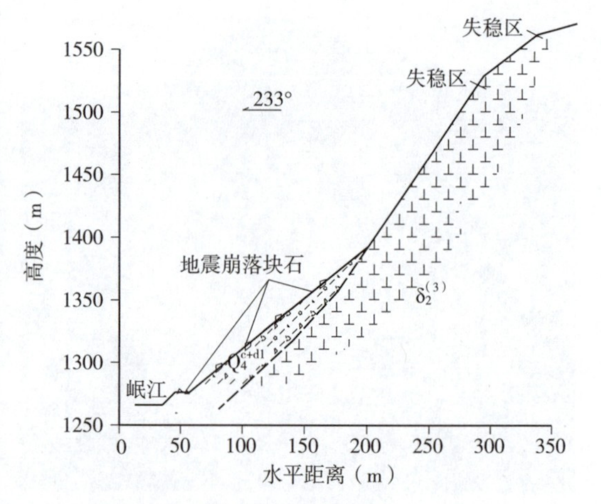

图 4-72　玉龙岷江桥右侧、岷江左岸，老 G213 线右侧边坡照片及剖面示意图

Figure 4-72　Full view of the collapse in the Yulongminjiang bridge′s left side, in the old G213′s right side and sketch map of the cross-section

图 4-73　岷江左岸，老 G213 线右侧边坡崩塌

Figure 4-73　Full view of the collapse in the Minjiang river′s left side, in the old G213′s right side

（8）玉龙电厂，老 G213 线右侧边坡崩塌

闪长岩陡坡，紧邻茂县—汶川断裂，岩体破碎、风化强烈。斜坡坡向 335°，坡高 230m。地震诱发斜坡中上部表层岩体崩塌失稳，失稳岩土体堆积于坡脚，掩埋老 G213 公路，失稳方量约 15 000m³（见图 4-74）。

（9）板桥对面，岷江左岸，老 G213 线右侧边坡崩塌

岷江左岸陡峻基岩斜坡，下陡上缓，坡面微冲沟发育。下部为块状、似层状蚀变闪长岩陡坡；斜坡上部覆盖厚度不大的土层及强风化层。斜坡坡向 295°，坡高 500m。

地震诱发斜坡上部土层及强风化层岩土体滑移失稳破坏、陡坡段岩体倾倒失稳破坏，失稳岩土体主要顺微冲沟下泻，掩埋老 G213 公路，失稳方量约 15 000m³（见图 4-75）。

（10）板子沟沟口左侧，G213 线左侧边坡崩塌（D11 号点）

岷江阶地中密 - 密实卵石层边坡，斜坡坡向 295°，坡高 20m。地震诱发斜坡上部土层错断失稳，失稳岩土体堆积于坡脚，掩埋公路，失稳方量约 200m³（见图 4-76）。

图 4-74　玉龙电厂右侧，老 G213 线右侧边坡崩塌照片及剖面示意图

Figure 4-74　Full view of the collapse in the Yulong electric power plant's right side, in the old G213's right side and sketch map of the cross-section

图 4-75　板桥对面，岷江左岸，老 G213 线右侧边坡崩塌照片

Figure 4-75　Full view of the collapse at the opposite of Ban bridge, in the Minjiang river's left side, and in the old G213's right side

图 4-76　板子沟沟口左侧，G213 线左侧边坡崩塌照片

Figure 4-76　Full view of the collapse in the Banzi ditch's left side, in the old G213's left side

（11）板桥山顺河段，岷江左岸，新老 G213 右侧边坡崩塌

岷江左侧斜坡，茂县—汶川断裂自斜坡坡脚通过，斜坡位于断层上盘，为震旦系灯影组白云岩，新老 G213 均自斜坡坡脚通过。地震诱发斜坡上部岩体滑移失稳破坏，顺坡滚动、弹跳，块石堆积于路面，失稳方量约 2 000m³（见图 4–77）。

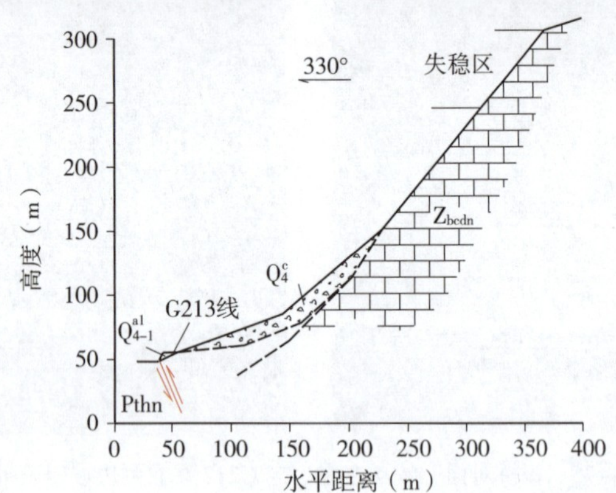

图 4–77　板桥山顺河段，岷江左岸，新老 G213 右侧边坡崩塌照片及剖面示意图

Figure 4–77　Full view of the collapse in the Minjiang river′s left side, in the old G213′s right side and sketch map of the cross–section

（12）磨刀溪，岷江左岸，老 G213 右侧崩塌

折线斜坡地貌，上部为基岩陡坡、局部覆盖土层，下为崩坡积碎石土层。茂县—汶川断裂分支断层在灾害点附近通过，边坡出露基岩为陡倾层状结构白云岩。

地震诱发斜坡中上部土层及强风化层滑移失稳，陡坡变坡点下方岩体倾倒、滑移失稳破坏，堆积于坡脚，掩埋公路，失稳方量约 30 000m³（见图 4–78）。

（13）岷江右岸，G213 左侧斜坡崩塌

岷江右侧斜坡地貌，新建 G213 公路自坡脚通过，老 G213 公路则由岷江左侧斜坡坡脚通过。块状结构闪长岩，坡面微冲沟发育，靠近桥台斜坡为茂汶断裂次级断层通过，受断层影响斜坡岩体破碎、风化强烈，呈土层及强风化层——基岩二元结构。斜坡坡向 55°，坡高 350m。

地震诱发上部土层及强风化岩体滑移失稳破坏、陡坡段结构面切割岩体崩塌失稳，向

下坠落堆积于坡脚，掩埋公路，失稳方量约 30 000m³（见图 4-79）。

图 4-78 磨刀溪，岷江左岸，老 G213 右侧边坡崩塌照片及剖面示意图

Figure 4-78 Full view of the collapse in the Minjiang river's left side, in the old G213's right side and sketch map of the cross-section

图 4-79 岷江右岸，G213 左侧斜坡崩塌照片

Figure 4-79 Full view of the collapse in the Minjiang river's right side, in the G213's left side

（14）七盘沟左，老 G213 右侧滑坡

山脊弧状转弯处，志留系茂县群千枚岩斜坡，风化强烈。斜坡坡向 323°，坡高 100m。地震诱发斜坡上方岩土体滑移失稳破坏，堆积于坡脚，掩埋老 G213 公路，失稳方量约 20 000m³（见图 4-80）。

图 4-80　七盘沟左，老 G213 右侧滑坡照片

Figure 4-80　Full view of the collapse in Qipan ditch′s left side，in the old G213′s right side

（15）七盘沟对面，岷江右侧，G213 左侧边坡崩塌

单面斜坡地貌，D_{y1}^{2} 灰岩夹板岩、千枚岩，反倾层状结构，斜坡上部风化强烈，呈土层及强风化层——基岩二元结构，地震诱发上部岩土体滑移失稳破坏、陡坡段岩体倾倒失稳，堆积于斜坡下部及坡脚，损坏被动网，失稳方量约 3 000m³（见图 4-81）。

图 4-81　七盘沟对面，岷江右侧，G213 左侧边坡崩塌照片

Figure 4-81　Full view of the collapse at the opposite of Qipan ditch，in the Minjiang river′s right side，in the old G213′s left side

（16）岷江右侧，G213 左侧边坡崩塌

单面斜坡地貌，D_{y1}^{2} 灰岩夹板岩、千枚岩，反倾层状结构，斜坡上部风化强烈，呈土层及强风化层——基岩二元结构，地震诱发上部岩土体滑移失稳破坏、陡坡段岩体倾倒破坏，堆积于斜坡下部及坡脚，掩埋公路，失稳方量约 2 000m³（见图 4-82）。

图 4–82　岷江右侧，G213 左侧边坡崩塌照片
Figure 4–82　Full view of the collapse in the Minjiang river's right side，in the G213's left side

（17）岷江左侧，师专对面，老 G213 右侧崩塌

斜坡地貌，Zbdn 白云岩，岩体破碎，坡面微冲沟发育，斜坡上部风化强烈，地震诱发上部、微冲沟两侧、陡坡段岩土体滑移、倾倒失稳破坏，堆积于斜坡下部及坡脚，掩埋老 G213 公路，失稳方量约 20 000m³（见图 4–83）。

图 4–83　岷江左侧，老 G213 右侧崩塌照片
Figure 4–83　Full view of the collapse in the Minjiang river's left side，in the old G213's right side

（18）G213 左侧滑坡（D2 号点）

位于条状山脊前缘，斜坡地貌，D_{y1}^{2} 灰岩，反倾层状结构，地震诱发岩体顺外倾结构面滑移失稳破坏，掩埋新 G213 公路，失稳方量约 10 000m³（见图 4–84）。

图 4–84　G213 左侧滑坡照片
Figure 4–84　Full view of the landslide in the G213's left side

（19）G213 左侧，汶川县城崩塌（D1 号点）

斜坡地貌，Zbdn 白云岩，反倾层状结构，斜坡上部风化强烈，呈土层及强风化层——基岩二元结构，地震诱发上部岩土体滑移失稳破坏，堆积于斜坡下部及坡脚，掩埋新

G213 公路，失稳方量约 20 000m³（见图 4–85）。

图 4–85　G213 左侧，汶川县城崩塌照片

Figure 4–85　Full view of the collapse in the G213′s left side in Wenchuan city

第5章 国道G213线汶川—川主寺段公路地震崩滑灾害

Chapter 5 The Slope disasters triggered by earthquake from Wenchuan to Chuanzhusi（G213）

5.1 公路概况 Highway survey

G213线汶川—茂县—川主寺公路起自汶川县威州镇，沿岷江逆流而上，经茂县、松潘县至川主寺镇。路线全长约205km，其中汶川至茂县段42km，茂县至川主寺段163km，是甘肃南部、青海至成都的必经之路，是阿坝藏族羌族自治州北部各县南下通往成都的最主要通道，也是成都通往著名旅游景区九寨沟、黄龙寺最近通道（见图5-1）。汶川地震后，公路沿线损毁严重，尤其是汶川—茂县—石大关段公路沿线地震地质灾害极为发育。

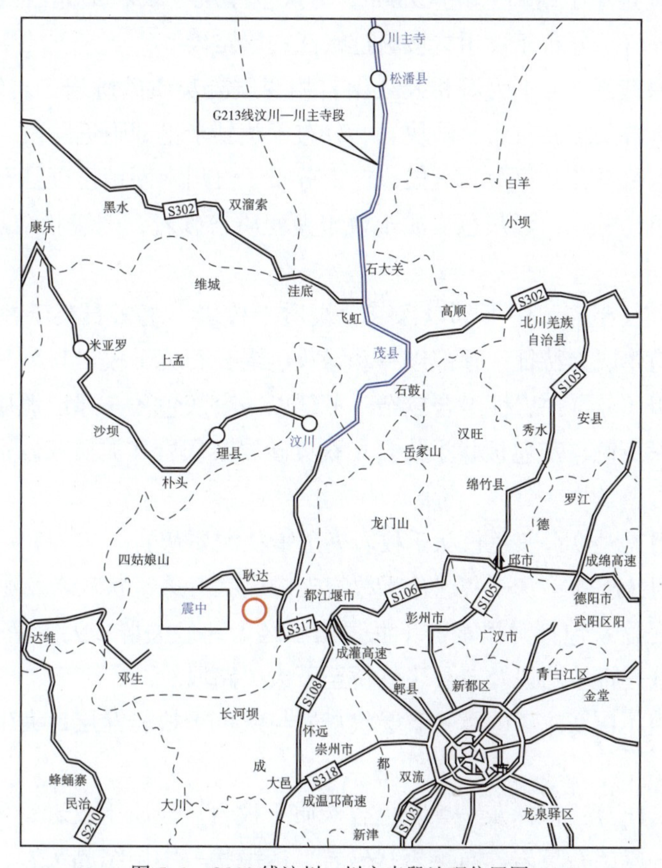

图5-1 G213线汶川—川主寺段地理位置图

Figure 5-1 Location map of the road between Wenchuan and Chuanzhusi in State Road G213

5.2 地质环境条件及灾害概况 Geological environmental conditions and disaster situation

5.2.1 地质环境条件 Geological environmental conditions

5.2.1.1 地形地貌

公路沿线属高山峡谷地貌，两岸山峰海拔在 3 500m 以上，相对高差大于 1 000m。汶川为最低点，海拔约 1 330m，公路在岷江河谷两侧布线，沿岷江逆流而上，至茂县高程约 1 500m，沿线三尖山海拔 4 148m，最高峰九顶山海拔 4 969m。

5.2.1.2 地层岩性

该公路沿线穿越龙门山地层分区和马尔康地层分区两个地层区，马尔康地层又分为九顶山小区和大雪塘—沟口小区两个亚区，地层由老至新依次为：

（1）元古界黄水河群下部岩组（$Pthn^1$）为一套变质火山岩、绿泥石片岩、黑云阳起片岩、石英片岩类的中变质岩系。分布于汶川县城附近及文镇附近岷江右岸路段。

（2）古生界震旦系上统灯影组（Zbdn）为灰色厚层—块状细晶白云岩夹黑色炭质页岩、紫红色泥质灰岩。分布于汶川青坡附近岷江右岸路段。

（3）古生界寒武系（∈）为海相及火山岩相变质凝灰质砂砾岩、岩屑砂岩夹千枚岩、变质千枚岩、硅质岩及结晶灰岩、磷块岩。分布于茂县十里铺附近路段。

（4）古生界志留系茂县群分为五段，广泛分布于汶川南新镇至茂县石大关乡路段。

茂县群第一组（S_{mx}^1）：黑灰色炭质千枚岩夹变质粉砂岩，透镜状结晶灰岩，灰色薄－中层石英砂岩。

茂县群第二组（S_{mx}^2）：中下部以深灰～炭质千枚岩、绢云石英千枚岩与钙质石英砂岩、砂质灰岩呈韵律层为特征，顶部以一套绿灰色绢云石英千枚岩与第三组分界。

茂县群第三组（S_{mx}^3）：岩性组合较杂，下部以一套灰色薄—厚层泥质灰岩为主，底部石英砂岩；中部深灰色、灰色板状千枚岩夹石英砂岩及灰岩和泥质灰岩；上部为灰色泥质灰岩夹少许千枚岩。

茂县群第四组（S_{mx}^4）：灰色板状千枚岩夹透镜状泥质灰岩。

茂县群第五组（S_{mx}^5）：灰—灰绿色千枚岩夹中层状、透镜状灰岩及泥质灰岩。

（5）古生界泥盆系包括月里寨群（九顶山小区）和危关群（大雪塘—沟口小区），分别分布于汶川县城—青坡路段及茂县飞虹桥至石大关路段。

月里寨群上组（D_{yl}^2）：灰色薄—厚层状灰岩与灰色千枚岩互层，夹生物碎屑灰岩、鲕状灰岩。

危关群下组（D_{wg}^1）：以深灰—黑灰色含炭质千枚岩、炭质千枚岩、深灰色绢云石英千枚岩为主，夹薄—厚层石英岩、石英岩状砂岩、透镜状—中层结晶灰岩、角砾状灰岩及砂质或钙质砂岩。

危关群上组（D_{wg}^2）：底部以灰—深灰色薄—中层石英岩，夹深灰—黑灰色炭质千枚岩、绢云石英千枚岩；下部灰—深灰色石英岩与深灰—黑灰色含炭质千枚岩不等厚互层；中部以深灰色、黑灰色炭质千枚岩为主；上部灰色中厚层—块状石英岩与深灰炭质千枚岩不等厚互层，夹砂质结晶灰岩。

（6）石炭系和二叠系（C+P）地层在松潘县水沟子路段少量出露。

石炭系（C）：玄武岩、砾状灰岩夹千枚岩。

二叠系（P）：结晶灰岩、生物碎屑灰岩夹千枚岩。

（7）三叠系西康群地层为一套浅海—滨海类复理石建造，广泛分布于茂县石大关以北路段。

菠茨沟组（T_{1b}）：深灰色砂质千枚岩夹灰绿色钙质板岩、薄层灰岩及细—粉砂岩。

杂谷脑组（T_{2z}）：灰色厚—巨厚层状变质长石石英砂岩夹黑灰色炭质千枚岩、灰色薄层结晶灰岩。

侏倭组组（T_{3zh}）：灰色中厚层状变质长石石英砂岩、变质含钙石英砂岩、黑色炭质千枚岩互层夹少量灰色薄层砂质灰岩。

新都桥组（T_{3x}）：灰色板状—薄层变质含炭质粉—细砂岩、黑色炭质千枚岩与灰色千枚岩互层夹少量灰色薄层灰岩。

（8）公路沿线第四系地层主要为第四系全新统坡残积层（Q_4^{el+dl}）、崩坡积层（Q_4^{c+dl}）、滑坡堆积层（Q_4^{del}）、崩积层（Q_4^{c}）、冲洪积层（Q_4^{al+pl}），以及更新统冰水堆积层（Q_p^{fgl}）等。

5.2.1.3　**地质构造**

该公路沿线地质构造复杂，断裂构造发育，总体上路线通过两大构造体系，即龙门山华夏系构造带和石大关弧形褶皱带。

（1）龙门山华夏系构造

公路汶川—茂县隶属于该构造体系，处于北川—映秀断裂和茂汶断裂之间，为北东向龙门山构造带。

断裂带走向北 30°~45° 东，倾向北西，倾角 45°~80° 左右，为压扭性冲断层，断层积压破碎带宽度较大，在汶川附近和茂县附近多分叉闭合现象，表现为夹许多透镜状断块的复杂断裂带，剖面上表现为迭瓦状的冲断带，并且伴有动力变质作用。

（2）石大关弧形褶皱带

公路茂县—川主寺段隶属于该构造体系，由一系列线状向北倒转的同斜褶皱和少数压扭性断层组成，东西长 100km 以上，延伸方向为 310°~315°，有印支—燕山期岩浆岩侵入，并切割构造线，总体形态为一向南突出的弧形。卷入地层为变质古生界—三叠系西康群。

根据中国地震局发布汶川 8.0 级地震烈度分布图，该段地震烈度为Ⅵ~Ⅸ度，其中汶川—茂县路段为Ⅸ区，茂县—石大关乡路段为Ⅷ区，石大关乡—松潘路段为Ⅶ区，松潘—川主寺路段为Ⅵ区。

5.2.2 灾害概况 Disaster situation

5.2.2.1 灾害发育总体情况

G213汶川—川主寺路段地震灾害具有明显的分段性特点（见表5-1）：汶川—茂县路段滑坡崩塌灾害几乎连续分布，主要为斜坡陡缓交界处强风化岩体沿强弱风化界面的滑塌以及坡表崩坡积物沿基岩面的滑塌（剥皮现象）；茂县—叠溪路段，茂县县城附近阶地滑坡灾害较密集，石大关—叠溪路段山体陡峻，岩体风化卸荷强烈，高位崩塌及强风化千枚岩滑塌较发育；叠溪—松潘路段地形较为开阔，地质灾害类型为小规模的崩坡积物滑塌，叠溪附近为小规模的阶地滑塌；松潘—川主寺路段公路边坡几乎不受汶川地震的影响，地震灾害不发育。

根据调查统计，沿线共发生崩塌落石灾害37处，滑坡41处。

表5-1 汶川—川主寺公路沿线地震地质灾害发育情况表

Table 5-1 Geological disasters in the earthquake along the road between Wenchuan and Chuanzhusi

段落范围	地层岩性	地质结构	地形地貌	地震地质灾害发育情况
汶川—茂县	志留系茂县群及泥盆系月里寨群千枚岩、石英砂岩夹灰岩	处于龙门山华夏系构造带，区内断层发育，岩体受强烈的构造挤压较为破碎，多呈次块状	侵蚀剥蚀陡中山河谷	很发育，强风化岩体及覆盖层滑塌
茂县—石大关	古生界志留系、泥盆系，以砂泥质灰岩与千枚岩为主	处于石大关弧形构造带，岩体褶皱强烈，弧顶变质程度高，岩体风化卸荷强烈，岩体破碎	侵蚀剥蚀陡中山河谷	很发育，阶地及强风化岩体滑塌，局部高位崩塌
石大关—叠溪镇	古生界泥盆系和中生界三叠系，为黑、深灰色千枚岩夹石英岩、石英砂岩及大理岩	处于较场山形构造带，岩体褶皱强烈，岩性较软，岩体风化卸荷强烈，岩体较破碎	侵蚀剥蚀缓中山河谷	较发育，低位崩塌
叠溪镇—川主寺	中生界三叠系，深灰色砂质千枚岩夹灰绿色钙质板岩为主	区域性褶皱变形较弱，岩体较为完整	侵蚀剥蚀缓中山河谷	不发育

5.2.2.2 灾害的主要形式

公路沿线地震诱发地质灾害主要有如下几种形式：

（1）斜坡中上部土层及强风化岩土体失稳

在河谷深切和九顶山背坡产生的焚风效应影响下，汶川和茂县形成河谷暖温带半干旱气候，岩体风化卸荷作用极为强烈，地震力作用下，诱发大量斜坡中上部土层及强风化、卸荷带岩土体失稳，以滑移破坏为主。

（2）土层边坡滑坡

在河谷两岸，有大量堆积土层边坡，尤其是大量冲洪积、冰水堆积层边坡，汶川地震诱发大量土层边坡滑移失稳灾害，主要为土体内部的滑移失稳。

（3）结构面切割岩体失稳

该公路沿线以千枚岩、砂板岩类为主，岩体中各类结构面发育，地震诱发大量结构面切割岩体失稳，失稳区主要分布在斜坡中上部、陡缓变坡点下方。

5.2.2.3 灾害的发育特点

（1）汶川—茂县石大关乡段处于Ⅷ～Ⅸ度烈度区，地势陡峻，地震动力响应较强烈，公路震害的发育与微地貌有密切的关系。第一斜坡带陡缓转折端及山脊部位，多为凸形坡，基岩裸露，岩体风化卸荷强烈，灾害类型以坡表碎裂岩体沿强弱风化界面的崩塌为主；受第四纪至晚近时期区内以大面积抬升，河谷强烈下切影响，在岷江两侧，河流凹岸第四纪阶地及崩坡积物较为发育。覆盖层能吸收部分地震波能量，故地震动力反应较弱，但当公路开挖坡脚形成陡立临空面时，很容易诱发坡体失稳形成堆积体滑坡。部分路段斜坡上部岩体陡立，形成凹形坡，地震波高程放大效应显著，常形成崩塌碎屑流。

（2）汶川—茂县段岷江河谷形态两岸呈现不对称分布特征，河谷右岸地势陡峻，坡度50°~60°，左岸相对宽缓，坡度25°~35°。公路沿岷江河谷两岸展线，几乎与中央断裂带平行，距离中央断裂带27~30km，均处于Ⅸ度区，但地质灾害发育情况却有所不同。罗山—南新镇段位于河谷右岸，地势陡峻，边坡地震动力反应较显著，斜坡失稳高点多位于150~200m的第一斜坡带陡缓转折端。由于河谷气候较为干燥，覆盖层较薄，斜坡失稳表现出类似“剥皮”的浅表层滑塌及强风化碎裂岩体沿强弱风化界面的高位崩塌。南新镇—茂县段河谷左岸，边坡动力反应较弱，斜坡失稳方式转变为公路上部50m范围的浅表层崩坡积物沿基覆面向公路开挖形成的陡立临空面滑塌及部分路段的阶地滑塌。

（3）茂县—川主寺段地质灾害发育的类型与斜坡与中央断裂带的距离密切相关。茂县县城—石大关野鸡坪段，处于Ⅷ度区，斜坡动力响应较强，灾害类型以公路边坡上部100~150m第一斜坡带范围的强风化碎裂岩体在地震力作用下向公路开挖形成的陡立临空面产生较大规模的滑塌为主，局部陡峻突兀的山体地震动力响应较为强烈，在斜坡顶部及陡缓转折端产生小规模的高位崩塌。石大关野鸡坪段—镇坪乡段，处于Ⅶ度区，斜坡动力响应较弱，边坡开挖对边坡失稳的影响较为突出，灾害类型以公路边坡50m高程范围的碎裂岩体向公路开挖形成的陡立临空面小规模溜塌及崩塌落石为主，地质灾害不甚发育。镇坪乡—川主寺段，处于Ⅵ区，地形平缓，震害轻微。

5.3 G213汶川—茂县段灾害点 The disasters from Wenchuan to Maoxian（G213）

汶川—茂县段公路震害较为发育，全长42km，共发育灾害点28处，灾害点密度0.67个/km，其中崩塌11处，滑坡17处（见图5–2）。

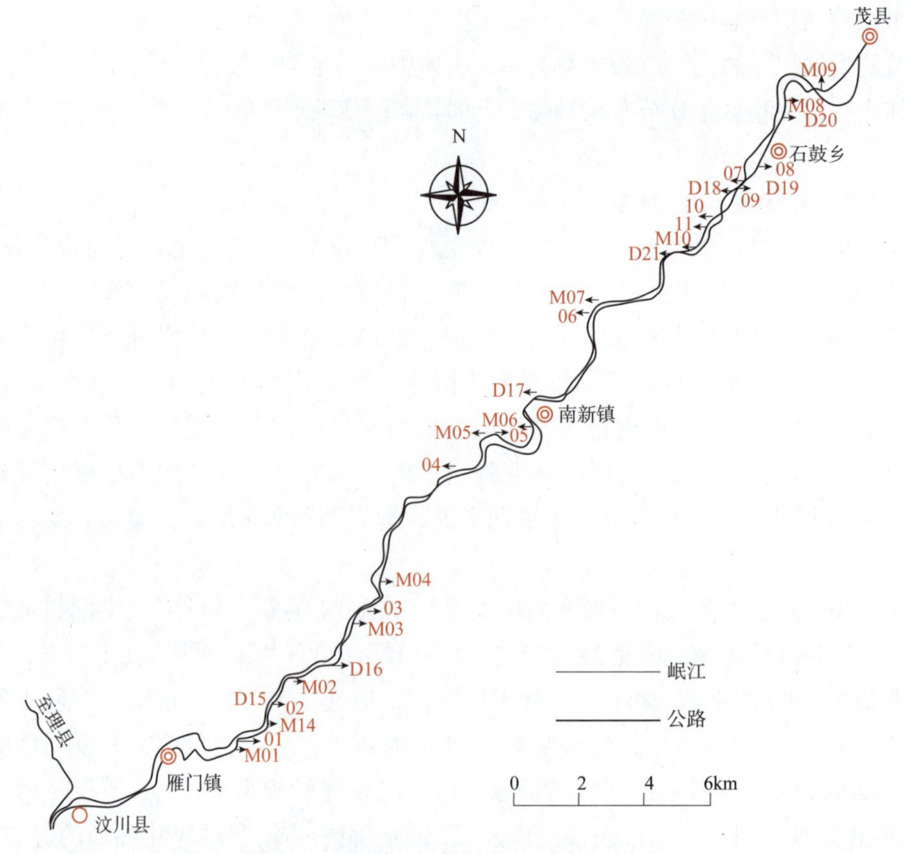

图 5-2 G213 线汶川—茂县段地质灾害分布图

Figure 5-2 Geological disaster distribution map of the road between Wenchuan and Maoxian in State Road G213

灾害点名称及位置	灾害点地质概况	地震破坏情况	附图
K855+102 右侧斜坡滑坡（M01 号点）	斜坡为反倾结构斜坡，呈直线形，岩性为千枚岩夹杂灰岩。片理面：335°∠ 71°；① 256°∠ 80° 延伸约 20m，间距约 10cm，结构面平直粗糙；② 241°∠ 39° 延伸约 10~20m，间距约 10m。斜坡坡向 325°	斜坡中上部岩土体失稳解体，滚落滑塌掩埋公路，方量约 1 200m³。在 2010 年 5 月 29 日再次发生失稳，方量约 1.7 × 10⁴m³	图 5-3
K855+085 右侧斜坡滑坡（1 号点）	斜坡为反倾结构斜坡，呈直线形。斜坡高 106m，长 160m，后缘陡峭，约 80°。大滑坡内前中部发育次级小滑坡，坡壁为碎石土	失稳方式主要为碎石土局部整体推移及大块石失稳沿坡面滚落	图 5-4
K854+019 右侧斜坡滑坡（D14 号点）	斜坡为公路开挖边坡，总体坡度 35°~40°，基岩岩性为灰岩，坡表为碎石土。层面 330°∠ 42°	斜坡中上部震裂岩土体沿基覆界面滑移式破坏，局部碎块石滚落，方量约 50 000m³，掩埋公路路基	图 5-5
K854 右侧斜坡崩塌（2 号点）	斜坡为顺倾层状结构斜坡，斜坡呈直线形，总体坡度 35°~40°。基岩为灰岩，坡表为碎石土，粒度 1~10m 约 10%，0.1~1m 约 30%，1~10cm 约 40%，无分选性。斜坡高 63m，长 120m	破坏范围在斜坡中上部陡缓转折端，小规模块石滚落，大部分停落在台阶上	图 5-6

续上表

灾害点名称及位置	灾害点地质概况	地震破坏情况	附图
K851+164左侧斜坡滑坡（M02号点）	斜坡为河流堆积物土质斜坡，坡度65°~75°。为卵砾石和砂胶结物，卵砾石含量15%~20%。斜坡高67m，长550m	斜坡土体滑移失稳，失稳土体顺坡滑动，方量约8 000m³。坡表堆积体滚落解体，滚落解体碎石土掩埋公路，落石损毁路面（支挡结构）	图5-7

a）灾害点全貌图

325°
Q_4^{col+dl}
D_{yl}^2
Q_4^{del}
片理面335°∠71°
公路EL1 376m
岷江
Q_4^{col+dl}
高度（m）
水平距离（m）

b）剖面示意图

图5-3 灾害点全貌与剖面示意图

Figure 5-3 Full view of the disaster point and sketch map of the cross-section

a）坡面照片

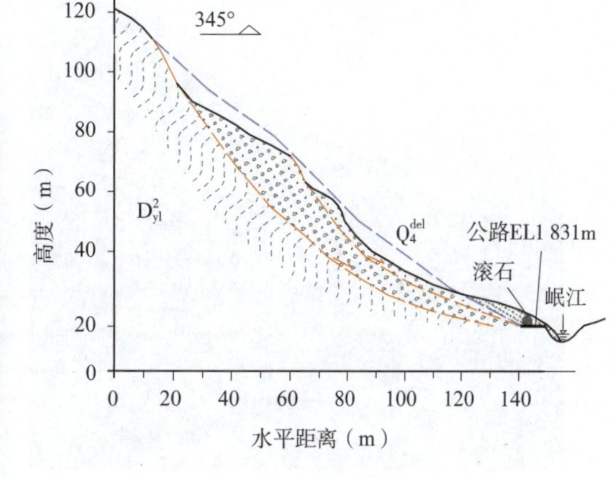

b）剖面示意图

图5-4 灾害点照片及剖面示意图

Figure 5-4 Disaster photo and sketch map of the cross-section

a）坡面照片

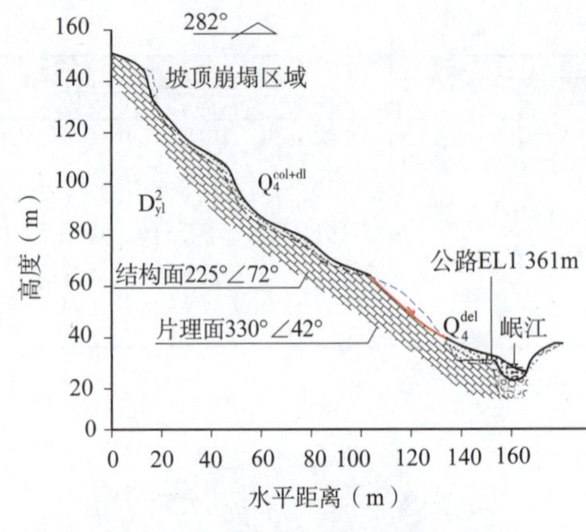

b）剖面示意图

图5-5 灾害点照片及剖面示意图

Figure 5-5 Disaster photo and sketch map of the cross-section

a）坡面照片

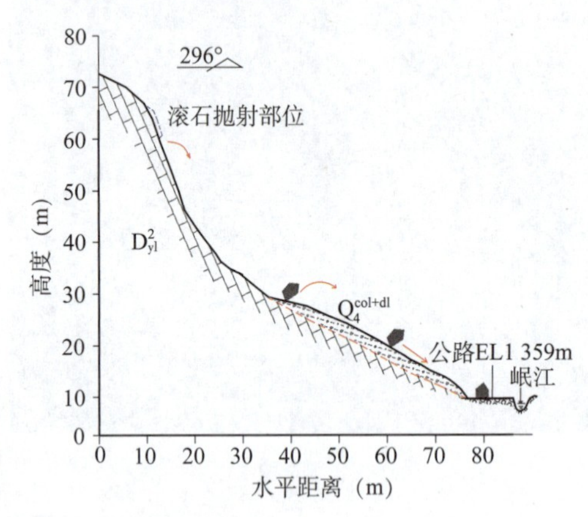

b）剖面示意图

图5-6 灾害点照片及剖面示意图

Figure 5-6 Disaster photo and sketch map of the cross-section

a）坡面岩土体照片

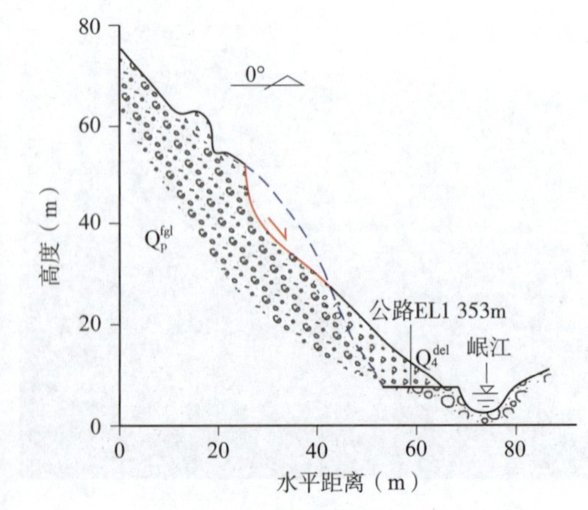

b）剖面示意图

图5-7 灾害点照片及剖面示意图

Figure 5-7 Disaster photo and sketch map of the cross-section

灾害点名称及位置	灾害点地质概况	地震破坏情况	附图
K849+473 右侧斜坡滑坡（D16 号点）	斜坡属于基岩—土层二元结构，基岩为千枚岩，产状与边坡近乎正交，形成横向坡。共发育四条冲沟，斜坡上部植被较茂密，下部植被稀少。斜坡高 150m，长 815m，坡向 280°	岩土体沿基覆界面滑移式破坏，方量为 300 000m³，沿滑面堆积于坡脚，掩埋公路，阻断交通，挤压河道	图 5–8
K846+678 右侧斜坡崩塌（M03 号点）	斜坡属于基岩—强风化层二元结构斜坡，基岩为千枚岩，呈直线型，坡度 45°~60°，上下陡，中下部为宽缓的阶地平台，平台以下为陡坡，部分已经坍塌，块石粒径约 50cm，植被稀少	斜坡中上部岩土体滑移失稳，顺坡滑动，大部分堆积于坡面，堆积方量约 50 000m³，掩埋公路	图 5–9
K846+237 右侧斜坡崩塌（3 号点）	斜坡为顺倾层状结构斜坡，基岩为板岩。斜坡中上部岩体陡立，坡度 70°~80°，微冲沟发育，植被稀少。陡崖岩体层理清晰，产状 350°∠ 65°，节理 300°∠ 70°。斜坡高 132m，长 210m，坡向 325°	斜坡中上部岩体倾倒、滑移失稳，局部小块石滚落，方量约 800m³，砸毁路面，阻断交通	图 5–10
K846+176 右侧斜坡滑坡（M04 号点）	斜坡为公路开挖斜坡，坡度 50°~70°，基岩为千枚岩，片理面为 310°∠ 65°，发育结构面 110°∠ 26°，延伸约 4~6m，间距约 60~80cm，上覆阶地堆积层	斜坡阶地堆积层滑移失稳，堆积于坡脚，方量约 600m³，掩埋公路路基	
K845+033 右侧斜坡崩塌（4 号点）	斜坡为顺倾层状结构斜坡，呈折线型，坡度约 35°~40°，基岩为千枚岩，片理面产状 125°∠ 85°（顺倾），另一组控制性结构面产状 306°∠ 55°（反倾）。斜坡高 204m，长 620m，坡向 142°	岩体顺片理面滑移式破坏，破坏范围斜坡中下部，方量约 2 000m³，堆积于坡脚，掩埋路基	图 5–11
K841+096 左侧斜坡崩塌（M05 号点）	斜坡为顺倾层状结构斜坡，呈折线形，坡度 65°~70°，上陡下缓，基岩岩性为黑云母花岗岩，坡面岩体平均粒径 5~10cm。斜坡坡高约 260m，长 150m，坡向 120°	上部陡坡岩体失稳，顺坡坠落、滚动、弹跳，堆积到坡脚。方量约 1 000m³，碎屑物堆积掩埋公路，落石损毁路面及护栏	图 5–12

a）坡面岩土体照片

b）剖面示意图

图 5–8　灾害点照片及剖面示意图

Figure 5–8　Disaster photo and sketch map of the cross–section

a）灾害点全貌图　　b）剖面示意图

图 5-9　灾害点全貌及剖面示意图

Figure 5-9　Full view of the disaster point and sketch map of the cross-section

a）坡面岩土体照片　　b）剖面示意图

图 5-10　灾害点照片及剖面示意图

Figure 5-10　Disaster photo and sketch map of the cross-section

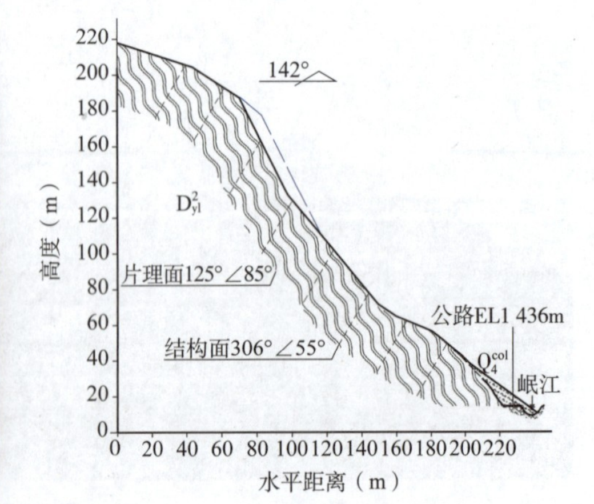

a）坡面岩土体照片　　b）剖面示意图

图 5-11　灾害点照片及剖面示意图

Figure 5-11　Disaster photo and sketch map of the cross-section

a）坡面岩土体照片

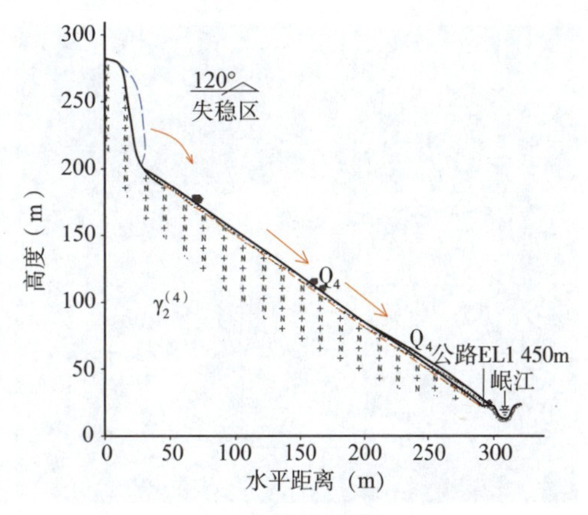

b）剖面示意图

图5-12 灾害点照片及剖面示意图

Figure 5-12 Disaster photo and sketch map of the cross-section

灾害点名称及位置	灾害点地质概况	地震破坏情况	附图
K839+063左侧斜坡崩塌（5号点）	斜坡为公路开挖边坡，上陡下缓，中下部坡度50°～55°。基岩为薄层千枚岩，块状白云质灰岩。发育两组结构面：①320°∠80°（侧裂面）；②23°∠50°（后缘拉裂面），片理面225°∠35°（顺倾）。斜坡高44m，长175m，坡向220°	斜坡中上部强风化岩土体滑移失稳，顺坡滑动。规模15 000m³，掩埋公路，阻断交通	
K837+492左侧斜坡崩塌（M06号点）	斜坡呈近直线形，中下部坡度40°~50°。岩性为灰岩、石英砂岩，层面产状为130°∠40°。发育结构面①265°∠20°~40°延伸约1m，间距0.5~1m；②135°∠70°延伸约5m，间距8~10m	斜坡上部危岩体失稳，顺坡滚动、跳跃，破坏模式为倾倒式，滚落石块毁坏路旁民房，方量约500m³	图5-13
K836+094左侧斜坡滑坡（D17号点）	斜坡为基岩—土层二元结构斜坡，呈直线形，坡度约45°。基岩为白云质灰岩，斜坡发育一组陡倾坡内结构面及一组陡倾外结构面；①组结构面120°∠45°，延伸10m，间距1.5m；②组结构面320°∠78°。斜坡高214m，长150m，坡向135°	地震诱发土层及强风化岩体滑移失稳，失稳方量约30 000m³，掩埋公路，挤压河道	图5-14
K835+795左侧斜坡滑坡（6号点）	斜坡为堆积物土质斜坡，上陡下缓，上部岩体陡峻，坡度60°~70°。基岩为灰岩夹页岩，产状为340°∠55°，130°∠25°。坡表为碎石土，0.1~1cm约30%，1~10cm约50%。斜坡高406m，长490m，坡向86°	碎石土形成碎屑流沿覆盖层滑移式破坏，堆积于坡脚，方量约3 000m³，掩埋公路	
K832+763左侧斜坡滑坡（M07号点）	斜坡为基岩—强风化层二元结构斜坡，呈折线形，上下较缓。基岩为灰岩夹页岩。发育两组结构面，①0°∠75°延伸约1m，间距2m；②85°∠20°延伸约5m，间距0.5m。陡坎坡高约80m	碎石土沿强弱风化层面滑移式破坏，滚石顺冲沟弹跳运动，堆积于坡脚，方量约1 000m³，掩埋公路路基，落石损毁路面及护栏	图5-15
K831+929左侧斜坡崩塌（D21号点）	斜坡为基岩—强风化层二元结构斜坡，呈折线形，上缓下陡，下部坡度60°~70°，坡面微冲沟不发育，基岩为千枚岩，产状为70°∠68°，坡表为碎石土。边坡高160m，长180m，坡向320°	岩土体沿强弱界面溃散式破坏，方量约100 000m³，顺坡面运动，坠落于坡脚，掩埋公路路基	

a）坡面岩土体照片

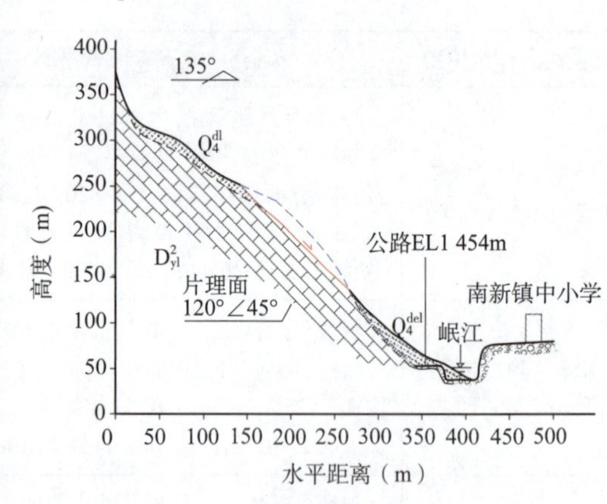

b）剖面示意图

图 5-13 灾害点照片及剖面示意图

Figure 5-13 Disaster photo and sketch map of the cross-section

a）坡面岩土体照片

b）剖面示意图

图 5-14 灾害点照片及剖面示意图

Figure 5-14 Disaster photo and sketch map of the cross-section

a）坡面岩土体照片

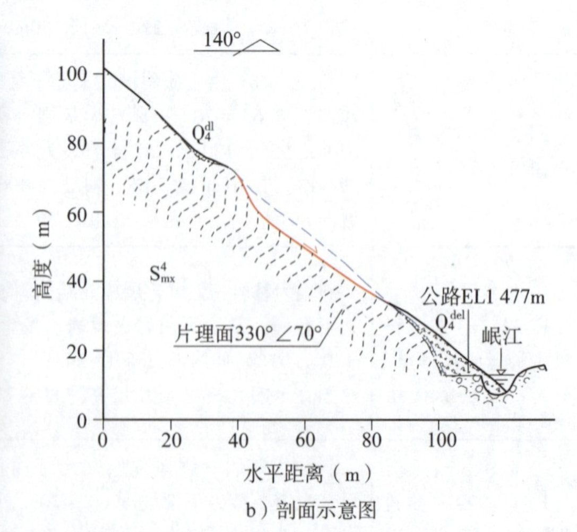

b）剖面示意图

图 5-15 灾害点照片及剖面示意图

Figure 5-15 Disaster photo and sketch map of the cross-section

灾害点名称及位置	灾害点地质概况	地震破坏情况	附图
K829+493左侧斜坡滑坡（M10号点）	斜坡为堆积物土质斜坡，呈折线形，上陡下缓，上部岩体陡立，坡度约70°。基岩为千枚岩夹砂岩，产状为315°∠75°。斜坡高198m，长90m	崩坡积物沿基覆界面滑移式破坏，方量约2 000m³，掩埋公路路基，冲毁护栏	图5-16
K829+205左侧斜坡滑坡（11号点）	斜坡为基岩—土层二元结构斜坡，坡面呈折线形，上缓下陡，坡度30°~35°。基岩为千枚岩，产状240°∠70°。滑坡块粒0.1~1m约10%，1~10cm约20%，1~10m约20%。高112m，坡向110°	坡表崩坡积物沿基覆面滑移破坏，规模较小，约5 000m³，掩埋公路路基	图5-17
K827+906左侧斜坡崩塌（10号点）	斜坡为近于正交层状结构斜坡，中下部设有挡土墙，岩体受挤压强烈变形，发育有石香肠构造，局部小褶皱。基岩为千枚岩，产状为260°∠60°。斜坡高37m，长65m，坡向155°	岩体发生错断式破坏。规模较小，方量约1 000m³，顺坡面运动，落石损毁路面	图5-18
K827+739左侧斜坡滑坡（9号点）	斜坡为基岩—土层二元结构斜坡，呈折线形，上部基岩裸露，坡度约40°，下部为崩盘坡积物，坡度35°~40°。基岩为千枚岩，产状为330°∠55°。斜坡高35m，长50m，坡向310°	碎石土顺坡面滑移，堆积在坡脚，规模较小，约3 000m³，掩埋公路路基	图5-19
K827+664左侧斜坡滑坡（D18号点）	斜坡呈折线形，顶部较陡，中间为较为宽缓的台地，下部由于公路开挖坡脚形成陡立临空面而失稳。基岩为千枚岩，片理面为320°∠85°，坡表为碎石土	坡表残留孤石，地震力作用下崩坡积物沿覆盖层滑塌式破坏，规模较小，约4 000m³，顺坡面滑移，掩埋公路路基	图5-20
K827+294右侧斜坡崩塌（D19号点）	斜坡为斜交层状结构斜坡，呈折线形。斜坡上部较为平缓，坡度约45°。边坡右侧为公路急转处，左侧为斜坡，右侧为一沟槽。基岩为千枚岩。斜坡坡高约20m，长100m，坡向350°	块状岩体在动力作用下坠落于坡脚。规模较小，约100m³，砸毁路面，威胁过往车辆安全	图5-21
K827+099右侧斜坡滑坡（7号点）	斜坡为堆积物土质斜坡，坡度35~40°。滑坡体后壁明显，滑坡前缘曾掩埋公路，在坡表植被较为发育。块石0.1~1cm约30%，1~10cm约50%，偶见大块石。斜坡高45m，长65m，坡向290°	崩坡积物沿覆盖层滑移式破坏，方量约10 000m³，顺坡面滑动，掩埋公路路基	图5-22

a）灾害点全貌图

图 5-16

Figure 5-16

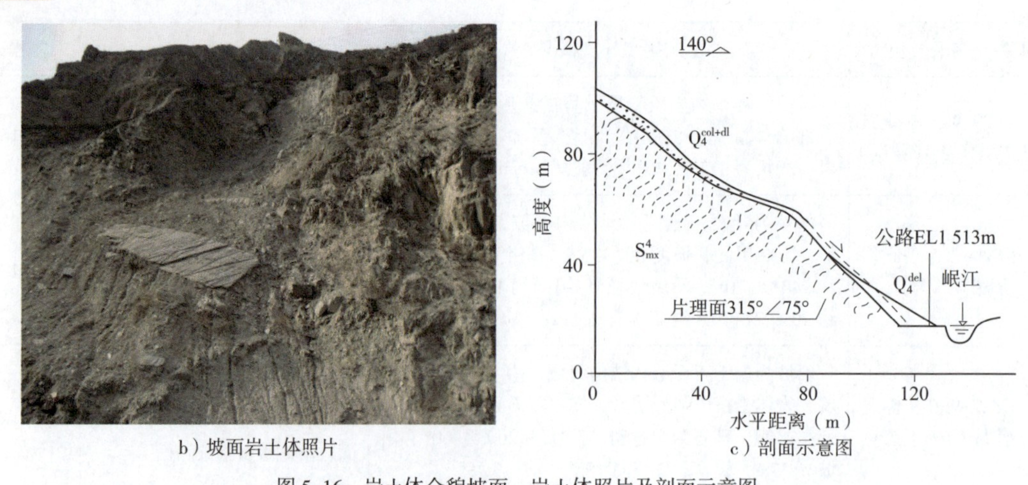

b）坡面岩土体照片　　c）剖面示意图

图 5-16　岩土体全貌坡面、岩土体照片及剖面示意图

Figure 5-16　Full view of the rock and soil photo and sketch map of the cross-section

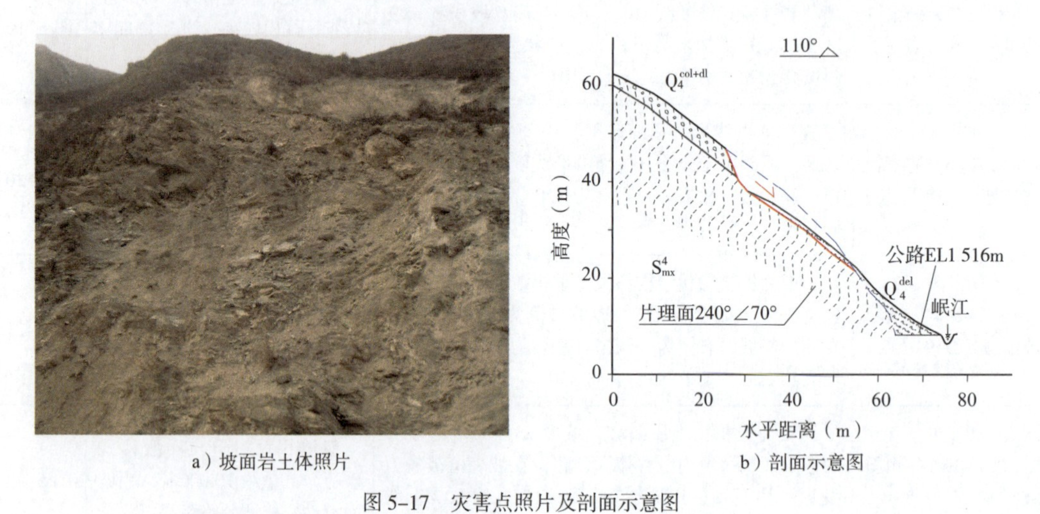

a）坡面岩土体照片　　b）剖面示意图

图 5-17　灾害点照片及剖面示意图

Figure 5-17　Disaster photo and sketch map of the cross-section

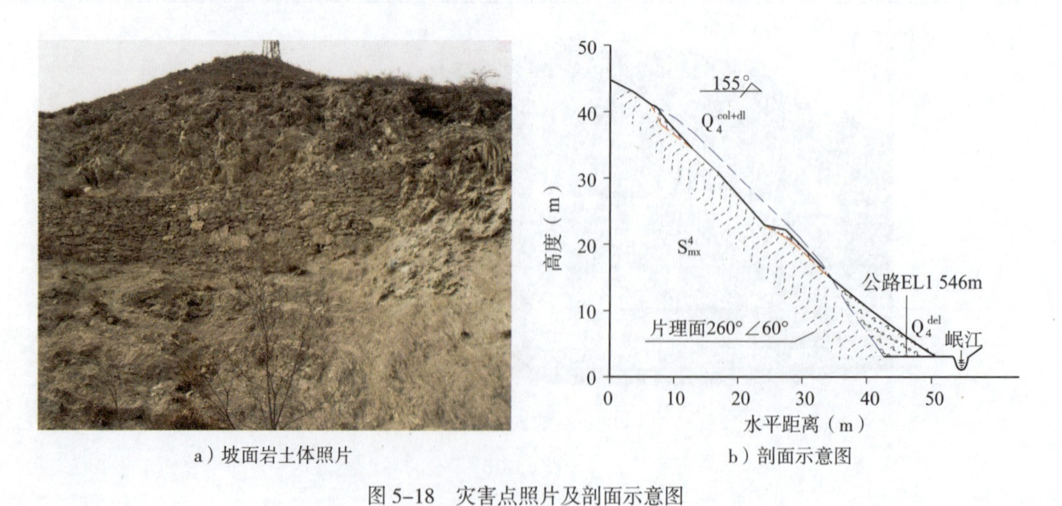

a）坡面岩土体照片　　b）剖面示意图

图 5-18　灾害点照片及剖面示意图

Figure 5-18　Disaster photo and sketch map of the cross-section

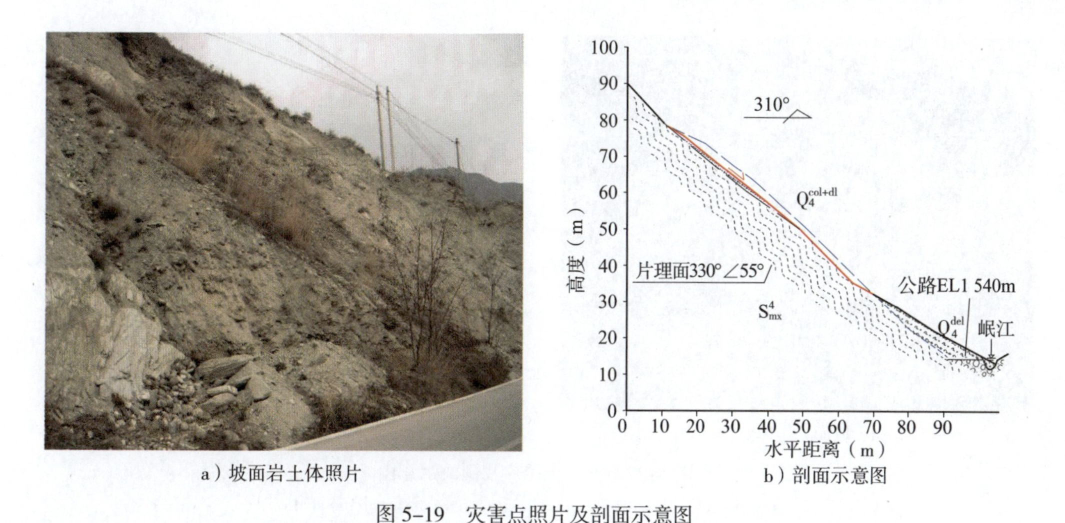

a）坡面岩土体照片　　b）剖面示意图

图5-19　灾害点照片及剖面示意图

Figure 5-19　Disaster photo and sketch map of the cross-section

a）坡面岩土体照片　　b）剖面示意图

图5-20　灾害点照片及剖面示意图

Figure 5-20　Disaster photo and sketch map of the cross-section

a）坡面岩土体照片　　b）剖面示意图

图5-21　灾害点照片及剖面示意图

Figure 5-21　Disaster photo and sketch map of the cross-section

a）坡面岩土体照片

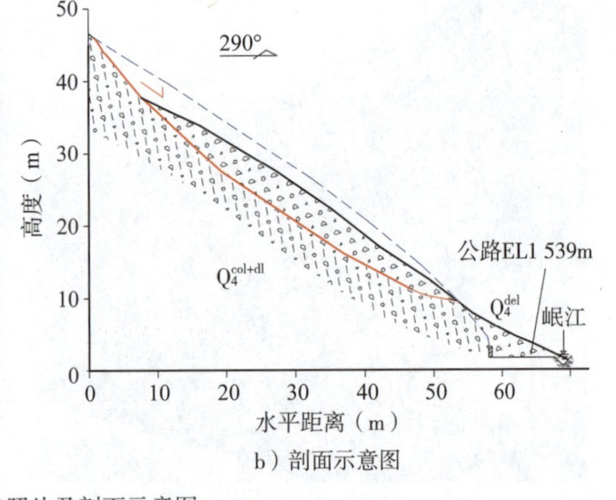

b）剖面示意图

图 5-22　灾害点照片及剖面示意图

Figure 5-22　Disaster photo and sketch map of the cross-section

灾害点名称及位置	灾害点地质概况	地震破坏情况	附 图
K825+279 左侧斜坡滑坡（8 号点）	斜坡为堆积物土质斜坡，呈折线形，上部岩体陡峻，中部为较为宽缓的平台，下部较陡。基岩为千枚岩，坡表为残坡积碎石土，0.1~1cm 约 50%，1~10cm 约 20%，0.1~1m 约 10%	碎石土滑移失稳方量约 20 000m³，堵塞公路路基	图 5-23
K823+469 右侧斜坡滑坡（D20 号点）	斜坡为河流堆积物土质斜坡，呈直线形，坡度 35°~40°，斜坡顶部还有拉裂缝。基岩为千枚岩，产状为 300°∠ 50°。斜坡长 110m，坡向 300°	地震诱发卵砾石滑移失稳规模约 30 000m³，掩埋公路路基	图 5-24
K823+065 右侧斜坡滑坡（M08 号点）	斜坡为顺倾层状结构斜坡，平均坡度 50°，局部接近直立，表层岩石较破碎，千枚岩强风化带。基岩为薄层状千枚岩，280°∠ 77°。坡体上部以千枚岩为主，坡脚多砂岩。坡高约 33m	覆盖层沿基覆界面滑移式破坏。方量约 40 000~50 000m³，滑塌体掩埋公路，破坏护栏	图 5-25
K821+085 右侧斜坡崩塌（M09 号点）	斜坡为公路开挖斜坡，坡度 75°~80°，局部接近直立，节理较发育。基岩为千枚岩，产状为：0°∠ 70°，发育结构面平直粗糙，85°∠ 80°。坡高约 43m	碎裂岩体倾倒式破坏，发生在斜坡下部，方量约 500m³，坠落于坡脚	图 5-26

a）坡面岩土体照片

b）剖面示意图

图 5-23　灾害点照片及剖面示意图

Figure 5-23　Disaster photo and sketch map of the cross-section

a）坡面岩土体照片　　b）剖面示意图

图5-24　灾害点照片及剖面示意图

Figure 5-24　Disaster photo and sketch map of the cross-section

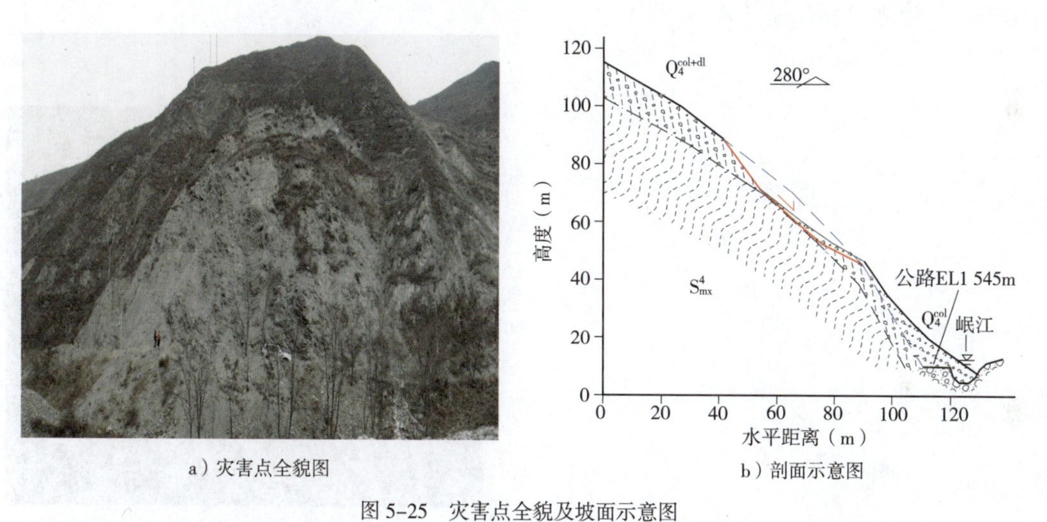

a）灾害点全貌图　　b）剖面示意图

图5-25　灾害点全貌及坡面示意图

Figure 5-25　Full view of the disaster point photo and sketch map of the cross-section

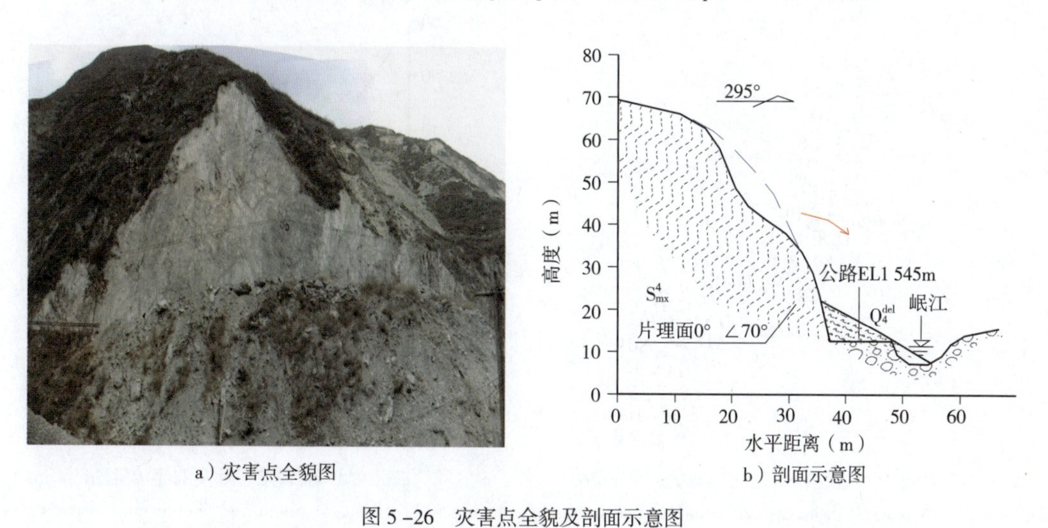

a）灾害点全貌图　　b）剖面示意图

图5-26　灾害点全貌及剖面示意图

Figure 5-26　Full view of the disaster point photo and sketch map of the cross-section

5.4 G213 茂县—川主寺段灾害点 The disasters from Maoxian to Chuanzhusi（G213）

茂县—川主寺段公路全长 163km，共发育灾害点 50 处，灾害点密度 0.3 个 /km，其中崩塌 26 处，滑坡 24 处（见图 5-27）。

（1）K817+185 左侧斜坡滑坡（S01 号点）

斜坡为河流堆积物土质斜坡，上部为陡峻山体，中部为宽缓的二级阶地，下部公路开挖形成陡立临空面，坡度达 60°~70°，为Ⅱ级阶地的浅表层滑坡群（3 处）。坡表主要为粉土和卵砾石。坡高约 45m。

在地震作用下，斜坡中上部卵砾石土层滑移失稳，顺坡面滑动，堆积于坡脚，方量约 10 000m³，掩埋公路路基（图 5-28）。

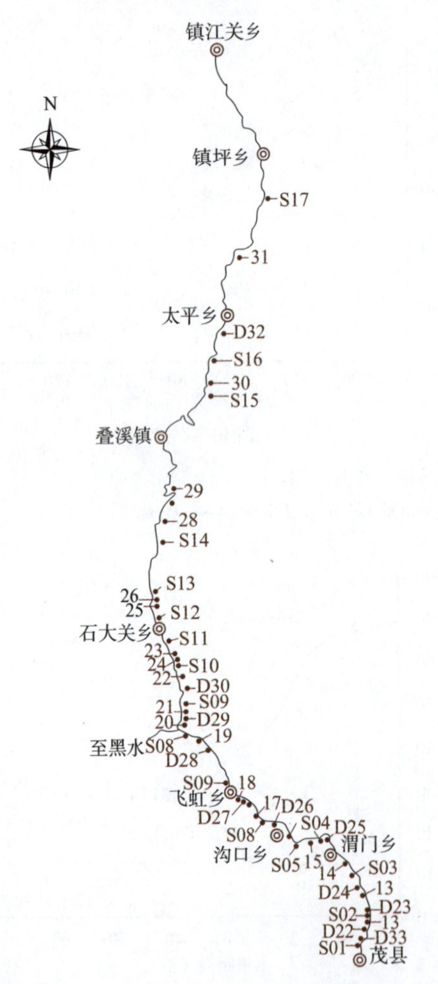

图 5-27 国道 213 线茂县—川主寺段地质灾害分布图

Figure 5-27 Geological disaster distribution map of the road between Maoxian and Chuanzhusi in state road G213

a）灾害点照片

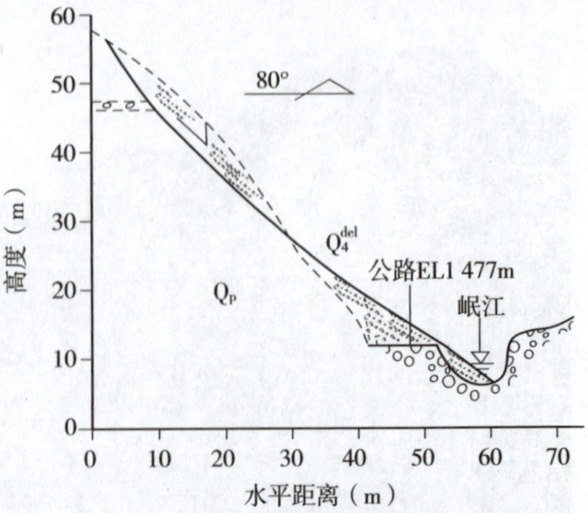

b）剖面示意图

图 5-28 灾害点照片及剖面示意图

Figure 5-28 Disaster photo and sketch map of the cross-section

（2）K816+671 左侧斜坡滑坡（D33 号点）

斜坡为河流堆积物土质斜坡。地形宽缓，公路边坡开挖坡脚形成高 140m 的陡峭临空面。基岩为千枚岩，坡表为粉砂土，卵砾石含量较低。斜坡高 110m，长 250m，坡向 140°。

地震诱发斜坡中上部卵砾石层滑移失稳，失稳方量约 100 000m³，掩埋公路路基，造成数十位学生家长遇难（图 5-29）。

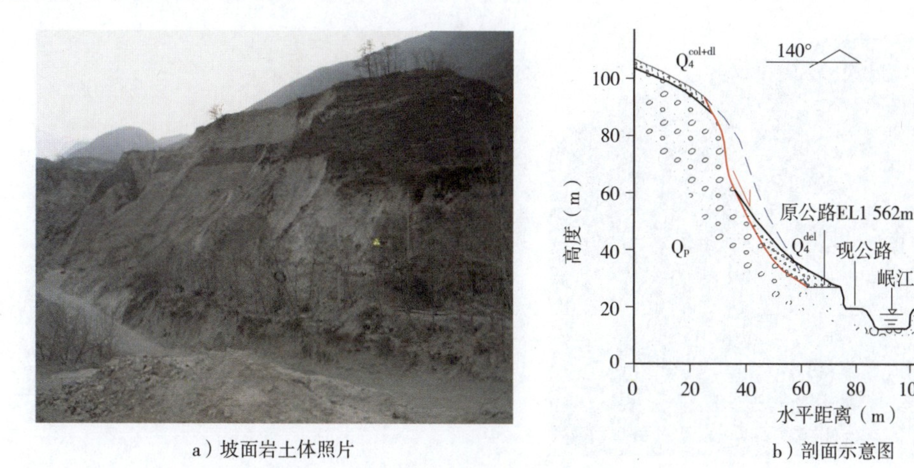

a）坡面岩土体照片　　b）剖面示意图

图 5-29　灾害点照片及剖面示意图

Figure 5-29　Disaster photo and sketch map of the cross-section

（3）K816+052 左侧斜坡滑坡（D22 号点）

斜坡为河流堆积物土质斜坡。斜坡上部山脊陡峭，中部为宽缓的二级阶地，下部公路开挖形成陡立临空面，坡度 60°~70°。基岩为千枚岩，阶地物质上部 2m 为粉细砂，下部为洪积物。冲洪积物上部夹有碎石，中部为卵砾石层，下部夹杂碎石。斜坡高 19m，长 250m，坡向 92°。

地震诱发斜坡中上部土层滑移失稳，顺坡滑动堆积于坡脚，失稳方量约 50 000m³，掩埋公路路基（图 5-30）。

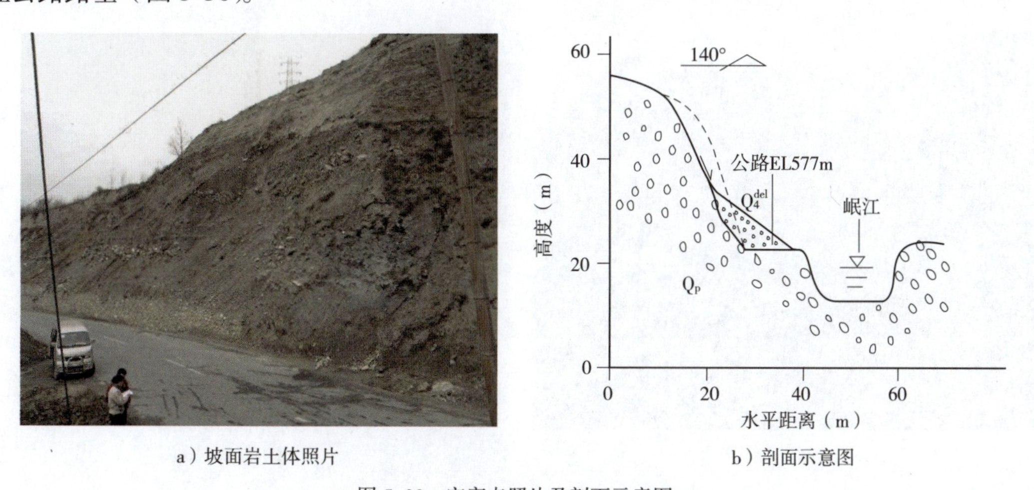

a）坡面岩土体照片　　b）剖面示意图

图 5-30　灾害点照片及剖面示意图

Figure 5-30　Disaster photo and sketch map of the cross-section

（4）K815+371 左侧斜坡滑坡（12 号点）

斜坡呈折线形，上部岩体陡立，中部为较为宽缓的二级阶地，下部为河流快速下切形成的陡坡。滑坡体碎石粒度 0.1~1cm 约 30%，1~10cm 约 50%。

在地震作用下碎石土沿基覆面滑移破坏，破坏范围在斜坡坡面，方量 110 000m³，掩埋公路路基（图 5-31）。

a）坡面岩土体照片

b）剖面示意图

图 5-31　灾害点照片及剖面示意图

Figure 5-31　Disaster photo and sketch map of the cross-section

（5）K814+978 左侧斜坡崩塌（S02 号点）

斜坡为反倾层状结构斜坡，呈折线形，上陡下缓，上部岩体裸露，坡度达 60° 以上。基岩为千枚岩夹杂砂岩，发育三组结构面，① 80°∠ 75°；② 185°∠ 20°；③ 65°∠ 45°，结构面平直粗糙。

地震诱发斜坡顶部碎裂岩体失稳，顺坡坠落、滚动，在下部坡面及坡脚堆积，失稳方量约 5 000m³，碎石和碎屑物质掩埋公路路基，冲毁护栏（图 5-32）。

a）坡面岩土体照片

b）剖面示意图

图 5-32　灾害点照片及剖面示意图

Figure 5-32　Disaster photo and sketch map of the cross-section

（6）K814+604 左侧斜坡滑坡（D23 号点）

斜坡为河流堆积物土质斜坡，斜坡呈折线形，上部山脊陡峭，中部为宽缓的二级阶地，下部公路开挖形成陡立临空面。主要为洪积物，上部夹有碎石，中部为卵砾石层，下部夹杂碎石。

地震诱发土层滑移失稳方量约 200m³，堆积于坡脚，掩埋公路路基（图 5-33）。

a）坡面岩土体照片

b）剖面示意图

图 5-33　灾害点照片及剖面示意图

Figure 5-33　Disaster photo and sketch map of the cross-section

（7）K814+024 左侧斜坡崩塌（13 号点）

斜坡为基岩—强风化层二元结构，坡面呈折线形，上陡下缓，上部陡立岩体裸露，坡度 60°~70°。基岩为千枚岩，陡壁岩石节理产状多变，崩积块石后缘颗粒小，前缘颗粒粒径 1~10cm 约 40%。斜坡高 83m，长 700m，坡向 70°。

地震诱发斜坡中上部浅表层岩土体失稳，失稳岩土体顺坡坠落、滚动，失稳规模约 10 000m³，堆积在坡脚，对公路影响不大（图 5-34）。

a）坡面岩土体照片

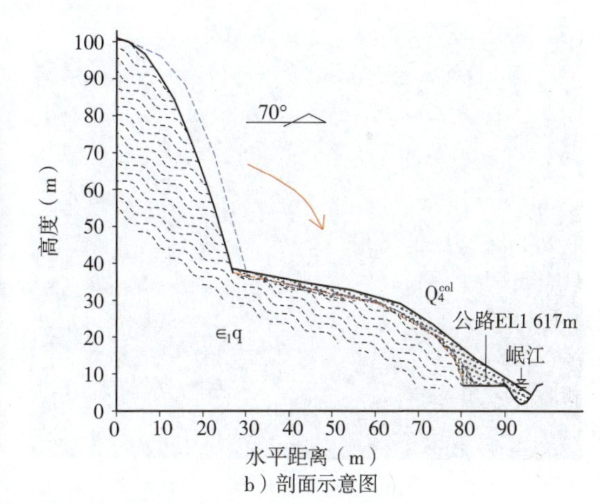

b）剖面示意图

图 5-34　灾害点照片及剖面示意图

Figure 5-34　Disaster photo and sketch map of the cross-section

（8）K812+131 左侧斜坡滑坡（D24 号点）

斜坡为顺倾层状结构斜坡。边坡位于岷江右岸凹岸，公路边坡开挖后形成 40m 高的陡峭临空面，基岩为砂岩，产状为 65°∠ 45°。斜坡高 250m，长 270m，坡向 70°。

地震诱发边坡中上部风化卸荷岩体滑移失稳，规模约 20 000~30 000m³，顺层面滑移，掩埋公路路基（图 5-35）。

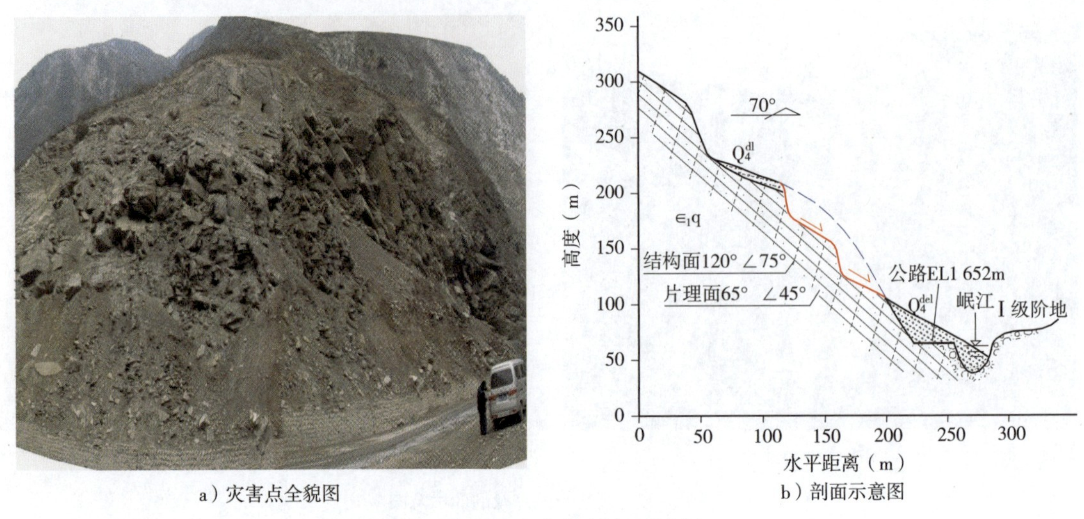

a）灾害点全貌图　　b）剖面示意图

图 5-35　灾害点全貌及剖面示意图

Figure 5-35　Full view of the disaster point photo and sketch map of the cross-section

（9）K810+858 左侧斜坡崩塌（S03 号点）

斜坡为反倾层状结构斜坡，斜坡上陡下缓，坡脚处为崩积物堆积体，平均粒径 0.5~1m。坡面微冲沟发育。斜坡基岩为千枚岩夹杂砂岩。坡高约 300m。

地震诱发斜坡上部局部岩体倾倒失稳，方量约 200~300m³，落石损毁路面，堆积在坡脚（图 5-36）。

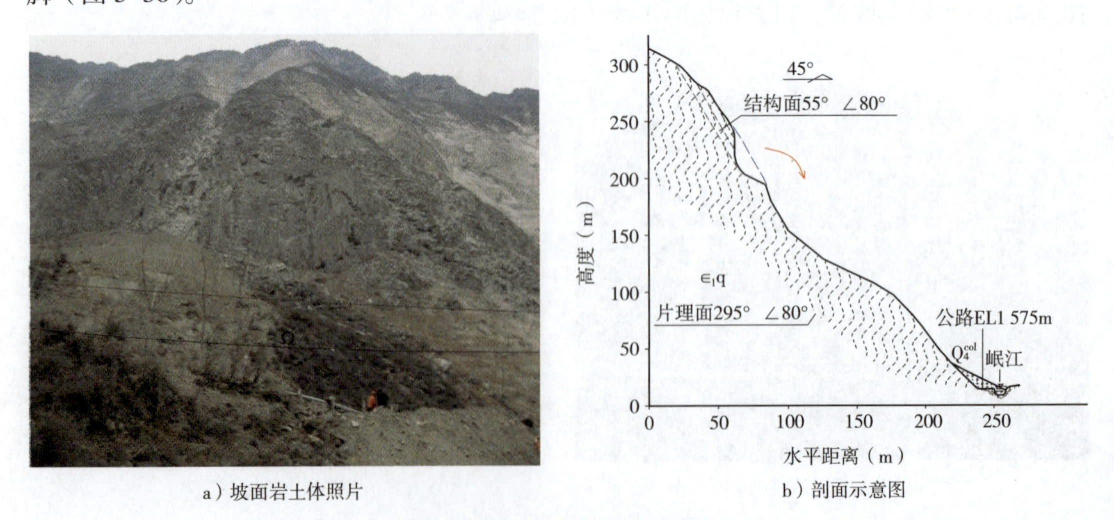

a）坡面岩土体照片　　b）剖面示意图

图 5-36　灾害点照片及剖面示意图

Figure 5-36　Disaster photo and sketch map of the cross-section

（10）K809+765 左侧斜坡滑坡（14 号点）

斜坡为河流堆积物土质斜坡，坡度约 75°，呈折线形，上陡下缓，上部岩体陡立。岩性为卵砾石岩，卵石 1~10cm 约 50%，0.1~1cm 约 30%。斜坡长 217m，坡度约 75°，坡向 55°。

地震诱发斜坡中上部浅层土体滑移失稳，顺坡滑动，堆积于坡脚，失稳方量约 15 000m³，掩埋公路路基（图 5-37）。

a）坡面岩土体照片

b）剖面示意图

图 5-37　灾害点照片及剖面示意图

Figure 5-37　Disaster photo and sketch map of the cross-section

（11）K807+196 左侧斜坡崩塌（D25 号点）

斜坡为公路边坡，近于正交层状结构。坡面呈直线形，坡度约 50°。基岩为千枚岩，发育的三组结构面将边坡岩体切割成块状结构。斜坡长 190m，坡向 40°。

岩体顺外倾结构面滑移失稳，顺坡坠落，堆积于坡脚，失稳方量约 500m³，落石损毁路面（图 5-38）。

a）坡面岩土体照片

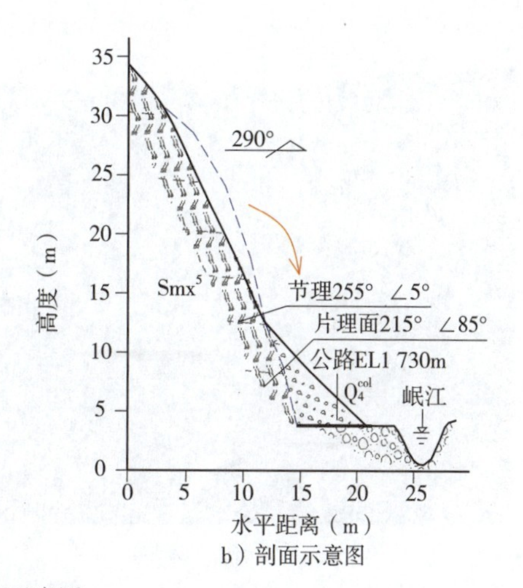

b）剖面示意图

图 5-38　灾害点照片及剖面示意图

Figure 5-38　Disaster photo and sketch map of the cross-section

（12）K806+474 左侧斜坡崩塌（S04 号点）

斜坡为反倾层状结构斜坡，呈折线形，上陡下缓，上部坡度 50°~60°，局部岩体陡立。基岩为千枚岩夹杂砂岩，片理面产状：140°∠ 43°。坡高约 90m，长 80m，坡向 335°。

地震诱发变坡点附近结构面切割岩体倾倒失稳，失稳岩体顺坡坠落、滚动弹跳，堆积于坡脚，方量约 1 400m³，落石损毁路面（图 5-39）。

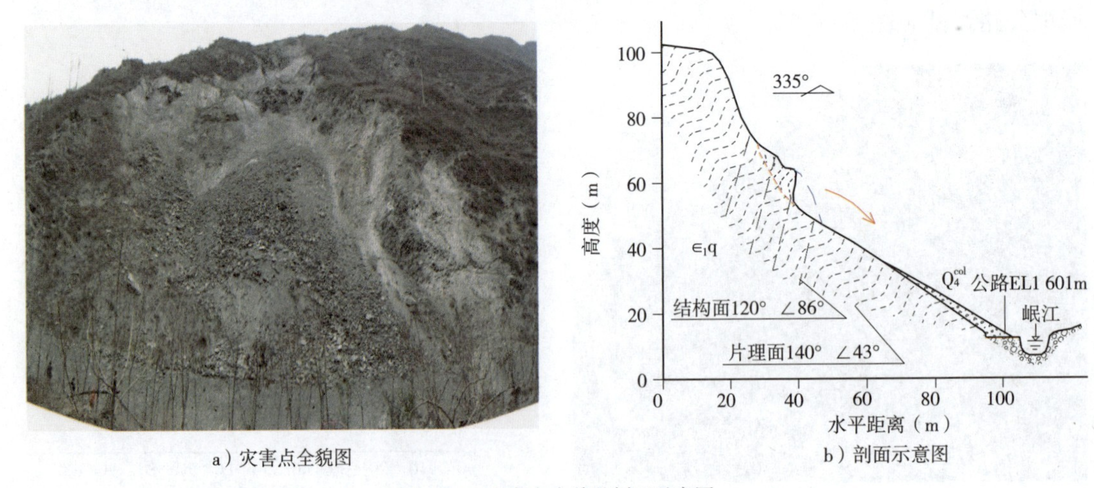

a）灾害点全貌图　　b）剖面示意图

图 5-39　灾害点全貌及剖面示意图

Figure 5-39　Full view of the disaster point photo and sketch map of the cross-section

（13）K805+423 左侧斜坡滑坡（15 号点）

斜坡为基岩—土层二元结构，呈折线形，上陡下缓，上部坡度 50°~60°，局部岩体陡立。坡表覆盖块石土，1~10cm 约 20%，0.1~1m 约 40%，1~10m 约 10%。局部千枚岩出露，基岩产状 310°∠ 60°。斜坡高 62m，长 480m。

地震诱发斜坡浅层土体及强风化岩体失稳，顺坡滑动，堆积于坡脚，损坏路面，失稳方量约 10 000m³（图 5-40）。

a）坡面岩土体照片　　b）剖面示意图

图 5-40　灾害点照片及剖面示意图

Figure 5-40　Disaster photo and sketch map of the cross-section

（14）K804+182 左侧斜坡滑坡（S05 号点）

斜坡为堆积物土质斜坡，坡面呈直线形，坡度 50°~60°，局部接近直立。上部岩体裸露，风化强烈，下部覆盖崩坡积物，基岩为千枚岩。坡高约 56m，长 400m，坡向 0°~20°。

地震诱发变坡点下方土层滑移失稳，顺坡滑动，失稳方量约 2 000m³，掩埋公路路基（图 5-41）。

a）坡面岩土体照片

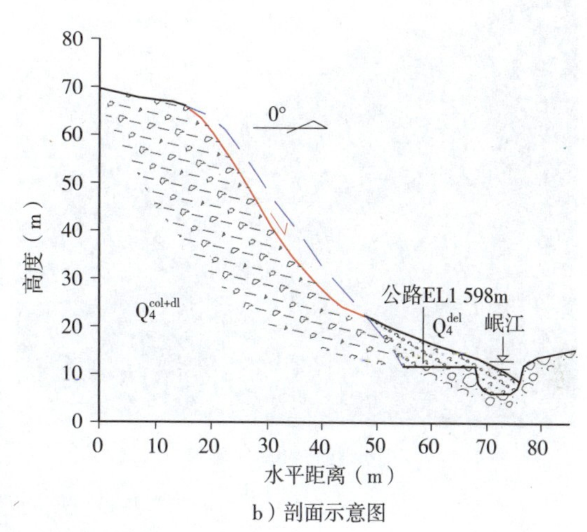

b）剖面示意图

图 5-41　灾害点照片及剖面示意图

Figure 5-41　Disaster photo and sketch map of the cross-section

（15）K802+821 左侧斜坡滑坡（16 号点）

斜坡为基岩—土层二元结构，坡体上部较陡，中间为缓平台，坡度 60°~70°。基岩为千枚岩，坡表覆盖碎石土，块石 1~10cm 约 40%，0.1~1m 约 20%，1~10m 约 30%。斜坡高 11m，长 25m，坡向 65°。

地震诱发浅层土体滑移失稳，方量约 500m³，掩埋公路路基（图 5-42）。

a）坡面岩土体照片

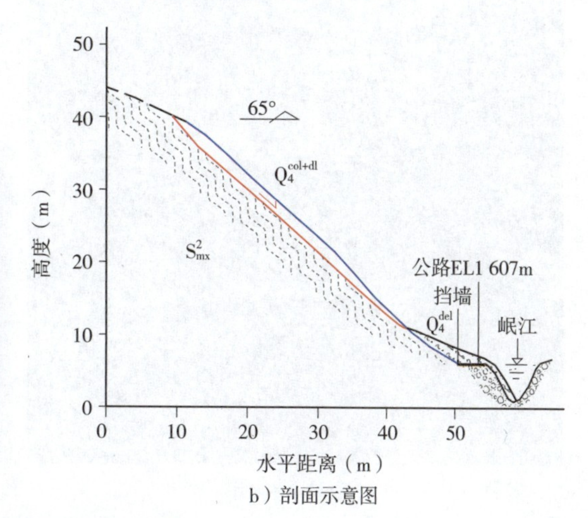

b）剖面示意图

图 5-42　灾害点照片及剖面示意图

Figure 5-42　Disaster photo and sketch map of the cross-section

（16）K801+127 左侧斜坡滑坡（D26 号点）

斜坡为基岩—土层二元结构，坡度 60°~70°。基岩为千枚岩，坡表为碎石土，粒径 2~4m 含量 50%，碎石含量 20%。

地震诱发变坡点下方岩土体滑移失稳，顺坡滑动，规模约 1 000m³，堆积在坡脚，掩埋公路路基（图 5-43）。

a）坡面岩土体照片

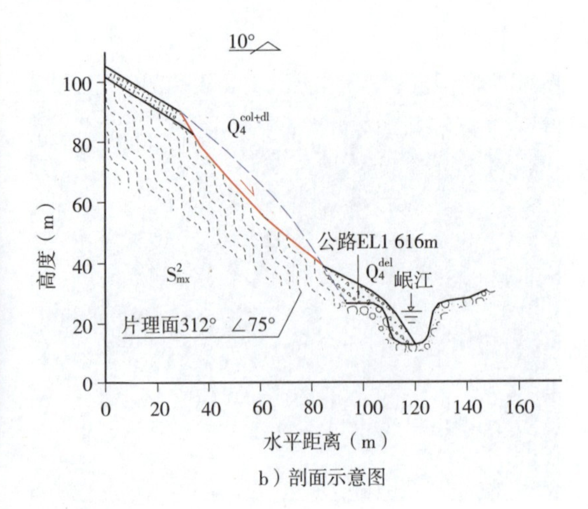

b）剖面示意图

图 5-43　灾害点照片及剖面示意图

Figure 5-43　Disaster photo and sketch map of the cross-section

（17）K800+814 左侧斜坡崩塌（S06 号点）

斜坡为近于正交层状结构斜坡，呈折线形，坡度 35°~40°，基岩为千枚岩夹杂砂岩，片理面产状：340°∠ 70°。

地震诱发陡坡段岩体失稳，顺坡坠落、滚动、弹跳方量约 1 000m³，掩埋公路路基（图 5-44）。

a）崩落块体照片

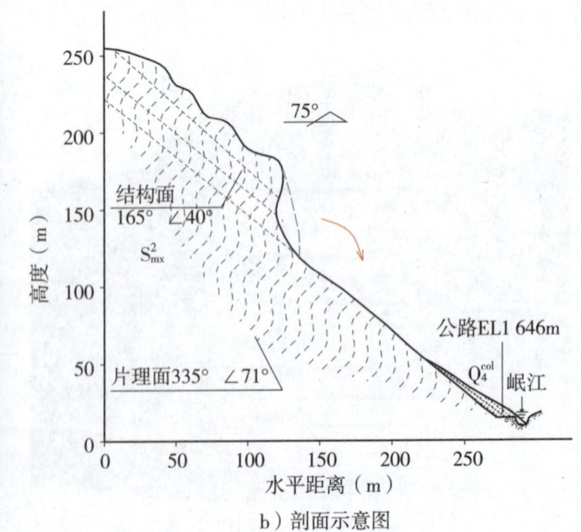

b）剖面示意图

图 5-44　崩落块体照片及剖面示意图

Figure 5-44　Full view of the collapse photo and sketch map of the cross-section

（18）K799+594左侧斜坡滑坡（17号点）

斜坡为河流堆积物土质斜坡，呈折线形，上陡下缓，上部岩体裸露，坡度60°~70°。基岩产状190°∠75°，块石粒径1~10cm约40%，0.1~1m约30%，0.1~1cm约20%。

地震诱发斜坡中上部浅层土体滑移失稳，规模约2 000m^3，掩埋公路路基（图5-45）。

a）坡面岩土体照片

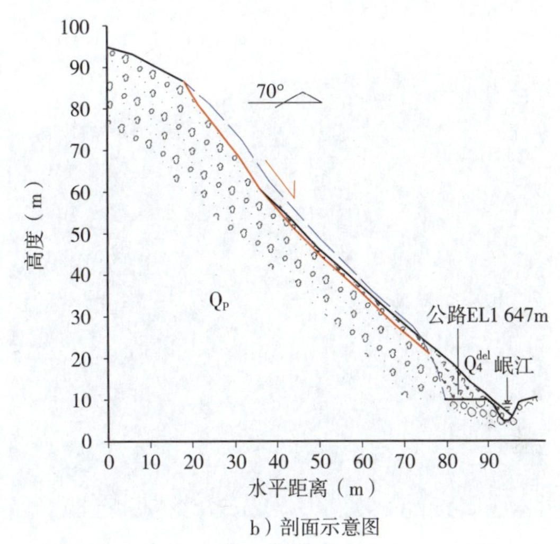

b）剖面示意图

图5-45　灾害点照片及剖面示意图

Figure 5-45　Disaster photo and sketch map of the cross-section

（19）K798+499左侧斜坡崩塌（D27号点）

斜坡为斜交层状结构，公路边坡开挖深切峡谷，坡脚形成陡坡，形成两级阶梯状地形。基岩为千枚岩。斜坡高150m，长120m。

在地震作用下岩体沿层面错断式破坏，发生在斜坡下部，规模约20 000m^3。顺坡面坠落，堆积于坡脚，掩埋公路路基（图5-46）。

a）坡面岩土体照片

b）剖面示意图

图5-46　灾害点照片及剖面示意图

Figure 5-46　Disaster photo and sketch map of the cross-section

（20）K797+068 左侧斜坡崩塌（18 号点）

斜坡为基岩—土层二元结构，呈折线形，上部岩体裸露，坡度 50°~60°，中部相对宽缓，植被茂密。基岩为千枚岩，产状 220°∠ 50°。

地震诱发斜坡中上部土层及强风化岩体滑移失稳，方量 80 000m³，掩埋公路路基，损毁护栏（图 5-47）。

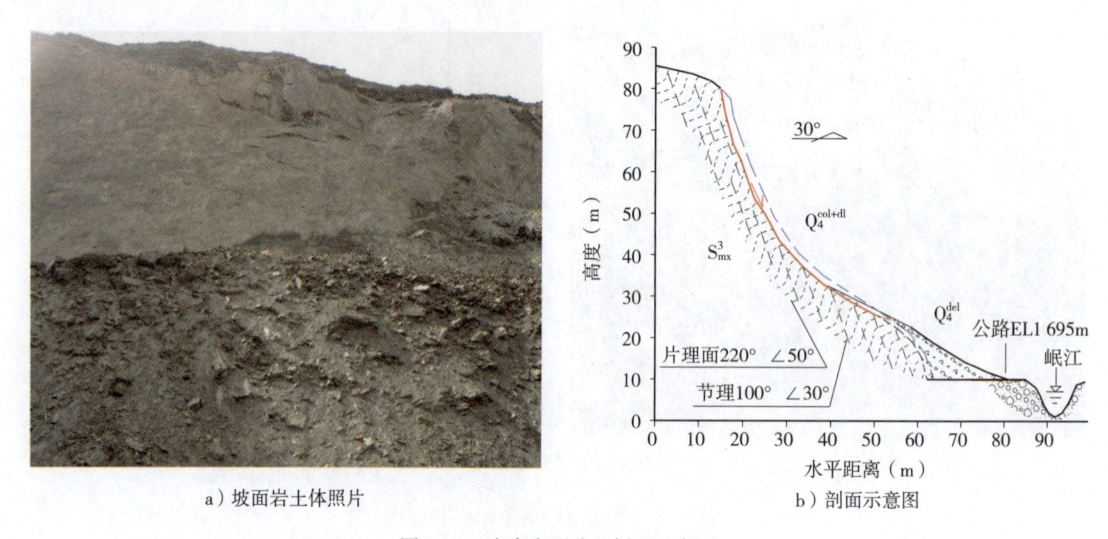

a）坡面岩土体照片　　b）剖面示意图

图 5-47　灾害点照片及剖面示意图

Figure 5-47　Disaster photo and sketch map of the cross-section

（21）K796+932 左侧斜坡滑坡（S07 号点）

斜坡为堆积物土质斜坡。呈折线形，上陡下缓，坡顶坡度较陡，局部接近直立，坡脚为崩积物，坡面生长低矮植物。基岩为千枚岩夹杂砂岩。

地震诱发浅层土体滑移失稳方量约 16 000m³，顺坡面运动，掩埋公路路基（图 5-48）。

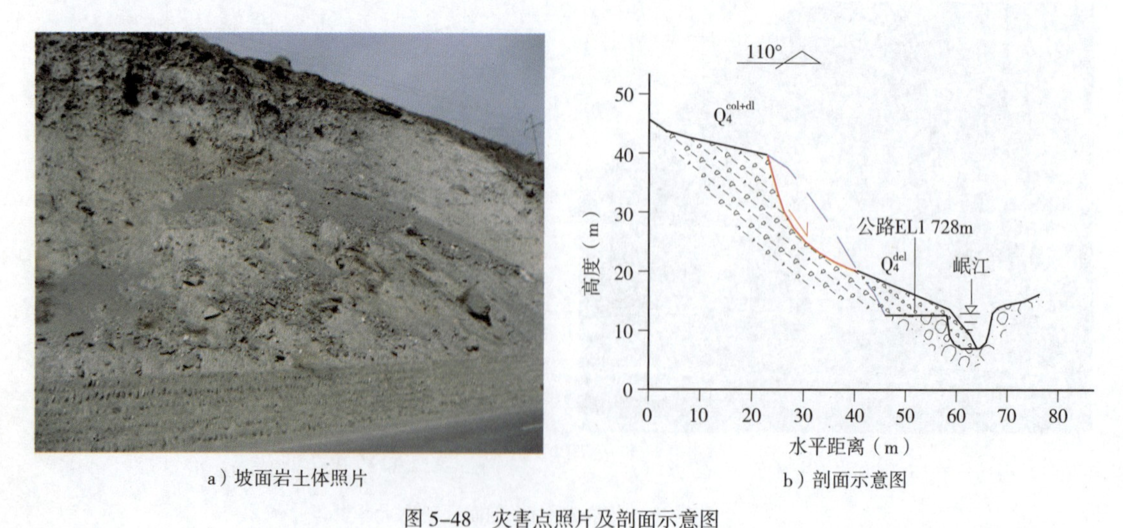

a）坡面岩土体照片　　b）剖面示意图

图 5-48　灾害点照片及剖面示意图

Figure 5-48　Disaster photo and sketch map of the cross-section

（22）K795+501 左侧斜坡滑坡（D28 号点）

斜坡为基岩—土层二元结构，斜坡上部陡立，中部相对宽缓，下部公路开挖坡脚形成陡峭临空面。基岩为千枚岩，坡表为碎石土，粒径 10~20cm，块石含量较少，约 5%。斜坡高 50m，长 650m，坡向 60°。

在地震力作用下碎石土沿基覆面滑移式破坏，发生在斜坡下部，方量约 25 000m³，堆积在坡脚，掩埋公路路基（图 5–49）。

a）坡面岩土体照片

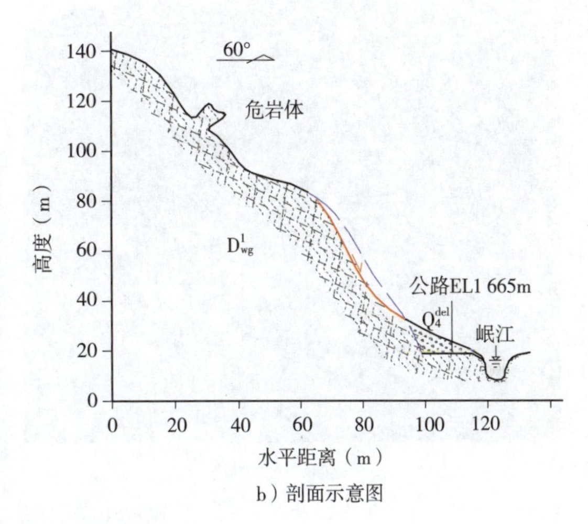

b）剖面示意图

图 5–49　灾害点照片及剖面示意图

Figure 5–49　Disaster photo and sketch map of the cross–section

（23）K790+695 左侧斜坡崩塌（19 号点）

斜坡为顺倾层状结构，坡面呈直线形，坡度约 40°~45°。微冲沟较发育。基岩为千枚岩，片理面产状 25°∠ 90°，节理 190°∠ 15°。斜坡高 65m，长 160m。

地震诱发浅层岩土体失稳，失稳岩土体顺坡坠落、滚动、弹跳，堆积于坡脚，方量约 1 000m³，掩埋公路路基（图 5–50）。

a）坡面岩土体照片

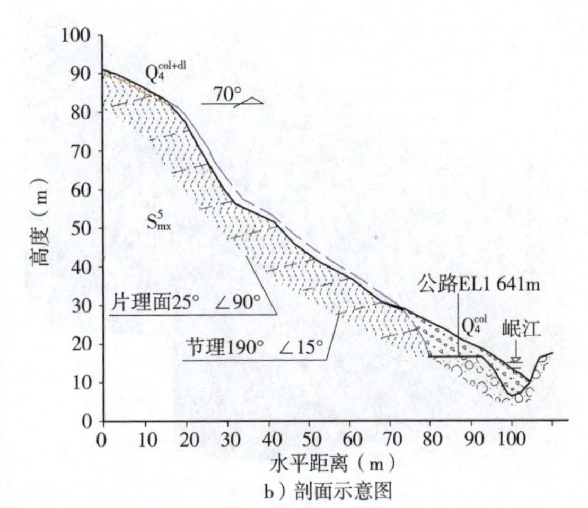

b）剖面示意图

图 5–50　灾害点照片及剖面示意图

Figure 5–50　Disaster photo and sketch map of the cross–section

（24）K790+278 左侧斜坡崩塌（S08 号点）

斜坡为反倾层状结构，坡面呈折线形，上部较缓，坡度 35°~40°。基岩为千枚岩夹杂砂岩，片理面产状：180°∠ 70°。坡高约 130m，长 350m，坡向 20°。

在地震力作用下，岩体倾倒失稳后顺坡弹跳运动，方量 5 000m³，掩埋公路路基（图 5-51）。

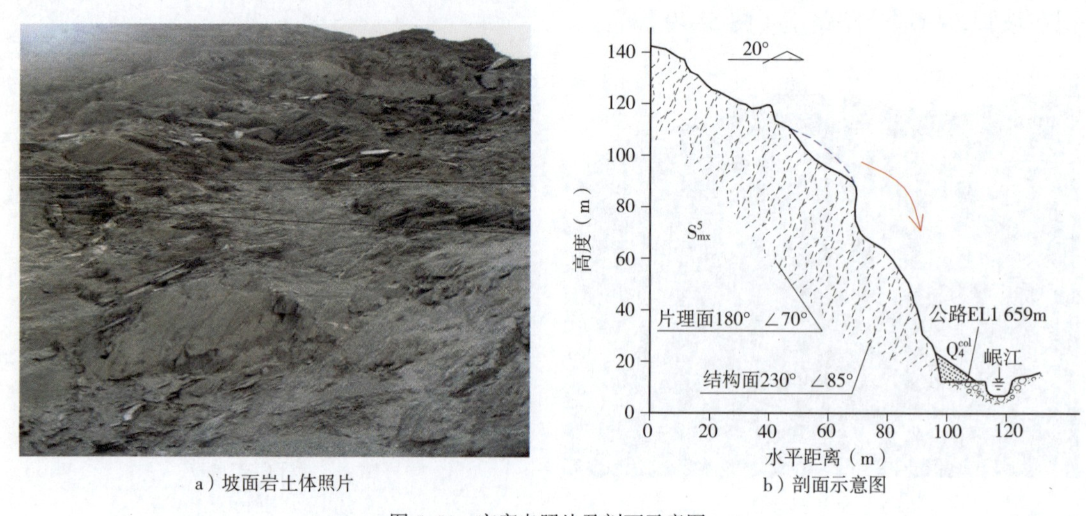

a）坡面岩土体照片　b）剖面示意图

图 5-51　灾害点照片及剖面示意图

Figure 5-51　Disaster photo and sketch map of the cross-section

（25）K789+775 左侧斜坡崩塌（20 号点）

斜坡为斜交层状结构，呈直线形，坡度 60°~65°，岩体风化强烈，坡面冲沟不发育。基岩为板岩，节理发育，产状 215°∠ 85°。斜坡高 30m，长 600m，坡向 290°。

地震诱发斜坡局部岩体倾倒、滑移失稳，失稳方量约 200m³，落石毁坏坡面（图 5-52）。

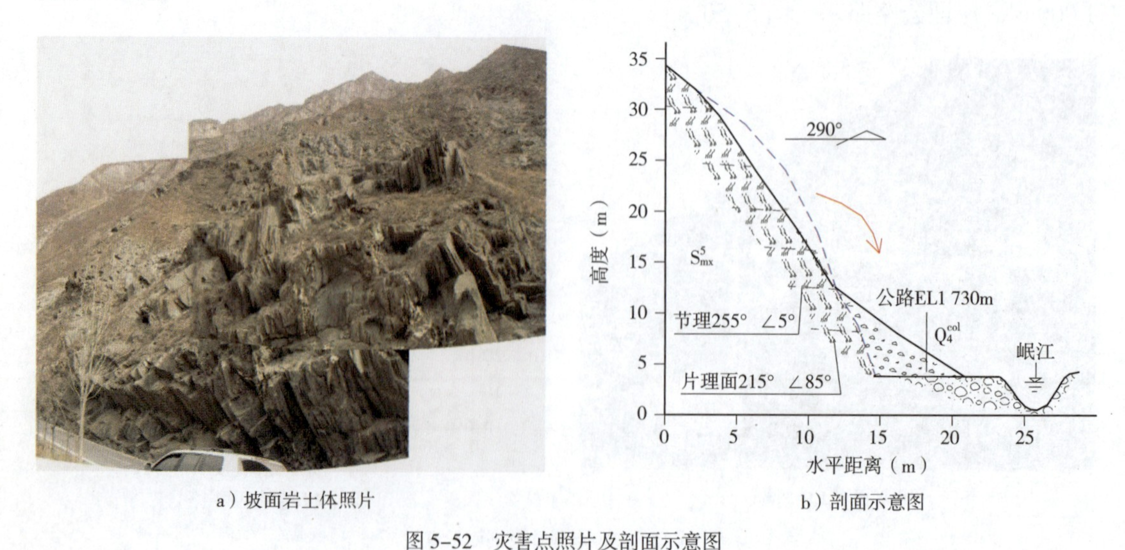

a）坡面岩土体照片　b）剖面示意图

图 5-52　灾害点照片及剖面示意图

Figure 5-52　Disaster photo and sketch map of the cross-section

（26）K788+725 右侧斜坡崩塌（D29 号点）

斜坡为反倾层状结构，呈折线形，顶部岩体裸露，坡度达 70°。基岩为千枚岩，斜坡岩体发育一组缓倾坡外结构面以及一组中陡倾坡内结构面。

地震诱发斜坡上部岩体倾倒失稳，顺坡坠落、滚动、弹跳，堆积于斜坡下部，失稳方量约 1 000m³，掩埋公路路基，约 3 人遇难（图 5-53）。

a）坡面岩土体照片

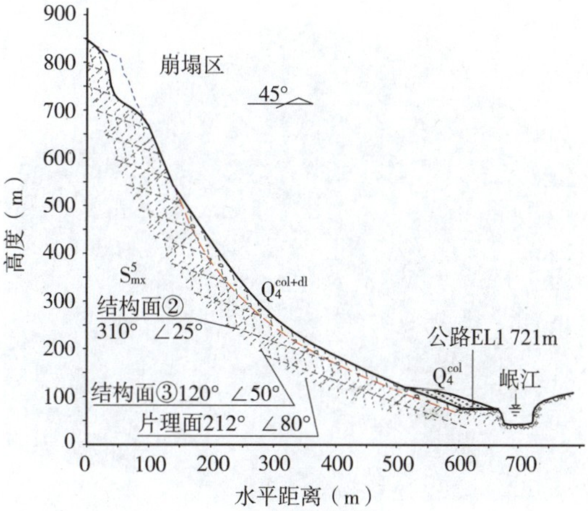

b）剖面示意图

图 5-53 灾害点照片及剖面示意图

Figure 5-53 Disaster photo and sketch map of the cross-section

（27）K788+054 右侧斜坡崩塌（21 号点）

斜坡为顺倾层状结构，坡体顶部较陡，坡度约 80°~90°，坡面植被稀疏。基岩为千枚岩，产状 215°∠ 85°。斜坡高 257m，长 40m，坡向 250°。

在地震力作用下碎块石沿强弱风化界面失稳，发生在斜坡中上部。顺坡面弹跳运动，堆积于坡脚，方量约 3 000m³，掩埋公路路基（图 5-54）。

a）坡面岩土体照片

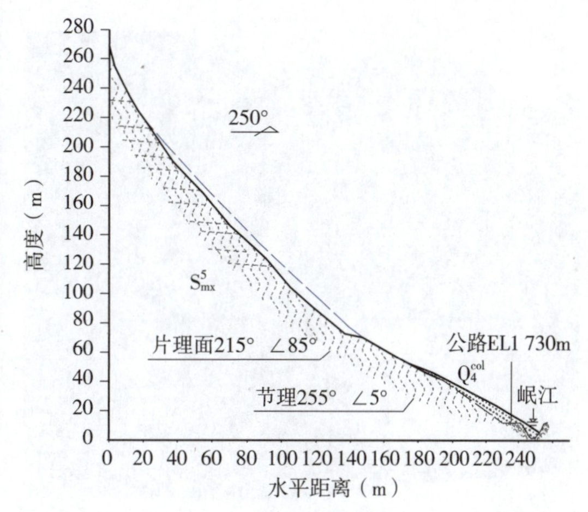

b）剖面示意图

图 5-54 灾害点照片及剖面示意图

Figure 5-54 Disaster photo and sketch map of the cross-section

（28）K787+852 右侧斜坡崩塌（S09 号点）

斜坡为反倾层状结构，呈折线形，上部岩体陡立，中部相对较缓，坡度 40°~45°，基岩为千枚岩，片理面产状为 215°∠ 75°。坡高约 89m，长 160m。

在地震力作用下岩体发生倾倒式破坏，破坏范围为斜坡下部陡缓转折处，方量约 2 000m³，坠落于坡脚，落石损毁路面（图 5-55）。

a）灾害点全貌图

b）剖面示意图

图 5-55　灾害点全貌及剖面示意图

Figure 5-55　Full view of the disaster point photo and sketch map of the cross-section

（29）K787+637 右侧斜坡崩塌（D30 号点）

斜坡为基岩—强风化层结构，整个坡面均近乎陡立。基岩为千枚岩，发育缓倾坡外和一组中陡倾坡内结构面。坡高约 25m，长 80m，坡向 205°。

在地震力的作用下层状岩体沿强弱风化界面溃散式破坏，方量约 5 000m³，坠落于坡脚，掩埋公路路基（图 5-56）。

a）坡面岩土体照片

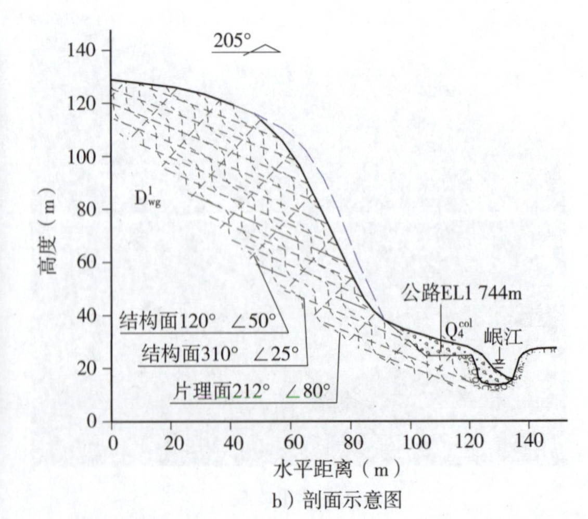

b）剖面示意图

图 5-56　灾害点照片及剖面示意图

Figure 5-56　Disaster photo and sketch map of the cross-section

（30）K786+718 右侧斜坡滑坡（22 号点）

斜坡为顺倾层状结构，斜坡总体呈直线形，坡度 30°~40°。岩体挤压揉皱强烈，风化卸荷严重，植被稀少，基岩为千枚岩，岩体破碎。坡高约 361m，长 600m，坡向 105° 。

在地震力作用下强风化岩体滑移式破坏，破坏范围在斜坡中下部，方量约 5 000m³，堆积在坡脚，掩埋公路路基（图 5-57）。

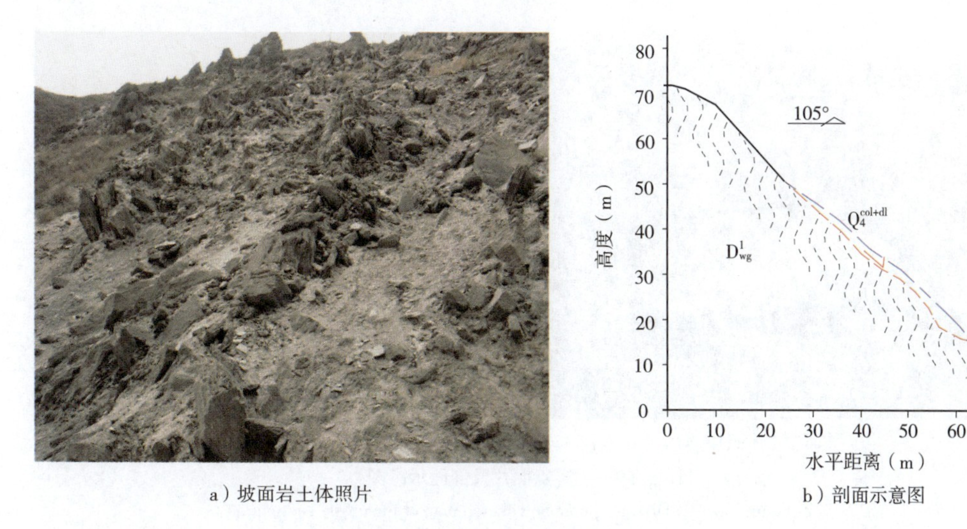

a）坡面岩土体照片　　b）剖面示意图

图 5-57　灾害点照片及剖面示意图

Figure 5-57　Disaster photo and sketch map of the cross-section

（31）K785+901 右侧斜坡崩塌（S10 号点）

斜坡为堆积物斜坡，斜坡呈折线形，上部岩体陡立，下部较为宽缓，坡度 45°~50°，坡表为碎石土，存在架空大块石。斜坡高 35m，长 110m，坡向 70° 。

地震诱发土中块石失稳，顺坡坠落、滚动、弹跳，方量约 300m³。掩埋公路路基，损坏公路护栏（图 5-58）。

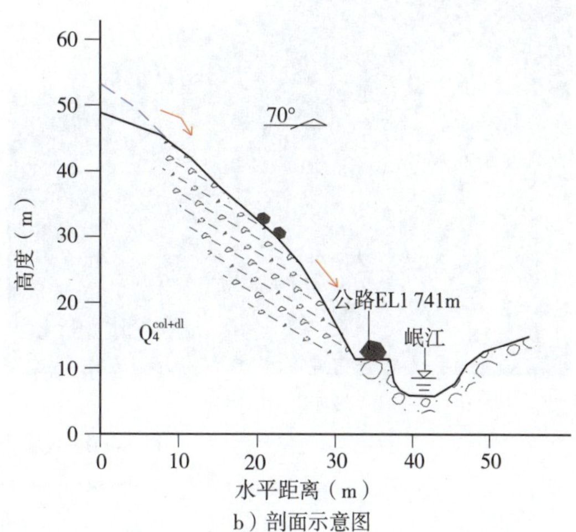

a）坡面岩土体照片　　b）剖面示意图

图 5-58　灾害点照片及剖面示意图

Figure 5-58　Disaster photo and sketch map of the cross-section

(32) K785+271 右侧斜坡崩塌(24 号点)

斜坡为反倾层状结构，呈折线形，上部岩体陡立，下部较为宽缓，坡度 50°~60°。基岩为千枚岩，斜坡上部岩层产状完好，为 260°∠ 5°。斜坡高 30m，长 45m，坡向 80°。

地震诱发结构面切割岩体倾倒失稳，发生在斜坡下部，滚石顺坡面弹跳运动，堆积在坡脚，方量约 1 000m³，落石损毁路面及护栏(图 5-59)。

a) 坡面岩土体照片

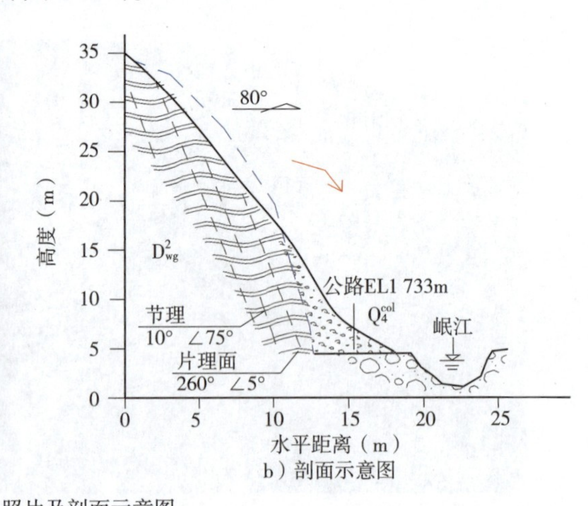

b) 剖面示意图

图 5-59 灾害点照片及剖面示意图

Figure 5-59 Disaster photo and sketch map of the cross-section

(33) K784+594 右侧斜坡滑坡(23 号点)

斜坡为基岩—土层结构，呈折线形，上下陡，中部较为平缓，坡面植被稀疏。基岩为千枚岩，岩体层面清晰，产状 195°∠ 45°。

在地震力作用下碎石土沿基覆界面滑移式破坏，破坏范围在斜坡下部，规模小，约 1 500m³，掩埋公路路基(图 5-60)。

a) 坡面岩土体照片

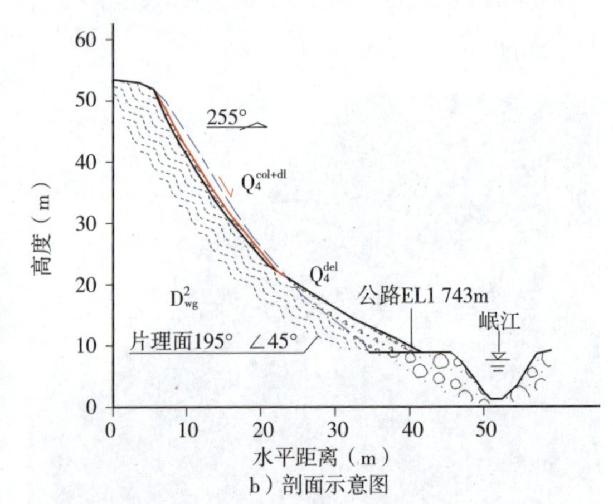

b) 剖面示意图

图 5-60 灾害点照片及剖面示意图

Figure 5-60 Disaster photo and sketch map of the cross-section

(34) K784+244 右侧斜坡崩塌(S11 号点)

斜坡为近正交层状，呈折线形，上部基岩裸露，坡脚为崩积物，两侧各有崩塌体。基岩为千枚岩夹杂砂岩，片理面产状 195°∠ 70°。坡高坡高约 180m，坡向 275°。

在地震力作用下失稳岩体倾倒折断后顺坡弹跳，大部分堆积于坡面。方量约 500m³，落石损毁路面，损坏公路护栏（图 5-61）。

a）灾害点全貌图

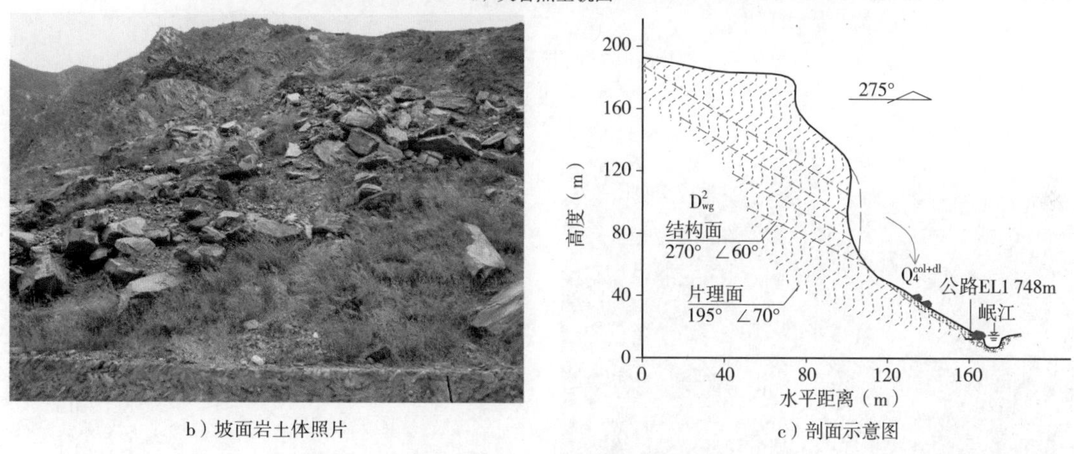

b）坡面岩土体照片　　c）剖面示意图

图 5-61　灾害点全貌、坡面岩土体照片及剖面示意图

Figure 5-61　Full view of the disaster point and the slope rock and soil photo and sketch map of the cross-section

（35）K783+518 右侧斜坡崩塌（S12 号点）

斜坡为斜交层状结构，坡度较陡，节理较发育，岩体被切割的较为破碎。基岩为千枚岩夹杂砂岩，坡脚接近直立。坡高约 43m，长 450m，坡向 260°。

地震诱发陡坡段结构面切割岩体拉裂错断失稳，方量约 200m³，坠落于坡脚，落石损毁路面（图 5-62）。

（36）K782+702 右侧斜坡崩塌（25 号点）

斜坡为反倾层状结构，呈直线形，坡度 40°~50°，微冲沟较发育。基岩中厚层状板岩，少见薄层，基岩产状 182°∠ 60°，节理 10°∠ 30°。

地震诱发结构面切割岩体滑移失稳，失稳部位为斜坡下部，规模小，方量约 3 000m³，落石损毁路面（图 5-63）。

（37）K780+993 右侧斜坡崩塌（26 号点）

斜坡为斜交层状结构，剖面呈折线形，上部岩体裸露，坡度 60°~70°，中部较为宽缓。基岩为中厚层状千枚岩，基岩产状 182°∠ 60°，节理 10°∠ 30°。

在地震力作用下碎裂岩体沿风化界面错断式破坏，破坏范围在斜坡中下部，规模约 1 000m³，落石损毁路面（图 5-64）。

a）坡面岩土体照片

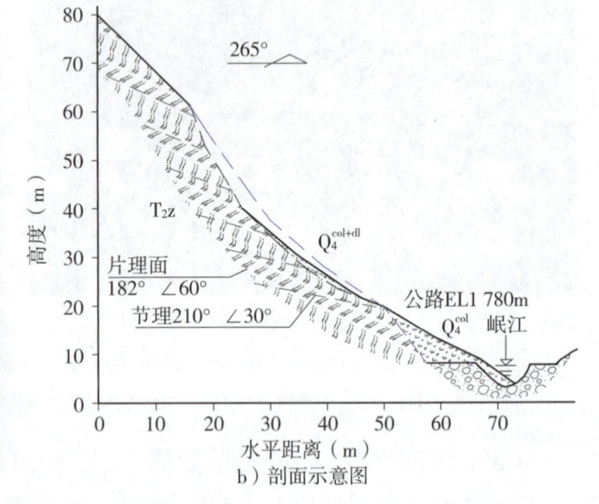

b）剖面示意图

图 5-62 灾害点照片及剖面示意图

Figure 5-62 Disaster photo and sketch map of the cross-section

a）坡面岩土体照片

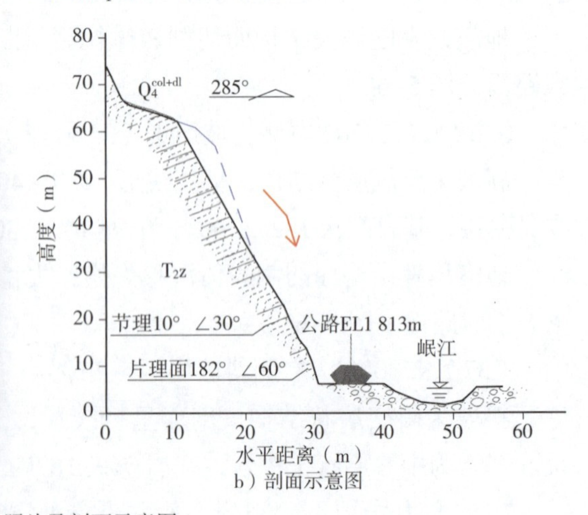

b）剖面示意图

图 5-63 灾害点照片及剖面示意图

Figure 5-63 Disaster photo and sketch map of the cross-section

a）坡面岩土体照片

b）剖面示意图

图 5-64 灾害点照片及剖面示意图

Figure 5-64 Disaster photo and sketch map of the cross-section

（38）K780+705 右侧斜坡滑坡（S13 号点）

斜坡为堆积物土质斜坡，呈折线形，上部岩体裸露，中部较为宽缓，植被较发育。主要由碎石土组成，平均粒径 20cm，个别 0.5~1m。

地震诱发边坡中上部碎石土滑移失稳，顺坡滑动，顺坡面滑移，堆积于坡脚，约 $500m^3$，掩埋公路路基（图 5-65）。

a）坡面岩土体照片

b）剖面示意图

图 5-65　灾害点照片及剖面示意图

Figure 5-65　Disaster photo and sketch map of the cross-section

（39）K780+438 右侧斜坡滑坡（D31 号点）

斜坡为堆积物土质斜坡，呈折线形，上部岩体裸露，坡度 45°~60°。基岩为千枚岩，坡表崩坡积碎石土，块石粒径 2~3m 含量约 15%，碎石 0.2~0.8m 含量约 80%。斜坡高 550m，长 520m，坡向 290°。

地震诱发陡坡上方岩体失稳，顺坡坠落、滚动、弹跳，下部边坡浅层土体滑移失稳，顺坡滑动，堆积于坡脚。规模约共计 10 000m^3，掩埋公路路基，阻断交通（图 5-66）。

a）坡面岩土体照片

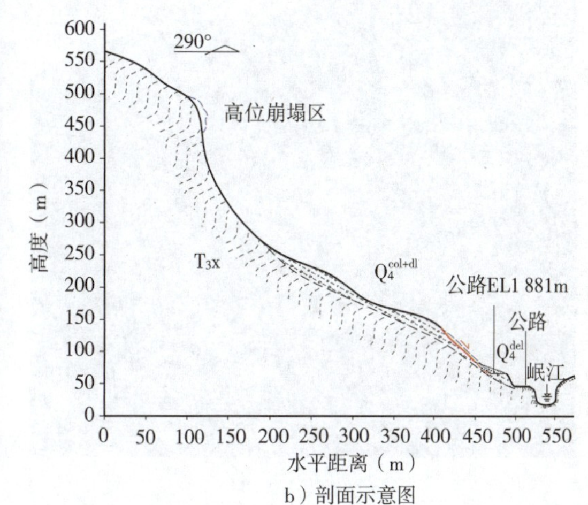

b）剖面示意图

图 5-66　灾害点照片及剖面示意图

Figure 5-66　Disaster photo and sketch map of the cross-section

（40）K773+072 右侧斜坡崩塌（27 号点）

斜坡为近于正交层状结构，呈折线形，上下陡，岩体裸露，坡度 50°~60°。基岩为板岩，产状 140°∠65°。斜坡高 44m，长 173m，坡向 240°。

在地震力作用下碎裂岩体顺倾外节理面滑移，堆积在坡脚，方量约 1 500m³，掩埋公路路基（图 5-67）。

a）坡面岩土体照片

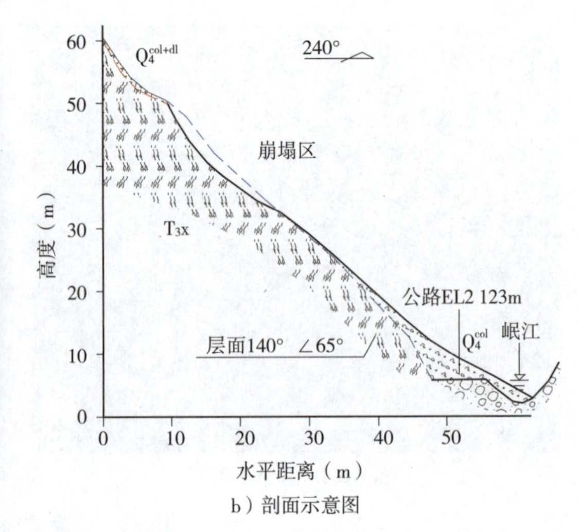

b）剖面示意图

图 5-67 灾害点照片及剖面示意图

Figure 5-67 Disaster photo and sketch map of the cross-section

（41）K770+944 右侧斜坡崩塌（S14 号点）

斜坡为反倾层状结构，呈折线形，上下陡，岩体裸露。基岩为砂岩夹千枚岩，层面产状为 180°∠50°~70°，发育三组结构面，① 275°∠75°~80° ② 0°∠40° ③ 0°∠75°。

在地震力作用影响下碎裂岩体沿层面破坏，破坏范围在变坡点下方，崩塌块石掩埋公路，方量约 200m³（图 5-68）。

a）坡面岩土体照片

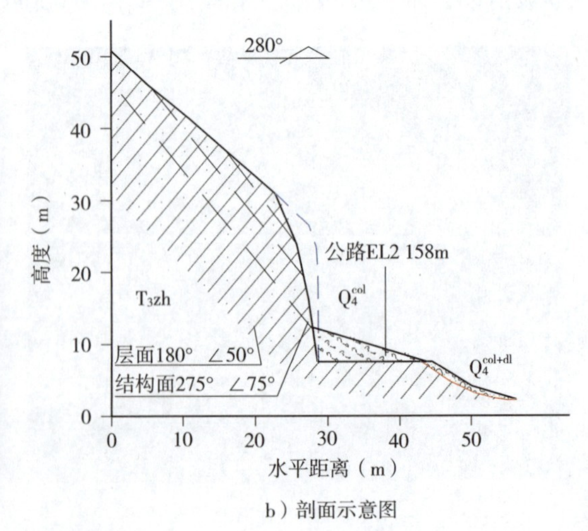

b）剖面示意图

图 5-68 灾害点照片及剖面示意图

Figure 5-68 Disaster photo and sketch map of the cross-section

（42）K765+499右侧斜坡崩塌（28号点）

斜坡为人工开挖边坡，斜坡岩体裸露，坡度60°~70°。基岩为板岩，岩体结构以中厚层为主，产状220°∠65°，节理305°∠5°。高80m，长50m，坡向270°。

岩体沿结构面错断式破坏，破坏范围在斜坡中部，规模较小，方量约500m³，向临空面坠落，落石损毁路面（图5-69）。

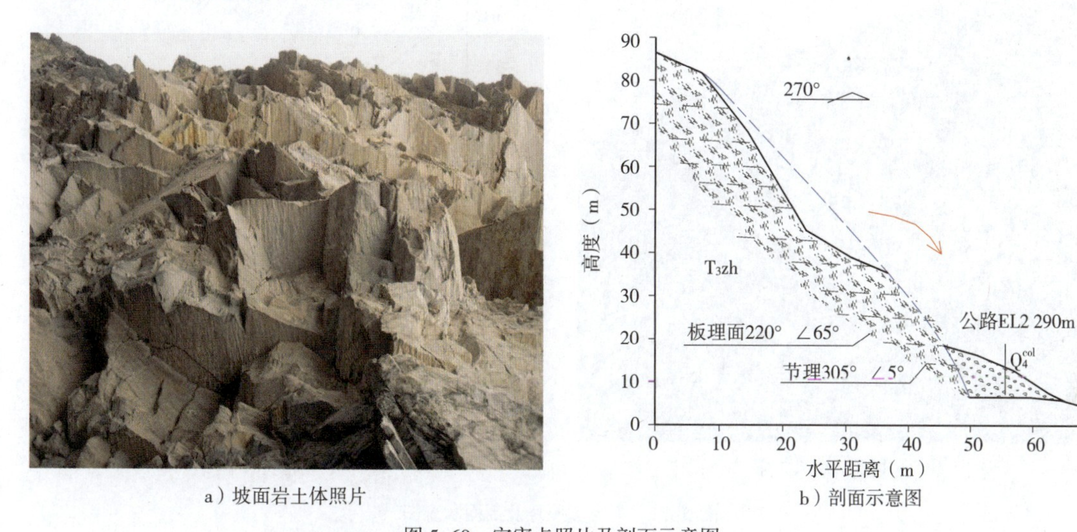

a）坡面岩土体照片　　b）剖面示意图

图5-69　灾害点照片及剖面示意图

Figure 5-69　Disaster photo and sketch map of the cross-section

（43）K764+375右侧斜坡滑坡（29号点）

斜坡为堆积物土质斜坡，坡度60°~70°，主要由块石土组成，块石为棱角状，0.1~1m占20%，1~10cm占40%，0.1~1cm占30%。坡高约33m，长200m，坡向190°。

在变坡点下方土体滑移失稳，顺坡滑动，失稳方量约400m³，掩埋公路路基（图5-70）。

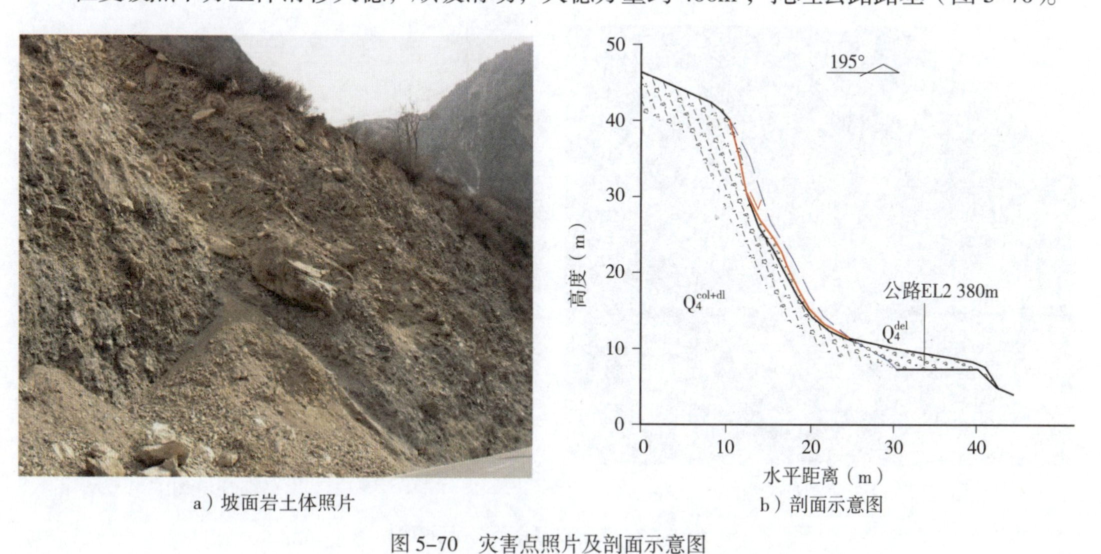

a）坡面岩土体照片　　b）剖面示意图

图5-70　灾害点照片及剖面示意图

Figure 5-70　Disaster photo and sketch map of the cross-section

（44）K761+107 右侧斜坡滑坡（S15 号点）

斜坡为河流堆积物斜坡，上陡下缓，呈阶状形，坡面植被发育。公路开挖形成约 2m 高的陡坎，岩性以粉土和卵砾石为主。坡高约 40m，长 200m，坡向 290°。

地震诱发浅层土体滑移失稳方量约 800m³，掩埋公路路基（图 5–71）。

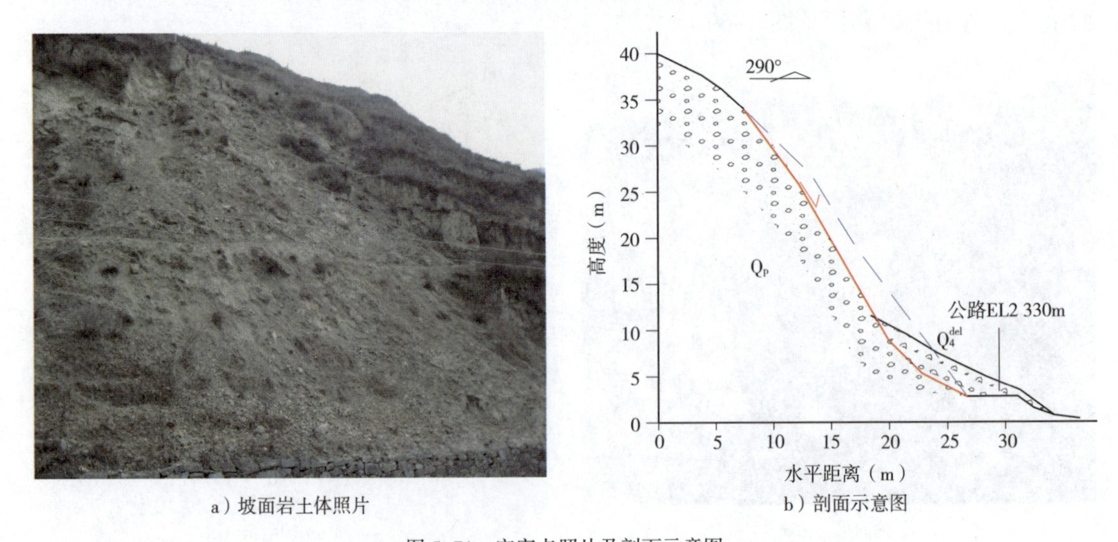

a）坡面岩土体照片　b）剖面示意图

图 5–71　灾害点照片及剖面示意图

Figure 5–71　Disaster photo and sketch map of the cross–section

（45）K758+331 右侧斜坡崩塌（30 号点）

斜坡为堆积物土质斜坡，斜坡上陡下缓，呈折线形，上部岩体陡立，下部为崩坡积物堆积体，坡度 35°~40°。基岩为千枚岩，坡表块石土。坡高 225m，长 250m，坡向 260°。

地震诱发浅层土体滑移失稳，失稳方量约 2 000m³，落石损毁路面（图 5–72）。

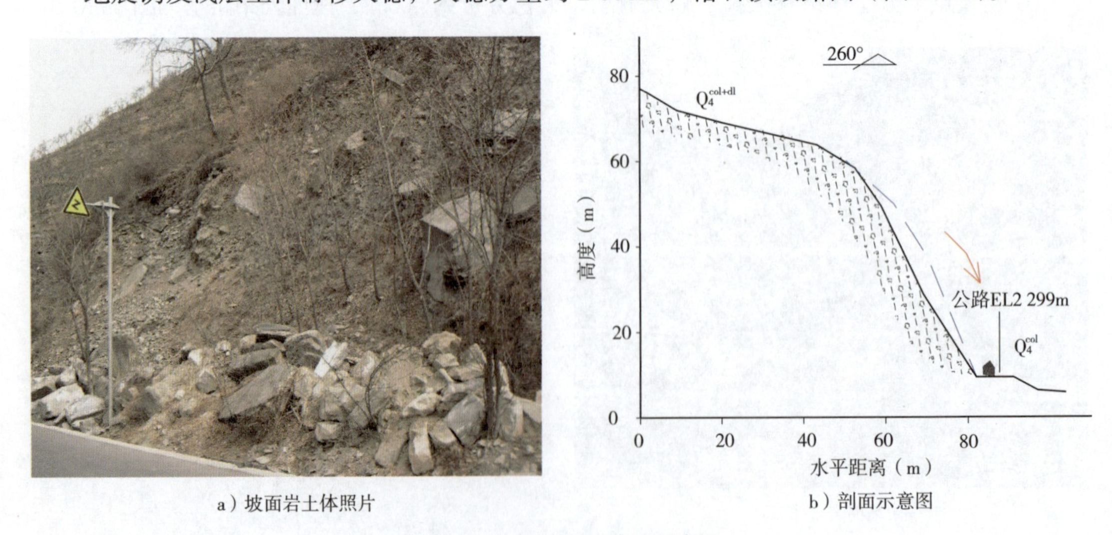

a）坡面岩土体照片　b）剖面示意图

图 5–72　灾害点照片及剖面示意图

Figure 5–72　Disaster photo and sketch map of the cross–section

（46）K757+178右侧斜坡崩塌（S16号点）

斜坡为反倾层状结构。基岩为千枚岩夹砂岩，层面产状为130°∠15°，发育两组结构面：①5°∠70°；②255°∠75°。

地震震动导致碎裂岩体顺裂隙错断式破坏，岩体结构较破碎，向临空面坠落，方量约1 000m³，掩埋公路路基（图5-73）。

a）坡面岩土体照片

b）剖面示意图

图5-73　灾害点照片及剖面示意图

Figure 5-73　Disaster photo and sketch map of the cross-section

（47）K754+964右侧斜坡崩塌（D32号点）

斜坡为反倾层状结构。基岩为千枚岩，层面反倾，产状为173°∠35°，一组陡倾坡外结构面288°∠68°，结构面张开10~50cm。坡高380m。

在地震力作用下碎裂岩体顺陡倾结构面倾倒式破坏，破坏范围在边坡中下部，规模约300m³，掩埋公路路基（图5-74）。

a）坡面岩土体照片

b）剖面示意图

图5-74　灾害点照片及剖面示意图

Figure 5-74　Disaster photo and sketch map of the cross-section

（48）K752+988 右侧斜坡滑坡（31 号点）

斜坡为堆积物土质斜坡，呈折线形，上下陡，中部较为平缓。斜坡上部岩体裸露，坡度 60°~70°。坡表覆盖碎石土，0.1~1m 占 10%，1~10cm 占 60%，0.1~1cm 占 30%。斜坡高 18m，长 25m。

地震诱发变坡点下方土体滑移失稳，顺坡面滑动，方量约 800m³，掩埋公路路基（图 5-75）。

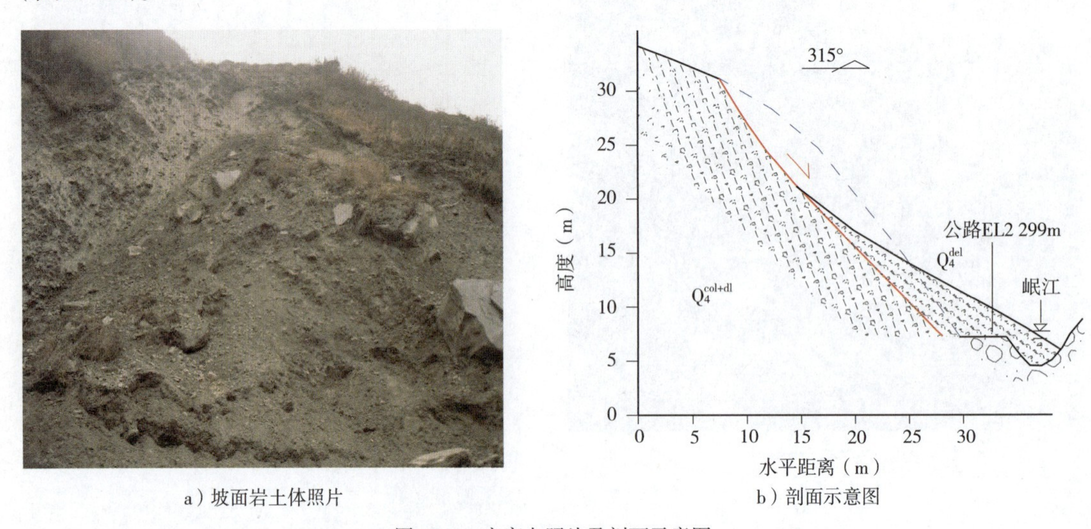

a）坡面岩土体照片　　b）剖面示意图

图 5-75　灾害点照片及剖面示意图

Figure 5-75　Disaster photo and sketch map of the cross-section

（49）K746+134 右侧斜坡滑坡（S17 号点）

斜坡为河流堆积物土质斜坡，坡面呈折线形，上缓下陡，上部为河流阶地。坡体主要由砂土和卵砾石组成。坡高约 30m。

地震诱发边坡浅层土体滑移失稳方量约 600m³，掩埋公路路基（图 5-76）。

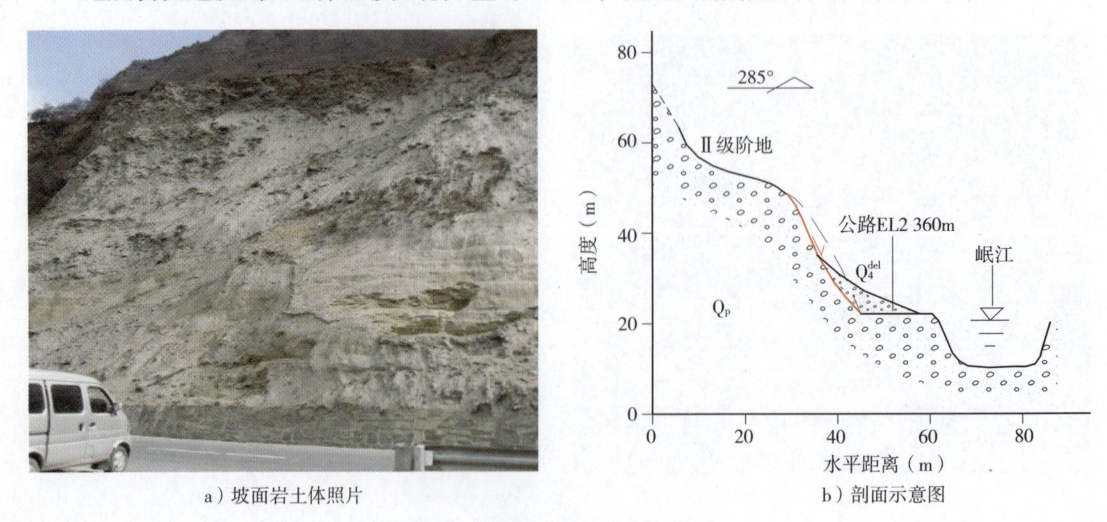

a）坡面岩土体照片　　b）剖面示意图

图 5-76　灾害点照片及剖面示意图

Figure 5-76　Disaster photo and sketch map of the cross-section

(50) K740+394 右侧斜坡滑坡（32 号点）

斜坡为基岩—土层二元结构，呈直线形，坡度 35°~40°，坡面植被较发育。基岩为千枚岩，产状 190°∠ 63°，节理 110°∠ 20°。

在地震力作用下碎石土顺坡滑移破坏，破坏范围在斜坡中下部，方量约 20 000m³，掩埋公路路基（图 5-77）。

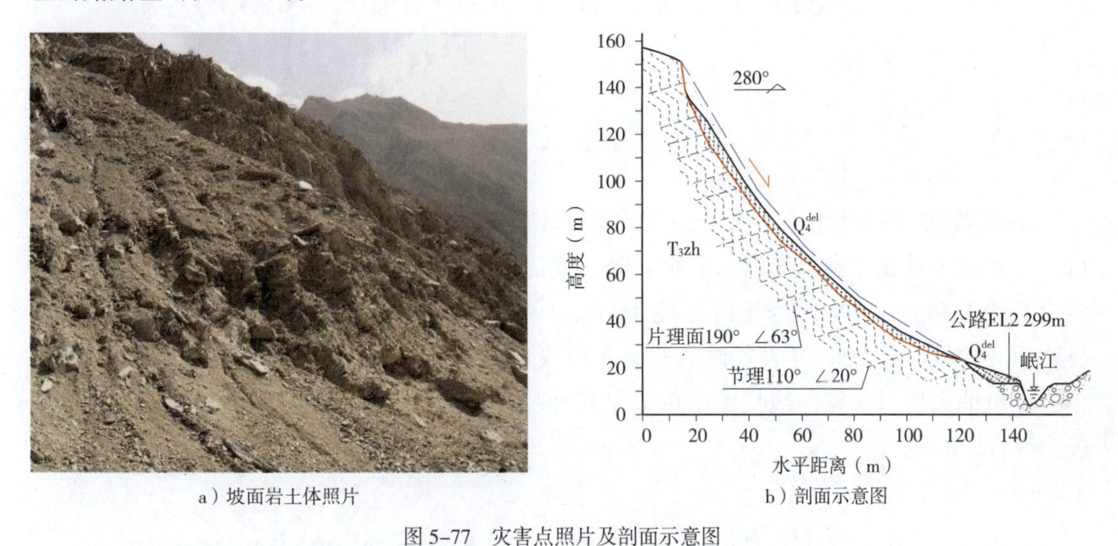

a）坡面岩土体照片　　b）剖面示意图

图 5-77　灾害点照片及剖面示意图

Figure 5-77　Disaster photo and sketch map of the cross-section

第 6 章 S303 映秀—卧龙公路地震崩滑灾害
Chapter 6 The Slope disasters triggered by earthquake from Yingxiu to Wolong road（S303）

6.1 公路概况 Highway survey

S303 线映秀—卧龙—小金公路起自映秀镇，接 G213 线映秀汶川公路，沿渔子溪上行，经耿达至卧龙，翻越巴郎山后至日隆，然后沿达维河谷下行经达维、老营至小金。路线全长约 169km，其中映秀至卧龙段 44km，卧龙至小金段 125km。该公路为三级至四级公路标准建设，自 2005 年开始映秀—卧龙段改建，地震前基本完工，尚未正式通车。

汶川地震后，公路沿线损毁严重，尤其是映秀—耿达—卧龙段公路沿线地震地质灾害极为发育。

6.2 地质环境条件及灾害概况 Geological environmental conditions and disaster situation

6.2.1 地质环境条件 Geological conditions

6.2.1.1 地形地貌

该公路位于四川盆地西部边缘，沿线地貌条件复杂，总体来讲可分为三大段落。

第一段 渔子溪高山峡谷区：为映秀—耿达—卧龙段，公路路线沿渔子溪两岸布线，映秀为最低点，高程 900m 左右，然后沿渔子溪河谷逆流而上，至耿达高程约 1 500m，卧龙高程约 2 050m，沿线最高峰火烧坡高程 4 141m，盘龙寺最大高程 3 970m。

第二段 巴郎山高山、极高山区：为卧龙—日隆段，公路翻越巴郎山，公路最高点高程约 4 650m，日隆高程约 3 100m，临近山峰高程 5 067m。

第三段 达维河高山峡谷区：为日隆—小金段，公路沿达维河谷顺流而下，至小金高程约 2 400m，为高山峡谷区。

6.2.1.2 地层岩性

该公路沿线以耿达附近通过的茂汶断裂为界，划分为龙门山和马尔康两个地层区。

①龙门山地层分区：为映秀—耿达（耿达隧道出口之茂汶断裂）段，出露地层为元古代澄江—晋宁期中基性侵入岩类，主要为中细粒辉长岩、闪长岩及石英闪长岩，为硬质岩类，主要有如下岩类：

Pt_3^1Y——油桌坪单元，细粒辉长岩。

$Pt_{2-3}Sx$——烧香洞单元，中细粒黑云英云闪长岩。

$Pt_{2-3}C$——川兴店单元，中粒黑云石英闪长岩。

$Pt_{2-3}T$——头道桥单元，细粒黑云英云闪长岩。

$Pt_{2-3}S$——上坪单元，中细粒辉石角闪辉长岩。

②马尔康地层分区：为耿达（耿达隧道出口之茂汶断裂）—小金段，主要出露地层为志留系茂县群、泥盆系危关群、石炭系、二叠系、三叠系地层。

a. 志留系茂县群（S_{mx}）主要分布在耿达（耿达隧道出口之茂汶断裂）至 K27+900 段，据 1∶5 万映秀幅地质图划分为三段，分别为S_{mx}^1（灰绿色千枚岩、石英片岩及变粒岩夹结晶灰岩），S_{mx}^2（深灰色千枚岩夹大理岩、变质石英砂岩、粉砂岩），S_{mx}^3（银灰色绢云千枚岩夹大理岩、石墨片岩，局部见糜棱岩）

b. 泥盆系危关群（D_{wg}）主要分布在 K27+900~K30+000 段，为灰黑、深灰色千枚岩夹石英岩、石英砂岩及大理岩。

c. 石炭系及二叠系（C+P）主要间夹在三叠系地层之中，映秀至卧龙段主要分布在 K30~K34 之间。为薄—中厚层状结晶灰岩、泥灰岩夹炭质千枚岩、砂质千枚岩及变质砂岩。

d. 三叠系（T）分布在 K30 之后，主要有三叠系菠茨沟组（T_1b）、三叠系杂谷脑组（T_2z）、三叠系侏倭组（T_3zh）。

三叠系菠茨沟组（T_1b）为深灰色砂质千枚岩夹灰绿色钙质板岩、薄层灰岩及细—粉砂岩。

三叠系杂谷脑组（T_2z）为灰色厚层—巨厚层状变质长石石英砂岩夹黑灰色炭质千枚岩、灰色薄层结晶灰岩。

三叠系侏倭组（T_3zh）为灰色中厚层状变质长石石英砂岩、变质含钙石英砂岩、黑色炭质千枚岩互层夹少量灰色薄层砂质灰岩。

三叠系杂谷脑组和三叠系侏倭组为 K36 至卧龙、小金段的主体岩性段。

③第四系

公路沿线第四系地层主要为第四系全新统坡残积层（Q_4^{el+dl}）、崩坡积层（Q_4^{c+dl}）、滑坡堆积层（Q_4^{del}）、崩积层（Q_4^{c}）、冲洪积层（Q_4^{al+pl}），以及更新统冰水堆积层（Q_p^{fgl}）等。

6.2.1.3　地质构造

该公路沿线地质构造复杂，断裂构造发育，总体上路线通过两大构造体系，即龙门山华夏系构造和小金弧形褶皱带。

（1）龙门山华夏系构造

公路映秀—耿达（耿达隧道出口之茂汶断裂）隶属于该构造体系，处于北川—映秀断裂和茂汶断裂之间，为北东向龙门山构造带。

茂汶断裂于耿达隧道出口以外通过，断裂带走向北 30°~45°东，倾向北西，倾角 45°~80°，为压扭性冲断层，断层积压破碎带宽度较大，在路线通过的耿达附近最大宽度达到 100 多米，并且伴有动力变质作用。

（2）小金弧形褶皱带

公路耿达—小金段隶属于该构造体系，由一系列紧密同斜倒转的线性褶皱和规模不大的压扭性断层组成的弧形褶皱带，卷入地层包括古生界及三叠系西康群之浅变质岩系，于印支期褶皱成形。

6.2.2 灾害概况 Disaster situation

6.2.2.1 灾害的总体情况

根据该公路沿线地震地质灾害情况，可大致划分为三段。

①映秀—卧龙段：映秀至卧龙段全长约44km，沿渔子溪峡谷布线，两侧斜坡高陡，地震诱发大量崩塌、滑坡以及次生泥石流灾害。

②卧龙—日隆段：该段自卧龙至邓生，沿渔子溪峡谷布线，两侧零星发育高陡基岩斜坡的崩塌灾害，过邓生以后翻越巴郎山，地震诱发斜坡失稳灾害较为少见。

③日隆—小金段：该段沿达维河谷下行，河谷宽缓，地震诱发斜坡失稳灾害较为少见。

根据沿线地震地质灾害发育情况，本章重点论述映秀—卧龙段地震地质灾害。

映秀—卧龙公路受地形地貌、地层岩性、斜坡坡体结构、地震烈度等综合影响，沿线地震地质灾害极为发育，各类崩塌、滑坡灾害连续分布，形成14处壅塞体，大段公路路基被埋或被淹，4座桥梁严重受损，3座隧道进出口被埋或被损坏。尤其是映秀—耿达隧道进口段，18.56km（扣除隧道）的公路中，共13.71km公路被埋或被淹，占路线总长度的73.9%。该公路沿线地震地质灾害分布图见图6-1，地震地质灾害发育情况见表6-1。

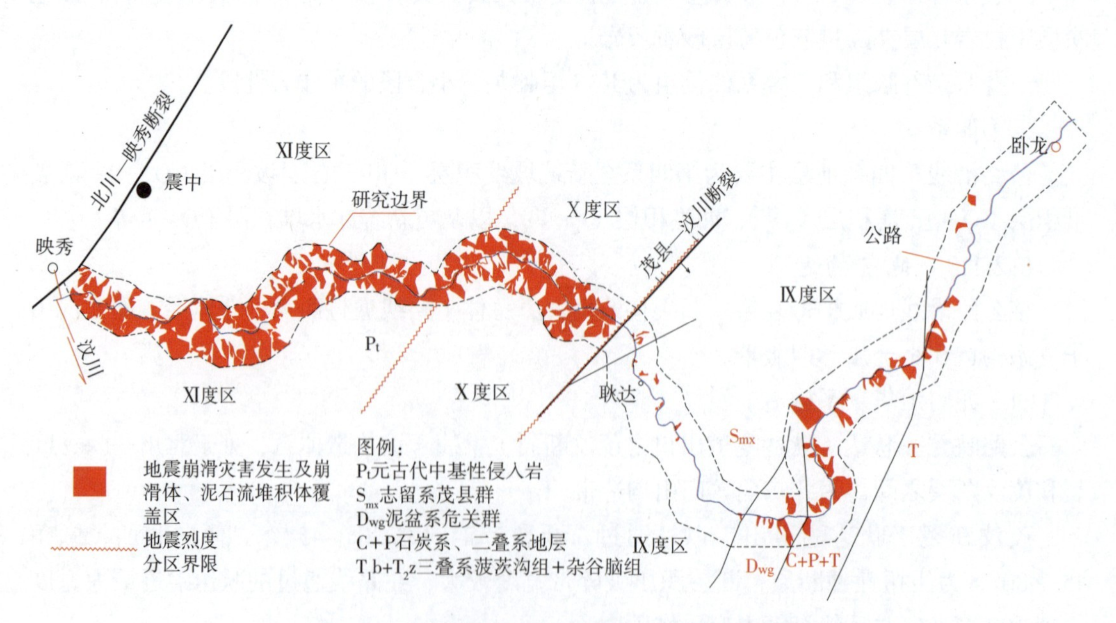

图6-1 公路沿线地质构造及地震地质灾害分布略图

Figure 6-1 Geological structure and geological disasters in the earthquake distribution along the highway

表 6–1　映秀至卧龙公路沿线地震地质灾害发育情况表

Table 6–1　Geological disasters in the earthquake of Yingxiu to Wolong road

段落范围	地层岩性	地质结构	地形地貌	地震地质灾害发育情况
映秀—耿达隧道出口（K0+605~K20+375）	晋宁—澄江期中基性侵入岩，主要为闪长岩、石英闪长岩、辉长岩等，为硬质岩	处于北川—映秀断裂和茂县—汶川断裂之间，其间发育若干次级断层，斜坡岩体中结构面发育，岩体多成整体块状构造	受地质构造及岩性影响，该段河谷狭窄，两侧斜坡高陡，地面横坡多在 40° 以上	该段地震地质灾害极为发育，沿线崩滑灾害密集连续分布，大量崩滑堆积体大段掩埋公路、堰塞河道。总长 18.56km（扣除耿达隧道）的公路中，共 13.71km 公路被埋或被淹，占路线总长度的 73.9%
K20+375~K28+000	为志留系茂县群地层，为一套石英片岩、变粒岩，千枚岩夹灰岩地层。千枚岩岩性软弱	处于茂县—汶川断裂上盘及断层影响带内，密集发育若干条次级断层，致使岩体破碎。公路走向与构造线近于正交	受地层及构造影响，该段河谷宽缓，两侧斜坡较缓	该段地震地质灾害与上一段形成鲜明对比，自耿达隧道出洞后明显感觉两侧灾害的巨大差异。该段仅发育几处规模不大的崩塌滑坡灾害
K28+000~K30+000	为泥盆系危关群地层，灰黑、深灰色千枚岩夹石英岩、石英砂岩及大理岩	受后山断裂构造影响强烈，岩体中结构面发育，公路走向与构造线近于正交	受地层及构造影响，该段河谷相对宽缓，两侧斜坡较缓	发育多处地震崩塌灾害，规模不大
K30+000~K37+ 500	为石炭系、二叠系地层，灰岩为主，局部夹岩屑砂岩，为较坚硬岩类	受构造影响强烈，为紧密褶皱发育段，岩层挠曲变形明显	受岩性及构造影响，两侧斜坡陡峻	为本段路线地震地质灾害次强烈发育区，公路两侧发生多处崩塌灾害
K37+500~K45+000	为三叠系地层，主要为千枚岩、变质砂岩等	受构造影响强烈，岩层陡倾	受岩性及构造影响，两侧斜坡较缓，局部较陡	地震地质灾害不发育

6.2.2.2　灾害的主要形式

依据震害现象，将该公路沿线地震地质灾害分为如下四类。

（1）斜坡中上部强风化岩体及土层失稳

自然斜坡上方多存在强风化、卸荷松动岩体及一定厚度的覆盖土层，地震力作用下，这部分岩土体最容易失稳。此类灾害为汶川地震诱发最为普遍的斜坡失稳类型，因斜坡高陡，岩土体失稳后沿坡面或微冲沟向下倾泻、坠落，掩埋公路并堰塞河道，多具崩塌性质。图 6–2 为该类灾害典型照片。

图 6–2　斜坡中上部强风化岩体失稳边坡图

Figure 6–2　Instability slope of weathered rock in the upper

（2）结构面切割岩体崩滑失稳

结构面切割岩体失稳多发生在较为完整的块状结构或层状结构边坡，其规模由单块岩体的失稳到结构面切割大规模岩体的失稳。

图 6–3 为典型结构面切割岩块失稳照片（渔子溪 2 号桥右侧斜坡），失稳岩体在坡面多次弹跳，砸坏多道拦石墙后击中桥梁，将整个桥梁砸垮。

图 6–4 为典型结构面切割岩体大规模崩塌失稳照片，地震力作用下斜坡岩体产生大规模崩塌，堵塞河道形成堰塞湖，淹没公路。

（3）滑坡

沿线地震诱发较大规模滑坡灾害主要有3处，其一为较为特殊的基岩地下水压力作用下高速远程滑坡灾害。

映秀—卧龙公路K24处的高速远程滑坡，不同于东河口等地震力作用下的高速远程滑坡。该滑坡于2008年5月13日晨6~7点高速远程滑动，滑坡后缘与滑体运动最前缘最大距离263.8m，滑体质心水平运动距离约175m，垂直降落高差80m（图6-5），估算体积$2.6\times10^4m^3$，高速滑坡体冲入渔子溪河道，在强大惯性力作用下掩埋了滑源区对面的映秀—卧龙公路。滑坡区基岩为志留系茂县群灰岩，滑体中部见岩溶管道，实测岩溶水流量约7.2L/s（2009年4月22日）。

图6-3 结构面岩体失稳击毁渔子溪2号桥

Figure 6-3 Instability of structural rock destroyed the Yuzixi second bridge

图6-4 岩体崩塌典型照片

Figure 6-4 A typical photo of avalanche rock

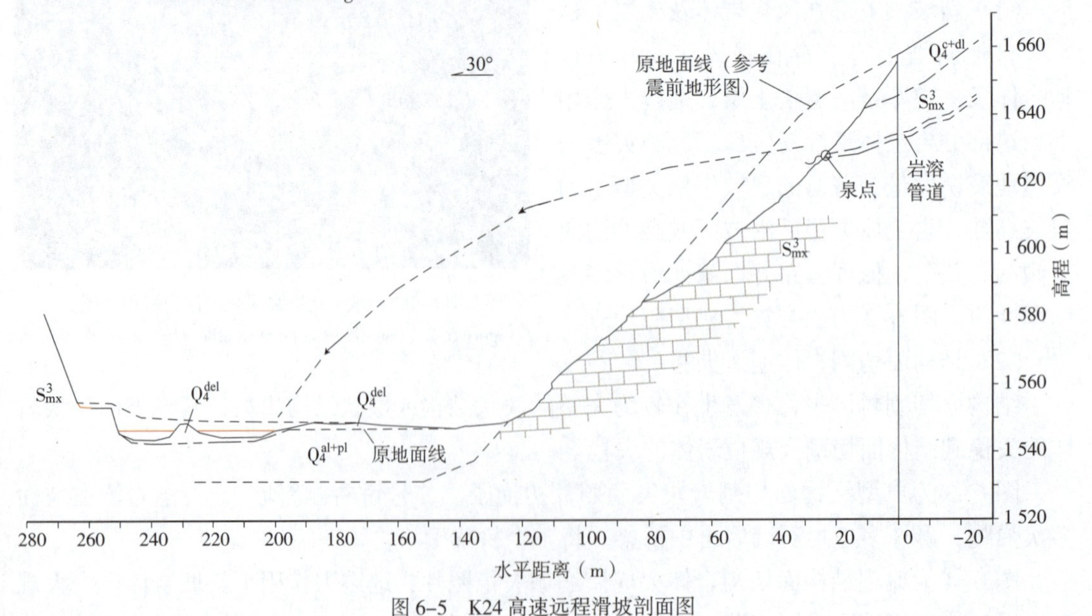

图6-5 K24高速远程滑坡剖面图

Figure 6-5 The profile of high-speed remote landslide in K24

（4）泥石流

泥石流为地震后大量崩滑岩土体堆积于沟谷内、斜坡上，在后期降雨作用下诱发的次生灾害。震后 2008~2011 年间爆发大量泥石流灾害，较早的为 2009 年 6 月 24 日爆发的瀑布山庄泥石流（图 6-6）。掩埋公路约 300m，毁坏瀑布山庄房屋，方量约 90 万 m^3。

6.2.2.3　**灾害的发育特点**

（1）映秀—耿达段（耿达隧道出口）是地震地质灾害发育极强烈区

本公路映秀—耿达段，是地震地质灾害发育极强烈区，由图 6-1 可以看出，该段地震崩滑灾害几乎连续分布，地震崩滑物质堆积于狭窄的渔子溪两侧，形成多处堰塞湖（南华坪堰塞湖和虎嘴牙串珠状堰塞湖等），大段掩埋公路。分析该段地震地质灾害强烈发育的原因在于如下几个方面。

图 6-6　瀑布山庄泥石流平面示意图

Figure 6-6　The debris flow plane diagram of Pubu villa

首先是靠近震中的强烈地震动。该段公路位于汶川地震发震断层（北川—映秀断裂）上盘，且距震中距离均在 14km 以内，地震烈度为Ⅹ ~ Ⅺ。

其次是高陡斜坡强烈的地震动放大效应。沿线为中基性侵入岩类，为一套闪长岩、石英闪长岩和辉长岩，根据该路改建勘察资料，岩石饱和极限抗压强度一般在 90MPa 以上。河谷两侧斜坡极为陡峻、地貌突出部位较多，地面横坡普遍在 40°以上，导致地震动的地形放大效应极为显著。

第三是斜坡岩体结构面发育。结构面切割岩体崩塌灾害问题突出。该段公路两侧岩体受构造影响强烈，岩体中结构面发育，地震诱发大量结构面切割岩体失稳，尤其是外倾结构面斜坡大规模滑移失稳问题突出。

（2）茂县—汶川断裂两侧地震地质灾害发育情况存在显著差异

通过图 6-1 可以看出，茂县—汶川断裂两侧地震地质灾害发育存在着惊人的、显著的差异。在耿达隧道进口以前，地震地质灾害连续分布，而在耿达隧道出口（出口外为茂县—汶川断裂）以后，地震地质灾害大幅度减轻。分析断裂构造两侧地震地质灾害巨大差异的原因有如下几个方面。

首先是深大断裂的消震隔震作用明显。调查表明不仅茂汶断裂两侧地震地质灾害发育程度有显著差异，两侧房屋损毁也有显著不同，位于断层上盘 1.3km 的耿达镇，房屋震损并不严重，地震损坏程度明显降低。

其次是茂汶断裂上盘斜坡地震放大效应不强。茂汶断裂上盘为志留系茂县群，以千枚岩为主，加之该段次级断层极为发育，岩体破碎，导致地面横坡较缓且较为圆顺，少见地貌突出部位，地震放大效应不明显。

第三是公路走向与构造线近于正交。片理面多与斜坡临空面大角度相交，有利于斜坡稳定。

（3）地震失稳斜坡坡度和失稳部位

该公路沿线调查了106处地震灾害点（群），用激光测距仪实测了若干条地质剖面，通过134条实测剖面分析、研究地震失稳斜坡坡度和失稳部位。

失稳斜坡坡度统计见图6–7，统计表明失稳斜坡坡度在33°~84°之间，主要分布在41°~65°之间，共108个，占总数量的80.6%，实际上由于大于65°的自然斜坡是极为少见的，因此可以认为该公路沿线地震诱发斜坡失稳灾害主要发生在40°以上的斜坡，这主要是由于陡斜坡地震放大效应明显。

调查表明斜坡失稳部位主要分布在斜坡中上部，统计计算表明（图6–8）失稳位置在0.12~0.91H（H为坡高）以上，平均失稳位置在斜坡0.57H以上，主要失稳部位在0.4H以上，占总数量的79.5%。

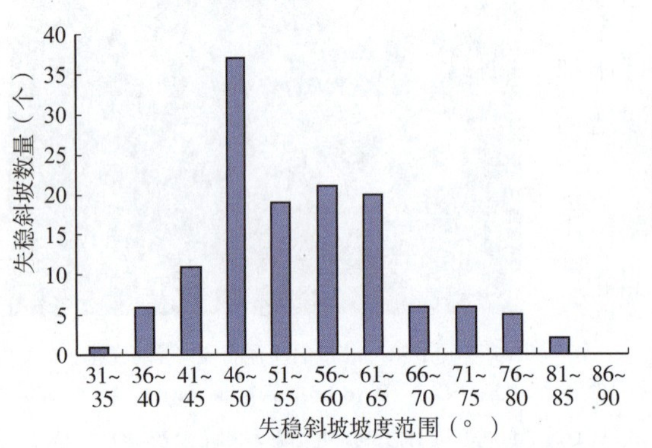

图6–7 失稳斜坡坡度统计图

Figure 6–7 The charts of instability slope gradient

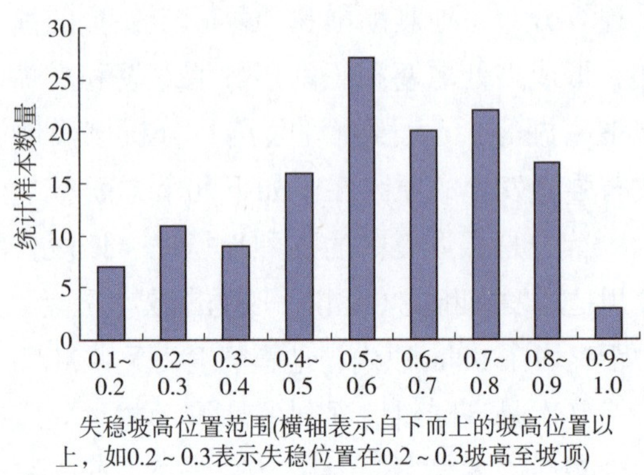

图6–8 失稳斜坡范围统计图

Figure 6–8 The charts of instability slope range

6.3 映秀—南华坪堰塞湖段灾害点 The disasters from Yingxiu to Nanhuaping barried lake

图6–9为映秀—南华坪堰塞湖段地震地质灾害遥感影像图。图6–10a）为灾害点全貌（公路清通后）示意图。

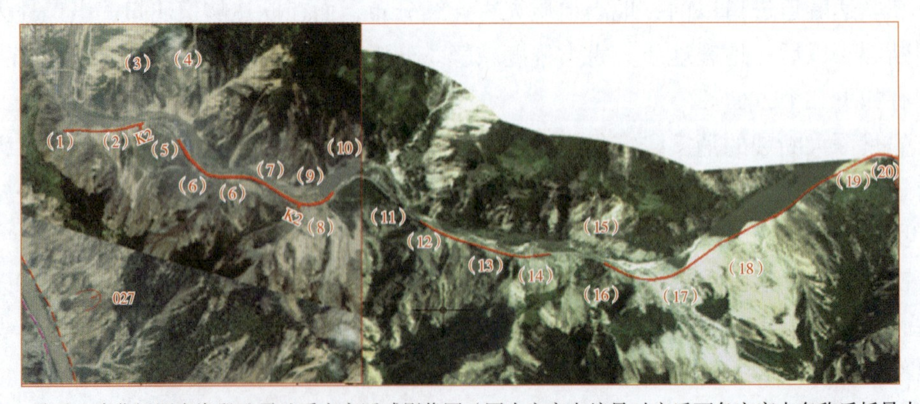

图6–9 映秀—南华坪堰塞湖段地震地质灾害遥感影像图（图中灾害点编号对应后面各灾害点名称后括号内编号）

Figure 6–9 The remote sensing image of geological disasters in the earthquake of Yingxiu to Nanhuaping barried lake (The number of disaster in the picture is the following disaster's number in brackets)

a）灾害点全貌（公路清通后）

b）K0+650~K0+865 段地震崩塌堆积物及上方失稳区情况

c）K0+700 斜坡上方失稳区

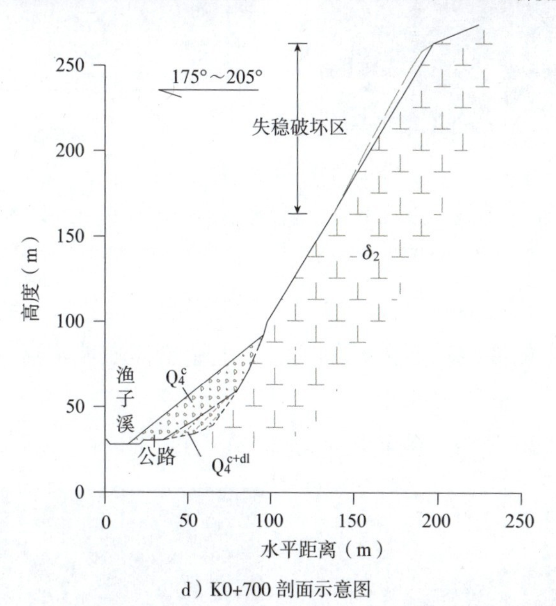

d）K0+700 剖面示意图

图 6–10　K0+650~K0+865~K1+050 段右侧斜坡崩塌照片及剖面示意图

Figure 6–10　The photo and profile diagram of the right slope collapse about K0+650~K0+865~K1+050

（1）K0+650~K1+050 段右侧斜坡崩塌（1~2 号点）

斜坡处于岷江和渔子溪切割之南东向延伸条形山脊南西侧，高度 170~350m，坡向 175°~205°，坡面微冲沟发育。K0+650~K0+865 段斜坡总体为基岩（元古代澄江—晋宁期第三期闪长岩）边坡，顶部及微冲沟两侧有厚度不大的覆盖土层，受构造影响岩体破碎，浅表层岩体风化强烈，坡脚震前即存在崩坡积物（图 6–10）。

K0+865~K1+050 段为折线斜坡，下部为古崩积体，公路在崩体积前缘开挖形成人工开挖碎石土边坡；上方为闪长岩陡坡。坡向 165°，高约 404m。

地震诱发 K0+650~K0+865 段斜坡中上部土层及强风化、强卸荷带岩土体失稳，失稳岩土体顺坡面及微冲沟下泻，掩埋隧道出口及公路（长 215m），估计约 22 万 m³，主要以震动错断和倾倒破坏为主。

地震诱发 K0+865~K1+050 段前缘人工开挖块石土边坡中上部土体滑移失稳，掩埋公路 185m。上方基岩边坡中上部岩体倾倒失稳，失稳岩土体堆积物堆积于斜坡上，个别块体滚动坠落至路面，约 7 000m³。

（2）K1+220~K1+280 段公路右侧斜坡崩塌（5 号点）（图 6–11）

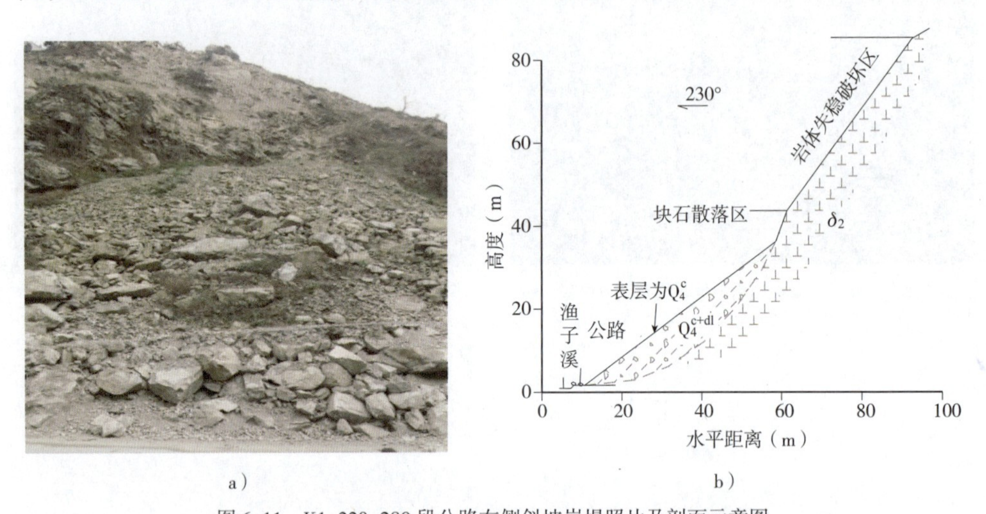

图 6–11　K1+220~280 段公路右侧斜坡崩塌照片及剖面示意图

Figure 6–11　The photo and profile diagram of the right slope collapse about K1+220~K1+280

折线斜坡，上部为块状结构闪长岩边坡，下为崩积体，斜坡高约 82m，坡向 230° 。

地震诱发上部基岩陡坡浅层岩体倾倒失稳，失稳岩体顺坡坠落、滚动、弹跳，堆积于坡脚，掩埋公路 50m，方量约 500m³。

（3）K1+370~K1+930 公路右侧斜坡崩塌（6 号点）（图 6–12）

a）K1+370~K1+930 公路右侧斜坡崩塌侧面全貌

b）崩塌堆积物掩埋公路

图　6–12

Figure　6–12

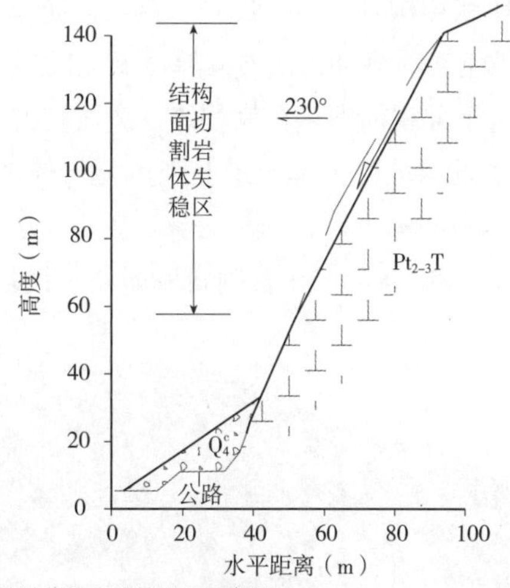

c）S1剖面基岩陡坡崩塌失稳情况及示意图

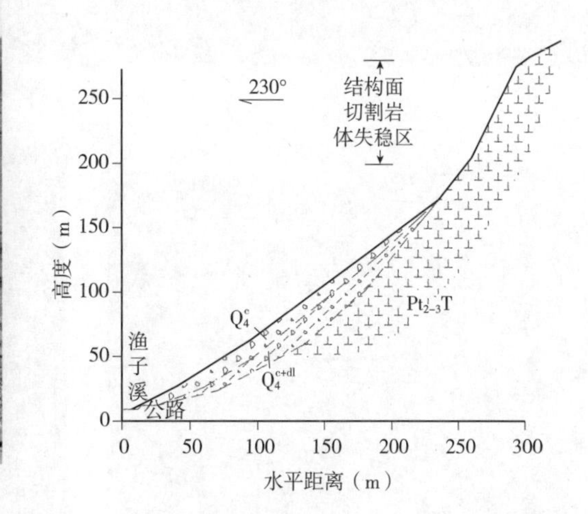

d）S2剖面斜坡上方崩塌失稳情况及示意剖面

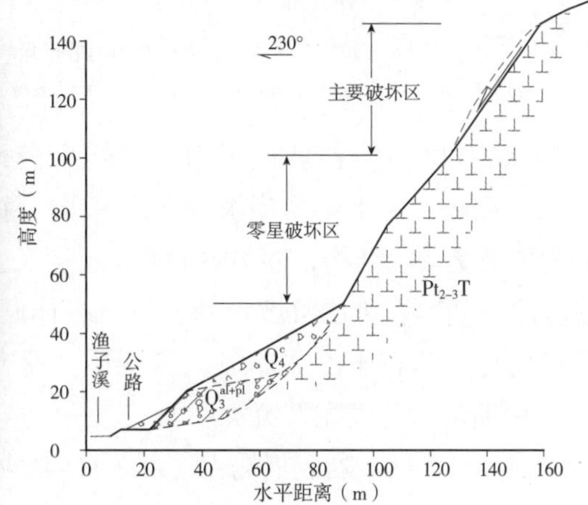

e）S3剖面斜坡上方崩塌失稳情况及示意剖面

图 6-12　K1+370~K1+930 公路右侧斜坡崩塌照片及剖面示意图

Figure 6-12　The photo and profile diagram of the right slope collapse about K1+370~K1+930

高陡块状结构基岩（闪长岩）斜坡，受长期风化及水流作用下，坡面起伏不平，微冲沟发育，斜坡上部、微冲沟两侧有厚度不大的覆盖土层，局部呈土层及强风化层—基岩二元结构。微冲沟下部震前即存在崩积体。斜坡坡向 208°~255°，最大斜坡高度约 500m。

地震诱发斜坡中上部土层及强风化岩体溃散、滑移失稳，基岩陡坡倾倒破坏。失稳岩土体顺坡、微冲沟下泻，掩埋公路 560m。方量约 11.35 万 m^3。

（4）K1+930~K2+110 右侧斜坡崩塌、滑坡及次生泥石流（8 号点）（图 6-13）

a）灾害点全貌

b）碎石土层滑坡上部

c）滑坡堆积体掩埋公路及堰塞河道

图 6-13　K1+960~K2+110 右侧斜坡崩塌、滑坡及次生泥石流照片

Figure 6-13　The photo of collapse，landslides and debris on the right slope of K1+960~K2+110

K1+930~K2+110 右侧斜坡位于渔子溪转弯处，呈内凹槽地形，前后均为突出基岩山脊，两侧为冲沟，中下部为崩坡积碎石土层。斜坡坡向 190°~210°，最大高度大于 500m。基岩斜坡呈块状结构，冲沟中上部呈土层及强风化层—基岩二元结构。

地震诱发下部碎石土层滑坡，基岩陡坡岩体倾倒破坏，冲沟上部斜坡浅层土体及强风化层滑移失稳。碎石土滑坡体滑入渔子溪，堰塞河道并掩埋公路 180m，失稳方量约 13.8 万 m^3。后期雨季诱发泥石流灾害。

（5）K2+500~K3+430 右侧崩塌灾害群（11~14 号点）（图 6-14）

K2+500~K3+430 右侧总体为基岩陡坡地貌，受长期风化、重力及水流等作用，斜坡坡面微冲沟极为发育，微冲沟下部多存在崩坡积体。斜坡最大高度大于 500m，坡向 180°~230°。

a）灾害点侧面全貌照片

b）K2+500~K3+430右侧崩塌灾害群，崩塌堆积体掩埋公路

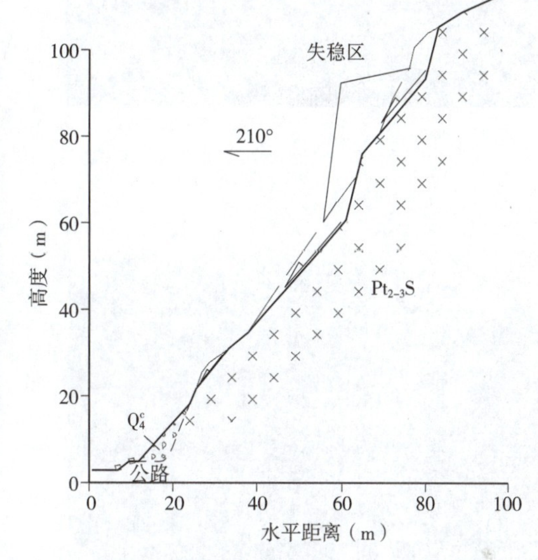

c）K2+500右侧斜坡，结构面切割岩体倾倒、滑移崩塌

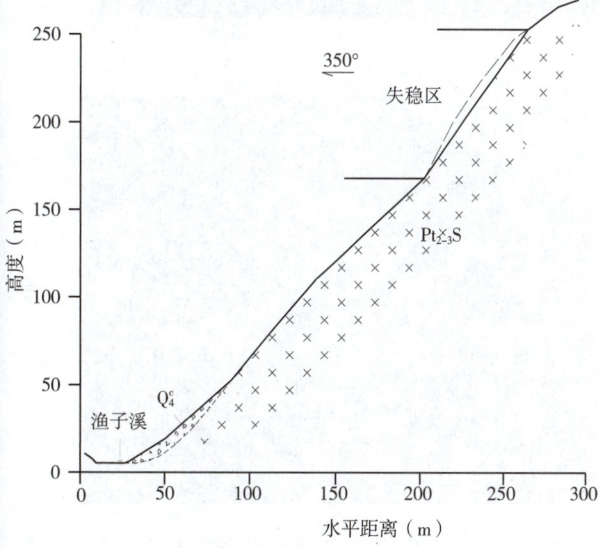

d）K2+660~K2+800 右侧斜坡段（S1）典型图片及剖面示意

图　6-14

Figure　6-14

e）K2+800~K3+100右侧斜坡段S1剖面岩体失稳图片及剖面

f）K3+200碎石土层边坡上部土体失稳掩埋公路（14号点）

g）K2+800~K3+100右侧斜坡段S2剖面
岩体失稳图片及剖面

图 6-14　K2+500~K3+430 右侧崩塌灾害群照片及剖面示意图

Figure 6-14　The photo and profiles diagram of collapse group on the right slope of K2+500~K3+430

地震诱发公路右侧斜坡大量岩土体失稳，大段掩埋公路，长约 770m。失稳主要发生在微冲沟顶部及两侧、斜坡陡缓变坡点部位、地貌突出部位等，主要有冲沟顶部及两侧的土层及强风化层滑移失稳、陡坡结构面切割岩体倾倒失稳等。失稳岩土体多沿微冲沟下泻堆积于坡脚。总计方量约 15 万 m^3。

（6）K3+520~K3+660 右侧斜坡崩塌（图 6–15）

图 6–15　K3+520~K3+660 右侧斜坡崩塌典型照片及剖面

Figure 6–15　The typical photo and profile of collapse on the right slope about K3+520~K3+660

K3+520~K3+660 右侧斜坡呈折线形，坡向 225°。坡面微冲沟发育，其中 500~530m 段为一坡面冲沟地形，冲沟中下部为崩坡积块碎石土，530~660m 段中上部基岩裸露，下部为崩坡积物覆盖。地层岩性为元古代澄江—晋宁期第三期辉长岩。斜坡发育四组节理，节理产状分别为 J1：产状 240°∠ 76°，间距为 0.8~1.2m，延伸大于 5m；J2：产状 315°∠ 76°，间距 0.6~0.9m，延伸 1~3m；J3：产状 45°∠ 43°，间距为 0.8~1.0m，延伸 1~2m；J4：产状 5°∠ 64°，间距为 0.8~1.2m，延伸大于 5m；该四组节理张开，无充填。

该崩塌部位主要是斜坡中上部坡顶及表层，约 2 万 m^3。其中 500~530m 段坡顶土层及强风化岩体滑移失稳，530~660m 段结构面切割岩体失稳，崩塌物堆于坡脚和渔子溪左岸河道，掩埋公路。

（7）K3+660~K3+820 右侧斜坡崩塌（图 6–16）

坡面呈近直线形，局部近直立，坡向 205° 。起点处有一微冲沟发育，基岩大面积裸露。岩性为元古代澄江—晋宁期第三期闪长岩。斜坡发育四组节理，节理产状分别为 J1：产状 140°∠ 35° ~55° ，间距为 0.8~1.2m，延伸大于 5m；J2：产状 45°∠ 71°，间距为 1.2~1.8m，延伸大于 5m；J3：产状 246°∠ 56° ，间距为 1.2~1.6m，延伸大于 5m；J4：产状 355°∠ 42° ，间距为 0.8~1.2m，延伸 1~3m；该四组节理张开，无充填。

失稳主要发生在斜坡中上部，浅表层破碎岩体大面积失稳，方量约 10 万 m^3，失稳岩土体掩埋公路，侵占河道。

图 6-16 K3+660~K3+820 右侧斜坡崩塌典型照片及剖面

Figure 6-16 The typical photo and profile of collapse on the right slope about K3+660~K3+820

（8）K3+820~K4+700 右侧崩塌（18 号点）（图 6-17）

闪长岩斜坡，坡面呈折线形，坡向 210°。坡表微冲沟发育，基岩裸露。有一次级断层在斜坡坡脚通过，斜坡岩体节理发育，浅层风化强烈。主要发育三组节理，节理产状分别为 J1：产状 140°∠ 38° ，间距为 0.8~1.5m，延伸大于 5m；J2：产状 250°∠ 32° ，间距 0.6~0.9m，延伸 1~3m；J3：产状 332°∠ 50° ，间距为 1.0~1.2m，延伸大于 5m。

地震诱发斜坡中上部结构面切割岩体倾倒、滑移失稳，方量约 90 万 m^3，失稳岩土体掩埋公路，堵塞河道，形成堰塞湖，掩埋、淹没公路约 880m。

（9）K4+700~K4+950 右侧斜坡崩塌（19 号点）（图 6-18）

块状结构闪长岩斜坡，坡体坡面呈折线形，坡向 155°。基岩裸露，植被不甚发育，为柏树及灌木。主要发育两组节理，节理产状分别为 J1：产状 140°∠ 35° ，间距为 0.8~1.2m，延伸大于 5m；J2：产状 62°∠ 42° ，间距 0.9~1.3m，延伸 1~3m。

地震诱发结构面切割岩体顺外倾结构面滑移失稳，方量约 15 万 m³，失稳岩土体掩埋公路，部分堆于渔子溪左岸。

a）灾害点全貌

b）上方失稳区全貌

c）堰塞湖

d）岩体滑移失稳后的结构面及破碎岩体

图 6-17　K3+900~K4+600 段大规模崩塌，堆积物掩埋公路堰塞河道形成堰塞湖

Figure 6-17　Large-scale collapse and deposits damming the river and formed lake, flood road of K3+900~K4+600

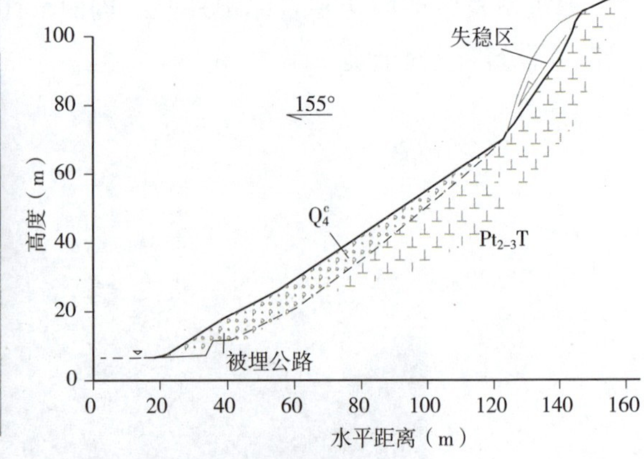

K4+700~K4+950右侧斜坡段，斜坡中上部岩体崩塌（滑移）失稳

图 6-18　K4+700~K4+950 右侧斜坡崩塌灾害群照片及剖面示意图

Figure 6-18　The photo and profiles diagram of collapse group on the right slope of K4+700~K4+950

6.4　南华坪堰塞湖—盘龙山隧道进口段灾害点 The disasters from Nanhuaping barried lake to the entrance of Panlongshan tunnel

图 6-19 为南华坪堰塞湖—盘龙山隧道进口段地质灾害遥感影像图。

图 6-19　南华坪堰塞湖—盘龙山隧道进口段地震地质灾害遥感影像图（图中数字为下述各灾害点名称后括号内编号）

Figure 6-19　The remote sensing image of geological disasters in the earthquake of Nanhuaping lake to the entrance of Panlongshan tunnel (The number of disaster in the picture is the following disaster's number in brackets)

（1）K5+000~K5+036 右侧斜坡崩塌（20 号点）（图 6-20）

块状结构闪长岩陡坡，发育 185°∠43° 和 302°∠58° 两组结构面，坡高 63m，坡向 190°。

地震诱发结构面切割岩体失稳，以倾倒、滑移破坏为主，岩体坠落堆积于坡脚，局部掩埋公路，方量约 1 000m³。

图 6-20　K5+000~K5+036 右侧斜坡崩塌照片及剖面示意图

Figure 6-20　The photo and profile diagram of the right slope collapse about K5+000~K5+036

（2）K5+140~K5+200 右侧斜坡崩塌（21 号点）（图 6-21）

块状结构闪长岩陡坡，发育 301°∠ 86° 、145°∠ 40° 和 213°∠ 65~75° 三组结构面，坡高 63m，坡向 232° 。

地震诱发结构面切割岩体倾倒、滑移失稳破坏，以倾倒破坏为主，岩体坠落堆积于坡脚，部分掩埋公路，方量约 1000m³。

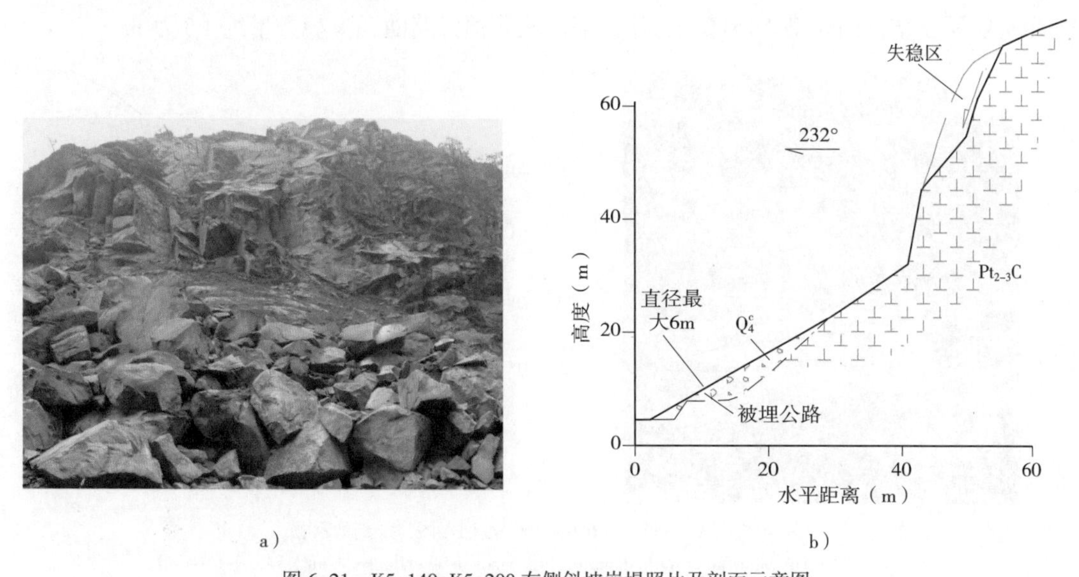

图 6-21　K5+140~K5+200 右侧斜坡崩塌照片及剖面示意图

Figure 6-21　The photo and profile diagram of the right slope collapse about K5+140~K5+200

（3）K5+220~K5+550 右侧斜坡崩塌（22 号点）（图 6-22）

折线斜坡，上部为块状结构闪长岩陡坡，中上部浅层风化强烈，下部为崩坡积块石土层斜坡。主要发育 285°∠ 62° 和 240°∠ 32° 两组结构面。高度 230m，坡向 240° 。

地震诱发上部基岩边坡沿外倾结构面滑移失稳，下部土层斜坡中上部土体滑移失稳破坏，失稳岩土体堆积于坡脚，掩埋公路 330m，方量约 2 万 m³。

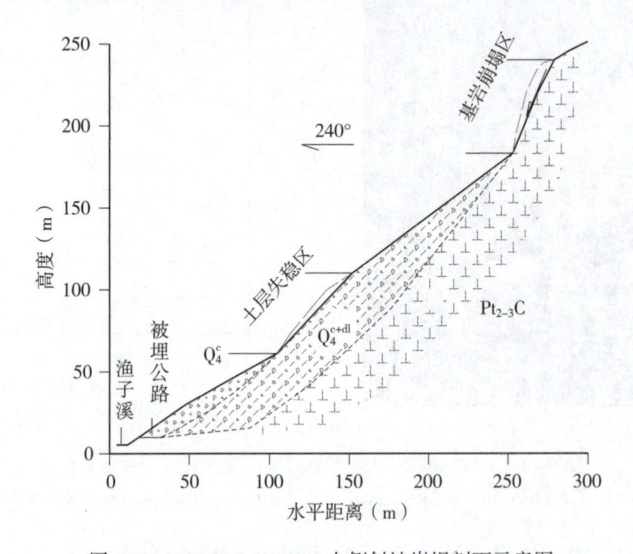

图 6-22 K5+220~K5+550 右侧斜坡崩塌剖面示意图

Figure 6-22 The profile diagram of the right slope collapse about K5+220~K5+550

（4）K5+550~K5+660 右侧斜坡崩塌（24 号点）(图 6-23）

块状结构闪长岩陡坡，发育 120°∠ 60° 、55°∠ 68° 、230°∠ 36° 、285°∠ 65° 等多组结构面。坡高 46m，坡向 225° 。

地震诱发结构面切割岩体倾倒失稳，崩落块石损毁路面，失稳方量约 1.5 万 m³。

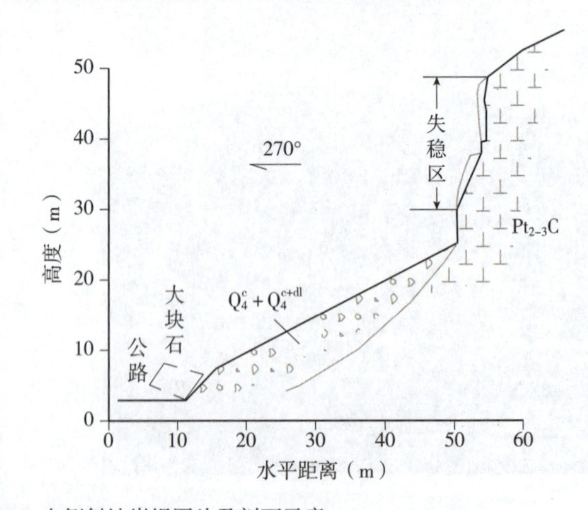

图 6-23 K5+550~K5+660 右侧斜坡崩塌图片及剖面示意

Figure 6-23 The photo and profile diagram of the right slope collapse about K5+550~K5+660

（5）K5+660~K6+000 右侧斜坡崩塌（25 号点）(图 6-24）

折线斜坡地貌，上为块状结构闪长岩陡坡，下为崩坡积块碎石土层，发育

210°　∠45°　和270°　∠74°　两组结构面，高约600m，坡向270°　。

地震诱发上方基岩陡坡结构面切割岩体失稳，失稳块石沿坡面弹跳、滚动，最终停积于缓坡平台以及路面，失稳方量约5万 m^3。

a）灾害点全貌

b）运动至路面的块石

c）块石在缓坡段的运动路线

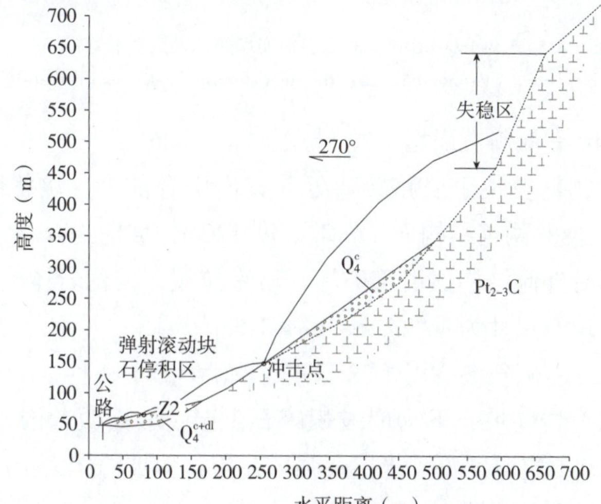

d）剖面示意图

图6-24　K5+750~K6+000 右侧斜坡崩塌照片及剖面示意图

Figure 6-24　The photo and profile diagram of the right slope collapse about K5+750~K6+000

（6）K6+460~K6+770 右侧斜坡崩塌（26 号点、26-1 号点）（图 6-25）

闪长岩陡坡，发育 202°∠38°、105°∠35° 和 190°∠69° 三组结构面，块状结构。高度 46m，坡向 191°。

地震诱发结构面切割岩体滑移失稳，掩埋公路 100m，方量约 5 000m³。

图 6-25 K6+460~K6+770 右侧斜坡崩塌照片及剖面示意图

Figure 6-25 The photo and profile diagram of the right slope collapse about K6+460~K6+770

（7）K6+790~K6+910 右侧斜坡崩塌（27 号点）（图 6-26）

K6+790~K6+910 右侧斜坡位于公路转弯处，突出山脊前缘。块状结构闪长岩斜坡，发育 160°∠60°，270°∠88° 两组结构面。斜坡高度 120m，坡向 160°。

地震诱发斜坡岩体沿外倾结构面滑移破坏，后缘拉裂，失稳岩体掩埋公路 120m，失稳方量约 5 万 m³，最大块石尺寸为 17.2m × 8.6m × 7.6m。

（8）K6+910~K7+120 右侧斜坡崩塌（28 号点）（图 6-27）

折线斜坡，上为闪长岩陡坡，下为崩坡积碎石土层，坡面微冲沟发育，在斜坡中上部、微冲沟顶部及两侧有一定厚度覆盖土层及强风化层。斜坡总体为土层及强风化层—基岩二元结构斜坡。斜坡高度 240m，坡向 195°。

地震诱发斜坡表层（中上部为主）土体溃散、滑移失稳，顺坡坠落堆积于坡脚，掩埋公路 210m，方量约 5 万 m³。

图 6-26　K6+790~K6+910 右侧斜坡崩塌照片及剖面示意图

Figure 6-26　The photo and profile diagram of the right slope collapse about K6+790~K6+910

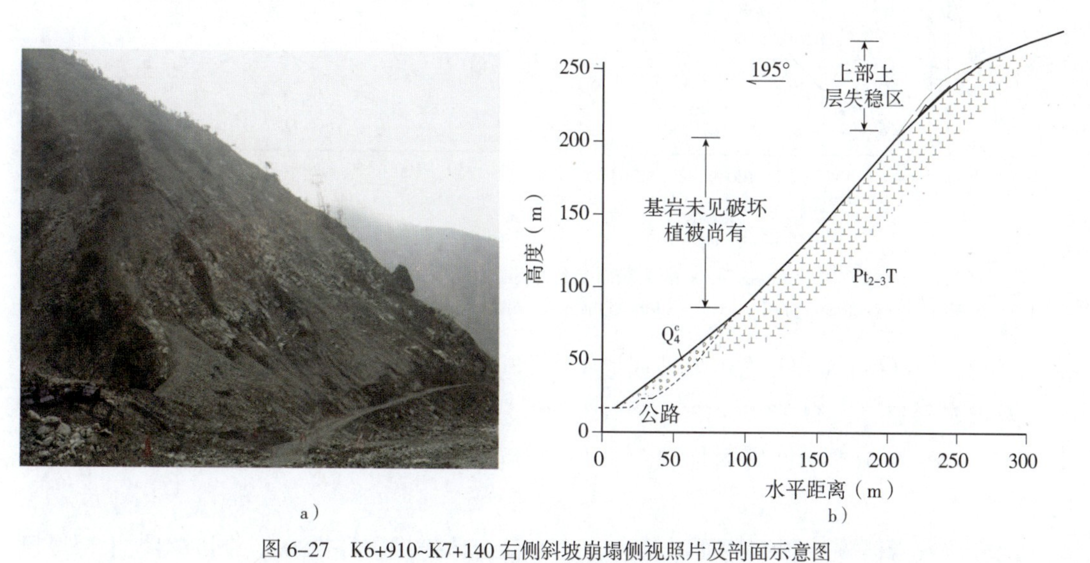

图 6-27　K6+910~K7+140 右侧斜坡崩塌侧视照片及剖面示意图

Figure 6-27　The side view photo and profile diagram of the right slope collapse about K6+910~K7+140

（9）K7+600~K7+700 公路对面，渔子溪右岸崩塌（30 号点）（图 6-28）

块状结构闪长岩陡坡，发育 330°∠ 71°、48°∠ 76°、295°∠ 72° 三组结构面，斜坡高度 350m，坡向 335°。

地震诱发斜坡中上部结构面切割岩体倾倒、滑移破坏，方量约 15 万 m^3，失稳岩体堰塞河道，淹没房屋及部分公路。

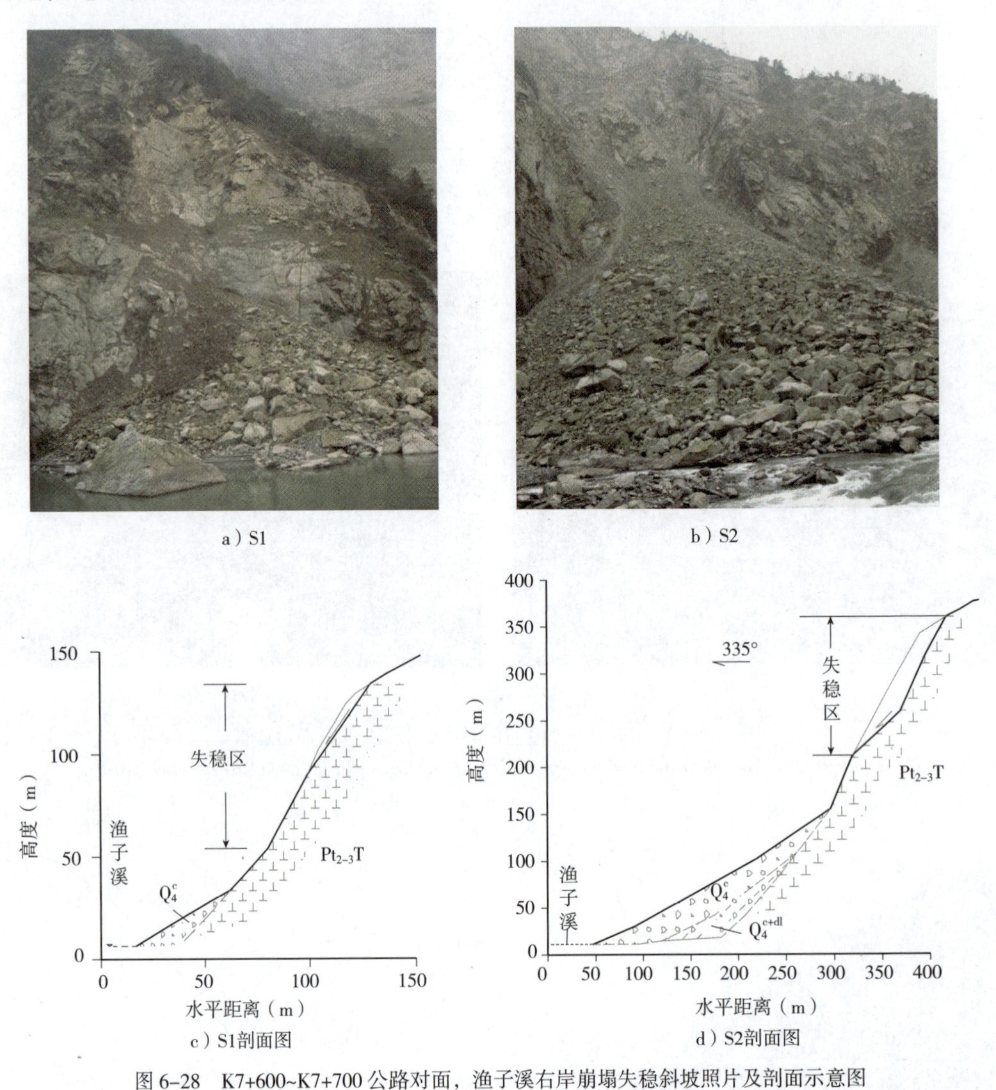

图 6-28 K7+600~K7+700 公路对面，渔子溪右岸崩塌失稳斜坡照片及剖面示意图

Figure 6-28 The photo and profile diagram of the right slope collapse in Yuzixi，the road opposite of K7+600~K7+700

（10）K7+800~K8+080 右侧斜坡崩塌（31 号点）（图 6-29）

闪长岩斜坡，发育 125°~130°∠ 51°~70°、230°∠ 75°、11°∠ 44° 三组结构面。其中 125°~130°∠ 51°~70° 贯通性良好，使岩体呈“似层状结构”，斜坡高度 178m，坡向 150°。

地震诱发岩体顺外倾结构面滑移失稳，失稳岩体掩埋公路 280m。同时斜坡上部厚度不大的覆盖土层滑移失稳。方量约 10 万 m^3。

a）

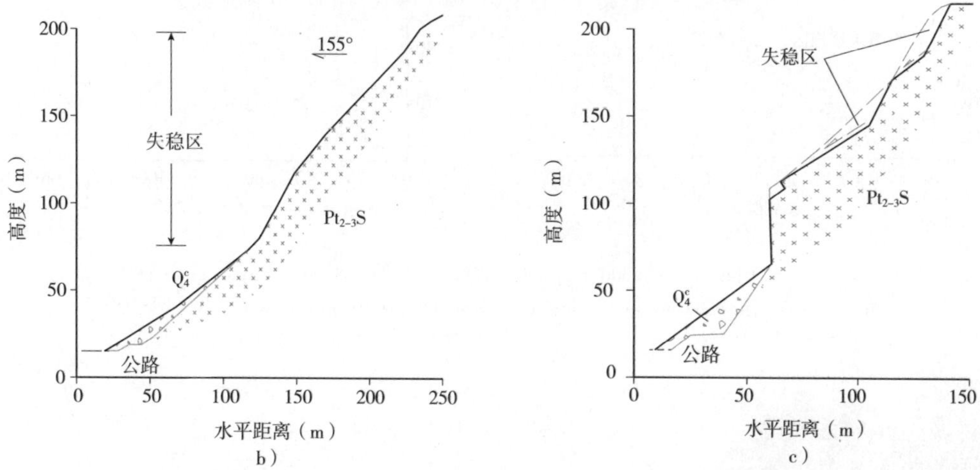

图6-29 K7+800~K8+100右侧斜坡崩塌剖面示意图及照片

Figure 6-29 The photo and profile diagram of the right slope collapse about K7+800~K8+100

（11）K8+300~K8+980右侧斜坡崩塌（32号点）（图6-30）

前段为辉长岩陡坡，后段为崩坡积块石土斜坡，土层中含大量巨大块石。斜坡高度104m，坡向130°~147°。

地震诱发前段基岩斜坡局部岩体顺外倾结构面滑移失稳破坏；后段土层斜坡上部土层失稳，其中大块石（最大块石粒径 > 5m）失稳突出，大量块石滚落至路面，掩埋公路300m，失稳方量约8 000m³。

（12）K8+900~K9+250对面，渔子溪右岸斜坡崩塌（33号点）（图6-31）

高陡块状辉长岩斜坡，主要发育323°∠85°、30°∠50°两组结构面，坡高192m，坡向321°。

地震诱发斜坡中上部结构面切割岩体拉裂—溃屈、倾倒失稳，失稳岩体堰塞河道，淹没电站、民房，淹没公路170m，方量约20.3万m³。

（13）K9+070~220右侧斜坡崩塌（34号点）（图6-32）

a）

b）

c）

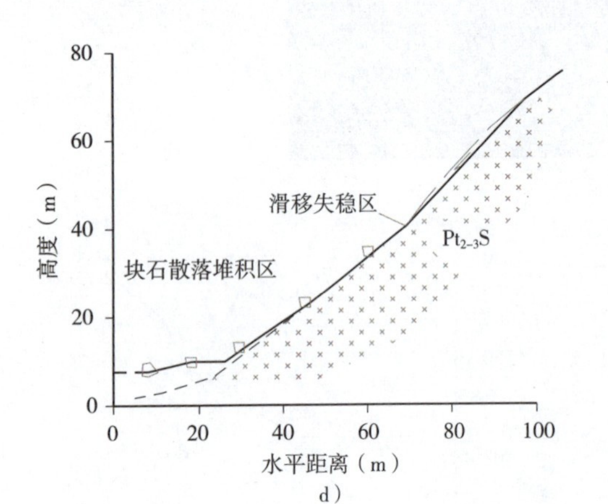

d）

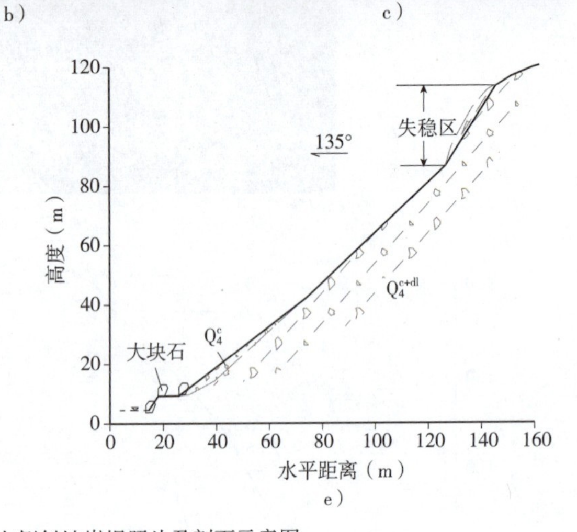

e）

图 6-30　K8+300~K8+950 右侧斜坡崩塌照片及剖面示意图

Figure 6-30　The photo and profile diagram of the right slope collapse about K8+300~K8+950

a）

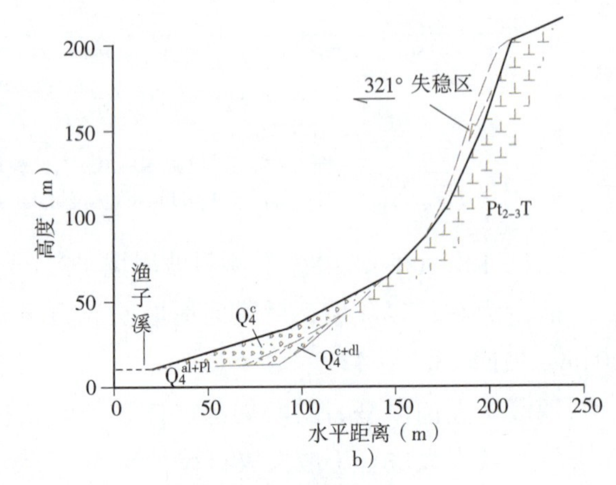

b）

图 6-31　K8+900~K9+250 对面，渔子溪右岸斜坡崩塌照片及剖面示意图

Figure 6-31　The photo and profile diagram of the right slope collapse in Yuzixi，the road opposite of K8+900~K9+250

灾害点共分两段，前段为较大规模古崩坡积体，公路在崩坡积体前缘挖方通过。后段为折线斜坡，上部为块状结构闪长岩，下部为崩坡积块碎石土，前缘为河漫滩，公路自坡脚通过。震前斜坡前漫滩上即存在大量崩落块石。斜坡高度大于 500m，坡向 128°。

地震诱发前段块石土斜坡上部土层滑移失稳；后段基岩斜坡中上部岩体倾倒、滑移失稳，失稳岩体在崩积体上滚动、弹跳，部分停积于斜坡上，部分停积于坡前漫滩及路面，掩埋公路150m，方量约1.5万m^3，最大块石尺寸为9.6m×6.9m×5.6m。

a）前段土层斜坡失稳

b）后段基岩斜坡失稳

c）崩落块石损毁路基

d）公路左侧，河漫滩上停积块石及滚动路径

e）剖面示意图

图6-32　K9+070~K9+220右侧斜坡崩塌照片及剖面示意图

Figure 6-32　The photo and profile diagram of the right slope collapse about K9+070~K9+220

（14）K9+350~K9+600 右侧斜坡崩塌（35 号点）（图 6-33）

K9+350~K9+600 右侧斜坡位于条状山脊北西侧，块状辉长岩结构斜坡，中上部风化强烈，发育 115°∠56°、230°∠45°~65°、170°∠45°~76° 三组结构面。斜坡高度 310m，坡向 115°。

地震诱发斜坡中上部岩体溃散、倾倒失稳，失稳岩体掩埋公路 250m，少量块石弹射损毁房屋屋顶，方量约 10 万 m³。

图 6-33　K9+350~K9+600 右侧斜坡崩塌照片及剖面示意图

Figure 6-33　The photo and profile diagram of the right slope collapse about K9+350~K9+600

（15）K9+670~K9+780 右侧斜坡崩塌（36 号点）（图 6-34）

K9+670~K9+780 右侧斜坡位于条状山脊前缘，块状结构辉长岩斜坡，发育 115°∠56°、230°∠45°~65°、170°∠45°~76° 三组结构面，坡高 73m，坡向 125°~170°。

地震诱发斜坡中上部岩体顺外倾结构面滑移失稳，掩埋公路 110m，方量约 5 000m³。

（16）K9+800~K10+270 右侧斜坡崩塌（37 号点）（图 6-35）

前段斜坡位于条状山脊北东侧，块状结构辉长岩斜坡，发育 165°∠45°、245°∠55°~75° 两组结构面，斜坡高度 270m，坡向 175°。后段斜坡为盘龙山隧道进口上方及右侧斜坡。

a）斜坡失稳部位

b）失稳岩体掩埋公路

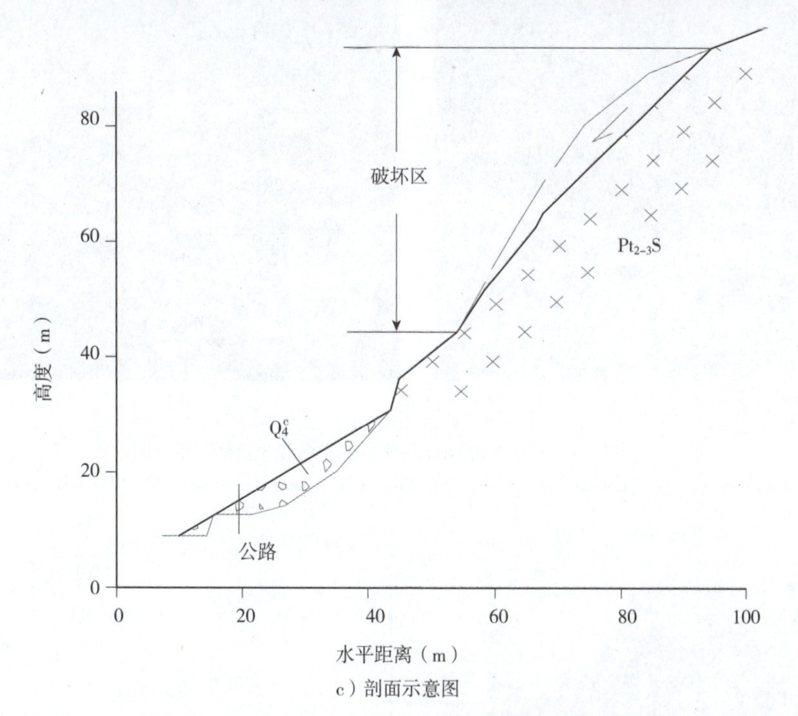

c）剖面示意图

图 6-34　K9+670~K9+780 右侧斜坡崩塌照片及剖面示意图

Figure 6-34　The photo and profile diagram of the right slope collapse about K9+670~K9+780

地震诱发前段斜坡上方岩体顺外倾结构面滑移失稳，失稳岩体掩埋公路 470m。隧道进口右侧斜坡崩塌，堆积物掩埋一半洞口。失稳方量约 30 万 m^3。

（17）K10+200 公路对面，渔子溪右岸斜坡崩塌（38 号点）（图 6-36）

渔子溪右岸斜坡为两座孤立山峰，块状结构辉长岩，高度 301m，坡向 343°。

地震诱发陡坡上部陡倾结构面切割岩体倾倒失稳，顺坡坠落、滚动、弹跳，在斜坡段堆积。

a）　b）剖面示意图

c）　d）

图 6-35　K9+810~K10+100 右侧斜坡崩塌照片及剖面示意图

Figure 6-35　The photo and profile diagram of the right slope collapse about K9+810~K10+100

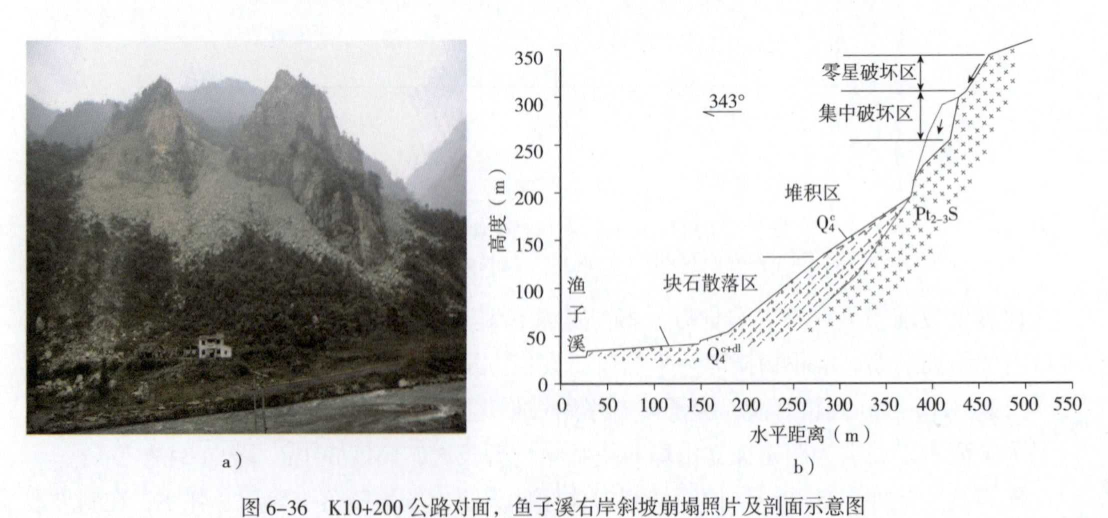

a）　b）

图 6-36　K10+200 公路对面，鱼子溪右岸斜坡崩塌照片及剖面示意图

Figure 6-36　The photo and profile diagram of the right slope collapse in Yuzixi，the road opposite of K10+200

6.5　盘龙山隧道出口—大阴沟段灾害点 The disasters from tunnel export of Panlong mountain to Dayingou

图 6-37 为盘龙山隧道出口至大阴沟地震地质灾害段遥感影像图。

（1）K10+510~K10+990 右侧斜坡崩塌（39 号点）（图 6-38）

K10+510~K10+990 右侧斜坡位于盘龙山隧道出口以外，公路右侧，块状结构辉长岩。岩体结构面发育，震前坡脚覆盖崩积块石层。高度 323m，坡向 215°　。

图 6-37　盘龙山隧道出口至大阴沟地震地质灾害段遥感影像图（图中数字为下述各灾害点名称后括号内编号）

Figure 6-37　The remote sensing image of geological disasters in the earthquake along the tunnel export of Panlong mountain to Dayingou（The number of disaster in the picture is the following disaster's number in brackets）

a）灾害点全貌照片

b）被砸毁的渔子溪桥及掩埋在巨石下的路基

c）掩埋过半的隧道洞口及上方岩体倾倒崩塌破坏情况

d）斜坡上方岩体失稳破坏区

图　6-38

Figure　6-38

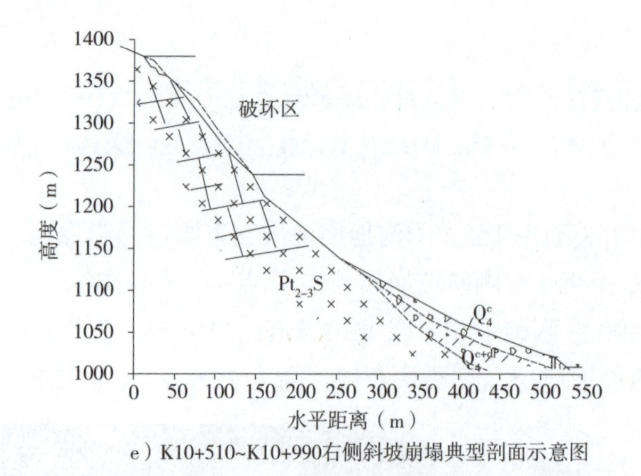

e）K10+510~K10+990右侧斜坡崩塌典型剖面示意图

图 6-38　K10+510~K10+990 右侧斜坡崩塌照片及剖面示意图

Figure 6-38　The photo and profile diagram of the right slope collapse about K10+510~K10+990

地震诱发陡坡上部结构面切割岩体倾倒、滑移破坏，失稳岩体顺坡坠落、滚动、弹跳，堆积于坡脚。崩塌堆积体掩埋公路路基 410m，砸毁渔子溪 1 号桥，掩埋隧道洞口大半，未垮塌桥面有坠落块石，失稳方量约 35 万 m³。

（2）K11+050~K11+300 左侧斜坡崩塌（40 号点）（图 6-39）

图 6-39　K11+050~K11+300 左侧斜坡崩塌剖面示意图及岩体失稳照片

Figure 6-39　The instability rock photo and profile diagram of the left slope collapse about K11+050~K11+300

公路左侧斜坡，单面斜坡地貌，块状结构辉长岩。发育 285°∠ 79°、72°∠ 68°、10°∠ 65° 三组结构面。坡高 460m，坡向 355°。

地震诱发斜坡上方岩体倾倒、滑移破坏，失稳岩体顺坡滚动、弹跳，多停积于公路左侧平台，为树木和房屋拦挡，对公路影响不大，失稳方量约 5 000m³。

（3）K11+200~K11+350 段对面，渔子溪左岸斜坡崩塌（41 号点）（图 6-40）

K11+200~K11+350 段位于公路对面，渔子溪左岸，单面斜坡地貌，块状结构辉长岩，坡脚设有电站厂房。发育 165°∠ 52°、105°∠ 65°、225°∠ 76° 三组结构面。坡高 113m，坡向 160°。

图 6-40　K11+200~K11+350 段对面，渔子溪左岸斜坡崩塌照片及剖面示意图

Figure 6-40　The photo and profile diagram of the left slope collapse in Yuzixi，the road opposite of K11+200~K11+350

地震诱发斜坡上方岩体沿外倾结构面滑移失稳，崩塌堆积体掩埋下方厂房，损坏索桥。由于位于公路对岸，对公路影响不大，失稳方量约 10 万 m³。

（4）K11+320~K11+470 左侧斜坡崩塌（42 号点）（图 6-41）

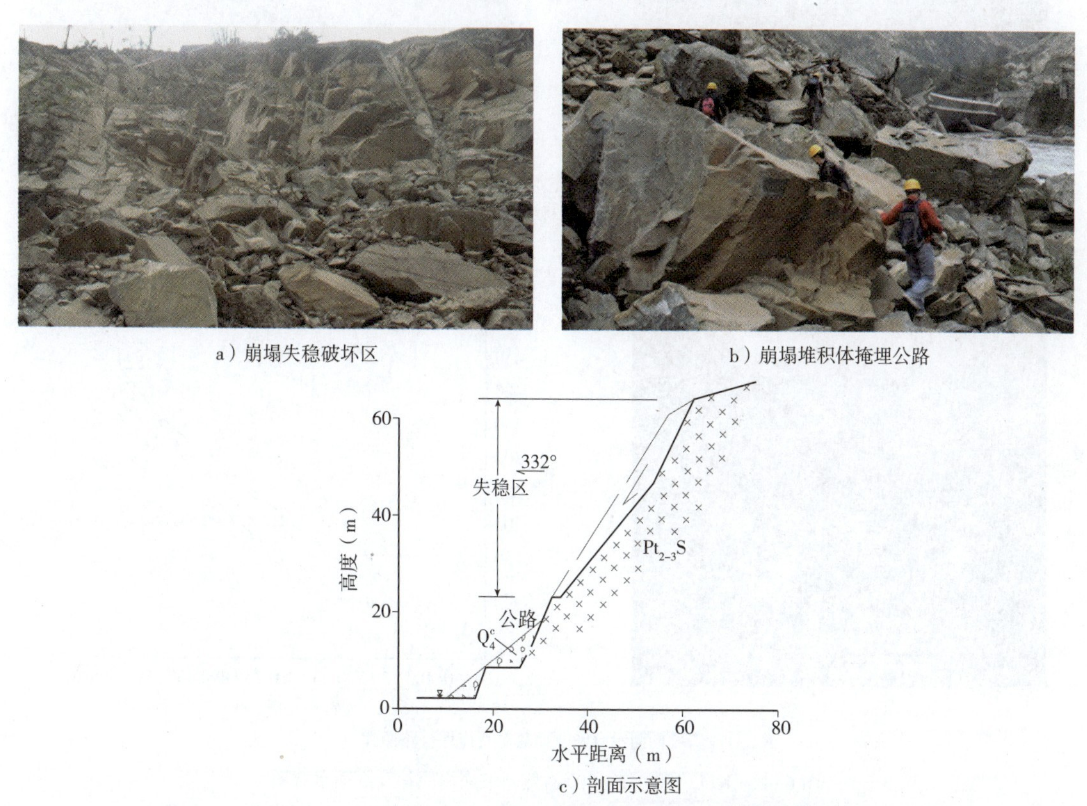

图 6-41　K11+380~K11+470 左侧斜坡崩塌照片及剖面示意图

Figure 6-41　The photo and profile diagram of the left slope collapse about K11+380~K11+470

块状结构辉长岩斜坡，发育 135°∠67°、260°∠73°两组结构面。坡高 150m，坡向 332°。

地震诱发陡坡上部结构面切割浅层岩体倾倒失稳，失稳岩体堆积于坡脚，掩埋公路 150m，失稳方量约 1 万 m³。

（5）K11+470~K11+870 右侧斜坡崩塌（43 号点）（图 6-42）

斜坡坡体呈折线形，上陡下缓，下部缓坡段为崩塌坡积块石，上部为块状结构辉长岩斜坡。发育 135°∠67°、260°∠73° 两组结构面。坡高 560m，坡向 165°。

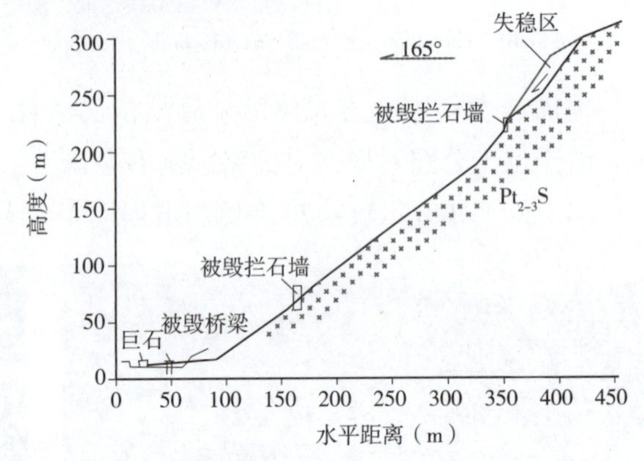

a）崩塌块石击毁渔子溪2号桥照片及剖面示意图

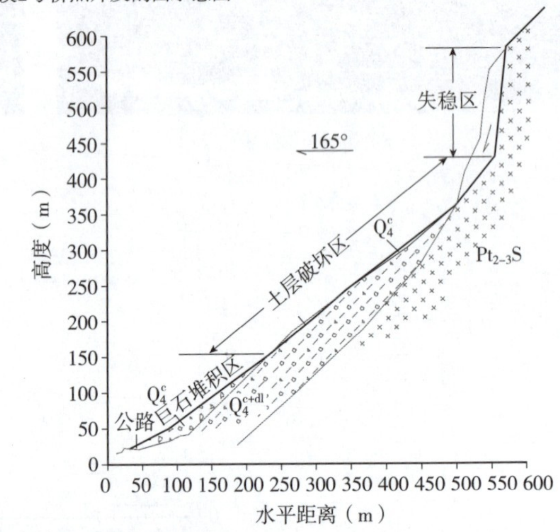

b）后段斜坡剖面示意图及崩落块石掩埋公路照片

图 6-42 K11+480~K11+870 右侧斜坡崩塌照片及剖面示意图

Figure 6-42 The photo and profile diagram of the right slope collapse about K11+480~K11+870

地震诱发斜坡上方岩体滑移、倾倒式破坏，崩塌失稳块石失稳后顺坡滚动、弹跳。渔子溪 2 号桥右侧块石崩塌失稳后顺坡滚动，砸坏多道拦石墙，砸毁桥梁（图 6-42a）；后段崩塌岩体大部分停积于老崩积体上，部分块石停积于路面（图 6-42b），掩埋公路 200m，失稳方量约 2 万 m^3。

（6）K11+960~K12+010 右侧斜坡崩塌（卧龙国家级自然保护区牌坊处）（44 号点）（图 6-43）

块状结构闪长岩斜坡，主要发育 140°∠ 39° ~48° 、230° ~276°∠ 79° ~83° 两组结构面。坡高大于 500m，坡向 182° 。

地震诱发斜坡中上部结构面切割岩体倾倒破坏，砸毁坡面多道拦石墙，崩落块石掩埋公路 50m，砸毁保护区牌坊，失稳方量约 1 万 m³。

a）震前和震后卧龙山门对比

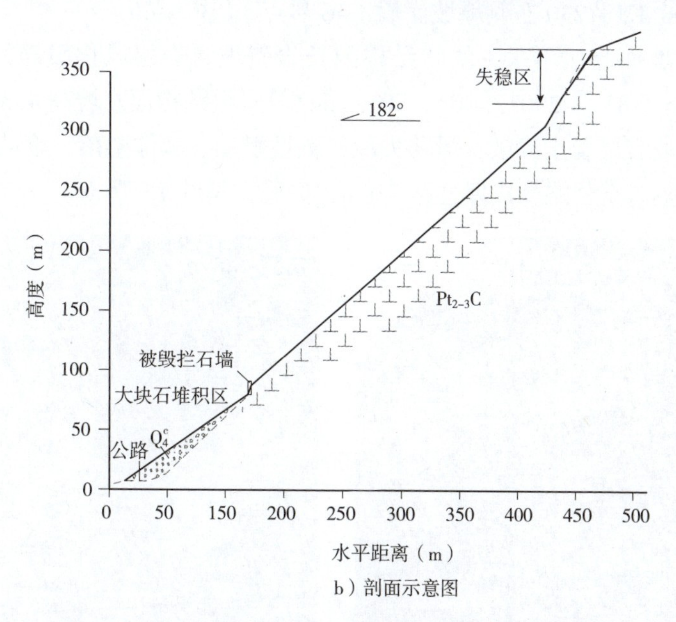

b）剖面示意图

图 6-43　K11+960~K12+010 右侧斜坡崩塌照片及剖面示意图

Figure 6-43　The photo and profile diagram of the right slope collapse about K11+960~K12+010

（7）K12+040~K12+500 右侧斜坡崩塌（45 号点）（图 6-44）

折线斜坡地貌，坡脚为崩坡积块碎石土，上部为块状结构闪长岩陡坡。发育 343°∠ 60° 、230°∠ 76° ~86° 、132°∠ 74° 等多组结构面。坡高 321m，坡向 170° 。

地震诱发基岩陡坡中上部岩体以震裂倾倒破坏为主，失稳岩体顺坡向下滚动、弹跳，掩埋公路460m并壅塞河道，失稳方量约7万m^3。

图6-44 K12+050~K12+380右侧斜坡崩塌照片

Figure 6-44 The photo of the right slope collapse about K12+050~K12+380

（8）K12+500~K13+230右侧斜坡崩塌（46号点）（图6-45）

斜坡地貌，坡面起伏不平，块状结构闪长岩斜坡，表层风化破碎，局部覆盖土层。230°∠61°、160°∠81°、290°∠40°、70°∠54°等多组结构面。坡高433m，坡向210°。

地震诱发斜坡表层岩土溃散、滑移失稳，顺坡滑动、解体坠落、滚动、弹跳，停积于斜坡坡面，部分坠落至公路，掩埋公路730m，失稳方量约15万m^3。

a）岩体失稳破坏情况

b）斜坡上部的失稳破坏区远观

图 6-45

Figure 6-45

c）崩塌堆积体掩埋公路

图 6-45 K12+600~K13+230 右侧斜坡崩塌照片

Figure 6-45 The photo of the right slope collapse about K12+600~K13+230

6.6 大阴沟—虎嘴牙段灾害点 The disasters from Dayingou to Huzuiya

图 6-46 为大阴沟—虎嘴牙段地质灾害点遥感影像图。

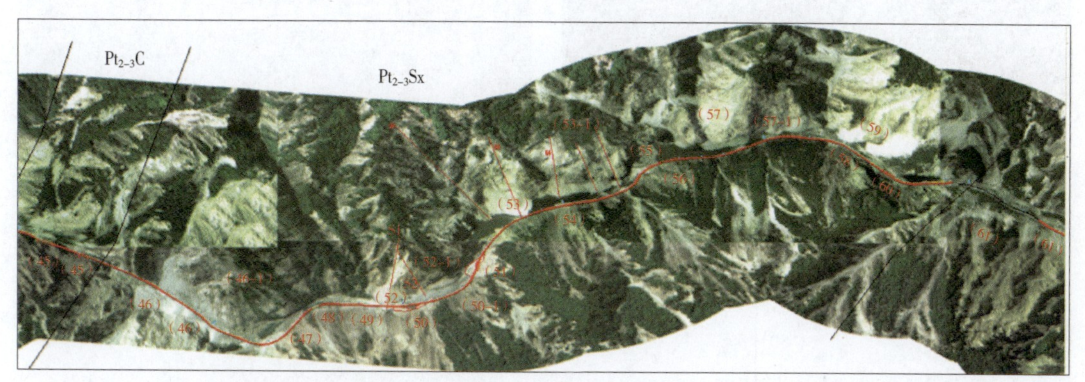

图 6-46 大阴沟—虎嘴牙段地质灾害点遥感影像图（图中标示灾害点编号为下述各灾害点名称后括号内编号）

Figure 6-46 The remote sensing image of geological disasters in the earthquake along the Dayingou to Huzuiya（The number of disaster in the picture is the following disaster's number in brackets）

（1）K13+320~K13+390 右侧边坡崩塌（47 号点）（图 6-47）

折线闪长岩斜坡，表层风化破碎，局部覆盖土层，呈土层及强风化层—基岩二元结构。坡高 361m，坡向 255°。

地震诱发斜坡表层岩土体滑移、倾倒失稳，失稳岩土体堆积于斜坡缓坡地带及坡脚，掩埋公路 70m，失稳方量约 1 万 m^3。

a）

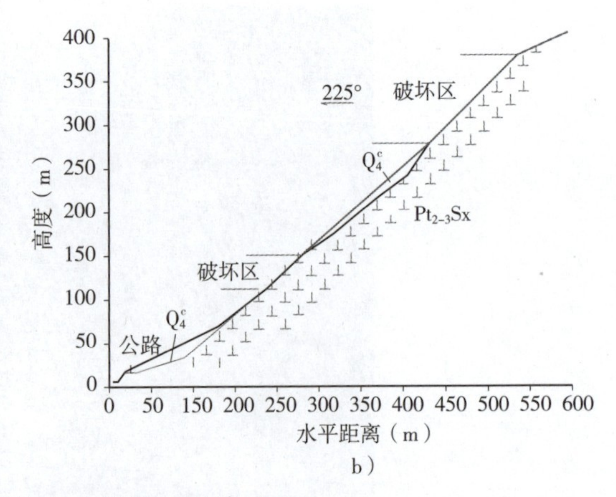

b）

图 6-47　K13+320~K13+390 右侧边坡崩塌照片及剖面示意图

Figure 6-47　The photo and profile diagram of the right slope collapse about K13+320~K13+390

（2）K13+410~K13+530 右侧斜坡崩塌（48 号点）（图 6-48）

a）块石在坡脚堆积，弹跳块石折断树木

b）损坏路面

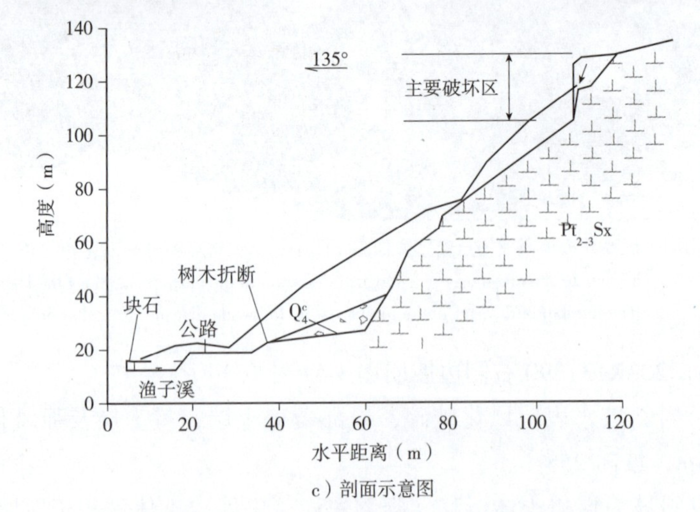

c）剖面示意图

图 6-48　K13+410~K13+530 右侧斜坡崩塌照片及剖面示意图

Figure 6-48　The photo and profile diagram of the right slope collapse about K13+410~K13+530

折线斜坡，上部表层覆盖土层，呈土层及强风化层—基岩二元结构，下部为块状结构闪长岩陡坡。坡高500m，坡向135°。

地震诱发斜坡上部表层岩土体溃散、滑移失稳，下部陡坡局部岩体倾倒失稳，并在坡面弹跳。失稳岩土体堆积于斜坡缓坡地带及坡脚，掩埋公路120m。失稳方量约1万m^3。

（3）K13+580~K13+950右侧斜坡崩塌（49号点）（图6-49）

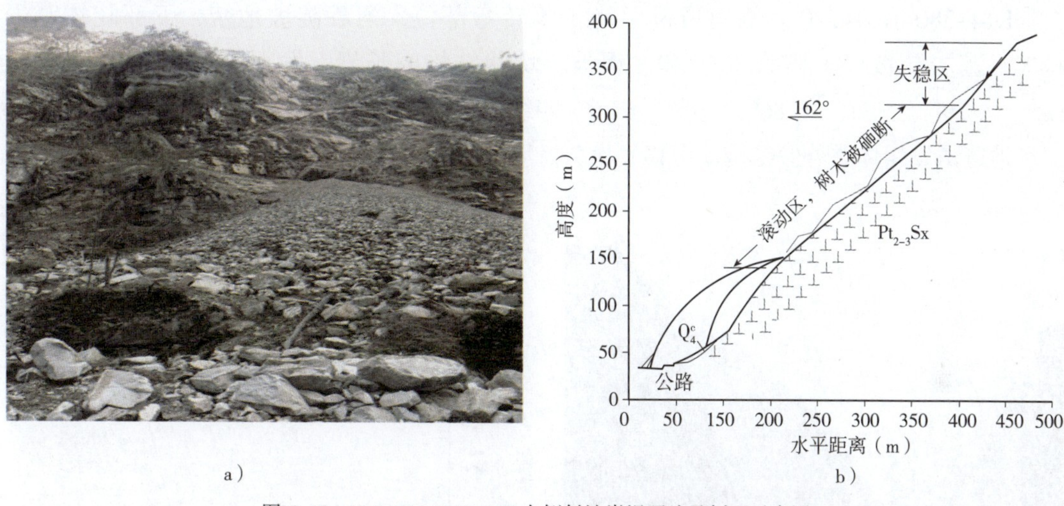

图6-49　K13+580~K13+950右侧斜坡崩塌照片及剖面示意图

Figure 6-49　The photo and profile diagram of the right slope collapse about K13+580~K13+950

折线斜坡，上部表层覆盖土层，呈土层及强风化层—基岩二元结构，下部为块状结构闪长岩陡坡，发育234°~260°∠48°~58°、105°∠68°、150°∠79°三组节理结构面。坡高347m，坡向162°。

下部块状结构基岩以陡坡倾倒破坏为主，上部基岩—强风化层二元结构斜坡中上部土层滑移失稳。失稳岩土体掩埋公路370m，失稳方量约3万m^3。

（4）K13+950~K14+170右侧斜坡崩塌（50号点）（图6-50）

图6-50　K13+950~K14+170右侧斜坡崩塌照片及剖面示意图

Figure 6-50　The photo and profile diagram of the right slope collapse about K13+950~K14+170

斜坡呈折线，下陡上缓，下部为基岩陡坡，上部斜坡中上部为土层及强风化层覆盖。

下部块状结构基岩以陡坡岩体倾倒破坏为主，上部土层滑移失稳破坏。失稳岩土体顺坡滑动、滚动、坠落、弹跳，堆积于坡脚及坡面。掩埋公路 220m，失稳方量约 5 万 m³。

（5）K14+380~K14+520 右侧斜坡崩塌（51 号点）（图 6–51）

K14+380~K14+520 右侧斜坡位于渔子溪转弯部位，河谷陡坡地貌，下部陡峻基岩斜坡，基岩陡坡以上则为 30°~40° 缓坡。块状结构闪长岩，发育 223° ∠ 74°~85°、185° ∠ 29°、131° ∠ 86°、95° ∠ 86° 四组结构面。

地震诱发岩体顺外倾结构面滑移失稳。掩埋公路 140m，失稳方量约 6.3 万 m³。

a）　　b）

图 6–51　K14+380~K14+520 右侧斜坡崩塌照片及剖面示意图

Figure 6–51　The photo and profile diagram of the right slope collapse about K14+380~K14+520

（6）K13+850~K14+320 对面，渔子溪右岸崩塌（52 号点）（图 6–52）

崩塌点位于突出山脊前缘，地形转折部位。坡体呈折线形，基岩裸露，植被不发育。块状结构闪长岩斜坡，发育 325°∠ 57°、95°∠ 84°、85°∠ 43° 三组结构面。坡高 320m，坡向 5°。

地震诱发陡倾结构面切割板状岩体倾倒破坏、沿外倾结构面滑移破坏。失稳岩体堆积于坡脚，壅塞河道，淹没公路 230m，失稳方量约 24 万 m³。

（7）K14+700~K15+300 对面渔子溪右侧边坡崩塌（53 号点）（图 6–53）

块状结构闪长岩陡坡，坡高 511m，坡向 340°，发育 328°∠ 59°、37°∠ 83°、137°∠ 38° 三组结构面。

地震诱发斜坡岩体顺外倾结构面滑动，解体后翻滚、坠落，堆积于坡脚，形成三处堰塞湖，淹没公路 600m，失稳方量约 73 万 m³。

a）上部失稳破坏区俯视照片

b）崩塌失稳区

c）K13+850~K14+320对面，渔子溪右岸斜坡崩塌全貌照片

d）剖面示意图

图6-52 K13+850~K14+320对面，渔子溪右岸崩塌照片及剖面示意图

Figure 6-52 The photo and profile diagram of the right slope collapse in Yuzixi, the road opposite of K13+850~K14+320

a）

图 6-53

Figure 6-53

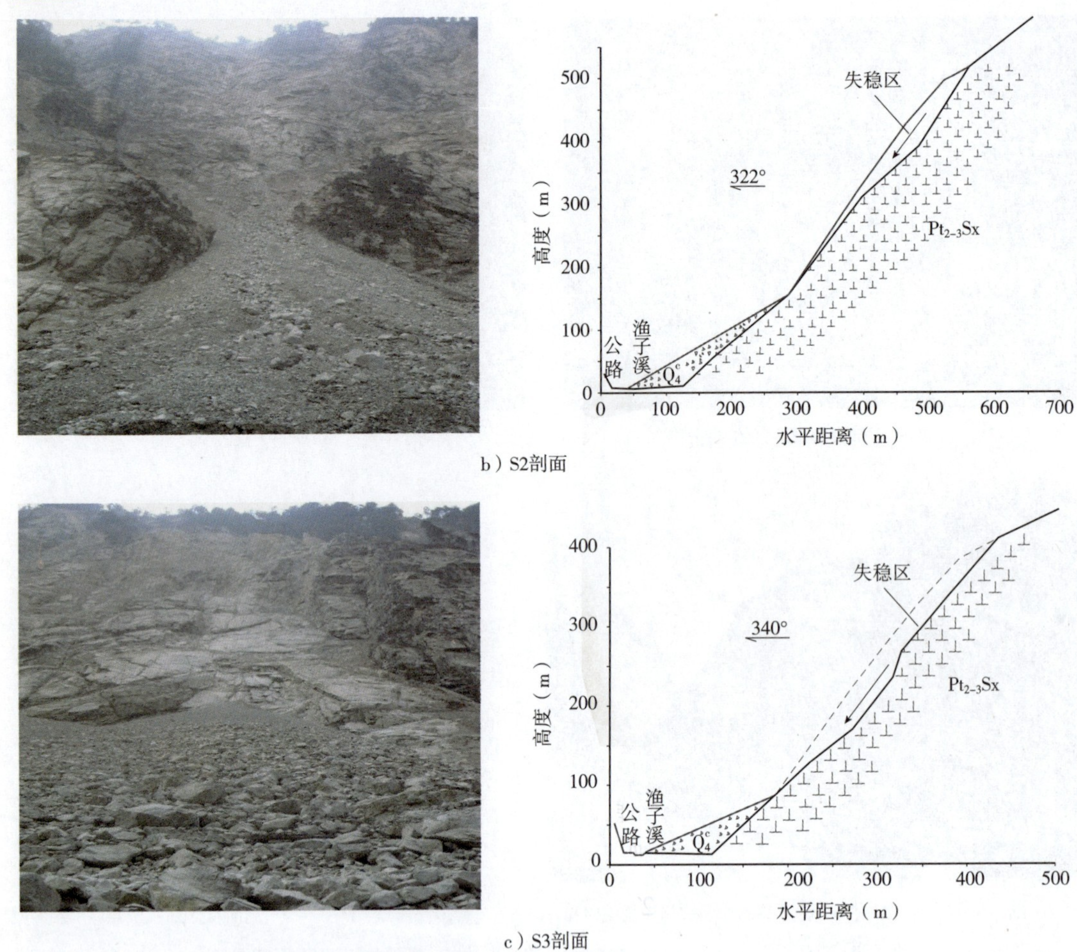

b）S2剖面

c）S3剖面

图 6-53　K14+700~K15+300 对面，渔子溪右侧边坡崩塌照片及剖面示意图

Figure 6-53　The photo and profile diagram of the right slope collapse in Yuzixi，the road opposite of K14+700~K15+300

（8）K14+900~K15+150 右侧斜坡崩塌（54 号点）（图 6-54）

图 6-54　K14+900~K15+150 右侧斜坡崩塌下部陡坡岩体失稳情况及震裂岩体

Figure 6-54　Shattered and instability steep rock in the lower right slope collapse of K14+900~K15+150

折线斜坡地貌，上部基岩—强风化层二元结构斜坡，下部块状结构基岩陡坡。下部基岩陡坡坡高 213m，坡向 160°，发育 328°∠ 59°、37°∠ 83°、137°∠ 38° 三组结构面。

地震诱发下部基岩陡坡局部发生岩体倾倒破坏，上部斜坡中上部土层及强风化层滑移破坏。上部岩土体顺坡滑动、滚动、弹跳，并顺陡坡坠落，停积于斜坡坡面及坡脚。掩埋公路 250m，失稳方量约 3 万 m^3

（9）K15+400~K15+520 段右岸斜坡，公路对岸崩塌（55 号点）（图 6–55）

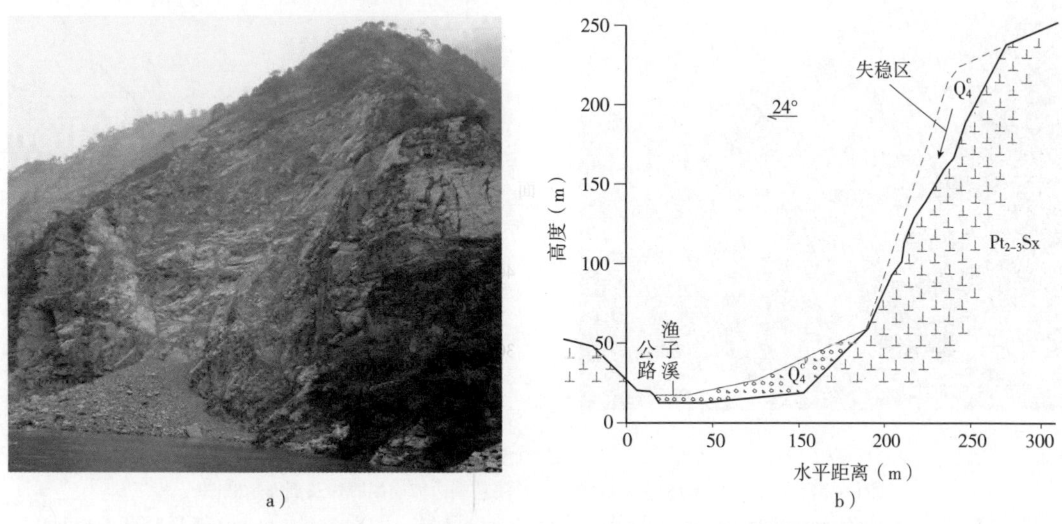

图 6–55　K15+400~K15+520 段右岸斜坡，公路对岸崩塌照片及剖面示意图

Figure 6–55　The photo and profile diagram of the right slope collapse，road opposite of K15+400~K15+520

块状结构闪长岩陡坡，坡高 225°，坡向 24°。发育 325°∠ 48°、252°∠ 55° ~77°、20°∠ 82° 三组结构面。

地震力作用下上部岩体拉裂，致下部岩体压溃错断，失稳岩体堆积于坡脚，壅塞河道，淹没公路 700m，抬高水位约 10m，失稳方量约 22 万 m^3。

（10）K15+350~K15+600 右侧斜坡崩塌（56 号点）（图 6–56）

图 6–56　K15+350~K15+600 右侧斜坡上部表层岩体失稳

Figure 6–56　Instability rock of upper surface on right side slope of K15+350~K15+600

折线斜坡地貌，上部基岩—强风化层二元结构斜坡，下部块状结构基岩陡坡，坡向44°。

地震诱发下部基岩陡坡局部发生岩体倾倒破坏，上部斜坡中上部土层及强风化层滑移破坏。失稳岩土体停积于斜坡坡面及坡脚。掩埋公路250m，失稳方量约1万m³。

（11）K15+700~K15+950对面，渔子溪右侧边坡崩塌（57号点）（图6-57）

a）

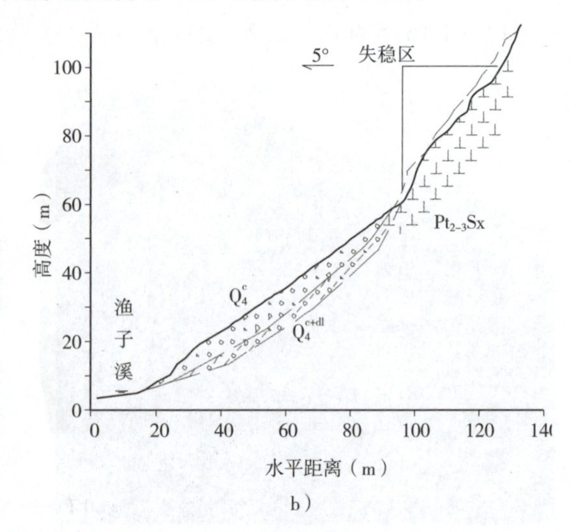

b）

图6-57　K15+700~K15+950对面，渔子溪右侧边坡崩塌照片及剖面示意图

Figure 6-57　The photo and profile diagram of the right slope collapse in Yuzixi, the road opposite of K15+700~K15+950

折线闪长岩斜坡地貌，斜坡上部覆盖土层及强风化岩体，呈土层及强风化层—基岩二元结构，发育外倾结构面。

地震诱发上部土层及强风化岩体顺外倾结构面滑移失稳破坏，顺坡滑动、解体坠落，堆积于坡脚，壅塞河道，淹没公路，失稳方量约8万m³。

（12）K16+010~K16+250对面，渔子溪右侧边坡崩塌（57-1号点）（图6-58）

a）

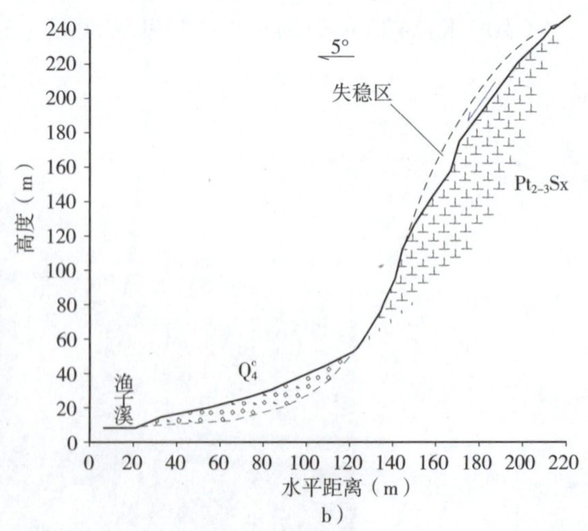

b）

图6-58　K16+010~K16+250对面，渔子溪右侧边坡崩塌照片及剖面示意图

Figure 6-58　The photo and profile diagram of the right slope collapse in Yuzixi, the road opposite of K16+010~K16+250

块状结构闪长岩陡坡地貌，斜坡上部覆盖土层及强风化岩体，局部呈土层及强风化层—基岩二元结构。坡高 160m，坡向 5°。

地震诱发表层强风化、卸荷岩土体倾倒、滑移失稳，堆积于坡脚，壅塞河道，淹没公路，失稳方量约 5 万 m^3。

（13）K16+290~K16+460 右侧斜坡崩塌（58 号点）（图 6–59）

a）

b）

图 6–59　K16+290~K16+460 右侧斜坡崩塌失稳破坏区及残留震裂岩体

Figure 6–59　Instability destroyed damage and residual shattered rock on right slope collapse of K16+290~K16+460

块状结构闪长岩陡坡，坡高 132°，坡向 246°。发育 145°∠ 37°、235°∠ 75°、346°∠ 36° 三组结构面。

地震诱发结构面切割岩体倾倒、滑移破坏，顺坡坠落，堆积于坡脚，掩埋公路 170m，失稳方量约 50 000m^3。

（14）K16+300~K16+600 对面，渔子溪右侧边坡崩塌（59 号点）（图 6–60）

a）

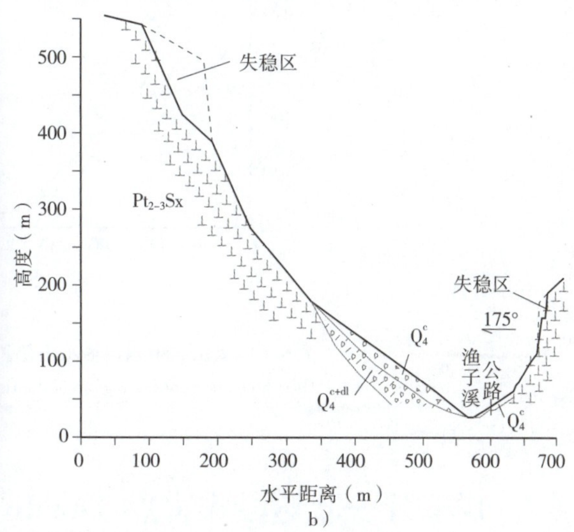

b）

图 6–60　K16+300~K16+600 对面，渔子溪右侧边坡崩塌照片及剖面示意图

Figure 6–60　The photo and profile diagram of the right slope collapse in Yuzixi, the road opposite of K16+300~K16+600

斜坡呈折线形，上陡下缓，上部陡坡近于直立，呈基岩—强风化层二元结构斜坡。坡高 523m，坡向 46°。

地震诱发上部土层及强风化岩体溃散、滑移失稳，顺微冲沟下泻，在斜坡下段堆积，陡坡段结构面切割岩体失稳，壅塞河道，淹没公路，失稳方量约 3.5 万 m^3。

（15）K16+460~K16+920 右侧斜坡崩塌（60 号点）（图 6–61）

块状结构闪长岩陡坡，基岩裸露，植被不发育。坡高 297m，坡向 210°。

地震诱发结构面切割岩体倾倒、滑移破坏，失稳岩土体堆积于坡脚，堰塞河道，淹没公路 460m，失稳方量约 6 万 m^3。

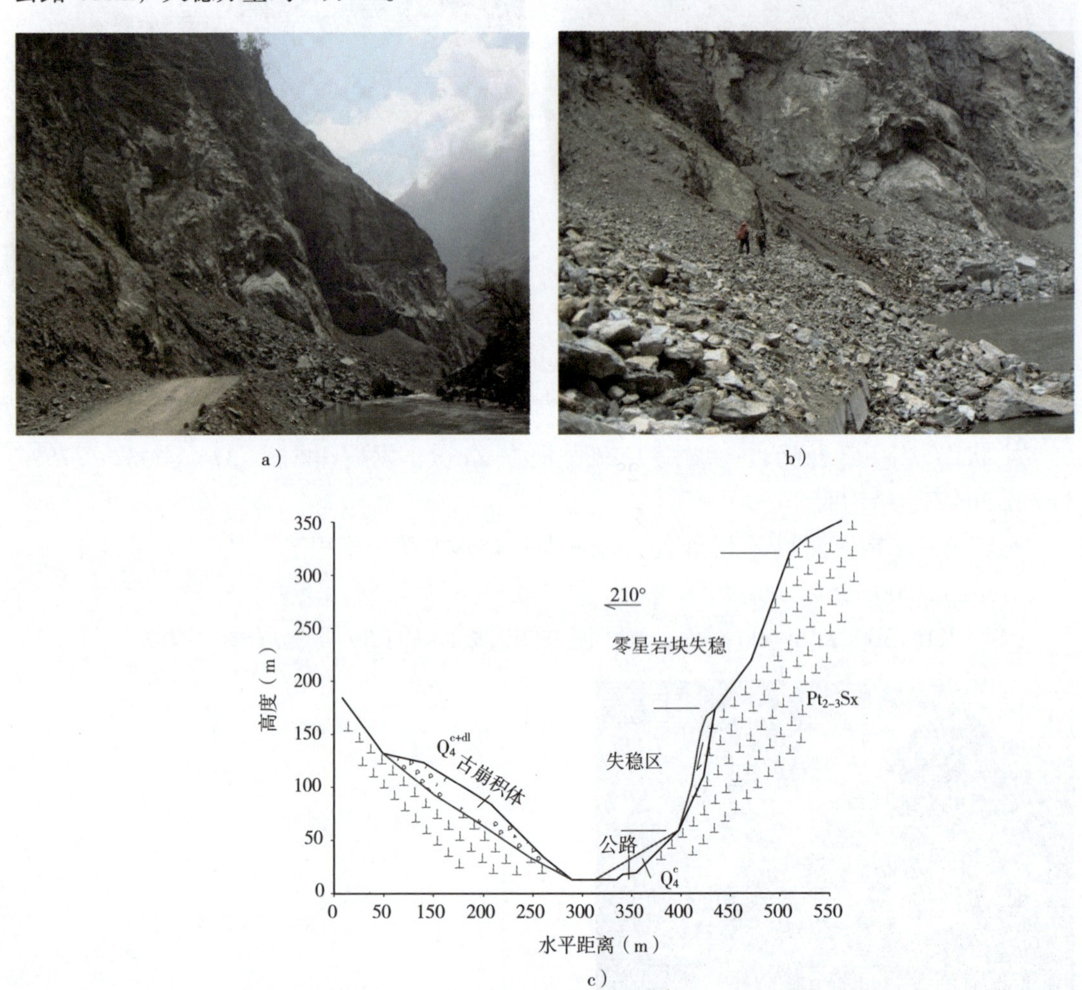

图 6–61　K16+460~K16+920 右侧斜坡崩塌照片及剖面示意图

Figure 6–61　The photo and profile diagram of the right slope collapse along K16+460~K16+920

6.7　虎嘴牙—耿达段灾害点 The disasters from Huzuiya to Gengda

图 6–62 为虎嘴牙—耿达段灾害点遥感影像图。

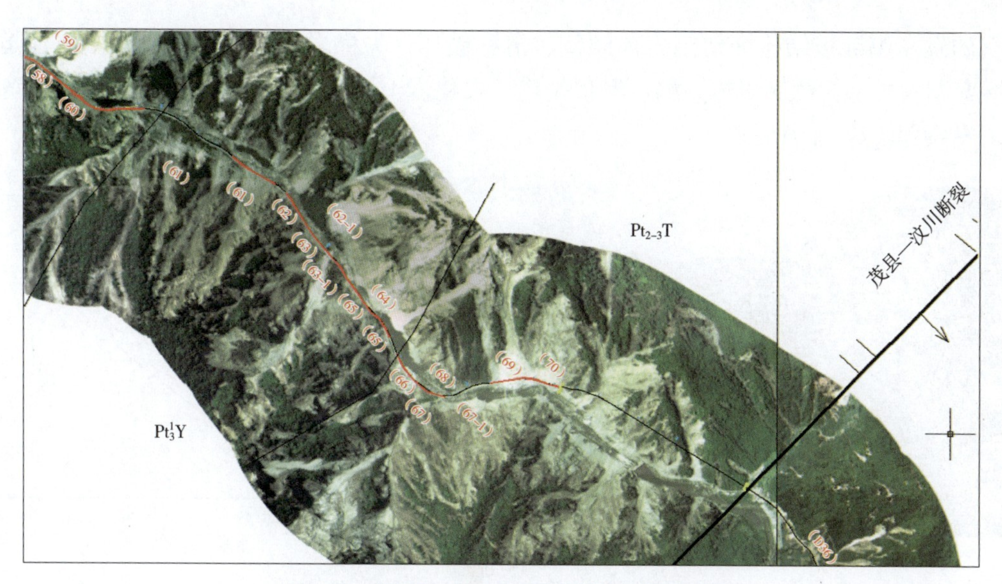

图 6–62 虎嘴牙—耿达段地质灾害点遥感影像图

（图中标示灾害点编号为下述各灾害点名称后括号内编号）

Figure 6–62 The remote sensing image of geological disasters in the earthquake along the Huzuiya to Gengda

（The number of disaster in the picture is the following disaster's number in brackets）

（1）K17+180~K17+630 公路右侧斜坡崩塌（61 号点）（图 6–63）

斜坡呈折线形，块状结构辉长岩，局部覆盖土层，坡面微冲沟发育。坡高 816m，坡向 210°。发育 152°∠ 46°、292°∠ 42°、200°∠ 64° 三组结构面。

地震诱发岩体顺外倾结构面滑移失稳，失稳岩土体顺坡滑动、解体滚动、弹跳。前段 70m 公路右侧有一平台发育，宽 2~4m，堆积体大部分堆积于平台上，少量砸坏公路；后段崩塌堆积体掩埋公路 230m，失稳方量约 6.8 万 m^3。

（2）K17+700~K17+850 公路右侧斜坡崩塌（62 号点）（图 6–64）

坡体呈折线形，上陡下缓，上部碎裂结构辉长岩斜坡，下部崩坡积块碎石土。坡高 208m，坡向 205° 。

地震诱发上部表层岩体倾倒失稳，顺陡坡坠落，堆积于坡脚，掩埋公路 150m，失稳方量约 9 000m^3。

（3）K17+850~K18+000 公路右侧斜坡崩塌（63 号点）（图 6–65）

坡体呈折线形，上陡下缓，上部块状结构闪长岩陡坡，坡顶中部发育一冲沟，致使坡顶呈驼峰状（两峰），冲沟沿坡面垂直而下。坡体下部堆积块碎石，厚度大于 40m，于中部形成平台，宽约 40m。

地震诱发陡坡结构面切割岩体倾倒破坏，在上部沟床两侧堆积，并向下倾斜形成碎屑流，掩埋公路 150m，失稳方量约 1.5 万 m^3，雨季诱发泥石流灾害。

（4）K18+250~K18+500 公路对面，渔子溪右侧斜坡崩塌（碎屑流）（64 号点）（图 6–66）

斜坡位于渔子溪右侧，公路对面，斜坡呈折线形，上部块状结构辉长岩，下部崩坡积块碎石土层。正对斜坡，左侧为高陡基岩斜坡（图 6–66a），右侧为次级冲沟（图 6–66b）。

地震诱发左侧陡坡结构面切割岩体倾倒、滑移破坏，失稳岩体堆积于坡脚，堵塞河道形成堰塞湖；微冲沟两侧岩体倾倒、滑移失稳，失稳岩土体顺微冲沟下泻，在河中形成壅塞体。失稳方量约 14 万 m^3。

图 6-63 K17+180~K17+550 公路右侧斜坡崩塌照片及剖面示意图

Figure 6-63 The photo and profile diagram of the right slope collapse along K17+180~K17+550

a）岩体崩塌失稳区　　b）崩塌堆积体掩埋公路

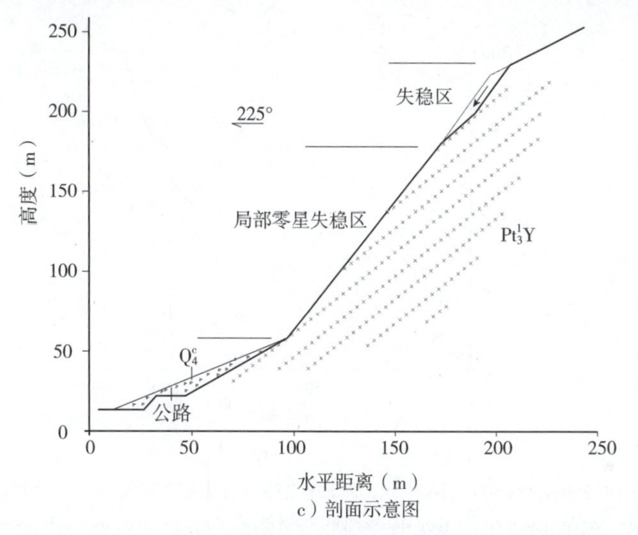

c）剖面示意图

图 6-64　K17+700~K17+850 公路右侧斜坡崩塌照片及剖面示意图

Figure 6-64　The photo and profile diagram of the right slope collapse along K17+700~K17+850

a）斜坡上部岩体崩塌失稳区　　b）剖面示意图

图 6-65　K17+850~K18+000 公路右侧斜坡崩塌照片及剖面示意图

Figure 6-65　The photo and profile diagram of the right slope collapse along K17+850~K18+000

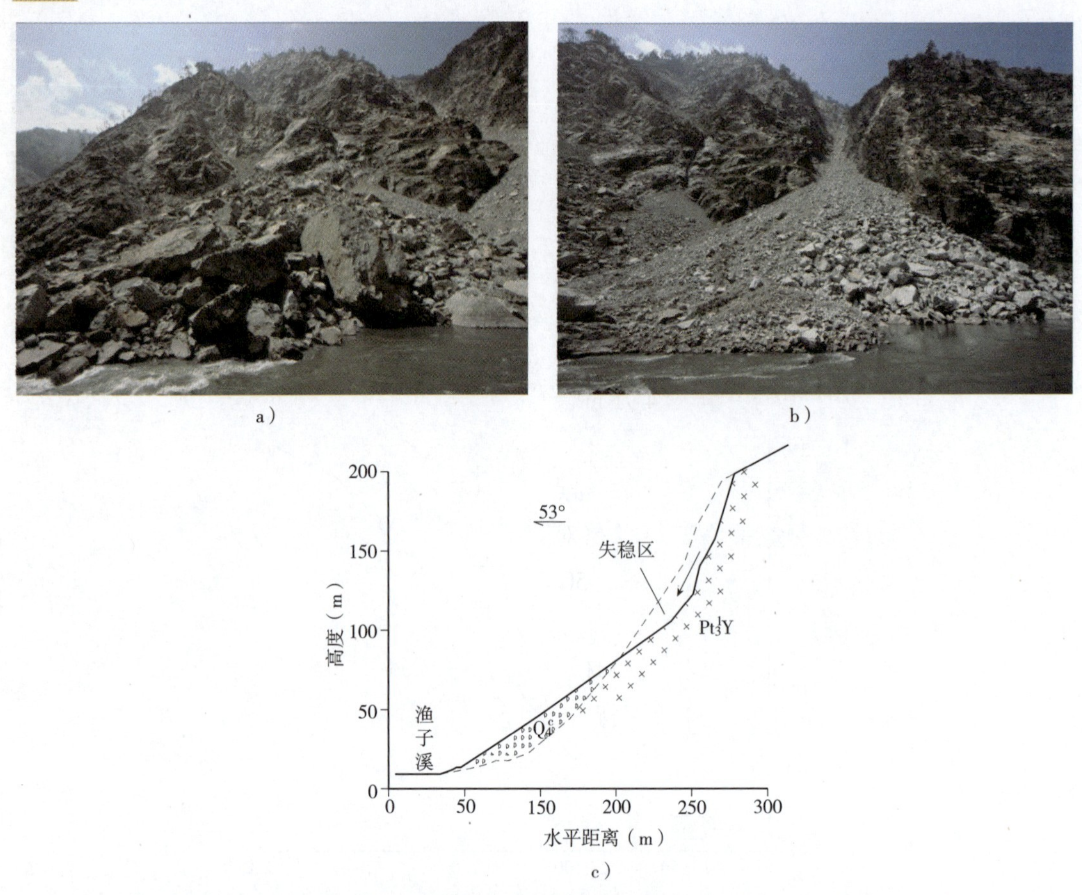

图 6-66　K18+250~K18+500 公路对面，渔子溪右侧斜坡崩塌（碎屑流）照片及剖面示意图

Figure 6-66　The photo and profile diagram of the right slope collapse and debris flow in Yuzixi, the road opposite of K18+250~K18+500

（5）K18+440~K18+500 公路右侧斜坡崩塌（65 号点）（图 6-67）

图 6-67　K18+440~K18+500 公路右侧斜坡崩塌照片及剖面示意图

Figure 6-67　The photo and profile diagram of the right slope collapse along K18+440~K18+500

块状结构辉长岩斜坡，坡体中部发育微冲沟，地震诱发陡坡结构面切割岩体失稳，坠落堆积于坡脚，掩埋公路 60m，失稳方量约 2.5 万 m³。震后产生次生泥石流灾害。

（6）K18+600~K18+770 公路右侧斜坡崩塌（66 号点）（图 6–68）

块状结构闪长岩斜坡，中部发育微冲沟。地震诱发冲沟两侧岩体失稳，失稳岩体顺微冲沟下泻形成碎屑流，掩埋公路 170m，失稳方量约 4 万 m³。震后雨季产生次生泥石流灾害。

图 6–68 K18+600~K18+770 公路右侧斜坡崩塌（碎屑流）照片

Figure 6–68 The photo and profile diagram of the right slope collapse and debris flow of K18+600~K18+770

（7）K18+800 公路右侧斜坡崩塌（68 号点）（图 6–69）

渔子溪 3 号桥左侧斜坡，位于公路对面，块状结构闪长岩，发育外倾结构面产状 342°∠ 50°。斜坡高度 156m，坡向 355°。

地震诱发岩体顺外倾结构面滑移破坏，顺坡滑动、解体滚动、弹跳，在下部河流阶地上堆积，损坏房屋，距公路较远，对公路无影响，失稳方量约 3 000m³。

a）滑移崩塌破坏区及房内巨石

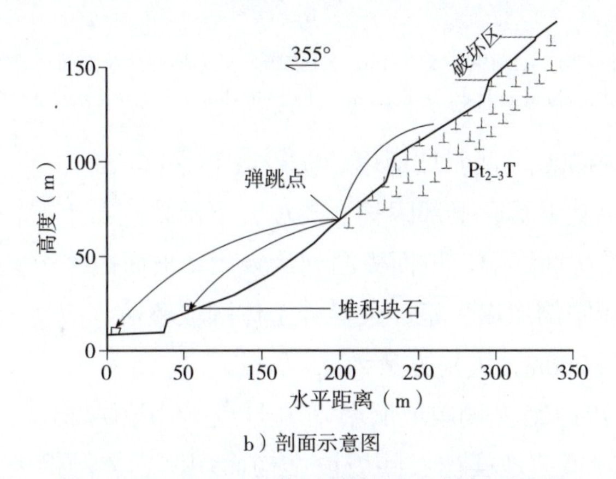

b）剖面示意图

图 6–69 K18+800 公路右侧斜坡照片及剖面示意图

Figure 6–69 The photo and profile diagram of the right slope collapse along K18+800

（8）K18 + 900~K19+100 公路右侧斜坡崩塌（67-1 号点）（图 6-70）

渔子溪 3 号桥右侧陡坡，块状结构闪长岩，发育 171°∠ 56° 优势结构面，岩体呈似层状。斜坡高度 557m，坡向 165°。

地震诱发结构面切割岩体倾倒，顺坡坠落，多次弹跳，大部分堆积于坡脚，少量块石弹跳较远，其中一块击中渔子溪三号桥，失稳方量约 5 000m³。

a）

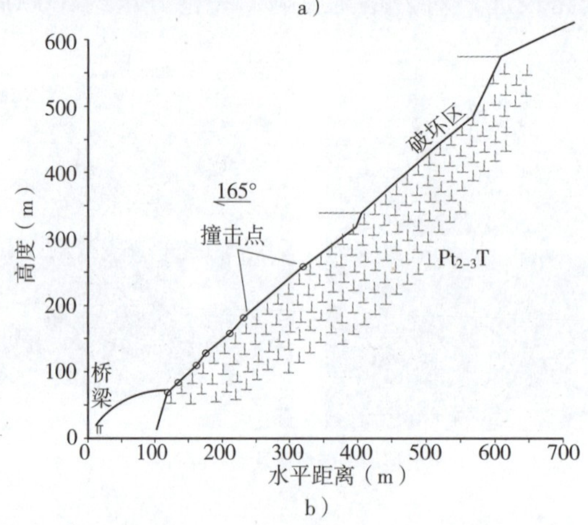

b）

图 6-70　K18+900~K19+100 公路右侧斜坡崩塌照片及剖面示意图

Figure 6-70　The photo and profile diagram of the right slope collapse along K18+900~K19+100

（9）K19+100~K19+300 左侧斜坡崩塌（69 号点）（图 6-71）

斜坡呈折线形，上陡下缓，上部闪长岩陡坡，下部块碎石土层，植被较为茂盛，以低矮灌木为主。岩体受结构面影响，坡面横向起伏较大，坡面微冲沟发育，呈阶梯状。

地震诱发上部岩体倾倒崩塌失稳，失稳岩土体顺坡坠落、滚动、弹跳，在下部缓坡段及坡脚堆积，掩埋公路 200m，失稳方量约 25 万 m³。

（10）K19+300~K19+420 左侧斜坡崩塌（70 号点）（图 6-72）

碎裂结构闪长岩陡坡，地震诱发陡坡段结构面切割岩体倾倒失稳，失稳岩体顺坡坠落，堆积于坡脚，掩埋公路 120m，砸坏挡墙，失稳方量约 8.8 万 m³。

a） b）

图 6-71 K19+100~K19+300 左侧斜坡崩塌照片

Figure 6-71 The photo of the lift slope collapse along K19+100~K19+300

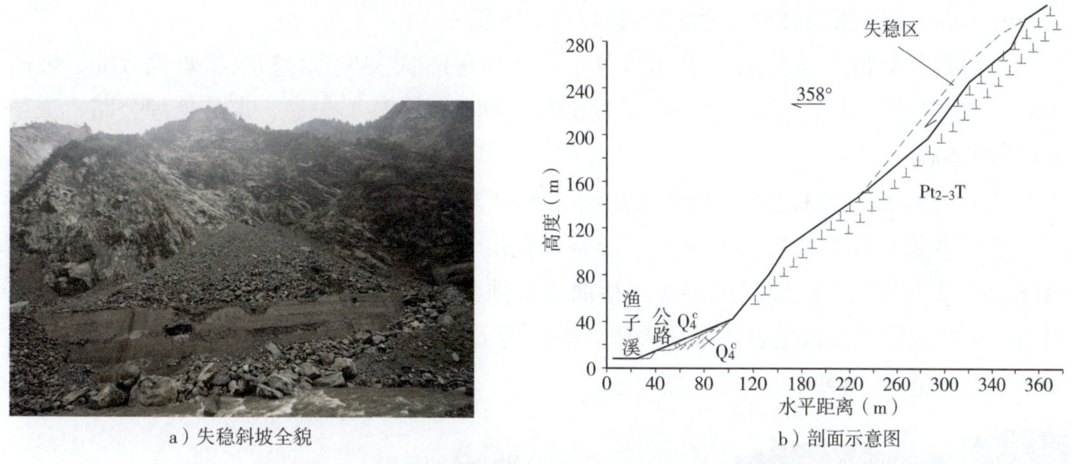

a）失稳斜坡全貌 b）剖面示意图

图 6-72 K19+300~K19+420 左侧斜坡崩塌照片及剖面示意图

Figure 6-72 The photo and profile diagram of the left slope collapse along K19+300~K19+420

6.8 耿达—卧龙段灾害点 The disasters from Gengda to Wolong

6.8.1 耿达隧道出口—耿达镇段 Tunnel export of Gengda to Gengda Town

（1）K20+860~K20+970 左侧边坡崩塌（图 6-73）

志留系茂县群石英片岩，片理 265° ∠ 78° ，陡倾斜交结构。前段坡高 67m，人工开挖陡坡（图 6-73a），后段自然斜坡（图 6-73b），坡高大于 100m，斜坡坡向 46° 。地震诱发斜坡中上部强风化岩体失稳，部分掩埋公路，失稳方量约 2 000m³。

a）

b）

图 6-73 K20+860~K20+970 左侧边坡崩塌照片

Figure 6-73 The photo of the left slope collapse along K20+860~K20+970

（2）K21+660~K21+854 桥梁两侧斜坡崩塌（图 6-74）

志留系茂县群石英片岩，上部覆盖土层。片理产状 335° ∠ 37° ，坡高 67m，坡向 108° 。地震诱发斜坡上部土层失稳，局部基岩倾倒（滑移）失稳，部分掩埋公路，失稳方量约 1 400m³。

（3）K23+080~K23+250 右侧斜坡崩塌（图 6-75）

志留系茂县群千枚岩，上部土层及强风化层。片理产状 250° ∠ 78° ，碎石土及强风化层—基岩结构（陡倾顺层斜交，褶曲变形强烈）。坡高 67m，坡向 310° 。地震诱发斜坡中上部土层及强风化岩体滑移失稳，失稳岩土体顺坡坠落、解体堆积于坡脚。掩埋公路，失稳方量约 3 500m³。

图 6-74 K21+660~K21+854 左侧边坡失稳照片

Figure 6-74 The photo of the left instability slope along K21+660~K21+854

图 6-75 K23+080~K23+250 右侧斜坡崩塌

Figure 6-75 The photo of the right slope collapse along K23+080~K23+250

（4）K24+500 对面高速远程滑坡（图 6-76）

志留系茂县群灰岩，上部碎石土层，岩层产状 135°~145°∠45°~62°，近于正交结构。坡高 80m，坡向 30°。斜坡中部发育岩溶泉点，实测流量 7.2L/s（2009 年 4 月 22 日）。

2008 年 5 月 13 日凌晨 6~7 点斜坡上部岩土体高速远程滑动，滑坡后缘与滑体运动最前缘最大距离 263.8m，滑体质心水平运动距离约 175m、垂直降落高差 80m，估算体积 $2.6\times10^4m^3$，高速滑坡体冲入渔子溪河道，在强大惯性力作用下掩埋了滑源区对面的映秀至卧龙公路。

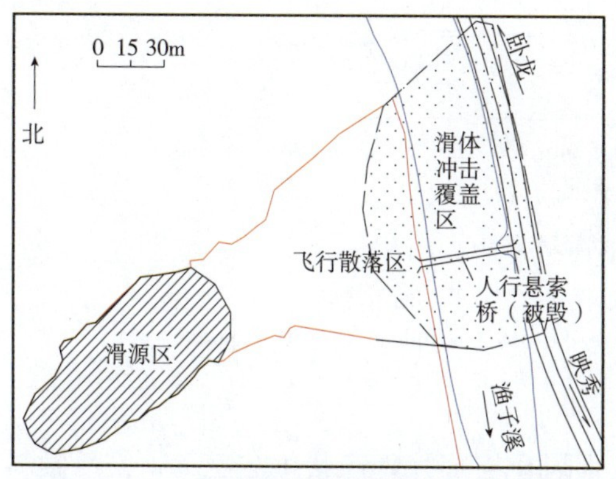

a）K24+500滑坡平面示意图

b）滑坡中部岩溶泉点

c）滑坡俯视图（可见高速滑动后的覆盖区，掩埋公路）

d）被高速远程滑体冲毁的索桥

e）K24+500 滑坡侧视照片

图　6-76

Figure　6-76

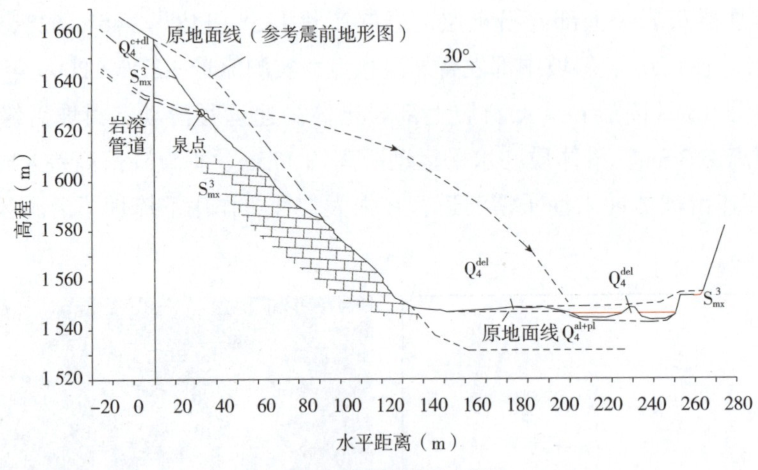

f）K24+500 滑坡剖面示意图

图 6-76　K24+500 对面高速远程滑坡照片及剖面示意图

Figure 6-76　The photo and profile of high-speed remote landslide in K24+500 opposite

（5）K25 右侧斜坡崩塌（图 6-77）

志留系茂县群千枚岩、灰岩，上部土层及强风化层。片理产状 122°∠63°，反倾斜交结构。坡高 105m，坡向 230°。地震诱发斜坡中上部土层及强风化岩体倾倒、滑移失稳。失稳岩体在坡面滚动、弹跳，砸至路面，失稳方量约 4 000m³。

（6）K25+800~K25+860 右侧斜坡崩塌（图 6-78）

志留系茂县群千枚岩，片理产状 122°∠63°，斜坡上部为土层及强风化层，呈土层及强风化层—基岩二元结构，坡高 46m，坡向 250°。地震诱发斜坡中上部土层及强风化岩体失稳，掩埋公路，失稳方量约 4 000m³。

a）　　　　　　　　　　　　　　　b）

图 6-77　K25 右侧斜坡崩塌照片及剖面示意图

Figure 6-77　The photo and profile diagram of the right slope collapse in K25

（7）K26+300~K26+470 内侧龙潭小学背后边坡（图 6-79）

志留系茂县群千枚岩，斜坡上部为土层及强风化层，呈土层及强风化层—基岩二元结构。坡高134m，坡向280°。地震诱发斜坡中上部土层及强风化岩土体失稳，损毁房屋，对公路影响小，失稳方量约3万m^3。

图6-78 K25+800~K25+860右侧斜坡崩塌

Figure 6-78 Right slope collapse of K25+800~K25+860

图6-79 K26+300~K26+470龙潭小学背后边坡崩塌

Figure 6-79 Slope collapse in Longtan school behind of K26+300~K26+470

（8）K27+850~K28+050公路右侧斜坡震裂（滑坡）及次生泥石流（图6-80）

志留系茂县群千枚岩及第四系崩坡积层，公路右侧发育两条支沟。左侧支沟沟床纵坡较陡，两侧斜坡主震作用下岩土体震裂，在后期降雨作用下滑移失稳。

失稳岩土体夹杂地表水，顺支沟以稀性泥石流形式下泻，掩埋公路以及民房。泥石流堆积面积8 657m^2，方量约6.53万m^3。

图6-80 K27+850~K28+050公路右侧泥石流

Figure 6-80 Debris on the right road of K27+850~K28+050

（9）K28+440~K28+617滑坡（图6-81）

原为古滑坡，地震诱发古滑坡局部复活。复活滑坡沿主滑方向长245多米，宽197m，滑体平面面积约2.42万m^2，总体积约15万m^3。

a）滑坡前缘

b）滑坡侧面全貌

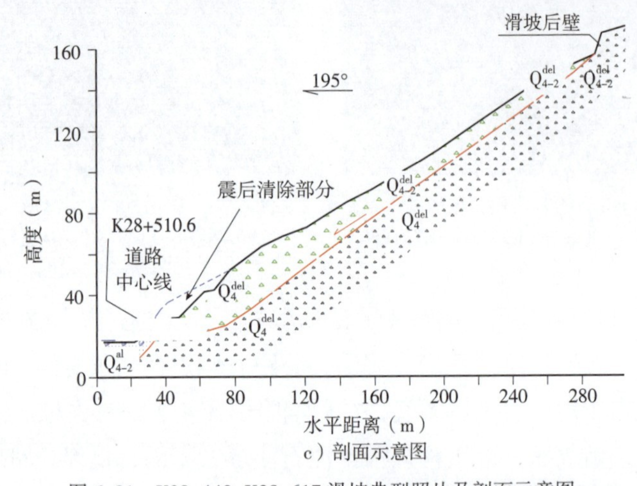

c）剖面示意图

图 6-81 K28+440~K28+617 滑坡典型照片及剖面示意图

Figure 6-81 The typical photo and profile diagram of the landslide along K28+440~K28+617

（10）K28+990~K29+040 右侧斜坡（图 6-82）

泥盆系危关群变质砂岩，斜坡上部为土层及强风化层，呈土层及强风化层—基岩结构，坡高 175m，坡向 195°。地震诱发斜坡中上部土层及强风化岩体失稳，后期坡面泥石流，掩埋公路，失稳方量约 2 000m³。

（11）K29+250~K29+400 右侧斜坡崩塌（D26 号点）（图 6-83）

D_{wg} 千枚岩、灰岩，斜坡上部为土层及强风化层，呈土层及强风化层—反倾基岩结构。层面产状 255°∠43°，外倾结构面 118°∠62°，坡高 189m，坡向 160°。

地震诱发斜坡中上部土层及强风化岩体

图 6-82 K28+990~K29+040 右侧斜坡崩塌照片

Figure 6-82 The photo of the right slope collapse in K28+990~K29+040

失稳，岩体滑移失稳，失稳岩土体掩埋公路，失稳方量约 1 万 m^3。

图 6-83　K29+250~K29+400 右侧斜坡崩塌照片

Figure 6-83　The photo of the right slope collapse in K29+250~K29+400

6.8.2　水电站—卧龙段 Hydropower stations to Wolong

（1）K30+050~K30+080 右侧斜坡崩塌（图 6-84）

石炭系及二叠系灰岩，层面产状 290°∠ 38°，近于正交结构。坡高 160m，坡向 190° ~210°。地震诱发结构面切割岩体倾倒失稳，失稳岩体在坡面弹跳后击中桥梁，将梁体向前推移 23m，失稳方量约 500m^3。

图 6-84　K30+050~K30+080 右侧斜坡崩塌砸毁 1 跨桥梁的照片及剖面

Figure 6-84　The photo and profile diagram of the right slope collapse in K30+050~K30+080，destroyed one cross bridge

（2）K30+800~K31+000 公路左侧边坡（图 6-85）

石炭系及二叠系灰岩，折线坡，中部为缓坡平台。层面产状 250°∠83°，顺层结构，岩体褶曲变形强烈。坡高 314m，坡向 260°。

地震诱发上部斜坡岩体滑移失稳，失稳岩土体在缓坡平台停积，个别块体滚动坠落至公路；下部公路左侧边坡中上部土层滑移失稳，失稳方量约 2 000m³。

图 6-85 K30+800~K31+000 公路左侧边坡崩塌
Figure 6-85 The photo of the left road slope collapse in K30+800~K31+000

（3）K31+520~K31+620 公路左侧边坡崩塌（图 6-86）

石炭系及二叠系灰岩，人工开挖陡坡，层面产状 315°∠79°，反倾斜交结构，岩体褶曲变形强烈。坡高 40m，坡向 243°。地震诱发岩体倾倒崩塌破坏，掩埋公路，失稳方量约 1 000m³。

（4）K31+700~K31+850 公路左侧边坡（图 6-87）

石炭系及二叠系灰岩，人工开挖陡坡。岩层陡倾、褶曲变形强烈。坡高 67m，坡向 246°。地震诱发岩体倾倒失稳，失稳岩体掩埋公路，失稳方量约 800m³。

（5）K32+450~K32+600 公路左侧斜坡崩塌（图 6-88）

石炭系及二叠系灰岩，层面产状 255°∠46°，顺层结构。坡高 153m，坡向 253°。地震诱发岩体滑移失稳，失稳岩体掩埋公路、损毁路面，失稳方量约 3 000m³。

图 6-86 K31+520~K31+620 公路左侧边坡崩塌
Figure 6-86 The photo of the left road slope collapse in K31+520~K31+620

图 6-87 K31+700~K31+850 公路左侧边坡崩塌
Figure 6-87 The photo of the left road slope collapse in K31+700~K31+850

a）K32+450~K32+600 公路左侧斜坡崩塌失稳区

b）失稳岩体越过公路后被公路右侧树木拦挡

图 6–88　K32+450~K32+600 公路左侧斜坡崩塌照片

Figure 6–88　The photo of the left road slope collapse in K32+450~K32+600

（6）K32+800~K33+000 公路左侧斜坡（图 6–89）

石炭系及二叠系灰岩，层面产状 295°∠ 56°，顺层结构，坡高 305m，坡向 253°。

地震诱发岩体滑移式失稳，沿坡面滚动、弹跳，损坏挡墙及路面，失稳方量约 3 600m³。

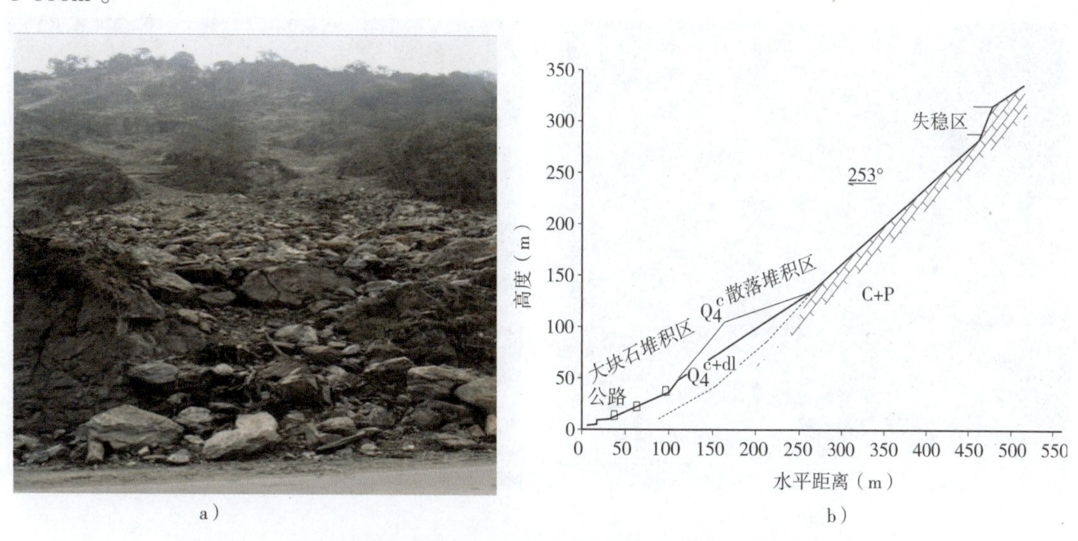

a）　　b）

图 6–89　K32+800~K33+000 公路左侧斜坡崩塌典型剖面

Figure 6–89　The typical profile diagram of the left road slope collapse in K32+800~K33+000

（7）K33+110~K33+350 公路左侧斜坡（图 6–90）

三叠系波茨沟组及杂谷脑组变质砂页岩，斜坡上部为土层及强风化层，呈土层及强风化层—基岩二元结构，坡面发育多条微冲沟，坡高约 500m，坡向 310° 。

地震诱发斜坡中上部及微冲沟两侧土层滑移失稳，顺微冲沟下泻掩埋公路，失稳方量约 3.5 万 m³。

图 6–90 K33+110~K33+350 公路左侧斜坡崩塌照片

Figure 6–90 The photo of the left road slope collapse in K33+110~K33+350

（8）K33+560 左侧斜坡崩塌（图 6–91）

三叠系杂谷脑组变质砂岩，层面产状 250°∠ 55°，顺层结构，坡高约 335m，坡向 310°。

地震诱发岩体滑移失稳，失稳岩体顺坡滑落，掩埋公路，失稳方量约 500m³。

a）

b）

图 6–91 K33+560 左侧斜坡滑移式崩塌

Figure 6–91 The skid collapse on the left slope in K33+560

（9）K33+600~K33+640 公路右侧斜坡崩塌（图 6–92）

三叠系杂谷脑组变质砂岩，斜坡上部局部覆盖碎石土层，层面产状 250°∠ 55°，反倾结构，坡高约 120m，坡向 135°。

地震诱发陡坡段基岩倾倒失稳，土层斜坡中上部滑移失稳。失稳块石在坡面滚动、弹跳，损毁路面、砸坏桥梁护栏，部分块石停积在老桥上，失稳方量约 1 000m³。

a）

b）

图 6–92　K33+600~K33+640 公路右侧斜坡崩塌，弹跳块石损坏桥梁栏杆，击中老桥桥墩

Figure 6–92　Collapse on the right road slope，bouncing stone destroyed bridge rails and bridge pier of K33+600~K33+640

（10）K33+900 公路右侧边坡崩塌（图 6–93）

三叠系杂谷脑组变质砂岩及千枚岩，斜坡上部碎石土层，呈土层—基岩二元结构，坡高约 150m，坡向 120°。

地震诱发斜坡中上部土层滑移失稳，后期产生坡面泥石流灾害，掩埋公路，失稳方量约 2 000m³。

图 6–93　K33+900 公路右侧边坡崩塌照片

Figure 6–93　The photo of the right road slope collapse in K33+900

（11）K34+450~K34+800 公路右侧斜坡崩塌灾害群（图 6–94）

三叠系杂谷脑组变质砂岩及千枚岩，局部覆盖碎石土层，反倾结构，坡高约 441m，坡向 113°。

地震诱发陡坡段岩体倾倒失稳，失稳岩体顺坡坠落、滚动、弹跳，堆积于缓坡平台及坡脚；土层斜坡中上部滑移失稳，掩埋公路，失稳方量约 1.5 万 m³。2009 年 8 月，上方基岩斜坡岩体再次发生大规模崩塌灾害，造成公路中断。

a）K34+520~K34+747 右侧斜坡崩塌

b）2009 年 8 月崩积体掩埋公路

图 6–94 K34+520~K34+747 右侧斜坡崩塌照片

Figure 6–94 The photo of the right slope collapse in K34+520~K34+747

（12）K34+950~K35+000 公路右侧斜坡崩塌（图 6–95）

石炭系及二叠系灰岩，层面产状 195°~220°∠55°~84°，顺层斜交结构，岩体褶曲变形强烈。坡高 121m，坡向 125°。

地震诱发坡顶及局部陡坡段岩体倾倒失稳，失稳岩体顺坡坠落，在斜坡段滚动、弹跳，部分掩埋及损毁路面，失稳方量约 1 000m³。

（13）K35+150~K35+190 公路右侧斜坡崩塌（图 6–96）

三叠系杂谷脑组变质砂岩及千枚岩，层面产状 220°∠56°，顺层斜交结构 。坡高 266m，坡向 171°。

地震诱发斜坡中上部岩体倾倒、滑移式失稳，局部土层斜坡中上部失稳破坏，失稳岩土体掩埋公路，失稳方量约 1 000m³。

（14）K35+359~K35+490 公路右侧斜坡崩塌（图 6–97）

三叠系杂谷脑组变质砂岩及结晶灰岩，层面产状 120°∠60°，顺层斜交结构，岩体褶曲变形强烈。坡高 142m，坡向 175°。

地震诱发陡坡中上部岩体倾倒失稳，失稳岩体顺坡坠落、弹跳，损坏路面及公路两侧树木。个别块体抛射，并在水面多次弹跳。最大运动水平距离 280m，失稳方量约 3 000m³。

图 6-95　K34+950~K35+000 公路右侧斜坡崩塌照片

Figure 6-95　The photo of the right road slope collapse in K34+950~K35+000

图 6-96　K35+150~K35+190 公路右侧斜坡崩塌

Figure 6-96　The photo of the right road slope collapse in K35+150~K35+190

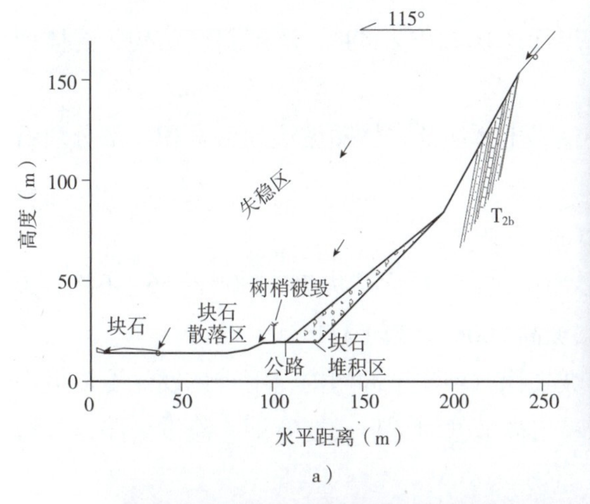

a）

b）

c）

图 6-97　K35+359~K35+490 公路右侧斜坡崩塌及剖面示意图

Figure 6-97　The photo and profile diagram of the right road slope collapse in K35+359~K35+490

（15）K35+560~K35+970 公路右侧斜坡崩塌（图 6–98）

图 6–98　K35+560~K35+970 公路右侧斜坡崩塌照片及剖面示意图

Figure 6–98　The photo and profile diagram of the right road slope collapse in K35+560~K35+970

三叠系杂谷脑组变质砂岩及结晶灰岩，层面产状 110°∠ 48°，顺层斜交结构，岩体褶曲变变形强烈。坡高 309m，坡向 165°。

地震诱发斜坡上部滑移—拉裂失稳，失稳岩土体崩落岩体顺坡滚动、堆积，部分块石停积于路面，失稳方量约 8 万 m^3。

（16）K36+400~K36+480 河道两侧斜坡（图 6–99）

三叠系杂谷脑组变质砂岩及结晶灰岩、砂质千枚岩。层面产状 75° ~80° ∠ 56° ~64°。公路右侧斜坡高 109m，坡向 165°；公路对面斜坡高 300m，坡向 341°。

公路右侧斜坡发育微冲沟，冲沟两侧斜坡失稳，堆积于冲沟内，雨季诱发泥石流掩埋公路；公路对面斜坡上方产生滑移失稳，失稳岩体堰塞河道形成堰塞湖，淹没公路，失稳方量约 2 万 m^3。

（17）K36+750~K37+100 公路右侧斜坡崩塌（图 6–100）

三叠系杂谷脑组砂质千枚岩、变质砂岩及结晶灰岩。层面产状 153°∠ 82°，陡倾顺层结构。坡高 456m，坡向 150°。

地震诱发斜坡中上部岩体倾倒失稳，失稳岩体顺坡滚动、弹跳、停积，部分停积到路面，失稳方量约 8 万 m^3。

（18）K37+170~K37+285 公路右侧斜坡（图 6–101）

三叠系杂谷脑组砂质千枚岩、变质砂岩及结晶灰岩。层面产状 153°∠ 63°，陡倾顺层结构。坡高 293m，坡向 165°。

地震诱发斜坡中上部岩体倾倒、滑移失稳，失稳岩体顺坡滚动、弹跳、停积，部分停积到路面，失稳方量约 2 000m^3。

（19）K37+650~K37+850 公路右侧斜坡崩塌（图 6–102）

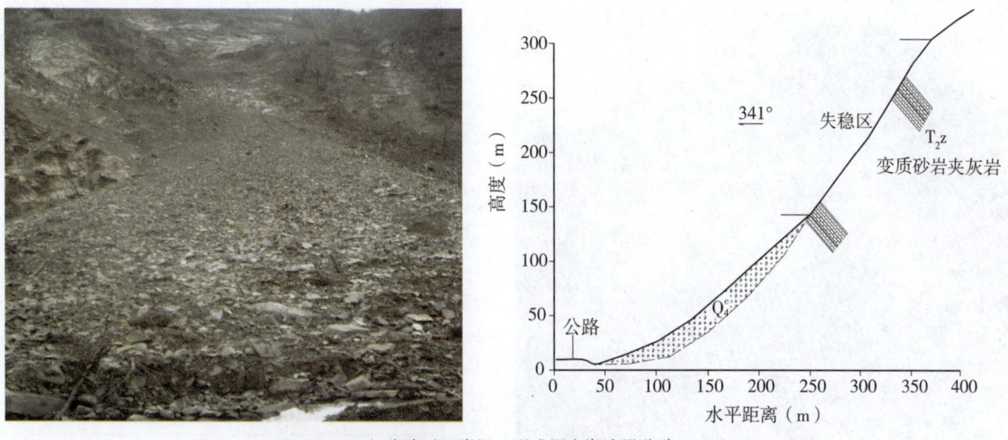

a）公路对面崩塌，形成堰塞湖淹没公路

b）公路左侧冲沟两侧斜坡失稳，失稳岩土体堆积于冲沟内，雨季形成泥石流

图 6-99 K36+400~K36+480 公路对面边坡崩塌及剖面示意图

Figure 6-99 The photo and profile diagram of the road opposite slope collapse in K36+400~K36+480

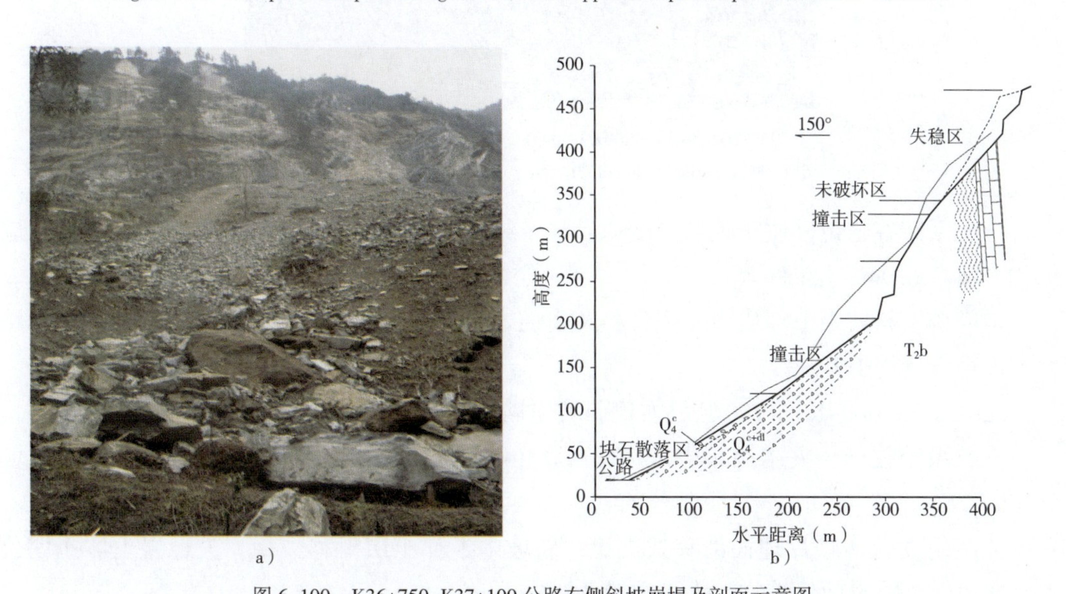

图 6-100 K36+750~K37+100 公路右侧斜坡崩塌及剖面示意图

Figure 6-100 The photo and profile diagram of the right road slope collapse in K36+750~K37+100

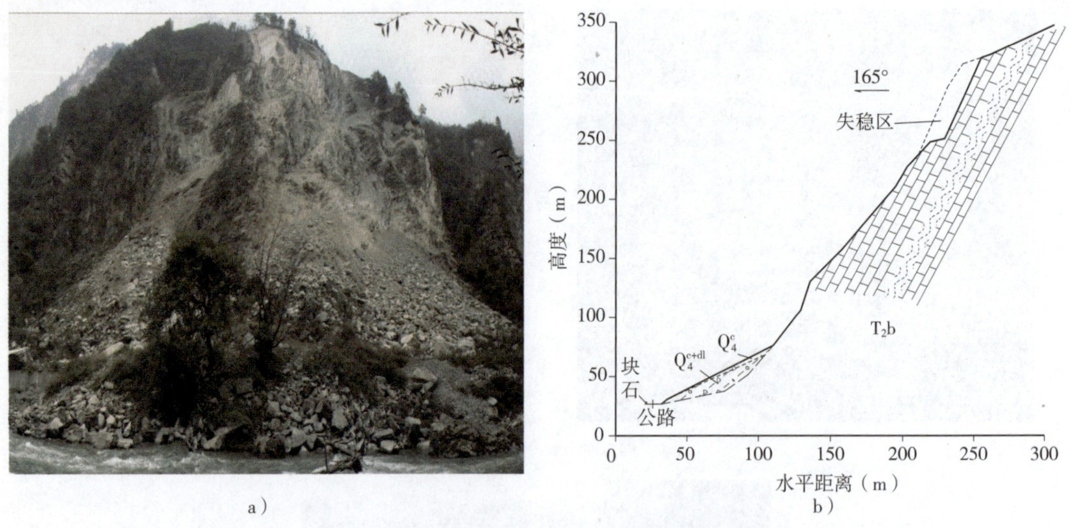

图 6-101 K37+170~K37+285 公路右侧斜坡崩塌典型照片及剖面示意图

Figure 6-101 The typical photo and profile diagram of the right road slope collapse in K37+170~K37+285

图 6-102 K37+650~K37+850 公路右侧斜坡崩塌典型照片

Figure 6-102 The typical photo of the right road slope collapse in K37+650~K37+850

三叠系杂谷脑组砂质千枚岩、变质砂岩及结晶灰岩。层面产状 148°∠65°，陡倾顺层结构。坡高 609m，坡向 125°。

地震诱发斜坡中上部岩体倾倒失稳，失稳岩体顺坡滚动、弹跳、停积，部分停积到路面，失稳方量约 1 万 m^3。

（20）K38+060~K38+250 公路右侧斜坡崩塌（图 6-103）

三叠系千枚岩，夹结晶灰岩，片理产状 145°∠66°，顺层结构。坡高大于 500m，坡向 120°。

地震诱发岩体顺片理面滑移式失稳，斜坡中上部土层滑移失稳。失稳岩土体掩埋公路，并损毁公路对面建筑物，失稳方量约 1.5 万 m^3。

（21）K39+800~K39+900 公路右侧斜坡崩塌（图 6-104）

三叠系杂谷脑组变质砂岩及结晶灰岩，片理产状 135°∠ 65° ~84°，顺层结构。坡高 173m，坡向 135°。

地震诱发斜坡上方岩体倾倒失稳，失稳岩体顺坡滚动、弹跳，砸坏路面，失稳方量约 300m³。

a）

b）

图 6-103　K38+060~K38+250 公路右侧斜坡崩塌典型照片

Figure 6-103　The typical photo of the right road slope collapse in K38+060~K38+250

图 6-104　K39+800~K39+900 公路右侧斜坡崩塌典型照片

Figure 6-104　The typical photo of the right road slope collapse in K39+800~K39+900

（22）K40+200~K40+300 公路右边坡崩塌（图 6-105）

三叠系千枚岩，片理产状 135°∠ 65° ~84°。坡高大于 100m，坡向 155°。

地震诱发斜坡上方岩体倾倒失稳破坏，失稳岩体顺坡滚动、弹跳，损坏路面，失稳方量约 1 000m³。

（23）K41+150 公路右侧边坡崩塌（图 6-106）

三叠系千枚岩，片理产状 128°∠ 76°。坡高 31.6m，坡向 115°。

地震诱发斜坡上方重力变形岩体失稳破坏，掩埋公路，失稳方量约 1 500m³。

图 6-105 K40+200~K40+300 公路右边坡崩塌典型照片

Figure 6-105 The typical photo of the right road slope collapse in K40+200~K40+300

图 6-106 K41+150 公路右侧边坡崩塌典型照片

Figure 6-106 The typical photo of the right road slope collapse in K41+150

第7章　G317线汶川—马尔康公路沿线地震地质灾害

Chapter 7　The Slope disasters triggered by earthquake from Wenchuan to Maerkang road（G317）

7.1　公路概况 Highway survey

汶川—马尔康公路是国道 G317 线成都至西藏那曲公路的起始路段，是四川省十二条出省通道之一，也是川西北高等级公路区域路网的骨架（图 7-1）。G317 线起于汶川，沿杂谷脑河西行，经理县到达米亚罗，再沿来苏河逆流而上，穿越鹧鸪山后，顺梭磨河而下到达马尔康，全长 205km。其中汶川到理县段 57km，理县到米亚罗段 63km，米亚罗至马尔康段 85km。G317 线汶川至马尔康项目全线恢复重建于 2008 年 12 月开工项目，建设标准为二级公路，地震前重建工作尚未完成。

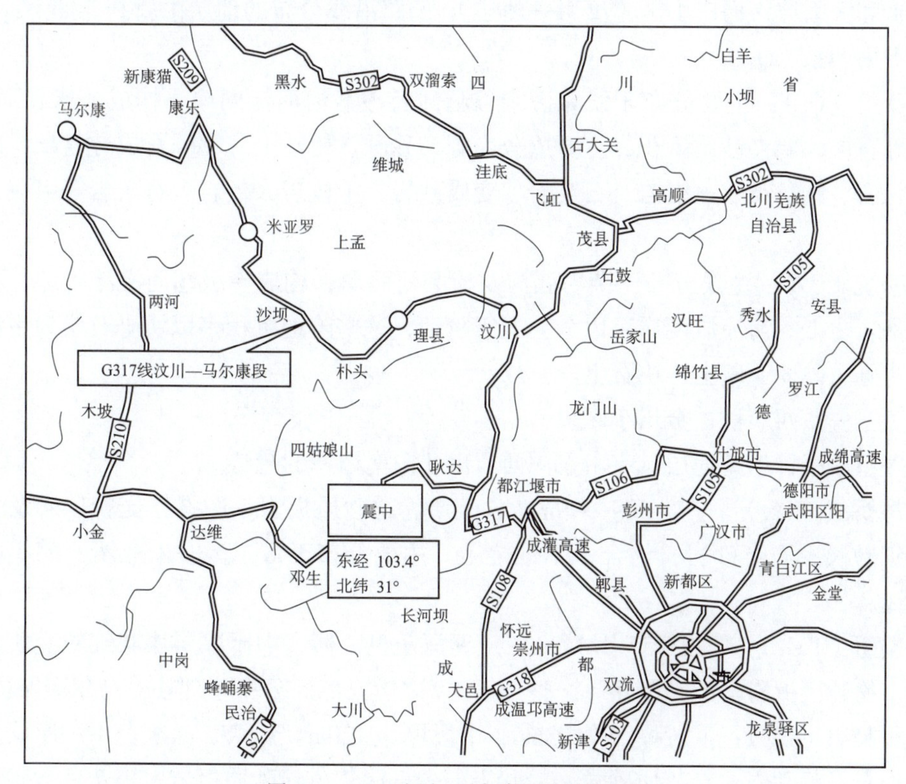

图 7-1　G317 汶川—马尔康段地理位置图

Figure 7-1　Location of the road between Wenchuan and Maerkang in State Road G317

7.2 地质环境条件及灾害概况 Geological environmental conditions and disaster situation

7.2.1 地质环境条件 Geological conditions

7.2.1.1 地形地貌

国道 317 线汶川—理县—马尔康段处于四川盆地西北部与青藏高原的过渡地带，地势自东南向西北渐次升高，由中高山向高山过渡。区内最高点霸王山山顶高程 5 551m，最低点为汶川县城 1 331m，地形切割剧烈，谷深坡陡，相对高差一般在 1 200~2 000m，属构造侵蚀深切割的高山、高中山地貌类型。区内山势尖峭耸立，地形陡峭，谷坡呈陡缓交替的阶梯状。杂谷脑河是线路区主要水系，该河流河谷深切，水流湍急，支沟纵横，大体呈“V”字形，两岸分布Ⅰ~Ⅱ级堆积—侵蚀阶地平台、缓坡及斜坡，地势略开阔、宽缓，局部为陡崖。高山地带（3 500~5 000m）近代冰蚀作用相对强烈，广泛分布角峰、刃脊及冰斗等冰蚀微地貌，且产生大量冰劈及冰蚀碎屑物质。

7.2.1.2 地层岩性

国道 317 线汶川—理县—马尔康段跨越秦岭昆仑地层区马尔康分区金川小区（理县—马尔康）和大雪塘—沟口小区（汶川—理县），公路沿线分布的地层由新到老如下：

（1）第四系（Q_4）

全新统（Q_h）：主要分布于线路区杂谷脑河及梭磨河河流两岸，构成河床及河漫滩，堆积为砾石层，偶夹砂质沉积，主要成分为砾、砂砾、粉砂土。卵砾石成分复杂，以花岗岩、闪长岩、脉石英、火山岩、石英岩、变质砂岩、千枚岩、板岩、石灰岩等组成，砾石分选性差。

更新统（Q_p）：主要分布于杂谷脑河及梭磨河两岸，构成多级超河漫滩阶地，不整合于下伏基岩之上。河流域两岸可以分为五级阶地，这些阶地沉积多以块砾石层为主体，主要成分为砾、砂、亚砂土、块石土。

（2）三叠系西康群（金川小区）

三叠系西康群出露地层具有由东向西、由北向南增厚的趋势。

新都桥组（T_3x）：厚度 509~599m。含碳质、粉砂质板岩，中夹介壳粉砂岩及少许薄—中层细粒长石石英砂岩，整合于 T_3zh 之上。主要分布于古尔沟—米亚罗—鹧鸪山一带公路沿线。

侏倭组（T_3zh）：厚度 457~1 449m。灰至深灰色，薄、中至厚层块状细粒变质长石石英砂岩、粉砂质板岩呈不等厚互层，整合于 T_3z 之上。广泛分布于理县—马尔康路段。

杂谷脑组（T_3z）：上段厚 297~936m，下段厚 > 120m。浅灰、深灰色中—厚层薄层细粒变质长石石英砂岩，凝灰质砂岩，粉砂岩夹少量深灰色粉砂质板岩，黑灰色含碳板岩或千枚岩，整合于 T_2zg 之上。砂岩块度较大为其特征。广泛分布于理县至马尔康公路沿线。

（3）二叠系 + 石炭系（C+P）（大雪塘—沟口小区）

二叠系（P）：厚度 23~84m。上段为灰绿色蚀变玄武岩，下段为中—厚层状砾状灰岩。

石炭系（C）：厚度 9~131m。上中统为灰色厚—厚层状结晶灰岩、大理岩、黄灰色钙质千枚岩与褐灰色绢云千枚岩互层；下统为浅灰色薄—中厚层结晶灰岩夹黄灰色钙质绢云千枚岩、竹叶状灰岩、薄层状细砂岩。

以上两套地层主要分布于理县危关及木卡一带公路沿线。

（4）泥盆系危关群（$D_{wg}^{1}+D_{wg}^{2}$）（大雪塘—沟口小区）

危关群上组 D_{wg}^{2} 厚 71~941m，炭质千枚岩、灰色千枚岩与灰色薄—厚层石英岩互层。危关群下组 D_{wg}^{1} 厚 497~597m，黑灰色含碳千枚岩、深灰色绢云石英千枚岩夹灰色石英岩、结晶灰岩及角砾灰岩。两组之间整合接触。主要分布于理县危关—薛城—木卡路段。

（5）志留系茂县群（$S_{mx}^{1\sim5}$）（大雪塘—沟口小区）

沿线出露的基岩主要为志留系茂县群（S_{mx}）地层，可分为五组：

第一组（S_{mx}^{1}）：仅分布于克枯乡下庄、茶园、龙溪一带，与下伏奥陶系地层呈平行不整合接触关系，为灰绿色、黑色千枚岩夹砂岩、结晶灰岩。

第二组（S_{mx}^{2}）：分布于理县环梁子北东和克枯、下庄、汶川县雁门西北一带地区，地层为深灰色千枚岩夹砂质灰岩、钙质砂岩。

第三组（S_{mx}^{3}）：分布于理县通化、桃坪及汶川县克枯、下庄一带地区，在桃坪一带厚约 907m，为深灰色千枚岩夹灰岩、石英砂岩地层。

第四组（S_{mx}^{4}）：分布于薛城南东地区、通化、桃坪、及龙溪以西地区，厚约 500m，为灰色千枚岩、变质砂岩等地层。

第五组（S_{mx}^{5}）：分布于通化西北及薛城南东一带地区，与上覆泥盆系危关群地层呈整合接触关系。为灰色、灰绿色千枚岩夹结晶灰岩、变质砂岩地层。

7.2.1.3　地质构造

本区域构造上位于北西向鲜水河大断裂带与北东向龙门山华夏系构造带之间的金汤弧形构造北侧。构造形迹以紧密状弧形褶皱为主，大中型断裂构造不发育。公路沿线主要跨越了三个构造形迹群：马尔康北西向构造形迹群、郎帚状构造形迹群以及薛城—卧龙“S”形构造形迹群。

（1）马尔康北西向构造形迹群

位于米亚罗断层以西，马尔康县至金川县一带，由一系列呈 NW-SE 向展布的线状褶皱组成，其内尚伴有数条呈 NW-SE 向展布的压扭性断裂。

公路沿线经过的主要一级线状褶皱自西向东依次为：小金钩倒转向斜、朴鸭脚复背斜、金洞子向斜、罗斗寨复背斜、钻金楼倒转背斜和刷马路口向斜。

公路沿线主要断裂带为米亚罗压扭性断层，分布于研究区东部鹧鸪山垭口—米亚罗

—夹壁一线。十八拐沟以北的北段断层走向325°，断面倾向北东，倾角40°~45°，来苏河顺断裂侵蚀而成断层河谷。在鹧鸪山一带，沿断层带有较多的酸性侵入岩脉顺断层线分布。南段米亚罗至夹壁一带，断层走向向东偏转，呈310°方向展布，断面扭成向南西倾斜，倾角48°~52°。断层两侧平行于主断层面的次级断裂发育，两盘地层有三叠系杂谷脑组、侏倭组及新都桥组砂板岩，岩石甚为破碎，破碎带宽达40~100多米，由碎裂岩、角砾岩和糜棱岩组成。局部可见断层擦痕。

（2）郎帚状构造形迹群

分布于理县米亚罗沟、夹壁公社及族郎、赤玛梁一带，由一系列向西凸出，向北东收敛，向南西撒开的线性褶皱组成。呈左行雁列排列，内旋层具顺扭特征，并伴有少数微呈弧形分布的压扭性断裂构造，其南西被米亚罗断层破坏。卷入的地层有三叠系杂谷脑组、侏倭组及新都桥组。

公路沿线经过的主要一级线状褶皱自西向东依次为：小夹壁倒转向斜、泸杆桥背斜、加拉沟向斜以及古尔沟背斜。

（3）薛城—卧龙“S”形构造形迹群

分布于理县—薛城—汶川一带，由一系列“S”形和弧形线状褶皱和压扭性弧形断层组成。北东段向60°方向延伸，仅宽10~20km；中段理县—雪隆包一带接近旋钮中心，呈“S”形弯曲，其中压扭性弧形断层较为发育，褶皱特别紧密；南西段向220°方向延伸，并逐渐撒开，宽40km以上，总长度150km以上。卷入体系的地层包括变质古生界—三叠系西康群。

区域内褶皱极为发育，大小共有50多条，公路沿线经过的主要一级线状褶皱自西向东依次为：三岔倒转复向斜、总棚子倒转复背斜、三道桥卡子倒转复向斜（薛城）、下庄倒转复背斜、周达倒转向斜以及克枯倒转复背斜。

公路沿线主要断裂带为薛城附近的熊耳山断层，断层产状为N70° E/SE ∠ 60°，破碎带约1m，拖拉褶曲发育，有较多的石英脉分布其中。下盘地层为志留系茂县群，上盘为三叠系西康群，为压扭性断层，扭动方向反扭。

7.2.2 灾害概况 Disaster situation

7.2.2.1 灾害发育总体情况

“5·12”汶川大地震给阿坝州人民带来了巨大的生命和财产损失，公路交通设施在这次灾害中也遭受严重破坏，理县境内公路多处路段受阻，部分山体大面积滑坡、路基塌陷、路面飞石密布。汶川—理县路段震裂松弛的公路边坡在余震及暴雨的作用下发生多处滑坡和崩塌。

根据中国地震局发布汶川8.0级地震烈度分布图和国家有关部门发布的地震烈度图，汶川—理县路段地震烈度为Ⅷ度，理县—鹧鸪山隧道路段为Ⅶ度，鹧鸪山隧道—马尔康路段为Ⅵ度。

根据地震灾害发育分布特点可将公路沿线划分为三段（表7-1）。

表7-1　G317线汶川至马尔康公路沿线地震地震地质灾害发育情况表

Chart 7-1　Geological disasters by earthquake of the road between Wenchuan and Maerkang in State Road G317

段落范围	地层岩性	地质结构	地形地貌	地震地质灾害发育情况
汶川—薛城镇	$S_{mx}^{4}+D_{wg}^{1}$千枚岩	薛城—卧龙“S”形构造形迹群	侵蚀剥蚀 陡中山河谷	发育，高位崩塌为主
薛城镇—理县	D_{wg}^{1}千枚岩	薛城—卧龙“S”形构造形迹群	侵蚀剥蚀 陡中山河谷	较发育，堆积体滑坡为主
理县—朴头乡	$T_{3}zh$砂板岩	薛城—卧龙“S”形构造形迹群	侵蚀剥蚀 陡中山河谷	较发育，小规模高位崩塌
朴头乡—马尔康	$T_{3}zh+T_{3}x$砂板岩	马尔康北西向构造形迹群+郎寻状构造形迹群	侵蚀剥蚀 缓中山河谷	不发育

7.2.2.2　灾害的主要形式

G317线汶川—马尔康公路震害主要分布于汶川—理县段。理县—马尔康段为Ⅶ度区，震害轻微。汶川县城—薛城镇段（D01~D02）位河谷温暖半干旱气候，斜坡结构为反向、横向及斜向坡，山体陡峻，坡度50°~70°，灾害类型主要为发生于250~300m高的第一斜坡带陡缓转折端的高位崩塌。薛城镇—理县县城段（L6~L1），河谷相对宽缓，气候较上段湿润，堆积体滑坡较为发育。理县县城—朴头村段（LM-01~LM-04）山体陡峻，岩体卸荷强烈，灾害类型以小规模的高位崩塌为主。

7.2.2.3　灾害的发育特点

公路沿线震害发育类型与微地貌有着明显的关系。汶川—薛城段以及理县—朴头乡段杂谷脑河山体陡峻，坡度50°~70°，灾害类型主要为发生于250~300m高的第一斜坡带陡缓转折端的高位崩塌及表层滑塌，但由于距离中央断裂带的距离较远（37~65km），崩塌规模均不大。薛城—理县路段河谷较为宽缓，堆积体滑坡较为发育。

汶川—理县路段地质灾害的发育与该地区特殊的气候背景也有密切的联系。在南北走向的特殊地貌和西南季风共同作用下，焚风效应显著，形成典型的河谷暖温带半干旱气候。在河谷深切和九顶山背风坡产生的焚风效益作用下，斜坡岩体风化卸荷十分强烈，这为该地区崩塌灾害的发育创造了极为有利的条件。暖湿气流越过干旱河谷后，深入西北，因地势升高而致雨，故理县的降水量又明显增多，形成河谷暖温带半湿润气候，岩体化学风化较为严重。这是理县附近堆积体滑坡发育的必要条件。

7.3　灾害点 The disasters

根据调查统计，沿线共发生崩塌灾害处24处，其中崩塌17处，滑坡7处（图7-2）。灾害点主要集中在汶川—理县路段，共发生崩塌14处，滑坡6处，滑坡均为堆积体滑坡；理县—鹧鸪山隧道路段靠近理县县城部位零星发生3处崩塌及1处滑坡。

（1）K144+064左侧斜坡崩塌（D01号点）（图7-3）

斜坡为反倾层状结构，呈折线形，上缓下陡，上部岩体裸露，坡度60°~65°。该段斜坡基岩为S_{mx}^{2}千枚岩夹少量变质砂岩，片理面产状305°∠56°，主要发育有三组结构面。

地震诱发斜坡上部陡崖表部突出部位破坏失稳，方量5 000~10 000m³，掩埋公路，冲毁路边电站，影响公路长约150m。

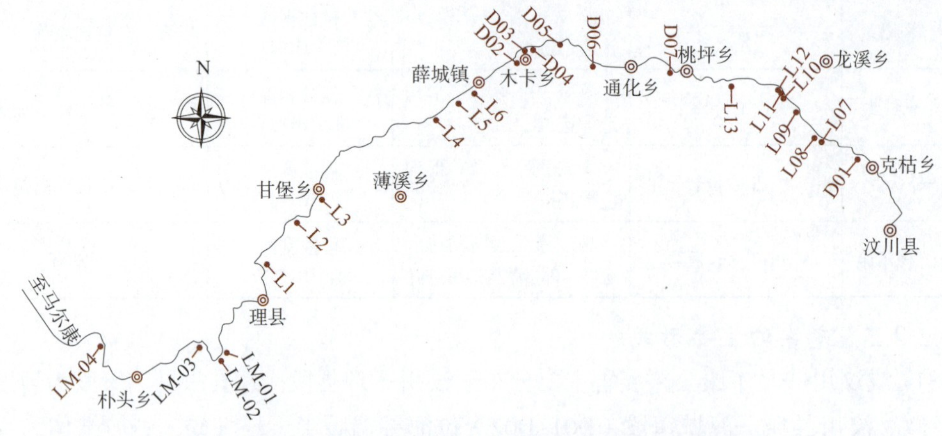

图7-2 G317汶川至马尔康段公路沿线地质灾害分布图

Figure 7-2 Location of the geological disasters of the road between Wenchuan and Maerkang in State Road G317

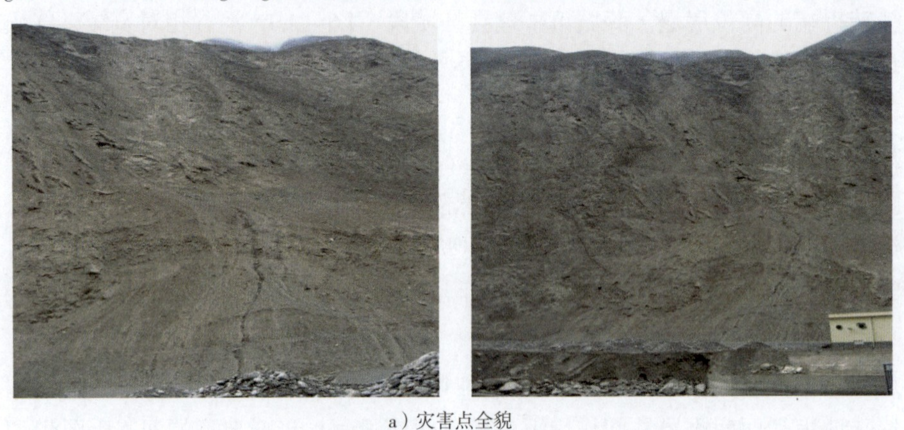

a）灾害点全貌

b）剖面示意图

图7-3 灾害点全貌及剖面示意图

Figure 7-3 Full view of the disaster and Sketch map of the cross-section

（2）K146+504 左侧斜坡崩塌（L7 号点）（图 7-4）

斜坡为斜交层状结构，斜坡陡峻，坡度 65° ~70°，下部公路边坡崩塌形成一个陡立的巨大凹岩腔。该段斜坡基岩为S^2_{mx}千枚岩，片理面产状 345°∠ 78°。

在地震作用下岩体向临空面方向滑移失稳，破坏模式为错断式。方量约 3 000m³，掩埋公路，阻断交通。

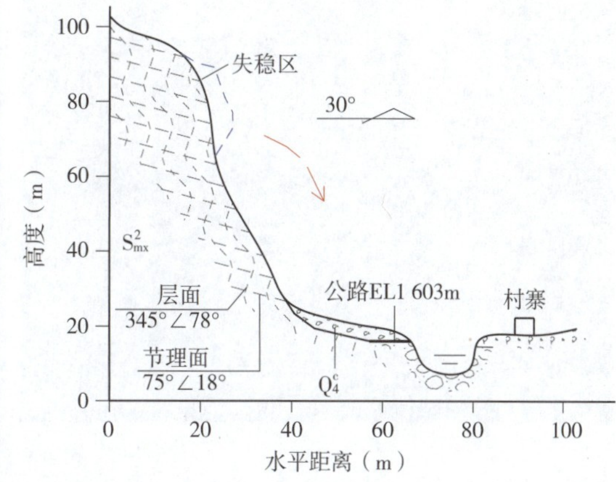

图 7-4　灾害点全貌及剖面示意图

Figure 7-4　Full view of the disaster and Sketch map of the cross-section

（3）K146+686 左侧斜坡崩塌（L8 号点）（图 7-5）

斜坡呈折线形，上下陡，中部有一较为宽缓的平台，坡面植被稀疏。该段斜坡基岩为S^2_{mx}千枚岩。斜坡高约 187m，长约 30m，坡向约 30°。

在地震作用下碎屑流顺坡面冲沟滑移，破坏位置主要位于斜坡中部，方量约为 1 000m³，掩埋公路，阻断交通。

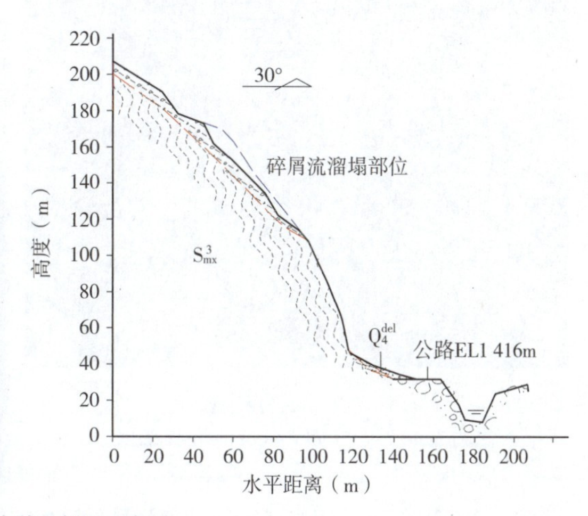

图 7-5　灾害点全貌及剖面示意图

Figure 7-5　Full view of the disaster and Sketch map of the cross-section

（4）K151+755 左侧斜坡崩塌（L9 号点）（图 7-6）

斜坡为斜交层状结构，斜坡上部陡峭，坡度 45°，中下部相对较为平缓。该段斜坡基岩为S_{mx}^4千枚岩，主要发育两组结构面。斜坡高约104m，长约200m，坡向约75°。

在地震力的作用下斜坡中上部碎裂岩体脱离基岩后滚落，总方量约500 m³，落石砸毁路面及GIS楼。

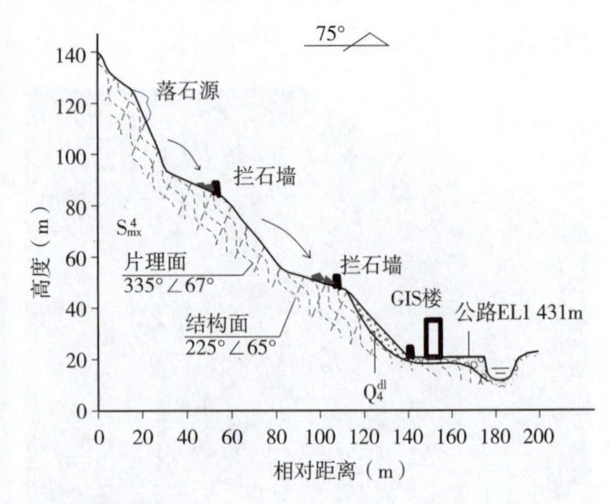

图7-6 灾害点全貌及剖面示意图

Figure 7-6 Full view of the disaster and Sketch map of the cross-section

（5）K154+700左侧斜坡崩塌（L10号点）（图7-7）

图7-7 灾害点全貌

Figure 7-7 Full view of the disaster

斜坡为斜交层状结构，上部陡峭，坡度55°~60°，中下部相对较为平缓，微冲沟发育，基岩为千枚岩。斜坡高约250m，长约30m，坡向约45°。

斜坡中上部碎裂岩体抛射后沿沟谷滚落，破坏模式为斜坡中上部碎裂岩体抛射失稳，总方量约2 000m³，掩埋公路，阻断交通。

（6）K155+201左侧斜坡崩塌（L11号点）（图7-8）

斜坡为斜交层状结构，斜坡上部近乎直立，形成陡崖，下部崩坡积物堆积区较为平缓。该段斜坡基岩为S_{mx}^4千枚岩，主要发育3组结构面。斜坡高约326m，长约120m，坡向约45°。

在地震作用下斜坡上部岩体抛射后滚向河谷，掩埋路面，阻断交通。总方量约10 000m³。

（7）K156+090左侧斜坡崩塌（L12号点）（图7-9）

斜坡为斜交层状结构，斜坡上部近乎直立，形成陡崖，下部崩坡积物堆积区较为平缓。该段斜坡基岩为S_{mx}^4千枚岩，片理面产状345°∠78°。斜坡高约256m，长约70m，坡向约45°。

在地震作用下斜坡上部岩体产生抛射，沿坡面滚动，总方量约40 000m³，3人遇难，砸毁路面，阻断交通。

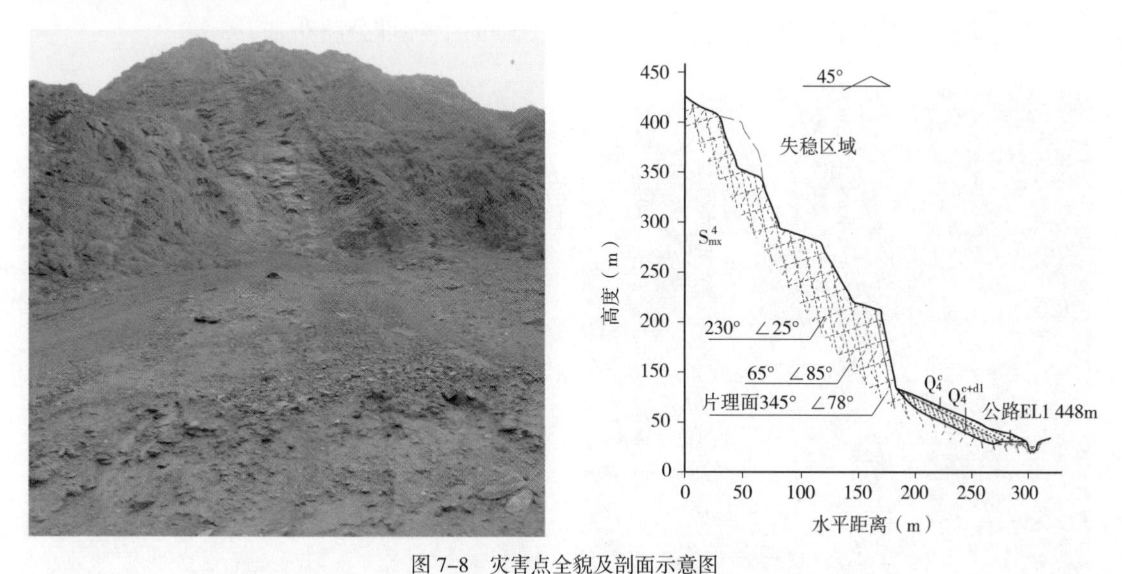

图7-8　灾害点全貌及剖面示意图

Figure 7-8　Full view of the disaster and Sketch map of the cross-section

图7-9　灾害点全貌及剖面示意图

Figure 7-9　Full view of the disaster and Sketch map of the cross-section

（8）K159+285左侧斜坡滑坡（L13号点）（图7-10）

斜坡为堆积物土质斜坡，斜坡上部陡峻，坡度55°~60°，下部崩坡积物堆积区较为平缓。基岩为S_{mx}^4千枚岩。斜坡高约48m，长约210m，坡向约165°。

在地震力的作用下坡表孤石沿坡面滚动，总方量约500m³，向下运动砸毁路面，阻断交通。

（9）K163+252左侧斜坡崩塌（D07号点）（图7-11）

斜坡为斜交层状结构，上部岩体坡度接近直立，坡脚为崩塌堆积体，坡度在 45°左右。该段斜坡基岩为S_{mx}^{4}千枚岩夹砂岩，主要发育三组结构面。斜坡高约 126m，长约 200m，坡向 20°。

在地震作用下碎裂岩体顺层滑移，方量约 1 500m³，掩埋公路路基。

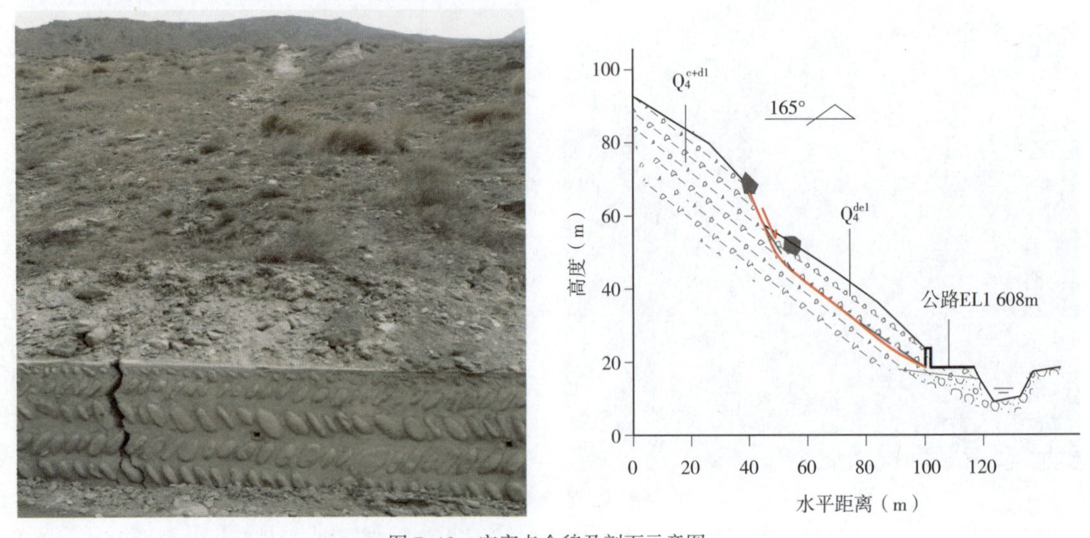

图 7-10　灾害点全貌及剖面示意图

Figure 7-10　Full view of the disaster and Sketch map of the cross-section

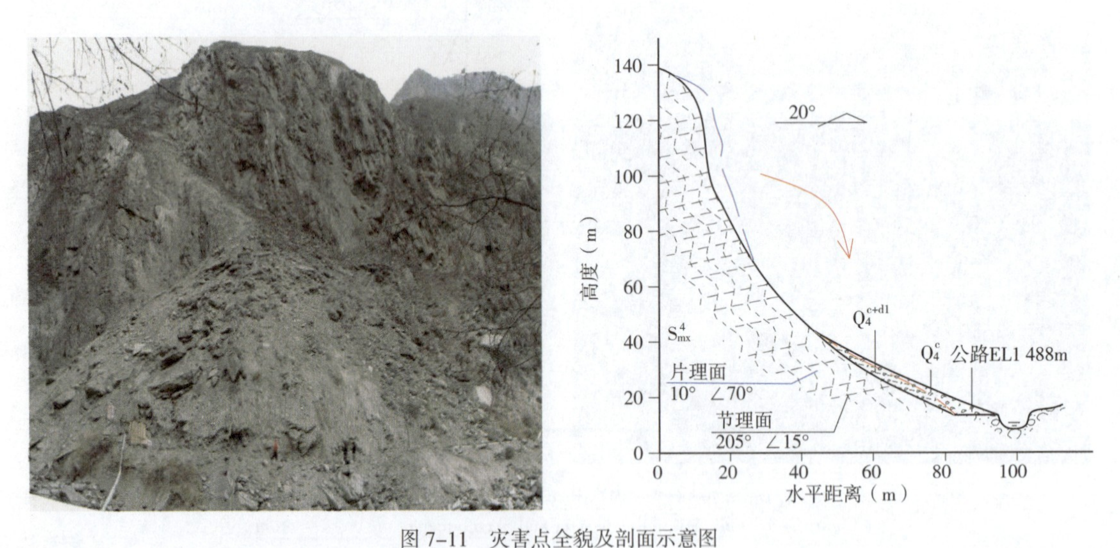

图 7-11　灾害点全貌及剖面示意图

Figure 7-11　Full view of the disaster and Sketch map of the cross-section

（10）K168+487 左侧斜坡崩塌（D06 号点）（图 7-12）

斜坡为斜交层状结构，呈折线形，上陡下缓，平均坡度 45°。该段斜坡基岩为S_{mx}^{4}千枚岩夹砂岩，主要发育 3 组结构面。斜坡高约 95m，长约 70m，坡向约 30°。

地震诱发坡表岩体失稳破坏，运动方式以滚动跳跃为主，崩塌方量 500~1 000m³，崩积体掩埋公路。

（11）K171+372 左侧斜坡崩塌（D05 号点）（图 7-13）

斜坡为基岩—强风化层二元结构，呈折线形，上缓下陡，坡度平均 60°~70°。该段斜坡基岩为D_{wg}^1千枚岩夹变质砂岩，主要发育 4 组结构面。斜坡高约 64m，长约 350m，坡向约 325°。

在地震作用下岩体顺坡溃散，总方量约 500m³。崩塌体掩埋公路，冲毁护栏。

图 7-12　灾害点全貌及剖面示意图

Figure 7-12　Full view of the disaster and sketch map of the cross-section

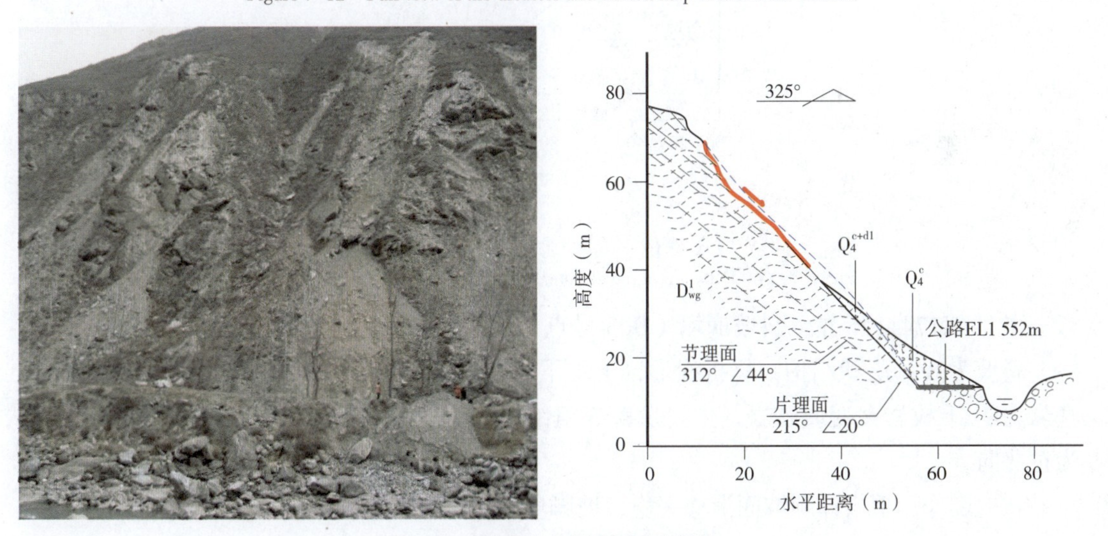

图 7-13　灾害点全貌及剖面示意图

Figure 7-13　Full view of the disaster and sketch map of the cross-section

（12）K173+905 左侧斜坡崩塌（D04 号点）（图 7-14）

斜坡为斜交层状结构，呈折线形，上部岩体突兀，为冲沟发育，平均坡度 50°~60°。该段斜坡基岩为D_{wg}^1千枚岩夹变质砂岩，主要发育 5 组节理面。斜坡高约 142m，长约 50m。

在地震作用下岩体倾倒失稳，坡脚处堆积崩塌体方量约 200~300m³。崩塌碎石毁坏路基，破坏护栏。

a）灾害点全貌

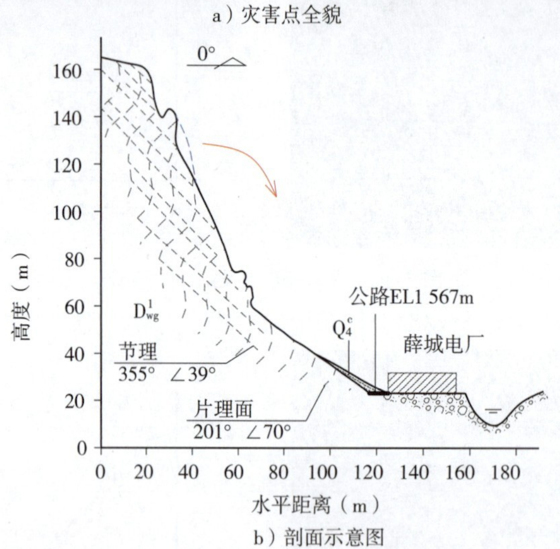

b）剖面示意图

图 7-14 灾害点全貌及剖面示意图

Figure 7-14 Full view of the disaster and sketch map of the cross-section

（13）K174+146 左侧斜坡崩塌（D03 号点）（图 7-15）

斜坡为反倾层状结构，呈折线形，上缓下陡，坡度 45°~70°，局部近直立。该段斜坡基岩为D_{wg}^1千枚岩夹变质砂岩，主要发育 5 组结构面。斜坡高约 90m，长约 100m，坡向约为正北向。

在地震作用下岩体顺坡面滑移失稳，坡脚堆积体方量约 200m³，掩埋公路，冲毁路基。

（14）K174+700 左侧斜坡崩塌（D02 号点）（图 7-16）

斜坡为基岩—强风化层二元结构，呈直线形，崩塌体两侧坡体较陡，坡角 70° 以上，该段斜坡基岩为D_{wg}^1千枚岩夹变质砂岩，主要发育 3 组节理面。斜坡高约 191m，长约 23m，坡向约 270°。

在地震作用下岩体沿坡表滚动、跳跃，方量约 2 000m³，掩埋公路，破坏护栏和路基。

（15）K177+492 左侧斜坡滑坡（L6 号点）（图 7-17）

斜坡为堆积物土质斜坡，斜坡上部较为陡峻，下部深厚崩坡积层较为宽缓，斜坡两侧各发育一条沟谷。基岩为千枚岩。斜坡高约 64m，长约 360m，坡向约 325°。

在地震力的作用下坡体表层崩坡积物向临空面方向滑移，总方量约 50 000m³，破坏后掩埋公路，阻断交通。

a）灾害点全貌

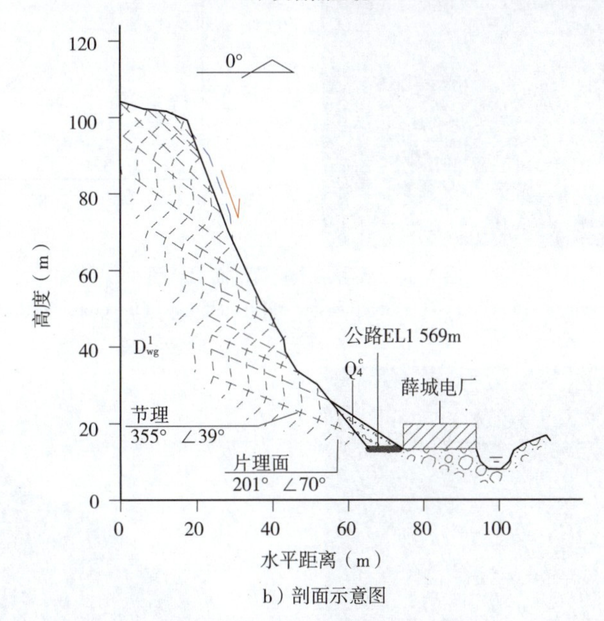

b）剖面示意图

图 7-15　灾害点全貌及剖面示意图

Figure 7-15　Full view of the disaster and sketch map of the cross-section

（16）K179+162 左侧斜坡滑坡（L5 号点）（图 7-18）

斜坡为堆积物斜坡，上部较为陡峻，下部深厚崩坡积层较为宽缓。斜坡两侧各发育一条沟谷。该段斜坡坡表为碎石土，基岩为D^1_{wg}千枚岩。斜坡高约 76m，长约 95m，坡向约 320°。

在地震作用下堆积体向临空面滑移失稳，方量约 7 500m³，掩埋公路，阻断交通。

（17）K181+500 左侧斜坡崩塌（D4 号点）（图 7-19）

斜坡为基岩—强风化层二元结构，斜坡上部近乎直立，左右两侧各发育一条沟谷。该段斜坡基岩为D_{wg}^1千枚岩，主要发育3组节理面。斜坡高约290m，长约130m，坡向约350°。

在地震作用下岩体向临空面抛射，总方量约1 000m³，砸毁路面。

（18）K191+065左侧斜坡崩塌（D3号点）（图7-20）

斜坡为反倾层状结构，呈直线形，斜坡上部岩体裸露，坡度55°~60°。该段斜坡基岩为D_{wg}^1千枚岩，主要发育3组节理面。斜坡高约88m，长约103m，坡向约275°。

在地震作用下碎裂岩体顺坡滑移，总方量约3 000m³，掩埋公路，阻断交通。

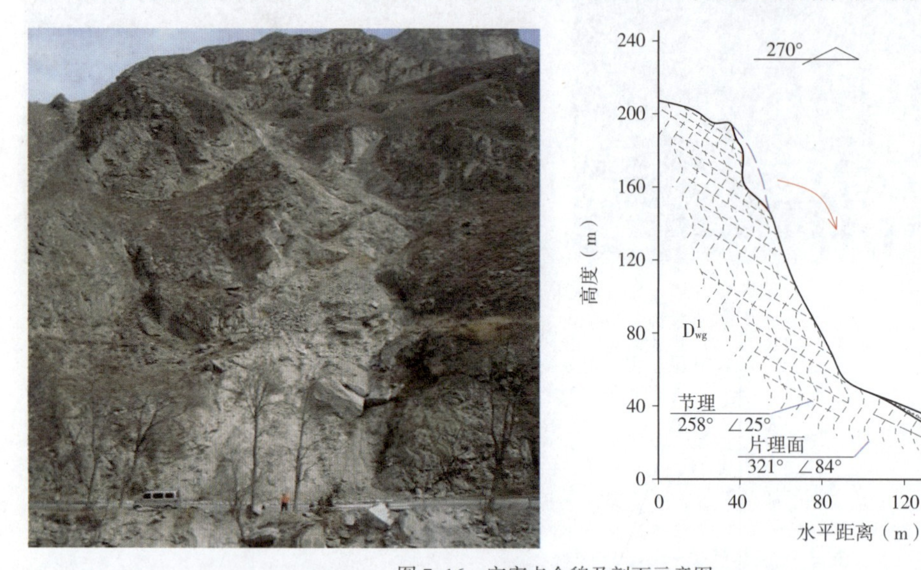

图7-16　灾害点全貌及剖面示意图

Figure 7-16　Full view of the disaster and sketch map of the cross-section

图7-17　灾害点全貌

Figure 7-17　Full view of the disaster

a）灾害点全貌

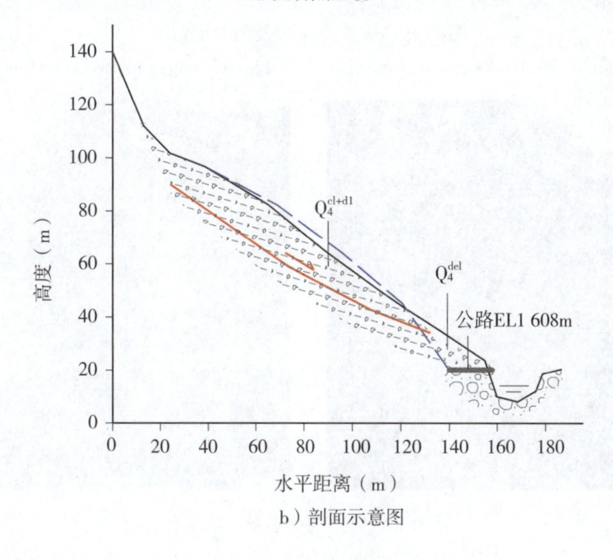

b）剖面示意图

图7-18 灾害点全貌及剖面示意图

Figure 7-18 Full view of the disaster and Sketch map of the cross-section

a）灾害点全貌

图 7-19

Figure 7-19

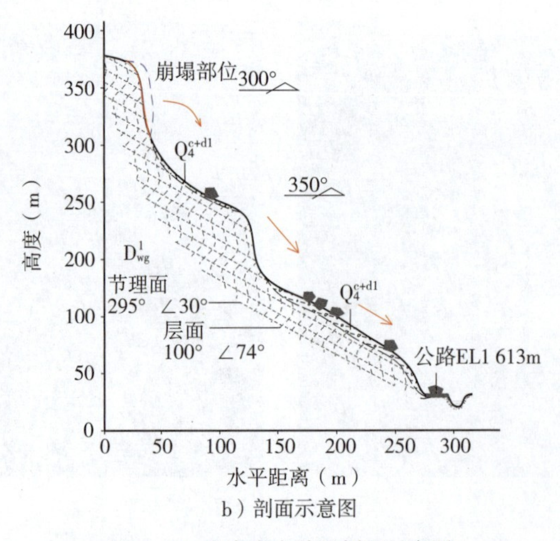

b）剖面示意图

图 7-19 灾害点全貌及剖面示意图

Figure 7-19 Full view of the disaster and sketch map of the cross-section

a）灾害点全貌

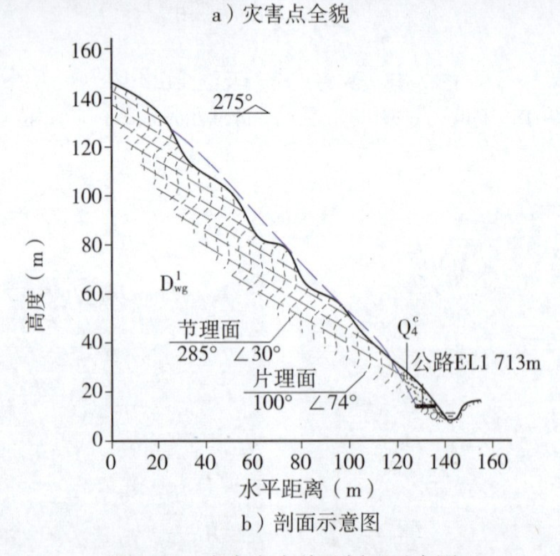

b）剖面示意图

图 7-20 灾害点全貌及剖面示意图

Figure 7-20 Full view of the disaster and sketch map of the cross-section

（19）K192+647 左侧斜坡滑坡（L2 号点）（图 7-21）

斜坡为堆积物斜坡，上部陡峻，坡度 50°~60°，中部为较为宽缓的平台。该段边坡坡表为崩坡积物，碎石含量约 35%。基岩为D_{wg}^{1}千枚岩。斜坡高约 113m，长约 40m，坡向约 310°。

在地震力的作用下向临空方向滑塌，总方量约 6 000m³，掩埋公路，阻断交通。

a）　　　　b）

图 7-21　灾害点全貌及剖面示意图

Figure 7-21　Full view of the disaster and sketch map of the cross-section

（20）K196+880 左侧斜坡滑坡（L1 号点）（图 7-22）

斜坡为基岩—土层二元结构，斜坡上部裸露，坡度 40°~50°，中下部崩坡积物为古滑坡堆积体，坡面植被稀疏，基岩为千枚岩，主要发育 3 组节理面。斜坡高约 114m，长约 420m，坡向约 235°。

在地震作用下崩坡积物顺坡向临空面滑移失稳，总方量约 4 000m³，掩埋公路，阻断交通。

a）　　　　b）

图 7-22　灾害点全貌

Figure 7-22　Full view of the disaster

（21）K204+482 左侧斜坡滑坡（LM-01 号点）（图 7-23）

斜坡为基岩—土层二元结构，斜坡整体为横向坡。该段斜坡表层为崩坡积碎石土，碎石土中以碎块石为主，块石粒径约 2~3m，含量约 50%。基岩为 T_3zh 黑色砂板岩。高约 44m，长约 26m，坡向约 320°。

在地震力的作用下表层崩坡积物沿坡面滑移运动，总方量约 400m³，砸毁路面，阻断交通。

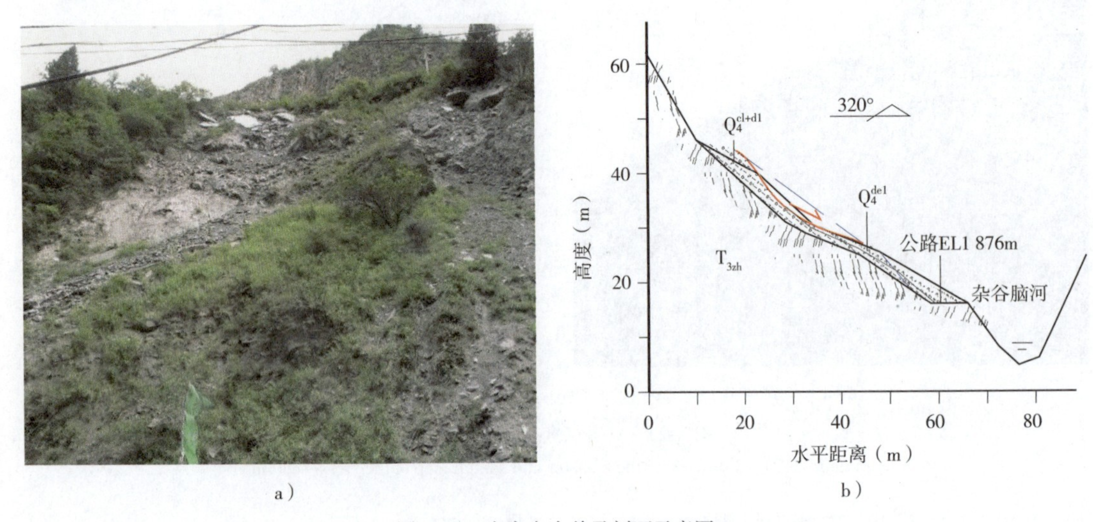

a）　　　　　　　　　b）

图 7-23　灾害点全貌及剖面示意图

Figure 7-23　Full view of the disaster and Sketch map of the cross-section

（22）K205+040 左侧斜坡崩塌（LM-02 号点）（图 7-24）

斜坡近于正交层状，基岩 T_3zh 为黑色砂板岩，层状结构，主要发育两组节理面：215°∠ 75°（横向）；302°∠ 35°（顺倾）。高约 350m，长约 50m，坡向约 310°。

在地震作用下斜坡上部陡缓交界处表层松动岩体剥落，总方量约 1 000m³，砸毁路面，阻断交通。

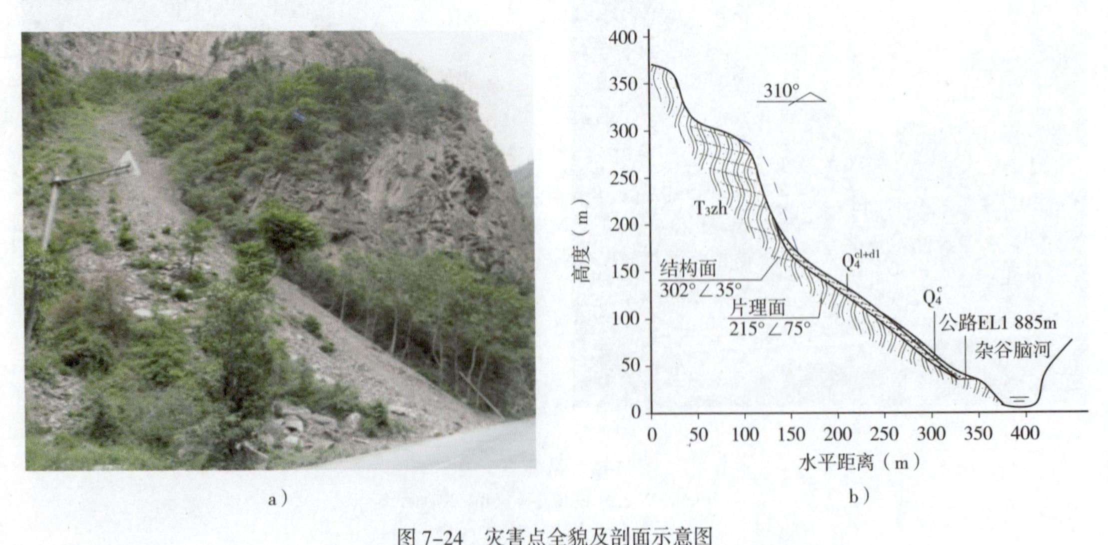

a）　　　　　　　　　b）

图 7-24　灾害点全貌及剖面示意图

Figure 7-24　Full view of the disaster and sketch map of the cross-section

（23）K207+353 左侧斜坡崩塌（LM-03 号点）（图 7-25）

斜坡为基岩—强风化层二元结构，该段斜坡基岩为 T_3x 千枚岩，片理面 315°∠ 82°，主要发育 3 组节理面。高约 62m，长约 77m，坡向约 12°。

在地震作用下碎裂岩体沿强弱风化界面失稳运动，总方量约 3 000m³，掩埋路面，阻断交通。

a）

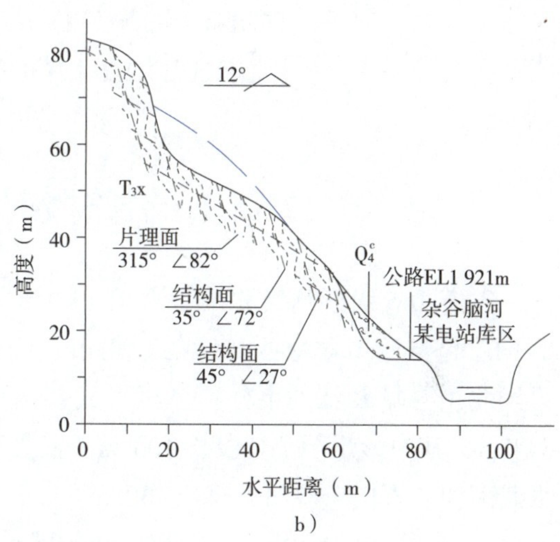

b）

图 7-25　灾害点全貌及剖面示意图

Figure 7-25　Full view of the disaster and sketch map of the cross-section

（24）K216+168 左侧斜坡崩塌（LM-04 号点）（图 7-26）

斜坡为斜交层状结构。该段斜坡基岩为 T_2z 砂岩，主要发育 2 组节理面：层面，50°∠ 82°（斜向）；220°∠ 15°（缓倾坡内）。高约 108m，长约 43m，坡向约 55°。

在地震作用下岩体发生倾倒型崩塌，总方量约 2 500m³，掩埋路面，阻断交通。

a）

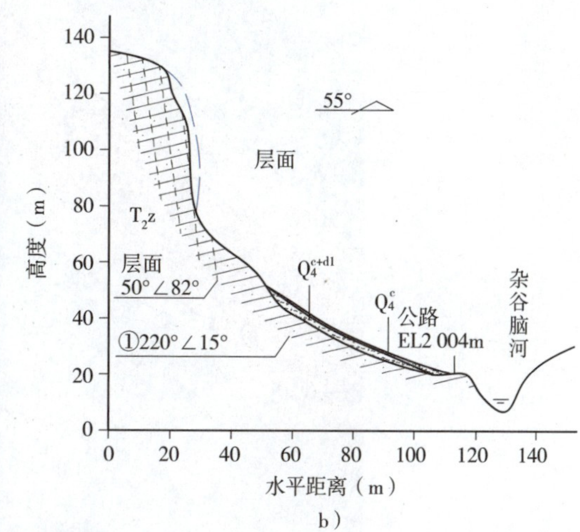

b）

图 7-26　灾害点全貌及剖面示意图

Figure 7-26　Full view of the disaster and sketch map of the cross-section

第 8 章　S105 线彭州经北川至青川（沙洲）公路沿线地震地质灾害

Chapter 8　The slope disasters triggered by earthquake from Pengzhou to Beichuan to Qingchuan (Shazhou) road (S105)

8.1　公路概况 Highway survey

省道 105 线彭州经北川至青川（沙洲）公路是连接四川东北部各县的重要通道（图 8-1），起自四川盆地西北缘的彭州市，经什邡、绵竹，在安县永安镇进入龙门山地区，再经北川县城及江油市桂溪乡至平武县南坝镇，最后到达广元市青川县沙洲镇。全长约 344km，其中彭州至安县段长 100km，安县至北川段长 46km，北川至平武南坝段长 68km，平武南坝至青川（沙洲）段长 130km。

“5·12”汶川地震后，公路沿线损毁严重，尤其是木鱼—青川、水观—南坝、桂溪—北川段公路沿线地震地质灾害极为发育。

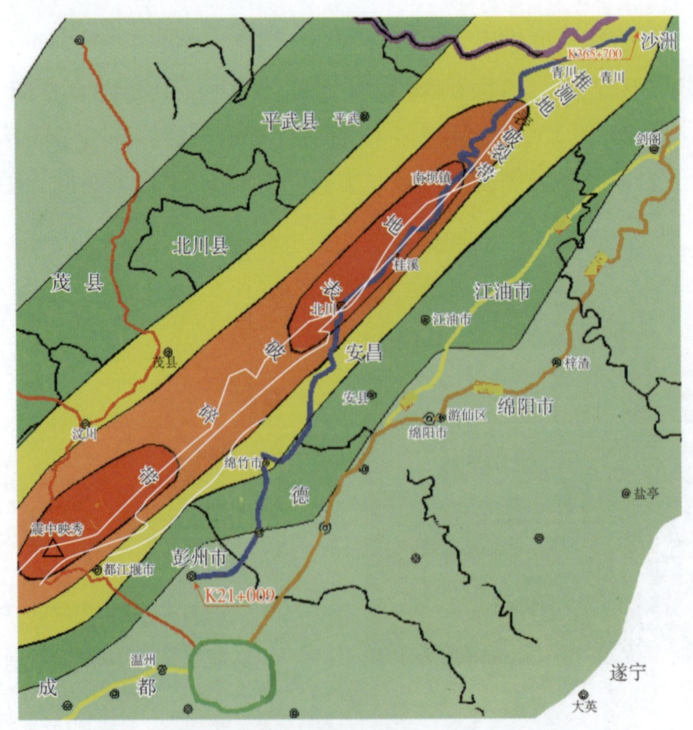

图 8-1　省道 105 线彭州经北川至青川（沙洲）段地理位置图

Figure 8-1　The location map of the road from Pengzhou pass Beichuan to Qingchuan (Shazhou) section of S105

8.2　沿线地质概况及灾害发育情况 Geological environmental conditions and disaster situation

8.2.1　沿线地质概况 Geological conditions

8.2.1.1　地形地貌

省道 105 线彭州—绵竹—安县安昌镇段为平原微丘地貌，安昌镇—北川县城段为侵蚀剥蚀缓中山河谷地貌，北川—平武南坝段为侵蚀陡中山河谷地貌，南坝—乐安寺段为侵蚀剥蚀缓中山河谷地貌，乐安寺—沙洲段以侵蚀构造中低山和侵蚀构造中山为主，为侵蚀剥蚀平缓中山河谷地貌。

8.2.1.2　地层岩性

公路沿线第四系地层主要为第四系全新统坡残积层（Q_4^{el+dl}）、崩坡积层（Q_4^{c+dl}）、滑坡堆积层（Q_4^{del}）、崩积层（Q_4^{c}）、冲洪积层（Q_4^{al+pl}），以及更新统冰水堆积层（Q_p^{fgl}）等。

该区内地层主要属于摩天岭分区和龙门山分区：

（1）摩天岭分区

①古生界志留系茂县群。

茂县群黄坪组下段（Sh^1）：银灰色绢云母千枚岩夹砂岩透镜体及结晶灰岩条带，主要分布在沙洲至木鱼段。

茂县群黄坪组上段（Sh^3）：浅灰色绢云母千枚岩夹砂岩条带，顶部夹条带或透镜状含砂岩及结晶灰岩，主要分布在前进至南坝段。

②前泥盆系碧口群。

第一段（$Pz_1bk_2^1$）：变质凝灰砾岩，中上部夹变质流纹岩、凝灰岩及结晶白云岩透镜体，下部夹炭质千枚岩。

第二段（$Pz_1bk_2^2$）：绿帘绿泥石片岩和绿帘绿泥石片岩夹绿泥石英片岩或绿帘石英片岩，局部有混合岩化。

第三段（$Pz_1bk_2^3$）：含绿粒或绿帘石英片岩夹绿帘绿泥石英片岩或绿帘绿泥石英片岩，主要分布在孔溪至老君寨。

（2）龙门山分区

①第四系全新统（Q_4^{al}）：冲积层，下部为砂、砾、卵石层，砾石成分复杂，一般以石英岩、火成岩为主，次为砂岩、灰岩等，上部为亚砂土和亚黏土，厚 0.5~5m，广泛分布于彭州—安昌镇一带。

②中生界侏罗系上统莲花口组（J_3l）：为内陆河湖相砾岩，含砂砾岩、砂岩、泥岩的韵律沉积。底部常为一套厚层大块体的砾岩组，砾石成分以石灰岩为主，砂岩、石英岩次之，分布于安昌镇一带。

③中生界三叠系中统嘉陵江组和雷口坡组（T_2j+l）：主要是一套浅灰 ~ 黄灰色，薄 ~

厚层块状白云岩，夹灰岩、和少量泥质白云岩，分布于永安镇附近。

④古生界二叠系上统（P_2）：以厚层灰岩、白云质岩、泥质灰岩为主，底部有黏土页岩、铝土页岩、薄层煤，分布在桂系至邓家坝段。

⑤古生界泥盆系中统观雾山组（D_2g）：岩性主要是灰～深灰色的不纯灰岩，底部常见有数米至数十米厚的黄褐色中厚层石英砂岩，下部为砂页岩夹泥质灰岩，在砂岩层间有可采的鲕状赤铁矿层，主要分布于擂鼓镇附近。

⑥古生界志留系上统罗热坪群－沙帽群（S_{1-3}）：黄灰紫色岩、砂质岩夹薄～中厚层石英细砂岩，为瘤状泥质灰岩。

⑦古生界寒武系下统邱家河组中段（$\in^2g$）：深灰～黑色硅质板岩、炭质绢云母石英千枚岩与块状～透镜状白云质灰岩、硅质岩交替层的韵律式岩层内夹含铁锰矿，主要分布在南坝至桂溪段。

8.2.1.3 地质构造

彭州—安县处于川西前陆盆地；安县—北川处于灌县—安县断裂（前山断裂带）与北川—映秀断裂之间，属前龙门山折断带；北川—南坝段近于平行布线，位于北川—映秀断裂附近，属前、后龙门山构造带之间；南坝—乐安寺处于北川—映秀断裂和平武—青川断裂之间，属后龙门山推覆构造带；乐安寺—沙洲处于平武—青川断裂上盘，属摩天岭推覆构造带。

8.2.2 灾害概况 Disaster situation

8.2.2.1 灾害发育总体情况

省道105线彭州经北川至青川（沙洲）公路全长约344km，先后通过龙门山前山断裂、中央主断裂与后山断裂，不同区域，地质条件差异较大，地震地质灾害发育也有很大的不同。彭州—安县段为川西前盆地，公路地震地质灾害不发育；安县—北川路段处于中央主断裂和前山断裂之间，公路沿线为喀斯特侵蚀陡中山河谷地貌，地震动力响应较强，震害较发育；北川—陈家坝段及南坝—水观段处于中央断裂带附近，地势陡峻，斜坡坡度多在40°以上，部分近于陡立，地质灾害极发育；陈家坝—南坝段河谷两岸断层上下盘效应显著；水观—沙洲段多为中低山地段，震害较发育。

根据中国地震局发布的汶川8.0级地震烈度分布图和国家有关部门发布的地震烈度图，彭州—什邡段为Ⅶ度区，什邡—安昌镇段为Ⅷ度区，安昌镇—永安镇段及水观乡—沙洲镇段为Ⅸ度区，永安镇—南坝镇段为Ⅺ度区，水观—南坝段为Ⅹ度区。根据调查统计，公路沿线地震地质灾害点共计46处，其中崩塌22处，滑坡19处，泥石流4处，碎屑流1处，见表8-1。

表8-1 省道105线彭州至青川（沙洲）公路沿线地震地质灾害发育情况表
Table8-1 Pengzhou to Qingchuan (Shazhou) section of road distribution of geological disasters in S105 line

段落范围	地层岩性	地质结构	地形地貌	地震地质灾害发育情况
彭州—安县	Q_4^{al}	川西前陆盆地	冲积扇平原	不发育

续上表

段落范围	地层岩性	地质结构	地形地貌	地震地质灾害发育情况
安县—北川	D_2g+T_2j+l	前龙门山推覆构造带	侵蚀剥蚀缓中山河谷	—
北川—陈家坝乡	S2-3+∈1q	前、后龙门山构造带之间	侵蚀剥蚀陡中山河谷	断层上盘，崩塌、滑坡及泥石流连片分布
陈家坝乡—南坝镇	$\in_1y$	前、后龙门山构造带之间	侵蚀陡中山河谷	断层附近，灾害不发育，仅一处小规模滑塌
南坝镇—水观乡	$\in_1q+\in_1y$	前、后龙门山构造带之间	侵蚀剥蚀缓中山河谷	发育，崩塌呈现抛射失稳特征，滑坡呈现震裂－溃曲大规模失稳特征
水观乡— 房石镇	$\in_1q$	后龙门山推覆构造带	侵蚀剥蚀缓中山河谷	不发育，小规模的崩坡积物沿基覆面滑塌
房石镇—青川县	$Shn^{1+2}+\in_1q$	摩天岭推覆构造带	侵蚀剥蚀平缓中山河谷	较发育，灰岩地层抛射式崩塌及千枚岩地层的滑塌
青川县—沙洲镇	Shn^2+Pzbk	摩天岭推覆构造带	侵蚀剥蚀平缓中山河谷	较发育，公路边坡沿基覆面的小规模滑塌
沙洲镇	Pzbk	摩天岭推覆构造带	侵蚀剥蚀平缓中山河谷	较发育，公路边坡沿基覆面的小规模滑塌

8.2.2.2 灾害的主要形式及发育特点

该公路沿线地震地质灾害的主要形式为崩塌及滑坡，与其它公路显著不同的主要由两个方面，一是在中央主断裂上盘，发育一系列大型滑坡灾害，如王家岩滑坡、陈家坝滑坡等；二是在青川—平武断裂上盘，发育大量震裂山体。

该段地震地质灾害发育，受地质构造、地形地貌及地层岩性影响极为显著：

（1）地质构造的影响

该公路先后通过龙门山前山断裂带、中央断裂带和后山断裂带，并且大段与断裂带近于平行，地震地质灾害的发育受地质构造影响极为显著。

北川—南坝—水观段，公路路线基本上与中央主断裂近于平行展布，多次与中央主断裂交叉，部分段落位于中央主断裂上盘，是受地震地质灾害影响最大的段落，在中央主断裂上盘，发育一系列大型滑坡灾害，对公路的危害表现为大段掩埋或形成堰塞湖淹没公路，危害巨大。

青川至沙洲段，公路路线基本上与后山断裂近于平行展布，断层上下盘地震地质灾害也有显著的差异，上盘地震崩塌及滑坡灾害的发育密度和规模，远高于下盘。

（2）地形地貌的影响

地形地貌对地震崩滑灾害的发育有显著的影响。在彭州—安县安昌镇段，为冲积平原，不具备地震崩滑灾害发育的条件。在安昌镇—北川段，地震崩滑灾害多发生在陡坡段、陡缓变坡点的下方，以灰岩、砂砾岩类的崩塌灾害为主。在北川—南坝—水观段，中央主断裂上下盘地貌差异明显，上盘多见地貌突出部位，发育一系列大型滑坡灾害。在青川—沙洲段，后山断裂上下盘也表现出明显的地貌差异。

（3）地层岩性的影响

地质灾害发育分布与岩性也有很明显的相关性。公路沿线灾害点主要分布于志留系茂县群千枚岩、寒武系碎屑岩，以及灰岩、片岩等。千枚岩岩性较为软弱，岩体风化强烈，边坡大多较为平缓。在地震力作用下，以小规模崩塌及滑坡灾害为主。灰岩岩性坚硬，抗风化能力较强，并且斜坡大多较为陡峻，常在斜坡顶部产生高位崩塌灾害。寒武系碎屑岩主要分布在中央主断裂上盘，形成多处大型滑坡灾害。

8.3 安县—北川段灾害点 The disasters from Anxian to Beichuan

安县—北川段公路震害较为发育，全长46km，共发育灾害点8处，其中滑坡2处，崩塌6处，主要集中于永安镇—北川县城路段，如图8-2所示。各灾害点详情见调查表。

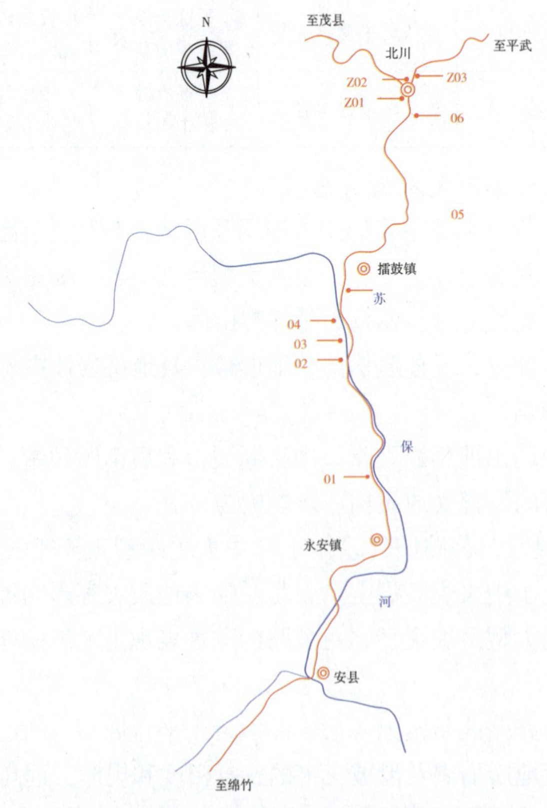

图8-2 省道105线安县—北川路段灾害点分布图

Figure 8-2 Geological disasters distribution map along the highway from Anxian to Beichun in S105

灾害点名称及位置	灾害点地质概况	地震破坏情况	附图
K136+800~K150+350 沿线灾害点	斜坡上陡下缓，坡度一般在50° 以上，坡面呈折线形。斜坡中下部一般为崩坡堆积体，植被较发育。基岩以灰岩为主，裂隙与节理发育	在地震作用下，岩体沿坡面失稳破坏，堆积在坡脚，规模在数百到上千立方米，掩埋公路，砸毁路面	图8-3~图8-10

续上表

灾害点名称及位置	灾害点地质概况	地震破坏情况	附图
K144+950~K145+100 左侧斜坡崩塌（01 号点）	斜坡为反倾层状结构，上陡下缓，上部为基岩，坡度为 50°~60°。基岩为 T_2j+l 灰色~深灰色含燧石团块生物碎屑灰岩，顶部有一定厚度的覆盖土层。斜坡高约 20m，长约 100m，坡向约 80°	地震诱发斜坡上部坡表碎裂岩体沿外倾结构面崩塌，总方量约 200m³。岩体位于公路对面，对公路无影响	图 8–11
K148+851 左侧斜坡崩塌（02 号点）	斜坡为反倾层状结构，上陡下缓，上部为基岩，坡度为 50°~65°。基岩为 T_2j+l 灰色~深灰色含燧石团块生物碎屑灰岩，中下部为斜坡堆积体，坡度为 35°~45°。坡顶植被较茂密，主要为灌木。斜坡高约 40m，长约 200m，坡向约 80°	地震诱发坡表岩土体倾倒失稳，破碎的岩体位于公路对面，对公路无影响	图 8–12
K150 左侧斜坡崩塌（03 号点）	该斜坡为山麓斜坡堆积地貌，下部有断层通过，上陡下缓，上部为基岩，呈碎裂结构，坡度为 60°~70°，中下部为斜坡堆积，坡度为 35°~40°，坡顶植被较茂密，主要为乔木。基岩为薄层状灰色生物泥晶生物屑灰岩。斜坡高约 40m，长约 60m，坡向约 90°	地震诱发碎裂岩体沿强风化界面滑移，倾倒。崩塌位于公路对面，对公路无影响	图 8–13
K150+142 左侧斜坡崩塌（04 号点）	斜坡为碎裂结构，边坡上陡下缓，上部为基岩，坡度为 65°~75°。基岩为薄层状灰色生物泥晶生物屑灰岩，层面产状为 330°∠20°。中下部为斜坡堆积，坡度为 35°~40°。斜坡高约 40m，长约 60m，坡向约 90°	地震诱发斜坡中上部碎裂岩体倾倒失稳，总方量约 500m³，对公路无影响	图 8–14
K151+635 右侧斜坡崩塌（05 号点）	斜坡呈反倾层状结构，坡面顺直，坡度为 70°~80°，坡顶植被较发育，主要为灌木。公路开挖坡脚形成陡立临空面。层面产状为 330°∠20°；节理产状为 110°∠80°，30°∠78°	地震诱发边坡中上部碎裂岩体倾倒失稳，总方量约 200m³，砸坏下方公路及桥涵	图 8–15
K162+079 右侧斜坡崩塌（06 号点）	斜坡为反倾层状结构，坡面呈折线形，上部较陡，坡度为 60°~70°，中下部较缓，坡度为 30°~35°。坡顶植被较发育，主要为乔木。斜坡处于映秀—北川断层下盘，基岩为灰岩	在近断层强烈地震力作用下，斜坡上部陡缓转折端碎裂岩体抛射失稳，抛射物顺坡弹跳解体，方量约 1 000m³，砸跨路基，损毁公路	图 8–16

图 8–3　K136+800~K137 左侧砾岩滚石砸坏路基，危害公路运营安全

Figure 8–3　Conglomerate rock smashed embankment, endangering road safety operation along K136+800~K137 left slope

图 8–4　K137 右侧砾岩滚石砸坏挡墙，危害公路运营安全

Figure 8–4　The right conglomerate rock smashed retaining wall, endangering road safety operation at K137

图 8-5 K145 左侧河对岸崩塌滑坡

Figure 8-5 Landslide at the left side of the river in K145

图 8-6 K145+300 左侧路堑挡墙被剪断

Figure 8-6 The left retaining wall was cut in K145+300

图 8-7 K150~ K 151 右侧危岩崩落

Figure 8-7 The right side collapse in K150~ K 151

图 8-8 K150+350 右侧小型滑坡

Figure 8-8 The right side small landslide in K150+350

图 8-9 K150~K 151 右侧危岩崩落

Figure 8-9 The right side collapse in K150~ K151

图 8-10 K150+350 右侧小型滑坡

Figure 8-10 The right side small landslide in K150+350

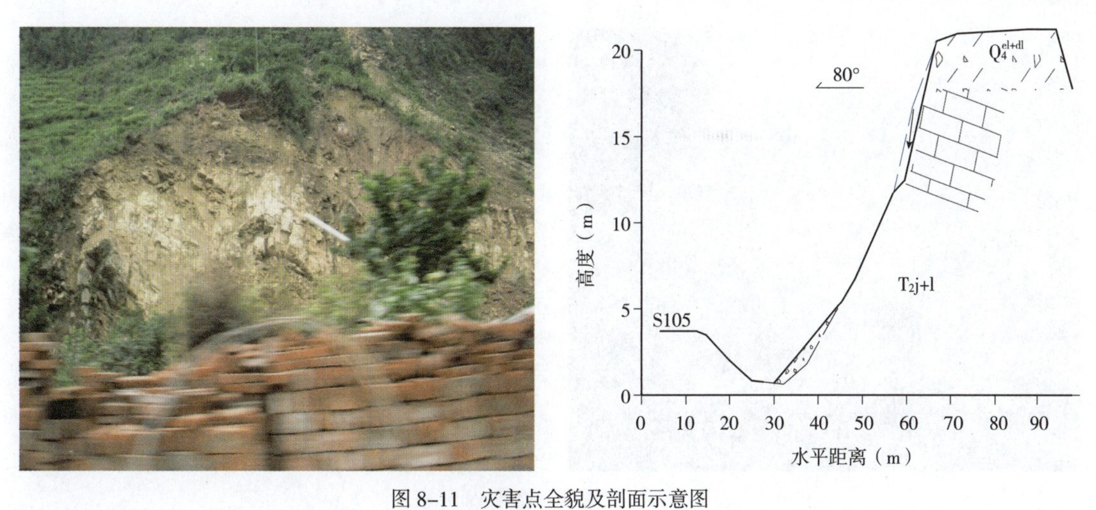

图 8-11　灾害点全貌及剖面示意图

Figure 8-11　Full view of the disaster and sketch map of the cross-section

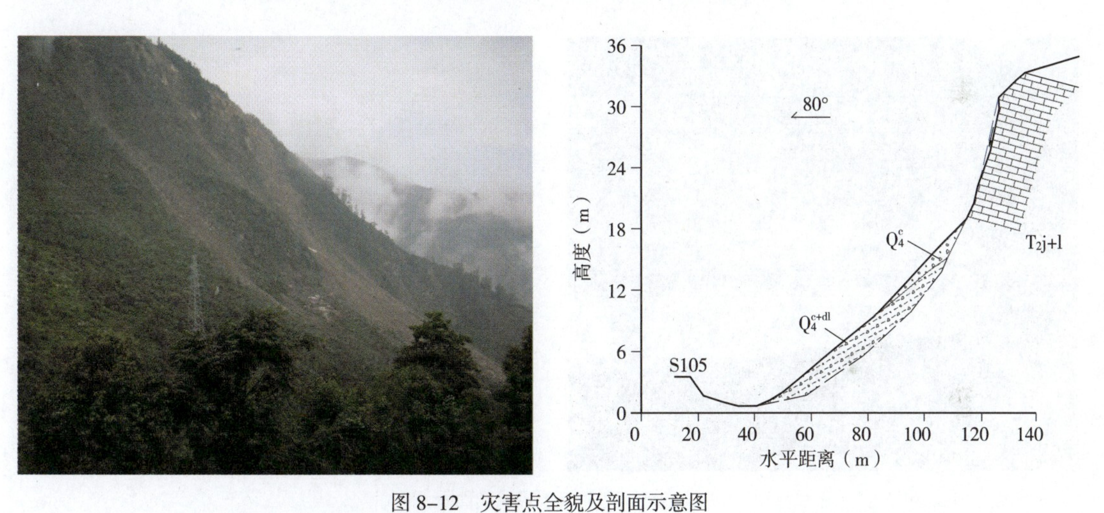

图 8-12　灾害点全貌及剖面示意图

Figure 8-12　Full view of the disaster and sketch map of the cross-section

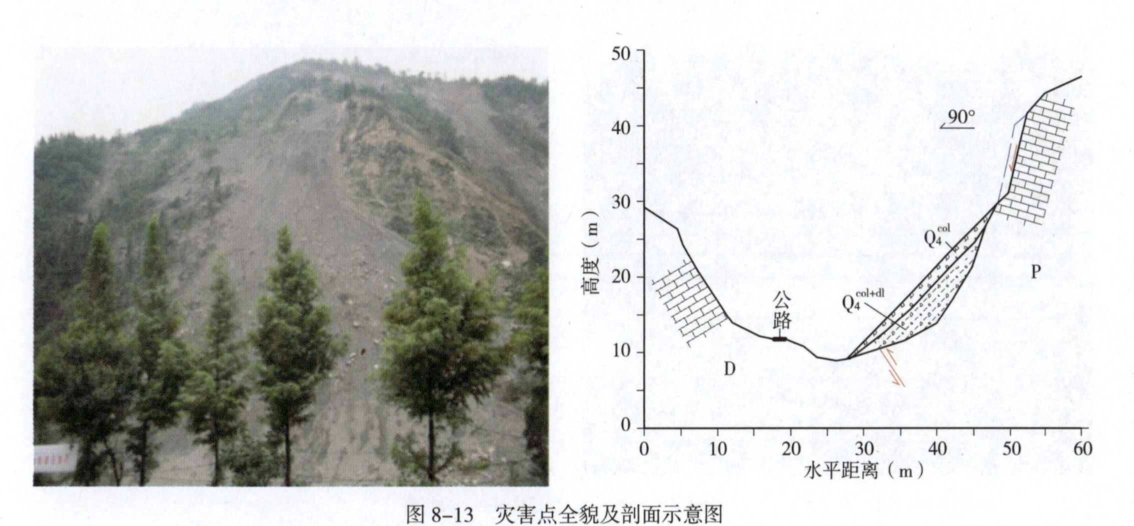

图 8-13　灾害点全貌及剖面示意图

Figure 8-13　Full view of the disaster and sketch map of the cross-section

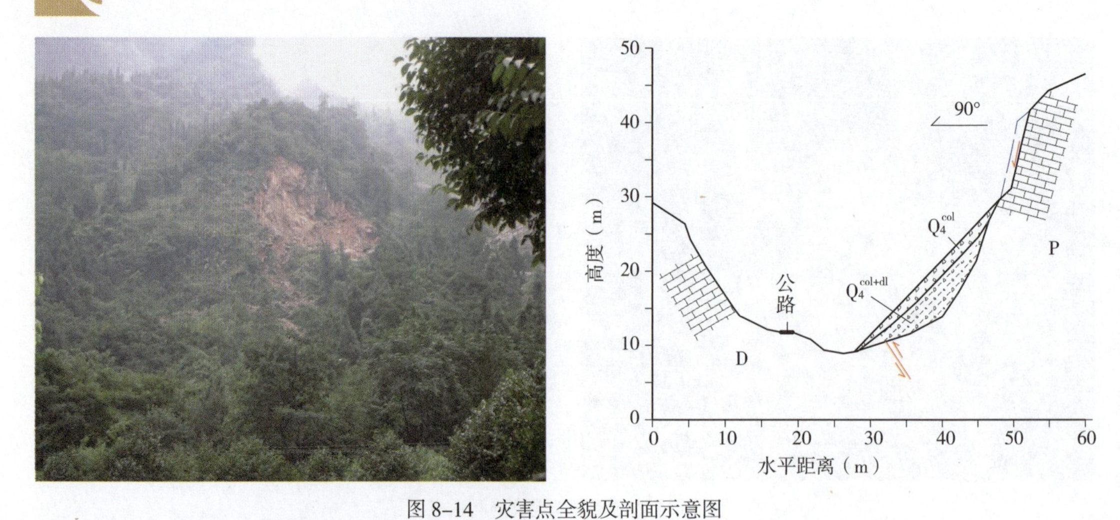

图 8-14　灾害点全貌及剖面示意图

Figure 8-14　Full view of the disaster and sketch map of the cross-section

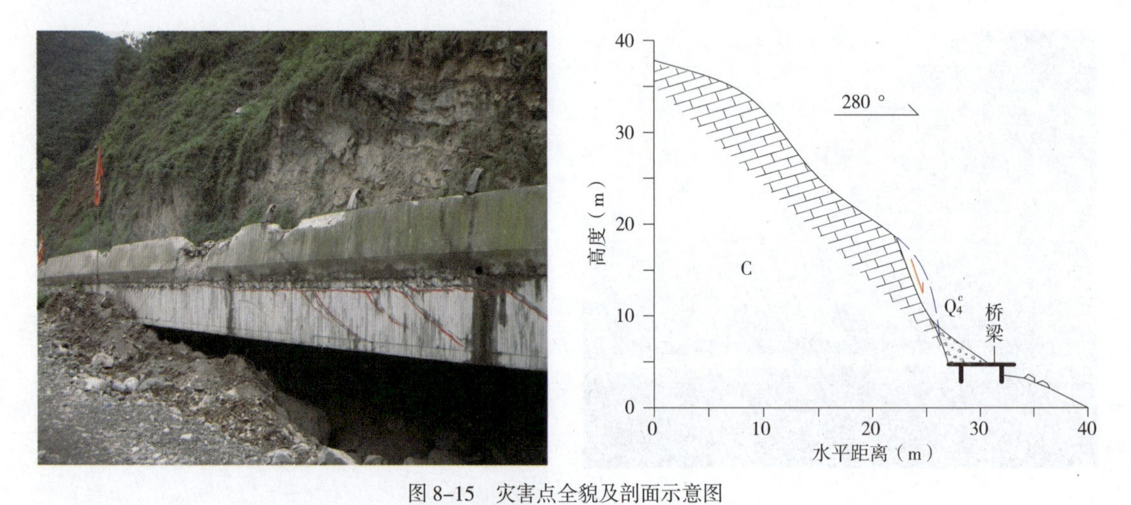

图 8-15　灾害点全貌及剖面示意图

Figure 8-15　Full view of the disaster and sketch map of the cross-section

图 8-16　灾害点全貌及剖面示意图

Figure 8-16　Full view of the disaster and sketch map of the cross-section

8.4　北川—南坝段灾害点 The disasters from Beichuan to Nanba

北川—南坝段公路全长 68km，共发育灾害点 11 处，其中滑坡 6 处，崩塌 5 处，如图 8-17 所示。各灾害点详情见调查表。

图 8-17　省道 105 线北川—南坝段地质灾害分布图

Figure 8-17　Geological disasters distribution map along the highway from Beichuan to Nanba section in S105

1）王家岩滑坡

王家岩滑坡（K163+312）（01 号点）位于北川县老县城城区西侧。在“5・12”汶川特大地震过程中，被强震震裂松动溃屈的老县城后山山体，在主震结束 10 余分钟后突然高速下滑，伴随着巨大的轰鸣声以及浓浓尘埃，约 140 万 m³ 的斜坡岩体在短短数十秒内自 980m 高程整体滑动并直达北川老县城城区（海拔高程约 660m），瞬间将大半个老县城区掩埋于滑坡体下。高速滑坡形成的强大气浪，将滑体前缘数十米范围内本已在汶川主震中严重受损的建筑物，再次彻底摧毁，形成沿滑坡堆积体前缘呈带状分布的废墟带。据完全统计，王家岩滑坡仅摧毁 3~6 层的楼房就达 20 余栋，其中包括县医院、幼儿园、曲山小学及农贸市场等人口密集的建筑物，共造成 1 700 余人遇难，成为“5・12”汶川大地震诱发滑坡灾害中直接死亡人数最多、影响最大的滑坡之一，王家岩滑坡全貌及其剖面示意图见图 8-18。

滑坡介于米石沟与沈家沟两冲沟之间。王家岩滑坡区位于斜坡中下部的陡坡地段，斜坡坡度约 50°，高程介于 660~980m 之间。坡面植被较发育，主要为乔木。基岩层面产状总体为 350° ∠ 35°。在王家岩滑坡区，地层相对单一，出露地层主要为第四系松散堆积层和寒武系下统清平组地层。滑坡区内主要发育三组构造裂隙：① 120° ∠ 68°；

② 200° ∠ 65° ；③ 72° ∠ 82° ，基岩为$\in_1c$灰黄色砂质页岩、粉砂岩，薄层砂板岩。

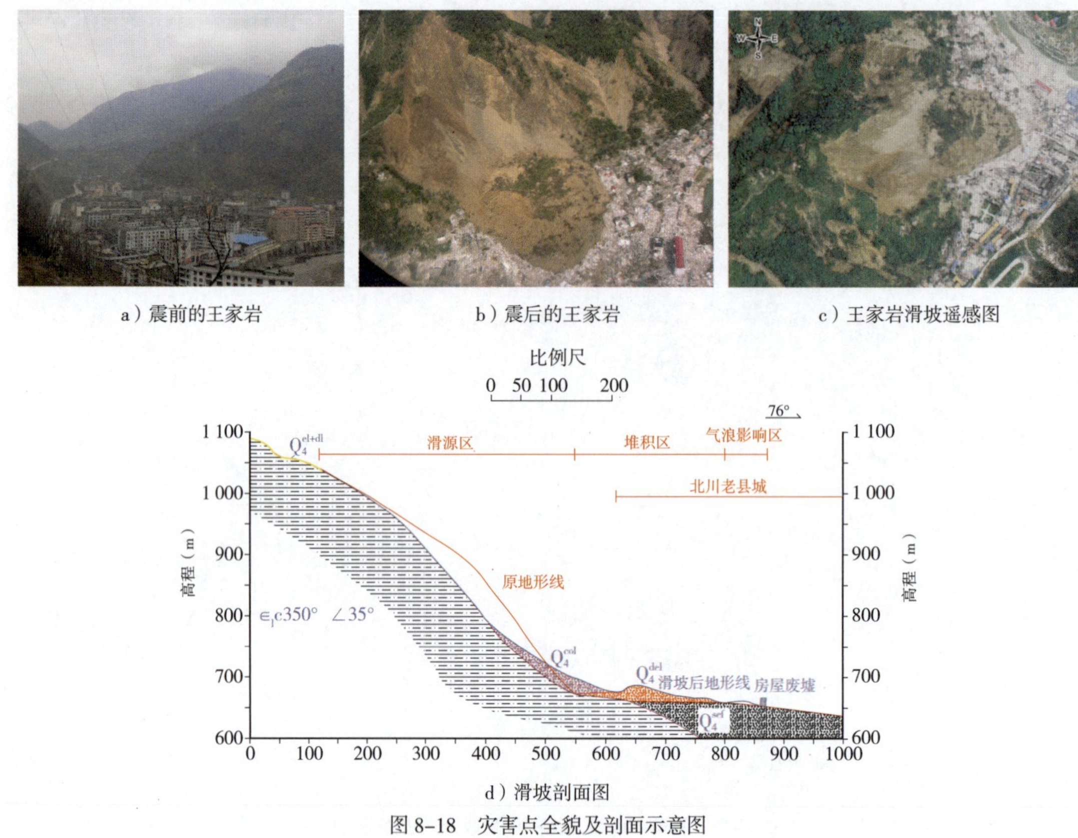

a）震前的王家岩　b）震后的王家岩　c）王家岩滑坡遥感图

d）滑坡剖面图

图 8-18　灾害点全貌及剖面示意图

Figure 8-18　Full view of the disaster and sketch map of the cross-section

分析王家岩滑坡的形成条件，具有以下几个突出特点：

（1）地震动力作用强烈：王家岩滑坡处于映秀—北川断裂的上盘，该断裂从北川新老县城直穿而过，且刚好从滑坡前缘坡脚通过。滑坡紧邻断层破裂带，滑源区中心距主断层地表破裂面仅 400m 左右。而北川县城又是“5·12”汶川地震的宏观震中之一，是汶川地震中地表破裂位移最大，地震动力最强的部位之一，因此超强的地震动力是导致王家岩滑坡发生的主要原因。

（2）岩性软弱：区域地质调查表明，在北川县城周围，映秀—北川断裂上盘主要为一套由砂板岩、页岩、泥岩组成具有浅变质的碎屑岩系，其岩性相对较软弱，因此在斜坡浅表层往往覆盖一层较厚的残积土。

（3）存在有利的结构面：在王家岩滑坡滑源区斜坡岩体中，发育三组陡倾结构面。这三组陡倾结构面不仅将滑源区斜坡岩体切割成块状，使其在强震过程中容易出现震裂松动现象，尤其是很容易追踪这些结构面产生拉裂破坏。测量表明，滑源区后壁主要是追踪与斜坡走向近于一致的裂隙发育。

针对王家岩滑坡的形成条件和特点，其变形破坏过程与模式为如下四个阶段：

（1）山体震裂松动

北川县位于“5·12”汶川地震的极震区，在地震初期强大的地震动力作用下，北川老县城后山山体被大范围震裂松动，并在斜坡浅表层，尤其是山体顶部因高程对地震波的放大效应，形成一系列方向与斜坡走向基本一致的震裂裂缝。现场勘探结果表明，广泛分布于山体顶部的震裂裂缝主要发育在斜坡表部的坡残积层和全强风化带内，其向山体内延伸深度并不大，一般不超过3m。斜坡表层的震裂裂缝为斜坡的进一步变形破坏奠定了基础。

（2）后缘拉裂面加深

随着主震的来临，强震产生的强大水平地震惯性力使靠近坡体顶部的有利结构面（一般为与坡面走向近于一致的陡倾结构面）发生拉裂破坏，并在坡体后缘形成一条明显的拉张裂缝。

（3）原有的震裂裂缝有选择性地加深、加长，滑坡“雏形”形成在持续的地震动力作用下，后缘拉裂面不断加深、加大，并直达坡脚部位。同时在坡脚部位开始形成断续分布的剪切滑移裂缝，至此，滑坡的“雏形”已经形成。但直到地震结束，底部剪切滑移面也并未完全贯通，还存在一定的锁固段。因此，直至汶川地震主震结束，王家岩滑坡都还没有“来得及”发生。

（4）在重力作用下整体失稳破坏

汶川地震结束后，高宽比（指滑体高度与厚度之比）较大且基本与母岩处于分离状态的滑体（仅在根部与母岩相连），其重力仅靠根部还未剪断的岩体来承担，最后在自重所产生的强大压应力作用下，“不堪重负”的根部锁固段被完全剪断，剪切滑移面彻底贯通，形成王家岩滑坡。

2）K163+699北川中学新区滑坡（Z02号点）

北川中学新区滑坡位于北川县城新区后山，王家岩滑坡的北东侧，其下即为北川中学新区。在“5·12”汶川地震过程中，强烈的地震动力使该部位原本就较破碎的灰岩坡体，整体“崩溃”而下，数百万方巨大块石瞬间将其下部的北川中学新区及水电局等大量建筑物掩埋，造成约700人伤亡。北川中学新区滑坡发生于映秀—北川断裂的下盘并紧邻发震断裂地表破裂带；滑源区为被多组结构面切割的破碎灰岩，本身就为崩塌易发区。

北川境内以山地为主，北西部为构造侵蚀高中山地形，中部为构造侵蚀中山地形，南东部主要为溶蚀山原～峡谷和峰丛～洼地等侵蚀溶蚀低中山地形。县城处在构造侵蚀中山的东南边缘，属龙门山前山与后山交界地带，山脉走向大体呈北东—南西向。山脉大致以白什、外白为界，其西属岷山山脉，其东属龙门山脉，地势西北高、东南低。北川县城新城建在涪江上游支流右岸Ⅰ级阶地上，处于侵蚀构造中山的东侧边缘，所处位置较低。县城周边四面环山，地形高陡，地形坡度一般为30°～45°，局部地段呈陡崖，高程为650～1 300m，相对高差为450～600m。

北川中学新区滑坡位于北川新县城城南后山，北川中学新区就位于该滑坡下部。滑坡体平面上呈“长舌”状，其后缘最高高程为950m，前缘最低高程为650m，相对高差约为300m。滑坡纵向长约440m，宽为250～290m，面积约105 764m²。滑坡堆积体纵向长度约

440m，分布高程为 660~870m，厚度为 5~20m，总体积约 50 万 m³，北川中学新区滑坡全貌及其剖面示意图见图 8-19。

a）滑坡震前形貌

b）震后滑坡形态

c）北川—映秀断裂与滑坡的位置关系

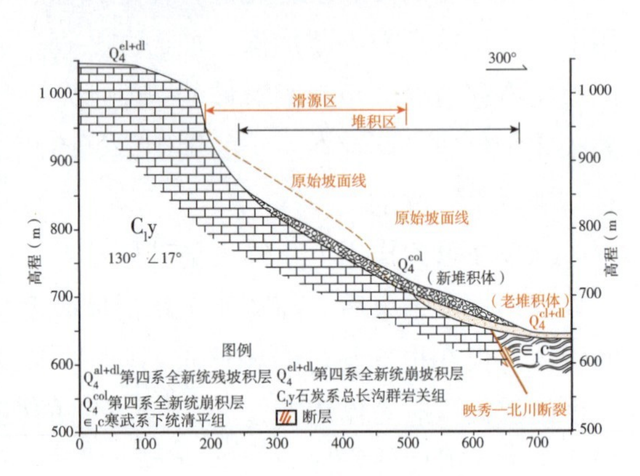

d）滑坡剖面图

图 8-19 灾害点全貌及剖面示意图

Figure 8-19 Full view of the disaster and sketch map of the cross-section

滑坡周边出露的地层主要包括古生界的寒武系、石炭系地层，以及第四系新生界全新统残坡积层（Q_4^{el+dl}）、崩坡积层（Q_4^{cl+dl}）、崩塌堆积体（Q_4^{col}）。

从北川中学新区滑坡特征及变形破坏情况分析可以得出，其失稳破坏具备以下条件。

（1）地貌条件：北川中学新区滑坡所处斜坡相对高差 200 余米，斜坡坡度为 30°~40°，且其前缘有一陡坎，具备临空失稳条件。

（2）岩体结构：滑坡区主要出露石炭系总长沟群岩关组灰岩。滑源区岩体首先被两组近于正交的结构面切割成四方柱状，在此基础上，斜坡浅表层岩体受风化卸荷作用的进一步改造，基本变成了 2~3m 的块状结构。这些块状岩体在地下水的进一步侵蚀改造下，变得更加破碎。而滑源区岩体内还发育一组走向基本与坡面平行、倾向坡外的中陡倾角结构面，为斜坡岩体的滑动破坏提供了较好的条件。

（3）触发因素："5・12" 汶川特大地震是北川中学新区滑坡的直接触发因素。尽管北川中学新区滑坡位于映秀—北川断裂的下盘，但发震断层直接从滑坡前缘通过，滑源区中心点离断层的垂直距离仅 300m 左右。同时，因北川县城是 "5・12" 汶川地震的宏观震中之一，地震产生的强大动力直接导致了滑坡的发生。

分析该滑坡的变形破坏过程，具体可分为以下三个阶段：

（1）山体震裂松动

在地震的初期阶段，滑源区本已较为破碎的岩体，被震裂松动，在斜坡浅表部产生一系列的拉张裂缝。

（2）拉裂—散体

随着主震的来临，在强大的地震动力多次循环拉压作用下，已被震裂松动的斜坡岩体结构面间的岩桥被拉断，形成一系列的竖向拉裂面，持续的“筛动”作用，使斜坡浅表层物质不断被拉裂、分离直至散体。

（3）整体失稳滑动

已经完全散体的斜坡浅表层物质，最后沿倾向坡外的结构面，整体失稳下滑。

灾害点名称及位置	灾害点地质概况	地震破坏情况	附图
K167+796右侧斜坡崩塌（B27号点）	斜坡为反倾层状结构斜坡，坡面呈折线形，陡缓交界处坡体中上部较陡，坡度为60°~70°；下部较缓，坡度为15°~20°。基岩为S_{2-3}灰岩，发育层面120°∠35°。斜坡高约32m，长约60m，坡向约356°	在地震力作用下，斜坡顶部岩体拉裂－顺层崩塌，顺坡面滚动、弹跳，总方量约600 000m³，掩埋公路，挤压河道	图8-20
K177+600~K178+800左侧斜坡崩塌（B24号点）	斜坡为崩坡积物堆积斜坡，坡面呈折线形，坡体上部坡度较陡，为45°~50°。坡体物质主要为Q_4碎块石土；基岩为S_{2-3}板岩，层状结构，发育倾向坡外板理面120°∠31°。斜坡高约105m，长约220m，坡向约146°	在地震力作用下，坡表崩坡积物顺坡滑移失稳，沿坡面冲沟滑移，总方量约100 000m³，堆积坡脚，掩埋公路	图8-21
K182+000~K182+200左侧斜坡崩塌（B23号点）	斜坡为反倾层状结构斜坡，坡面呈折线形，坡面中上部较陡，坡度为50°~60°。基岩为S_{2-3}板岩，发育板理面130°∠20°；节理：①120°∠85°；②50°∠75°。斜坡高约240m，长约240m，坡向约143°	在地震力作用下，斜坡中上部强风化岩体抛射失稳，运动过程中，碰撞解体、弹跳，总方量约300 000m³，掩埋公路，损坏部分民房	图8-22

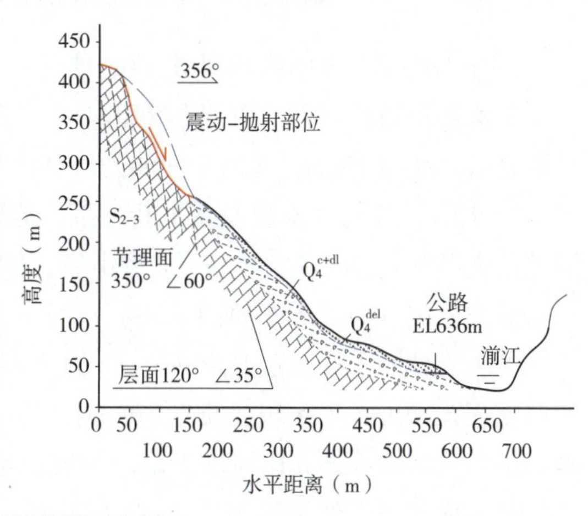

图8-20　灾害点全貌及剖面示意图

Figure 8-20　Full view of the disaster and sketch map of the cross-section

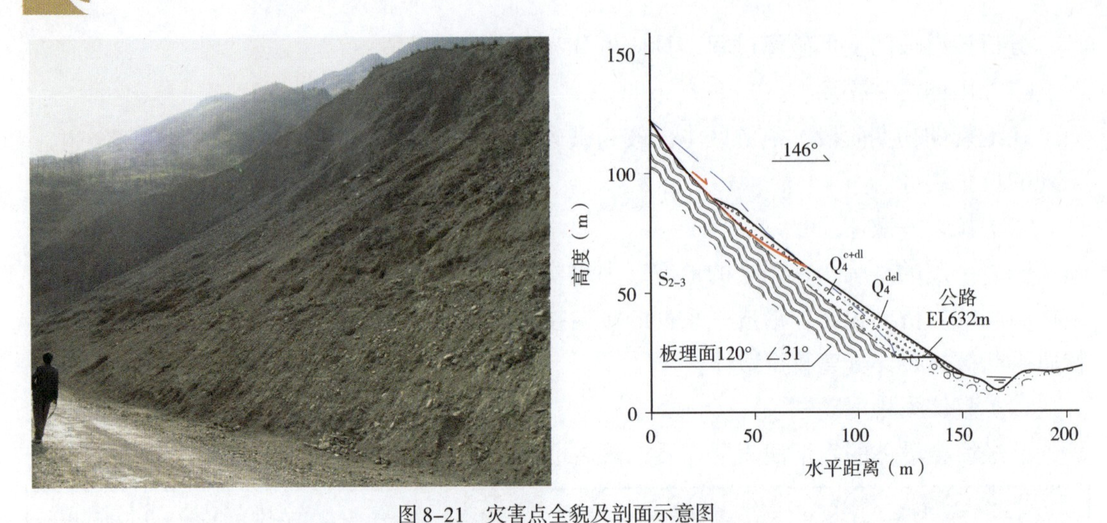

图 8-21 灾害点全貌及剖面示意图

Figure 8-21 Full view of the disaster and sketch map of the cross-section

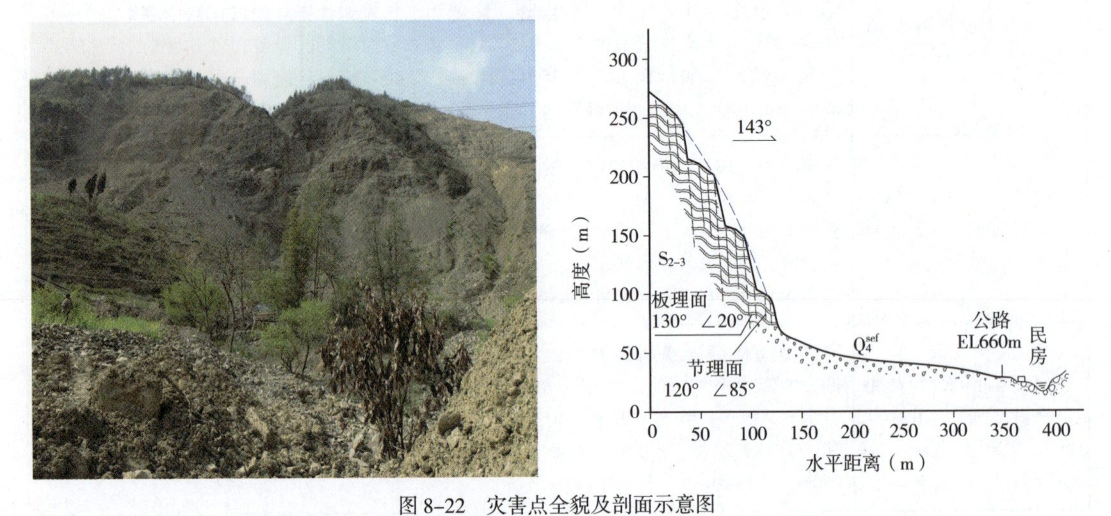

图 8-22 灾害点全貌及剖面示意图

Figure 8-22 Full view of the disaster and sketch map of the cross-section

3）K182~K183 陈家坝滑坡（03 号点）

陈家坝滑坡位于四川省绵阳市北川羌族自治县陈家坝羌族乡场镇的后山，陈家坝羌族乡距北川县城约 19km，北川—江油公路从原集镇东侧通过，是汶川地震极重灾区。该区位于“5・12”汶川特大地震发震主断裂带，地震诱发大面积山体滑坡、崩塌。陈家坝鼓儿山滑坡是汶川特大地震诱发的一个大型滑坡，体积约为 800 万 m³，因灾造成 63 人死亡。

滑坡岩组分为以下三种：

（1）志留系上中统茂县群（S_{2-3}）的页岩类薄层砂岩，厚层灰岩，厚度 230m，沿西北向厚度逐渐增大，受区域变质作用影响，轻度变质，岩性为千枚岩、板岩、石灰岩、砂页岩，位于陈家坝乡鼓儿山滑坡下部，组成滑坡下部基岩。

（2）寒武系下统清平组（$\in_1c$）的灰色、暗紫、暗灰绿、深灰色粉砂岩，上部为灰色薄层状长石云母石英粉砂岩及钙质泥质粉砂岩；中部为暗紫、暗灰绿色薄层板状含磷钙质粉砂岩及含钙磷质海绿石砂岩；下部为灰绿色含绿泥石的细粒状磷块岩、灰色含磷泥灰岩、薄层硅质岩及深灰色钙质磷块岩与假鲕状磷质灰岩互层，统称磷矿段，位于斜坡上部，组成滑坡后部基岩。

（3）第四系滑坡堆积层（Q_4）。

滑坡特征如下：

滑坡 I 区发育于陈家坝鼓儿山滑坡群南侧，滑坡平面形态呈“座椅形”，地势西高东低，呈上陡中缓下陡，纵向上呈台阶状，分为滑坡壁、滑坡平台和滑坡堆积体三部分。滑坡壁后缘顶部高程为 995m，滑坡壁坡度为 38°~42°；滑坡中部平台高程在 795m 左右，滑坡平台平均长 52m，平均宽 133m，坡角为 5°~8°；滑坡堆积体前缘最低高程为 690m，堆积体平均坡度为 25°；前后缘相对高差在 305m 左右。堆积体后部相对较厚，前部较薄，后部厚为 28~33m，中部厚为 25m，前部厚为 5~10m；横向上两边薄，中间厚，最厚达 33m；体积约为 160 万 m³。灾害点全貌及剖面示意图见图 8-23。

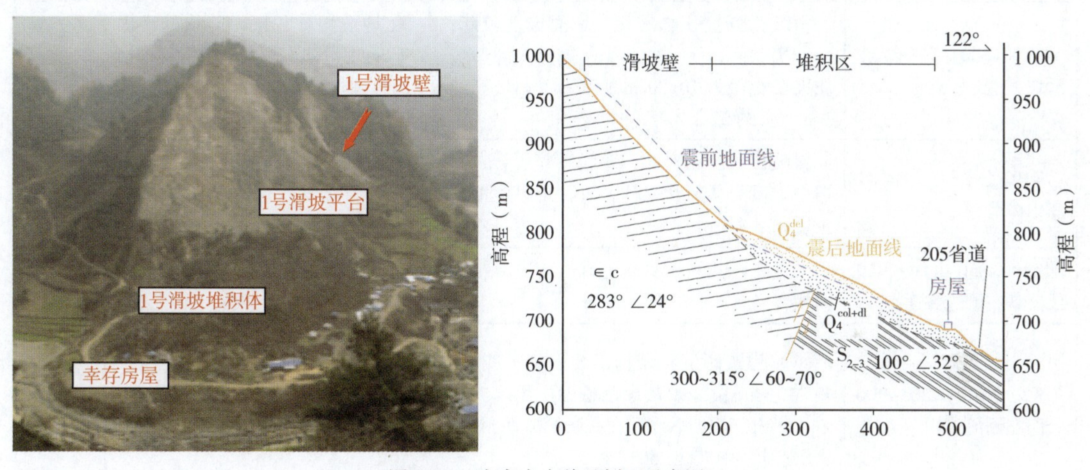

图 8-23　灾害点全貌及剖面示意图

Figure 8-23　Full view of the disaster and sketch map of the cross-section

滑坡 II 区地势上陡下缓，滑坡平面形态呈“躺椅形”，分为滑坡壁和滑坡堆积体两部分，滑坡壁后缘顶部高程约为 1 020m，平均坡度在 42° 左右；堆积体平面形态呈“扇形状”，沿近东西向展布，并堵塞都坝河形成了堰塞湖，堆积体顶部高程在 725m 左右，堆积体前缘最低高程为 650m，平均坡度为 6°~10°；前后缘相对高差约为 370m。疏浚后前缘受都坝河水冲刷，呈高 10~20m 的陡坎。堆积体纵向上后部相对厚，前部较薄，后部厚为 35~42m，中部厚为 20~26m，前部厚为 15~20m；横向上两边薄，中间厚，最厚达 42m；体积约为 340 万 m³。灾害点全貌及剖面示意图见图 8-24。

从区域上来说，北川断层贯通滑坡区中下部，滑坡滑源区位于断层上盘，受构造作用，滑源区斜坡岩体十分破碎，呈碎裂状，且密集发育一组顺坡中 ~ 陡倾坡外的结构面，优势结构面成为了控制斜坡变形的底滑面；同时两侧沟谷切割，前缘临空，为陈家坝滑坡群的形成提供了极为有利的地质条件。

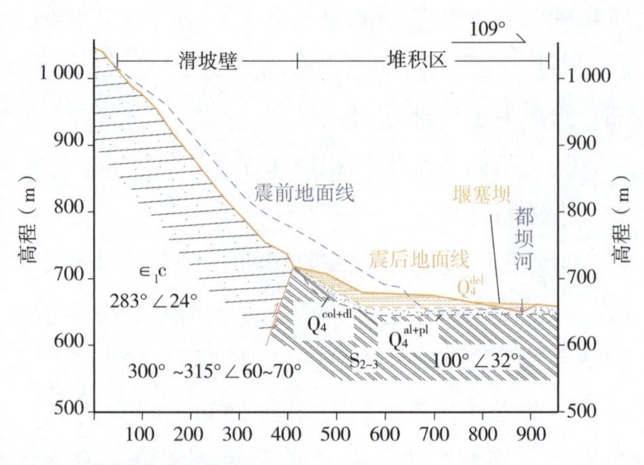

图 8-24　灾害点全貌及剖面示意图

Figure 8-24　Full view of the disaster and sketch map of the cross-section

灾害点名称及位置	灾害点地质概况	地震破坏情况	附图
K190+660 右侧斜坡滑坡（B22 号点）	斜坡为崩坡积物堆积，坡面坡度较陡，坡度为 70°~75°。坡表为Q_4^c崩坡积碎屑物质夹杂粒径为 10~20cm 的碎石。斜坡高约 16m，长约 31m	在地震力作用下，陡坎处半固结碎石土滑移失稳，顺坡滑移，堆积于坡脚，总方量约 1 500 m³，掩埋公路	图 8-25
K192 公路左侧河对岸山体滑坡	斜坡位于公路对面，寒武系碎屑岩，斜坡中上部岩体风化强烈，有一定厚度覆盖土层	地震诱发斜坡中上部岩土体滑移失稳，顺坡坠落堆积于坡脚，对公路无影响	图 8-26
K199+850~K199+950 段路基右侧边坡崩塌	人工开挖边坡，页岩、砂岩为主，结构面发育	地震诱发结构面切割岩体滑移失稳，坠落堆积于坡脚，掩埋公路	图 8-27
K205+100~K205+300 公路左侧河对岸	斜坡为顺倾层状结构，坡面呈折线形，基岩为 $\in_1q$ 黄绿及灰绿色粉砂质页岩夹砂岩、灰岩。边坡后缘存在一条区域性断层。岩层产状为 170°∠ 50°	在地震力作用下，山体中上部碎裂岩体拉裂－顺层滑移，抛射、滑移、弹跳，最终堆积坡脚，总方量约 200 000m³，堰塞河道，掩埋堵断公路	图 8-28

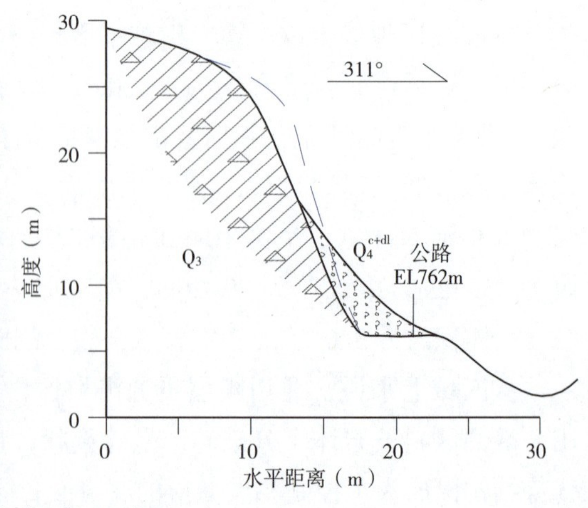

图 8-25　灾害点全貌及剖面示意图

Figure 8-25　Full view of the disaster and sketch map of the cross-section

图 8-26 K192 公路左侧河对岸山体滑坡

Figure 8-26 Landslide at the left side of the river across the highway in K192

图 8-27 K199+850~K199+950 段路基右侧边坡崩塌

Figure 8-27 Collapse on the right side of embankment in K199+850~K199+950

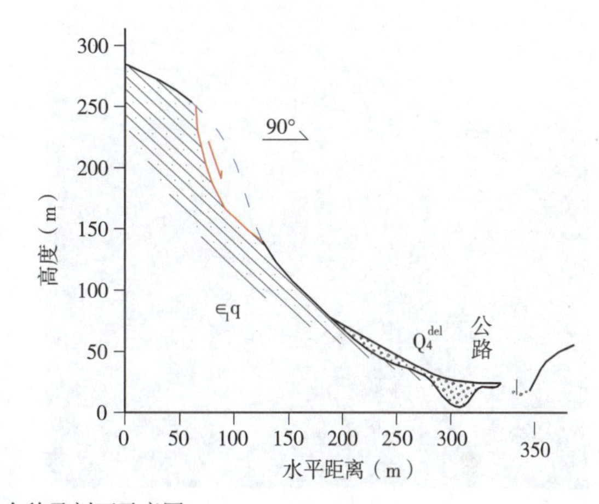

图 8-28 灾害点全貌及剖面示意图

Figure 8-28 Full view of the disaster and sketch map of the cross-section

灾害点名称及位置	灾害点地质概况	地震破坏情况	附图
K207+180（宽坝与平武分路位置）(03 号点）	斜坡为反倾层状结构，坡面呈折线形，顶部坡度为 20°~30°，中上部坡度为 50°~60°。基岩为 $\in_1q+S_{mx}$ 黄绿及灰绿色粉砂质页岩夹砂岩、灰岩，层面产状为 340°∠40°~60°。斜坡高约 200m，长约 150m，坡向约 150°	在地震力作用下，山体中上部碎裂岩体倾倒失稳、滑移，坡脚堆积，总方量约 1 000m³，在河对岸，对公路无影响	图 8-29
K227+250~K230+900 左侧斜坡崩塌	斜坡岩体结构破碎，坡面呈直线形，坡度一般在 50° 以上。基岩以粉砂岩为主，夹杂灰岩，节理发育	在地震力作用下，坡表松动岩体沿坡表失稳破坏，阻断并损毁道路	图 8-30~图 8-33
K230+727 右侧斜坡崩塌（04 号点）	斜坡为反倾层状结构，上缓下陡，坡顶多为涪江早期堆积，下部为人工切割基岩边坡，中上部坡度为 70°~75°。基岩为 S_{2-3} 千枚状变质粉砂岩夹灰白变质砂岩。发育劈理：310°∠24°；节理：355°∠70°，65°∠70°	在地震力作用下，坡体中上部坡表卸荷岩体倾倒失稳、坠落，坡脚堆积，总方量约 200 m³，掩埋堵断公路	图 8-34
K231+450~K232+200 沙湾滑坡左侧斜坡滑坡（B21 号点）	斜坡为基岩－强风化层二元结构，呈折线形，中下部坡度为 50°~60°。基岩为 $\in_1q$ 板岩，板理面产状为 120°∠25°	在地震力作用下，斜坡中上部碎裂岩体沿强弱风化界面抛射失稳、弹跳，坡脚堆积，总方量约 10 000m³，掩埋公路，阻塞河道形成堰塞湖	图 8-35

续上表

灾害点名称及位置	灾害点地质概况	地震破坏情况	附图
K232+620~K233+700 左侧斜坡崩塌	斜坡岩体结构破碎，坡面呈直线形，坡度一般在 50° 以上。基岩裸露，以粉砂岩为主，节理裂隙发育	在地震力作用下，坡表松动岩体沿坡表失稳破坏，阻断和损毁道路	图 8-36~图 8-41
K234+000~K234+260 左侧斜坡滑坡（B20 号点）	斜坡由崩坡积物堆积而成，属直线形坡，坡度为 20°~30°，坡顶较陡。坡体物质主要为 Q_4 碎块石土，基岩为 $\in_1q$ 板岩。斜坡高约 260m，长约 260m，坡向约 122°	在地震力作用下，斜坡中上部覆盖层沿基覆面向临空面滑移，总方量约 500 000m³，掩埋公路，堵塞河道，形成堰塞湖	图 8-42
K234+800~K234+950 左侧斜坡崩塌（B19 号点）	斜坡为基岩－强风化层二元结构，坡面呈折线形，上部坡度为 45°~70°。基岩为 $\in_1q$ 板岩，发育板理面：115°∠25°；节理① 85°∠80°，② 350°∠75°。斜坡高约 240m，长约 50m，坡向 103°	在地震力作用下，斜坡中上部强风化岩体沿强弱风化界面溃滑、解体、滚动、弹跳，坡脚堆积，总方量约 2 500m³，砸坏公路，砸毁民房	图 8-43

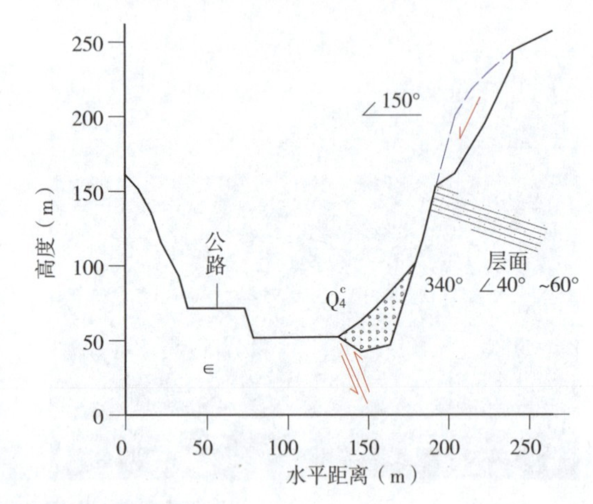

图 8-29　灾害点全貌及剖面示意图

Figure 8-29　Full view of the disaster and sketch map of the cross-section

图 8-30　K227+250~K227+350 左侧边坡崩塌落石

Figure 8-30　Collapse on the left side slope of K227+250~K227+350

图 8-31　K227+300 左侧边坡崩塌形成倒坡

Figure 8-31　Collapse on the left side slope formed talus of K227+300

图 8-32　K230+545~K230+570 左侧边坡崩塌

Figure 8-32　Collapse on the left side slope of K230+545~K230+570

图 8-33　K230+770~K230+900 左侧边坡崩塌

Figure 8-33　Collapse on the left side slope of K230+770~K230+900

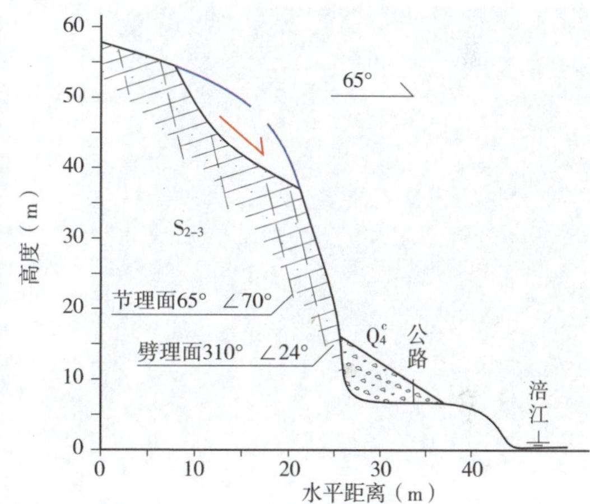

图 8-34　灾害点全貌及剖面示意图

Figure 8-34　Full view of the disaster and sketch map of the cross-section

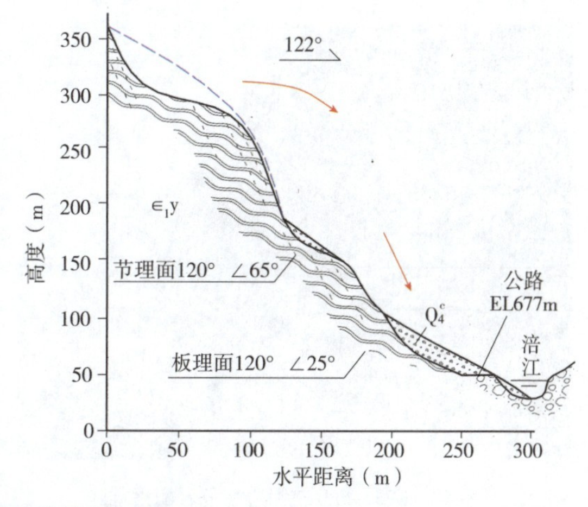

图 8-35　灾害点全貌及剖面示意图

Figure 8-35　Full view of the disaster and sketch map of the cross-section

图 8-36 K232+620~K232+720 左侧边坡崩塌危险

Figure 8-36 Collapse on the left side slope of K232+620~K323+720

图 8-37 K232+940~K232+970 左侧边坡垮塌

Figure 8-37 Collapse on the left side slope of K232+940~K232+970

图 8-38 K233+250~K233+500 左侧边坡崩落危险（一）

Figure 8-38 Collapse on the left side slope of K233+250~K233+500（1）

图 8-39 K233+250~K233+500 左侧边坡崩落危险（二）

Figure 8-39 Collapse on the left side slope of K233+250~K233+500（2）

图 8-40 K233+500 左侧边坡危岩崩落危险

Figure 8-40 Collapse on the left side slope of K233+500

图 8-41 K233+500~K233+700 左侧边坡崩塌

Figure 8-41 Collapse on the left side slope of K233+500~K233+700

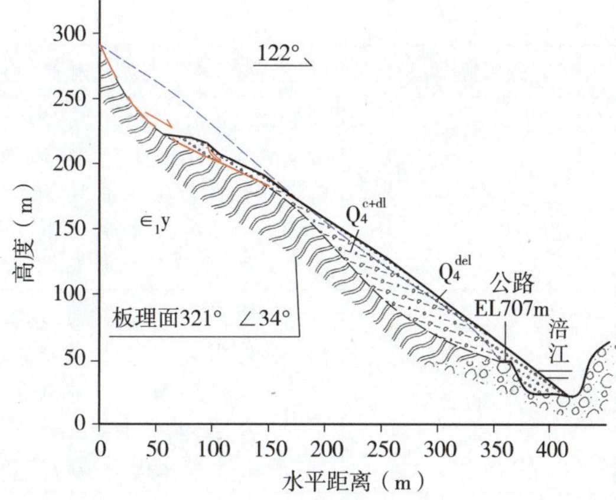

图 8-42 灾害点全貌及剖面示意图

Figure 8-42 Full view of the disaster and sketch map of the cross-section

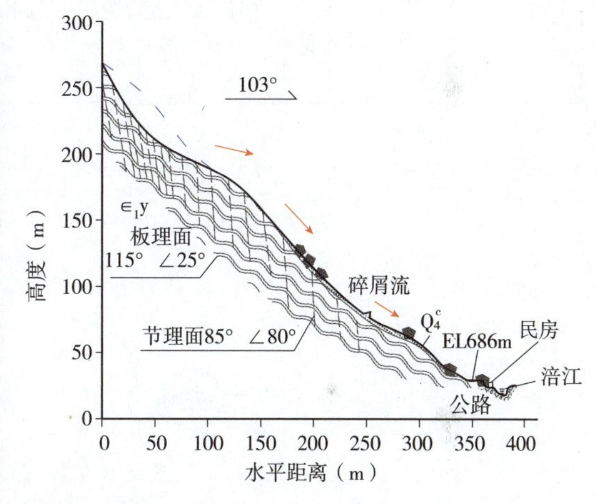

图 8-43 灾害点全貌及剖面示意图

Figure 8-43 Full view of the disaster and sketch map of the cross-section

8.5 南坝—乐安寺段灾害点 The disasters from Nanba to Leansi

南坝—乐安寺段公路震害较为发育，全长 64km，共发育灾害点 18 处，其中滑坡 7 处，崩塌 11 处，如图 8-44 所示。各灾害点详情见调查表。

灾害点名称及位置	灾害点地质概况	地震破坏情况	附图
K238+000~K238+900 左侧滑坡	斜坡属基岩 - 土层二元结构，坡体呈折线形，坡度约 45°。基岩为 $\in_1 q$ 板岩，坡表发育碎石土	在地震力作用下，坡表崩坡积层顺层滑移，掩埋公路	图 8-45、图 8-46
K238+000~K238+900 左侧斜坡滑坡（B18 号点）	斜坡具有基岩 - 土层二元结构，坡体呈折线形，坡度为 45° ~70°，坡表冲沟较发育。斜坡植被不发育。该段斜坡基岩为 $\in_1 q$ 板岩，主要发育板理面 345°∠ 22°（反倾坡内）。斜坡高约 219m，长约 628m，坡向约 206°	在地震力作用下，斜坡体中上部坡表崩坡积物沿基覆面向临空面滑移失稳，总方量约 40 000m³，坡脚堆积，掩埋公路	图 8-47

续上表

灾害点名称及位置	灾害点地质概况	地震破坏情况	附图
K242+765 文家山滑坡（B17 号点）	斜坡属基岩－土层二元结构，坡体呈折线形，坡顶坡度为 40°~50°，中部坡度为 70°~80°，坡脚堆积粒径为 0.2~1m 不等的块石和碎屑物质，对面为一条泥石流沟，坡内冲沟较发育。基岩为 $\in_1q$ 板岩，发育板理面 265°∠ 15°，缓倾坡外	在地震力作用下，斜坡中下部覆盖层沿基覆面推移失稳滑塌，堆积坡脚，方量约 2 000 000m³，掩埋公路	图 8-48
K246+129 左侧斜坡崩塌（B16 号点）	斜坡属基岩－强风化层二元结构，坡体呈折线形，坡度为 45°~70°。坡表为较为破碎的碎石，平均粒径为 5~15cm，个别为 0.5~1m，基岩为 $\in_1q$ 板岩，发育板理面 184°∠ 31°（倾坡内）。斜坡高约 132m，长约 160m，坡向约 328°	在地震力作用下，强卸荷岩体滑移失稳，坡脚堆积，总方量约 80 000m³，掩埋公路	图 8-49
K249+176 左侧斜坡新平村一组滑坡（B15 号点）	斜坡属斜交层状结构，坡体呈折线形，坡顶较缓，坡度为 20°~30°，坡体较陡，坡度为 45°~50°。坡脚有一冲沟，后边界存在滑坡（3 个），坡脚部位为断裂带通过部位。坡顶植被较稀疏。该段斜坡所处地层为 $\in_1q$ 地层，基岩为硅板岩	在地震力作用下，碎裂岩体拉裂－顺层滑移失稳，破坏部位在斜坡陡缓转折端以下，坡脚堆积，滑坡方量约 3 200 000m³，掩埋公路	图 8-50

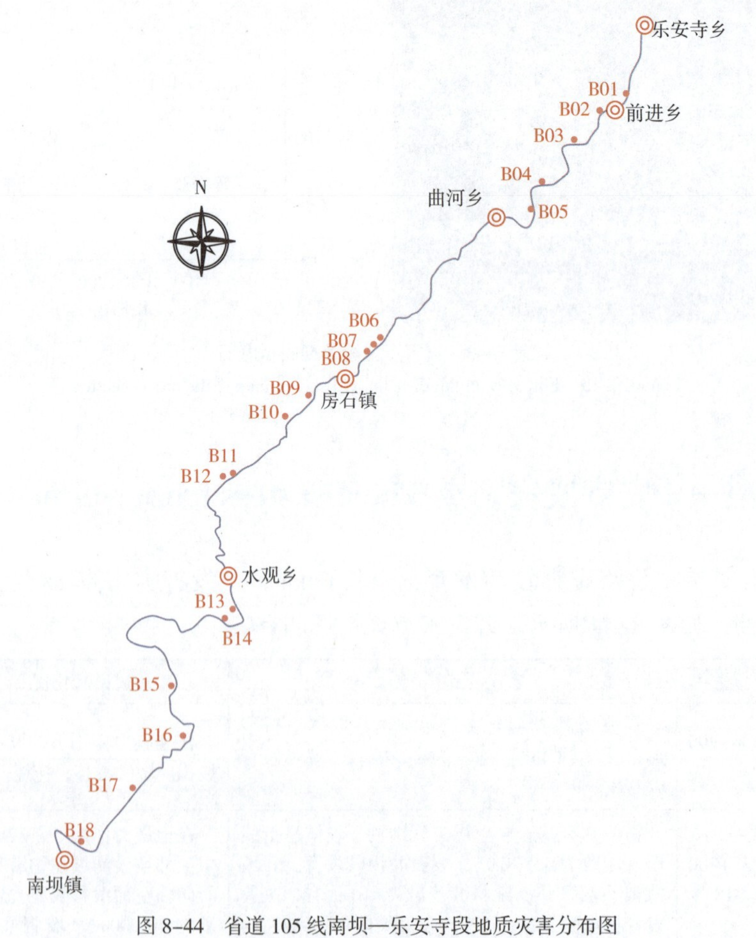

图 8-44　省道 105 线南坝—乐安寺段地质灾害分布图

Figure 8-44　Geological disasters distribution map along the highway from Nanba to Leansi of S105

图 8-45　K238+000~K238+900 左侧滑坡

Figure 8-45　The left side landslide in K238+000~K238+900

图 8-46　K238+200~K238+300 滑坡中的小滑坡

Figure 8-46　Landslide in landslide in 238+200~K238+300

图 8-47　灾害点全貌及剖面示意图

Figure 8-47　Full view of the disaster and sketch map of the cross-section

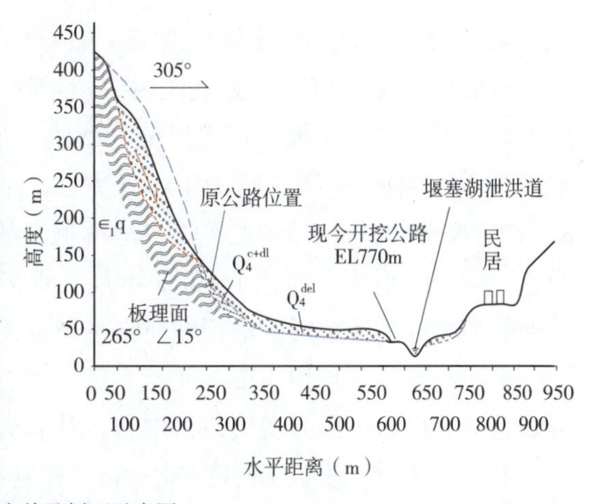

图 8-48　灾害点全貌及剖面示意图

Figure 8-48　Full view of the disaster and sketch map of the cross-section

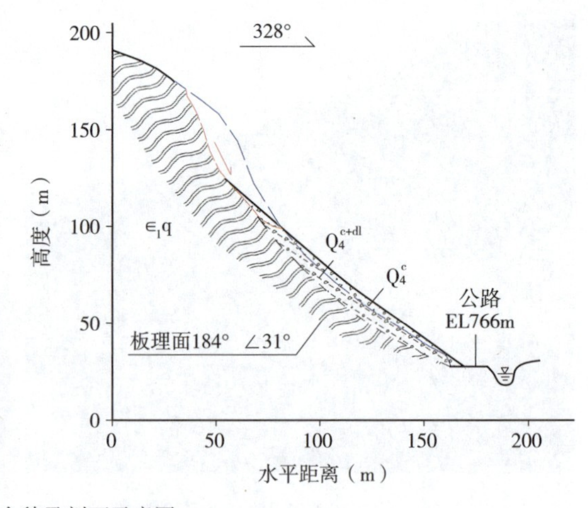

图 8-49 灾害点全貌及剖面示意图

Figure 8-49 Full view of the disaster and sketch map of the cross-section

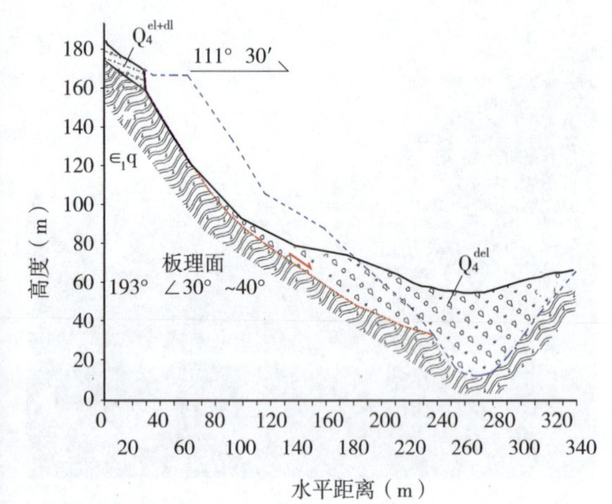

图 8-50 灾害点全貌及剖面示意图

Figure 8-50 Full view of the disaster and sketch map of the cross-section

K257+575 右侧斜坡平溪村滑坡（B14 号点）

滑坡位于绵阳市平武县平溪村，滑坡区海拔 1 200~1 400m，属低中山地貌。滑前地貌上陡下缓，整个滑坡区域可以分为两段：第一段为滑源区，高程范围为 1 250~1 390m，坡度为 35° ~40° ；第二段为下部平缓区，高程为 1 210~1 250m，坡度为 20° ~25°（图 8-51）。该滑坡属于“5 · 12”汶川地震触发的一高速岩质滑坡，滑坡的地震动力效应非常明显，后缘处形成了高达 140m 的不规则锯齿状陡壁，被震裂的岩体呈“散粒体”状沿着贯通的溃裂面高速下滑，堆积在前缘平坦地面上，且堵塞平溪河道。

平溪村滑坡区地层主要是寒武系邱家河组结晶灰岩，岩体破碎，裂隙发育。自上而下分别是坡表碎石土层，灰黑色，中密；基岩为结晶灰岩，灰色，坚硬，结构致密。

滑坡滑源区（Ⅰ区）长度约 130m，高度 140m。由后缘边界（拉裂缝）、两侧陡坎边界、陡壁面组成；整个堆积区（Ⅱ区）长度约 270m，其中Ⅱ -1 区长约 80m，上覆崩落块石堆积物。Ⅱ –2 区长 190m，最大展宽达 160m，见航拍图 8–52 和全景图 8–53。

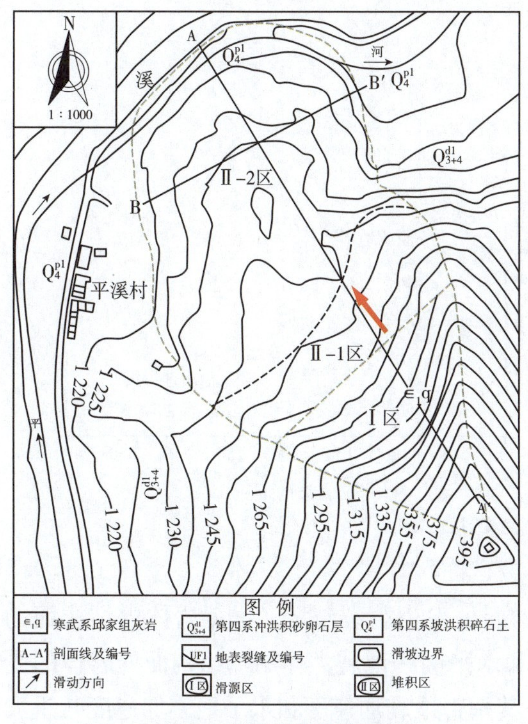

图 8–51　平溪村滑坡平面图

Figure 8–51　Plane of Pingxi landslide area

图 8–52　平溪村滑坡航片图（滑源区、堆积区）

Figure 8–52　Erophotograph of Pingxi landslide

滑源区的后缘壁是高度为 140m，坡度为 51°~55° 的不规则“锯齿”状陡壁。滑坡后缘整体成“V 谷”形，平面呈“圈椅”状，后壁面不仅高陡，且结构面发育、岩体破碎。陡壁面粗糙且裂隙发育，与重力作用下呈光滑、有一定弧形的后壁面明显不同，是地震动力作用下岩体产生震动、溃裂变形的结果。

后缘壁结构面发育，岩体除岩层层面外，还发育一组反倾的中缓倾结构面和一组切割陡倾结构面，产状分别为 N75°~85° E/SE ∠ 40°~50° 和 N55°~65° W/NE ∠ 65°~75°。这几组主控结构面将滑源区灰岩切割成碎块状。后壁结构面粗糙，可见延伸长度为 2~5m，闭合无充填。滑源区结构面发育，结构面在地震力作用下受拉剪应力作用出现震裂松动现象，岩体沿着结构面产生拉裂破坏。

后缘山顶处发育有多条拉张裂缝，属于地震瞬间拉应力造成的。裂缝宽度为 0.2~0.7m，最大达 1m，可见深度为 0.2~1.0m，延伸长度为 10~50m。多处裂缝下错，形成陡坎。

根据滑坡滑体的溃滑机制和运动过程，堆积区又分为Ⅱ –1 区和Ⅱ –2 区。Ⅱ –1 堆积区面积约 0.9 万 m^2，整体呈上细下粗的“倒石锥”，估算体积为 4 万 m^3。物质来源主要是后缘、侧缘强震震裂损伤岩体崩塌所致，上部是粒径为 1~2m 的块碎石夹土，下部是滚落而下的巨石，体积最大的巨石达 $86m^3$。Ⅱ –2 区是主滑堆积区，属于强震作用下在前期溃滑下形成的碎石土堆积区。山体内被震裂后的松散碎块石及碎石土呈“散粒体”状，以极高的速度整体下滑，并且在地面继续高速向前流动。滑体整体覆盖在原来较为平坦的耕地、道路上，还堵塞了平溪河河道，造成巨大损失。滑体在滑坡前缘堆积成长 190m，最大宽度达 160m，面积为 2.8 万 m² 的碎石堆积区，堆积体的平均厚度为 15.8m，估算体积为 61 万 m³。

a）平溪村滑坡全貌图

b）滑坡剖面图

图 8-53　灾害点全貌及剖面示意图

Figure 8-53　Full view of the disaster and sketch map of the cross-section

在强大的地震力作用下，斜坡岩体在结构面处发生震裂破坏。根据岩体内结构面的分布情况（延伸长度、间距等），考虑在垂直和水平两种地震力作用下结构面处岩体的受力情况。研究区滑坡紧靠汶川地震发震断裂，其垂直地震加速度和水平地震加速度几乎大小一样，受到的地震动力效应明显，因此分析在两种地震加速度同时作用下的岩体震裂机制。平溪村滑坡的形成机制属于地震作用下的“拉裂 – 溃滑”型。其动力过程为：在强震的持续作用下，地震波在岩体结构面反射和折射，动力累积效应增加，岩体被震裂。山顶由于动力放大效应出现拉裂缝，拉裂缝迅速加深，在坡体后部形成陡峻的拉裂面，坡脚处“锁固段”被剪断，与后缘的拉裂面贯通形成破裂面。被震裂的碎块石和碎石土呈“散粒体”状高速下滑，并且下滑后由于具有初始的高速度又继续向前流动。

灾害点名称及位置	灾害点地质概况	地震破坏情况	附图
K259+348 左侧斜坡高位崩塌（B13 号点）	斜坡属斜交层状结构，坡体呈折线形，顶部较缓，坡度为 15°~20°，上部接近直立。该段斜坡基岩为 $\in_1$q 灰岩，主要发育 3 组节理面：层面，312°∠ 13°，缓倾坡外；① 60°∠ 83°，陡倾坡外；② 35°∠ 85°，与坡面正交。斜坡高约 215m，长约 102m，坡向约 69°	在地震力作用下，斜坡强卸荷岩体抛射失稳，发生在斜坡中上部，顺坡弹跳、滚动，堆积于坡脚，方量约 2 000m³，掩埋公路，损毁路基，阻塞河道	图 8-54
K266+792 左侧斜坡滑坡（B12 号点）	斜坡属基岩 – 土层二元结构，坡体呈直线形，坡度为 40°~70°。该段斜坡基岩为 $\in_1$q 千枚岩，片理面反倾坡内，产状为 292°∠ 15° 。斜坡高约 18m，长约 25m，坡向约 345°	在地震作用下，斜坡浅表层崩坡积物沿基覆面向临空面滑移失稳，方量约 1 000m³，掩埋公路	图 8-55
K267+502 左侧堆积体滑坡（B11 号点）	斜坡属基岩 – 土层二元结构，坡体呈直线形，平均坡度为 45°~70°。该段斜坡基岩为 $\in_1$q 绢云化板岩，板理面产状为 119°∠ 43°。斜坡高约 32m，长约 49m，坡向约 46°	在地震力作用下，斜坡浅表层崩坡积物沿基覆面滑移失稳，发生在中上部，顺坡滑移、滚落，堆积于坡脚，总方量约 50 000m³，掩埋公路	图 8-56

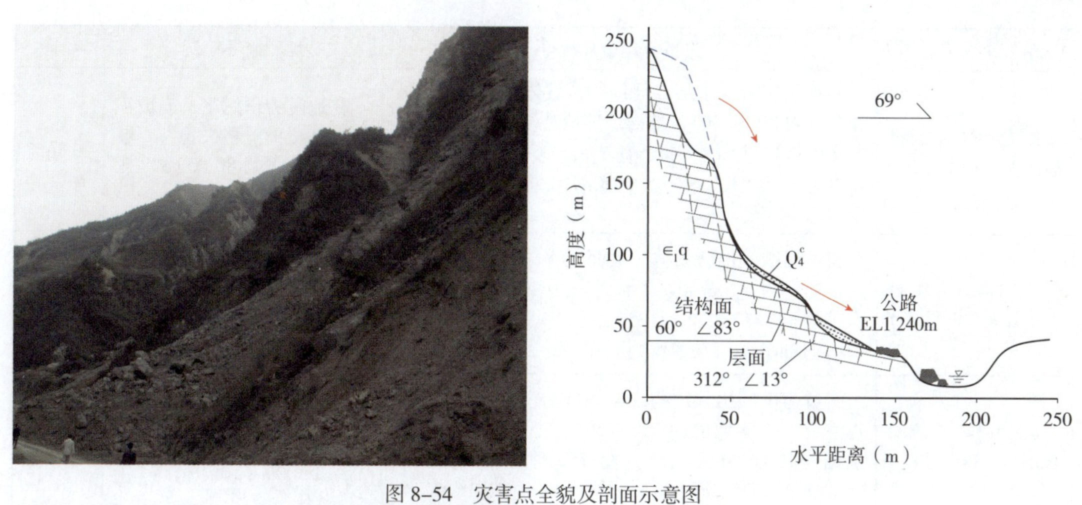

图 8-54　灾害点全貌及剖面示意图

Figure 8-54　Full view of the disaster and sketch map of the cross-section

图 8-55　灾害点全貌及剖面示意图

Figure 8-55　Full view of the disaster and sketch map of the cross-section

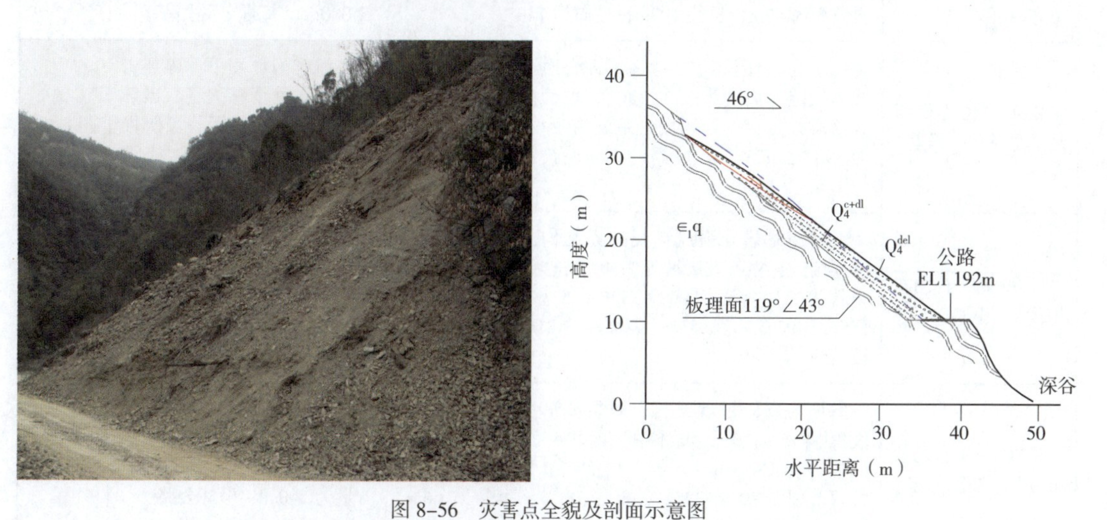

图 8-56　灾害点全貌及剖面示意图

Figure 8-56　Full view of the disaster and sketch map of the cross-section

灾害点名称及位置	灾害点地质概况	地震破坏情况	附图
K272+300 左侧斜坡滑坡（B10 号点）	斜坡属基岩－土层二元结构，坡体呈折线形，坡体坡度为 20° ~ 30°，坡面顶部植被覆盖，顶部坡度为 70° ~80°。该段斜坡基岩为 $\in_1q$ 强风化千枚岩，板理面产状为 83°∠ 46°。斜坡高约 58m，长约 88m，坡向约 345°	在地震力作用下，崩坡积物沿基覆面滑移失稳，顺坡滑移，方量约 80 000m³，掩埋公路	图 8-57
K274+425 左侧斜坡崩塌（B09 号点）	斜坡属顺倾层状结构，坡面近直立，坡表有覆盖层。基岩为 $\in_1q$ 灰岩。层面产状为 291°∠ 15°；发育节理面 145°∠ 85°，35°∠ 80°。斜坡高约 39m，长约 113m，坡向约 305°	在地震力作用下，斜坡中上部强卸荷岩体向临空面滑移，倾倒失稳，方量约 1 000m³，掩埋公路及河道	图 8-58
K279+347 左侧斜坡崩塌（B08 号点）	斜坡为反倾层状结构，坡体呈折线形，坡顶局部近直立，平均坡度为 45° ~ 50°。基岩为 $\in_1q$ 灰岩，层面产状为 291°∠ 15°，发育节理面 145°∠ 85°，35°∠ 80°。斜坡高约 283m，长约 23m，坡向约 325°	在地震力作用下，斜坡顶部岩体抛射，倾倒失稳，方量约 1 500m³，损毁公路	图 8-59
K279+769 左侧斜坡崩塌（B07 号点）	斜坡为反倾层状结构，坡体呈折线形，坡顶坡度较缓，坡度为 20° ~ 30°，其下方坡面接近直立。基岩为 $\in_1q$ 灰岩。层面产状为 291°∠ 15°；发育节理面 145°∠ 85°，35°∠ 80°。斜坡高约 24m，长约 72m，坡向约 134°	在地震力作用下，斜坡中上部强卸荷岩体错断失稳，方量约 500m³，砸坏路面	图 8-60
K280+575 左侧斜坡崩塌（B06 号点）	斜坡为反倾层状结构，公路边坡开挖形成陡立临空面。基岩为 Shn^{1+2} 千枚岩，发育片理面：80°∠ 18°；节理：① 214°∠ 79°，② 290°∠ 52°。斜坡高约 23m，长约 87m，坡向约 243°	地震力作用下，斜坡下部公路边坡强风化岩体向临空面楔形体滑移失稳，顺坡滑移，总方量约 3 000m³，坡脚堆积，损毁路面	图 8-61
K292+638 左侧斜坡高位崩塌（B05 号点）	斜坡为顺倾层状结构，坡度较陡，为 45° ~ 60°。基岩为 Shn^{1+2} 灰岩，发育层面产状为 105°∠ 45°。斜坡高约 122m，长约 160m，坡向约 92°	在地震力作用下，坡顶岩体抛射，滑移失稳，失稳岩体弹跳、滚动，总方量约 20 000m³，坡面堆积，砸坏路面	图 8-62
K294+016 左侧斜坡崩塌（B04 号点）	斜坡为顺倾层状结构，属折线形坡，坡体坡度较陡，局部接近直立。基岩为灰岩，层面产状为 305°∠ 78°；发育节理面 240°∠ 50°，155°∠ 80°。斜坡高约 42m，长约 197m，坡向约 143°	在地震力作用下，碎裂岩体错断失稳、滑移、坠落、弹跳，坡脚堆积，方量约 12 000m³，掩埋公路路基	图 8-63
K297+140 左侧斜坡崩塌（B03 号点）	斜坡为顺倾层状结构，属折线形坡，坡顶较缓，坡体较陡，坡度为 35° ~ 40°，坡面呈台阶形结构，该路段共发育 6 处崩塌。基岩为千枚岩，层面产状为 190°∠ 42°。斜坡高约 20m，长约 346m，坡向约 166°	在地震力作用下，碎裂岩体向临空面滑移失稳，破坏范围涉及整个坡面，坡脚堆积，方量约 3 000m³，掩埋公路	图 8-64
K299+847 右侧斜坡崩塌（B02 号点）	斜坡为基岩－强风化层二元结构，属折线形坡，坡顶接近直立，坡脚坡度为 40° ~50°，基岩为 Shn^{1+2} 千枚岩。片理面产状为 332°∠ 53°；发育节理面 155°∠ 49°，90°∠ 87°。斜坡高约 81m，长约 148m，坡向约 84°	在地震力作用下，陡崖处强风化岩体崩塌，方量约 4 000m³，掩埋公路路基	图 8-65
K301+344 右侧斜坡崩塌（B01 号点）	斜坡为反倾层状结构，属折线形坡，坡顶较缓，坡度为 5° ~ 10°，坡体中上部较陡，坡度为 50° ~ 60°。基岩为 Shn^{1+2} 灰岩，层面产状为 254°∠ 12°，发育节理面 70°∠ 32°，248°∠ 78°。斜坡高约 66m，长约 82m，坡向约 78°	在地震力作用下，斜坡顶部陡立岩体倾倒，错断失稳，方量为 500m³，砸坏公路	图 8-66

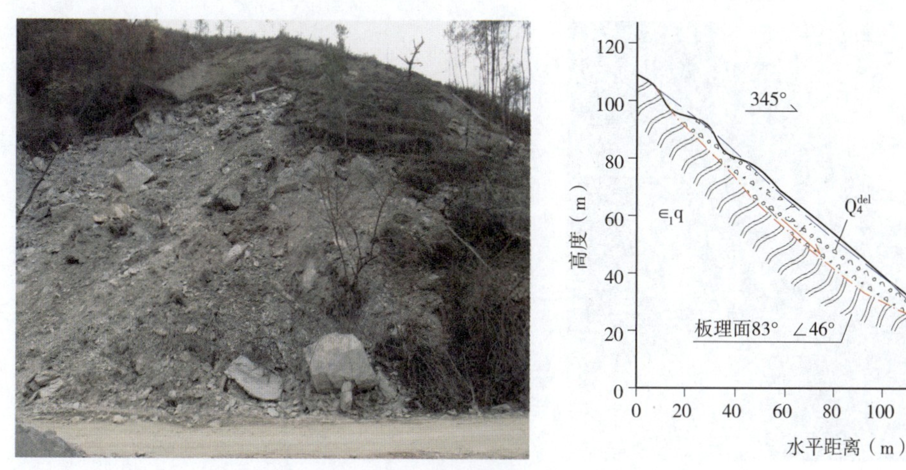

图 8-57　灾害点全貌及剖面示意图

Figure 8-57　Full view of the disaster and sketch map of the cross-section

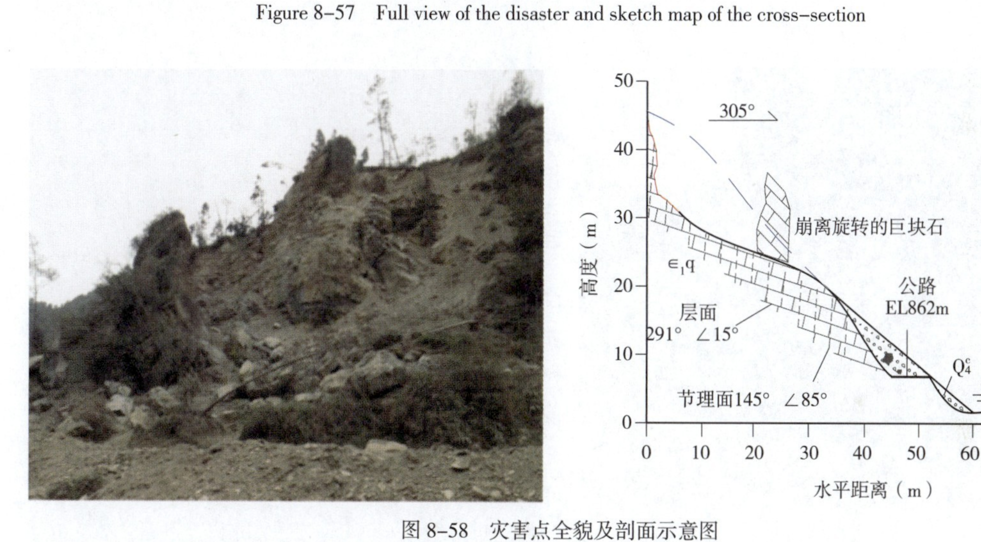

图 8-58　灾害点全貌及剖面示意图

Figure 8-58　Full view of the disaster and sketch map of the cross-section

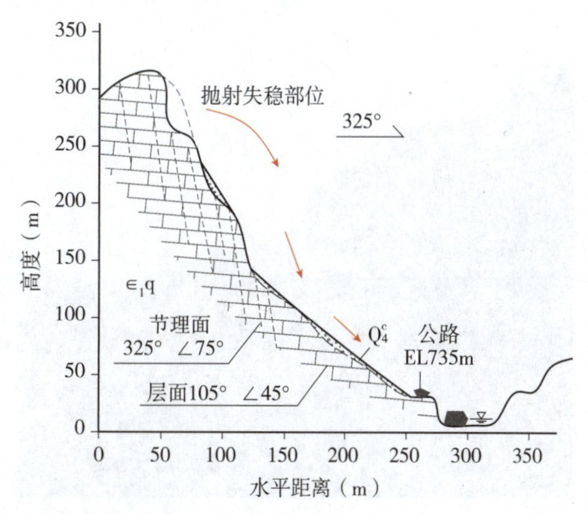

图 8-59　灾害点全貌及剖面示意图

Figure 8-59　Full view of the disaster and sketch map of the cross-section

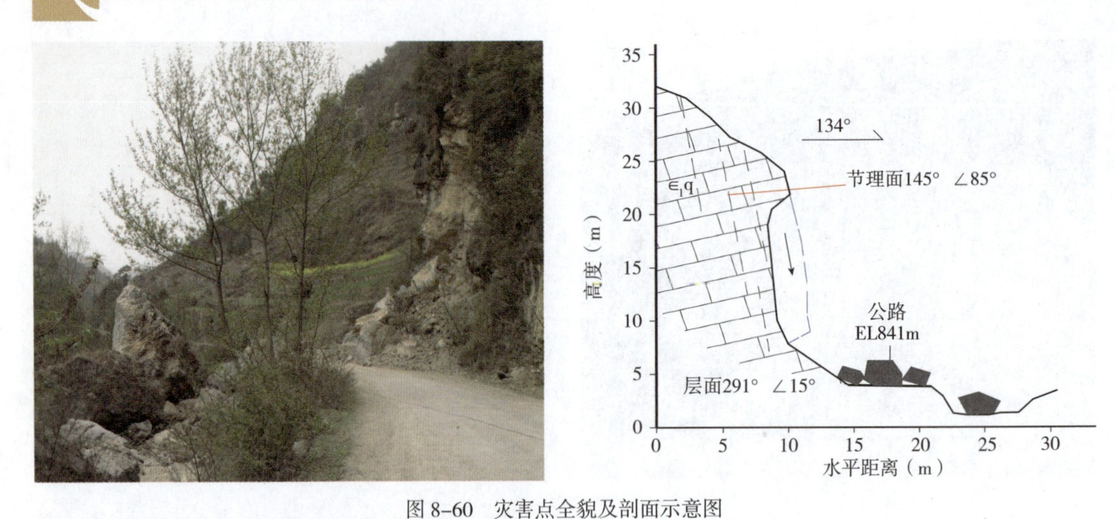

图 8-60　灾害点全貌及剖面示意图

Figure 8-60　Full view of the disaster and sketch map of the cross-section

图 8-61　灾害点全貌及剖面示意图

Figure 8-61　Full view of the disaster and sketch map of the cross-section

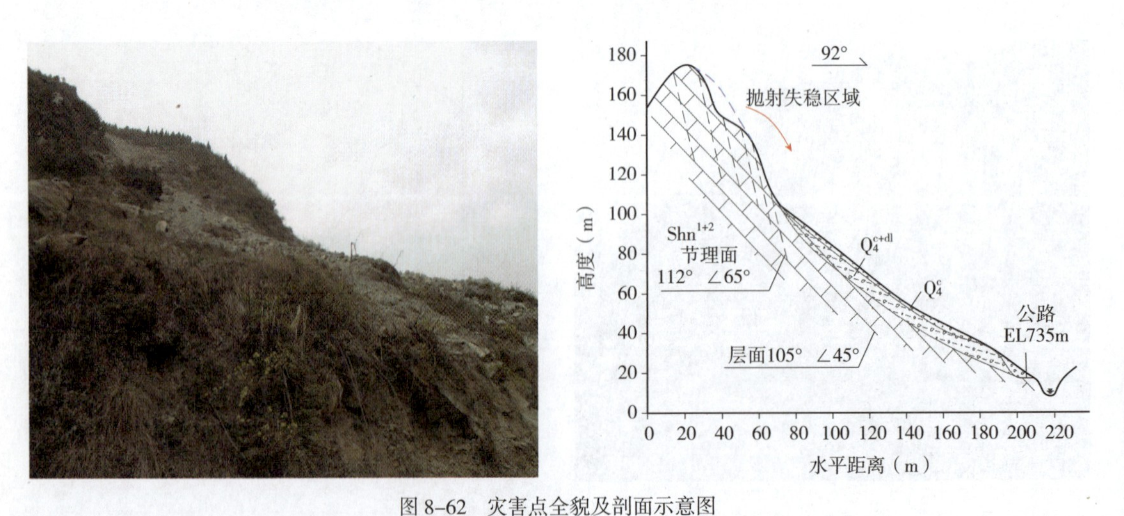

图 8-62　灾害点全貌及剖面示意图

Figure 8-62　Full view of the disaster and sketch map of the cross-section

图 8-63　灾害点全貌及剖面示意图

Figure 8-63　Full view of the disaster and sketch map of the cross-section

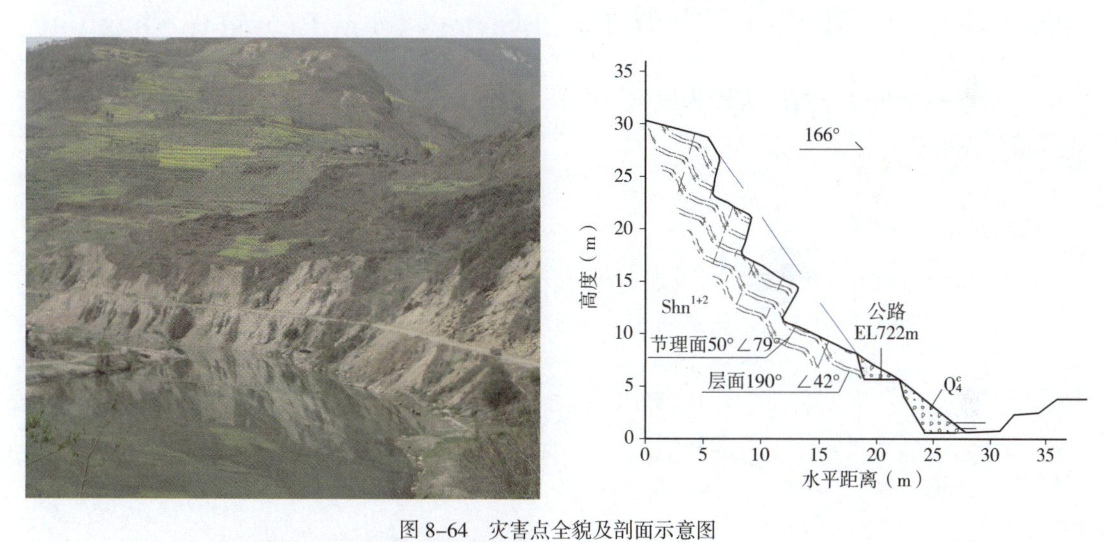

图 8-64　灾害点全貌及剖面示意图

Figure 8-64　Full view of the disaster and sketch map of the cross-section

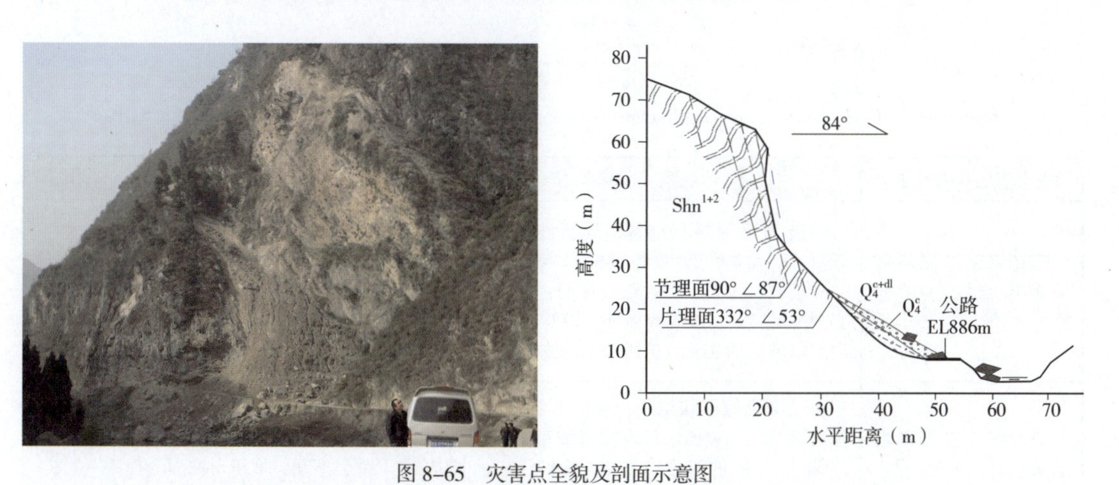

图 8-65　灾害点全貌及剖面示意图

Figure 8-65　Full view of the disaster and sketch map of the cross-section

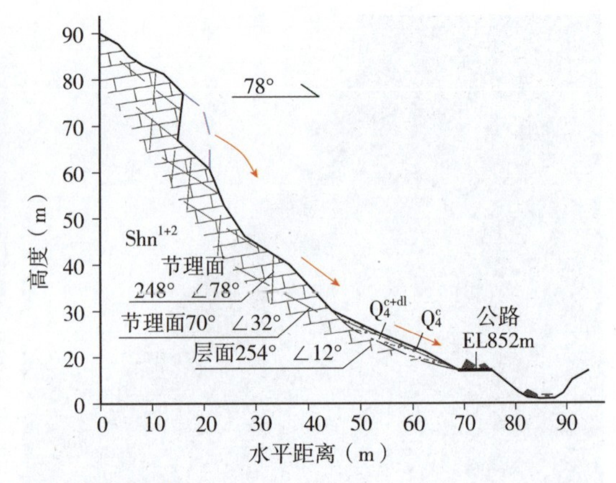

图 8-66 灾害点全貌及剖面示意图

Figure 8-66 Full view of the disaster and sketch map of the cross-section

8.6 乐安寺—沙洲段灾害点 The disasters from Leansi to Shazhou

乐安寺—沙洲段公路震害较为发育，全长 70km，灾害调查点如图 8-67 所示。各灾害点详情见调查表。

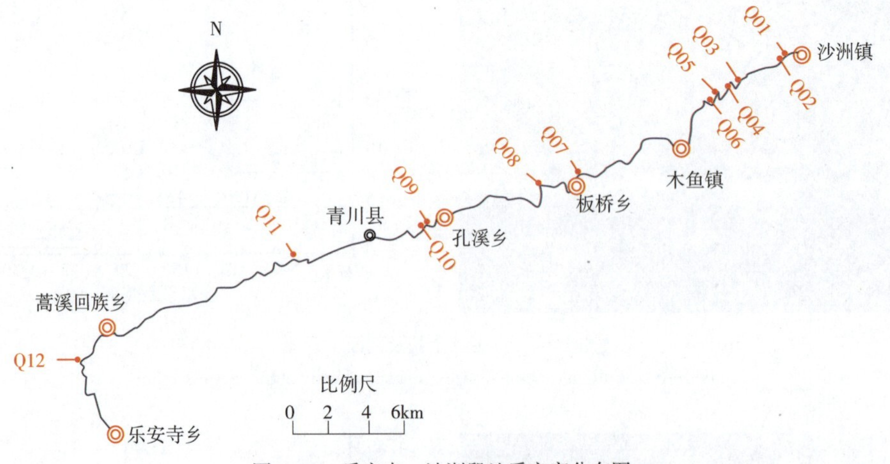

图 8-67 乐安寺 - 沙洲段地质灾害分布图

Figure 8-67 Geological disasters distribution map along the highway from Leansi to Shazhou section in S105

灾害点名称及位置	灾害点地质概况	地震破坏情况	附图
K310+226 左侧斜坡倾倒式崩塌（Q12 号点）	斜坡为反倾层状结构，属折线形坡，坡顶接近直立，坡脚坡度为 45° ~50°。该段斜坡基岩为 Shn^1 板岩，主要发育 3 组节理面：① 233°∠ 65°；② 169°∠ 53°，中陡倾坡外；③ 1°∠ 73°，陡倾坡内。斜坡高约 21m，长约 78m，坡向约 7°	在地震力作用下，坡表碎裂岩体沿外倾结构面滑移失稳，总方量约 5 000m³，掩埋公路	图 8-68
K332+927 左侧斜坡崩塌（Q11 号点）	斜坡为反倾层状结构，坡体上部接近直立，坡体坡度为 40° ~ 50°。该段斜坡基岩主要为 Pzbk 片岩灰。斜坡高约 123m，长约 30m，坡向约 194°	在地震力作用下，斜坡顶部岩体，倾倒失稳，顺坡弹跳、滚动，堆积于坡面，损坏路面	图 8-69

续上表

灾害点名称及位置	灾害点地质概况	地震破坏情况	附图
K344+134 右侧斜坡崩塌（Q10 号点）	斜坡为土层及强风化层—基岩二元结构，坡体上部接近直立。该段斜坡基岩为 Pzbk 片岩，主要发育板理面 17°∠ 69°，板理面与坡面斜交。斜坡高约 18m，长约 106m，坡向约 331°	在地震力作用下，斜坡中上部岩土体滑移失稳崩塌，总方量约 2 500m³，掩埋公路	图 8-70
K344+760 右侧斜坡崩塌（Q09 号点）	斜坡为土层及强风化层—基岩二元结构，坡面坡度较陡，近于直立。该段斜坡基岩主要为 Pzbk 绿泥石片岩。斜坡高约 39m，长约 98m，坡向约 155°	在地震力作用下，斜坡中上部岩土体滑移失稳崩塌，总方量约 6 000m³，掩埋公路	图 8-71
K358+300~K358+400 右侧堆积体滑坡（Q08 号点）	斜坡为基岩－土层二元结构，顶部坡度较陡，为 50° ~ 60°，坡脚平均坡度为 45°。该段斜坡基岩主要为 Pzbk 绿泥石片岩。斜坡高约 35m，长约 24m，坡向约 132°	在地震力作用下，斜坡中上部堆积体失稳形成滑坡，向下运动，总方量约 4 000m³，掩埋公路	图 8-72

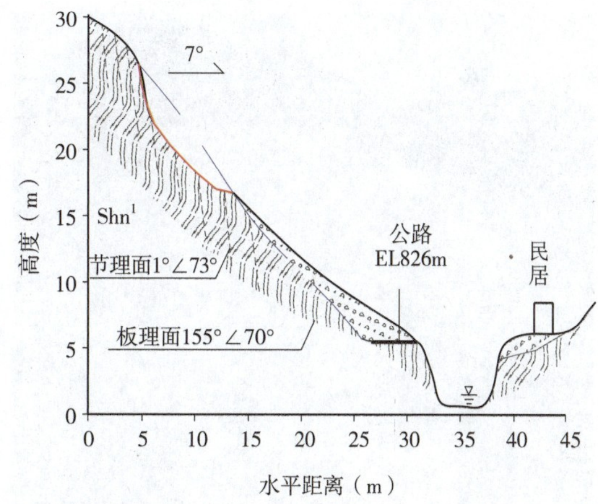

图 8-68　灾害点全貌及剖面示意图

Figure 8-68　Full view of the disaster and sketch map of the cross-section

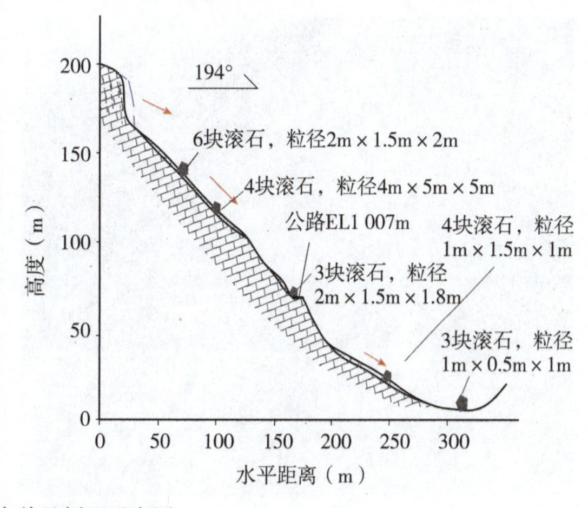

图 8-69　灾害点全貌及剖面示意图

Figure 8-69　Full view of the disaster and sketch map of the cross-section

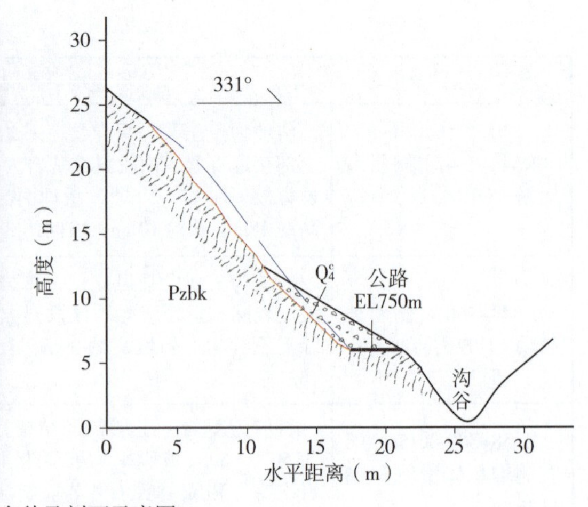

图 8-70 灾害点全貌及剖面示意图

Figure 8-70 Full view of the disaster and sketch map of the cross-section

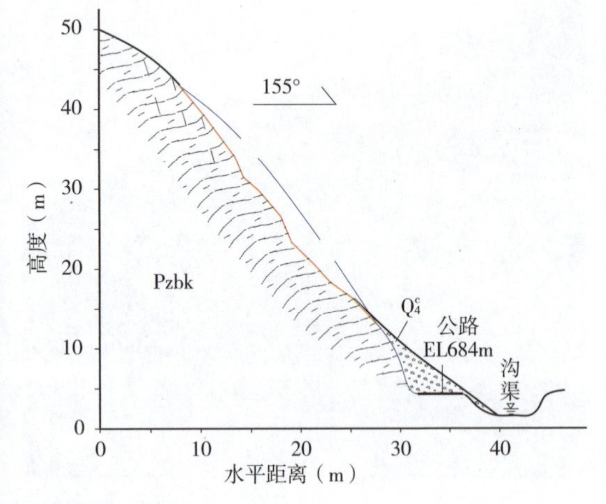

图 8-71 灾害点全貌及剖面示意图

Figure 8-71 Full view of the disaster and sketch map of the cross-section

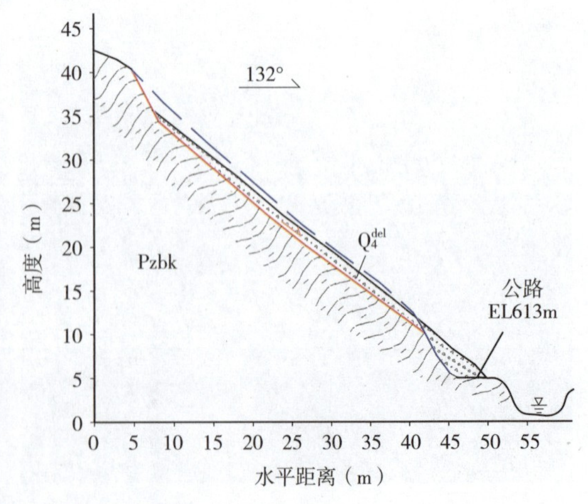

图 8-72 灾害点全貌及剖面示意图

Figure 8-72 Full view of the disaster and sketch map of the cross-section

灾害点名称及位置	灾害点地质概况	地震破坏情况	附图
K360+340 ~ K360+410右侧斜坡崩塌（Q07号点）	斜坡为强弱风化界面二元结构，坡度较陡，平均为60°~80°。该段斜坡基岩为Pzbk片岩，主要发育3组节理面：313°∠59°；①101°∠45°；②350°∠61°，反倾坡内，将岩体切成块状。斜坡高约18m，长约205m，坡向约154°	在地震力作用下，坡体表层岩土体滑移失稳，向下运动，总方量约5 000m³，掩埋公路	图8-73
K373+860右侧斜坡滑坡（Q06号点）	斜坡为堆积物斜坡，斜坡高约40m，长约194m，坡向约106°，坡顶近直立。基岩为Pzbk片岩，片理面产状为155°∠70°。该段斜坡坡表有较厚的覆盖层，覆盖层土质含量较高，碎石含量为15%~20%	在地震力作用下，坡体上部覆盖土层滑移失稳，方量约10 000m³，掩埋公路	图8-74
K374+485左侧斜坡滑坡（Q05号点）	斜坡为基岩－土层二元结构，坡面坡度为35°~40°，坡顶接近直立。该段斜坡基岩为Pzbk片岩，片理面产状为155°∠70°，与坡面斜交。斜坡高约37m，长约168m，坡向为115°~150°	在地震力作用下，浅层岩土体滑移失稳，总方量约2 000m³，掩埋下方公路	图8-75
沈家山滑坡（Q4-1）号点	滑坡位于公路右侧，属折线形坡，滑坡宽为140~160m，主轴方向长度为370m。基岩为碧口群绿泥石英片岩，斜坡上部为覆盖土层。滑坡的一个显著特点是自坡顶至后缘为张裂缝密集分布区，反映了地震力作用下的拉裂－滑移特征	地震诱发坡体滑移，估计方量在（150~200）×10⁴m³，滑坡掩埋了青川—平武段公路。该滑坡将当时正在施工的钻探设备掩埋（位于滑坡后缘，实测滑动距离35m）	图8-76
K376+046右侧斜坡滑坡（Q04号点）	斜坡为顺倾层状结构，属折线形坡，坡面坡度较陡，局部接近直立。该段斜坡基岩为Pzbk片岩。主要发育3组节理面：倾坡内115°∠25°；①202°∠42°；②95°∠80°，后缘拉裂面。斜坡高约98m，长约160m，坡向约100°	在地震力作用下，边坡强风化岩体沿外倾结构面滑移失稳，总方量约1 800m³，掩埋下方公路	图8-77
K377+258左侧斜坡滑坡（Q03号点）	斜坡为土质斜坡，属折线形坡，坡面平均坡度为70°~80°，局部接近直立。基岩为Pzbk含砾凝灰质砂岩，层面产状314°∠15°。斜坡高约19m，长约91m，坡向约133°	在地震力作用下，斜坡土层及强风化岩体滑移失稳，总方量约1 800m³，掩埋公路	图8-78
K381+113左侧斜坡滑坡（Q02号点）	斜坡为堆积物斜坡，坡体坡度为30°~35°。陡坎坡高约21m，其基岩为Pzbk含砾凝灰质砂岩，层面产状154°∠15°，斜坡长约90m，坡向约353°	地震诱发斜坡中上部岩土体滑移失稳，方量约15 000m³，掩埋公路	图8-79
K381+500左侧斜坡崩塌（Q01号点）	斜坡为基岩－强风化层二元结构，属折线形坡，坡顶局部接近直立，坡体坡度较缓，为15°~20°。该段斜坡基岩为Pzbk含砾凝灰质砂岩，层面产状为154°∠15°。斜坡高约20m，长约50m，坡向约344°	地震诱发斜坡上部岩土体失稳，总方量约2 000m³，掩埋公路	图8-80

图 8-73　灾害点全貌及剖面示意图

Figure 8-73　Full view of the disaster and sketch map of the cross-section

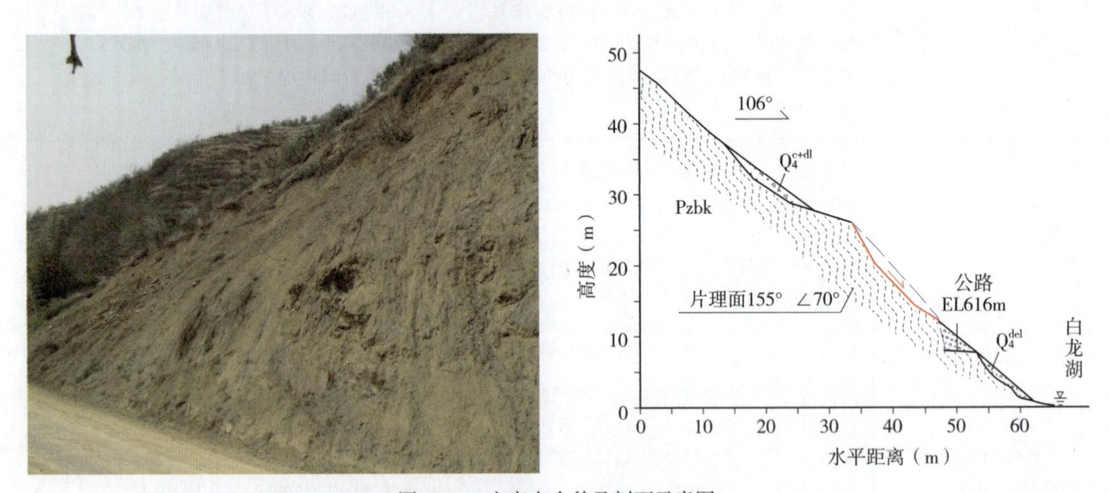

图 8-74　灾害点全貌及剖面示意图

Figure 8-74　Full view of the disaster and sketch map of the cross-section

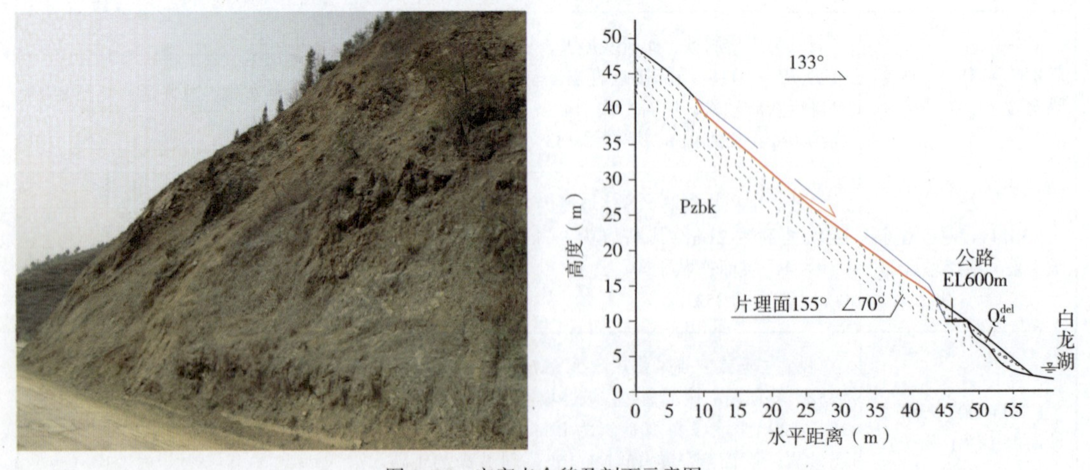

图 8-75　灾害点全貌及剖面示意图

Figure 8-75　Full view of the disaster and sketch map of the cross-section

a）灾害照片

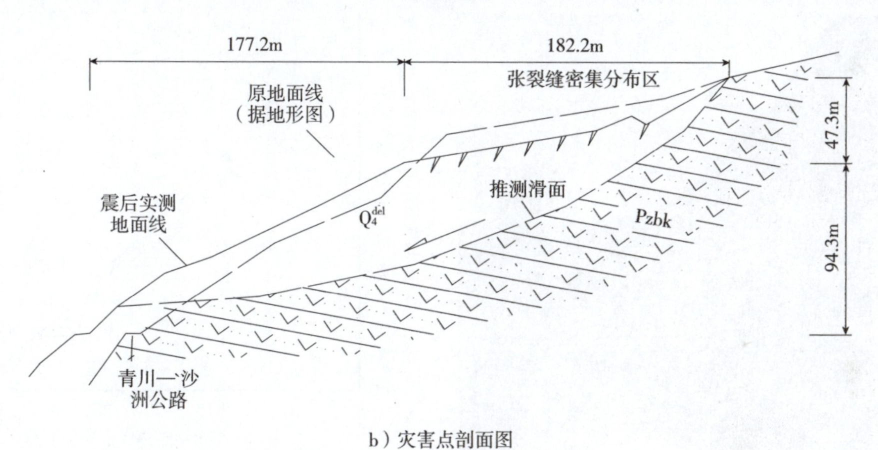

b）灾害点剖面图

图 8-76　沈家山滑坡

Figure 8-76　Shenjiashan landslide

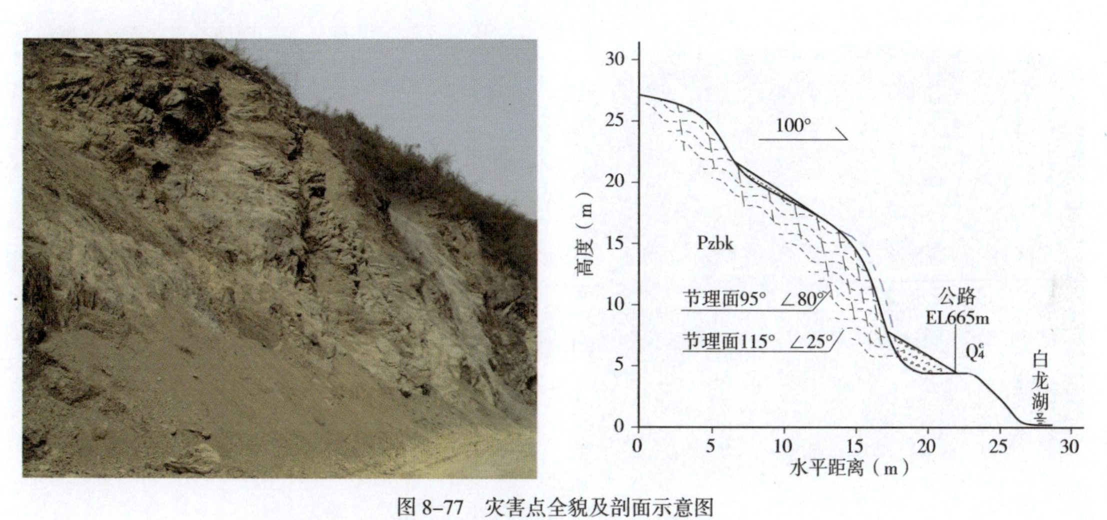

图 8-77　灾害点全貌及剖面示意图

Figure 8-77　Full view of the disaster and sketch map of the cross-section

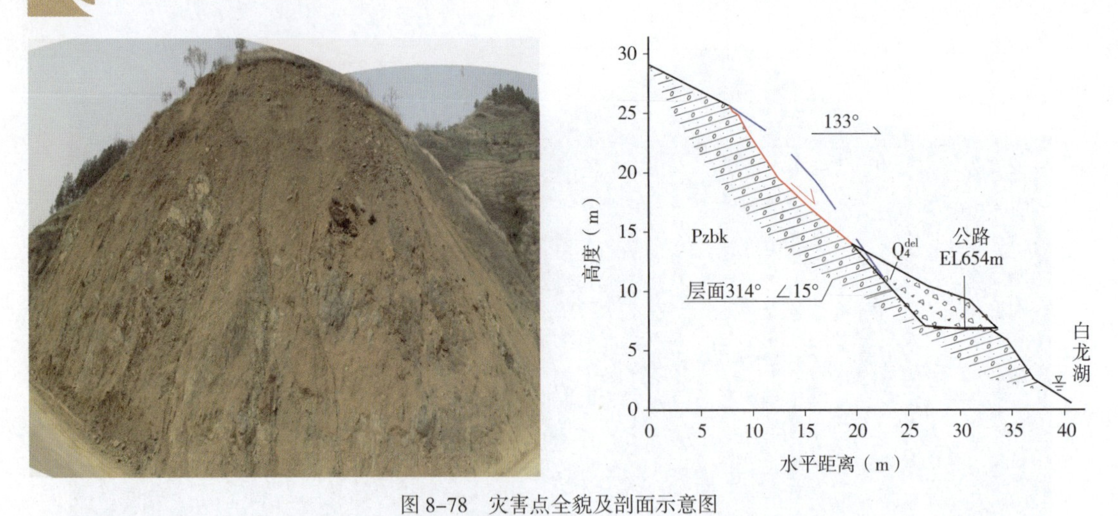

图 8-78 灾害点全貌及剖面示意图

Figure 8-78 Full view of the disaster and sketch map of the cross-section

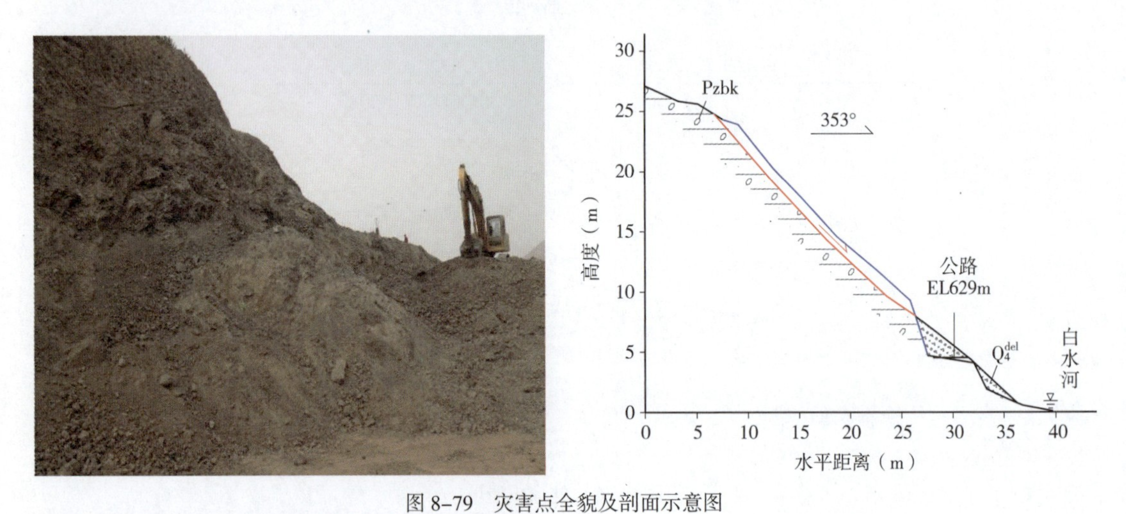

图 8-79 灾害点全貌及剖面示意图

Figure 8-79 Full view of the disaster and sketch map of the cross-section

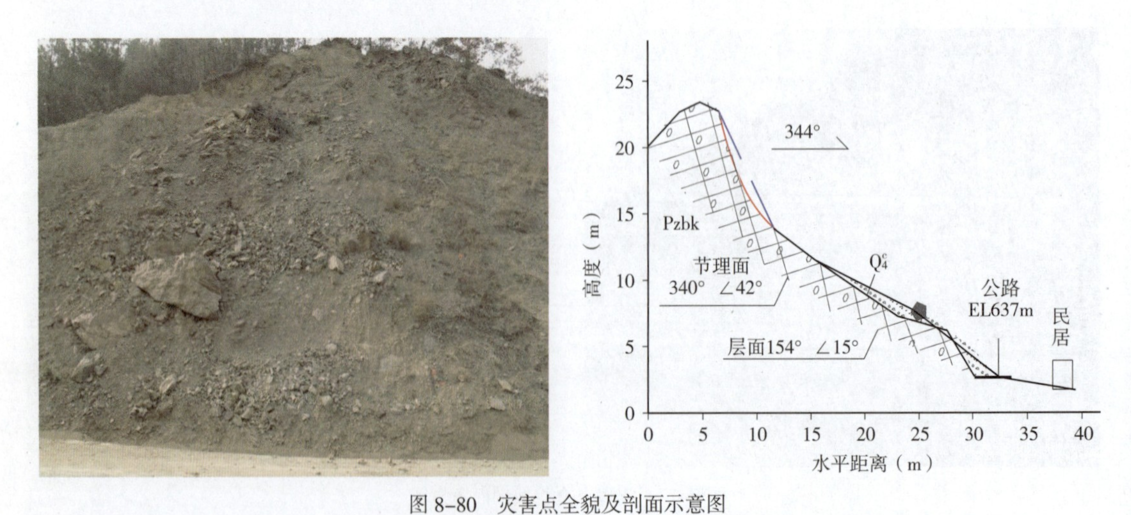

图 8-80 灾害点全貌及剖面示意图

Figure 8-80 Full view of the disaster and sketch map of the cross-section

第 9 章　S302 线江油—北川—茂县—黑水公路沿线地震地质灾害

Chapter 9　The slope disasters triggered by earthquake from Jiangyou to Beichuan to Maoxian to Heishui road（S302）

9.1　公路概况 Highway survey

省道 302 线全长 256km，分为江油—北川邓家渡段、北川—茂县段以及茂县两河口—黑水三段，如图 9-1 所示。江油—北川邓家渡段由江油县城西行进入龙门山前山地区，到达含增镇后沿通口河而上，途径通口镇，最终到达邓家渡，全长 43km。北川—茂县段公路东起北川县城，经禹里乡至茂县县城凤仪镇，禹里—茂县段全长 68km。茂县两河口—黑水路段，东起茂县回龙乡两河口，沿黑水河两岸逆流而上，经由回龙、白溪、洼底、色尔古、维古、木苏、双溜索、麻窝、红岩 9 个乡镇到达黑水县城，全长 96km，其中，茂县境内 36km，黑水境内 60km。

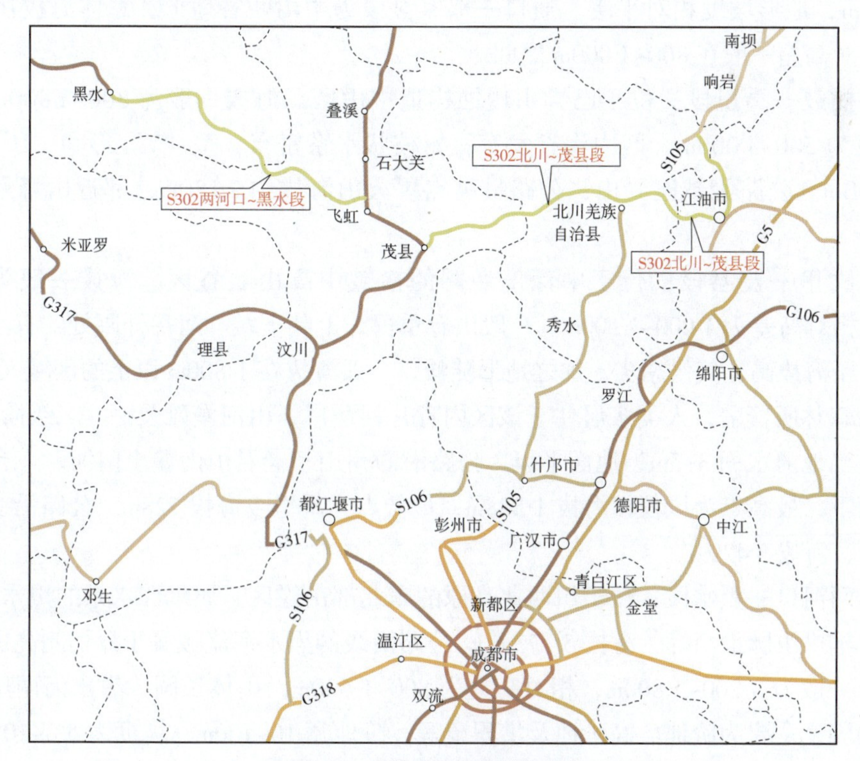

图 9-1　省道 302 线地理位置图

Figure 9-1　Location of provincial road 302（S302）

“5·12”汶川大地震后，茂县—北川—江油段公路震害十分严重。其中，北川县湔江上游约4km处唐家山山体滑坡，形成举世瞩目的唐家山堰塞湖，将省道302线禹里乡至北川路段全部淹没，无法抢通，因此决定修建擂鼓—禹里公路。擂(鼓)禹(里)路是汶川地震后新建的一条通往北川关内地区最便捷的通道，改线后全长约40km。黑水—茂县两河口路段也遭到了严重的破坏。作为通往黑水的生命线，在各路抢险大军的共同努力下，2008年5月17日21时30分省道302线黑水至茂县公路终于恢复了畅通。

9.2 沿线地质概况及灾害发育情况 Geological environmental conditions and disaster situation

9.2.1 沿线地质概况 Geological conditions

9.2.1.1 地形地貌

省道302线沿线地势西北高东南低，地貌条件复杂，总体来讲可分为四个大的段落。

(1)江油—邓家渡段：通口镇以前为侵蚀平缓低山区，区内海拔相对较低，平均海拔为600m，地形坡度相对平缓。通口—邓家渡段为中山峡谷地形，总体海拔在1 000m以上，相对高差一般在800~1 000m之间。

(2)擂鼓—禹里段：位于巴弄山侵蚀构造中山区。海拔一般为800~1 800m，相对高差一般为500~1 000m。区内沟谷发育，树枝状水系密布，呈“V”形和“U”形，谷宽50~200m。公路翻越巴弄山，公路最高点冒火山海拔约2 180m，邻近山峰最高海拔2 228m。

(3)禹里—茂县段：位于中深度切割的褶皱中高山峡谷区。海拔一般为1 200~3 100m，相对高差为1 000~1 500m。一般山脊单薄，上陡下缓。河谷开阔处，有小型山间坝子。由于海拔高，气候恶劣，加之地形陡峻，一般海拔在1 800m以上的区域人烟稀少，多被原始森林所覆盖，人类多居住于该区内青片河两岸，由河漫滩及一、二级阶地组成，一般高出当地河水面3~5m，地面平坦。公路沿静州山、老君山南麓土门河、三台山南麓青片河而下，最高点为凤仪镇海拔1 588m，最低点为禹里乡海拔728m。公路沿线最高点为老君山，海拔3 429m。

(4)两河口—黑水段：位于川西北高原的东北部山缘区，属岷江水系的黑水河流域，最高点为羊拱山脉最高峰(海拔5 273m)。公路沿线的黑水河流域属于深切割高山峡谷地貌，海拔一般为3 200~3 800m，相对高差为800~1 600m，山体长圆。黑水河两岸为第四系堆积地貌，主要为阶地、高阶地及洪积扇等，阶地宽10~100m，坡度为5°~10°，前缘陡坎高3~10m。

9.2.1.2　**地层岩性**

各时代地层由新到老依次如下。

（1）第四系

第四系全新统（Q_4^{al}、Q_4^{al+pl}及Q_4^{el+dl}）：冲积、冲洪积广泛分布于河流两侧和山前平坝沟口地带，由松散砂砾卵石及粉质砂土组成，厚5~20m；残坡积层广泛分布于山坡、沟谷高山平缓地带，主要由黏质砂土、不规则的碎块石土构成，厚薄分布不均，厚0~10m。

第四系上更新统（Q_3^{al}及Q_3^{al+pl}）：二级阶地堆积层，相当于“江北砾石层”，零星分布于河流两侧，由含黏土砾卵石及黏土层组成，下部常夹钙质胶结砾石层，厚6~60m。

第四系中更新统（Q_2^{fgl}）：第三、四级阶地堆积层，零星分布于北川山前平坝边缘。第四级阶地堆积层一般高出当地河水面90~120m，下部砾卵石层厚5~120m，成分以石英砂岩、砂岩为主，上部棕黄色黏土层含钙质结核，厚5~10m；第三级阶地堆积层一般高出当地河水面20~90m，由砾卵石及黏土组成，偶夹薄层细砂，局部为铁钙质胶结，厚13~25m。

（2）三叠系地层

嘉陵江组和雷口坡组（T_2j+l）：主要是一套浅灰~黄灰色、薄~厚层块状白云岩，夹灰岩、白云质灰岩和少量泥质白云岩，主要分布于含增镇及通口镇附近。

天井山组（T_2t）：以石灰岩为主，下部夹白云质灰岩和灰质白云岩，中部夹假鲕状及生物碎屑灰岩，上部灰岩中常见燧石结核，主要分布于江油含增镇黄连桥附近。

侏倭组（T_3zh）：灰~深灰色，薄、中~厚层块状细粒变质长石石英砂岩、粉砂质板岩呈不等厚互层，整合于T_3z之上，广泛分布于黑水—维古—洼底路段。

杂谷脑组（T_3z）：浅灰~深灰色、中~厚层薄层细粒变质长石石英砂岩，凝灰质砂岩，粉砂岩夹少量深灰色粉砂质板岩，黑灰色含炭板岩或千枚岩，整合于T_2zg之上，砂岩块度较大，间断分布于黑水—维古路段。

（3）二叠系地层

二叠系上统（P_2）：燧石灰岩，页岩，铝铁岩夹煤层，黄铁矿。

（4）石炭系地层

石炭系中统黄龙群（C_2hn）：灰色、乳白色致密石灰岩及结晶灰岩，底部常被铁质污染而呈红色，主要分布于江油含增镇—通口镇路段。

（5）泥盆系地层

危关群上组（D_{wg}^2）：炭质千枚岩、灰色千枚岩与灰色薄~厚层石英岩互层，主要分布于两河口—黑水路段的木苏乡以及洼底乡—回龙乡公路沿线。

泥盆系中统白石铺群观雾山组（D_2gn）：上部为灰、深灰色石灰岩夹白云岩或白云质灰岩，下部为砂页岩夹泥质灰岩和铁质砂岩，底部为黄褐色中~厚层状石英砂岩，主要分布于江油通口镇—邓家渡及擂禹路南段。

泥盆系下统平驿铺群（D_1pn）：灰白色、黄褐色厚层石英岩状砂岩夹灰绿色细砂岩，泥质粉砂岩和炭质页岩，主要分布于邓家渡附近。

（6）志留系茂县群（$S_{2-3}mx$）

志留系茂县群（$S_{2-3}mx$）共分为五层，主要分布于北川—擂鼓—禹里—茂县公路沿线及北川邓家渡一带。

第一组（$S_{2-3}mx^{3-1}$）：绢云石英千枚岩夹砂质条带。

第二组（$S_{2-3}mx^{3-2}$）：黑灰色炭质千枚岩、板岩夹灰岩、砂岩。

第三组（$S_{2-3}mx^{3-3}$）：灰色绢云石英千枚岩与结晶灰岩、石榴石片岩。

第四组（$S_{2-3}mx^{3-4}$）：灰色绢云千枚岩夹砂岩、泥质灰岩。

第五组（$S_{2-3}mx^{3-5}$）：灰绿色千枚岩夹砂岩、灰岩。

志留系茂县群（S_{mx}^5）为灰色、灰绿色千枚岩夹结晶灰岩、变质砂岩地层，与上覆泥盆系危关群地层呈整合接触关系，分布于茂县白溪乡—回龙乡一带地区。

（7）奥陶系中统宝塔组（O_2b）

奥陶系中统宝塔组（O_2b）：顶部为灰色薄 ~ 中层网格状泥灰岩，中部为灰色薄 ~ 中层状龟裂状泥质灰岩，底部为结晶灰岩，主要分布于擂禹路冒火山垭口一带。

（8）寒武系下统清平组（$\in_1c$）

寒武系下统清平组（$\in_1c$）：上部为灰色薄层状长石石英粉砂岩及钙质泥质粉砂岩，中部为暗紫色、暗灰绿色薄层板状粉砂岩及海绿石砂岩，下部为灰绿色灰岩、薄层硅质岩与灰岩的互层结构，主要分布于擂禹路南段。

9.2.1.3 地质构造

江油—茂县公路沿线主体处于龙门山地槽区的龙门山褶皱带（塑变带），它是早古生代沉降的中心，印支运动使地层发生变质和塑性变形，受强烈挤压，形成北东向褶皱带。龙门山地槽是一个跨旋回的地槽，早在元古代就形成地槽区，自震旦纪地槽又重新开始发展，跨越了阿森特、加里东、华力西、印支四个旋回，印支运动褶断成山，燕山运动又受褶断，因此形成现在的构造景观。

江油—茂县公路沿线跨越的主要褶皱带自西向东有：复地铺倒转复背斜；武安倒转复向斜；半山腰倒转复背斜以及老林口倒转复向斜。

擂鼓—禹里路段跨越北川—映秀断层，该断层走向为 N35° ~ 45° E，倾向 NW，由数条次级逆断裂组成叠瓦状构造。断裂西侧为龙门高山区，海拔为 4 000 ~ 5 000m，东侧为海拔在 1 000 ~ 2 000m 之间的中低山区，大幅度坡降的地貌反差强烈。

茂县两河口—黑水路段主体属于秦岭昆仑地层区马尔康分区大雪塘—沟口小区，黑水附近属于巴颜喀拉冒地槽褶皱带。区域构造位于北西向鲜水河大断裂带与北东向龙门山华夏系构造带之间的金汤弧形构造北侧。构造形迹以紧密状弧形褶皱为主，大中型断裂构造不发育。公路沿线主要处于石大关构造形迹群。

石大关弧形构造由一系列线状向北倒转的同斜褶皱和少数压扭性断层组成，东西长100km以上，南北宽13~20km。西段有逐渐撒开之势，延伸方向为310°~315°，有印支—燕山期岩浆侵入，并切割构造线；中段在石大关附近近东西走向；东段由65°转为20°延伸。总体形态为一向南突出的弧形，卷入地层为变质古生界及三叠系西康群，以褶皱为主，断裂不太发育。

公路沿线经过的主要一级线状褶皱自北向南依次为：色尔古倒转向斜，瓦布梁子倒转复背斜，曲谷倒转向斜和花桥倒转背斜。

公路沿线经过的断层主要为色尔古断层，断层沿黑水河东岸分布，长9.6km。上盘为三叠系西康群侏倭组，下盘为杂谷脑组。断距不大，仅使杂谷脑组错失一部分，断层产状为N20°~50°W/NE∠55°~60°。断层附近岩石很破碎，产状凌乱，挤压片理发育，并有石英脉贯入，为压扭性断层。

9.2.2 灾害概况 Disaster situation

9.2.2.1 灾害发育总体情况

根据中国地震局发布“5·12”汶川8.0级地震烈度分布图及国家有关部门发布地震烈度图，禹里—茂县路段地震烈度为Ⅸ度，北川—擂鼓—禹里路段为Ⅹ~Ⅺ度，茂县两河口—黑水维古乡路段为Ⅸ度，黑水维古乡—黑水县城路段地震烈度为Ⅷ度。

地震在茂县境内造成了大规模、大面积的滑坡和崩塌，同时地震引发的强烈震动导致大量山体震裂，极大地改变了其原有的稳定性。共调查了省道302线公路沿线共发生崩塌、滑坡地质灾害71处，其中崩塌48处，滑坡23处。根据公路沿线地质灾害发育情况，可以划分为以下三段：

（1）江油—北川邓家渡段

江油—北川邓家渡段公路沿湔江河谷右岸展线，灰岩及石英砂岩等坚硬岩石形成的反向坡，地势陡峻，斜坡地震动力响应较强烈，灾害类型以小规模的崩塌及局部较小规模的顺层滑坡为主。

（2）北川禹里—茂县段

北川禹里—茂县段灾害点密度较大，但总体来说规模不大。斜坡坡表覆盖层较厚，灾害点类型以震裂松动岩体沿强弱风化界面向公路开挖形成的陡立临空面较大规模滑塌为主，灾害点多分布于公路开挖坡脚的沟谷凹岸。

（3）茂县两河口—黑水段

茂县两河口—黑水段地质灾害发育，灾害类型分段也很明显，灾害类型以坡表崩坡积物沿基覆面向公路开挖形成的陡立临空面滑塌以及斜坡顶部岩体较大规模的崩塌为主。公路的大规模开挖对边坡在动力条件下的稳定性有显著影响，开挖破坏了斜坡的结构，大规模开挖形成的陡立临空面在地震力作用下加剧了斜坡的失稳破坏。

公路沿线地质灾害发育分布特征见表9-1。

表 9-1 省道 302 线江油—北川—茂县—黑水公路沿线地震地质灾害发育情况表

Chart 9-1 Seismic geological disasters table along the road from Jiangyou to Beichuan to Maoxian to Heishui in provincial road 302

段落范围	地层岩性	地质结构	地形地貌	地震地质灾害发育情况
江油—通口镇	$T_2j+l+C_1zn+P_2$ 白云岩、砂岩	前山断裂下盘	侵蚀溶蚀低中山	不发育
通口镇—邓家渡	$D_1pn+D_2gn+S_{2-3}$ 白云岩、石英砂岩	前山断裂与中央主断裂之间	侵蚀剥蚀陡中山河谷	较发育，小规模崩塌及顺层滑坡为主
北川—擂鼓镇	$S_{2-3}mx^{3-5}$ 千枚岩	与中央主断裂近于平行	侵蚀溶蚀低中山	不发育
擂鼓镇—反白坪	$\in_1q$ 灰岩	中央主断裂与后山断裂之间	侵蚀剥蚀陡中山河谷	极发育，堆积体滑坡、崩塌、泥石流发育
反白坪—禹里乡	$S_{2-3}mx^{3-1}$ 千枚岩	中央主断裂与后山断裂之间	侵蚀剥蚀陡中山河谷	不发育，小规模滑塌
禹里乡—东兴乡	$S_{2-3}mx^{3-1}$ 千枚岩	中央主断裂与后山断裂之间	侵蚀剥蚀缓中山河谷	较发育，崩坡积物沿基覆面的小规模滑塌
东兴乡—富顺乡	$S_{2-1}mx^2$ 千枚岩	中央主断裂与后山断裂之间	侵蚀剥蚀缓中山河谷	较发育，碎裂岩体沿强弱风化界面滑塌
富顺乡—茂县	S^4_{mx}千枚岩	中央主断裂与后山断裂之间	侵蚀剥蚀缓中山河谷	较发育，覆盖层滑塌
两河口—维古乡	$T_2z+D^2_{wg}+S^5_{mx}$ 千枚岩	石大关构造形迹群	侵蚀剥蚀陡中山河谷	较发育，堆积体滑坡为主，局部较大规模崩塌
维古乡—双溜索乡	T_2z 变质石英砂岩	石大关构造形迹群	侵蚀剥蚀陡中山河谷	较发育，小规模崩塌
双溜索乡—麻窝乡	T_2z 变质石英砂岩	石大关构造形迹群	侵蚀剥蚀陡中山河谷	发育，公路开挖引起较大规模崩塌
麻窝乡—黑水	T_2z 变质石英砂岩	石大关构造形迹群	侵蚀剥蚀陡中山河谷	不发育，仅一处小规模滑塌

9.2.2.2 灾害的主要形式及发育特点

根据沿线灾害调查，地震诱发沿线地质灾害以崩塌为主，滑坡次之，主要为斜坡坡表强风化岩体及土层失稳、震裂松动岩体沿切割结构面失稳两种形式。其中一些灾害点不仅规模大，而且造成的破坏性极强，如唐家山滑坡。

崩塌灾害主要以岩质、岩土类崩塌为主。岩质崩塌受地震动力作用强烈，岩石强度较高，结构面发育，这类岩性坡体易形成高陡的地形，对地震波的作用效应明显，造成的破坏非常严重。岩质崩塌岩体强度较高，多形成陡峭的岩壁，且覆盖层较薄甚至裸露基岩，这些都极易造成岩体的失稳崩落。边坡结构面发育，结构面对地震波的折射、反射效应使得岩体受到的地震应力显著增大，所以边坡的崩塌基本是被震裂岩石的崩落甚至被水平抛甩出较远的运动距离，变形失稳范围甚至深达坡体基岩深部。岩土类崩塌范围基本发生在坡体强风化岩层内或基覆界面处。强风化层岩体强度低、结构松散，同时这类边坡覆盖层植被较好，属于发生在斜坡表层的岩土体崩塌。这类崩塌在边坡坡度缓～陡的地形中均有分布，坡表崩塌的范围为坡体顶部、坡体中上部及边坡下部，以坡体中上部发生崩塌为主。地震滑坡类型以坡表崩坡积物沿基覆面向公路开挖形成的陡立临空面滑移为主，对于大型滑坡点如唐家山滑坡，表现出显著的地震破坏特征。首先在边坡顶部形成应力集中，使中后部的软弱面产生蠕动变形，随着地震力持续作用，应力不断向中前部的锁固段集中，使变形沿潜在滑移面不断向坡脚方向扩展，从坡脚剪出，破裂面贯通形成滑面，最终造成滑坡。

震害类型的差异与地质构造及地层岩性也有密切的联系。质地坚硬的岩体抗风化能力强，河谷两岸岩体陡立，这为该路段崩塌灾害的发育创造了有利的条件。对于软弱岩体抗风化能力较弱，两岸河谷较为宽缓，斜坡岩体在该地区独特的焚风气候环境下，岩体风化强烈，这是该路段堆积体滑坡发育的必要条件。公路沿线震害发育类型与微地貌有着明显的关系，对于中缓坡度的斜坡，灾害类型主要为斜坡下部公路边坡的小规模崩塌，斜坡顶部地震动力响应较弱；对于缓坡度的斜坡，堆积体滑坡较为发育。

震后泥石流的分布与地震烈度密切相关。泥石流大多分布于碎屑流极其发育的烈度达Ⅹ～Ⅺ度的极震区。

9.3 江油—北川邓家渡段灾害点 The disasters from Jiangyou to Beichuan Dengjiadu

江油—北川邓家渡段公路震害较发育，全长43km，共调查灾害点9处，主要集中在通口镇至邓家渡13.5km路段，灾害点密度0.74个/km，其中崩塌8处，滑坡（滑塌）1处，如图9-2所示。各灾害点详情见调查表。

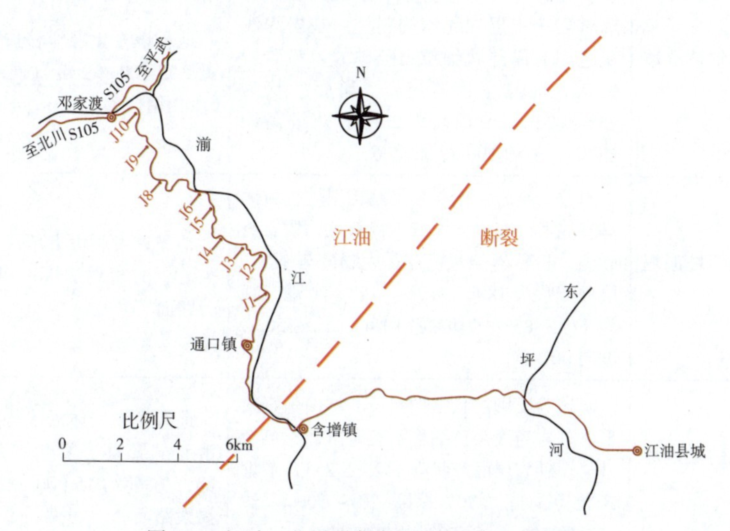

图9-2 江油—北川邓家渡段地质灾害点分布图

Figure 9-2 Geological disasters distribution map along the highway from Jiangyou to Beichuan Dengjadu section in state road 317（G317）

灾害点名称及位置	灾害点地质概况	地震破坏情况	附 图
K664 ~ K680 斜坡崩塌	斜坡主要为层状结构，坡面呈直线形，平均坡度在 70° 以上，局部位置接近直立。地层岩性以石灰岩为主，夹杂白云岩和砂岩等，节理裂隙发育	在地震力作用下，结构面切割岩体失稳，坠落，堆积在坡脚，掩埋公路，砸毁路面	图 9-3 ~ 图 9-10
K680+619 左侧斜坡崩塌（J1 号点）	斜坡为人工开挖边坡，结构为反倾层状结构，坡面呈直线形。基岩为灰 ~ 深灰色薄 ~ 中层状泥晶生物屑灰岩夹厚层状白云石化泥晶灰岩。层面产状为 340° ∠ 50°，节理产状为 80° ∠ 90°。边坡高约 30m，长约 60m，坡向 80°	在地震力作用下，斜坡中上部浅表层岩体倾倒失稳，方量约 2 000m³，掩埋部分路面	图 9-11
K681+100 ~ K681+300 左侧斜坡崩塌	斜坡为人工开挖边坡，主要为层状结构，坡面呈直线形，平均坡度在 70° 以上，局部位置接近直立。地层岩性以石灰岩为主，节理裂隙发育，部分裂隙由上而下贯通	在地震力作用下，结构面切割岩体失稳，坠落堆积于坡脚，掩埋公路，砸毁路面	图 9-12 ~ 图 9-15
K681 ~ K682+115 左侧斜坡崩塌（J2 号点）	斜坡为人工开挖边坡，结构为反倾层状结构，坡面呈直线形。基岩为灰 ~ 深灰色薄 ~ 中层状泥晶生物屑灰岩夹厚层状白云石化泥晶灰岩。层面产状为 330° ∠ 37°，节理产状为 330° ∠ 65°、80° ∠ 85°。边坡高约 30m，长约 60m，坡向 80°	地震诱发结构面切割岩体倾倒失稳，坠落堆积于坡脚，方量约 1 000m³，落石损毁路面	图 9-16
K682+950 ~ K683+300 左侧崩塌落石	斜坡为人工开挖边坡，坡面呈直线形，平均坡度在 70° 以上，局部位置接近直立，地层岩性以石灰岩为主	在地震力作用下，岩体沿坡面失稳破坏，堆积在坡脚，掩埋公路，砸毁路面	图 9-17、图 9-18
K683+127 左侧斜坡滑坡（J3 号点）	斜坡为人工开挖边坡，坡面呈直线形，属基岩—土层二元结构斜坡。基岩为浅灰色中 ~ 厚层状细粒石英砂岩，粉砂岩夹灰色泥晶生物屑灰岩，层面产状为 95° ∠ 22°，节理间距 20cm。边坡高约 22.3m，长约 100m，坡向 60°	地震诱发土层滑移失稳，方量约 5 000m³，落石损毁路面（支挡结构）	图 9-19
K683+961 左侧斜坡崩塌（J4 号点）	斜坡为基岩 – 土层二元结构斜坡，坡面呈直线形。基岩为深灰 ~ 褐灰色钙质石英砂岩，粉砂岩与灰色泥晶生物碎屑灰岩。层面产状为 180° ∠ 10° ~ 15°，节理产状为 27° ∠ 85°。边坡高约 10m，长约 50m，坡向 60°	地震诱发斜坡上部浅层岩体失稳，方量约 200m³，掩埋部分路面	图 9-20
K685+613 左侧斜坡崩塌（J5 号点）	斜坡为反倾层状结构斜坡，坡面呈直线形。基岩为浅灰色细粒石英砂岩，石英杂砂岩。砂岩层面产状为 112° ∠ 25°，节理产状为 341° ∠ 70°，间距 20 ~ 50cm。边坡高约 102m，长 500m，坡向 60°	地震诱发岩体沿优势结构面滑移式破坏，发生在斜坡上部，方量约 15 000 m³，落石损毁路面	图 9-21

图 9-3　K664+800 左侧边坡危岩落石

Figure 9-3　The rock fall from overhanging rock in the K664+800′s left side

图 9-4　K667+300 左侧边坡落石

Figure 9-4　The rock fall from overhanging rock in the K667+300′s left side

图 9-5　K674+500 左侧陡崖

Figure 9-5　Klint in the K674+500′s left side

图 9-6　K674+550 左侧危岩

Figure 9-6　Overhanging rock in the K674+550′s left side

图 9-7　K675+790 危岩

Figure 9-7　Overhanging rock in the K675+790

图 9-8　K675+800 左侧危岩

Figure 9-8　Overhanging rock in the K675+800′s left side

图 9-9 K676+100 左侧危岩

Figure 9-9 Overhanging rock in the K676+100's left side

图 9-10 K677+000~K677+100 左侧危岩

Figure 9-10 Overhanging rock in the K677+000~K677+100's left side

图 9-11 坡面照片及剖面示意图

Figure 9-11 The photograph of the slope and sketch map of the cross-section

图 9-12 K681+100~K681+300 左侧危岩 1

Figure 9-12 Overhanging rock 1 in the K681+100~K681+300's left side

图 9-13 K681+100~K681+300 左侧危岩 2

Figure 9-13 Overhanging rock 2 in the K681+100~K681+300's left side

图 9-14 K681+100~K681+300 左侧危岩 3

Figure 9-14 Overhanging rock 3 in the K681+100~K681+300's left side

图 9-15 K681+100~K681+300 左侧危岩 4

Figure 9-15 Overhanging rock 4 in the K681+100~K681+300's left side

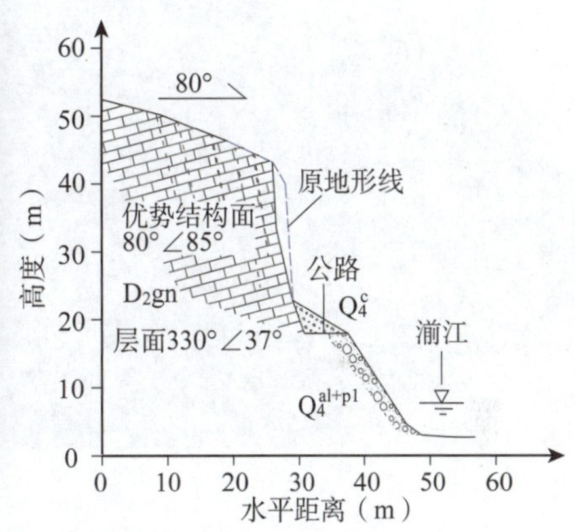

图 9-16 坡面照片及剖面示意图

Figure 9-16 Slope photos and profile schemes

图 9-17 K682+950~K683+000 左侧顺层滑移

Figure 9-17 Bedding glide in the K682+950~K683+000's left side

图 9-18 K683+100~K683+300 左侧边坡危岩落石 1

Figure 9-18 Overhanging rock 1 in the K683+100~ K683+300's left side

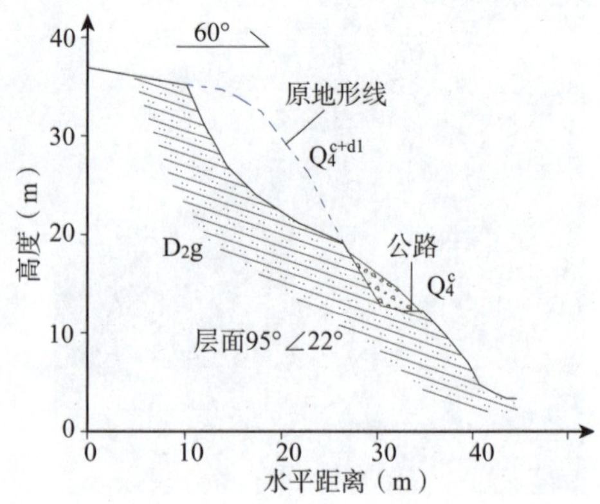

图 9-19　坡面照片及剖面示意图

Figure 9-19　Slope photos and profile schemes

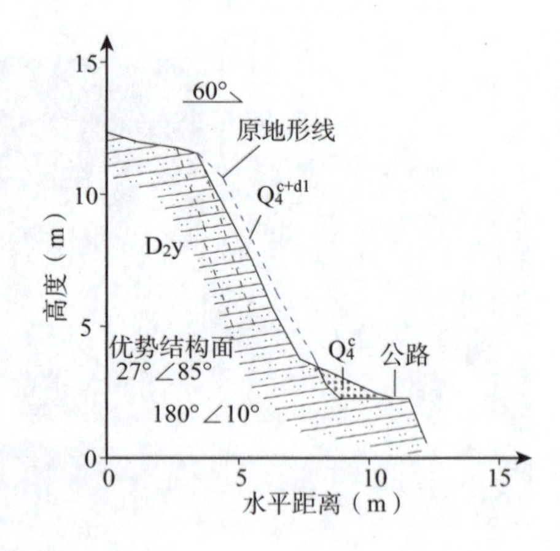

图 9-20　坡面照片及剖面示意图

Figure 9-20　Slope photos and profile schemes

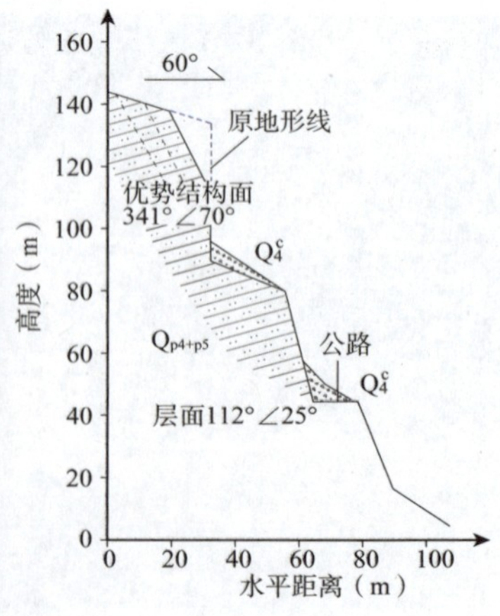

图 9-21　坡面照片及剖面示意图

Figure 9-21　Slope photos and profile schemes

灾害点名称及位置	灾害点地质概况	地震破坏情况	附 图
K686+332左侧斜坡崩塌（J6号点）	斜坡反倾层状结构，坡面呈直线形。基岩为浅灰色细粒石英砂岩、石英杂砂岩夹深灰色泥质粉砂岩，层面产状为112°∠35°。边坡高约227m，长约200m，坡向20°	地震诱发岩体顺外倾节理失稳破坏，主要发生在斜坡中上部，方量约5 000m³，落石损毁路面	图9-22
K686+350～K687左侧斜坡崩塌	斜坡为人工开挖边坡，坡面呈直线形，平均坡度较陡，局部位置接近直立，地层岩性以石英砂岩为主	在地震力作用下，结构面切割岩体失稳，坠落，堆积在坡脚，掩埋公路，砸毁路面	图9-23～图9-25
K687+430～K687+500左侧斜坡崩塌（J7号点）	斜坡为反倾层状结构。基岩为浅灰色细粒石英砂岩、石英杂砂岩夹深灰色泥质粉砂岩。边坡高约150m，长约170m，坡向30°	地震诱发危岩体顺外倾节理失稳破坏，主要发生在斜坡中上部，方量约3 000m³，落石损毁路面	图9-26
K688+705左侧斜坡滑坡（J8号点）	斜坡为顺层层状结构。基岩为浅灰色中～厚层状细粒石英砂岩夹深灰色泥质粉砂岩。层面产状为105°∠31°，节理产状为115°∠30°。边坡高约220m，长约200m，坡向180°	地震诱发岩体顺层面滑移，主要发生在斜坡中上部，方量约100 000m³，掩埋公路路基	图9-27
K689+450～K690左侧斜坡崩塌	岩石多分布薄～厚层状石英砂岩，粉砂岩等，岩石中节理裂隙发育，且贯通性较好	在地震力作用下，结构面切割岩体倾倒、滑移失稳，堆积在坡脚，掩埋公路，砸毁路面	图9-28、图9-29
K690+068左侧斜坡崩塌（J9号点）	斜坡为顺层层状结构。基岩为浅灰色中～厚层状泥质粉砂岩、石英杂砂夹灰色细粒石英砂岩，层面产状为120°∠32°，边坡高约30m，长约50m，坡向60°	地震诱发坡顶及坡表覆盖层顺坡滑移式破坏，方量约2 400m³，掩埋公路路基	图9-30
K691+870左侧斜坡崩塌（J10号点）	斜坡为反倾层状结构。基岩为浅灰色中～厚层状细粒石英砂岩夹深灰色泥质，黄绿～灰，层面产状为120°∠30°，节理产状为210°∠73°、303°∠45°。边坡高约30m，长约50m，坡向60°	地震诱发岩体顺外倾结构面滑移失稳，主要发生在斜坡中上部，方量约1 500m³，掩埋公路路基	图9-31

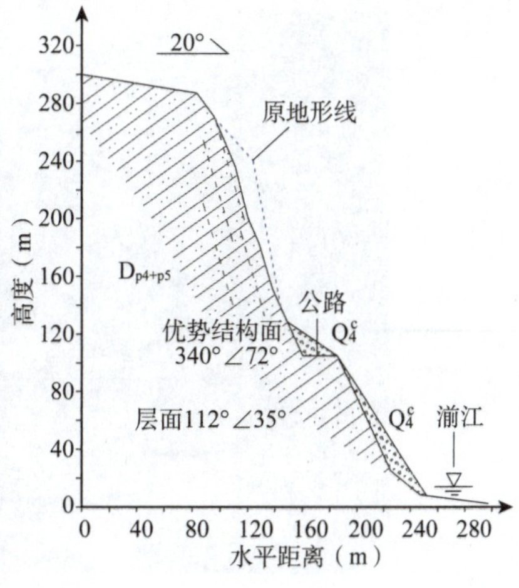

图9-22　坡面照片及剖面示意图

Figure 9-22　Slope photos and profile schemes

图 9-23 K686+350~K687 左侧边坡崩塌 1

Figure 9-23 Collapse 1 in the K686+350 ~ K687′s left side

图 9-24 K686+350~K687 左侧边坡崩塌 2

Figure 9-24 Collapse 2 in the K686+350 ~ K687′s left side

图 9-25 K686+350~K687 左侧边坡崩塌中断交通

Figure 9-25 Interrupted traffic by klint in the K686+350~K687′s left side

20°
原地形线
D_{p4+p5}
公路
优势结构面
340° ∠72°
层面112° ∠35°
Q_4^c
湔江
高度（m）
水平距离（m）
0 40 80 120 160 200 240 280 320

图 9-26 坡面照片及剖面示意图

Figure 9-26 Slope photos and profile schemes

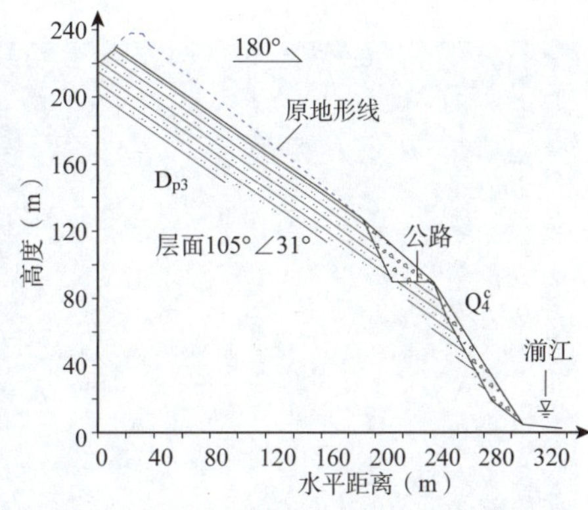

图 9-27　坡面照片及剖面示意图

Figure 9-27　Slope photos and profile schemes

图 9-28　K689+430~ K689+450 左侧陡坡崩塌

Figure 9-28　Full view of the collapse in the K689+430~K689+450′s left side

图 9-29　K690+000~K690+250 滑坡

Figure 9-29　Full view of the landslides in the K690+000~K690+250

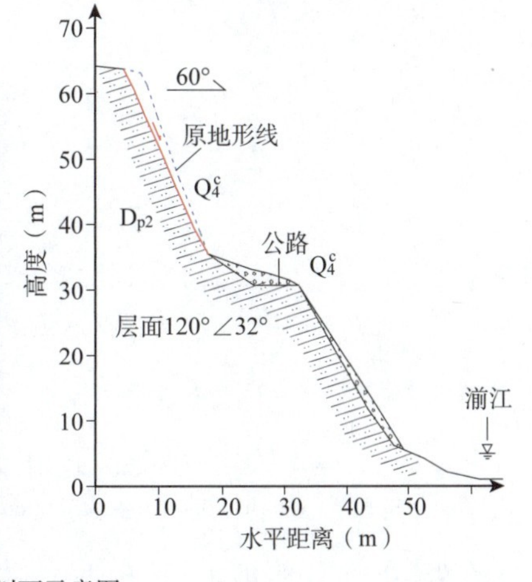

图 9-30　坡面照片及剖面示意图

Figure 9-30　Slope photos and profile schemes

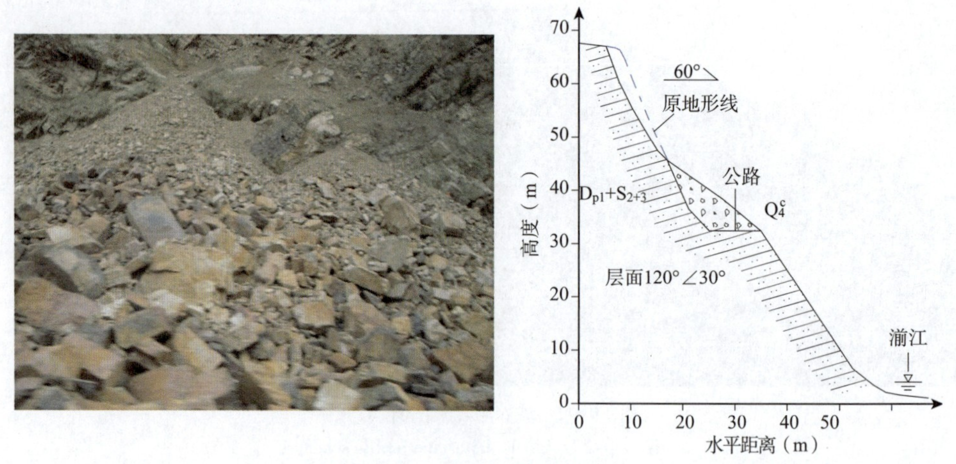

图 9-31 坡面照片及剖面示意图

Figure 9-31 Slope photos and profile schemes

9.4 北川擂鼓—禹里段灾害点 The disasters from Beichuan Leigu to Yuli

北川擂鼓—禹里段公路震害极为发育，全长 47km，巴弄山北坡灾害不发育，南坡灾害极其发育，共调查崩滑灾害点 9 处，其中崩塌 3 处，滑坡（滑塌）6 处，泥石流 3 处，如图 9-32 所示。各灾害点详情见调查表。

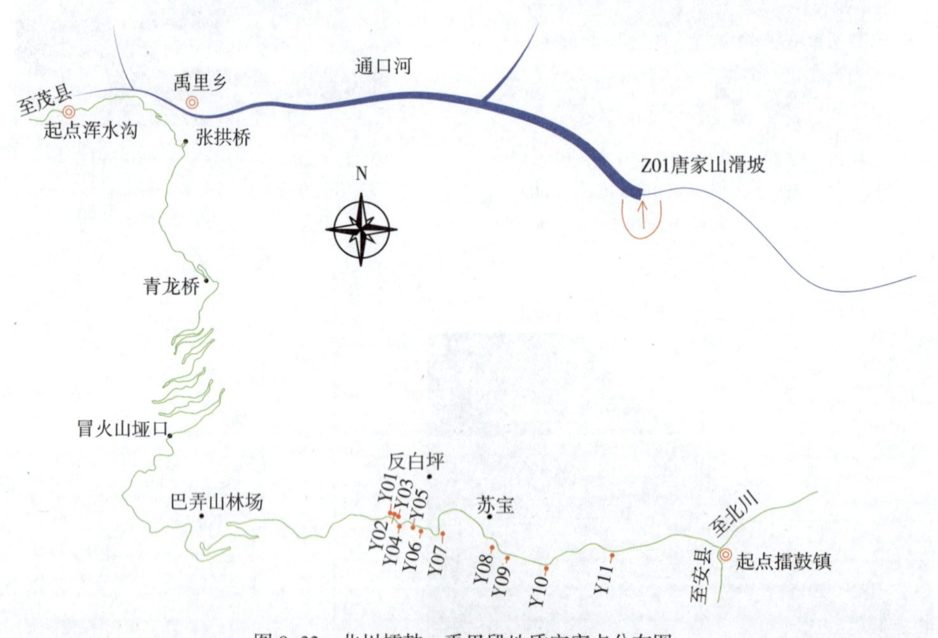

图 9-32 北川擂鼓—禹里段地质灾害点分布图

Figure 9-32 Geological disasters distribution map along the highway from Beichuan Leigu to Yuli section

公路左侧唐家山滑坡（Z01 号点）：唐家山滑坡处于龙门山中央断裂带北川—映秀段西北约 2.5km，堰塞体位于龙门山中央断裂带上盘，该滑坡位于北川县城上游约 4.6km 的通口河中游右岸。唐家山位于青林口倒转复背斜核部附近，背斜轴线为 NE45° 延伸，轴面倾向 NW，倾角 70° 左右。受北川—映秀逆冲断层影响，区内褶皱断裂很多，地层产状比较凌乱，岩层总体产状为 N70° ~80° E/NW ∠ 50° ~85°，层间挤压错动带较发育，由黑色片岩、糜棱岩等组成，挤压紧密，性状软弱，遇水泥化、软化。原生结构面主要为层面，构造性节理裂隙发育，具一定区段性，多密集短小，导致岩体完整性一般。唐家山所在部位的寒武系下统清平组基岩地层产状为 N60° E/NW ∠ 60°，表现为左岸逆向坡，右岸中陡倾顺向坡的岸坡结构特点。

斜坡高约 750m，长约 803m，坡向约 345° ，滑坡所处的右岸较陡，斜坡呈直线形，坡度为 40° ~60°，两侧各发育一条冲沟，左岸较缓，坡度约为 30° 。坡面植被较发育，以乔木为主。该斜坡为顺倾层状结构斜坡，基岩为 $\in_1c$ 粉砂岩（图 9-33），区内褶皱断裂多，总体产状为 330° ∠ 60°。

a）滑坡前原始地形

b）滑坡后地形

c）滑坡遥感图

图　9-33

Figure　9-33

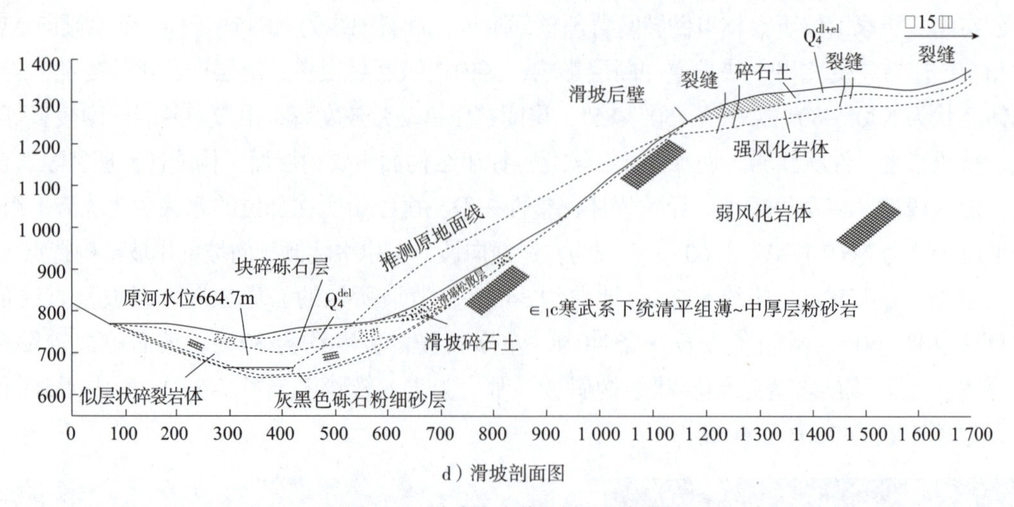

d）滑坡剖面图

图 9-33 灾害点全貌及剖面示意图

Figure 9-33 Full view of the disaster and sketch map of the cross-section

唐家山滑坡是在特定的地形（地形坡度总体为 40°，三面临空，中陡倾角顺向坡），处于地震高烈度区而引发的高速滑坡。边坡整体结构较差，岩体节理发育，在地震力作用下，整个坡面的碎裂岩体拉裂 - 顺层滑移破坏掩埋公路，在地震触发下整个下滑时间约为 0.5min，前后缘相对高差为 540m，相对斜坡滑动位移为 900m，快速下滑堵江而形成的堰塞坝顺河向长 803.4m，横河向最大宽度 611.8m，坝高 82~124m，堵塞通口河，方量约 20 370 000m³，淹没桥梁 22 座，淹没路基长度为 15km。

灾害点名称及位置	灾害点地质概况	地震破坏情况	附 图
公路右侧堆积体滑坡（Y01 号点）	斜坡为堆积物土质斜坡，坡面呈折线形，平均坡度 25°，基岩为 $S_{2-3}mx^2$ 灰岩，层面产状为 340° ∠ 30°。斜坡高约 47m，长约 230m，坡向约 185°	地震诱发坡表堆积体失稳产生滑坡，总方量约 50 000m³，掩埋公路路基	图 9-34
公路左侧堆积体滑坡（Y02 号点）	斜坡为堆积物土质斜坡，坡面呈折线形，平均坡度 30°，基岩为 $S_{2-3}mx^2$ 灰岩，层面产状为 340° ∠ 30°。斜坡高约 44m，长约 115m，坡向约 197°	地震诱发坡表堆积体失稳产生滑坡，滑坡方量约 50 000m³，掩埋公路	图 9-35
公路右侧斜坡滑坡（Y03 号点）	斜坡为基岩 - 土层二元结构，坡面呈折线形，平均坡度 35°。坡体上部较陡。该段斜坡坡表覆盖崩坡积物，呈“倒石锥”现象，上部块石粒径为 0.2~0.8m，下部多堆积大块石、巨石，方量约 3m×3m×2m。基岩为 $S_{2-3}mx^2$ 灰岩，层面产状为 340° ∠ 30°。斜坡高约 101m，长约 173m，坡向约 171°	地震诱发斜坡中下部坡表岩土体失稳沿基覆面产生滑坡，总方量约 20 000m³，落石损毁路面	图 9-36

续上表

灾害点名称及位置	灾害点地质概况	地震破坏情况	附图
公路左侧斜坡滑坡（Y04号点）	斜坡为基岩－土层二元结构，坡面呈直线形，坡度约35°。坡顶有植被覆盖，坡表散落1m×0.8m×1m的块石。基岩为$S_{2-3}mx^2$灰岩，层状结构主要发育3组节理面：层面，311°∠51°，顺倾坡外；共轭X型节理① 95°∠64°，② 185°∠66°。斜坡高约125m，长约132m，坡向约321°	在地震力作用下，斜坡中上部坡表覆盖层沿基覆面滑动形成滑坡，方量约120 000m³，掩埋公路	图9-37
公路右侧滑移式崩塌（Y05号点）	斜坡为顺层层状结构，坡顶有植被覆盖。该段斜坡基岩为$S_{2-3}mx^2$灰岩，层面产状为311°∠51°，坡表散落1.5m×1.5m×1m的大块石，个别粒径达3m×2m×2m。斜坡高约49m，长约130m，坡向约349°	在地震力作用下，斜坡上部岩体失稳发生崩塌，总方量约20 000m³，落石损毁路面	图9-38

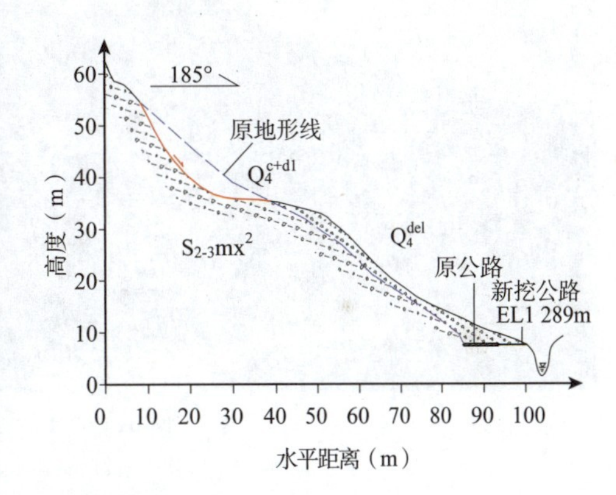

图9-34　灾害点全貌及剖面示意图

Figure 9-34　Full view of the disaster and sketch map of the cross-section

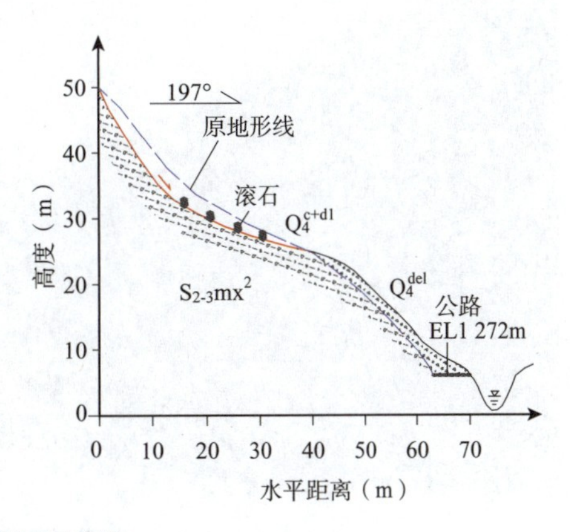

图9-35　灾害点全貌及剖面示意图

Figure 9-35　Full view of the disaster and sketch map of the cross-section

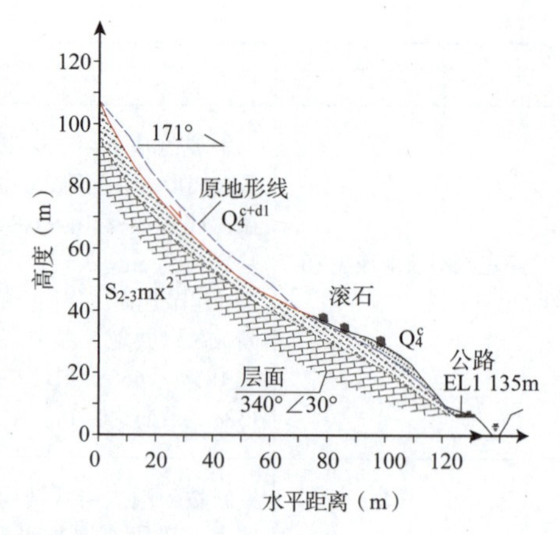

图 9-36 灾害点全貌及剖面示意图

Figure 9-36 Full view of the disaster and sketch map of the cross-section

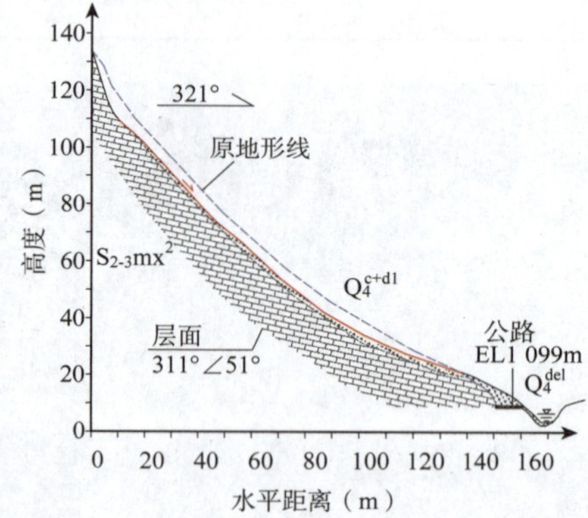

图 9-37 灾害点全貌及剖面示意图

Figure 9-37 Full view of the disaster and sketch map of the cross-section

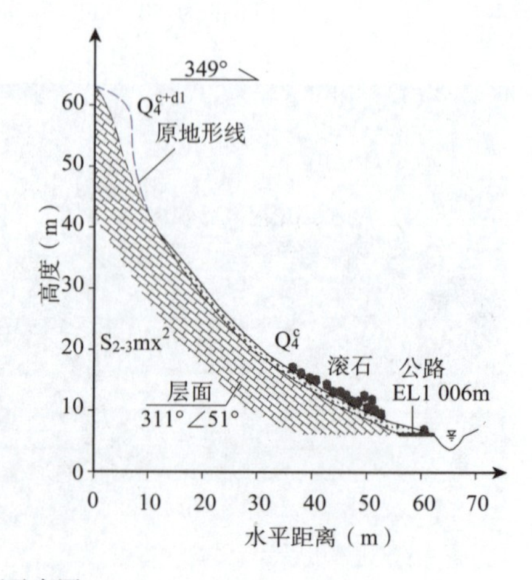

图 9-38 灾害点全貌及剖面示意图

Figure 9-38 Full view of the disaster and sketch map of the cross-section

灾害点名称及位置	灾害点地质概况	地震破坏情况	附 图
公路左侧滑移式崩塌（Y06 号点）	斜坡为顺层层状结构，坡顶有植被覆盖，坡顶较陡，局部接近直立，基岩为 $S_{2-3}mx^2$ 灰岩，主要发育 3 组节理面：层面，311°∠51°；① 170°∠40°，反倾坡内；② 255°∠80°，侧裂面。斜坡高约 226m，长约 260m，坡向约 357°	在地震力作用下，斜坡中上部崩坡积物顺层滑移，方量约 100 000m³，落石损毁路面	图 9-39
公路左侧滑移式崩塌（Y07 号点）	斜坡为顺向坡，坡顶有植被覆盖，坡体中上部坡度为 50°~70°。基岩为 $\in_1q$ 灰岩，层状结构，主要发育 3 组节理面：层面 317°∠53°，顺倾坡外；① 14°∠89°，后缘拉裂面；② 97°∠71°，侧裂面。斜坡高约 150m，长约 165m，坡向约 346°	在地震力作用下，斜坡中下部岩体沿层面产生滑移式崩塌，总方量约 50 000m³，掩埋公路	图 9-40
公路左侧斜坡滑坡（Y10 号点）	斜坡为顺向坡，坡面中上部坡度为 40°~50°，坡表发育一条"V"形深切沟谷。基岩为 $\in_1q$ 灰岩，层状结构，层面产状为 313°∠49°。斜坡高约 210m，长约 410m，坡向约 350°	在地震力作用下，斜坡中上部表层岩土体失稳沿基覆面滑动形成表层滑坡，总方量约 160 000m³，掩埋公路	图 9-41

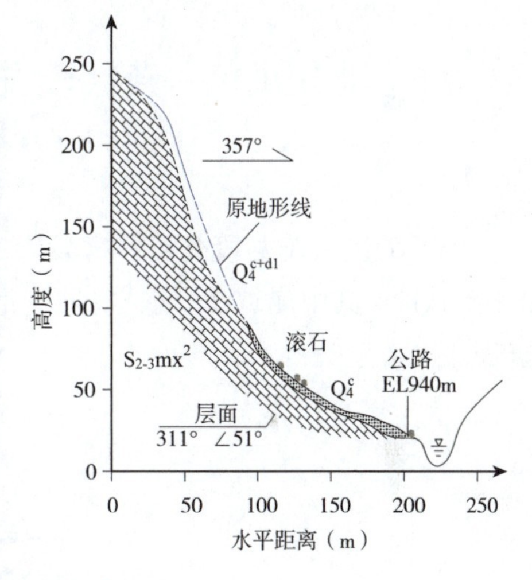

图 9-39　灾害点全貌及剖面示意图

Figure 9-39　Full view of the disaster and sketch map of the cross-section

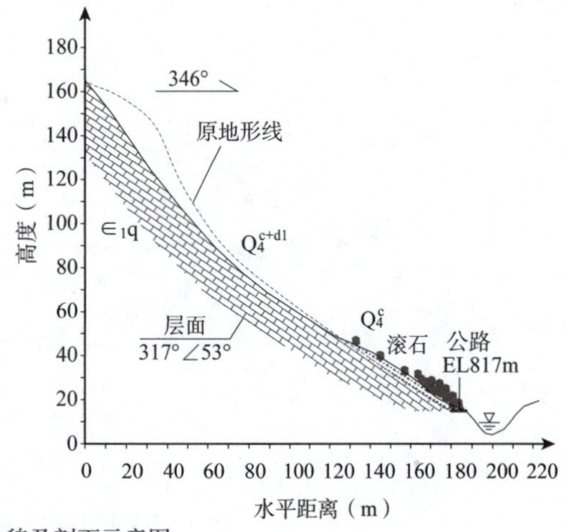

图 9-40　灾害点全貌及剖面示意图

Figure 9-40　Full view of the disaster and sketch map of the cross-section

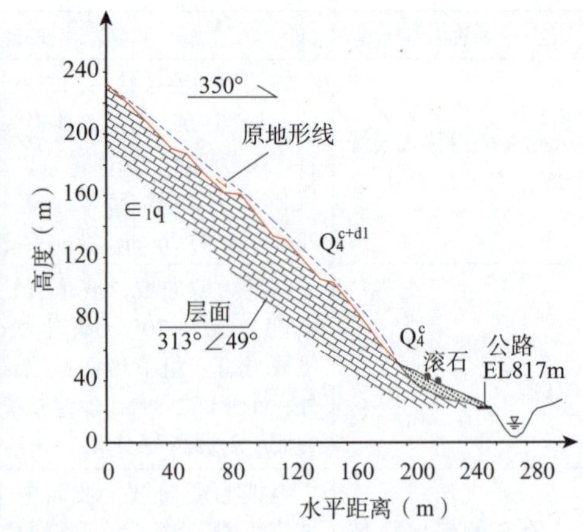

图 9-41 灾害点全貌及剖面示意图

Figure 9-41 Full view of the disaster and sketch map of the cross-section

9.5 北川禹里—茂县段灾害点 The disasters from Beichuan Yuli to Maoxian

北川禹里—茂县段公路震害发育，全长 68km，共调查灾害点 27 处，灾害点密度 0.4 个 /km，其中崩塌 23 处，滑坡（滑塌）4 处，如图 9-42 所示。各灾害点详情见调查表。

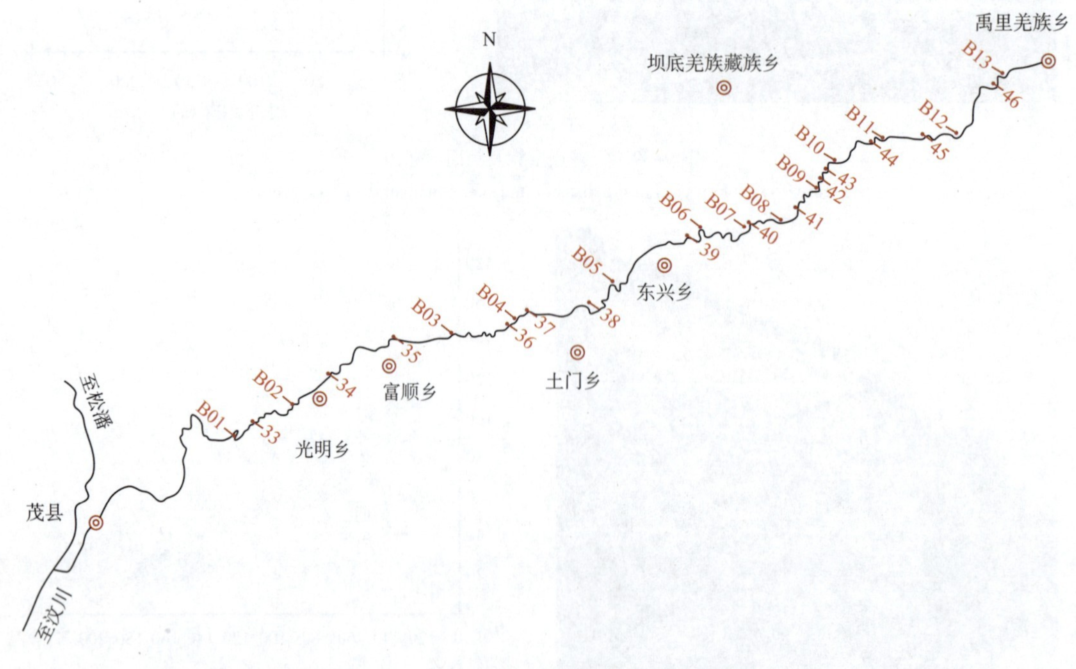

图 9-42 北川禹里—茂县段地质灾害点分布图

Figure 9-42 Geological disasters distribution map along the highway from Beichuan Yuli to Maoxian section

灾害点名称及位置	灾害点地质概况	地震破坏情况	附 图
K781+072 公路右侧崩坡积物滑坡（B01 号点）	斜坡为堆积物土质斜坡，坡顶近直立，坡脚坡度为 35° ~50° 。该段斜坡为 Q_3^{al+pl} 粉土夹卵砾石，整个坡面较为破碎，主要为粉砂土夹部分砾石，平均粒径为 10~20cm。斜坡高约 32m，长约 150m，坡向约 120°	在地震力作用下，古滑坡体堆积碎屑物质再次崩塌滑动，方量约 20 000m³，碎屑物质掩埋公路	图 9–43
K779+071 公路左侧斜坡滑坡（33 号点）	斜坡为堆积物土质斜坡，该段斜坡岩性主要为块石土，块石土中粒径为 1~10cm 占 30%，0.1~1cm 占 60%。斜坡高约 39m，长约 60m，坡向约 145°	在地震力作用下，斜坡中下部阶地块碎石土沿覆盖层与基岩界面失稳滑动，方量约 3 000m³，掩埋公路	图 9–44
K776+791 公路右侧斜坡滑坡（B02 号点）	斜坡为基岩－强风化层二元结构，坡面呈直线形，坡顶近直立，坡脚坡度为 50° ~55° 。该段斜坡上部为碎屑物，下部基岩为千枚岩夹砂岩，主要发育 3 组节理面：层面，285° ∠ 72° ；① 330° ∠ 88° ；② 350° ∠ 20° 。斜坡高约 50m，长约 110m，坡向约 150°	在地震力作用下，坡面风化破碎千枚岩受地震震动后产生滑塌破坏，总方量为 5 000~8 000m³，垮塌块石堆积，掩埋公路	图 9–45
K775+504 公路左侧斜坡崩塌（34 号点）	斜坡为基岩－强风化层二元结构，该段斜坡基岩为 S_{mx}^4 千枚岩，主要发育 3 组节理面：层面 330° ∠ 75° ；① 185° ∠ 80° ；② 220° ∠ 65° ，近似垂直于公路走向。斜坡高约 32m，长约 42m，坡向约 145°	地震诱发斜坡上部发生小规模滑塌，且有零星小块石沿坡面滚落，掩埋公路	图 9–46
K770+054 公路右侧滑移式崩塌（35 号点）	斜坡为堆积物土质斜坡，该段斜坡上部主要为碎石土，中下部为块石土，粒径为 20~100cm 占 30%，2~20cm 占 40%，0.2~2cm 占 30%。斜坡高约 23m，长约 600m，坡向约 185°	在地震力作用下，斜坡底部沿土体发生小规模表层局部垮塌，堵塞公路	图 9–47

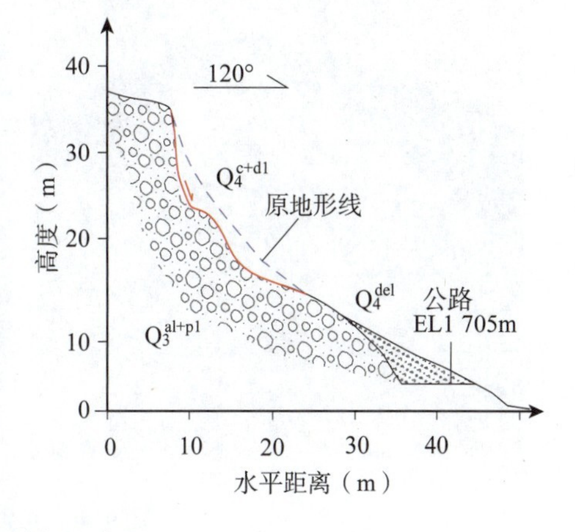

图 9–43　灾害点全貌及剖面示意图

Figure 9–43　Full view of the disaster and sketch map of the cross–section

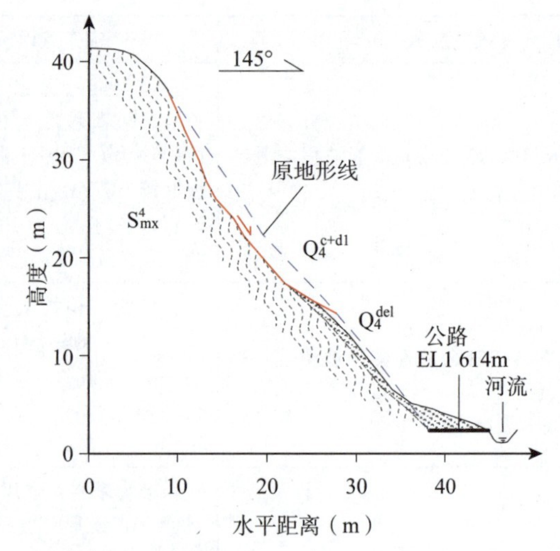

图 9-44 灾害点全貌及剖面示意图

Figure 9-44 Full view of the disaster and sketch map of the cross-section

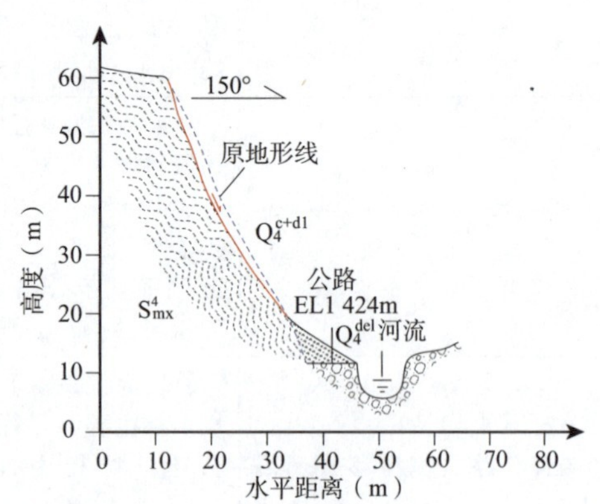

图 9-45 灾害点全貌及剖面示意图

Figure 9-45 Full view of the disaster and sketch map of the cross-section

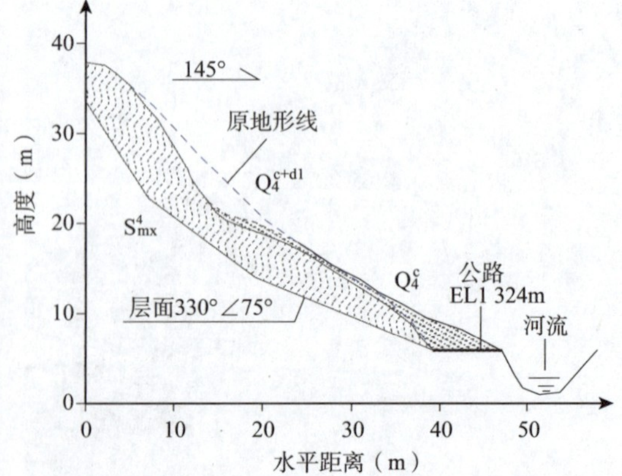

图 9-46 灾害点全貌及剖面示意图

Figure 9-46 Full view of the disaster and sketch map of the cross-section

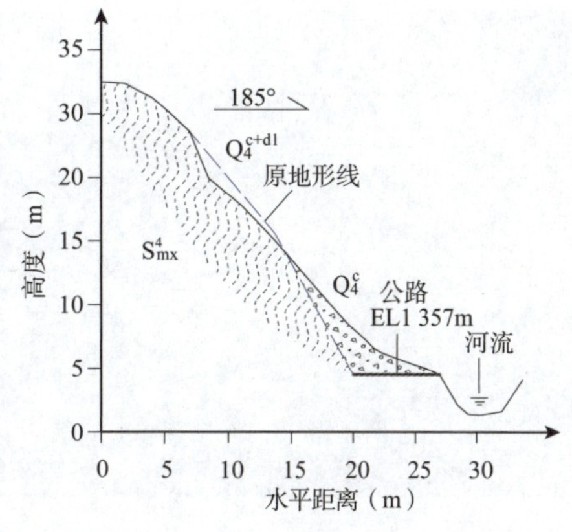

图 9–47　灾害点全貌及剖面示意图

Figure 9–47　Full view of the disaster and sketch map of the cross-section

灾害点名称及位置	灾害点地质概况	地震破坏情况	附 图
K766+400 公路右侧斜坡崩塌（B03 号点）	斜坡为基岩 – 强风化层二元结构，坡体上部接近直立。该段斜坡基岩为 $S_{2-3}mx^1$ 千枚岩夹砂岩，主要发育 3 组结构面：层面，5° ∠ 66°；① 145° ∠ 25°；② 50° ∠ 10°。斜坡高约 102m，长约 110m，坡向约 120°	坡表强风化层在地震作用下失稳，岩土体表层剥落滑塌，块石掩埋道路，阻塞河道	图 9–48
K763+149 公路左侧斜坡崩塌（36 号点）	斜坡为横向坡，斜坡上部较陡，底部较缓，边坡为道路开挖形成。该段斜坡基岩为 $S_{2-3}mx^1$ 千枚岩，层状结构，岩体层面产状清晰，为 330° ∠ 68°，节理面产状为 95° ∠ 80°。斜坡高约 31m，长约 150m，坡向约 105m	在地震力作用下，斜坡下部岩体沿节理面向临空方向失稳破坏，产生小规模滑塌	图 9–49
K762+450 公路右侧斜坡崩塌（B04 号点）	斜坡为基岩 – 强风化层二元结构，坡面坡度较大，接近直立。该段斜坡基岩为 $S_{2-3}mx^1$ 千枚岩夹砂岩，以千枚岩为主，层面产状为 350° ∠ 40°；表层风化较强烈，主要发育 2 组节理面：① 190° ∠ 45°，底面控制结构面；② 290° ∠ 70°，侧边界	地震诱发坡表岩体失稳，沿节理面发生滑移式破坏，总方量约 10 000m³，块石掩埋公路	图 9–50
K761+540 公路左侧斜坡崩塌（37 号点）	斜坡为反倾层状结构，坡面呈直线形，平均坡度约 50°。该段斜坡基岩为 $S_{2-3}mx^1$ 千枚岩，层状结构，层面反倾向坡内，产状为 10° ∠ 70°；主要发育 2 组节理面：① 220° ∠ 55°，顺倾；②节理 100° ∠ 60°，侧裂面。斜坡高约 35m，长约 160m，坡向约 225°	在地震力作用下，斜坡下部岩体失稳发生小规模倾倒式崩塌，堵塞公路	图 9–51
K757+900 公路右侧滑坡（38 号点）	斜坡为基岩 – 强风化层二元结构，坡面呈直线形，接近直立。基岩为 $S_{2-3}mx^1$ 千枚岩，岩石破碎，为薄层状，层面产状为 35° ∠ 25°；陡倾结构面产状为 172° ∠ 82°。斜坡高约 19m，长约 258m，坡向约 165°	在地震力作用下，斜坡岩体沿强弱风化界面失稳，总方量约 2 000m³，挤压路面，阻碍交通	图 9–52
K753+610 公路左侧崩塌（B05 号点）	斜坡为基岩 – 强风化层二元结构，上部接近直立，坡脚堆积物坡度为 30° ~50°。基岩为 $S_{2-3}mx^1$ 千枚岩夹砂岩，斜坡上部以千枚岩为主，下部以砂岩为主，主要发育层面产状为 350° ∠ 40°。斜坡高约 45m，长约 100m，坡向约 180°	在地震力作用下，坡表上部强风化带岩体破碎失稳产生崩塌，总方量约 10 000m³，掩埋公路	图 9–53

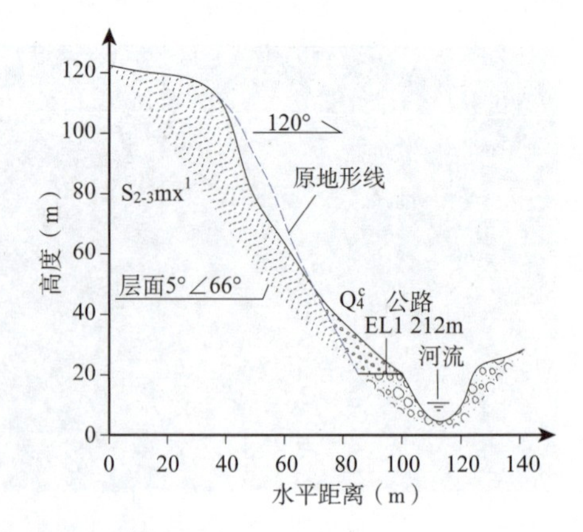

图 9-48 灾害点全貌及剖面示意图

Figure 9-48 Full view of the disaster and sketch map of the cross-section

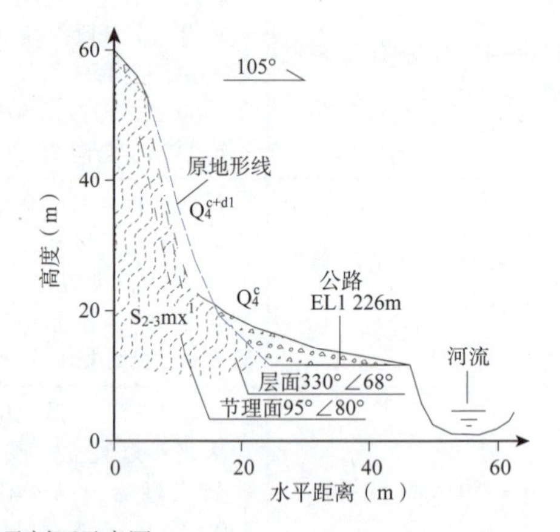

图 9-49 灾害点全貌及剖面示意图

Figure 9-49 Full view of the disaster and sketch map of the cross-section

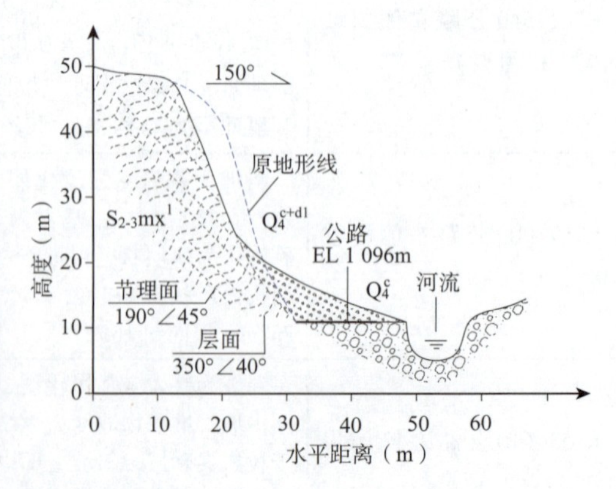

图 9-50 灾害点全貌及剖面示意图

Figure 9-50 Full view of the disaster and sketch map of the cross-section

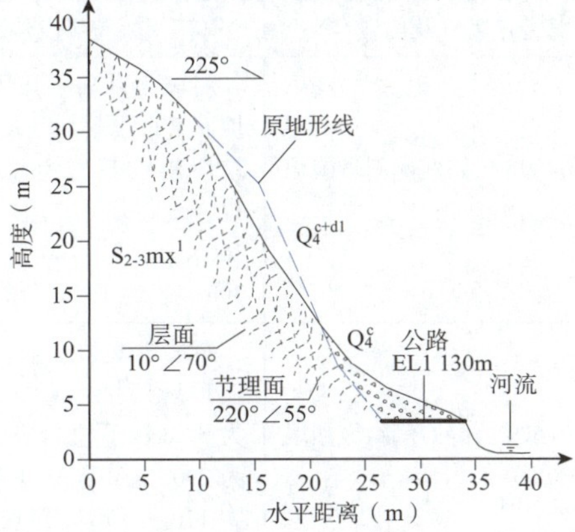

图 9-51　灾害点全貌及剖面示意图

Figure 9-51　Full view of the disaster and sketch map of the cross-section

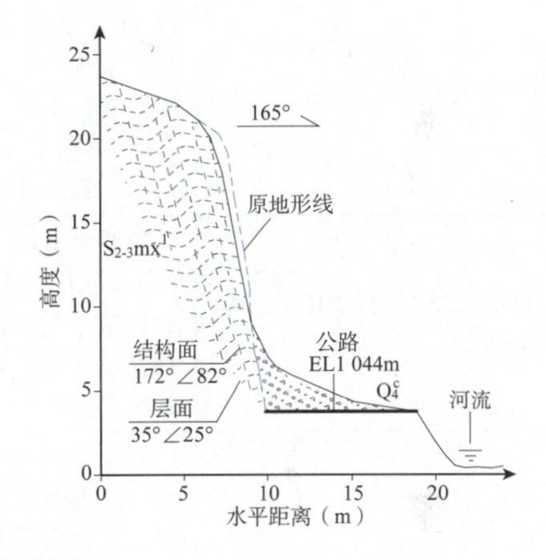

图 9-52　灾害点全貌及剖面示意图

Figure 9-52　Full view of the disaster and sketch map of the cross-section

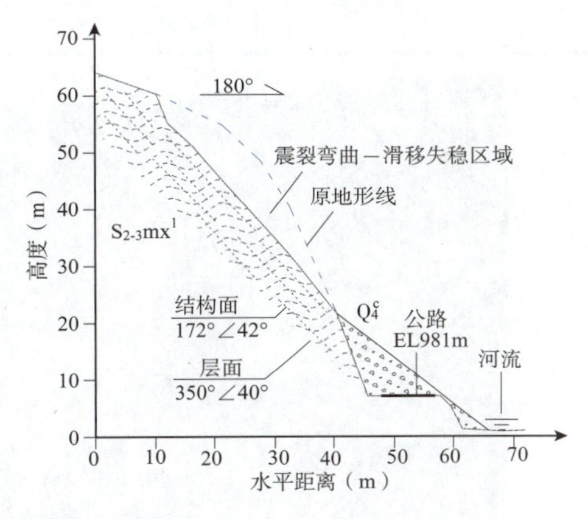

图 9-53　灾害点全貌及剖面示意图

Figure 9-53　Full view of the disaster and sketch map of the cross-section

灾害点名称及位置	灾害点地质概况	地震破坏情况	附 图
K750+893 公路右侧斜坡崩塌（39 号点）	斜坡为基岩－强风化层二元结构，坡面呈直线形，经人工开挖近似直立。该段斜坡基岩为 $S_{2-3}mx^1$ 千枚岩，千枚岩较破碎，节理发育，产状主要为 300°∠65°，140°∠40°。斜坡高约 39m，长约 152m，坡向约 185°	在地震力作用下，斜坡下部岩体失稳，总方量约 3 000m³，堵塞掩埋公路	图 9-54
K749+679 公路右侧斜坡崩塌（B06 号点）	斜坡为基岩－强风化层二元结构，坡顶局部接近直立。该段斜坡基岩为 $S_{2-3}mx^2$ 千枚岩夹砂岩，层面产状为 290°∠10°；主要发育节理产状为 110°∠70°。斜坡高约 60m，长约 70m，坡向约 290°	在地震力作用下，坡面强风化岩体滑移失稳，总方量约 15 000m³，掩埋公路	图 9-55
K746+797 公路右侧斜坡崩塌（B07 号点）	斜坡为基岩－强风化层二元结构，坡面呈直线形，坡顶接近直立。该段斜坡基岩为 $S_{2-3}mx^2$ 千枚岩夹砂岩，层面产状为 350°∠25°；主要发育 2 组节理面：① 130°∠30°；② 100°∠80°。斜坡高约 83m，长约 120m，坡向约 160°	在地震力作用下，坡体表层破碎岩体失稳，总方量为 5 000~8 000m³，掩埋公路	图 9-56
K746+255 公路右侧斜坡崩塌（40 号点）	斜坡为反倾层状结构，坡面接近直线形。该段斜坡基岩为 $S_{2-3}mx^2$ 千枚岩，岩体节理发育，产状为 350°∠40°，180°∠65°。斜坡高约 81m，长约 122m，坡向约 155°	在地震力作用下，斜坡中上部岩体发生小规模失稳破坏，失稳后掩埋公路	图 9-57
K744+557 公路右侧斜坡崩塌（B08 号点）	斜坡为基岩－强风化层二元结构，坡面呈直线形，坡脚坡度接近直立。该段斜坡坡表散落大粒径块石，块石粒径为 0.3~0.6m。基岩为 $S_{2-3}mx^{3-1}$ 砂岩夹千枚岩，层面产状为 300°∠40°；主要发育 2 组节理面：① 140°∠50°；② 185°∠80°。斜坡高约 33m，长约 70m，坡向近北向	在地震力作用下，坡表风化岩体失稳产生表层滑塌，总方量约 2 000m³，堆积掩埋公路	图 9-58

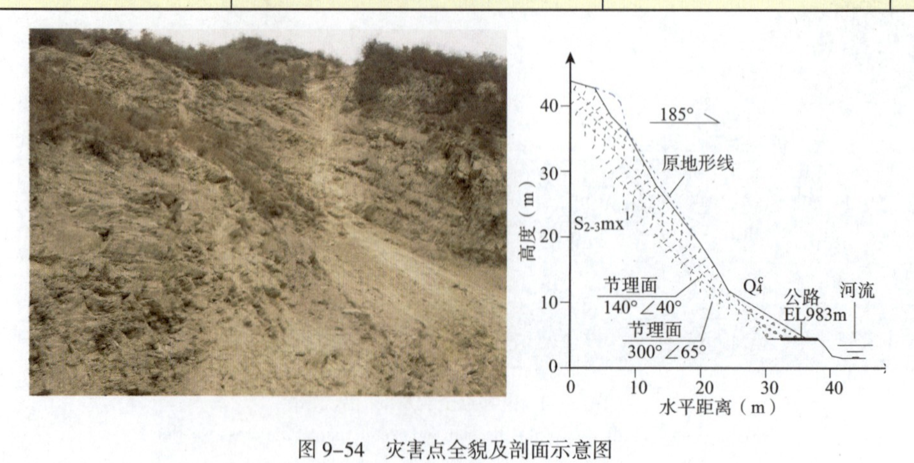

图 9-54　灾害点全貌及剖面示意图

Figure 9-54　Full view of the disaster and sketch map of the cross-section

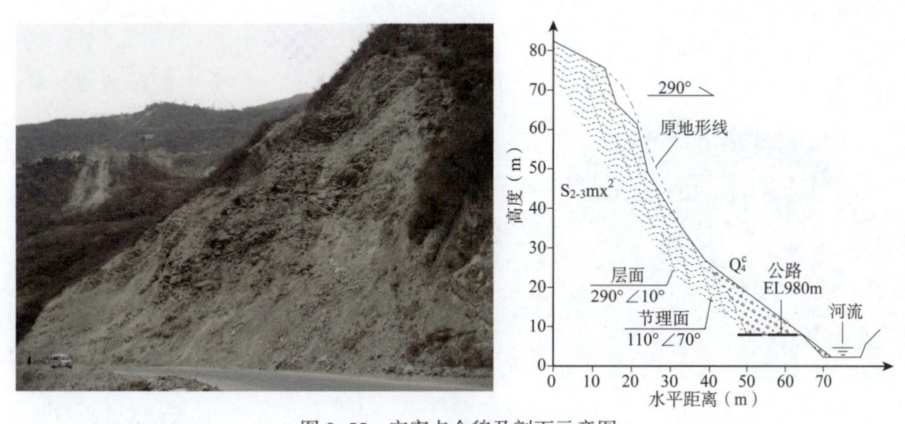

图 9-55　灾害点全貌及剖面示意图

Figure 9-55　Full view of the disaster and sketch map of the cross-section

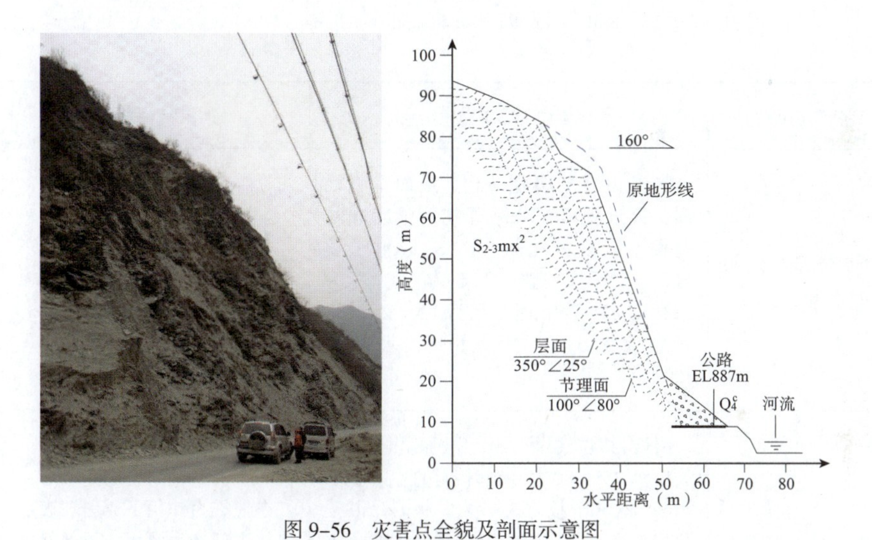

图 9-56　灾害点全貌及剖面示意图

Figure 9-56　Full view of the disaster and sketch map of the cross-section

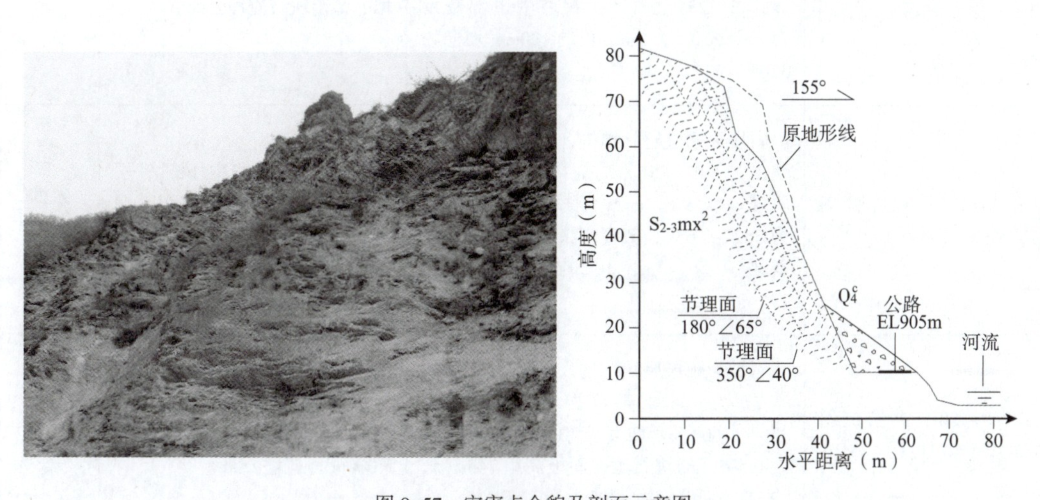

图 9-57·灾害点全貌及剖面示意图

Figure 9-57　Full view of the disaster and sketch map of the cross-section

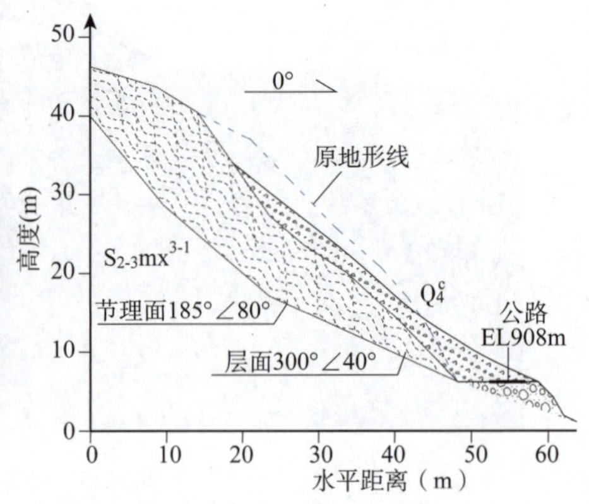

图 9-58 灾害点全貌及剖面示意图

Figure 9-58 Full view of the disaster and sketch map of the cross-section

灾害点名称及位置	灾害点地质概况	地震破坏情况	附 图
K743+297 公路右侧斜坡崩塌（41 号点）	斜坡为顺层层状结构，坡面呈直线形，接近垂直，公路开挖形成陡立临空面。该段斜坡基岩为 $S_{2-3}mx^{3-1}$ 千枚岩，岩层平面完整，为薄层状，产状为 352°∠63°；节理产状为 120°∠13°。斜坡高约 54m，长约 203m，坡向约 300°	在地震力作用下，斜坡中下部岩体失稳，总方量约 5 000m³，掩埋公路	图 9-59
K74+534 公路右侧斜坡崩塌（B09 号点）	斜坡为顺层层状结构，坡面呈直线形，坡度为 75°~80°，局部接近直立。基岩为 $S_{2-3}mx^{3-1}$ 千枚岩夹砂岩、板岩，以千枚岩为主，层理产状为 350°∠48°；主要发育 2 组节理：① 235°∠80°，侧边界；② 125°∠35°，在坡中下部较发育。斜坡高约 52m，长约 120m，坡向约 330°	在地震力作用下，斜坡表层岩体失稳产生滑塌，局部发生坠落，总方量约 10 000m³，滑塌、坠落块石掩埋公路	图 9-60
K740+491 公路左侧斜坡崩塌（42 号点）	斜坡为顺层层状结构，坡面呈直线形，坡度为 60°~65°，局部接近直立。该段斜坡基岩为 $S_{2-3}mx^{3-1}$ 千枚岩，层面产状为 352°∠63°，节理产状为 120°∠13°。斜坡高约 247m，长约 180m，坡向约 295°	地震诱发斜坡中下部表层残坡积物发生小规模失稳，顺沿层面滑下，方量约 3 000m³，掩埋公路	图 9-61
K739+450 公路右侧斜坡崩塌（43 号点）	斜坡为顺层层状结构，坡面呈直线形。基岩为 $S_{2-3}mx^{3-1}$ 千枚岩，岩体产状为 350°∠60°，延伸大于 30m，局部有粒径为 0.5~1m 的块石土。斜坡高约 74m，长约 152m，坡向约 330°	在地震力作用下，坡表强风化岩体顺着层面滑动，方量约 8 000m³，掩埋公路	图 9-62

续上表

灾害点名称及位置	灾害点地质概况	地震破坏情况	附 图
K738+757 公路右侧斜坡崩塌（B10 号点）	斜坡为基岩—强风化层二元结构，坡顶接近直立，坡脚坡度为 45° ~70°。该段斜坡基岩为 $S_{2-3}mx^{3-1}$ 千枚岩夹板岩，层面产状为 300° ∠ 60°；主要发育 2 组节理面：① 155° ∠ 45°；② 240° ∠ 85°。斜坡高约 140m，长约 170m，坡向约 340°	地震诱发斜坡上部岩体沿强弱风化界面发生顺层面滑塌，总方量约 20 000m³，滑塌块体掩埋公路及隧道口，冲毁路基	图 9-63

a）灾害点全貌

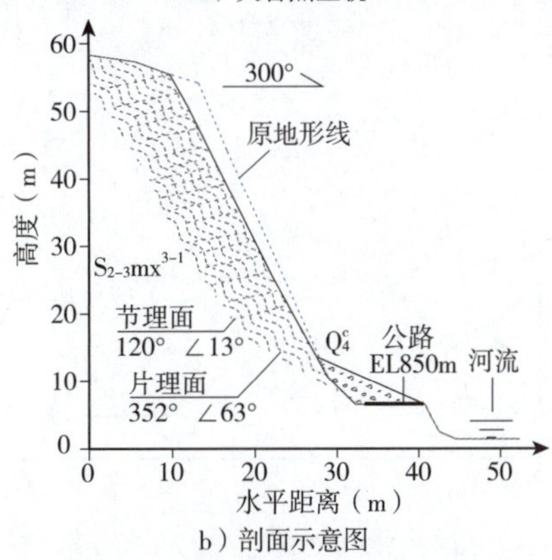

b）剖面示意图

图 9-59　灾害点全貌及剖面示意图

Figure 9-59　Full view of the disaster and sketch map of the cross-section

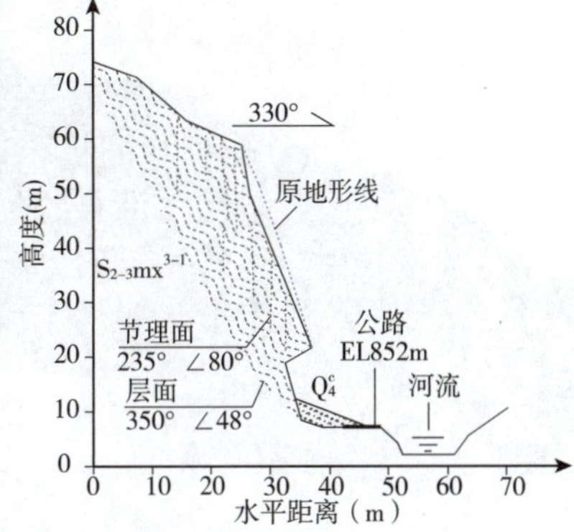

图 9-60　灾害点全貌及剖面示意图

Figure 9-60　Full view of the disaster and sketch map of the cross-section

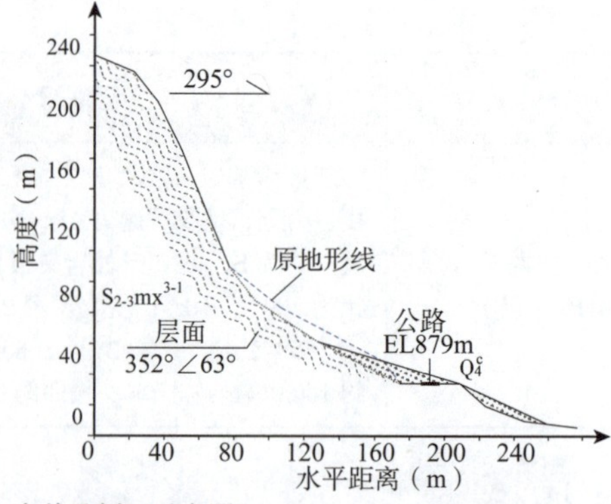

图 9-61　灾害点全貌及剖面示意图

Figure 9-61　Full view of the disaster and sketch map of the cross-section

a）害点全貌

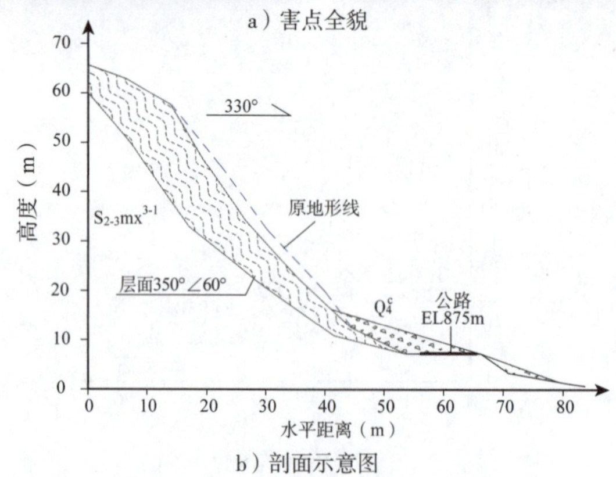

b）剖面示意图

图 9-62　灾害点全貌及剖面示意图

Figure 9-62　Full view of the disaster and sketch map of the cross-section

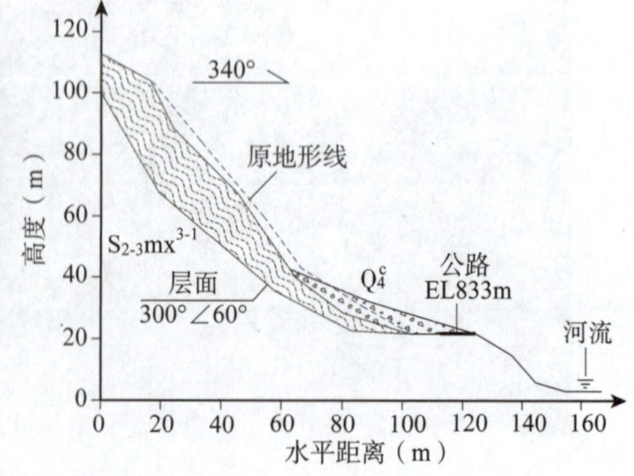

图 9-63　灾害点全貌及剖面示意图

Figure 9-63　Full view of the disaster and sketch map of the cross-section

灾害点名称及位置	灾害点地质概况	地震破坏情况	附 图
K736+257 公路左侧斜坡崩塌（44 号点）	斜坡为基岩—强风化层二元结构，坡面呈直线形，坡度为 60°~65°。该段斜坡基岩为 $S_{2-3}mx^{3-1}$ 千枚岩，层面产状为 342°∠60°。斜坡高约 202m，长约 218m，坡向约 312°	在地震力作用下，斜坡中上部薄层状千枚岩沿层面向临空向失稳，破坏前缘挡墙，下部堆积区堵塞掩埋公路	图 9-64
K735+167 公路右侧斜坡崩塌（B11 号点）	斜坡为基岩—强风化层二元结构，坡面呈直线形，坡度为 60°~80°。该段斜坡基岩为 $S_{2-3}mx^{3-1}$ 千枚岩夹板岩，层面较为明显，层面产状为 354°∠45°；主要发育 2 组节理面：① 165°∠55°；② 70°∠80°。斜坡高约 180m，长约 266m，坡向约 40°	在地震力作用下，坡表岩体失稳产生顺强弱风化界面滑塌，总方量约 1 500m³，滑塌的块体掩埋公路	图 9-65
K731+796 公路右侧斜坡滑坡（45 号点）	斜坡为顺层层状结构，坡面呈直线形，坡度为 60°~65°。该段斜坡为顺层坡，基岩为 $S_{2-3}mx^{3-1}$ 千枚岩，层面产状为 2°∠60°，光滑，完整，节理不发育。斜坡高约 16m，长约 150m，坡向约 320°	在地震力作用下，斜坡下部表层岩体沿层面发生小规模顺层滑塌，总方量约 900m³，局部堵塞公路	图 9-66
K730+909 公路右侧斜坡崩塌（B12 号点）	斜坡为顺层层状结构，坡面呈直线形，坡度为 40°~50°，基岩为 $S_{2-3}mx^{3-1}$ 千枚岩、板岩，层面产状为 355°∠50°；主要发育 2 组节理面：① 135°∠80°；② 215°∠50°。斜坡高约 24m，长约 90m，坡向约 300°	在地震力作用下，斜坡岩体顺强弱风化界面及层面发生滑塌，总方量约 1 000m³，失稳岩土体掩埋公路	图 9-67
K727+584 公路右侧斜坡崩塌（46 号点）	斜坡为顺层层状结构，坡面呈直线形。该段斜坡基岩为 $S_{2-3}mx^{3-1}$ 千枚岩，层面产状为 350°∠48°，节理产状为 45°∠70°。斜坡高约 46m，长约 122m，坡向约 20°	在地震力作用下，斜坡下部表层残坡积风化基岩及破碎岩块沿坡面下滑，发生小规模崩塌，总方量约 5 000m³，堵塞公路	图 9-68
K726+763 公路右侧斜坡崩塌（B13 号点）	斜坡为斜交层状结构，坡面呈直线形，坡度为 40°~60°。该段边坡基岩为 $S_{2-3}mx^{3-1}$ 千枚岩夹砂岩，层面产状为 340°∠45°；主要发育 3 组节理面：① 195°∠85°；② 350°∠80°；③ 180°∠75°。斜坡高约 30m，长约 50m，坡向约 20°	在地震力作用下，坡面表层风化岩体失稳剥落、滑塌，总方量约 2 000m³，滑塌碎屑堆积坡脚，掩埋公路	图 9-69

a）灾害点全貌

图　9-64

Figure　9-64

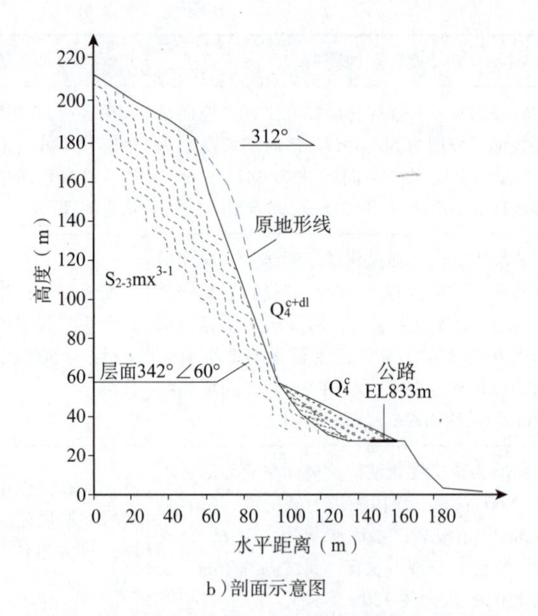

b）剖面示意图

图 9-64 灾害点全貌及剖面示意图

Figure 9-64 Full view of the disaster and sketch map of the cross-section

a）灾害点全貌

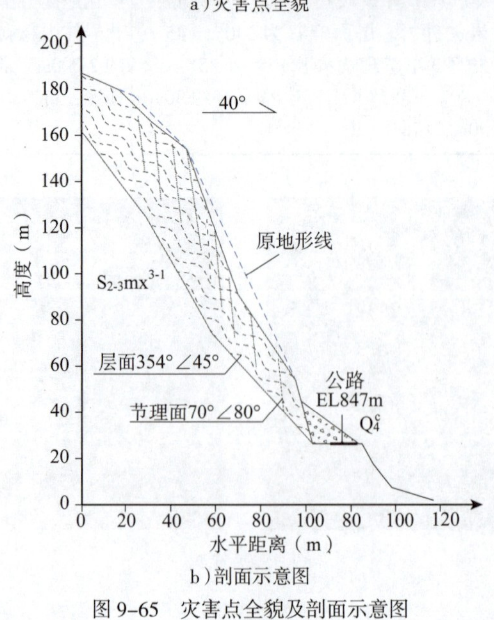

b）剖面示意图

图 9-65 灾害点全貌及剖面示意图

Figure 9-65 Full view of the disaster and sketch map of the cross-section

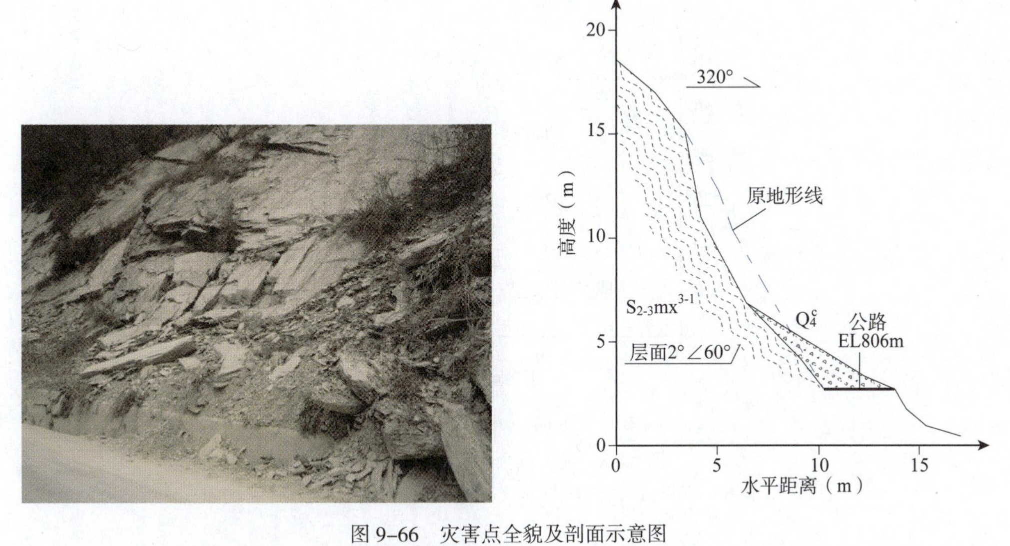

图 9-66　灾害点全貌及剖面示意图

Figure 9-66　Full view of the disaster and sketch map of the cross-section

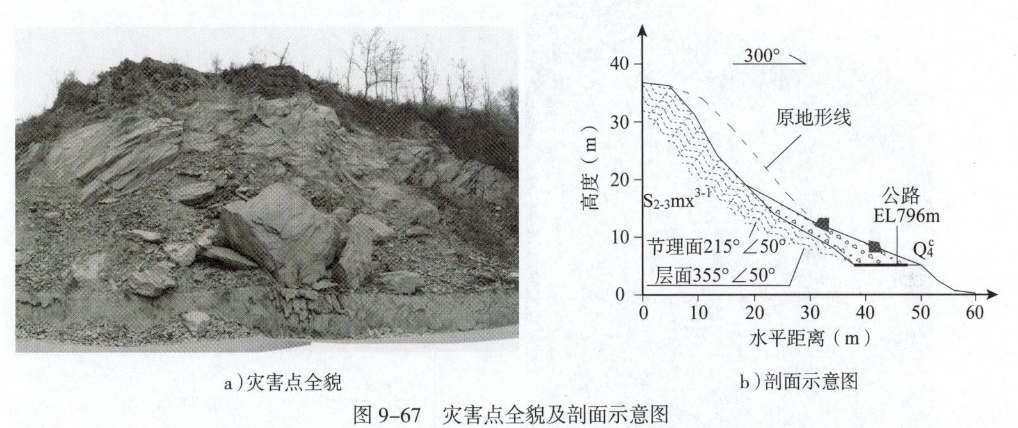

a）灾害点全貌　　b）剖面示意图

图 9-67　灾害点全貌及剖面示意图

Figure 9-67　Full view of the disaster and sketch map of the cross-section

a）灾害点全貌

图　9-68

Figure　9-68

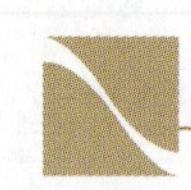

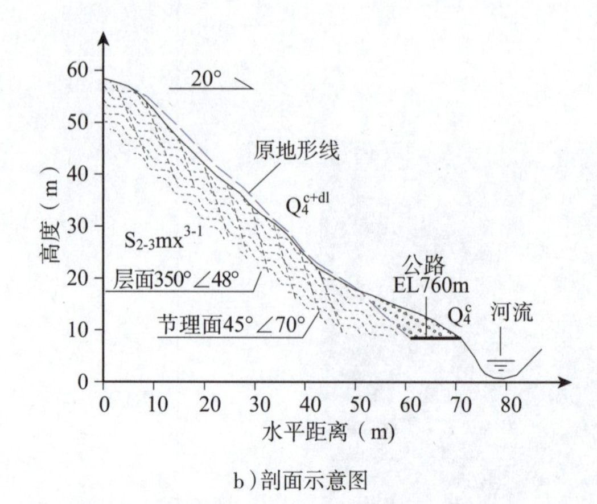

b）剖面示意图

图 9–68 灾害点全貌及剖面示意图

Figure 9–68 Full view of the disaster and sketch map of the cross–section

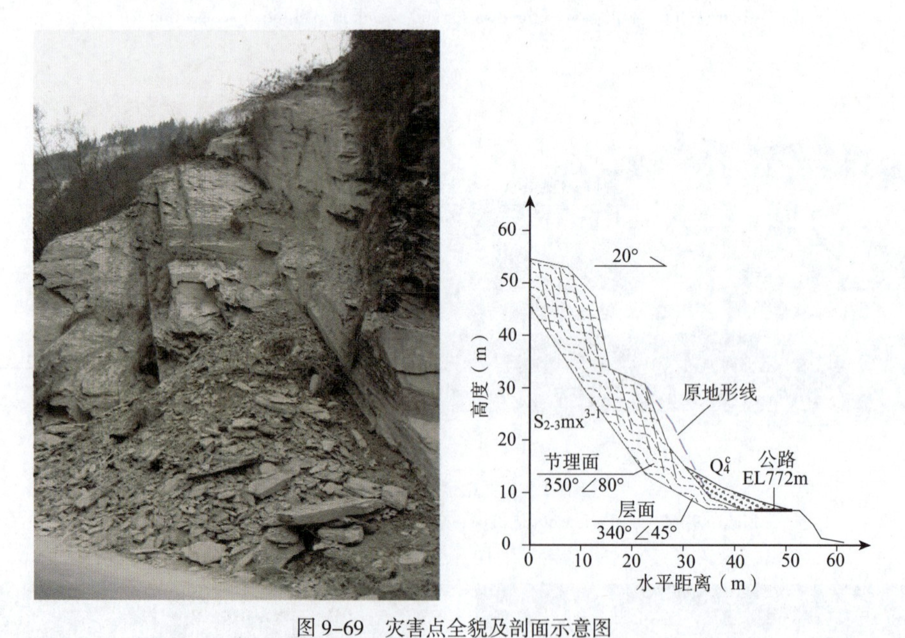

图 9–69 灾害点全貌及剖面示意图

Figure 9–69 Full view of the disaster and sketch map of the cross–section

9.6 茂县两河口—黑水段灾害点 The disasters from Maoxian Lianghekou to Heishui

茂县两河口—黑水段沿线共调查崩塌落石灾害 26 处。黑水县城—黑水色尔古乡路段 16 处，灾害点密度 0.43 个 /km，其中滑坡 5 处，崩塌 11 处；黑水色尔古—茂县两河口路段共 10 处，灾害点密度 0.4 个 /km，其中滑坡 7 处，崩塌 3 处，如图 9–70 所示。各灾害点详情见调查表。

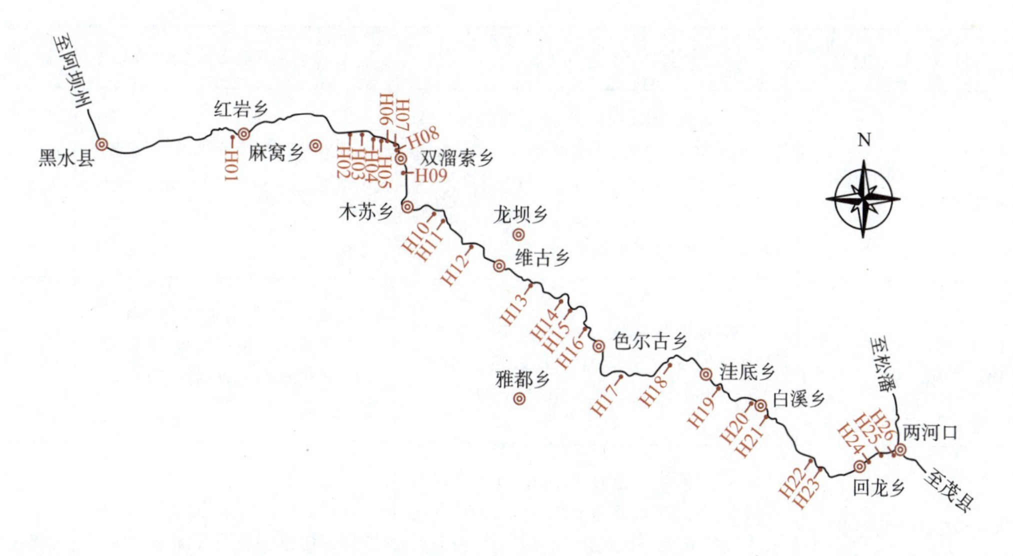

图 9–70　茂县两河口—黑水段地质灾害分布图

Figure 9–70　Geological disasters distribution map along the highway from Maoxian Lianghekou to Heishui in S302

灾害点名称及位置	灾害点地质概况	地震破坏情况	附 图
K991+098 公路左侧斜坡崩塌（H01 号点）	斜坡为基岩－强风化层二元结构，坡面呈直线形，坡度为 40°~45°。基岩为细粒变质长石石英砂岩，坡表覆盖碎石，粒径为 10~20cm。边坡高约 92.6m，长约 35m，坡向约 50°	地震诱发表层崩坡积物滑塌，发生在斜坡下部，方量约 1 000 m^3，掩埋部分路面	图 9–71
K896+700 公路左侧斜坡崩塌（H02 号点）	斜坡为斜交层状结构，坡面呈直线形。基岩为细粒变质长石石英砂岩，层面产状为 305°∠65°，岩层揉皱较强烈。发育结构面：① 20°∠55°；② 220°∠67°。边坡高约 49.2m，长约 140m，坡向约 20°	在地震力作用下，岩体沿结构面滑移，属于滑移式崩塌，方量约 18 000m^3，掩埋公路	图 9–72
K896+100 公路左侧斜坡崩塌（H03 号点）	斜坡为斜交层状结构，坡面呈直线形。基岩为细粒变质长石石英砂岩。发育 2 组结构面：① 175°∠75°；② 80°∠35°。边坡高约 80m，长约 130m，坡向约 82°	在地震力作用下，坡体上部岩体失稳后沿坡面运动，方量约 10 000m^3，掩埋公路	图 9–73
K895+500 公路左侧斜坡崩塌（H04 号点）	斜坡为碎裂结构，坡面呈直线形。基岩为细粒变质长石石英砂岩，斜坡上部岩体破碎，下部较完整。发育结构面：① 20°∠32°；② 13°∠87°；③ 305°∠85°。边坡高约 78m，长约 110m，坡向约 20°	在地震力作用下，岩体沿结构面滑移，发生在斜坡下部陡缓交界处，方量约 15 000m^3，掩埋公路	图 9–74

续上表

灾害点名称及位置	灾害点地质概况	地震破坏情况	附 图
K895+304 公路左侧斜坡崩塌（H05 号点）	斜坡为碎裂结构，坡面呈直线形，为公路分级开挖后形成的边坡。基岩为细粒变质长石石英砂岩，层面产状为 305°∠85°。边坡高约 95.2m，长约 206m，坡向约 25°。	在地震力作用下，坡表松动岩块剥落，方量约 2 000m³，掩埋公路	图 9-75
K895+024 公路右侧斜坡崩塌（H06 号点）	斜坡为块状结构，岩体成块状－次块状构造，发育结构面：① 213°∠40°；②断层 336°∠85°；③ 100°∠72°	在地震力作用下，岩体产生倾倒式破坏，位于斜坡顶部，属于倾倒式崩塌，方量约 2 000m³，掩埋公路	图 9-76
K894+690 公路左侧斜坡滑坡（H07 号点）	斜坡为基岩－土层二元结构。基岩为石英砂岩，层面产状为 336°∠85°。坡表为碎块石土，以块碎石为主，块石粒径为 1~1.5m，含量约为 30%，碎石粒径为 10~30cm	在地震力作用下，坡表岩体滑移，位于斜坡下部陡缓交界部位，方量约 15 000m³，掩埋公路	图 9-77

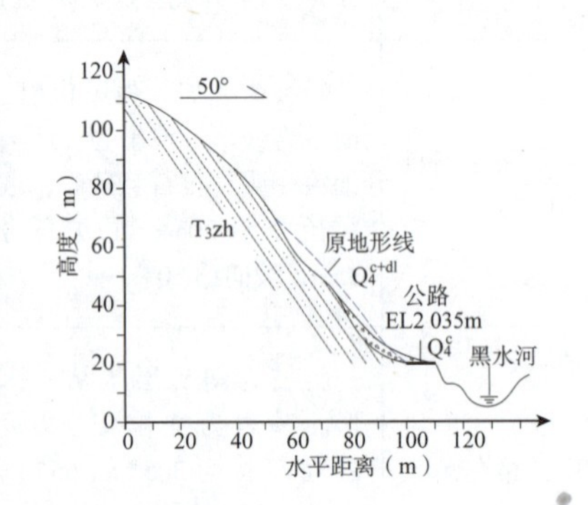

图 9-71 灾害点全貌及剖面示意图

Figure 9-71 Full view of the disaster and sketch map of the cross-section

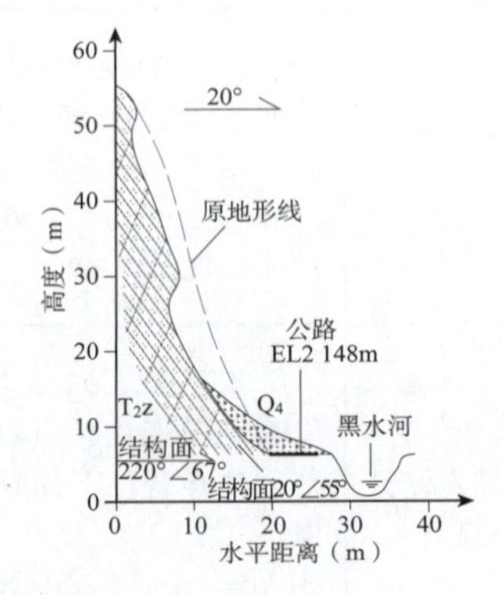

图 9-72 灾害点全貌及剖面示意图

Figure 9-72 Full view of the disaster and sketch map of the cross-section

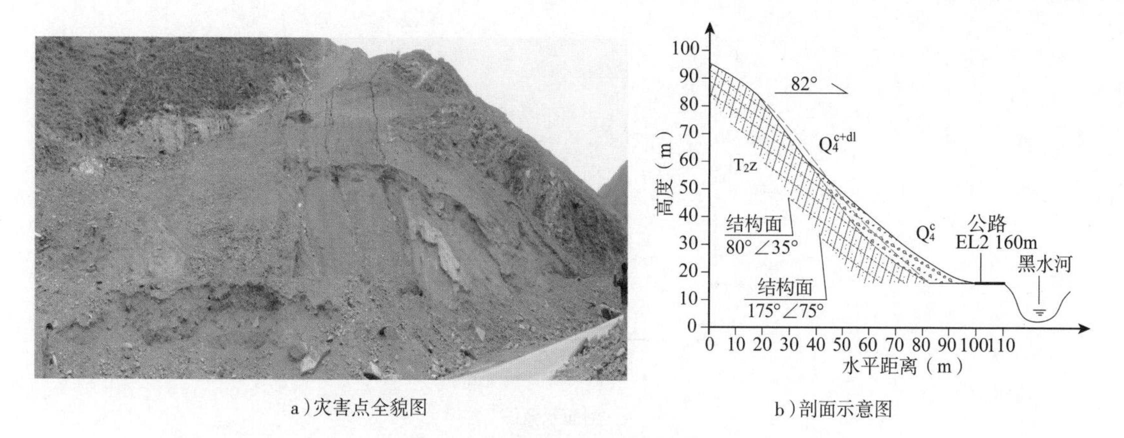

a）灾害点全貌图　　　　b）剖面示意图

图 9-73　灾害点全貌及剖面示意图

Figure 9-73　Full view of the disaster and sketch map of the cross-section

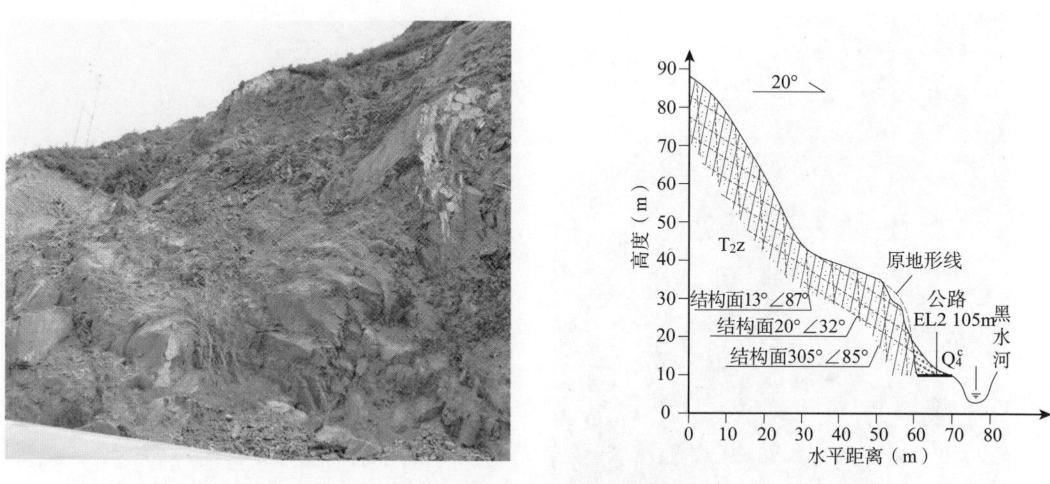

图 9-74　灾害点全貌及剖面示意图

Figure 9-74　Full view of the disaster and sketch map of the cross-section

a）灾害点全貌图　　　　b）坡表失稳岩土体

图　9-75

Figure　9-75

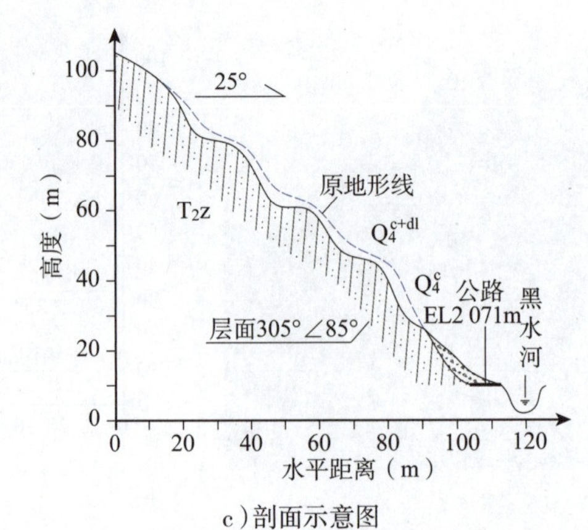

c）剖面示意图

图 9-75 灾害点全貌及剖面示意图

Figure 9-75 Full view of the disaster and sketch map of the cross-section

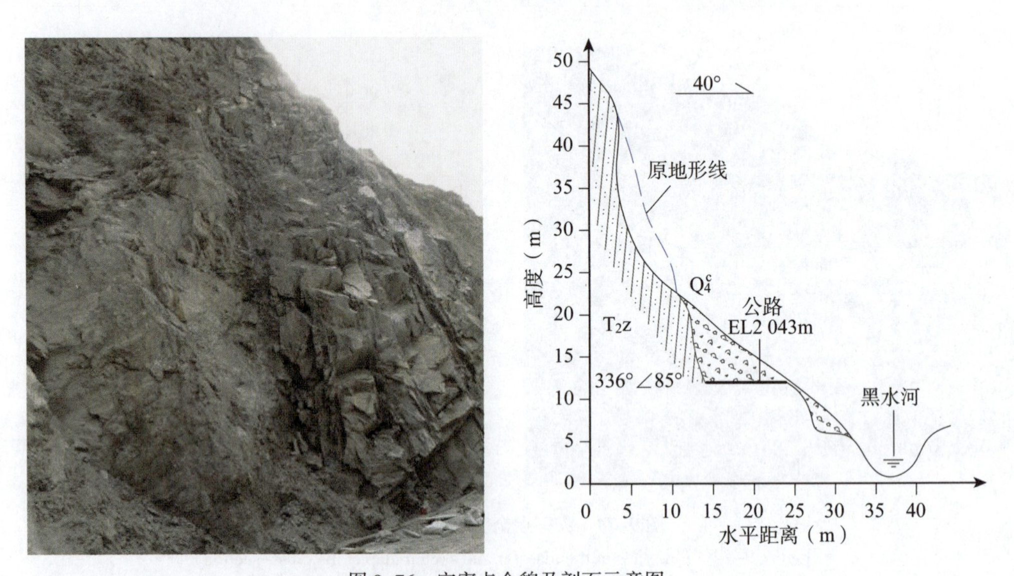

图 9-76 灾害点全貌及剖面示意图

Figure 9-76 Full view of the disaster and sketch map of the cross-section

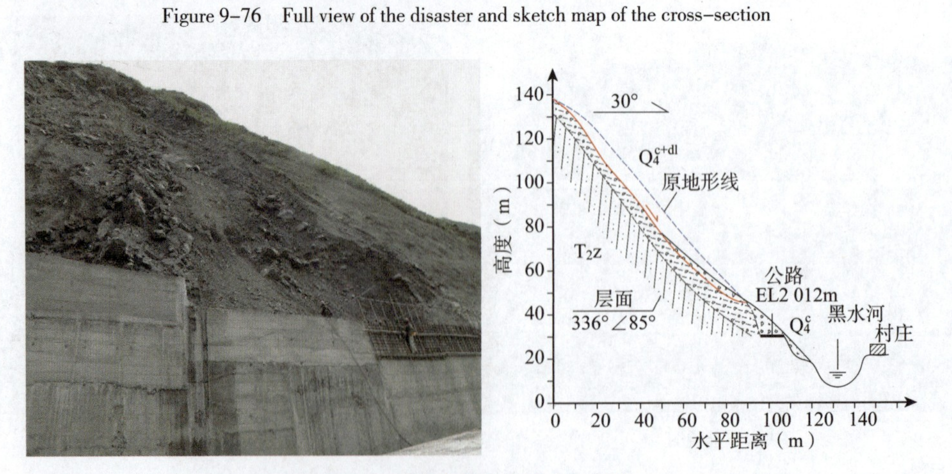

图 9-77 灾害点全貌及剖面示意图

Figure 9-77 Full view of the disaster and sketch map of the cross-section

灾害点名称及位置	灾害点地质概况	地震破坏情况	附 图
K894+125 公路右侧斜坡崩塌（H08 号点）	斜坡为反倾层状结构，坡面呈直线形。基岩为石英砂岩，层面产状为 140° ∠ 65°。坡表崩坡积物主要为块碎石，粒径为 1~2m，岩体卸荷强烈。边坡高约 83m，长约 138m，坡向约 55°	崩坡积物在地震力作用下沿基覆面滑塌，位于斜坡下部陡缓交界处，方量约 1 000m³，掩埋公路	图 9-78
K892+221 公路右侧斜坡崩塌（H09 号点）	斜坡为斜交层状结构，坡面呈直线形。基岩为浅变质石英砂岩，层面产状为 225° ∠ 80°，局部有石英脉。斜坡中下部有大量块石形成危岩体，开挖形成陡立临空面。边坡高约 162m，长约 48m，坡向约 100°	坡表碎块石在地震力作用下向临空面方向滑塌，属于滑塌式滚落破坏，方量约 2 000m³，掩埋公路	图 9-79
K885+835 公路左侧斜坡崩塌（H10 号点）	斜坡为反倾层状结构，坡面呈直线形，公路边坡开挖形成陡立临空面。基岩为石英砂板岩，局部充填石英脉。发育结构面：① 47° ∠ 20°；② 213° ∠ 40°；③ 305° ∠ 85°。边坡长约 205m，坡向约 20°	在地震力作用下，沿结构面向陡立临空面滑移失稳，方量约 3 000m³，掩埋公路	图 9-80
K884+783 公路左侧斜坡崩塌（H11 号点）	斜坡为反倾层状结构，坡面呈直线形，公路边坡开挖形成陡立临空面。基岩为变质石英砂岩。发育结构面：① 235° ∠ 40°；② 22° ∠ 66°；③ 110° ∠ 76°。边坡长约 87m，坡向约 35°	在地震力作用下，岩体沿结构面滑移失稳，方量约 200m³，掩埋公路	图 9-81
K881+170 公路左侧斜坡滑坡（H12 号点）	斜坡为堆积物土质斜坡，坡面呈折线形。坡体主要以碎石土、碎石为主，粒径为 10~20cm。边坡高约 251m，长约 98m，坡向约 77°	崩坡积物在地震力作用下向陡立临空面滑塌，位于斜坡陡缓交界处，方量约 300m³，掩埋公路	图 9-82
K874+041 公路左侧斜坡滑坡（H13 号点）	斜坡为碎裂结构，坡面呈折线形，公路开挖形成陡立临空面。基岩为变质石英砂岩。发育结构面：225° ∠ 40°。边坡长约 162m，坡向约 30°	在地震力作用下，碎裂岩体沿强弱风化界面滑塌，方量约 1 000m³，掩埋公路	图 9-83

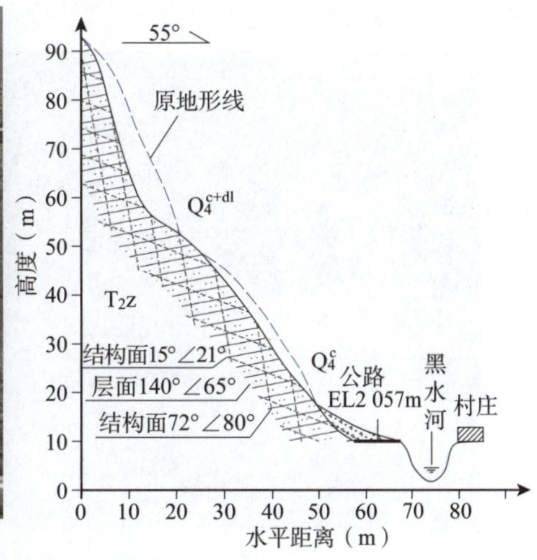

图 9-78　灾害点全貌及剖面示意图

Figure 9-78　Full view of the disaster and sketch map of the cross-section

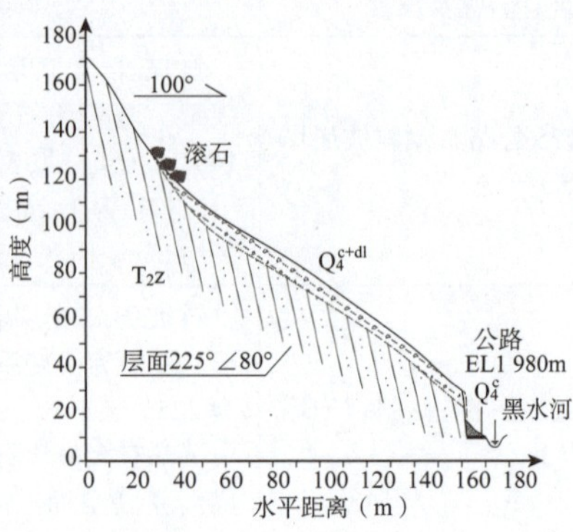

图 9-79 灾害点全貌及剖面示意图

Figure 9-79 Full view of the disaster and sketch map of the cross-section

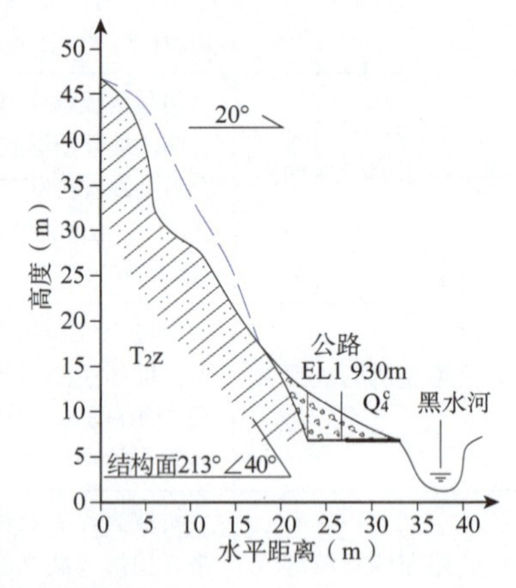

图 9-80 灾害点全貌及剖面示意图

Figure 9-80 Full view of the disaster and sketch map of the cross-section

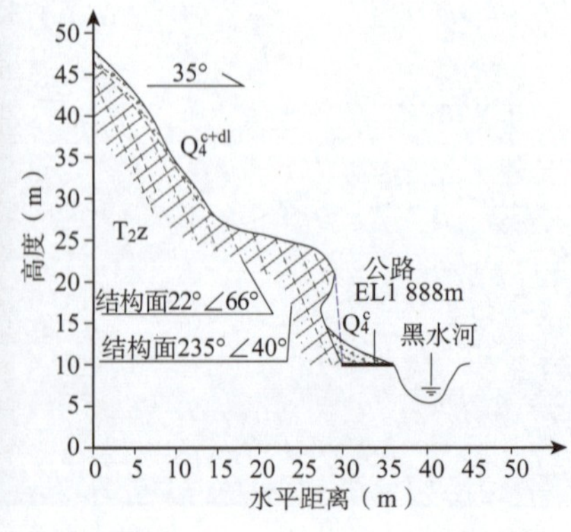

图 9-81 灾害点全貌及剖面示意图

Figure 9-81 Full view of the disaster and sketch map of the cross-section

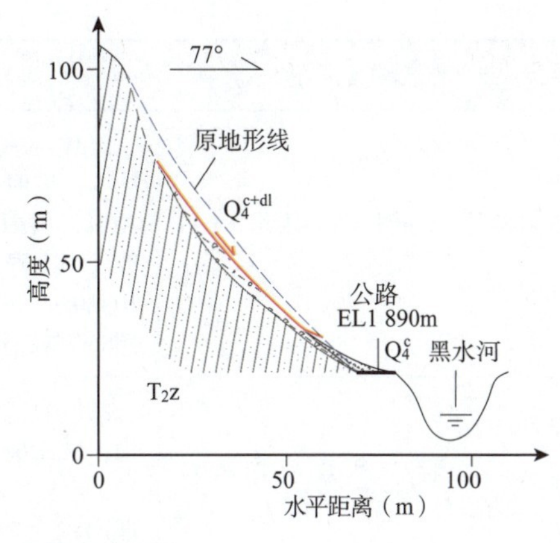

图 9–82 灾害点全貌及剖面示意图

Figure 9–82 Full view of the disaster and sketch map of the cross–section

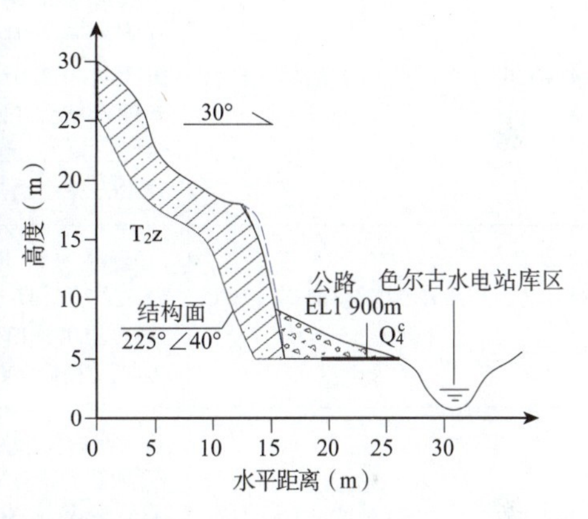

图 9–83 灾害点全貌及剖面示意图

Figure 9–83 Full view of the disaster and sketch map of the cross–section

灾害点名称及位置	灾害点地质概况	地震破坏情况	附 图
K871+190 公路左侧高位滑移式崩塌（H14 号点）	斜坡为斜交层状结构，坡面呈直线形。基岩为砂板岩，发育结构面：① 105°∠65°，倾坡内；② 75°∠55°，层面，斜交；③ 287°∠40°，倾坡外	在地震作用下，发生高位滑移式崩塌，位于斜坡顶部，方量约 1 000m³，砸毁路面	图 9–84
K868+321 公路左侧堆积体滑坡（H15 号点）	斜坡为反倾层状结构，坡面呈直线形，坡度为 35°~40°。基岩为千枚岩，结构面反倾向坡内，产状为 223°∠47°。边坡高约 120m，长约 70m，坡向约 50°	在地震力作用下，崩坡积物沿基覆面滑塌，位于斜坡下部陡缓交界处，方量约 18 000m³，掩埋公路，挤压河道	图 9–85
K863+635 公路左侧堆积体滑坡（H16 号点）	斜坡为反倾层状结构，坡面呈折线形，公路开挖形成约 2m 的临空面。岩体强风化，基岩为石英砂板岩，板理面产状为 165°∠45°	在地震作用下，崩塌体向临空面方向滑塌，位于斜坡下部陡缓交界处，方量约 15 000m³，掩埋公路	图 9–86

续上表

灾害点名称及位置	灾害点地质概况	地震破坏情况	附 图
K858+886 公路左侧堆积体滑坡（H17 号点）	斜坡为基岩－强风化层二元结构，坡面呈直线形。基岩为千枚岩，层面产状为 165°∠45°，坡表以碎石为主，粒径为 10~20cm。边坡高约 40m，长约 168m，坡向约 13°	在地震力作用下，崩坡积物顺坡滑移，方量约 53 000m³，掩埋公路	图 9-87
K854+514 公路左侧堆积体滑坡（H18 号点）	斜坡为基岩－强风化层二元结构，坡面呈直线形。基岩为千枚岩，层面产状为 170°∠73°；节理产状为 75°∠40°。边坡高约 192.6m，长约 35m，坡向约 50°	崩坡积物在地震力作用下沿基覆面滑塌，位于斜坡下部陡缓交界处，方量约 150 000m³，掩埋公路	图 9-88
K848+526 公路左侧斜坡崩塌（H19 号点）	斜坡为反倾层状结构，坡面呈直线形。基岩为千枚岩，层面产状为 220°∠65°，倾坡内；节理产状为 110°∠27°，斜交；53°∠30°，倾坡外。边坡高约 52.4m，长约 120m，坡向约 60°	在地震力作用下，表层碎裂岩体沿强弱风化界面滑塌，方量约 10 000m³，掩埋公路	图 9-89
K845+102 公路左侧斜坡崩塌（H20 号点）	基岩为砂板岩，层面产状为 322°∠47°；节理产状为 155°∠50°，13°∠35°。边坡高约 75.4m，长约 220m，坡向约 0°	岩体在地震力作用下沿层面崩塌，部分停留在坡面上，方量约 80 000m³，落石损毁路面	图 9-90
K829+862 公路左侧斜坡崩塌（H26 号点）	斜坡为反倾层状结构，坡面呈直线形。基岩为千枚岩，层面产状为 150°∠50°；节理产状为 225°∠35°，斜交；350°∠40°，倾坡外。边坡高约 223m，长约 280m，坡向约 0°	在地震力作用下，斜坡中部陡缓交界处的坡表碎裂岩体，沿强弱风化界面滑塌，方量约 100 000m³，掩埋公路路基	图 9-91

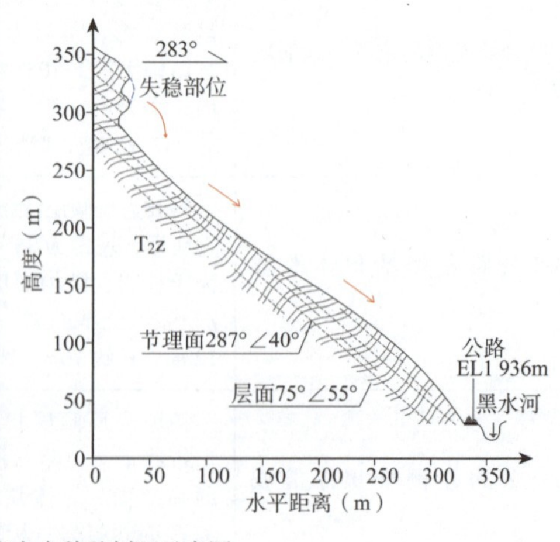

图 9-84 灾害点全貌及剖面示意图

Figure 9-84 Full view of the disaster and sketch map of the cross-section

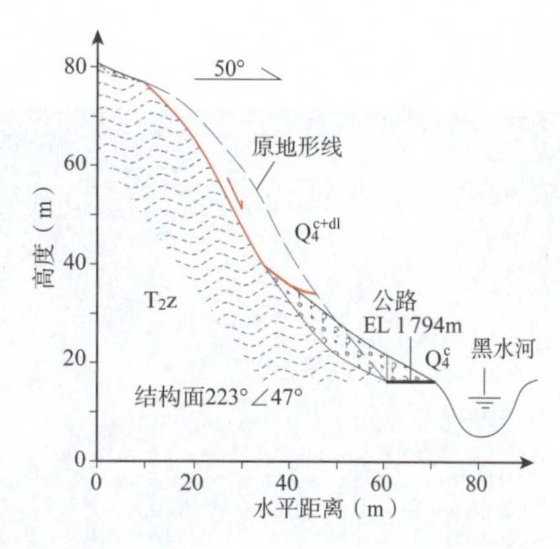

图 9-85　灾害点全貌及剖面示意图

Figure 9-85　Full view of the disaster and sketch map of the cross-section

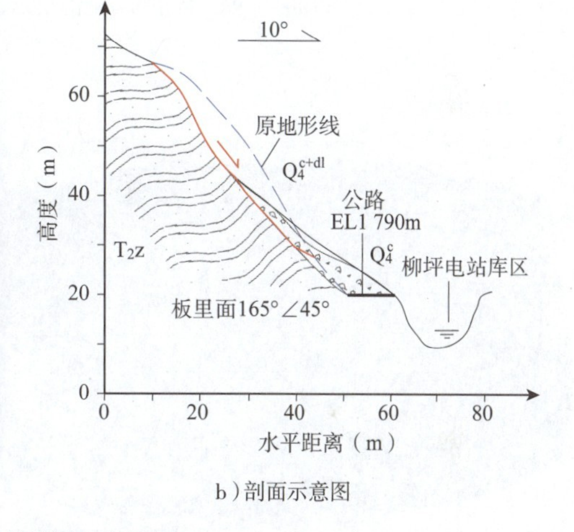

a）灾害点全貌图　　　　b）剖面示意图

图 9-86　灾害点全貌及剖面示意图

Figure 9-86　Full view of the disaster and sketch map of the cross-section

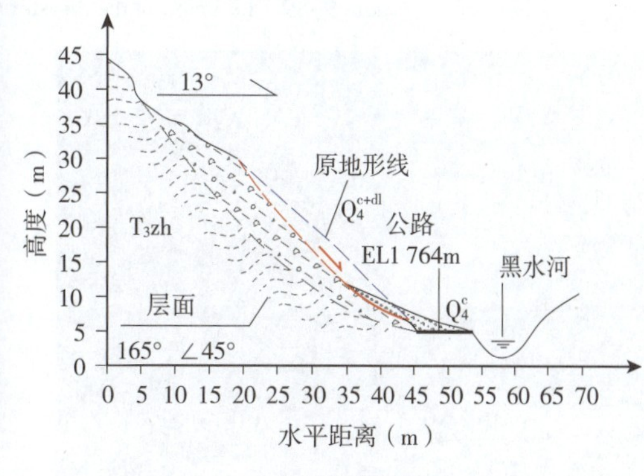

a）灾害点全貌图　　　　b）剖面示意图

图 9-87　灾害点全貌及剖面示意图

Figure 9-87　Full view of the disaster and sketch map of the cross-section

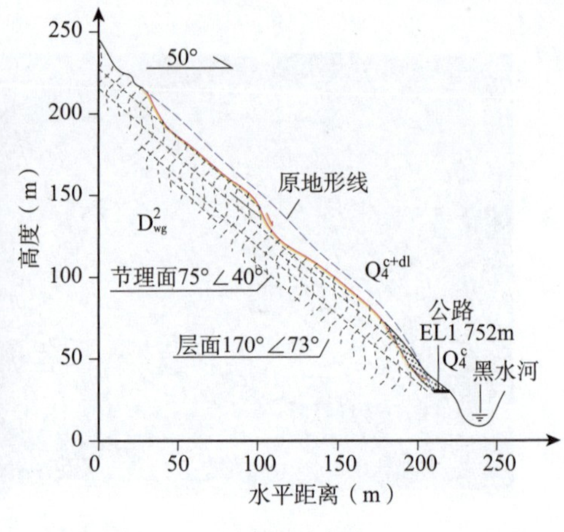

a）灾害点全貌图　　b）剖面示意图

图 9-88　灾害点全貌及剖面示意图

Figure 9-88　Full view of the disaster and sketch map of the cross-section

a）灾害点全貌图　　b）剖面示意图

图 9-89　灾害点全貌及剖面示意图

Figure 9-89　Full view of the disaster and sketch map of the cross-section

a）灾害点全貌图

图　9-90

Figure　9-90

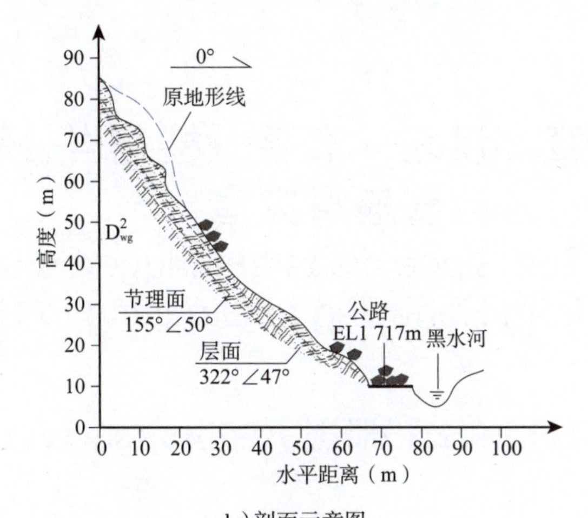

b）剖面示意图

图 9-90　灾害点全貌及剖面示意图

Figure 9-90　Full view of the disaster and sketch map of the cross-section

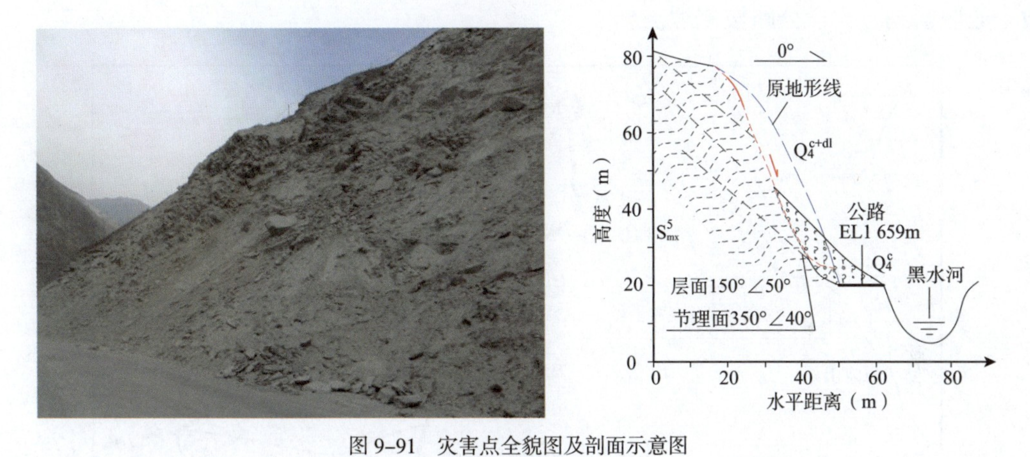

图 9-91　灾害点全貌图及剖面示意图

Figure 9-91　Full view of the disaster and sketch map of the cross-section

第 10 章 汉旺—清平—桂花岩公路沿线地震崩滑灾害
Chapter 10 The Slope disasters triggered by earthquake from Hanwang to Qingping to Guihuayan road

10.1 公路概况 Highway survey

该公路汉旺—清平段为通乡公路，清平—桂花岩段为矿山公路，桂花岩之后为待建公路（拟建特长隧道穿越九顶山）（图 10-1）。汶川地震诱发公路沿线大量崩滑灾害，形成数十处堰塞湖，大段公路被淹埋。

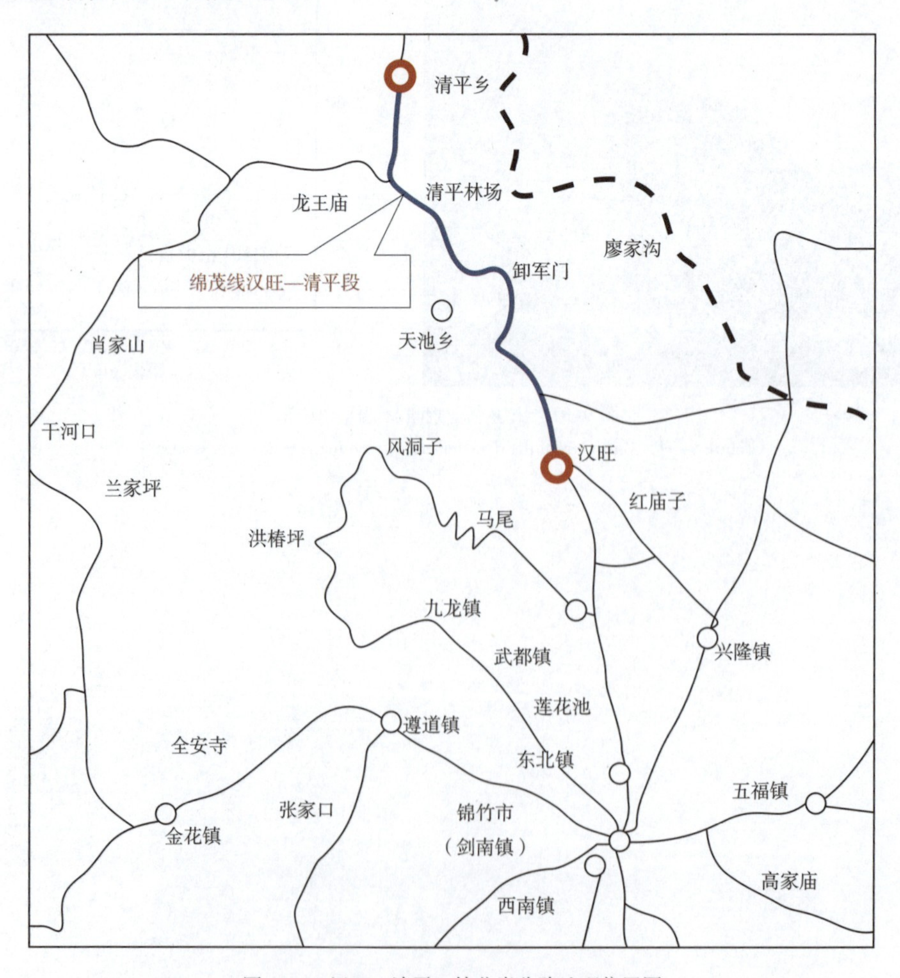

图 10-1 汉旺—清平—桂花岩公路地理位置图

Figure 10-1 Hanwang to Qingping road location map

10.2　地质环境条件及灾害概况 Geological environmental conditions and disaster situation

10.2.1　地质环境条件 Geological conditions

（1）地形地貌

该公路在绵远河两岸布线，地处深切峡谷地段，沟谷狭窄，两侧岸坡陡峻。最低处为汉旺镇，海拔约 710m，沿绵远河逆流而上至清平，海拔为 850m，然后顺清水河逆流而上，海拔快速升高，至九顶山海拔达 4 989m。

（2）地层岩性

汉旺—清平段，位于前山断裂与中央主断裂之间，主要为寒武系～三叠系地层，以灰岩等较坚硬岩类为主，绵远河河谷两侧岸坡陡峻，多见地貌突出部位，主要地层情况如下。

①古生界寒武系下统清平组（$\in_{qp}$）：主要为砂岩、页岩、粉砂岩、白云岩及硅质岩等，主要分布在清平与棋盘石之间。

②古生界泥盆系观雾山组（D_g）：分为两段，一段为石英砂岩、页岩夹少量灰岩，二段为灰岩。

③古生界泥盆系沙窝子组（D_s）：主要为白云岩夹灰岩，上部夹泥岩透镜体。

④古生界石炭系下统总长沟组（C_z），分为两段，一段为泥晶灰岩夹粉砂岩，二段为生物碎屑灰岩、细砂岩、泥岩。

⑤古生界二叠系阳新组（P_y），主要为灰岩。

⑥中生界三叠系，包括飞仙关组、嘉陵江组、雷口坡组、天井山组。

飞仙关组（T_f）主要为紫红色泥岩、粉砂岩等，夹灰岩；

嘉陵江组（T_j）主要为灰岩、白云岩、粉砂岩、泥岩等互层；

雷口坡组（T_l）主要为厚层～块状白云岩，局部夹泥岩；

天井山组（T_t）主要为细粒灰岩、生物碎屑灰岩。

清平至桂花岩段，除棋盘石至蔑棚子段为泥盆系～二叠系地层外，其余段落为震旦系灯影组、观音崖组和晋宁～澄江期闪长岩侵入体。

震旦系灯影组（Z_d）共分三段，第一段为白云岩，第二段为薄层状灰岩、页岩，第三段为白云岩。

震旦系观音崖组（Z_g），为紫红色砾岩、砂岩、粉砂岩、页岩等。

（3）地质构造

汉旺—清平段处于前山断裂和中央主断裂之间，公路走向与构造线近于垂直，该段褶曲构造和断裂构造极为发育，主要有卸军门冲断层、清坪断层，以及天池向斜、汉旺场倒转复向斜等。

清平—桂花岩段处于中央主断裂和后山断裂之间，总体来讲路线走向与构造线大角度相交，但局部地段优势结构面倾向临空面。

10.2.2 灾害概况 Disaster situation

（1）公路沿线地震地质灾害概况

根据中国地震局发布汶川 8.0 级地震烈度分布图和国家有关部门发布地震烈度图，该段地震烈度为Ⅸ～Ⅹ度。

该段受地形地貌、地层岩性、斜坡坡体结构、地震裂度等综合影响，沿线地震地质灾害极为发育，各类崩塌、滑坡灾害连续分布。地震崩塌滑坡堆积体大段掩埋公路路基、桥梁，并形成多处堰塞湖。

根据地质灾害发育特征，可将该路段划分为三段，见表 10-1。

表 10-1 汉旺—清平—桂花岩公路沿线地震地质灾害发育情况表

Table10-1 Hanwang to Qingping to Guihuayan section of road distribution of geological disasters

段落范围	地层岩性	地质构造	地形地貌	地震地质灾害发育情况
汉旺—蔡家沟	D~T 灰岩为主，夹泥岩、砂页岩等	前山断裂与中央主断裂之间，路线与构造线大角度相交	深切峡谷	发育一把刀、小岗剑等多处大型崩塌灾害，大段公路被埋
蔡家沟—棋盘石	∈qp 砂页岩、白云岩为主	前山断裂与中央主断裂之间，路线与构造线大角度相交	U 形河谷，公路布设于河流阶地之上	发育文家沟大型滑坡灾害，位于公路对面，对公路危害小
棋盘石—桂花岩	白云岩、闪长岩为主	中央主断裂上盘，部分段落优势结构面倾向临空面	深切峡谷	崩滑灾害连续密集分布，形成串珠状堰塞湖，公路几乎全部被埋或淹灭

（2）公路沿线地震地质灾害的主要形式

该公路沿线地质灾害主要表现为崩塌、滑坡及次生泥石流灾害。

汉旺至蔡家沟，位于前山断裂与中央主断裂之间，公路顺绵远河两侧布线，岩性以灰岩、白云岩、砂岩等坚硬岩为主，岸坡陡峻，多见地貌突出部位，地震诱发大量崩塌灾害，尤其是一把刀、小岗剑等崩塌，形成堰塞湖，大段淹没公路。

蔡家沟至棋盘石段，主要发育有文家沟特大型滑坡灾害，规模巨大，但位于公路对面，对公路基本无影响。

棋盘石以后，位于中央主断裂上盘，进入深切峡谷区，河谷狭窄、两侧岸坡陡峻，地震诱发大量崩塌及滑坡灾害，几乎连续分布，形成一系列串珠状堰塞湖，公路几乎全部被埋。

10.3 汉旺—清平段灾害点 The disasters from Hanwang to Qingping

汉旺—清平段地质灾害分布情况见图 10-2。

图 10-2　汉旺—清平段地质灾害分布情况图

Figure 10-2　Hanwang to Qingping section of road distribution of geological disasters

（1）K6+300 右侧斜坡崩塌

位于绵远河左岸，近于正交层状结构灰岩斜坡，坡高 190m，长 380m，坡向 210°。层面 333°∠50°，外倾结构面 185°∠64°。

地震诱发斜坡中上部岩体顺外倾结构面滑移失稳，失稳岩体顺坡坠落、滚动，堆积于坡脚，掩埋公路，挤压河道（图 10-3），失稳方量约 1 000m³。

图 10-3　坡面变形照片及剖面示意图

Figure 10-3　The photos of slope deformation and sketch map of the cross-section

（2）K7+600 滑坡

绵远河左岸斜坡为顺层结构灰岩边坡，层面产状 305°∠50°。地震诱发斜坡中上部岩土体顺层面滑移失稳，失稳岩土体堆积于坡脚，掩埋公路。

绵远河右岸斜坡为反倾层状结构灰岩，发育外倾结构面，地震诱发右岸 4 处滑坡灾害，均为斜坡上部岩土体顺外倾结构面滑移失稳，失稳岩土体顺坡滑动，堆积于坡脚，挤占河道（图 10-4）。

该灾害点失稳方量约 600 000m³。

a）左岸边坡全貌

b）右岸边坡全貌

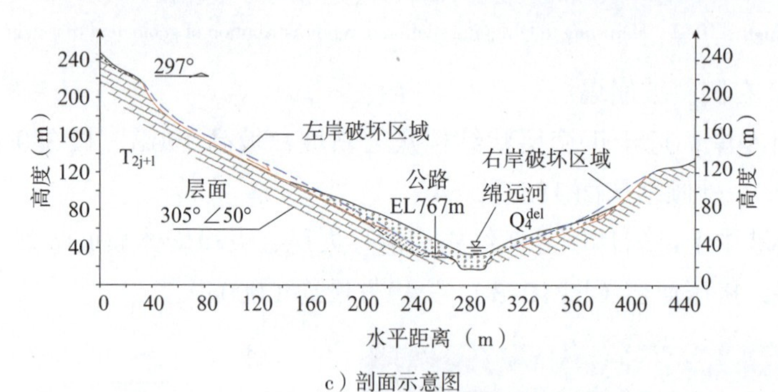

c）剖面示意图

图 10-4　崩塌照片及剖面示意图

Figure 10-4　Typical collapse photos and sketch map of the cross-section

（3）K8+500 斜坡崩塌

公路位于绵远河左岸，左岸为顺层结构灰岩边坡，层面产状 310°∠ 57°。地震诱发斜坡中上部岩体滑移失稳，顺坡坠落，堆积于坡脚掩埋公路。

绵远河右岸为反倾层状结构斜坡，发育外倾结构面产状 120°∠ 38°，地震诱发斜坡中上部岩体顺外倾结构面发生大规模滑移（图 10-5），堰塞河道形成一把刀堰塞湖。

该灾害点失稳总方量约为 2 000 000 m³。

（4）K9+700 右侧斜坡基岩滑坡

绵远河左岸、公路右侧边坡，近于正交层状结构，坡高 112m，长 60m。基岩为中厚层状灰岩，产状：335°∠ 64°；发育两组节理结构面，产状分别为：① 210°∠ 75°，② 265°∠ 70°。层面与结构面切割成楔形体。

地震诱发斜坡上部岩体沿层面与结构面①构成的楔形体，结构面②为后缘拉裂面向临空面方向滑移失稳，形成拉裂顺层滑移式失稳破坏（图 10-6），总方量约 40 000m³，掩埋公路，阻断交通。

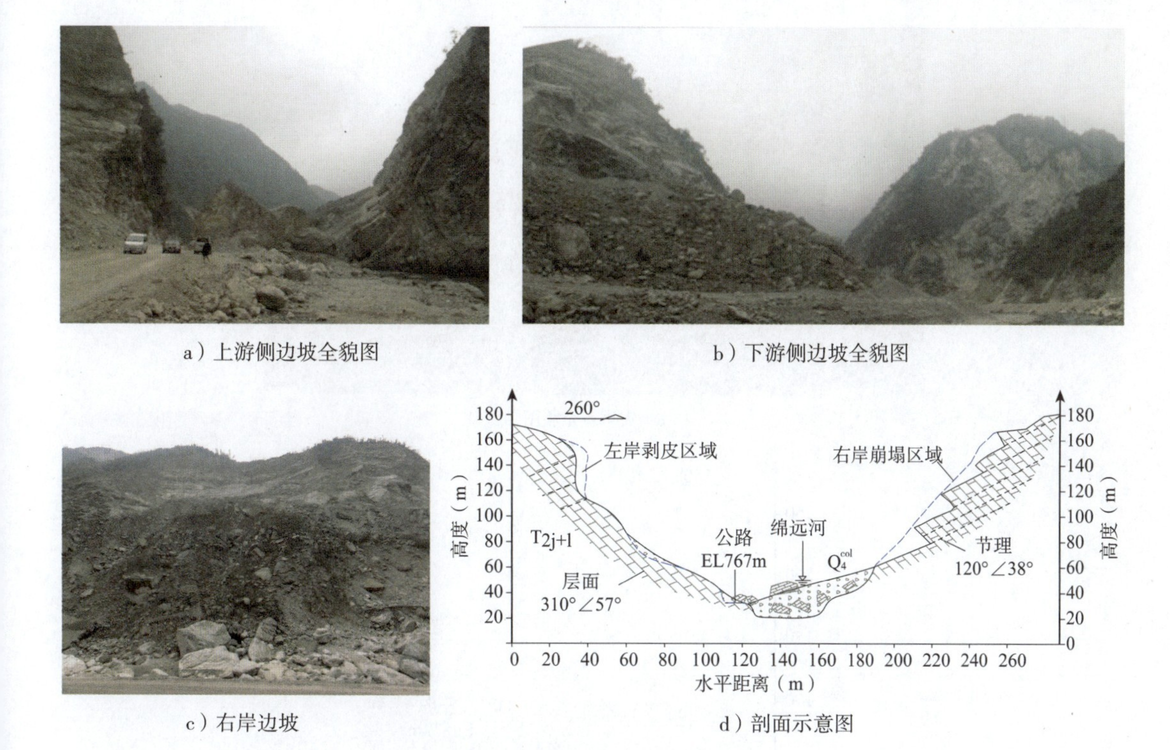

a）上游侧边坡全貌图　　b）下游侧边坡全貌图

c）右岸边坡　　d）剖面示意图

图 10-5　崩塌典型照片及剖面示意图

Figure 10-5　Typical collapse photos and sketch map of the cross-section

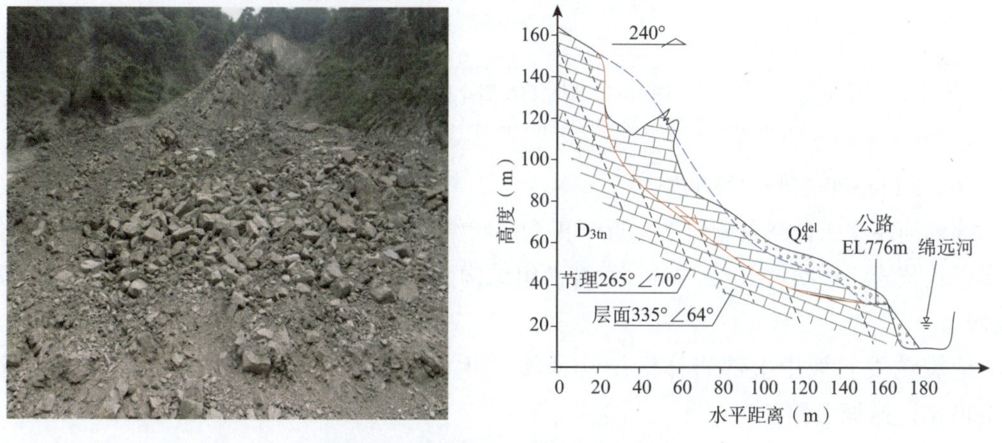

图 10-6　崩落块体照片及剖面示意图

Figure 10-6　Collapse photos and sketch map of the cross-section

（5）K10+000 右侧斜坡崩塌

边坡位于绵远河左岸，反倾层状结构斜坡，坡高 320m，长 450m，坡向 235°。基岩为中厚层状灰岩，产状为 290°∠ 35°。

地震诱发斜坡中上部岩体顺外倾结构面滑移失稳，失稳岩土体顺坡滑动、坠落、滚动，堆积于坡脚，掩埋公路（图 10-7），总方量约 60 000m³，掩埋公路，阻断交通。

a）灾害点全貌图

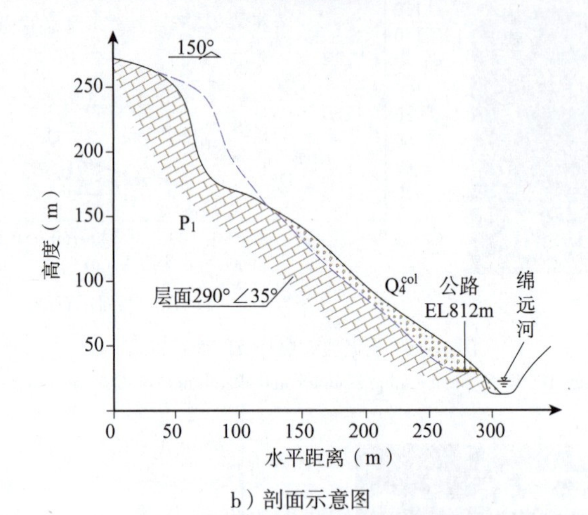

b）剖面示意图

图 10-7 崩塌典型照片及剖面示意图

Figure 10-7 Typical collapse photos and sketch map of the cross-section

（6）K11+300 右侧斜坡崩塌

绵远河左岸、公路右侧斜坡，近于正交层状结构斜坡，坡高 320m，坡向 235°。基岩为中厚层状灰岩，产状：340°∠78°，发育两组结构面，① 255°∠40°(顺倾)和② 95°∠67°（反倾）。

地震诱发斜坡中上部岩体沿结构面①产生滑移式失稳破坏（图 10-8），总方量约 20 000m^3，掩埋公路。

（7）K12+200 崩塌、滑坡群

绵远河左岸、公路右侧为次级沟谷，沟谷两侧为高陡灰岩边坡，受构造影响褶曲变形强烈。地震诱发冲沟两侧陡坡大量岩体崩塌，其中公路右侧约 1km 处，地震诱发一处岩体顺外倾结构面滑移失稳，失稳岩体凌空坠落、顺冲沟堆积约 1km 长，后期形成次生泥石流灾害。

绵远河右侧、公路对面为顺层结构白云岩、灰岩夹泥岩边坡，岩层产状为 10°∠60°，发育一组结构面，305°∠40°，地震诱发斜坡中上部岩体滑移失稳，失稳岩体堆积于坡脚，堰塞河道，形成小岗剑堰塞湖（图 10-9）。

该处灾害点总方量约 3 000 000m^3。

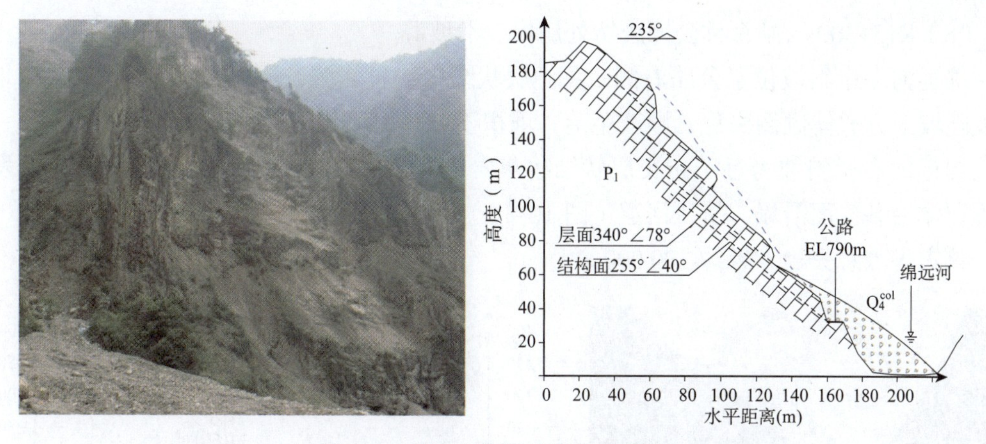

图 10-8　坡面变形照片及剖面示意图

Figure 10-8　The photos of slope deformation and sketch map of the cross-section

a）右岸滑坡（下游拍照）

b）左岸高位崩塌

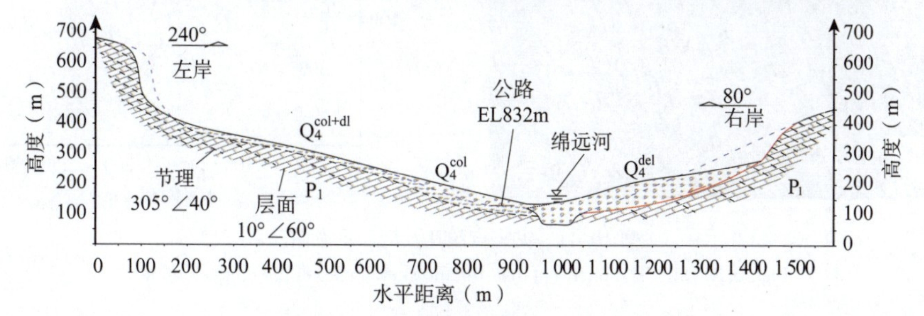

c）剖面示意图

图 10-9　崩塌典型照片剖面示意图

Figure 10-9　Typical collapse photos and sketch map of the cross-section

（8）K13+300 云湖森林公园牌坊处崩塌、滑坡群

绵远河左岸斜坡位于公路右侧，反倾层状结构灰岩陡坡，层面产状 300°∠65°。地震诱发陡坡上方岩体倾倒失稳，顺坡坠落，堆积于坡脚损坏公路。

绵远河右岸斜坡为近于正交层状结构灰岩边坡，层面产状为 20°∠85°。地震诱发坡表堆积体沿基覆面滑塌，挤压河道（图 10–10）。

该灾害点总失稳方量约 300 000m³。

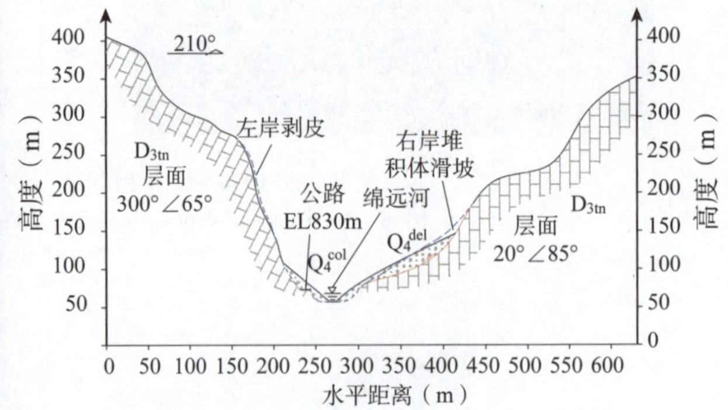

图 10–10　灾害点照片及剖面示意图

Figure 10–10　The photos of disaster and sketch map of the cross–section

（9）K14+500 右侧斜坡崩塌

边坡位于绵远河左岸，为斜交层状结构斜坡。坡高 218m，坡向 255°。基岩为中厚层状灰岩，300°∠57°，发育一组陡倾坡外结构面，223°∠75°。

地震诱发斜坡上部风化卸荷岩体沿层面及节理面发生溃曲式失稳破坏，总方量约 3 000m³，失稳岩土体顺坡下泻，块石粒径 0.5~1m。掩埋路面，阻断交通（图 10–11）。

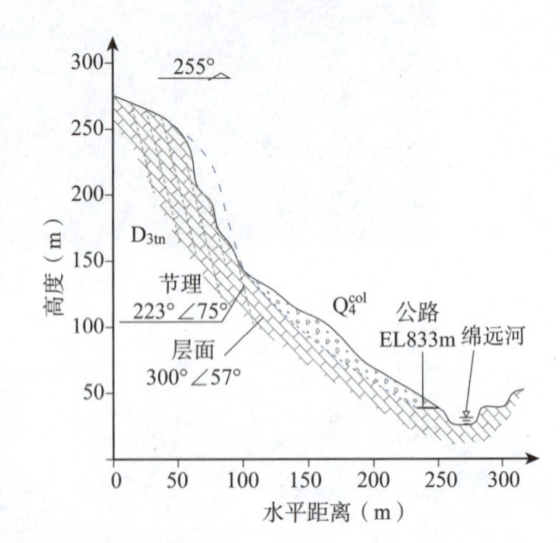

图 10–11　灾害点照片及剖面示意图

Figure 10–11　The photos of disaster and sketch map of the cross–section

（10）K15+200 右侧斜坡崩塌

绵远河左岸边坡位于公路右侧，为顺层层状结构斜坡。基岩为中厚层状灰岩，层面产

状为300°∠57°。地震诱发斜坡顶部卸荷岩体沿强弱风化界面滑移失稳，下部陡缓交界处为基岩滑移失稳，失稳岩土体掩埋公路（图10-12）。

绵远河右岸为反倾层状结构陡坡，地震诱发斜坡中上部岩体倾倒、滑移失稳，顺坡坠落、堆积于坡脚。

该灾害点失稳总方量约600 000m³。

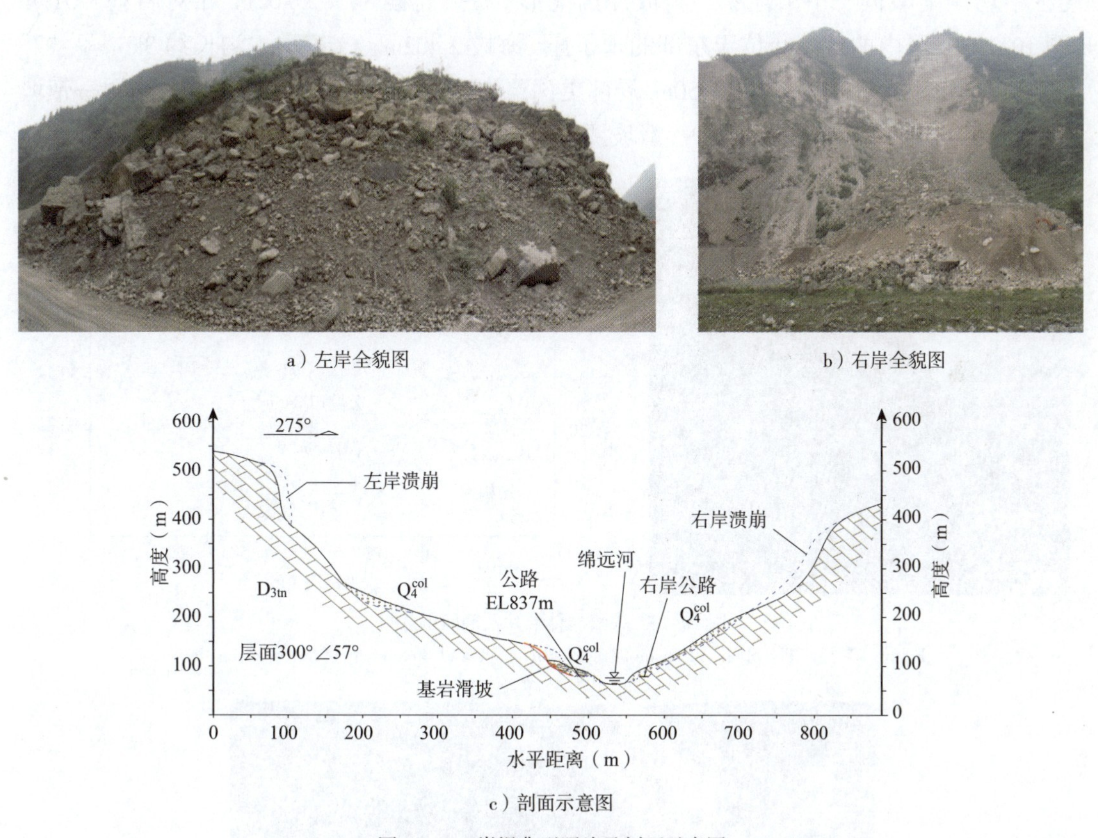

图10-12　崩塌典型照片及剖面示意图

Figure 10-12　Typical collapse photos and sketch map of the cross-section

（11）K15+800右侧斜坡崩塌

公路位于绵远河左岸，左岸边坡为反倾层状结构斜坡。基岩为中厚层状灰岩，产状为110°∠35°，发育两组结构面：① 280°∠75°；② 300°∠83°。边坡岩体风化卸荷较强烈。地震诱发左岸边坡上部岩体倾倒失稳，顺坡坠落，堆积于坡脚，掩埋公路（图10-13）。

绵远河右侧边坡为顺层结构灰岩边坡，地震诱发斜坡陡缓交界处岩体沿强弱风化界面溃崩，破坏模式为倾倒式。

该灾害点失稳总方量约10 000 m³。

（12）文家沟滑坡

文家沟位于绵竹市清平乡境内绵远河左岸，长约3km，距清平乡政府约500m。沟口坐标为N31°33′04.7″、E104°06′58.5″，“5・12”汶川地震中烈度为Ⅺ度。文家沟顶部距离汶川地震发震断层（即龙门山中央断裂）仅3.6km左右，山体在长持续强烈地震动作用下失稳而形成滑坡。滑体在高速下滑过程中转化为碎屑流，最大水平运动距离4 022m，垂直运动距离1 443m。此次事件导致清平乡盐井村48人遇难，并在文家沟留下达$5\times10^7m^3$的巨厚滑坡堆积物（图10–14）。

滑坡源区地理坐标N31° 33′ 05″、E104° 09′ 23″，位于绵竹市西北部山区，属构造侵蚀中切割陡峻低—中山地貌、斜坡冲沟地形，海拔高程883~2 402m，相对高差1 519m（图10–14）。区内的最高峰位于东部的顶子崖，海拔2 402m。文家沟主沟长约3km，呈“7”形，沟口向西，切割深度一般30~50m，局部更深；沟床坡降一般为150%~180%，沟源一带坡降大于300%，沟谷坡度为35°~55°。滑坡源区山坡原有朝向为310°~330°。

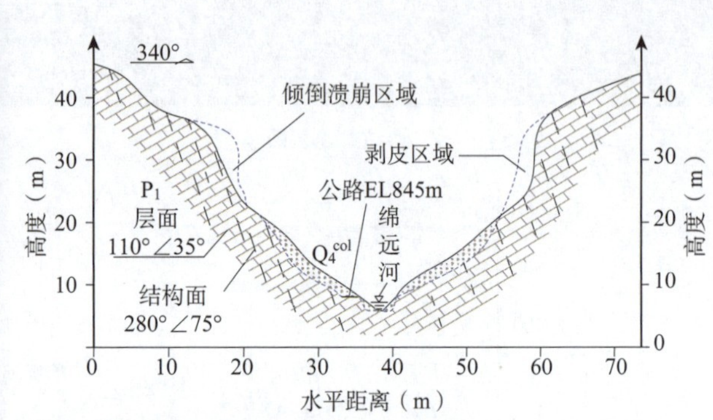

图10–13　失稳岩体照片及剖面示意图

Figure 10–13　The photos of unstable rock of the slope and sketch map of the cross–section

图10–14　文家沟滑坡遥感影像图

Figure 10–14　The remote sensing image of Wenjiagou landslide

滑坡区出露的地层主要有泥盆系观雾山组（D_{2g}）和寒武系清平组（$\in_{1qp}$），其中：

（1）泥盆系上统观雾山组（D_{2g}）分布在文家沟内1 300m高程以上，上部为灰白色白云岩和灰岩，下部为砂页岩夹泥质灰岩、石英砂岩等，较坚硬，平均产状320°∠32°。本组岩层中，部分发育粉砂质夹层。

（2）寒武系清平组（$\in_{1qp}$）分布在研究区 1 300m 以下高程，上部为灰色、灰薄层状长石云母石英粉砂岩及钙泥质粉砂岩，中部为暗紫色、暗灰绿色薄层状含磷钙质砂岩，下部由灰绿色含绿泥石的细粒状磷块岩、含磷泥灰岩等组成，属较硬 ~ 坚硬岩。

滑坡所在位置在区域构造上位于扬子准地台西北部龙门山陷褶断束带中的太平推覆体。区内地质构造作用强烈，断裂发育，褶皱保存不完整，多为推覆体内部的次级褶皱，方向多变，陡缓并存。顶子崖断层以近 NS 向通过。该断层为逆掩断层，位于太平推覆体中部。断层走向 NW，断面产状 30°∠ 40°，位移方位 NE—SW，断面呈弧形，有碎裂岩，拖拉褶皱。断层 ESR 年龄小于 0.07Ma。区内新构造活动多沿主干断裂发生，1933~1983 年有记载的 3.1~7.5 级地震共有 9 次，弱震时有发生，强震对本区的影响强度最高为Ⅵ ~ Ⅶ度。

文家沟滑坡 – 碎屑流区域划分为滑源区（Ⅰ）、堆积区（Ⅱ）和冲击区（Ⅲ）。堆积区以下又可分为铲刮区（Ⅱ–2）、主堆积区（Ⅱ–2）和停积区（Ⅱ–3）。另外，碎屑流体在运动过程中数次冲撞山体并转向，同时伴有碎屑物质的抛撒和气浪效应，据此区分出三处撞击区（Ⅲ–1、Ⅲ–2、Ⅲ–3）及两处明显的超高区（Ⅲ–4、Ⅲ–5）。各区堆积物特征分述如下。

①滑源区（Ⅰ）

滑源区位于文家沟上游东侧山体顶部，长约 960m，前缘宽度 500m，后缘宽度 1 080m，面积约为 $69 \times 10^4 m^2$，分布高程 1 885~2 340m，前后缘高差 455m，滑体厚度 20~30m，初始方量约 $2.750 \times 10^7 m^3$。滑源区平面呈梯形，下缘沿 NNE—SSW 呈弧形展布，现已被滑坡后形成的倒石锥覆盖。滑床基岩为弱风化、新鲜的泥盆系观雾山组（D_{2g}）中厚层灰白色灰岩、白云质灰岩，产状 320°∠ 32°，岩石质地坚硬，用地质锤敲击时声音清脆，并有明显的回弹感。基岩局部岩层含有夹层及岩溶迹象。倒石锥系后期形成，为黑灰色的灰岩、白云质灰岩块碎石，直径 2cm 以下占 10%，2~20cm 占 80% 以上，大块石少见，均为棱角状，分选差。现场调查表明，滑面光滑干净，产状为 310°∠ 37°，与基岩产状基本相同。滑面上发育有两条较大的陡坎，一条呈 NS 展布，长约 600m，横贯滑床；在南侧，另一条呈 NWW—SEE 展布，并在顶部拐向 S，长约 940m，纵贯滑床。说明滑体各部位启动时可能并不同步。

②铲刮区（Ⅱ–1）

铲刮区分布高程 1 599~1 890m，与滑坡前地势平缓（坡度约为 10°）的“韩家大坪”基本重合，下部为一处现高约 200m 的陡崖，左侧为滑坡后残余的杉木林区，右侧为滑坡后发生垮塌的山体。现今区内总体坡度由上往下逐渐变缓 (30°→ 10°)。滑体高速通过本区时，将本区原本的浅表层土体猛烈铲起并抛出，使得本区原有浅表层土体被滑坡堆积物所替换而几乎不存。本区现今滑坡堆积物（Q_4^{del}）成分为灰岩及白云质灰岩块碎石，直径 0.2~2.9m，且直径大于 1m 的块石含量超过了 30%。所有块碎石均为棱角状，大小混杂，无分选，表面结构松散，石块间隙无充填物。随堆积物埋深增大以及高程下降，上述间隙为褐色黏土充填。

③主堆积区（Ⅱ–2）

主堆积区上接铲刮区下侧的陡崖，下至文家沟第一支沟沟口一线，既是文家沟的主体部分，也是碎屑流物质的主要运动和堆积区，最大堆积厚度近 150m。本区分布高程为 1 400~985m，随高程下降，在现今 1 245m 高程处由 S 向转为 W 向，因此在平面上呈现 7 字形。滑坡 – 碎屑流堆积物将原本 V 形谷改造成 U 形谷。本区中高程 1 400~1 225m 有一处地势平缓的区域，平均坡度 5° ，也称“1 300 平台”，堆积厚度超过 100m。该平台现今可见的堆积物主要是滑坡后一年多以来形成的泥石流堆积物（Q_4^{sef}），主要成分为碎石土。石质为灰白色棱角—次棱角状灰岩，直径 0.5~20cm，含量 30% 左右，土质则为褐色黏土，靠近右侧山体处还混入少量的次棱角状砂岩块碎石。堆积物各组分大小混杂，分选差。

自“1 300 平台”以下至 988m 为文家沟滑坡—碎屑流堆积体（Q_4^{del}）主体，堆积厚度最大超过 150m。堆积体左侧基本直接覆盖山体，除第二撞击区附近小范围垮塌外，没有造成山体或植被的明显破坏；右侧则有第一、第三两处撞击区，山体及植被破坏范围较大。滑坡后文家沟中的泥石流活动在堆积体中间及与右侧山体相接处不断下切，形成了两条 EW 向的次生泥石流冲沟。其中，右侧冲沟至今仍在发展中。

本区堆积物成分主要为块碎石土。石质成分为灰白色棱角—次棱角状灰岩，块径 2~65cm，含量约占 60%，另有约 5% 块径为 1~7m 的巨石。在两侧靠近山体处，夹杂有约 10% 的棱角—次棱角状褐色粉砂岩。剩余的土质成分则为褐色黏土。堆积物各组分大小混杂，分选一般。在竖直方向上，堆积物由上往下有块碎石直径逐渐变小、土质含量逐渐增加的情况。

④停积区（Ⅱ–3）

碎屑流在通过第三撞击区后因文家沟宽度由 200m 剧增到 377m 而停积下来，途中还有一次转向。停积区的分布高程为 1 016~908m。本区堆积体形成了两个平台，第一个位于本区东南侧，高程为 1 016~988m，称第一平台。本区余下的部分则称第二平台，高程为 988~908m。本区下缘被后期泥石流活动下切形成冲沟，走向 250° 左右。第一平台高程 1 016~988m，长 118m，宽 71m，坡度 5°，含水率较高，松软易陷；第二平台高程 939~970m，长 167m，宽 94m，坡度 6° 左右。两平台之间由一段 28° 的斜坡过渡。前者是由于碎屑流体受地形阻挡而发生偏向、速度减缓而停积下来所形成；后者则是由于碎屑流体在第三次撞击后遇开阔地形停积下来而形成。碎屑流停积扇前缘最终抵达了文家沟沟口。沟口附近现今高程 895m 左右。

在第一、第二平台南侧均可见杉木折断现象。第一平台处面积较大。第二平台南侧，杉木的破坏形式则出现了明显的分带现象。从底部随高程上升，破坏形式为全株遭裹挟无残留→镶嵌碎石并部分保留树皮的杉木断茬→下部枝条被全部或部分刮去并基本保留完好树皮的杉木→全株完好的杉木。这两处现场测得破坏优势方向均为 290°，破坏轻重程度与杉木所在高程，有明显反相关关系。

⑤冲击区（Ⅲ）

第一撞击区（Ⅲ–1）：位于现 1 300 平台西侧山脊的东麓，高程 1 260~1 470m，撞击面倾向 116° 左右，宽度最大处超过了 400m，坡度为 45° ~55° ，山脊走向与滑出铲刮区的滑体方向几乎垂直，因此导致滑体在剧烈撞击中解体并改变其运动方向。第一撞击区基岩是清平组的深褐色板状粉砂岩，硬度低，指甲可划动，产状 342° ∠ 39° 。现场实测得知第一撞击区正面山坡下陡上缓，下部坡角约 35°~44°，底部堆积物坡角更缓，约 29°。撞击不仅导致本区正面山体全部遭到破坏。部分滑体物质还在巨大的惯性作用下，被抛撒到撞击区背面。

第二撞击区（Ⅲ-2）：位于第一 / 第三撞击区之间的文家沟左侧，高程 1 120~1 260m，最大宽度 60m 左右，坡度为 45°~65°，撞击面方向 345°。本区基岩为清平组灰色、灰褐色粉砂岩，硬度较低。

第三撞击区（Ⅲ-3）：位于文家沟第一支沟沟口，高程 1 130~980m，撞击面倾向 160°，走向 70°，下陡上缓，顶部坡度小于 10°，原有植被不存。背面散布有零星的灰岩块石，在其底部居多，说明小部分碎屑流物质在撞击时越过Ⅲ-3 顶部，被抛撒至第一支沟中。

第二撞击区下侧超高（Ⅲ-4）：该处超高位于文家沟左侧山体，在第二撞击区 300°方向，分布高程 1 040~1 080m。超高由碎屑流冲撞山体抛撒后所留，该处堆积物在近山脊处大块石含量较大。堆积物主要成分为灰岩及白云质灰岩棱角状块碎石，夹杂少许砂岩颗粒，砂岩含量小于 5%。

第三撞击区对侧超高（Ⅲ-5）：该处超高位于文家沟左侧山体，第三撞击区 250° 方向，停积区上部。超高呈椭圆状，分布高程 945~995m，东侧高于第一平台约 23m，西侧则高于第二平台近 50m，顶点高程约 1 000m。超高堆积物和山体上植被差异显著：前者只有杂草及零星灌木，后者则长有杉木。堆积物（碎块石土）覆盖在杉木根部，树下部有刮擦痕迹，其上枝叶完好。其成分以灰岩及白云质灰岩为主，夹杂大量褐色黏土，遍生苔藓及零星杂草，脚踩略有下陷。

图 10-15 为文家沟震前 / 震后对比示意图。

图 10-15　文家沟震前与震后对比示意图（左为 Google Earth/SPOT 图片）

Figure 10-15　Comparison of Wenjiagou valley, before and after the earthquake (left one from Google Earth/SPOT image)

10.4 清平—桂花岩段灾害点 The disasters from Qingping to Guihuayan

清平—桂花岩段灾害点遥感影像见图 10-16。

图 10-16 清平—桂花岩段灾害点遥感影像图

Figure 10-16 The remote sensing image from the Qingping to Guihuayan

(1) K22+500 右侧崩塌

斜坡地貌，上部为白云质灰岩陡坡，植被不发育，下部为崩积块碎石土层。地震诱发上部岩体滑移式崩塌破坏，失稳岩体堆积于坡脚，掩埋公路（图 10-17）。

图 10-17 K22+500 右侧崩塌灾害点全貌

Figure 10-17 Full view of the collapse on right road slope of K22+500

（2）K22+500 对面崩塌

斜坡地貌，上部为白云质灰岩陡坡，植被不发育，下部为崩积块碎石土层。斜坡坡向 120°，坡高 260m，发育一组产状为 190° ∠ 70° 的结构面。

地震诱发结构面切割岩体滑移、错断崩塌破坏，失稳岩体顺坡坠落，堆积于坡脚。震后斜坡上部局部松动岩体发生滑移式崩塌破坏（图 10–18）。

a）灾害点全貌

b）斜坡上部失稳区

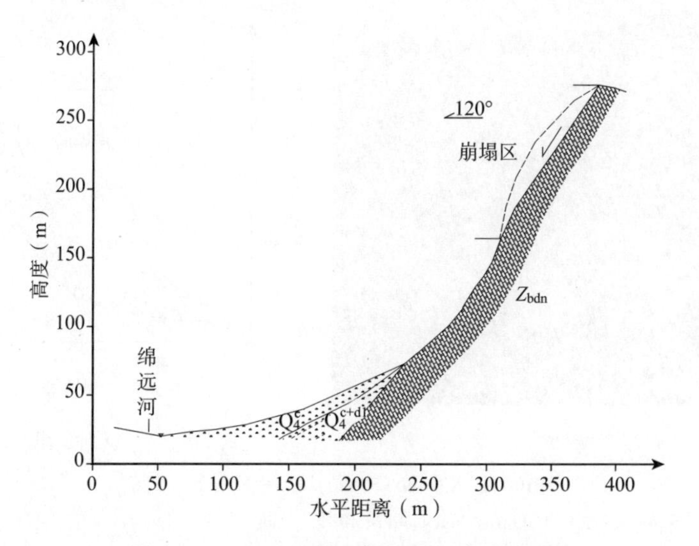

图 10–18　K22+500 对面崩塌照片及崩塌剖面图

Figure 10–18　Collapse photos and profile schemes opposite the road of K22+500

（3）K23 右侧崩塌

斜坡地貌，上部堆有崩坡积块碎石，植被不发育，下部为崩积块碎石土层。斜坡坡向 340°，坡高 370m，发育一组产状为 350° ∠ 50° 的结构面。

地震诱发结构面切割斜坡上部岩体发生滑移式崩塌，失稳岩体堆积于坡脚（图 10–19）。

图 10–19 K23 右侧崩塌照片及崩塌剖面图

Figure 10–19 Collapse photos and profile schemes on right slope of K23

（4）K23+600 对面崩塌

斜坡地貌，上部为白云质灰岩陡坡，植被不发育，下部为崩积块碎石土层。

地震诱发陡坡岩体滑移、错断崩塌破坏，失稳岩体顺陡坡坠落，堆积于坡脚（图 10–20）。

a）灾害点全貌 b）崩塌剖面图

图 10–20 K23+600 对面崩塌照片及剖面示意图

Figure 10–20 Collapse photos and profile schemes opposite the road of K23+600

（5）K25 对面滑坡

斜坡地貌，上部为白云质灰岩，植被不发育，下为崩坡积块碎石土斜坡。斜坡坡向 70°，坡高 270m，发育有一组 355°∠ 70° 结构面。

地震诱发斜坡中上部岩体沿外倾结构面滑移破坏，堆积于坡脚，形成堰塞湖淹没公路（图 10–21）。

（6）K25+500 右侧崩塌

斜坡地貌，上部为闪长岩，植被不发育，下部为崩坡积块碎石土斜坡。

地震诱发斜坡中上部岩体沿外倾结构面滑移破坏，失稳岩体坠落，堆积于坡脚，掩埋公路（图 10-22）。

a）斜坡上部崩塌失稳区

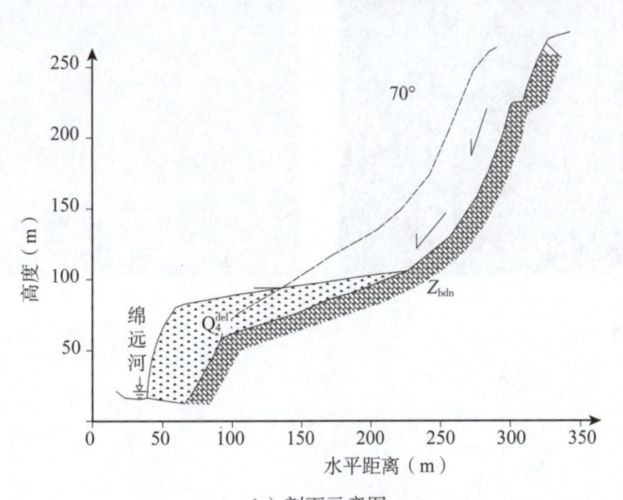

b）剖面示意图

图 10-21　K25 对面崩塌照片及剖面图

Figure 10-21　Collapse photos and profile schemes opposite the road of K25

（7）K27+800 左侧崩塌

斜坡地貌，上部为闪长岩，植被不发育，下部为崩坡积块碎石土斜坡，发育有 30° ∠ 50° 、310° ∠ 70° 、150° ∠ 50° 三组结构面。

地震诱发斜坡中上部岩体沿外倾结构面滑移破坏，失稳岩体坠落，堆积于坡脚，掩埋公路（图 10-23）。

（8）K28+900 右侧崩塌

斜坡陡崖地貌，上部为块状闪长岩，植被不发育，下为崩积块碎石堆积体。坡向 170°，坡高 270m，发育有一组 170° ∠ 75° 结构面，延伸大于 50m。

地震诱发斜坡中上部岩体沿外倾结构面拉裂—倾倒破坏，失稳岩体坠落，堆积于坡脚，掩埋公路（图 10-24）。

a）崩塌照片

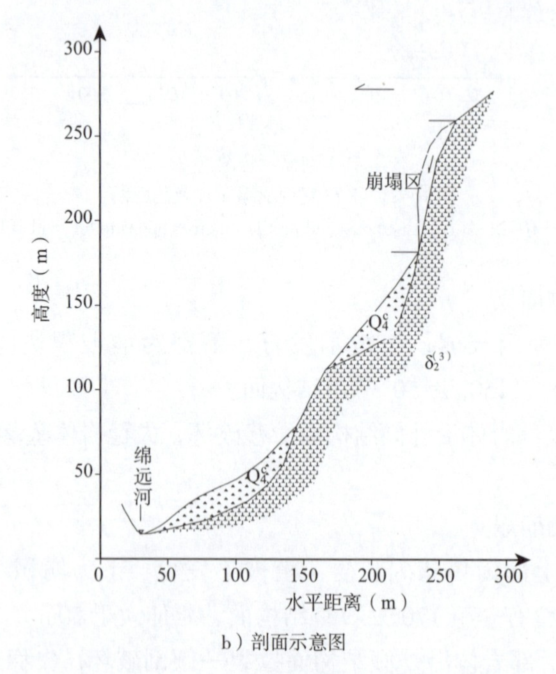

b）剖面示意图

图 10-22 K25+500 右侧崩塌照片及剖面示意图

Figure 10-22 Collapse photos and profile schemes on right slope of K25+500

a）灾害点全貌

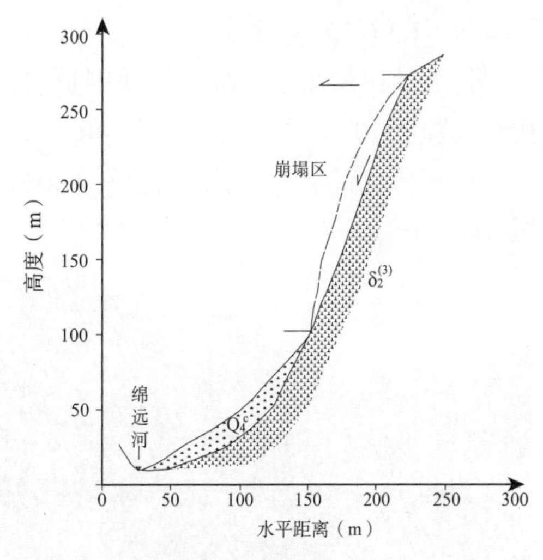

b）剖面示意图

图 10-23　K27+800 左侧崩塌照片及剖面示意图

Figure 10-23　Full view of collapse and profile schemes on left slope of K27+800

a）崩塌照片

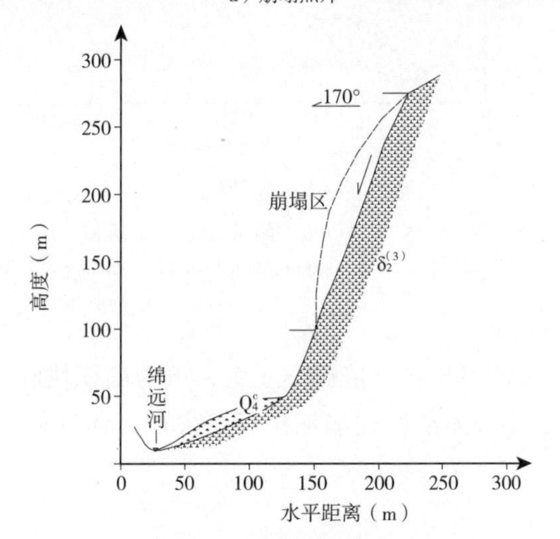

b）剖面示意图

图 10-24　K28+900 右侧崩塌照片及剖面图

Figure 10-24　Collapse photos and profile schemes on right slope of K28+900

（9）K30+200 左侧崩塌

斜坡陡崖地貌，上部为块状闪长岩，植被不发育，下部为崩积块碎石堆积体。坡向10°，坡高 170m，发育有 125°∠40°、30°∠30°、240°∠70° 三组结构面。

地震诱发斜坡上部结构面切割岩体发生滑移式崩塌，失稳岩体坠落，堆积于坡脚，掩埋公路（图 10-25）。

a）崩塌照片

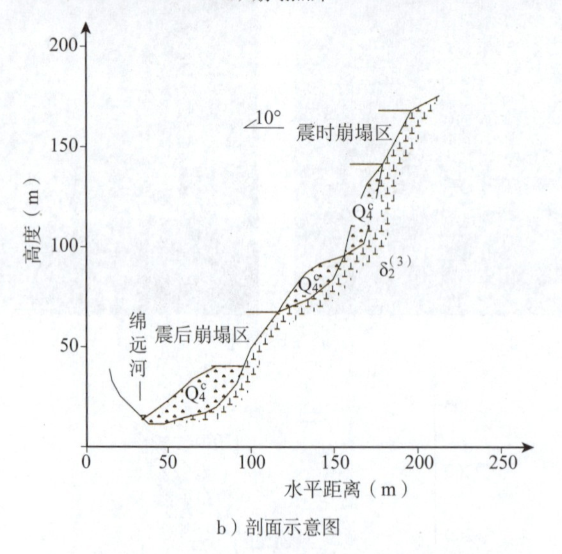

b）剖面示意图

图 10-25 K30+200 左侧崩塌照片及剖面图

Figure 10-25 Collapse photos and profile schemes on left slope of K30+200

（10）K30+800 左侧崩塌

斜坡地貌，上部为块状闪长岩，植被不发育，下为崩积块碎石堆积体。坡向 150°，坡高 160m。地震诱发上部岩体滑移式崩塌破坏，失稳岩体堆积于坡脚，掩埋公路（图 10-26）。

（11）K32 左侧崩塌

地震作用下斜坡发生崩塌，失稳岩体堆积在微冲沟里，在降雨影响下诱发泥石流、形成堰塞湖（图 10-27）。

a）灾害点全貌

b）崩塌失稳区

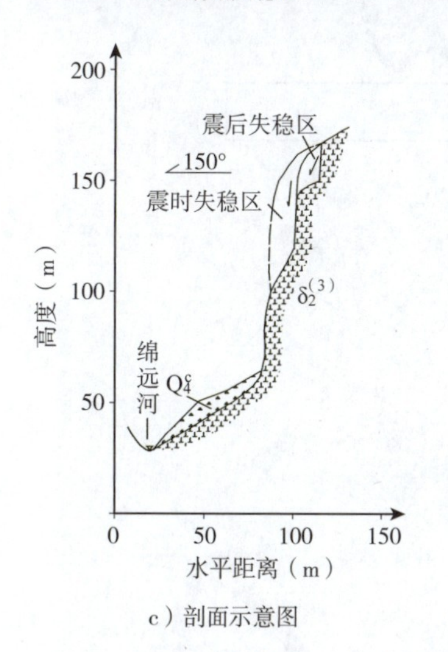

c）剖面示意图

图 10-26　K30+800 左侧崩塌照片及剖面示意图

Figure 10-26　Collapse photos and profile schemes on left slope of K30+800

a）灾害点全貌

b）堰塞湖

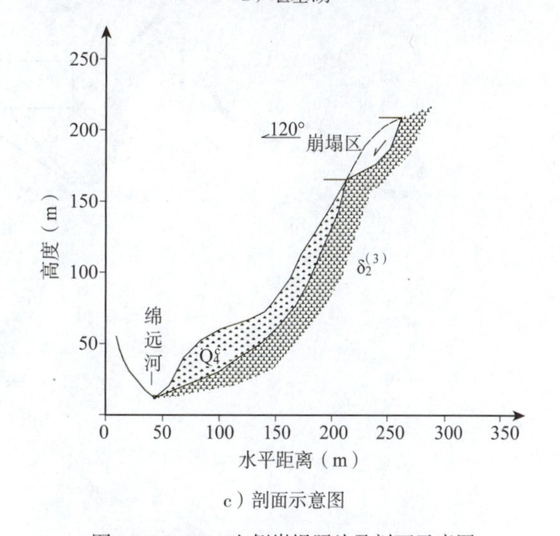

c）剖面示意图

图 10-27　K32 左侧崩塌照片及剖面示意图

Figure 10-27　The photo of the collapse and profile schemes on right slope of K32

第 11 章 四川省其他公路地震崩滑灾害
Chapter 11 The Slope disasters triggered by earthquake in Sichuan Province highways

11.1 国道 212 线川甘界（罐子沟）—广元段 From Guanzigou to Guangyuan road（G212）

11.1.1 公路概况 Highway survey

国道 G212 线川甘界（罐子沟）—广元公路起自四川与甘肃的交界处罐子沟，沿白龙江河谷顺流而下，经沙洲镇、金洞乡、洞水乡及三堆镇等到达广元，是甘肃南部通往成都的最主要通道。路线全长约 106km，其中罐子沟—宝轮镇 81km，宝轮镇—广元市区 25km（图 11-1）。

汶川地震诱发公路沿线少量的崩塌、滑坡等地质灾害，给公路造成一定影响。

图 11-1 G212 线川甘界（罐子沟）—广元段地理位置图

Figure 11-1 The location map of the road from Sichuan and Gansu（Guanzigou）boundary to Guangyuan section in State Road 212（S212）

11.1.2　沿线地质概况及灾害发育情况 Geological environmental conditions and disaster situation

11.1.2.1　地质概况

（1）地形地貌

该公路位于四川盆地东北侧，属龙门山中高山深切地貌区。其中团包海拔高度为 2 780m，哑巴咀 2 669m。峡谷常见梳状山、梯状山及孤峰等，红葛架海拔 1 823m，万家山海拔 1 491m，地形复杂，山势陡峻，谷深流急，北高南低，相对高差 800~1 500m。

（2）地层岩性

川甘界（罐子沟）—广元公路沿线跨越龙门山地层分区及摩天岭地层分区（分为青川—平武、碧口—略阳两个小区），出露地层由新至老，各地层由新至老依次如下。

①龙门山地层分区

a. 第四系地层

公路沿线第四系地层主要为第四系全新统坡残积层（Q_4^{el+dl}）、崩坡积层（Q_4^{c+dl}）、滑坡堆积层（Q_4^{del}）、崩积层（Q_4^{c}）、冲洪积层（Q_4^{al+pl}），以及更新统冰水堆积层（Q_p^{fgl}）等。

第四系地层主要分布于三合—广元公路及白龙江河谷沿线的沙洲、井田坝一带。

b. 侏罗系地层

地层岩性主要为灰色 ~ 浅灰色长石石英砂岩、紫红色粉砂岩与泥岩互层，块状。

c. 三叠系地层

上统须家河组下段（T_3x^1）：顶底部间夹粉砂岩、炭质页岩、泥质灰岩及煤层。分布于宝轮镇石罐子（紫兰坝电站大坝）附近。

下统铜街子组（T_1t）：紫红色钙质页岩夹薄层泥质灰岩。主要分布于石灰窑—石罐子一线。

d. 泥盆系地层

中统观雾山组（D_2g）：上部为灰、灰白色中—中厚层纯白云岩，下部为石英砂岩、粉砂岩夹页岩，分布于洞水乡附近。

e. 志留系地层

龙马溪—沙帽群（S_{1-3}）：绿灰色页岩、砂质页岩夹灰岩或生物礁灰岩，广泛分布于石灰窑—金洞乡路段。

②摩天岭地层分区

a. 青川—平武小区

茂县群黄坪组上段（Shn^3）：浅灰色绢云母千枚岩夹砂岩条带。

茂县群黄坪组中段（Shn^2）：灰绿色绢云母千枚岩。

茂县群黄坪组下段（Shn^1）：银灰绢云母千枚岩、夹砂岩透镜体及结晶灰岩条带。

茂县群黄坪组广泛分布于金洞乡—沙洲镇之间公路沿线。

b. 碧口—略阳小区

地层岩性主要为（Pzbk）安山凝灰岩互层，夹凝灰砂岩、石英长砂岩、石英千枚岩、夹砂质板岩以及少量石英岩及灰岩透镜体。

（3）地质构造

川甘界（罐子沟）—广元公路沿线跨越青川—平武断裂和江油断裂，属松潘—甘孜地槽褶皱系之后龙门山滑脱—逆冲推覆构造带。龙门山褶皱～冲断变形始于中三叠世末的印支运动，整个燕山运动期间均有持续但明显减弱，新生代再次复活发生强烈冲断隆升，现今仍有活动。龙门山褶皱～冲断变形总体表现为自北西向南东的挤压逆冲，同时叠置滑覆构造，变形由北西向南东呈前展式扩展，变形强度逐渐减弱，韧性递减。

11.1.2.2 灾害发育情况

（1）灾害总体发育情况

川甘界（罐子沟）—广元段路线全长约104km，处于青川—平武断裂与江油断裂之间。公路沿线为U字形中低山宽谷地貌，地震动力反应较弱，地质灾害不发育。根据中国地震局发布的汶川8.0级地震烈度分布图及国家有关部门发布的地震烈度图，该段地震烈度为Ⅷ度。该路段受汶川地震的影响较小，地震灾害主要为强风化岩体的小规模滑塌以及堆积体的滑塌。

根据地质灾害发育情况，可将公路沿线划分为三段，如表11-1所示。

表11-1 G212川甘界（罐子沟）—广元公路沿线地震地质灾害发育情况表

Table 11-1 Sichuan and Gansu (Guanzigou) boundary to Guangyuan distribution of geological disasters in State Road 212

段落范围	地层岩性	地质结构	地形地貌	地震地质灾害发育情况
广元—宝轮镇	J_2S^2 粉砂岩	后龙门山滑脱—逆冲推覆构造带	侵蚀剥蚀平缓中低山	无
宝轮镇—洞水乡	T_1t 灰岩 +J_2q 砾岩	后龙门山滑脱—逆冲推覆构造带	侵蚀剥蚀平缓中低山河谷	不发育，浅表层滑塌
洞水乡—罐子沟	S_3sh 灰岩 +Shn^{1-2} 千枚岩	后龙门山滑脱—逆冲推覆构造带	侵蚀剥蚀平缓中低山河谷	不发育，公路边坡碎裂岩体沿强弱风化界面滑塌

（2）灾害主要形式及发育特点

G212线川甘界（罐子沟）—广元公路沿线地质灾害不发育，主要是坡表强风化岩体向公路开挖形成的陡立临空面的小规模崩塌及一处堆积体滑坡。

11.1.3 G212川甘界（罐子沟）—广元段灾害点 The disasters from Guanzigou to Guangyuan(G212)

川甘界（罐子沟）—广元段地质灾害不发育，公路全长106km，沿线共发生崩塌滑坡灾害8处，其中滑坡2处，崩塌6处。各地质灾害点发育分布见图11-2。

（1）K782+654右侧斜坡紫兰坝库区滑坡（S01号点）

斜坡为堆积物土质斜坡，属直线形坡，坡度 40° ~45° 。斜坡基岩为中厚层灰岩，坡表土体为第四纪崩坡积物，坡体中含有大量块石。斜坡高约 175m, 长约 229m，坡向约 30° 。

在地震力作用下，坡体中下部坡表碎石土溜塌，后在暴雨及余震作用下发生大规模滑塌，总方量约 100 000m³，掩埋公路路基（图 11-3）。

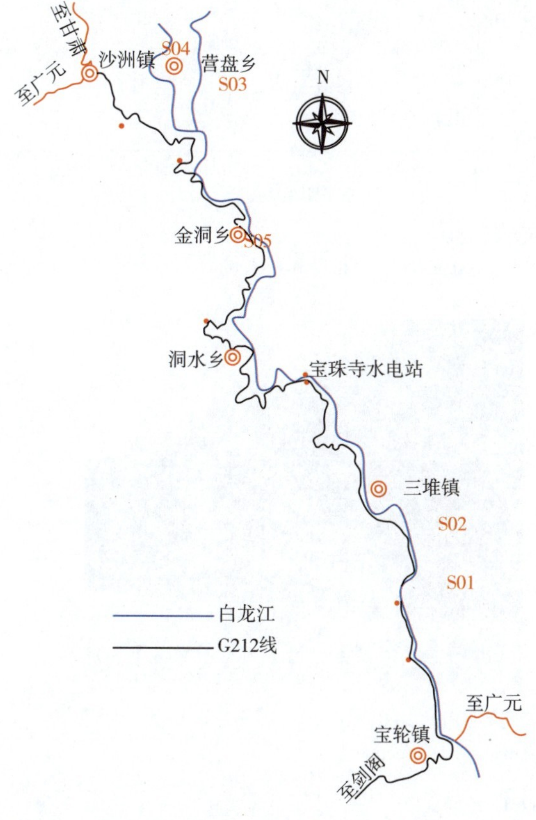

图 11-2 G212 线川甘界（罐子沟）—广元公路沿线地质灾害点发育分布图

Figure 11-2 Sichuan and Gansu(Guanzigou)boundary to Guangyuan distribution of geological disasters in State Road 212

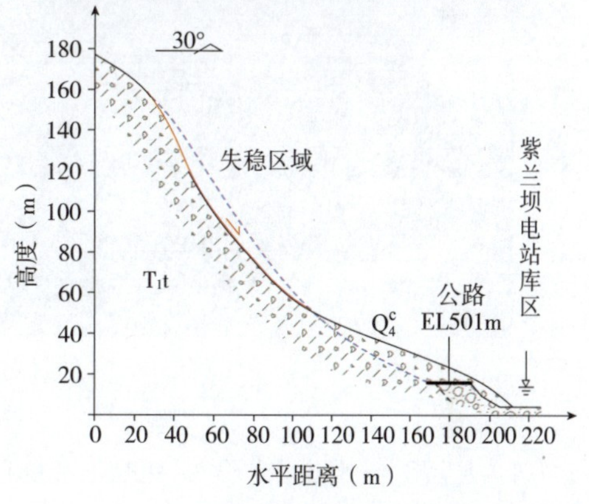

图 11-3 失稳部位照片及剖面示意图

Figure 11-3 The photos of unstable parts and sketch map of the cross-section

（2）K778+684 右侧斜坡紫兰坝库区崩塌（S02 号点）

斜坡为反倾层状结构，属折线形坡，上部自然斜坡较缓，坡度 30° ~35°，下部公路开挖形成陡立临空面。该段斜坡基岩为砾岩与泥岩互层，产状为 330° ∠ 15°，主要发育两组节理面：① 95° ∠ 74° ；② 150° ∠ 65°。斜坡高约 16m，长约 146m，坡向约 84°。

在地震力作用下，斜坡中下部块石倾倒破坏，坠落于坡脚，总方量约 2 000m³，掩埋公路路基（图 11-4）。

（3）K777 ＋ 865~K777 ＋ 935 段右侧斜坡坡面崩落

路线右侧斜坡挖方边坡，斜坡基岩岩性为页岩、泥灰岩，并有少量煤夹层。坡面表面风化严重，裂隙发育，产状水平，层理明显，坡高 15m。

此处边坡受地震力影响，裂隙加剧发育，对道路影响主要为坡面崩落岩体影响道路（图 11-5）。

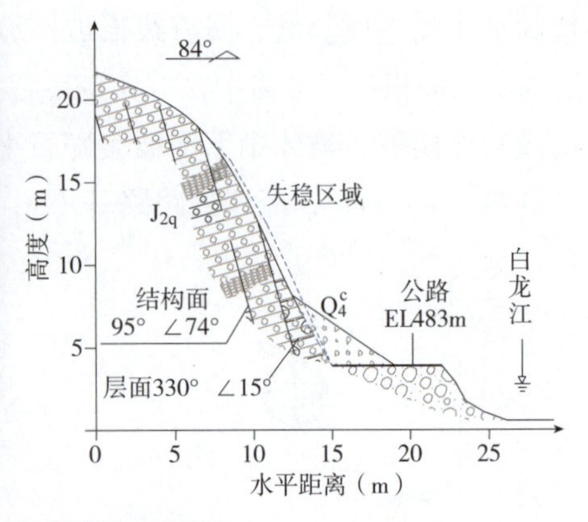

图 11-4 坡表变形照片及剖面示意图

Figure 11-4 The photos of slope deformation and sketch map of the cross-section

图 11-5 坡表变形照片

Figure 11-5 The photos of slope deformation

（4）K773 + 850~K773 + 900 右侧斜坡崩塌

路基右侧斜坡为高陡岩质边坡，基岩为灰岩。坡口线以上 10m 左右出现裂缝，裂缝宽 5~10cm，长度约 10m，形成危岩体，岩体厚度大约 3~9m，坡高 40m。

地震诱发陡坡段结构面切割岩体失稳，坠落堆积于坡脚，损坏路面，并残留大量震裂岩体，危及道路安全（图 11-6）。

图 11-6 坡表变形照片

Figure 11-6 The photos of slope deformation

（5）K749+669 紫兰坝库区崩塌（S03 号点）

斜坡为基岩－强风化层二元结构，属折线形坡，上部岩体裸露，坡度 70° ~80°，下部崩积物斜坡较缓，坡度 35° ~40°。该段斜坡基岩为千枚岩，层面产状 60°∠ 15°，发育节理面 329°∠ 68°。斜坡高约 52m，长约 153m，坡向约 12°。

在地震力作用下，斜坡上部强风化岩体震动溃散后顺坡面滚动，堆积于坡脚，总方量约 5 000m³，掩埋公路路基（图 11–7）。

图 11–7　坡面照片及剖面示意图

Figure 11–7　The photos of slope and sketch map of the cross–section

（6）K732+634 紫兰坝库区崩塌（S04 号点）

斜坡为斜交层状结构，属折线形坡，上缓下陡，上部较平缓，下部公路开挖形成陡立临空面。该段斜坡基岩为强风化千枚岩，层面 281°∠ 54°，主要发育有两组节理面：① 215°∠ 85°；② 205°∠ 37°，倾坡外。斜坡高约 27m，长约 62.5m，坡向约 199°。

在地震力作用下，坡表卸荷岩体楔形体滑移失稳，顺坡滑移堆积于坡脚，总方量约 1 500m³，掩埋公路（图 11–8）。

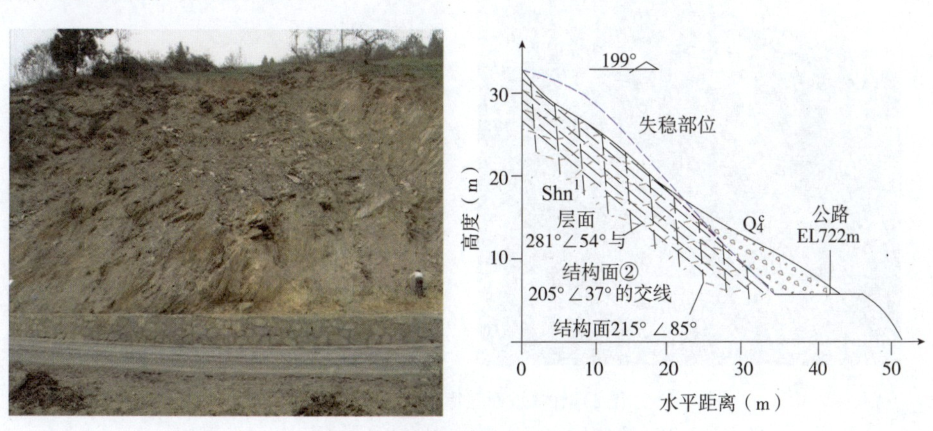

图 11–8　灾害点照片及剖面示意图

Figure 11–8　The photos of disaster and sketch map of the cross–section

（7）K726+365~K726+400 右侧斜坡上边坡滑坡

斜坡为基岩—土层二元结构，属折线形坡，上缓下陡，上部较平缓，下部公路开挖形成陡立临空面。基岩外露，岩性为千枚岩，表层覆盖全风化残积物，坡高达21m。

在地震作用下，斜坡坡表覆盖层沿基覆界面滑移破坏，顺坡滑移堆积在坡脚，影响道路交通安全（图 11-9）。

图 11-9 灾害点照片

Figure 11-9 The photos of disaster

（8）K725+906 右侧斜坡宝珠寺水电站库区崩塌（S05 号点）

斜坡为顺倾层状结构，属台阶状坡，总体坡度 40°~45°，下部公路开挖形成陡立临空面。该段斜坡基岩为灰岩，产状为 288°∠ 51°，主要发育两组结构面：① 120°∠ 47°，反倾坡外；② 180°∠ 65°。斜坡高约 32m，长约 105m，坡向约 307°。

在地震力作用下，斜坡中下部公路边坡坡表强卸荷岩体顺层滑移失稳，堆积于坡脚，总方量约 2000m³，掩埋公路路基（图 11-10）。

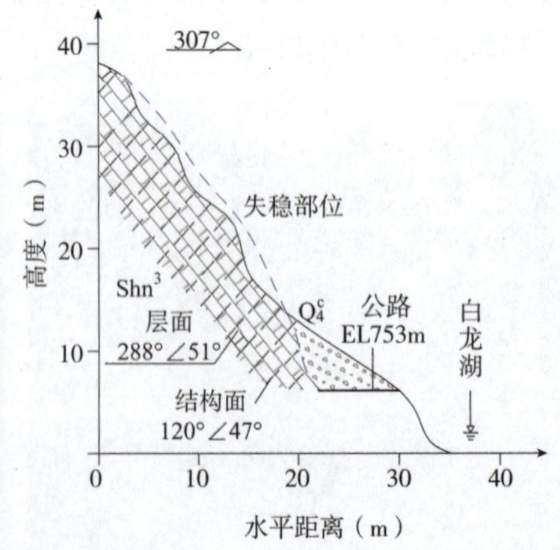

图 11-10 坡面照片及剖面示意图

Figure 11-10 The photos of slope and sketch map of the cross-section

11.2 省道 205 线江油—桂溪段、南坝—平武段 Jiangyou to Guixi road、Nanba to Pingwu road（S205）

11.2.1 公路概况 Highway survey

省道 205 是九寨沟—遂宁的一条重要省道，是九寨沟环线旅游公路，在“5·12”汶川地震中受损严重，多处道路垮塌，桥涵损毁。江油—平武路段南起江油县城，途径大康镇、桂溪乡、林家坝乡、响岩镇、南坝镇、古城镇 6 个乡镇，最终到达平武县城（与 S105 共用的桂溪—南坝路段长 40km，江油—桂溪段长 32km，南坝—平武段长 52km）（图 11-11）。

图 11-11 S205 线江油—桂溪、南坝—平武段公路地理位置图

Figure 11-11 Jiangyou to Guixi，Nanba to Pingwu section of road location map in S205 line

11.2.2 沿线地质概况及灾害发育情况 Geological environmental conditions and disaster situation

11.2.2.1 地质概况

（1）地形地貌

公路沿线隶属于龙门山山脉，地势西北高而东南低，属亚热带季风气候，沿线地形较复杂，最低处为江油县城，海拔仅 532m，沿平通河及涪江逆流而上至平武县城，海

拔为 868m。

（2）地层岩性

公路沿线各地层由新至老依次如下。

①第四系地层

公路沿线第四系地层主要为第四系全新统坡残积层（Q_4^{el+dl}）、崩坡积层（Q_4^{c+dl}）、滑坡堆积层（Q_4^{del}）、崩积层（Q_4^{c}）、冲洪积层（Q_4^{al+pl}），以及更新统冰水堆积层（Q_p^{fgl}）等。

②侏罗系地层

a. 上统莲花口组（J_3l）：为内陆河湖相砾岩—含砾砂岩—砂岩—泥岩之韵律沉积，底部常为一套厚大块体的砾岩组，砾石成分以石灰岩为主，砂岩、石英岩次之，分布于江油县城附近。

b. 中统遂宁组（J_2sn）：棕红色泥岩、泥质粉砂岩间夹砂质泥岩、砾岩及含砾砂岩，向南西及北东逐渐变细，分布于江油大康镇附近。

c. 中统沙溪庙组（J_2s）：上部为紫红色粉质泥岩、泥质粉砂岩、长石石英砂岩韵律互层，下部为紫红色、猪肝色粉砂质泥岩夹黄灰色厚层长石石英砂岩，底部为厚层砂岩，分布于大康镇附近。

d. 中统千佛岩组（J_2q）：灰、紫红色泥岩，粉砂岩，砂岩，生物泥灰岩和介壳灰岩，间夹砾岩层或砾岩层透镜体，分布于江油大康镇附近。

③石炭系地层

下统总长沟群（C_1zn）：灰色、乳白色致密石灰岩及结晶灰岩，底部常被铁质污染而呈红色夹赤铁矿及高岭土，主要分布于北川沙窝子—苦竹沟路段。

④泥盆系地层

a. 上统唐王寨群（D_3tn）：为浅灰色薄～厚层状白云岩夹灰白色较纯灰岩，局部具鲕状或假鲕状结构（即毛坝组），下部白云岩夹白云质灰岩（即沙窝子组），分布于北川沙窝子一带。

b. 中统白石铺群观雾山组（D_2gn）：上部为灰、深灰色石灰岩夹白云岩或白云质灰岩，下部为砂页岩夹泥质灰岩夹有铁质砂岩，底部为黄褐色中～厚层状石英砂岩，主要分布于北川甘溪—沙窝子段。

c. 中统白石铺群甘溪组（D_2g）：上部为灰、黄灰绿色中～厚层状泥质粉砂岩、细砂岩、泥岩夹灰、深灰色薄～厚层状泥质灰岩、生物灰岩和结晶灰岩，主要出露于北川甘溪一带。

d. 下统平驿铺群（D_1pn）：为灰白色、黄褐色厚层石英岩状砂岩夹灰绿色细砂岩，泥质粉砂岩和炭质页岩，主要分布于北川桂溪—甘溪路段及苦竹沟一带。

⑤志留系地层

茂县群（$S_{2\text{-}3}mx$）共分为五层，广泛分布于平武—南坝及北川桂溪乡段。

a. 第一组（$S_{2-3}mx^{3-1}$）：绢云石英千枚岩夹砂质条带。

b. 第二组（$S_{2-3}mx^{3-2}$）：黑灰色炭质千枚岩、板岩夹灰岩、砂岩。

c. 第三组（$S_{2-3}mx^{3-3}$）：灰色绢云石英千枚岩与结晶灰岩、石榴石片岩。

d. 第四组（$S_{2-3}mx^{3-4}$）：灰色绢云千枚岩夹砂岩、泥质灰岩。

e. 第五组（$S_{2-3}mx^{3-5}$）：灰绿色千枚岩夹砂岩、灰岩。

⑥寒武系地层

a. 下统油房组（$\in_1y$）：变质岩屑砂岩、粉砂岩夹板岩，分布于平武高庄坝—南坝公路沿线。

b. 下统邱家河组（$\in_1q$）：炭硅质板岩夹硅质岩、结晶灰岩及劣质铁锰矿层，分布于高庄坝—坝子乡路段。

⑦震旦系地层

上统胡家寨组（Zbh）：灰色薄层变砂岩与灰、灰绿色绢云砂质千枚岩的韵律式互层，分布于平武县黑水沟一带。

（3）地质构造

S205 平武—南坝段位于松潘—甘孜造山带（Ⅱ级）之摩天岭及后龙门山推覆构造带（Ⅲ级）结合部。古城断裂北西侧为摩天岭推覆构造带，南东侧为后龙门山推覆构造带。公路沿线包括庙坝岩片及百草岩片两个Ⅳ级构造单元。研究区构造形迹主要受印支期及其以后构造活动所控制，强烈的、不同层次的滑脱—推覆的褶皱、断裂构成造山带主体构造并伴有岩浆热隆及走滑构造，显示了地壳中浅部～表部的构造相特征。褶皱构造主要为摩天岭推覆构造带的平武复式向斜和后龙门山推覆构造带的百草复式向斜。公路沿线断裂带主要为古城断裂、平武断裂带以及百草断裂带。

桂溪—江油段隶属于新华夏系前龙门山褶断带。前龙门山褶断带是晚古生代（包括三叠系）沉降中心，特别是泥盆纪—石炭纪下陷最强烈。印支运动和燕山运动使地层发生全形褶皱和剧烈的断裂，形成所谓的“叠瓦式断裂”。公路沿线褶皱主要为沙窝子附近的唐王寨向斜和永平背斜，断裂带主要为江油冲断层、苦竹沟冲断层和望乡台冲断层。

11.2.2.2　灾害发育情况

（1）公路沿线地震地质灾害概况

S205 江油—桂溪地震地质灾害不发育，南坝—平武段地震地质灾害较发育。根据中国地震局发布的汶川 8.0 级地震烈度分布图，沙窝子—桂溪路段以及南坝—坝子乡路段为Ⅹ度，大康镇至沙窝子路段及坝子乡至百草路段为Ⅸ度，江油至大康镇以及百草至平武路段为Ⅷ度。

根据调查统计，公路沿线共发生地震地质灾害 9 处，其中滑坡 4 处，崩塌 5 处。根据地质灾害发育分布情况，可将公路沿线划分为三段，如表 11-2 所述。

表 11-2 S205 江油—桂溪、南坝—平武段公路沿线地震地质灾害发育情况表

Table 11-2 Jiangyou to Guixi and Nanba to Pingwu section of road distribution of geological disasters in S205

段落范围	地层岩性	地质结构	地形地貌	地震地质灾害发育情况
江油—桂溪乡	$D_3tn+D_1pn+J_2sn$ 灰岩、砂岩	前龙门山褶断带	侵蚀剥蚀陡中山	不发育，小规模崩塌
南坝—坝子乡	$\in_1y+Zbh$ 变质砂岩、千枚岩	后龙门山推覆构造带	侵蚀剥蚀缓中山	较发育，顺层滑坡及崩塌灾害
坝子乡—古城	$S_{2-3}mx$ 千枚岩	后龙门山推覆构造带	侵蚀剥蚀缓中山	不发育
古城—平武	Q_4^{al} 冲洪积物	摩天岭推覆构造带	侵蚀剥蚀缓中山	较发育，小规模阶地滑塌

（2）公路沿线地震地质灾害的主要形式

S205 江油—桂溪地质灾害不发育，在接近中央断裂带断层下盘的桂溪乡附近发育一处小规模的高位崩塌，其他路段震害轻微。南坝—坝子乡路段灾害类型以公路边坡突兀山脊灰岩地层的小规模崩塌，以及岩体顺层滑移为主。古城—平武路段河谷宽缓，阶地十分发育，灾害类型以阶地的小规模滑塌为主。

（3）公路沿线地震地质灾害的发育特点

公路沿线地质灾害点的分布与中央断裂带有着十分密切的关系。江油—桂溪段处于断层下盘，尽管公路沿线为喀斯特侵蚀剥蚀陡中山河谷地貌，地势陡峻，但地震动力响应较弱，故地质灾害不发育。南坝镇—坝子乡路段处于断层上盘，且距离断层较近，斜坡地震动力响应较强，但受路段所处的侵蚀剥蚀缓中山地貌限制，灾害点多发生于公路边坡突兀的山脊部位。古城—平武路段河谷宽缓，阶地十分发育，公路开挖阶地后形成陡立临空面，在地震力的作用下，较为松散阶地物质向临空面滑塌。

11.2.3 江油—桂溪、南坝—平武段灾害点 The disasters from Jiangyou to Guixi、Nanba to Pingwu

11.2.3.1 江油—桂溪段灾害点

S205 桂溪—江油段公路沿线震害不发育，仅在桂溪—甘溪路段发育一处小规模崩塌。地质灾害点分布见图 11-12。

K224+474 右侧斜坡烘炉斜坡崩塌（01 号点）：斜坡呈折线形，为斜交层状结构斜坡。基岩为浅灰色中厚层状石英砂岩，层面产状 126°~137°∠40°~60°。斜坡高约 267m，长约 150m，坡向约 260°。

在地震力作用下，斜坡顶部强风化岩体沿层面及节理面发生滑移、倾倒失稳破坏，坠落于坡脚，总方量约 300m³，损毁路面（图 11-13）。

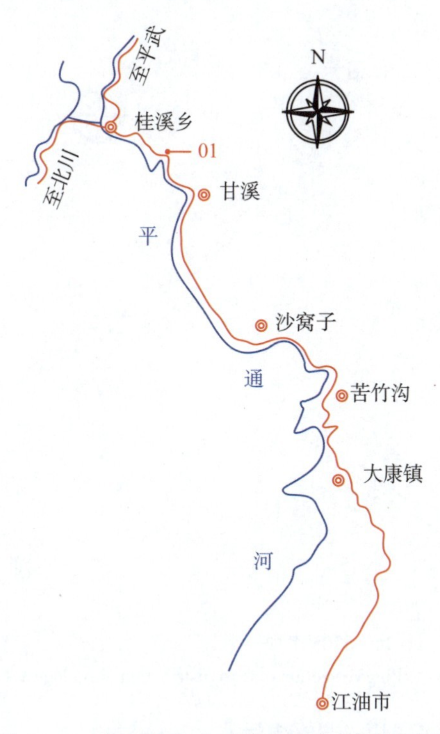

图 11-12 S205 桂溪—江油段地震地质灾害分布图

Figure 11-12 Guixi to Jiangyou section of road distribution of geological disasters in S205 line

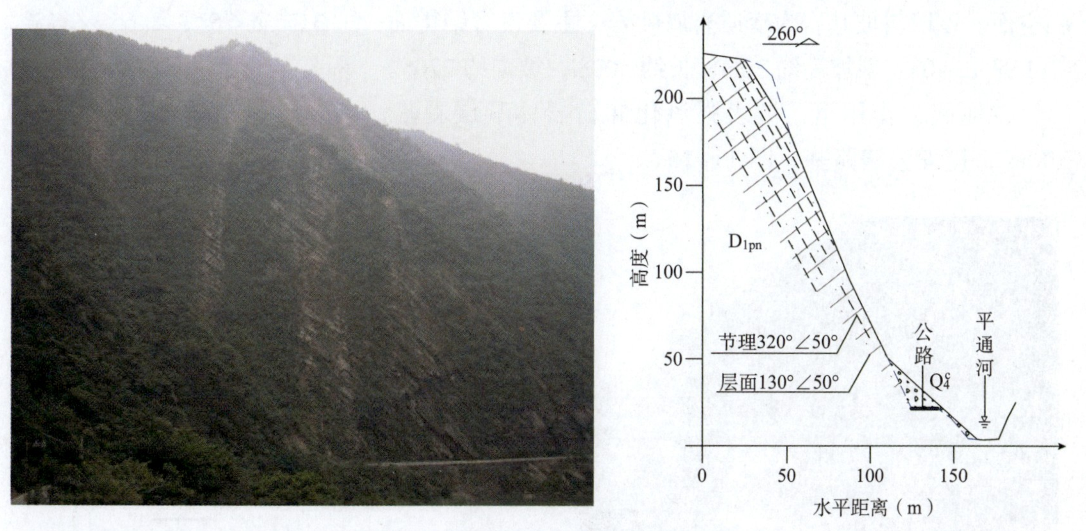

图 11-13 坡面照片及剖面示意图

Figure 11-13 The photos of slope and sketch map of the cross-section

11.2.3.2 南坝—平武段灾害点

S205 南坝—平武段公路沿线震害不发育，灾害点主要发育于南坝镇—子乡及古城—

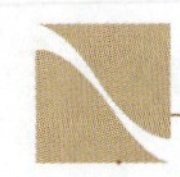

武段。公路沿线共发生地震地质灾害点 8 处，其中崩塌灾害 4 处，滑坡 4 处。各地质灾害点分布见图 11-14。

图 11-14　S205 南坝—平武段地震地质灾害分布图

Figure 11-14　Nanba to Pingwu section of road distribution of geological disasters in S205 line

（1）K179+236 右侧斜坡崩塌（NB02 号点）

斜坡为斜交层状结构，属直线形坡，坡度 30°~35°，下部公路开挖形成约 70° 的陡立临空面。该段斜坡基岩为变质岩屑砂岩，主要发育结构面：① 315°∠75°，② 65°∠45°，③ 155°∠40°。斜坡高约 30m，长约 500m，坡向约 270°。

在地震力作用下，坡表强风化卸荷岩体顺层剥落，产生滑移式破坏，总方量约 200m³，掩埋公路路基（图 11-15）。

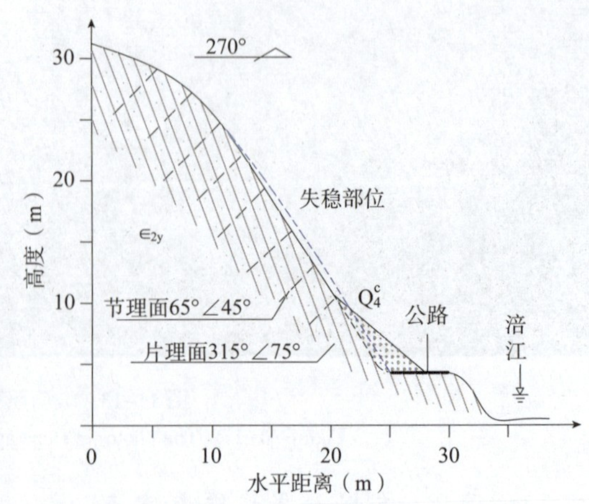

图 11-15　坡面照片及剖面示意图

Figure 11-15　The photos of slope and sketch map of the cross-section

（2）K177+235 右侧斜坡崩塌（NB03 号点）

斜坡为斜交层状结构，属折线形坡，上陡下缓，上部为灰岩地层，岩体较陡峻，坡度 50° ~55°，中下部为千枚岩地层，坡度 35° ~40°。该段斜坡基岩为千枚岩夹灰岩，发育片理面 315° ∠ 75° ；节理面：65° ∠ 45°，155° ∠ 40°。斜坡高约 40m，长约 40m，坡向约 275°。

在地震力作用下，斜坡坡表强卸荷岩体顺层剥落，发生滑移式破坏，总方量约 1 500m³，砸坏路面及护栏（图 11-16）。

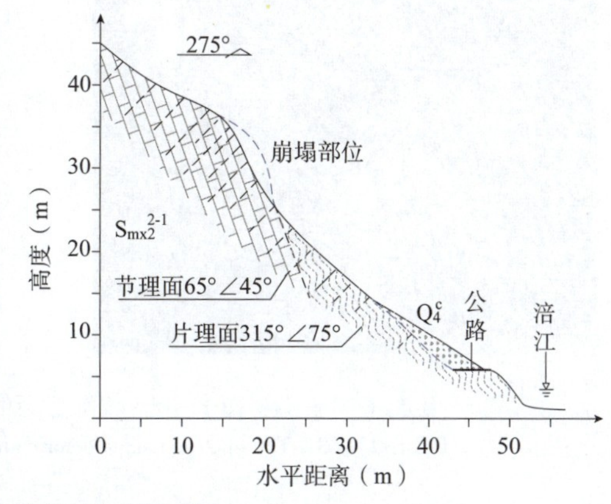

图 11-16 坡面照片及剖面示意图

Figure 11-16 The photos of slope and sketch map of the cross-section

（3）K174+938 右侧斜坡崩塌（NB04 号点）

斜坡为反倾层状结构，属折线形，上陡下缓，上部为灰岩地层，岩体较陡峻，坡度 50° ~55°，中下部为千枚岩地层，坡度 35° ~40°。该段斜坡上部基岩为灰岩，下部为千枚岩，灰岩层面产状 54° ∠ 25°，间距 40~50cm。斜坡高约 20m，长约 40m，坡向 255°。

在地震力作用下，斜坡强卸荷岩体产生抛射式破坏，发生在斜坡中上部，岩体失稳后顺坡面弹跳滚动，总方量约 600m³，落石损毁路面（图 11-17）。

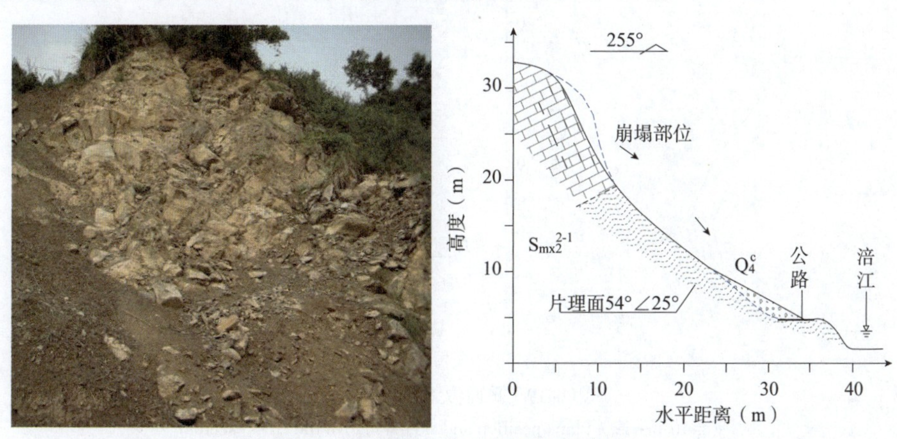

图 11-17 坡面变形照片及剖面示意图

Figure 11-17 The photos of slope deformation and sketch map of the cross-section

（4）K171+194 右侧斜坡滑坡（NB08 号点）

斜坡为基岩—土层二元结构，坡脚部位公路边坡开挖形成陡立临空面。该段斜坡基岩为千枚岩夹变砂岩，主要发育 3 组节理：① 350° ∠ 80°，② 295° ∠ 74°，③ 190° ∠ 50~56°。

在地震力作用下，岩体顺片理面滑移失稳，总方量约 1 000m³，掩埋公路路基（图 11-18）。

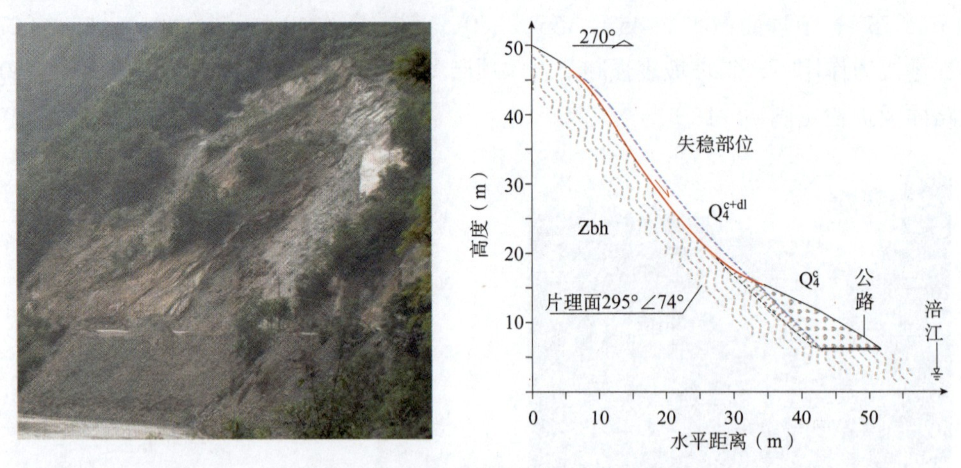

图 11-18 坡面变形照片及剖面示意图

Figure 11-18 The photos of slope deformation and sketch map of the cross-section

（5）K131+334 右侧斜坡崩塌

斜坡为反倾层状结构，坡脚部位公路边坡开挖形成陡立临空面。该段斜坡基岩为绢云千枚岩，片理面：345° ∠ 43°。

在地震力作用下，坡表碎裂岩体弯折错断破坏和松动变形，部分形成坡面滚石，堆积于坡脚，总方量约 200m³，掩埋公路，损毁路面（图 11-19）。

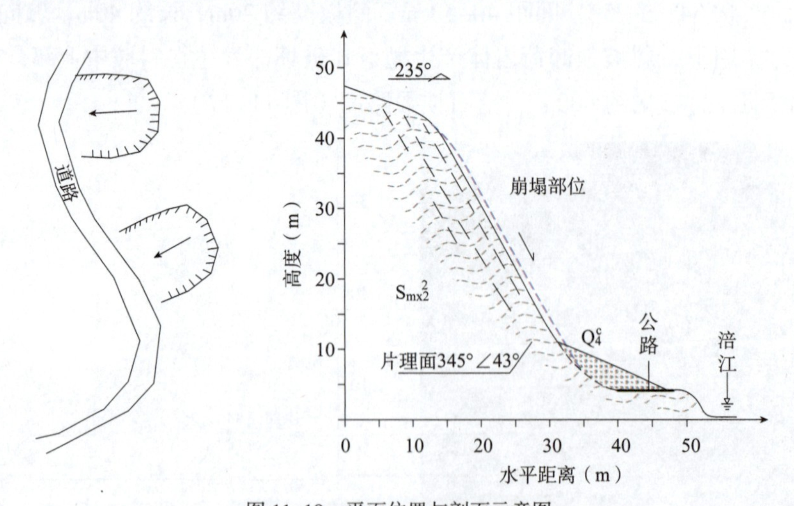

图 11-19 平面位置与剖面示意图

Figure 11-19 Plane position and sketch map of the cross-section

（6）K135+506 右侧公路滑坡

斜坡属基岩—土层二元结构，坡度 45° ~50°。该段斜坡基岩为绢云千枚岩，发育片理面 210° ∠ 72°，节理 145° ∠ 65° ~90°。

在地震力作用下，坡顶阶地物质顺坡滑塌，堆积在坡脚，总方量约 400m³，掩埋公路路基（图 11-20）。

（7）古城江油方向 K146+600~700 右侧斜坡滑坡

斜坡属基岩—土层二元结构，坡度 45°~50°。基岩为绢云千枚岩，发育片理面 80°∠73°，节理 150°∠42°。

在地震动力作用下，坡顶阶地物质顺坡滑塌，下部千枚岩顺层弯折失稳，向坡脚堆积，总方量约 800m³，掩埋公路路基（图 11-21）。

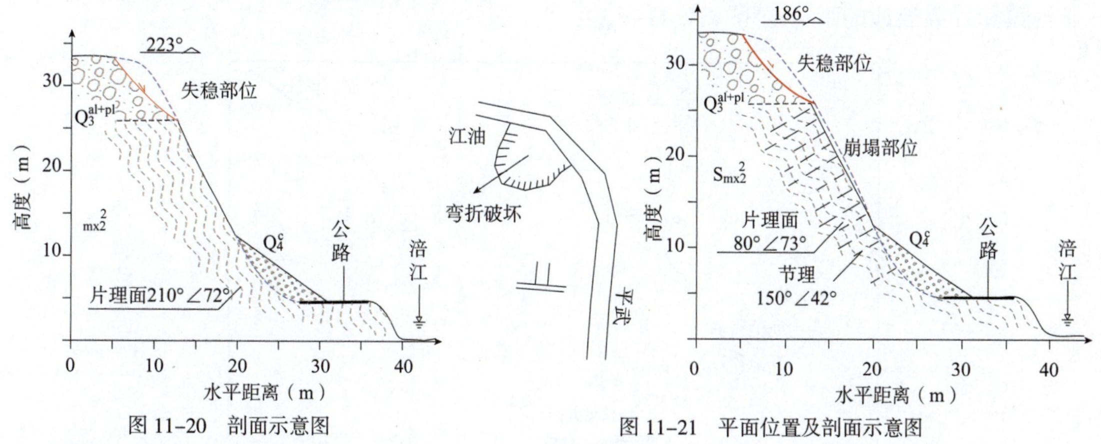

图 11-20 剖面示意图

Figure 11-20 Sketch map of the cross-section

图 11-21 平面位置及剖面示意图

Figure 11-21 Plane position and sketch map of the cross-section

（8）K141+192 右侧斜坡滑坡

斜坡属基岩—土层二元结构，呈折线形，坡度 45°~50°。基岩为绢云千枚岩，发育片理 130°∠80°，节理 175°∠75°。

在地震动力作用下，坡顶阶地物质顺坡滑塌，堆积于坡脚，方量约 200m³，掩埋公路路基（图 11-22）。

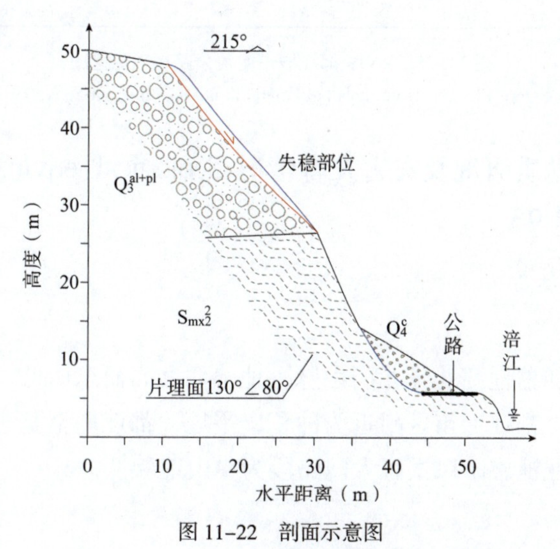

图 11-22 剖面示意图

Figure 11-22 Sketch map of the cross-section

11.3 都江堰—龙池公路 Dujiangyan to Longchi road

11.3.1 公路概况 Highway survey

都江堰—龙池公路（龙池旅游公路）起于都江堰市金叶宾馆，途经二王庙、紫坪铺镇，止于龙池镇的龙池旅游风景区大门，全长 22.4km，宽 6.5~8.5m，该路是汶川地震后龙池镇和外界连通的唯一通道（图 11-23）。

图 11-23 XN19 都江堰—龙池公路地理位置图

Figure 11-23 Dujiangyan to Longchi road location map in XN19

11.3.2 沿线地质概况及灾害发育情况 Geological environmental conditions and disaster situation

11.3.2.1 地质概况

（1）地形地貌

公路沿线位于川西盆地西北缘龙门山脉，地势西北高而东南低，属亚热带湿润季风气候，沿线地形较复杂，都江堰市区附近为冲积扇平原，都江堰至龙池镇路段为侵蚀剥蚀缓中山地貌，龙池镇—龙池旅游风景区大门路段为中山地貌。

（2）地层岩性

公路沿线各地层由新至老依次如下：

①第四系地层（Q_4）

公路沿线第四系地层主要为第四系全新统坡残积层（Q_4^{el+dl}）、崩坡积层（Q_4^{c+dl}）、滑坡堆积层（Q_4^{del}）、崩积层（Q_4^{c}）、冲洪积层（Q_4^{al+pl}），以及更新统冰水堆积层（Q_p^{fgl}）等。

②白垩系地层

白垩系（K）：紫红色岩屑石英砂岩、粉砂岩、棕红色砂质泥岩，少量棕红色块状砾岩和灰褐色岩屑砂岩。

③侏罗系地层

上统莲花口组上段（J_3l^2）：紫红色砂岩、黄棕色岩屑石英砂岩与棕红色粉砂岩、泥岩不等厚韵律互层，分布于都江堰市区附近路段。

④三叠系地层

三叠系须家河组（T_3xj）：浅灰色厚层白云岩、白云质灰岩、黑色炭质页岩及紫灰色泥质灰岩、粉砂岩，主要分布在麻溪乡紫坪铺—龙池乡路段及龙池乡附近路段。

⑤二叠系地层

下统（P_1）：灰岩、白云质灰岩、泥质灰岩夹燧石条带及页岩，底部夹铝土页岩及煤，分布于龙池隧道附近。

⑥石炭系地层

石炭系（C）：灰岩、泥灰岩，分布于龙池隧道出口侧下山公路一线。

⑦震旦系地层下统火山岩组（Za）

灰绿色安山岩夹灰褐色晶屑岩屑安山凝灰熔岩，角砾集块岩、流纹岩。下部为安山玄武岩。东西两端为流纹岩夹英安岩，顶部断失，分布于龙池镇东岳村附近。

⑧元古代徽江—晋宁期地层

元古代徽江—晋宁期岩浆活动是川西地区最强烈的一次岩浆活动，具有多期活动性和连续演化的特点，五期岩浆活动形成延续上百公里的的“杂岩带”。龙池景区一带处于“彭灌杂岩体”上。龙池镇东岳村—龙池旅游风景区及景区附近分布花岗岩。

a. 第四期斜长花岗岩（$\gamma_{o2}^{(4)}$）：分布于龙池镇东岳村—龙池旅游风景区大门段。

b. 第五期钾长花岗岩（$\gamma_{k2}^{(5)}$）：分布于龙池旅游风景区大门附近及景区内路段。

（3）地质构造

都江堰至龙池路段隶属于九顶山华夏系前龙门山褶断带。前龙门山褶断带是晚古生代（包括三叠系）沉降中心，特别是泥盆纪—石炭纪下陷最强烈。印支运动和燕山运动使地层发生全形褶皱和剧烈的断裂，形成所谓的“叠瓦式断裂”。公路沿线总体上位于彭灌复背斜南东翼。公路沿线褶皱断裂构造极其发育，二王庙断层从紫坪铺附近通过，麻溪断层从龙池隧道进口路段通过，映秀断层从龙池景区内通过。龙池隧道穿越懒板凳—白石飞来峰。飞来峰由北西向南东推覆，泥盆系及三叠系下统地层逆冲推覆于三叠系须家河组之上，断层面多被掩盖，常成为陡崖，附近的岩石常有炭化现象。

11.3.2.2 灾害发育情况

（1）公路沿线地震地质灾害概况

都江堰—龙池公路沿线受汶川大地震的影响，地质灾害十分发育，特别是龙池国家森林路段处于中央断裂带上，剧烈的断层错动导致山体大规模崩滑。根据中国地震局发布汶川8.0级地震烈度分布图，公路沿线地震烈度达Ⅷ～Ⅺ度。

根据地质灾害发育分布情况，可将公路沿线划分为三段，如表11-3所示。

表11-3 XN19都江堰—龙池公路沿线地震地质灾害发育情况表

Table 11-3 Dujiangyan to Longchi section of road distribution of geological disasters in XN19

段落范围	地层岩性	地质结构	地形地貌	地震地质灾害发育情况
都江堰—龙池隧道进口	$T_3x^2+T_3x^3$ 灰岩，炭质页岩	沙金坝向斜南东翼	侵蚀剥蚀缓中山河谷	不发育，小规模崩塌落石
龙池隧道出口—南岳村	$T_3x^2+P_1+C$ 灰岩，白云岩	懒板凳—白石飞来峰	侵蚀剥蚀缓中山河谷	较发育，较大规模的崩塌滑坡
南岳村—景区大门	$\gamma_{o2}^{(4)}+\gamma_{k2}^{(5)}$	彭灌复背斜南东翼	喀斯特陡中山河谷	极发育，较大规模的崩塌滑坡

（2）公路沿线地震地质灾害的主要形式

都江堰—龙池隧道进口路段地震地质灾害不发育，仅局部有小规模的崩塌落石；龙池隧道出口—龙池乡南岳村路段地震力响应较强烈，公路震害较发育，公路边坡产生较大规模的崩塌和滑坡；龙池乡南岳村—景区大门路段地质灾害极其发育，山体表层产生连片的“剥皮”现象，崩塌体中巨块石较多，最大粒径达到12m，震后泥石流较发育。龙池景区内山体大规模滑塌，崩塌滑坡呈现高速抛射的运动特征。

（3）公路沿线地震地质灾害的发育特点

都江堰—龙池公路沿线处于前龙门山褶断带中央断裂带北川—映秀断层与前山断裂带二王庙断层之间，断裂构造发育，岩体在强烈的挤压揉皱下十分破碎，这为地质灾害的发育奠定了基础。断层对公路沿线地质灾害的发育程度具有明显的控制作用。龙池乡南岳村—景区大门路段，与断层的距离小于3km，斜坡地震力响应十分强烈，地质灾害极为发育，龙池隧道出口—龙池乡南岳村路段与断层的距离3~5km，斜坡地震力响应也很强烈。

公路沿线覆盖层滑坡灾害十分发育，占灾害点总数的3/4。覆盖层滑坡灾害的发育与该地区强烈的构造运动、湿润的季风气候以及较为宽缓的地形有着十分密切的关系。强烈的构造运动致使该地区岩体挤压揉皱强烈，岩体十分破碎，这为滑坡的发育奠定了地质基础。湿润的季风气候使岩体化学风化极为严重，这为覆盖层滑坡的发育提供了物质基础。宽缓的地形则为风化碎落的岩石提供良好的堆积条件。

紫坪铺电站大坝—龙池隧道入口段边坡在强烈的地震力作用下仅产生局部的崩塌落石，这与该路段边坡采用的预应力锚索加固及和喷锚网防护方式有着直接的关系。同一段边坡在强震作用下的稳定性与有无合理的防护措施有着密切的关系。

11.3.3　都江堰—龙池灾害点 The disasters from Dujiangyan to Longchi

都江堰—龙池公路（XN19）沿线公路震害局部极发育，灾害点集中发育于龙池隧道下山出口—景区大门路段，共发生地震地质灾害点 12 处，其中崩塌灾害 3 处，滑坡 8 处，泥石流 1 处，各灾害点分布见图 11–24。

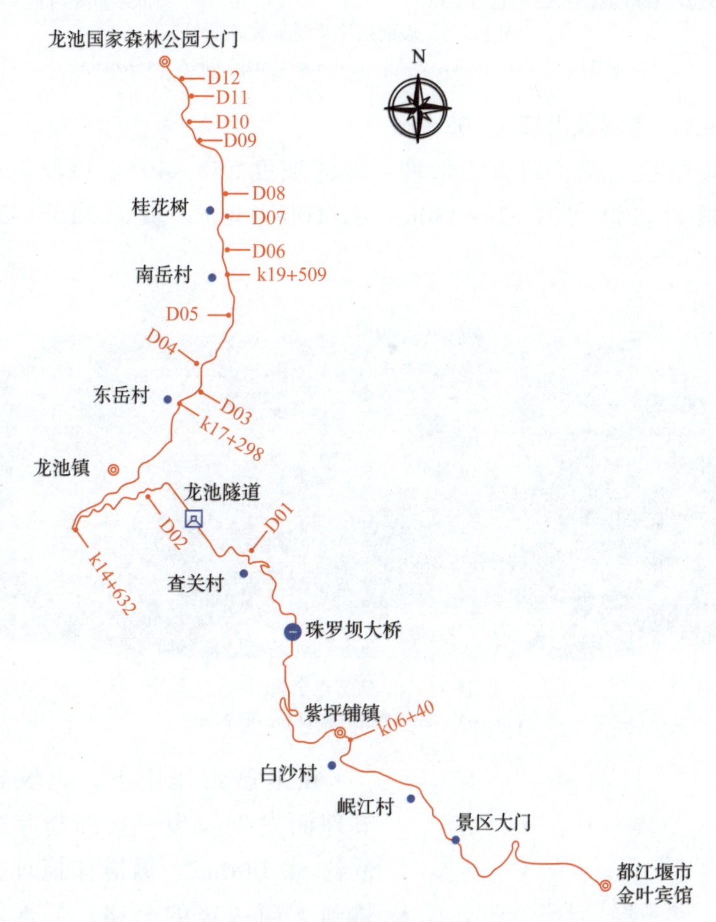

图 11–24　XN19 都江堰—龙池公路沿线地震地质灾害点分布图

Figure 11–24　Dujiangyan to Longchi section of road distribution of geological disasters in XN19

（1）K12+073 右侧斜坡崩塌（D01 号点）

斜坡为基岩—强风化层二元结构。该段斜坡基岩为砂泥岩互层。斜坡高 15~20m，长约 30m，坡向 230°。

在地震力作用下，斜坡坡表局部强风化岩体发生滑移式失稳破坏，总方量约 1 000m³，对公路危害轻微（图 11–25）。

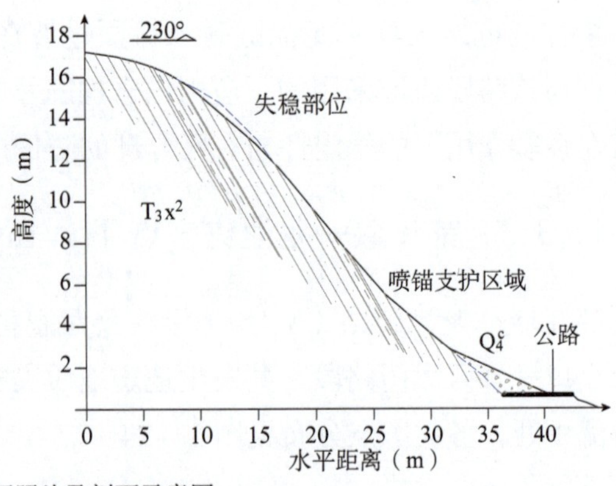

图 11-25 坡面照片及剖面示意图

Figure 11-25 The photos of slope and sketch map of the cross-section

（2）K14+292 左侧斜坡滑坡（D02 号点）

斜坡为反倾层状结构，属折线形坡，坡体坡度 35°~40°。该段斜坡基岩为须家河组 T_{3xj} 砂、页岩。斜坡高 120~230m，长 100~250m，坡向 315°~325°（图 11-26）。

图 11-26 灾害点全貌图

Figure 11-26 Full view of the disaster

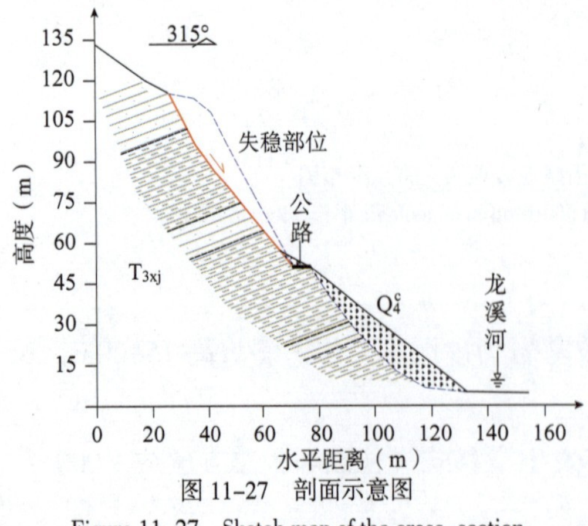

图 11-27 剖面示意图

Figure 11-27 Sketch map of the cross-section

在地震力作用下，边坡岩体沿层面及节理面发生拉裂—剪断滑移式破坏，总方量约 50 000m³。塌滑体掩埋公路，并常威胁到下面一级的公路，局部路基下沉（图 11-27）。

（3）K17+275~K18 之间右侧斜坡滑坡（D03 号点）

斜坡为河流堆积物土质斜坡，属折线形坡，原自然边坡坡度均在 60°以上，垮塌后的边坡依然较陡，坡体坡度 40°~50°。该段斜坡堆积物为卵石层。斜坡高 20~30m，长 15~20m，坡向 120°~150°。

在地震力作用下，边坡土体沿其内软弱面顺坡产生滑移式失稳破坏，总方量约 2 000m³，掩埋公路，迫使公路向右临时改线（图 11-28）。

图 11-28　坡面变形照片及剖面示意图

Figure 11-28　The photos of Slope deformation and sketch map of the cross-section

（4）K18+380~500 左侧斜坡滑坡（D04 号点）

斜坡为块状结构，属折线形坡，斜坡陡峭，自然坡度 45°~50°。该段斜坡基岩裸露，出露破碎的暗红、灰色火山碎屑岩。斜坡高度约 290m，长约 250m，坡向约 255°。

在地震力作用下，边坡中上部破碎岩体发生拉裂—顺走向滑移式破坏失稳，堆积坡脚，局部岩体抛射式运动，总方量约 30 000m³，掩埋下方公路及 5 户居民（图 11-29）。

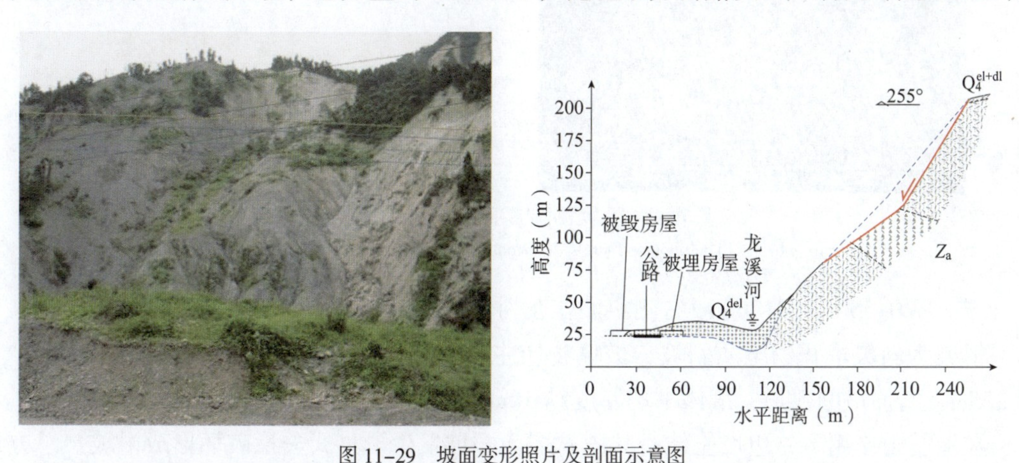

图 11-29　坡面变形照片及剖面示意图

Figure 11-29　The photos of slope deformation and sketch map of the cross-section

（5）K19+170 左侧斜坡滑坡（D05 号点）

斜坡为河流堆积物土质斜坡，属折线形坡，平均坡度 35°~40°。该段斜坡堆积物为卵石层及火山岩。斜坡高约 93m，长约 87m，坡向约 80°。

在地震力作用下，坡表大量块石滚动失稳，大块石堆积于公路边，总方量约 60 000m³，掩埋下方河道，对公路基本无危害（图 11-30）。

（6）K19+850 处右侧斜坡滑坡（D06 号点）

斜坡为河流堆积物土质斜坡，属直线形坡，平均坡度 30°~35°。该段斜坡堆积物为卵石夹块碎石及黏土。斜坡高 15~20m，长 10~20m，坡向约 242°。

在地震力作用下，边坡中上部土体沿其内软弱面顺坡发生滑移式失稳破坏，总方量约 6 000m³，失稳物质全部或部分掩埋路面（图 11-31）。

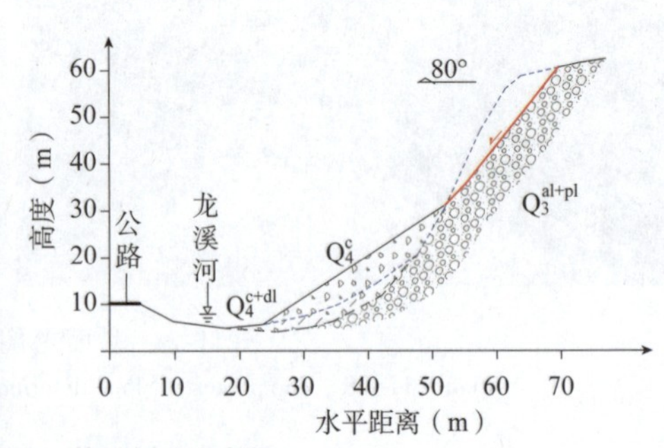

图 11-30　坡表失稳岩土体及剖面示意图

Figure 11-30　The photos of unstable rock and soil of the slope and sketch map of the cross-section

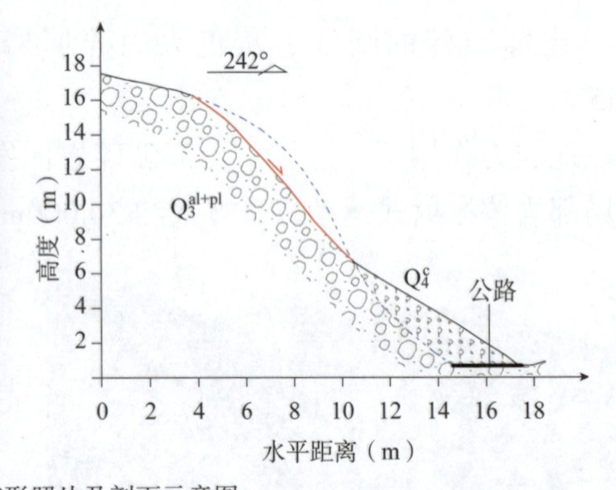

图 11-31　坡面变形照片及剖面示意图

Figure 11-31　The photos of slope deformation and sketch map of the cross-section

（7）K20+550~K20+760 段右侧斜坡桂花树村滑坡（D07 号点）

斜坡为斜坡堆积物土质斜坡，坡体物质主要为块、碎石土。滑坡主轴长约 110m，宽约 205m，滑面呈圆弧形，滑体平均厚度约 10m。

在地震力作用下，边坡土体沿其内软弱面顺坡发生滑移式失稳破坏形成滑坡，总方量约 220 000m³，掩埋河道、公路及 6 户居民（图 11-32）。

（8）K22+825 右侧斜坡崩塌（D09 号点）

斜坡为块状结构，斜坡上陡下缓，陡坡段多为基岩裸露，坡度 40°~50°，缓坡段斜坡坡度稍缓，坡度 15°~20°。该段斜坡基岩主要为花岗岩。斜坡高约 150m，长约 350m，坡向约 236°。

在地震力作用下，边坡块状结构岩体发生抛射式失稳破坏，岩体抛射形成滚石，最大粒径约 7.5m，总方量约 5 000m³，滚石运动至公路（图 11-33 和图 11-34）。

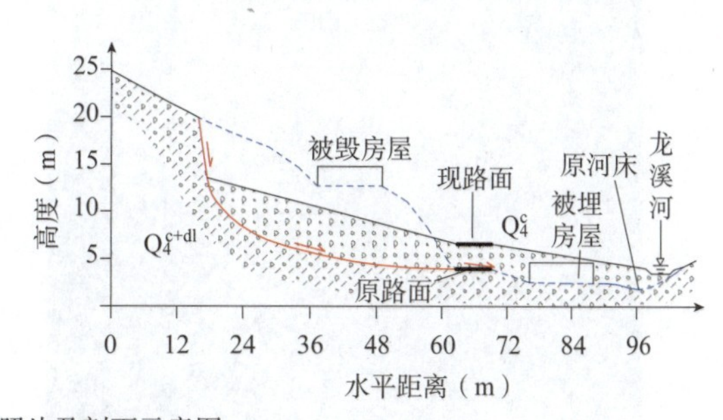

图 11-32 坡面照片及剖面示意图

Figure 11-32 The photos of slope and sketch map of the cross-section

图 11-33 坡面变形照片

Figure 11-33 The photos of slope deformation

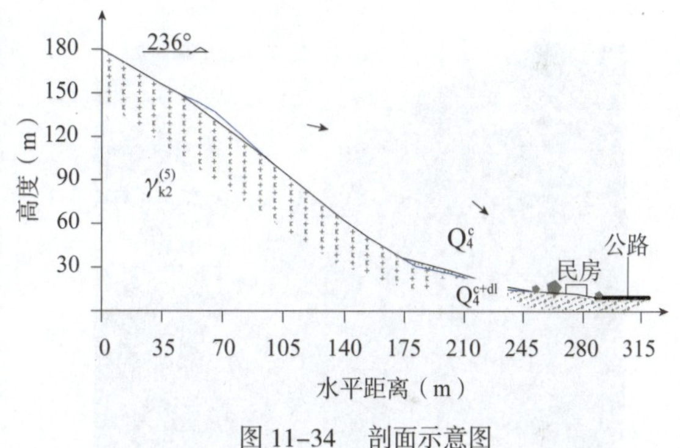

图 11-34 剖面示意图

Figure 11-34 Sketch map of the cross-section

（9）K23+187 右侧斜坡滑坡（D10 号点）

斜坡为河流堆积物土质斜坡，边坡坡度 30°~40°。该段斜坡坡体中上部出露 Q_4^{al+pl} 漂卵石，下部为花岗岩。斜坡高 40~50m，长 50~60m，坡向约 225°。

在地震力作用下，边坡中上部河流堆积物土体沿其内软弱面发生滑移式失稳破坏，总方量约 60 000m³，失稳土体堆积在坡脚，部分掩埋公路（图 11-35）。

（10）K23+608 右侧斜坡崩塌（D11 号点）

斜坡为块状结构，坡度 50°~60°。该段斜坡出露基岩为 $\gamma_{K2}^{(5)}$ 钾长花岗岩，主要发育两组节理：① 250°∠70°，② 170°∠60°。斜坡高 50~100m，长 60~90m，坡向 180°。

在地震力作用下，边坡上部块状结构岩体沿节理面发生溃散式失稳破坏，总方量约 30 000m³，部分或全部掩埋道路（图 11-36）。

（11）K23+067 右侧斜坡滑坡（D12 号点）

斜坡为斜坡堆积物土质斜坡，自然坡度约 45°。斜坡堆积物主要为第四纪崩坡积块碎石土（Q_4^{dl+pl}）。斜坡高 15~20m，长 10~20m，坡向约 240°。

在地震力作用下，斜坡中上部土体沿其内软弱面发生滑移式失稳破坏，堆积在坡脚，总方量约 5 000m³，掩埋公路（图 11-37）。

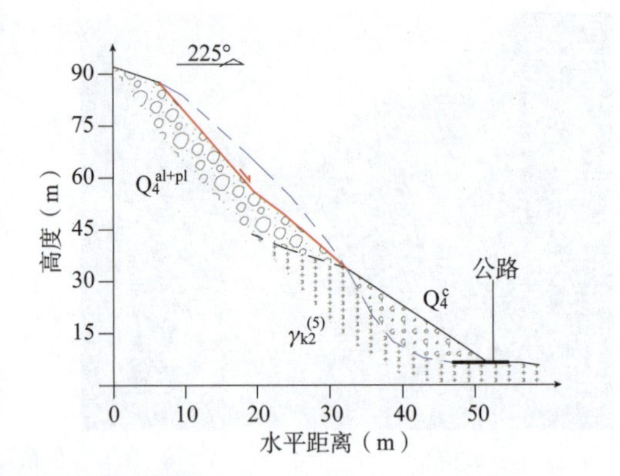

图 11-35 坡面照片及剖面示意图

Figure 11-35 The photos of slope and sketch map of the cross-section

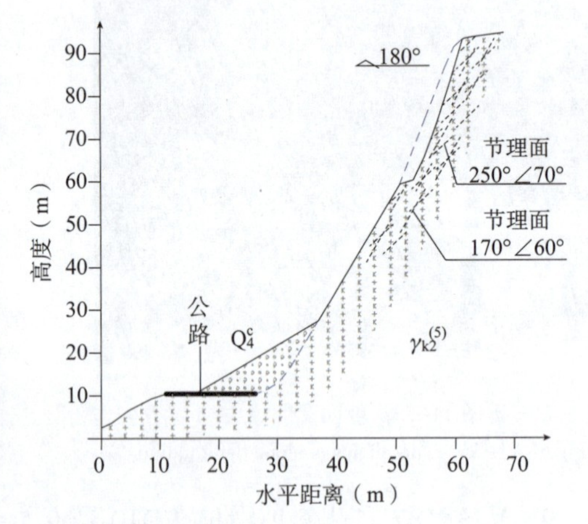

图 11-36 坡面变形照片及剖面示意图

Figure 11-36 The photos of slope deformation and sketch map of the cross-section

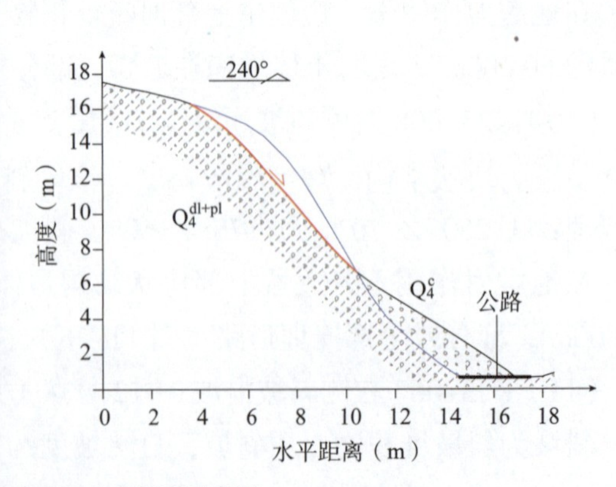

图 11-37 坡面岩土失稳照片及剖面示意图

Figure 11-37 The photos of unstable rock and soil of the slope and sketch map of the cross-section

11.4　漩口—三江公路 Xuankou to Sanjiang road

11.4.1　公路概况 Highway survey

汶川县漩口（寿江桥）经水磨—三江二级公路（XU09）是连接 G213 和汶川三江镇的唯一通道，三江也是“5·12”汶川 8.0 级特大地震后部分民众步行进出耿达和卧龙的必经之路。公路路线起于漩口乡寿江大桥南桥头，经郭家坝、水磨镇、白石村到达三江境，路线全长 20.8km（图 11-38）。

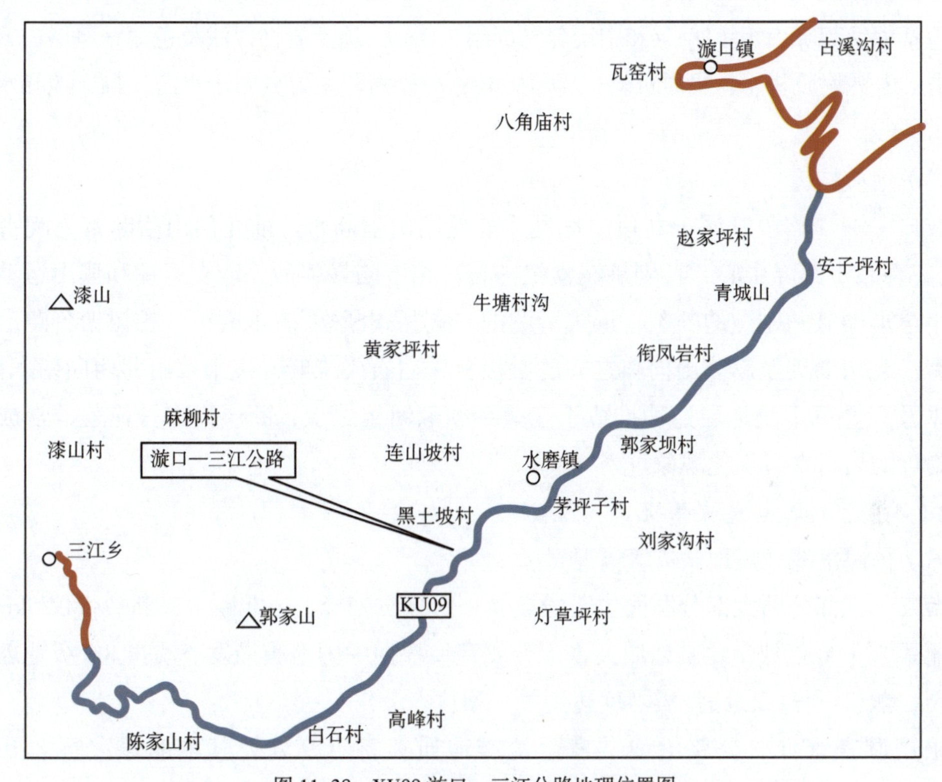

图 11-38　XU09 漩口—三江公路地理位置图

Figure 11-38　Xuankou to Sanjiang road location map in XU09

11.4.2　沿线地质概况及灾害发育情况 Geological environmental conditions and disaster situation

11.4.2.1　地质概况

（1）地形地貌

漩口—三江公路沿线隶属于龙门山山脉，地势西北高而东南低，属亚热带季风气候，沿线地形较复杂，属喀斯特侵蚀剥蚀缓中山河谷地貌，最低处为寿江大桥，公路沿岷江支流寿溪河逆流而上经水磨镇至三江乡。

（2）地层岩性

公路沿线各地层由新至老依次如下。

①三叠系地层

包括须家河组上段（T_3xj^3）和须家河组中段（T_3xj^2），地层岩性为黑色炭质页岩夹深灰色厚层岩屑砂岩、浅灰色厚层白云岩、白云质灰岩夹紫灰色泥质灰岩，以及粉砂岩、薄煤层，主要分布于寿江桥—水磨镇路段和三江镇附近。

②二叠系地层下统（P_1）：灰岩、白云质灰岩、泥质灰岩夹燧石条带及页岩，底部夹铝土页岩及煤，分布于水磨镇及照壁杠附近。

③泥盆系地层

包括中统观雾山组（D_2g）和中统养马坝组（D_2y），地层岩性以浅灰色薄—厚层白云质灰岩，白云岩夹泥质灰岩、炭质页岩、岩屑砂岩、粉砂岩，主要分布于水湾—赖家地和水磨—陈家山一线。

（3）地质构造

漩口—三江路段隶属于九顶山华夏系前龙门山褶断带。前龙门山褶断带是晚古生代（包括三叠系）沉降中心，特别是泥盆纪—石炭纪下陷最强烈。印支运动和燕山运动使地层发生全形褶皱和剧烈的断裂，形成所谓的“叠瓦式断裂”。水磨镇—柏树塘公路沿线处于映秀—北川断裂及赵公山向斜之间的懒板凳—白石飞来峰。飞来峰由北西向南东推覆，泥盆系及三叠系下统地层逆冲推覆于三叠系须家河组之上，断层面多被掩盖，常成为陡崖，附近的岩石常有炭化现象。

11.4.2.2 灾害发育情况

（1）公路沿线地震地质灾害概况

漩口—三江公路大部分路段位于懒板凳—白石飞来峰上，北距中央断裂带仅 5km，岩体挤压揉皱十分强烈，地震地质灾害十分发育。根据中国地震局发布汶川 8.0 级地震烈度分布图，漩口—三江公路地震烈度达到Ⅹ～Ⅺ度。

根据调查统计，公路沿线共发生地震地质灾害点 9 处，其中崩塌灾害 8 处，滑坡（滑塌）1 处。根据地质灾害发育分布情况，可将公路沿线划分为三段，如表 11-4 所述。

（2）公路沿线地震地质灾害的主要形式

公路沿线崩塌十分发育，约占灾害点总数的 90%。各路段因地质环境的差异震害类型也有所不同。漩口寿江桥—水磨镇路段地震地质灾害以小规模崩塌落石为主；水磨镇—黑土坡段黑土坡电站附近发育了两处较大规模的崩塌，掩埋公路 0.5km；黑土坡—陈家山路段震害较轻，灾害类型以小规模崩塌落石为主；陈家山—照壁村路段斜坡动力响应极为显著，大规模的崩塌连片发育，并形成了一处堰塞湖；照壁村—三江镇路段地质灾害不发育，仅有小规模的零星掉快。

表 11-4 XU09 漩口—三江公路沿线地震地质灾害发育情况表

Table 11-4 Xuankou to Sanjiang section of road distribution of geological disasters in XU09

段落范围	地层岩性	地质结构	地形地貌	地震地质灾害发育情况
寿江桥—水磨镇	T_3x^2+D_2y 砂岩，泥灰岩	赵公山向斜北西翼	喀斯特侵蚀剥蚀缓中山河谷	较发育，小规模崩塌落石
水磨镇—黑土坡	D_2y+D_2g 灰岩，白云岩	懒板凳—白石飞来峰	喀斯特侵蚀剥蚀陡中山河谷	发育，较大规模崩塌
黑土坡—陈家山	D_2y+D_1g 灰岩，白云岩	懒板凳—白石飞来峰	喀斯特侵蚀剥蚀缓中山河谷	较发育，小规模崩塌
陈家山—照壁村	D_2g+P_1 灰岩，白云岩	懒板凳—白石飞来峰	喀斯特侵蚀剥蚀陡中山河谷	极发育，大规模崩塌
照壁村—三江镇	T_3x^2 砂岩，泥灰岩	懒板凳向斜北西翼	喀斯特侵蚀剥蚀缓中山河谷	较发育，小规模崩塌

（3）公路沿线地震地质灾害的发育特点

漩口—三江公路沿线位于中央断裂带映秀断层与前山断裂带二王庙断层之间的懒板凳—白石飞来峰，断层发育，岩体在强烈的挤压揉皱下十分破碎，这为地质灾害的发育奠定了基础。公路沿线地质灾害的发育程度与断裂构造有着极为密切的关系。懒板凳—白石飞来峰内发育的懒板凳断层在汶川大地震后发生了数次 M_s 为 4~5 级的余震，这表明其具有一定的活动性。这与懒板凳断层通过的部位陈家山—照壁村路段极为发育的地质灾害有十分密切的关系。

公路沿线地质灾害的发育情况与微地貌也有十分明显的关系。高陡斜坡的山脊部位对地震波有显著的端部放大效应。水磨镇—黑土坡路以及陈家山—照壁村路段斜坡相对其他路段较为陡峻，因此崩塌灾害较为严重。

11.4.3 漩口—三江段灾害点 The disasters from Xuankou to Shanjiang

漩口—三江公路（XU09）沿线公路震害局部极发育，灾害点集中发育于陈家山村—照壁村路段，共调查地震地质灾害点 9 处，其中崩塌灾害 8 处，滑坡 1 处。各灾害点分布见图 11-39。

（1）K8+671 左侧斜坡崩塌（01 号点）

斜坡为顺层层状结构，属直线形坡，斜坡近直立，局部微凹，倾角约 80°（原始地面坡度约 60°）。该段斜坡基岩为泥盆系中统养马坝组薄层—中厚层灰岩、泥质灰岩，产状 195°∠32°，主要发育有 2 组节理面：① 140°∠75°，间距为 0.3~2.0m，延伸长大于 5.0m，微张开，切割深约 1.0~5.0m；② 50°∠65°，间距为 0.4~1.5m，延伸长约 1.0m，切割深大于 3.0m。斜坡高约 112m，长约 130m，坡向约 140°。

在地震力的作用下，斜坡中上部强风化岩体沿层面及节理面发生滑移式失稳破坏，总方量约 20 000m³，壅塞河道，淹没公路（图 11-40）。

图 11-39　XU09 漩口—三江公路沿线地震地质灾害点分布图

Figure 11-39　Geological disasters distribution map along the road from Xuankou to Shanjiang section in XU09

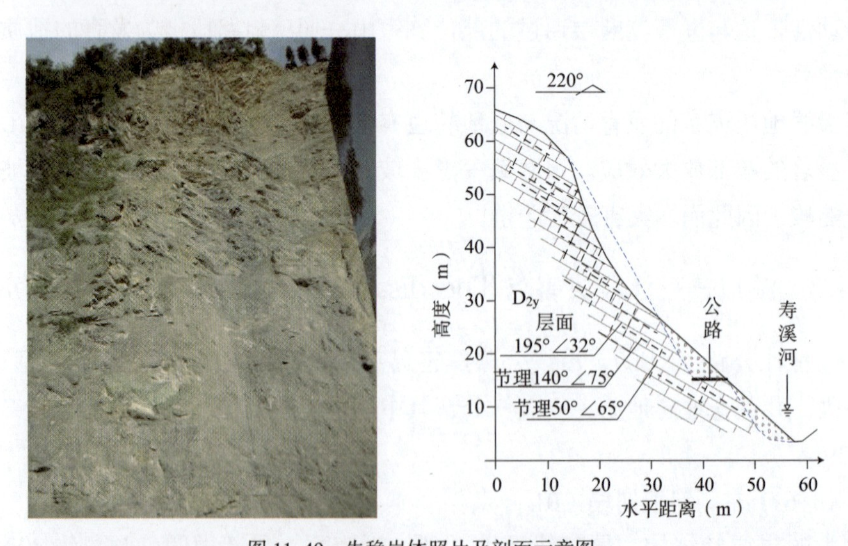

图 11-40　失稳岩体照片及剖面示意图

Figure 11-40　The photos of unstable rock of the slope and sketch map of the cross-section

（2）K14+735 左侧斜坡崩塌（02 号点）

斜坡为顺层层状结构斜坡，属折线形坡，坡体较陡，倾角 70° ~85°，局部直立，该段斜坡基岩裸露，为中厚层状灰岩夹白云质灰岩，层面产状：175° ∠ 57° ；主要发育有两组节理面：① 280° ∠ 45°，② 35° ∠ 51° ~60°。斜坡高约 111m，长约 125m，坡向约 110°。

在地震力的作用下，斜坡中上部岩体沿层面和一组外倾结构面发生滑移式破坏，局部抛射，总方量约 30 000m³，壅塞河道，淹没公路（图 11-41）。

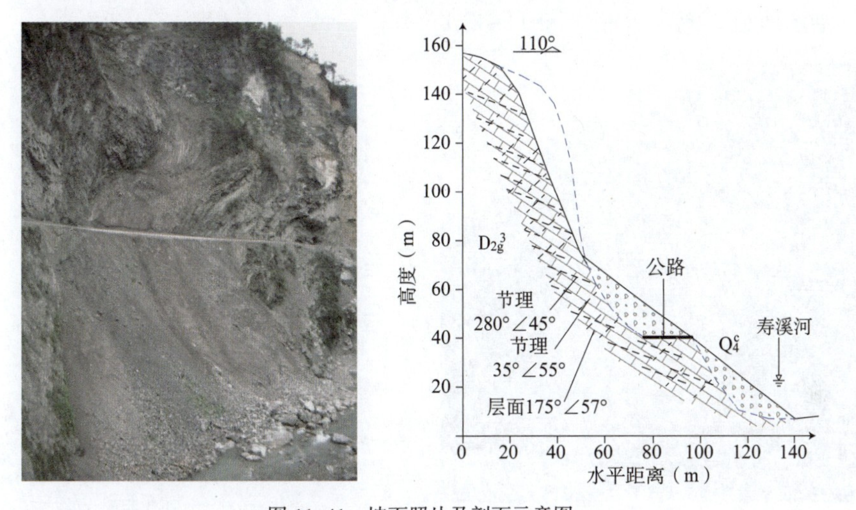

图 11-41 坡面照片及剖面示意图

Figure 11-41 The photos of slope and sketch map of the cross-section

（3）K14+760 右侧斜坡 100m 崩塌（03 号点）

斜坡为顺层层状结构，属直线形坡，坡体近直立，局部倒悬，整体坡角 75° ~87°。该段斜坡基岩裸露，为白云质灰岩，层面产状：180° ∠ 47°，主要发育有两组节理面：① 50° ∠ 65° ；② 235° ∠ 71° ~78°。斜坡高约 60m，长约 65m，坡向约 130°。

在地震力的作用下，坡表岩体沿层面和一组外倾结构面发生顺层滑移式破坏，局部岩体产生倾倒式破坏，总方量约 1 500m³，壅塞河道，淹没公路（图 11-42）。

图 11-42 失稳岩体照片及剖面示意图

Figure 11-42 The photos of unstable rock of the slope and sketch map of the cross-section

（4）K14+850m 左 130m 崩塌（04 号点）

斜坡为反倾层状结构，属直线形坡，斜坡中上部呈陡壁状，倾角 75°~85°。该段斜坡基岩裸露，为薄层状灰岩，少量中厚层状，层面产状 150°∠61°，主要发育有两组节理面：① 50°∠65°；② 230°∠35°。斜坡高约 167m，长 50~60m，坡向约 30°。

在地震力作用下，坡表风化卸荷岩体沿层面及节理面发生滑移式失稳破坏，总方量约 7 000m³，壅塞河道，淹没公路（图 11-43）。

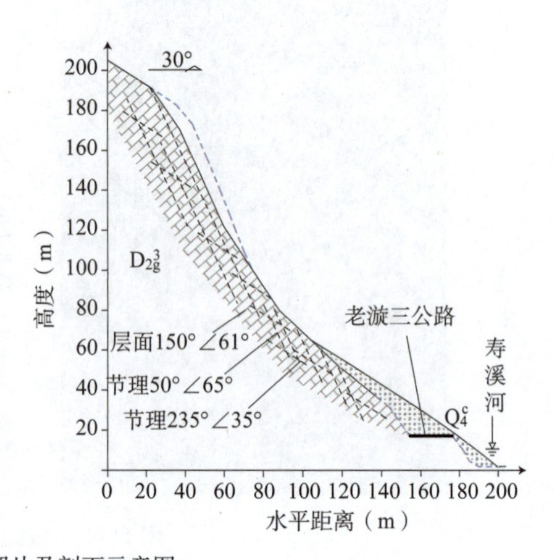

图 11-43 灾害点照片及剖面示意图

Figure 11-43 The photos of disaster and sketch map of the cross-section

（5）K15+661 右侧斜坡崩塌（05 号点）

斜坡为反倾层状结构，属折线形坡，局部近直立，整体倾角 75°~85°。该段斜坡基岩为灰岩，层面产状 150°∠72°，主要发育有两组节理面：① 45°~50°∠60°~65°；② 210°∠65°。斜坡高约 126m，长约 50m，坡向约 25°。

在地震力作用下，坡表风化卸荷岩体沿层面及节理面发生滑移式失稳破坏，局部岩石块体发生倾倒式破坏，总方量约 1 000m³，壅塞河道，淹没公路（图 11-44）。

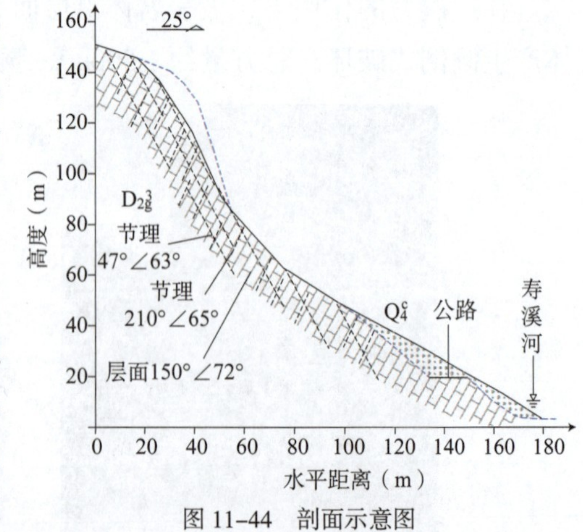

图 11-44 剖面示意图

Figure 11-44 Sketch map of the cross-section

（6）K16+012 左侧斜坡崩塌（06 号点）

斜坡为基岩—土层二元结构，属直线形坡，倾角 50°~65°。该段斜坡基岩为泥盆系中统观雾山组第四段薄层—中厚层状白云质灰岩偶夹炭质页岩，层面产状 150°∠69°，发育有两组节理面：① 40°∠53°；② 230°∠47°。斜坡高约 400m，长约 500m，坡向约 160°。

在地震力作用下，斜坡中上部岩体沿层面及节理面发生滑移式失稳破坏，崩塌坠落，总方量 50 000~80 000m³，壅塞河道，淹没公路（图 11-45）。

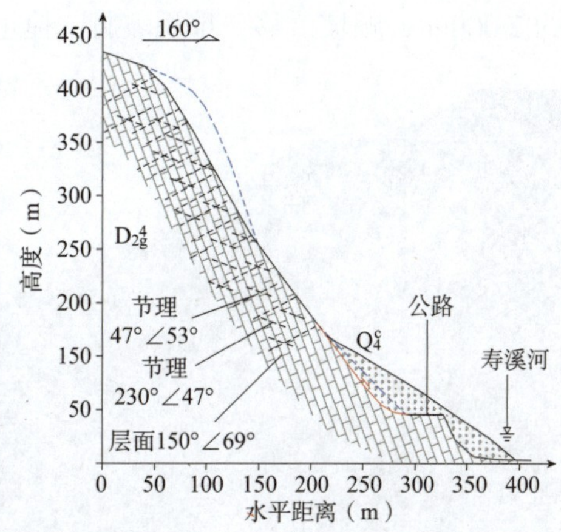

图 11-45　坡面变形照片及剖面示意图

Figure 11-45　The photos of slope deformation and sketch map of the cross-section

（7）K15+900m 右侧斜坡崩塌（07 号点）

斜坡为反倾层状结构，属直线形坡，斜坡近直立，倾角 75° ~85°。该段基岩裸露，为薄层状灰岩、泥质灰岩，产状 145° ∠ 77°，主要发育有两组节理面：① 50° ∠ 40° ；② 230° ∠ 75°。斜坡高约 30m，长约 50m，坡向约 250°。

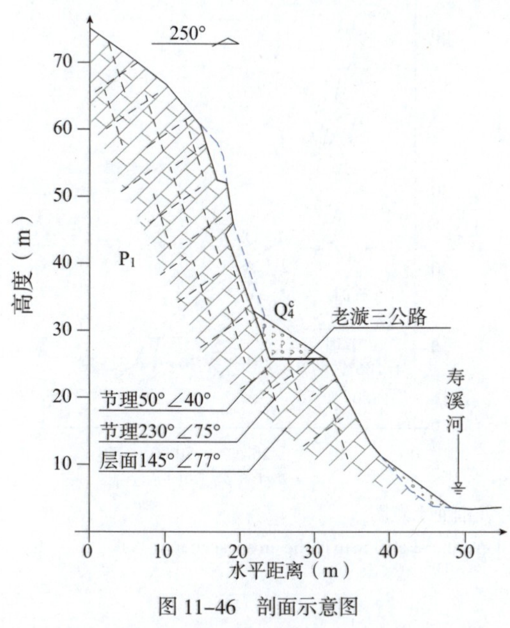

图 11-46　剖面示意图

Figure 11-46　Sketch map of the cross-section

在地震力作用下，边坡中上部岩体沿节理面及层面产生滑移式失稳破坏，堆积坡脚，总方量约 4 000m³，掩埋公路路基（图 11-46）。

（8）K17+014 左侧斜坡滑坡（08 号点）

斜坡为基岩—土层二元结构，属折线形坡，斜坡中上部呈陡壁状，倾角 75° ~85°。该段斜坡基岩为薄层—中厚层灰岩、泥质灰岩，产状 150° ∠ 76°，主要发育有两组节理面：① 52° ∠ 45° ；② 232° ∠ 76°。斜坡高约 400m，长约 150m，坡向 310°。

在地震力作用下，坡表覆盖层沿基覆界面发生顺坡滑塌，掩埋公路，堵塞寿溪河，形成一巨大的堰塞湖，方量 300 000~400 000m³，并淹没公路（图 11-47）。

（9）K18+859 左侧斜坡崩塌（09 号点）

斜坡为顺层层状结构，属折线形坡，斜坡上部陡，下部缓，倾角 40° ~60°，局部近直立。该段斜坡基岩为须家河组细砂岩，层面产状为 267° ∠ 78°，主要发育两组节理面：① 186° ∠ 67° ；② 280° ∠ 30° ~25°。斜坡高约 40m，长约 45m，坡向 220°。

在地震力作用下，斜坡中上部风化卸荷岩体沿层面及节理面发生滑移式失稳破坏，总

方量约 2 000m³，顺坡滑移，堆积坡脚，掩埋公路路基（图 11-48）。

图 11-47　坡面变形照片及剖面示意图

Figure 11-47　The photos of slope deformation and sketch map of the cross-section

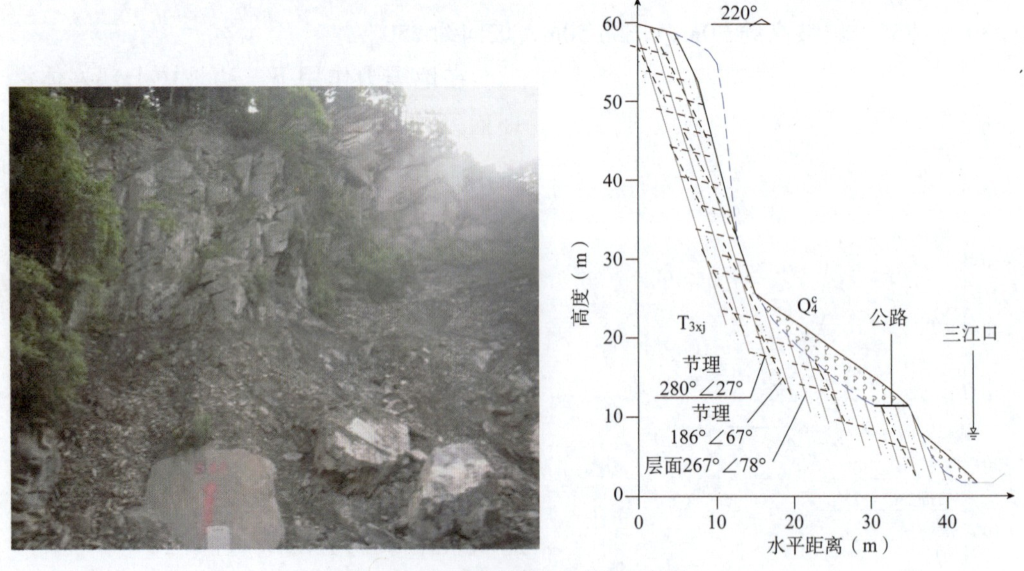

图 11-48　失稳岩体照片及剖面示意图

Figure 11-48　The photos of unstable rock of the slope and sketch map of the cross-section

11.5　什邡—红白—青牛沱公路 Shifang to Hongbai to Qingniutuo road

11.5.1　公路概况 Highway survey

什邡—红白—青牛沱公路是广青公路什邡境内的一段，起于什邡市，止于什邡市红白镇青牛沱（图 11-49），全长约 64km，路基宽度 8~12m，水泥混凝土路面，1966 年建成，并于1997年按二级公路标准改建。沿线连接什邡县城、蓥华镇、金花镇、红白镇、化工厂等，是什邡市通往山区乡镇、重点企业的重要通道。

汶川5.12地震对该路损毁严重，震害形式主要表现为大量崩塌滑坡，砸坏路基路面、掩埋公路，同时由于灾害点沿河谷对称分布，大规模的崩塌滑坡堵塞河道形成了马槽滩及张家山两个较大规模的堰塞湖。

图11-49 什邡—青牛沱公路地理位置图

Figure 11-49 Shifang to Qingniutuo road location map

11.5.2 沿线地质概况及灾害发育情况 Geological environmental conditions and disaster situation

11.5.2.1 地质概况

（1）地形地貌

公路沿线位于四川盆地西北缘，地势由西北向东南方向倾斜，西北部山区属侵蚀剥蚀缓中山地貌，最高峰为岳家山，高度为1 082m；东南部地势平缓，属平坦的冲积扇平原，海拔为700m左右。

（2）地层岩性

该段地层岩性较为复杂，总体来讲：

在前山断裂带下盘方向，主要为侏罗系上统莲花口组（J_{31}）为内陆河湖相砾岩—含砾砂岩—砂岩—泥岩之韵律沉积。底部常为一套厚大块体的砾岩组，砾石成分以石灰岩为主，砂岩、石英岩次之。

在前山断裂与中央主断裂之间，总体分为两段：

前段为三叠系须家河组地层为主，（T_3xj），上部地层岩性为浅灰—灰色，中厚—厚层岩屑石英砂岩、钙质粉砂岩、页岩夹灰岩，下部以黄灰—灰绿等杂色页岩、砂质页岩及粉砂岩为主，附灰色、中—厚层细粒石英砂岩和煤层等。

后段地层岩性较复杂，主要为泥盆系、二叠系、三叠系下、中统地层，灰岩为主，夹有泥页岩。

第四系地层主要为第四系全新统坡残积层（Q_4^{el+dl}）、崩坡积层（Q_4^{c+dl}）、滑坡堆积层（Q_4^{del}）、崩积层（Q_4^{c}）、冲洪积层（Q_4^{al+pl}）等。

（3）地质构造

该段路线主要处于龙门山的山断裂与中央主断裂之间，地质构造复杂，次级断层、褶曲构造极为发育。

11.5.2.2 灾害发育情况

（1）公路沿线地震地质灾害概况

什邡—青牛沱段路线全长约 54km。公路沿线为侵蚀剥蚀缓中山，两侧斜坡横坡陡峻，基岩斜坡多在 40° 以上，部分近于陡立，斜坡高度都在百米之上，部分达到 300m 以上。汶川地震中红白镇—青牛沱西部惊奇欢乐谷路段遭到了极为严重的破坏，西部惊奇欢乐谷、金河磷矿及岳家山分矿都遭到了灭顶之灾，80% 的公路以及 60% 的铁路遭掩埋或淹没，张家山路段滑坡堵塞金河河道形成较大规模的堰塞湖。

根据中国地震局发布的汶川 8.0 级地震烈度分布图及国家有关部门发布的地震烈度图，该段地震烈度为Ⅸ ~ Ⅺ度。

沿线共调查崩塌落石灾害 6 处，滑坡 4 处。根据地质灾害发育分布情况，可将公路沿线划分为三段，如表 11-5 所示。

表 11-5 什邡—青牛沱公路沿线地震地质灾害发育情况表
Table 11-5 Shifang to Qingniutuo section of road distribution of geological disasters

段落范围	地层岩性	地质结构	地形地貌	地震地质灾害发育情况
什邡—八角镇	Q_4	—	冲积扇平原	无
八角镇—红白镇	T_3x^2 砂岩	前龙门山褶皱带	侵蚀剥蚀缓中山	较发育
红白镇—青牛沱	P_1 灰岩	前龙门山褶皱带	侵蚀剥蚀缓中山	极发育

（2）公路沿线地震地质灾害的主要形式

什邡—青牛沱公路由于靠近中央断裂带，公路震害十分严重。根据震害发育特征，可将该路段分为三部分。八角镇云盖村金河出山口—红白镇路段（S01~S03）。该路段位于Ⅸ区，建筑物受损严重，但河谷两岸边坡较为平缓，震害不发育，灾害类型以肋迫陡缓转折端的较小规模滑塌及局部陡立山体的小规模崩塌为主。红白镇—岳家山段（S04~S07）属于Ⅹ度区，虽该路段区域上属于侵蚀剥蚀缓中山地貌，但第一斜坡带由于河谷的强烈斜切，形成高 150~300m，坡度 50° ~60° 的深切河谷，高陡斜坡地震力反应强烈，产生第一斜坡带范围强风化卸荷岩体溃崩式的崩滑，灾害分布呈现沿河谷分布特征，两岸崩滑的大量岩土体堵塞河道，形成马槽滩及张家山两个堰塞湖。S07 点附近有一分支小断裂垂直河谷通过，震后于 2009 年 6 月 29 日曾发生 5.6 级余震。岳家山—西部惊奇欢乐谷路段（S08~S10）沿中央断裂带山谷展线，地震烈度达到Ⅺ度，反倾山体产生百万立方米的沿顺向节理面滑移的大型滑坡，反向及斜向坡山体产生坡表强风化岩体剥皮式的连片崩塌。

（3）公路沿线地震地质灾害的发育特点

公路沿线灾害点的分布与地震波的传播方向有着密切的联系。青牛沱—岳家山路段及小木瓜坪—小梅子林路段总体走向与中央断裂带近于一致，距离中央断裂带均在 10km 以内，斜坡地震力响应极其强烈，灾害点呈现沿河谷对称分布特征，但斜坡南东面灾害发育程度明显高于斜坡北西面。青牛沱—岳家山路段距离断层 0.5km 的单薄山脊南东面山体破坏强烈，而仅一沟之隔的陡立山脊北西侧却仅有小规模的崩塌。木瓜坪—小梅子林路段南东侧山体产生连片大规模的高位崩塌，并堵塞河道形成张家山堰塞湖，而北西侧山体则仅产生较大规模的覆盖层滑塌。岳家山—木瓜坪路段河谷走向与中央断裂带近于垂直，灾害沿河谷对称分布，但斜坡北东向地震力反应强于南西向。

11.5.3　什邡—青牛沱段灾害点 The disasters from Shifang to Qingniutuo

什邡—青牛沱段公路沿线震害极其严重，共调查崩塌灾害 6 处，滑坡 4 处。地质灾害分布见图 11-50。

（1）K45+997 左侧斜坡洛水镇高景关崩塌（S01 号点）

斜坡为顺倾层状结构，上部为陡崖，岩体陡立，坡度 60°~70°，中下部较为平缓。该段斜坡基岩为紫红色砂岩，产状 275°∠45°，主要发育两组节理面：① 335°∠70°；② 65°∠40°。斜坡高约 235m，长约 84m，坡向约 57°。

在地震力的作用下，卸荷岩体向 10° 方向倾倒失稳，后顺坡向 57° 方向沿坡面滚动，总方量约 1 000m³，巨石粒径约 3~4m，砸毁原条石挡墙，砸毁路面，阻断交通（图 11-51）。

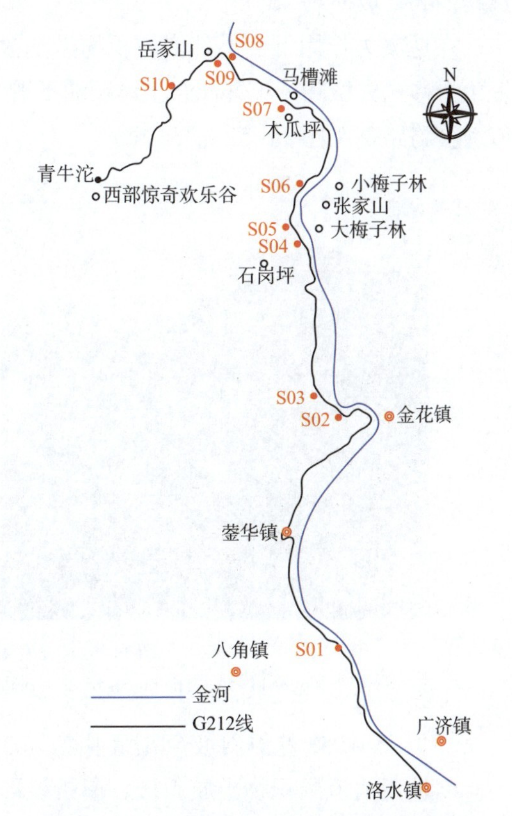

图 11-50　什邡—青牛沱沿线地质灾害分布图
Figure 11-50　Shifang to Qingniutuo section of road distribution of geological disasters

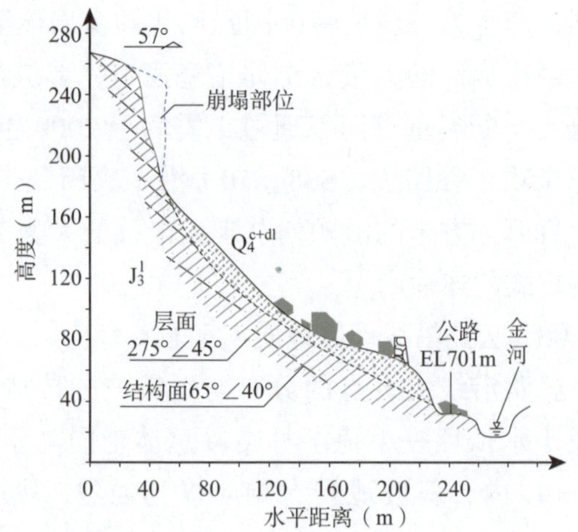

图 11-51　坡面崩落块体照片及剖面示意图

Figure 11-51　Photos of the collapse on the slope and sketch map of the cross-section

（2）K55+249 左侧斜坡金花镇崩塌（S02 号点）

斜坡为斜交层状结构，公路边坡开挖形成陡立临空面。该段斜坡基岩为紫红色砂岩，产状 270°∠47°，主要发育有两组节理面：① 115°∠62°；② 5°∠75°。斜坡高约 235m，长约 84m，坡向约 45°。

在地震力作用下，上部崩坡积物沿基覆界面发生失稳，下部卸荷岩体沿层面及节理面发生滑移式失稳破坏。失稳岩土体顺坡下滑，堆积在坡表较宽缓的位置，总方量约 4 000m³，掩埋公路路基（图 11-52）。

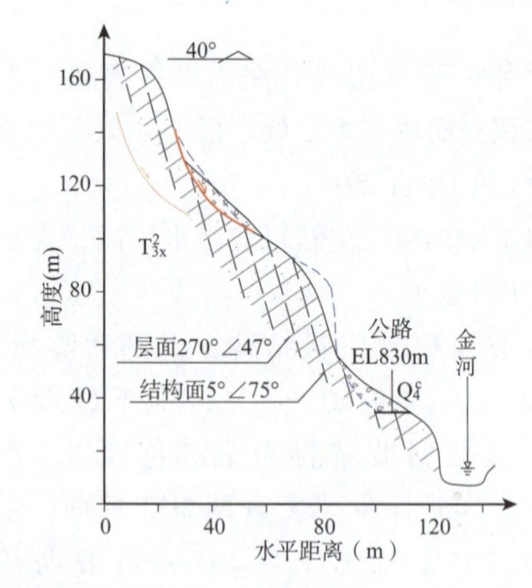

图 11-52　坡表变形照片及剖面示意图

Figure 11-52　The photos of slope deformation and sketch map of the cross-section

（3）K56+052 左侧斜坡金花镇滑坡（03 号点）

斜坡为河流堆积物土质斜坡，属折线形坡。该段斜坡土体主要为砂卵砾石。斜坡高约 235m，长约 84m，坡向约 45°。

在地震力的作用下，边坡上部阶地物质沿其内软弱面发生滑塌破坏，失稳土体顺坡下滑，堆积于坡脚，总方量约 7 000m³，掩埋公路，阻断交通（图 11-53）。

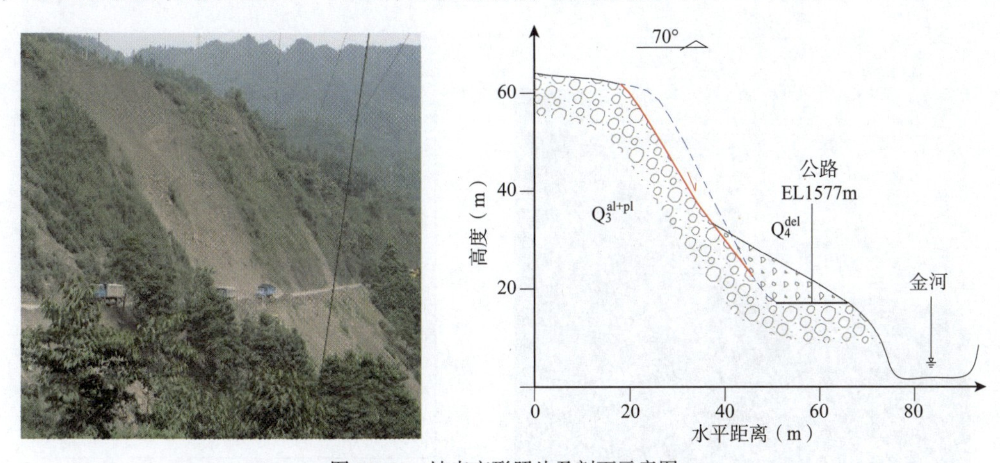

图 11-53　坡表变形照片及剖面示意图

Figure 11-53　The photos of slope deformation and sketch map of the cross-section

（4）K61+211 左侧斜坡崩塌（S04 号点）

斜坡为反倾层状结构，属折线形坡，上陡下缓，上部岩体陡峻，卸荷强烈，坡度 45°~50°，下部为斜坡崩坡积物，坡度 30°~35°。该段斜坡基岩为紫红色砂岩，产状 330°∠45°，结构面：150°∠65°。斜坡高约 105m，长约 480m，坡向 110°~120°。

在地震力作用下，斜坡上部岩体发生倾倒式失稳破坏，沿坡面滚动、弹跳，总方量约 50 000m³，块石粒径约 2m，掩埋公路及下方铁路路基（图 11-54）。

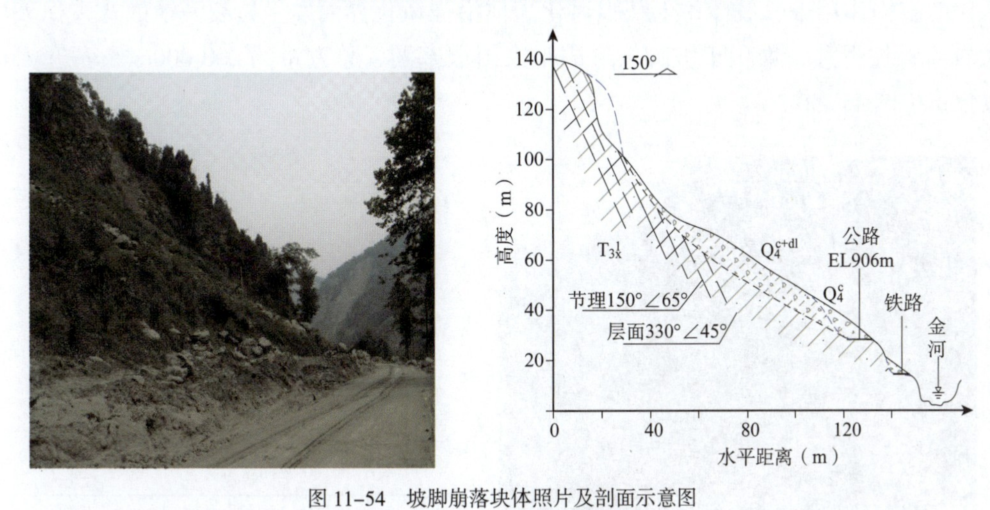

图 11-54　坡脚崩落块体照片及剖面示意图

Figure 11-54　Photos of the collapse on the bottom slope and sketch map of the cross-section

（5）K62+054 左侧斜坡红白镇崩塌（S05 号点）

斜坡为基岩—强风化层二元结构，属折线形坡，上部岩体陡峻，坡度 50°~60°，下部崩积物相对平缓，坡度 30°~40°。该段斜坡基岩为灰岩，产状 255°∠40°。发育一组斜交结构面 15°∠62°。斜坡高约 190m，长约 200m，坡向约 70°。

在地震力的作用下，斜坡上部强风化岩体发生滑移式失稳破坏，强风化岩体溃崩形成块碎石沿坡面运动弹跳，滚动、堆积于坡脚，总方量约 8 000m³，掩埋路面，阻断交通（图 11–55）。

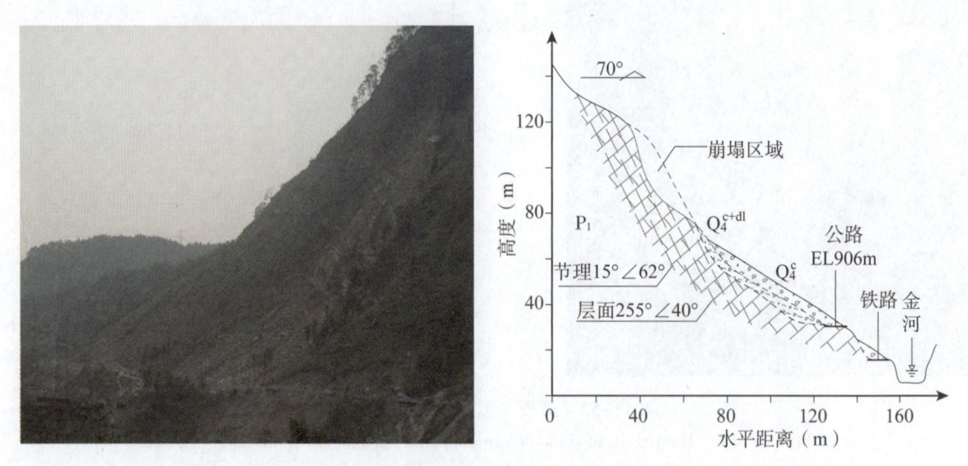

图 11–55　坡表变形照片及剖面示意图

Figure 11–55　The photos of slope deformation and sketch map of the cross–section

（6）K63+316 左侧斜坡红白镇滑坡（S06 号点）

斜坡为基岩—强风化层二元结构，属折线形坡，上部岩体陡峻，坡度 50° ~60°，下部崩积物相对平缓，坡度 30° ~40°。该段斜坡基岩为灰岩，产状 307° ∠ 13°，主要发育有两组解理面：① 20° ∠ 63° ；② 100° ∠ 44°。斜坡高约 190m，长约 200m，坡向约 120°。

在地震力作用下，坡体中上部强风化岩体沿强风化界面发生拉裂—溃散式失稳破坏，失稳岩体顺坡滑移，堆积于坡脚，形成张家山堰塞湖，总方量约 200 000m³，壅塞河道，淹没公路（图 11–56）。

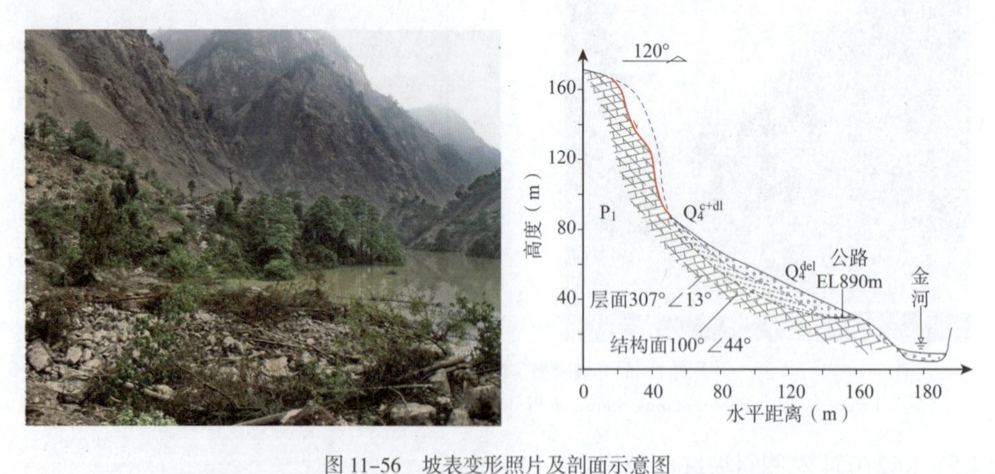

图 11–56　坡表变形照片及剖面示意图

Figure 11–56　The photos of slope deformation and sketch map of the cross–section

（7）K66+964 左侧斜坡红白镇崩塌（S07 号点）

斜坡为斜交层状结构，上陡下缓，上部岩体裸露，卸荷强烈，近于直立，下部崩坡积物斜坡较为平缓。该段斜坡基岩为灰岩，产状 13° ∠ 38°，发育一组顺倾结构面

45°∠85°。斜坡高约 195m，长约 600m，坡向约 30°。

在地震力作用下，斜坡中上部卸荷岩体发生倾倒式失稳破坏，卸荷岩体溃崩，然后沿坡面弹跳，滚动，总方量约 2 000 000m³，壅塞河道，落石损毁路面及明硐（图 11–57~ 图 11–59）。

图 11–57　左岸全貌图

Figure 11–57　Full view of left side of the disaster

图 11–58　右岸全貌图

Figure 11–58　Full view of right side of the disaster

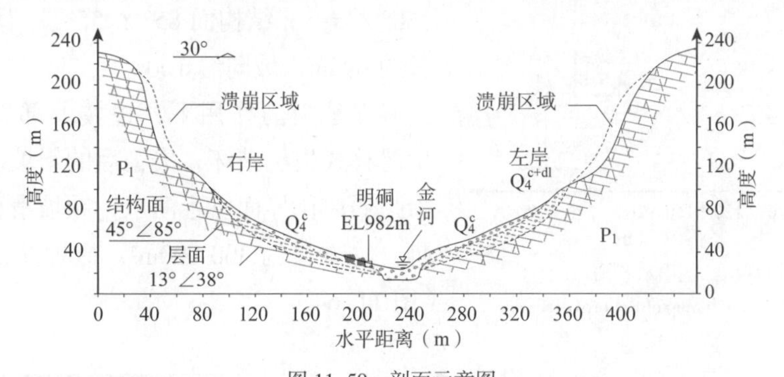

图 11–59　剖面示意图

Figure 11–59　Sketch map of the cross-section

（8）K69+035 右侧斜坡干河口滑坡（S08 号点）

斜坡为基岩—强风化层二元结构，上陡下缓，植被较发育。该段斜坡基岩为灰岩，层面产状为 0°∠45°。斜坡高约 209m，长约 145m，坡向约 35°。

在地震力的作用下，坡表松动岩体沿强弱风化界面溃散，发生拉裂—溃散式失稳破坏，失稳岩体顺坡滑移，堆积于坡脚，总方量约 100 000m³，掩埋路面，砸断铁路桥梁，形成壅塞体（图 11–60 和图 11–61）。

（9）K70+315 左侧斜坡滑坡（S09 号点）

斜坡为顺坡层状结构。该段斜坡基岩为灰岩，层面产状为 0° ∠45° 。斜坡高约 350m，长约 400m，坡向约 340° 。

在地震力作用下，两侧坡体溃裂，进而形成后缘陡峻的拉裂面，下部坡体被剪断，形成统一滑面高速下滑，堆积体厚约 60m，总方量约 1 100 000m³，堆积体掩埋路面，阻断交通（图 11-62 和图 11-63）。

图 11-60 灾害点全貌图

Figure 11-60 Full view of the disaster

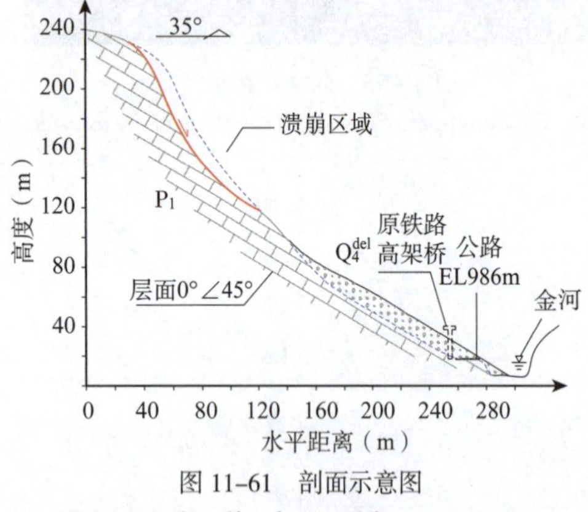

图 11-61 剖面示意图

Figure 11-61 Sketch map of the cross-section

（10）K71+273 左侧斜坡崩塌（S10 号点）

斜坡为基岩—强风化层二元结构，属直线形坡，坡度 40° ~50°。该段斜坡基岩为灰岩，产状 150°∠17°，结构面 85°∠55°。斜坡高约 207m，长约 600m，坡向约 100°。

在地震力作用下，边坡上部岩体沿层面产生滑移式失稳破坏，失稳后的斜坡表层卸荷岩体沿强弱风化界面发生溃散，顺坡滑移，堆积于坡脚，总方量约 300 000m³，掩埋路面，阻断交通（图 11-64）。

a）

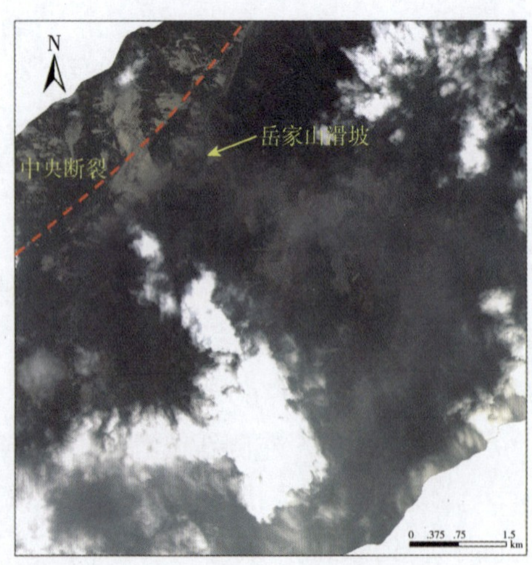

b）

图 11-62 灾害点全貌图

Figure 11-62 Full view of the disaster

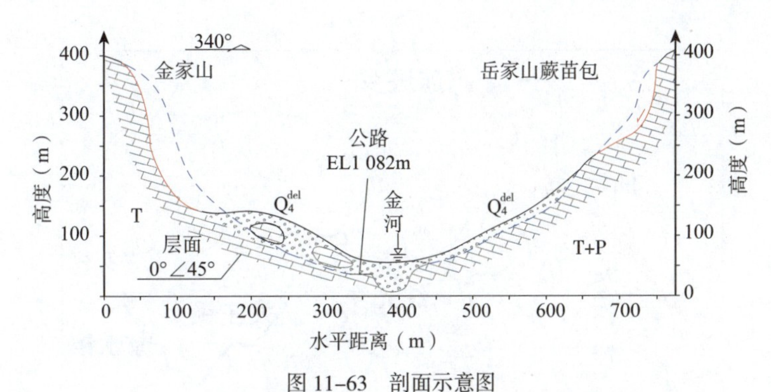

图 11-63　剖面示意图

Figure 11-63　Sketch map of the cross-section

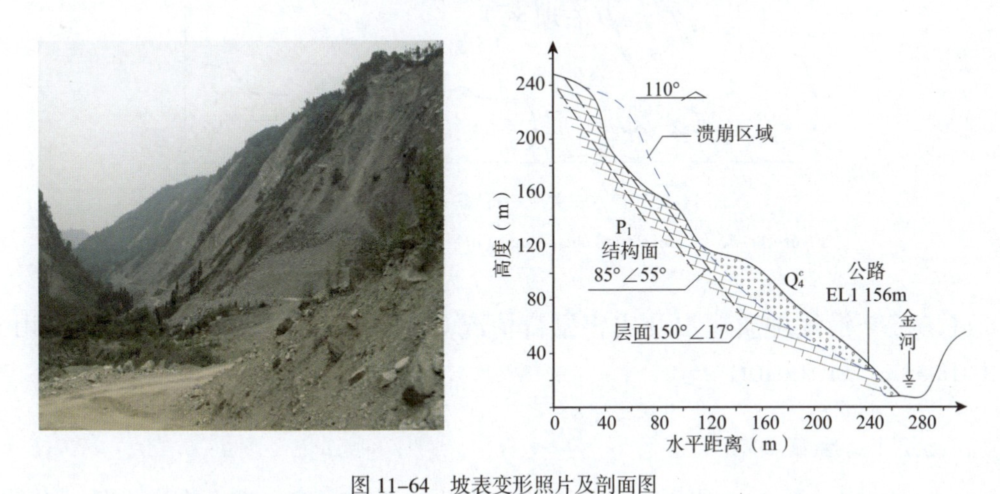

图 11-64　坡表变形照片及剖面图

Figure 11-64　The photos of slope deformation and sketch map of the cross-section

11.6　凉水—关庄—红光—石坝—马公公路 Liangshui to Guanzhuang to Hongguang to Shiba to Magong road

11.6.1　公路概况 Highway survey

汶川地震后，凉水—关庄—石坝—马公公路在马公、石坝等地是龙门山深处乡镇通往外界的交通要道（图 11-65）。公路东起凉水镇，沿青竹江右岸而上经苏河乡、关庄镇到达红光乡东河口村，再沿红石河而上经红光乡、石坝乡，最终到达马公乡。凉水镇—东河口路段为 XH17 凉（水）前（进）路南段，东河口—马公乡路段为 X124 东（河口）雁（门镇）路北段。路线全长 43.4km，其中凉水镇—东河口路段 18km，东河口—马公乡路段 25.4km。汶川地震后，东河口—马公乡路段遭到了极其严重的破坏，大部分路段被掩埋或淹没。在抢险保通大军的浴血奋战下，2008 年 7 月初公路才被抢通。

图 11-65 凉水—关庄—石坝—马公公路地理位置

Figure 11-65 Liangshui to GuanZhuang to Shiba to Magong road location map

11.6.2 沿线地质概况及灾害发育情况 Geological environmental conditions and disaster situation

11.6.2.1 地质概况

凉水—关庄—石坝—马公公路沿线地势为北、西方向高，南、东方向低，公路主要分布在青竹江及红石河两条狭长形的河谷地貌中，属侵蚀剥蚀缓中山河谷地貌。公路沿线地势高低相差较大，最高的马公乡窝前社海拔 1 330m，最低点凉水镇，海拔 630m。

（1）地形地貌

公路沿线跨越龙门山分区以及摩天岭分区之青川—平武小区，主要出露志留系及寒武系地层，各地层由新至老依次如下。

①第四系地层

a. 全新统（Q_4^{al}）：崩坡积残坡积层，冲积或冲洪积层。下部为砂、砾、卵石层，砾石成分复杂，一般以石英岩、火成岩为主，次为砂岩、灰岩等，上部为亚砂土和亚黏土，厚 0.5~5m。沿河岸零星分布。

b. 更新统（Q_{2-3}^{al}）：冰水沉积层，组成二级和三级阶地，堆积物以黏土或亚黏土为主，下部常为砂、砾、卵石夹黏土，零星残存于河谷两岸。

②龙门山分区

泥盆系地层中统观雾山组（D_2g）：上部为灰、灰白色中 ~ 厚层纯白云岩；下部为石英砂岩、粉砂岩夹页岩，呈透镜状分布于关庄镇附近。

③志留系地层（S_{1-3}）

a. 上统沙帽群（S_3sh）：黄灰、紫红色页岩夹薄～中厚层石英细砂岩，底为瘤状泥质灰岩。

b. 中统罗惹坪群（S_2lr）：绿灰色页岩、砂质页岩夹灰岩或生物礁灰岩。

c. 下统龙马溪群（S_1ln）：灰绿色页岩夹砂质页岩及粉砂岩，分布于凉水镇—苏河乡公路沿线。

④寒武系地层

a. 邱家河组上段（$\in g^3$）：变质砂岩、粉砂岩与千枚岩的韵律式不等厚互层，顶夹结晶灰岩透镜体，底部层屑砂岩，主要分布于苏河乡—关庄镇以及石坝乡—马公乡公路沿线。

b. 邱家河组中段（$\in g^2$）：深灰～黑色硅质板岩、炭质绢云母石英千枚岩与块状—透镜状白云质灰岩、硅质岩交替层的韵律式瓦层内夹含铁锰矿，主要分布于石坝乡附近。

c. 邱家河组下段（$\in g^1$）：变质岩屑砂岩、石英细砂岩、砂质千枚岩的韵律互层中部夹炭硅质板岩，硅质千枚岩，局部岩中含锰，顶尖少量灰岩透镜体，主要分布于关庄镇—红光乡—石坝乡一线。

（2）地质构造

公路沿线跨越了两个Ⅱ级构造单元，凉水—苏河属前龙门山推覆—逆冲—滑覆构造带，苏河—马公路段属后龙门山滑脱—逆冲推覆构造带（推覆体）。公路沿线区域在经历了晋宁期的大规模滑脱—顺层韧性剪切变形，澄江—华力西期的泛扬子地块形成及陆内裂陷槽关闭以及印支—喜马拉雅强烈逆冲推覆三个构造演化阶段后，北东向褶皱断层十分发育。中央断裂（北川—茶坝断裂）在青川境内分为南北两支，其中南支大佛岭断裂从苏河乡境内通过，北支酒家垭—小荆坝断裂从马公—石坝—红光—东河口公路沿线通过。东河口—马公公路沿东河口—大院向斜、石坝倒转背斜两翼的红石河两岸展线。

11.6.2.2　灾害发育情况

（1）公路沿线地震地质灾害概况

5·12汶川大地震给青川人民带来了巨大的生命和财产损失，公路交通设施在这次灾害中也遭受严重破坏，境内公路多处路段受阻，部分山体大面积滑坡、路基塌陷、路面飞石密布，特别是位于红光乡的东河口滑坡，掩埋了四个村社，造成了760余人遇难的惨痛伤亡。震裂松弛的公路边坡在余震及暴雨的作用下发生多处滑坡和崩塌，东河口通往马公的公路常被阻断。

根据中国地震局发布的汶川8.0级地震烈度分布图及国家有关部门发布的地震烈度图，凉水镇—东河口路段地震烈度为Ⅸ度，东河口—马公乡路段达Ⅹ度。

根据地震灾害发育分布特点可将公路沿线划分为三段，如表11-6所示。

表 11-6　凉水—马公公路沿线地震地质灾害发育情况表

Table 11-6　Liangshui to Magong section of road distribution of geological disasters

段落范围	地层岩性	地质结构	地形地貌	地震地质灾害发育情况
凉水镇—关庄镇	S_{1-3}+$\in g^1$ 砂岩，炭质板岩	前龙门山推覆—逆冲—滑覆构造带 + 后龙门山滑脱—逆冲推覆构造带	侵蚀剥蚀缓中山河谷	较发育，公路边坡的小规模崩塌和滑塌为主，斜坡动力反应较弱
关庄镇—红光乡	$\in g^1$+$\in g^2$ 千枚岩，硅质板岩	后龙门山滑脱—逆冲推覆构造带	侵蚀剥蚀缓中山河谷	发育，斜坡动力反应强烈，东河口部位岩体失稳呈现抛射运动特征
红光乡—石坝乡	$\in g^1$+$\in g^2$ 灰岩，硅质板岩	后龙门山滑脱—逆冲推覆构造带	侵蚀剥蚀缓中山河谷	较发育，较大规模崩塌及堆积体滑坡为主，泥石流较发育
石坝乡—马公乡	$\in g^1$+$\in g^2$ 灰岩，硅质板岩	后龙门山滑脱—逆冲推覆构造带	侵蚀剥蚀陡中山	极发育，大规模崩塌滑坡，呈现抛射失稳特征，泥石流较发育

（2）公路沿线地震地质灾害的主要形式

凉水—马公公路沿线滑坡和崩塌都很发育，泥石流主要发育于石坝—马公段。石坝—马公段崩塌滑坡连片分布，这为泥石流的发育提供了充足的物源，但公路沿线为侵蚀剥蚀陡中山地貌，山体陡峻，单条沟谷较短小，汇水面积有限，因此泥石流不甚发育。东河口滑坡形成了两处堰塞湖，雨季暴雨后洪水暴涨，漫过滑坡坝，常形成大规模的泥石流。

各路段由于距断层的距离不同，灾害类型及规模形成了一些差异。凉水—关庄路段，斜坡动力反应较弱，灾害类型以公路边坡的小规模崩塌及覆盖层滑塌为主。关庄—红光段接近断层，斜坡动力反应极其强烈，崩塌滑坡连片分布，岩体呈现抛射失稳特征。红光—石坝段以较大规模的崩塌及滑坡为主，堆积体滑坡沿基覆面滑塌，基岩滑坡顺层滑移。中央断裂带北支断层通过石坝—马公路段，大规模的崩塌滑坡连片部分，部分沟谷发育泥石流，斜坡呈现抛射失稳特征。

（3）公路沿线地震地质灾害的发育特点

公路沿线灾害点的分布及规模与断层有十分显著的关系。东河口—马公公路沿石坝河展线，走向与中央断裂带北支断层近于平行，断层上下盘效应十分显著。关庄—东河口路段以及石坝—马公部分路段距离断层不足 1km，灾害十分严重，斜坡高度放大效应显著，岩体呈现抛射失稳特征，并诱发了泥石流活动。东河口—石坝路段处于断层下盘，距离断层 2~3km，灾害点沿石坝河谷带状分布，灾害规模及密度均相对较小，主要以较小规模的崩塌及滑坡为主。中央断裂带南支断层通过的苏河—凉水一线，上下盘效应也较为明显，上盘附近灾害点较为密集，且灾害类型以崩塌为主，下盘以及远离上盘的部位，灾害类型以覆盖层滑塌为主。

极震区灾害类型与岩性也有明显的关系。东河口以及石坝—马公沿线斜坡顶部出露坚硬的厚层状灰岩，下部为较为软弱的硅质板岩及千枚岩。在强烈地震力作用下，斜坡顶部硬岩地层地震波端部放大效应十分强烈，因此出现岩体沿软硬岩层界面抛射失稳现象，如东河口滑坡及寺前头滑坡。部分顶部缺失硬岩地层的路段，斜坡失稳以强烈地震力作用下的拉裂—剪断—滑移式失稳为主，如董家滑坡和画竹背滑坡。

研究区内大型滑坡的产生与发震断层的猛烈错动密切相关。公路沿线的窝前滑坡和东河口滑坡后壁均有断层出露。大型滑坡的滑动方位与断层走向平行，这与该段断层走滑活动特征一致。滑坡区地质灾害分布见图 11-66。

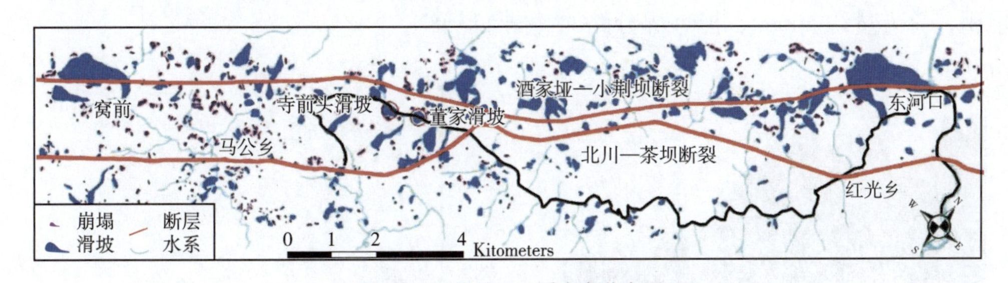

图 11-66　滑坡区地质灾害分布图

Figure 11-66　Distribution of geological disasters in landslide region

11.6.3　凉水—关庄—石坝—马公段灾害点 The disasters from Liangshui to Guanzhuang to Shiba to Magong

公路沿线共发生地震地质灾害点 50 处，其中崩塌灾害 24 处，滑坡 22 处，泥石流 4 处。各灾害点分布见图 11-67。

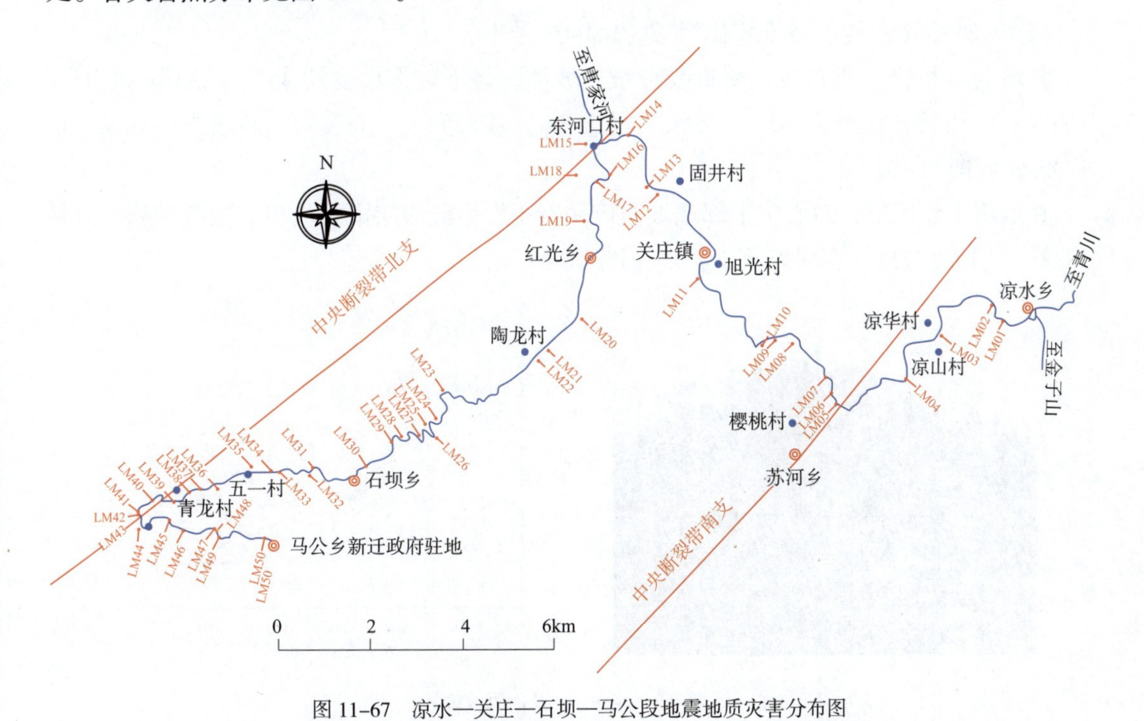

图 11-67　凉水—关庄—石坝—马公段地震地质灾害分布图

Figure 11-67　Liangshui to GuanZhuang to Shiba to Magong section of road distribution of geological disasters

（1）K25+703 左侧斜坡崩塌（LM-01 号点）

斜坡为斜交层状结构，属折线形坡，坡体上缓下陡，坡度约 40°，公路开挖形成陡立临空面。该段斜坡基岩为中风化至强风化千枚岩，层面 357°∠45°，主要发育有两组结构面：① 133°∠80°，陡倾坡外；② 346°∠65°，斜交。斜坡高约 15.4m，长约 44.8m，坡向约 90°。

在地震力作用下，斜坡中上部强风化层岩体沿层面、构造节理面发生滑移式破坏，坡脚堆积，总方量约 $400m^3$，掩埋部分路面（图 11-68）。

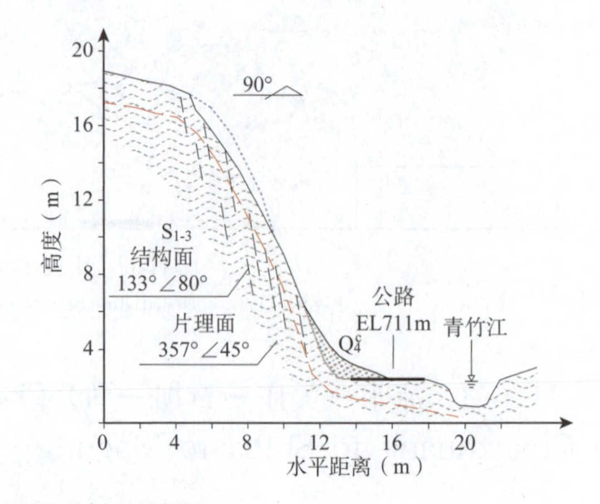

图 11-68 坡面照片及剖面示意图

Figure 11-68 The photos of slope and sketch map of the cross-section

（2）K25+001 左侧斜坡堆积体滑坡（LM-02 号点）

斜坡为堆积物土质斜坡，属折线形坡，坡体上缓下陡，坡度约 45° 。该段斜坡坡表为块碎石，块石含量约为 40%，最大粒径 2~3m。基岩为 S_{1-2} 千枚岩。斜坡高约 63m，长约 68m，坡向约 40° 。

在地震力作用下，斜坡中下部崩坡积碎块石土发生浅表层滑塌失稳，坡脚堆积，方量约 $600m^3$，掩埋公路、损毁路面、挡墙（图 11-69）。

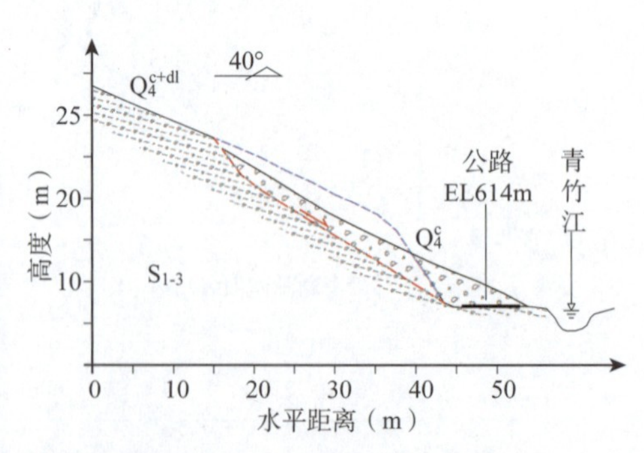

图 11-69 坡面照片及剖面示意图

Figure 11-69 The photos of slope and sketch map of the cross-section

（3）K23+305 左侧斜坡滑坡（LM-03 号点）

斜坡为斜坡堆积物土质斜坡，属折线形坡，坡体上缓下陡，坡度约 40°。该段斜坡坡表为块碎石土，块石含量 25%，最大粒径 0.5~1m。该段斜坡基岩为 S_{1-3} 千枚岩，产状 88°∠12°。斜坡高约 75m，长约 70m，坡向约 310°。

在地震力作用下，斜坡下部的崩坡积碎石土整体沿覆盖层内软弱面向临空面发生滑塌，坡脚堆积，方量约 1 500m³，掩埋公路、损毁路面、挡墙（图 11-70）。

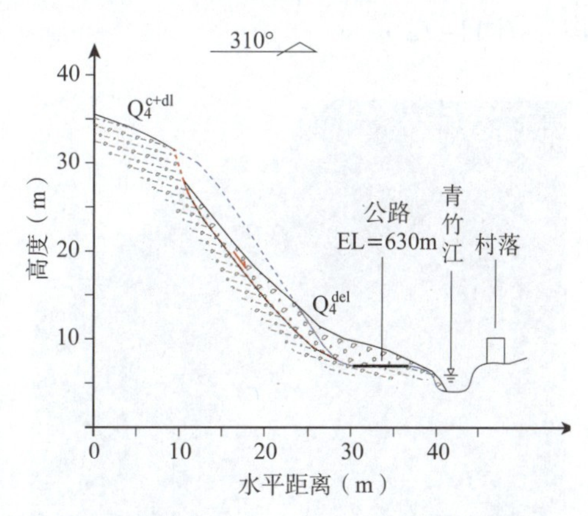

图 11-70 坡面照片及剖面示意图

Figure 11-70 The photos of slope and sketch map of the cross-section

（4）K23+173 左侧斜坡崩塌（LM-04 号点）

斜坡为基岩—强风化层岩土二元结构，属折线形坡，坡体上缓下陡，坡度约 50°，坡脚开挖形成陡立临空面。该段斜坡基岩为强风化 S_{1-3} 千枚岩，岩体揉皱强烈，风化卸荷强烈，岩体呈碎裂结构，发育有劈理面 320°∠55°，侧裂面 48°∠82°。斜坡高约 35.4m，长约 116m，坡向约 0°。

在地震力作用下，斜坡中上部碎裂岩体沿顺倾劈理面发生滑移式失稳，失稳后岩体沿沟道顺坡下泻，堆积于坡脚形成倒石锥，方量约 4 000m³，掩埋公路（图 11-71）。

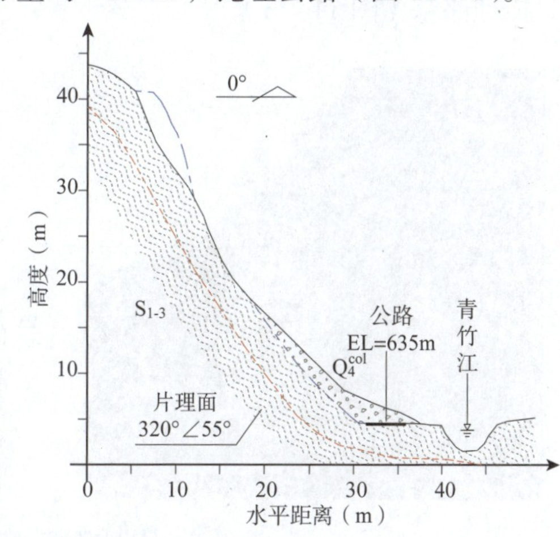

图 11-71 坡面变形照片及剖面示意图

Figure 11-71 The photos of slope deformation and sketch map of the cross-section

（5）K21+061 左侧斜坡崩塌（LM-05 号点）

斜坡为基岩—强风化层岩土二元结构，属折线形坡，坡体上缓下陡，坡度约 42°，

该段斜坡基岩为强风化—中等风化 S_{1-3} 千枚岩，片理产状 290° ∠ 51°，发育节理面 25° ∠ 48°，顺倾。斜坡高约 24.4m，长约 48.4m，坡向约 40°。

在地震力作用下，斜坡下部强风化层岩体沿层面顺坡生发滑移失稳，坡体松弛、解体，进一步沿层面（弱面）下滑，坡脚堆积，方量约 600m³，掩埋公路、落石损毁路面、排水沟（图 11-72）。

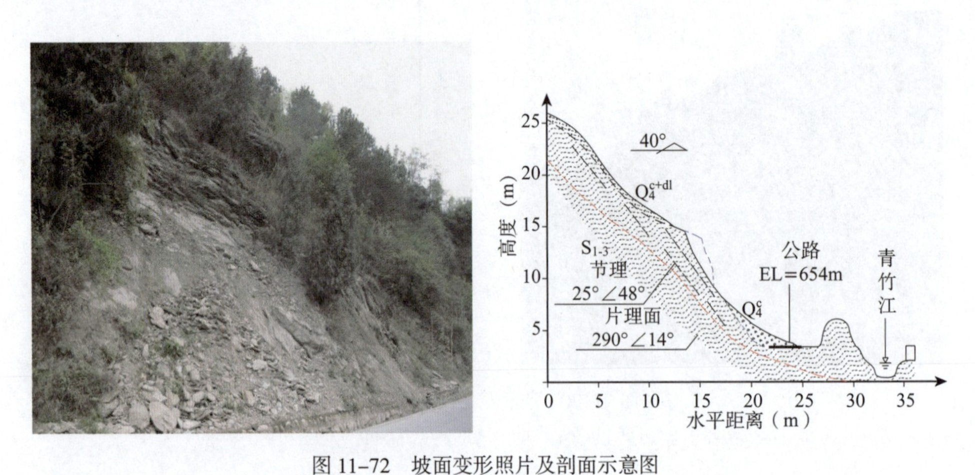

图 11-72　坡面变形照片及剖面示意图

Figure 11-72　The photos of slope deformation and sketch map of the cross-section

（6）K19+663 左侧斜坡堆积体滑坡（LM-06 号点）

斜坡为基岩—土层岩土二元结构，属直线形坡，坡度约 42°。该段斜坡基岩为 S_{1-3} 千枚岩，片理产状 18° ∠ 41°，节理面 320° ∠ 20°。斜坡高约 25m，长约 84m，坡向约 60°。

在地震力作用下，斜坡中下部坡表岩土体松弛，进一步沿基覆界面滑塌，方量约 600m³，掩埋路基（图 11-73）。

图 11-73　坡面变形照片及剖面示意图

Figure 11-73　The photos of slope deformation and sketch map of the cross-section

（7）K18+999 左侧斜坡崩塌（LM-07 号点）

斜坡为斜交层状结构，属折线形坡，坡体上缓下陡，坡度约 55°。该段斜坡基岩为中

等风化 S_{1-3} 千枚岩体，产状 8°∠42°，另外发育两组斜交结构面：侧裂面 150°∠75°，后裂面 40°∠80°。斜坡高约 30.6m，长约 56.4m，坡向约 65°。

在地震力作用下，斜坡中上部坡表岩体松弛、解体，进一步沿两组斜交结构面发生滑移式楔形体破坏，坡脚堆积，总方量约 1 000m³，掩埋公路、排水沟（图 11-74）。

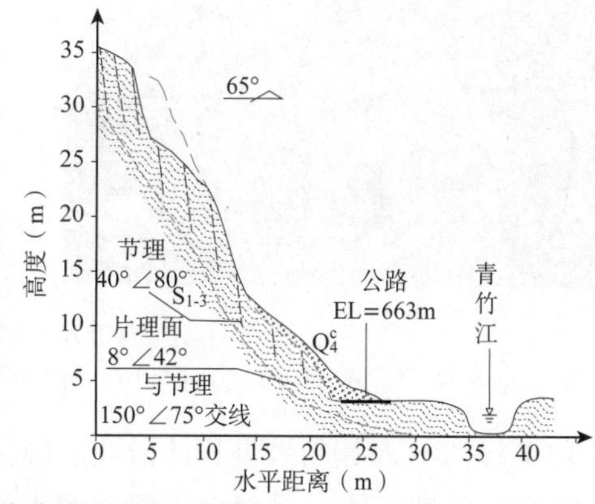

图 11-74 坡面岩土失稳照片及剖面示意图

Figure 11-74 The photos of unstable rock and soil of the slope and sketch map of the cross-section

（8）K17+728 左侧斜坡滑坡（LM-08 号点）

斜坡为斜坡堆积物土质斜坡，属直线形坡，坡体陡倾，坡度约 75°。该段斜坡基岩为 $\in_q$ 硅质板岩，产状 340°∠20°。斜坡高约 14.8m，长约 23.4m，坡向约 25°。

在地震力作用下，斜坡下部坡表崩坡积物沿覆盖层内软弱面发生浅表层滑塌，坡脚堆积，方量约 300m³，掩埋公路路基，落石损毁路面和护栏（图 11-75）。

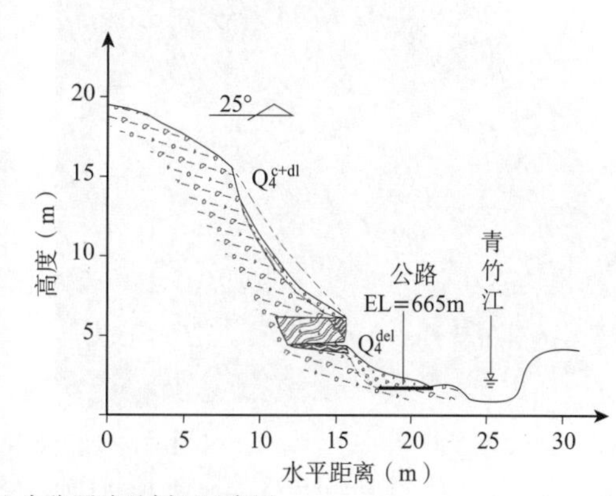

图 11-75 坡面岩土失稳照片及剖面示意图

Figure 11-75 The photos of unstable rock and soil of the slope and sketch map of the cross-section

（9）K17+116 左侧斜坡堆积体滑坡（LM-09 号点）

斜坡为斜坡堆积物土质斜坡，属直线形坡，坡体陡倾，坡度约 42°。该段斜坡基岩为 $\in_q$ 硅质板岩，产状 350°∠10°。斜坡高约 33.4m，长约 76.4m，坡向约 350°。

在地震力作用下，斜坡下部崩坡积物沿覆盖层内软弱结面向临空面方向发生滑塌，方量约 300m³，掩埋公路（图 11-76）。

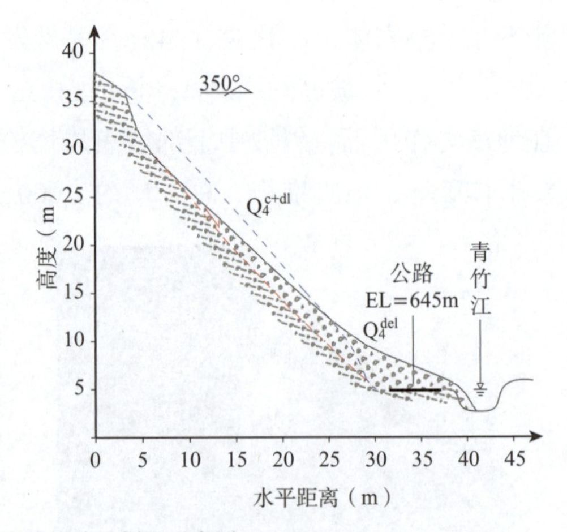

图 11-76 坡面岩土失稳照片及剖面示意图

Figure 11-76 The photos of unstable rock and soil of the slope and sketch map of the cross-section

（10）K16+864 左侧斜坡堆积体滑坡（LM-10 号点）

斜坡为斜坡堆积物土质斜坡，属直线形坡，坡体陡倾，斜坡上部近于直立，发育两处滑坡，坡度约 55°。该段斜坡基岩为 $\in_q$ 硅质板岩，片理产状 110° ∠ 23°。斜坡高约 22.8m，长约 116m，坡向约 335°。

在地震力作用下，斜坡下部坡表崩坡积岩土体沿基覆界面向公路开挖形成的陡立临空面发生滑塌，方量约 1 000m³，掩埋公路，毁坏护栏（图 11-77）。

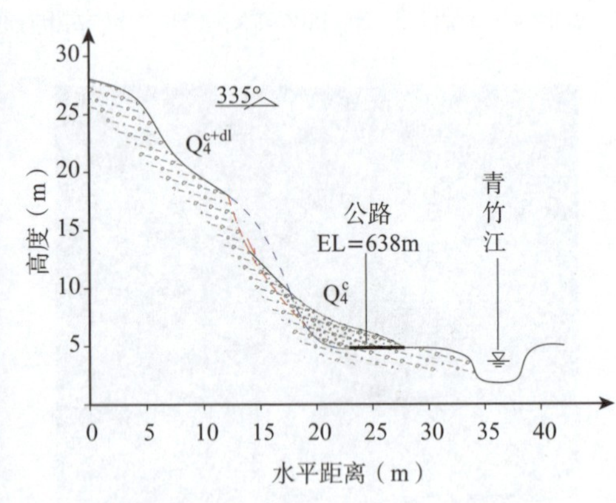

图 11-77 坡面照片及剖面示意图

Figure 11-77 The photos of slope and sketch map of the cross-section

（11）K14+306 左侧斜坡崩塌（LM-11 号点）

斜坡为破碎的斜交层状结构，属直线形坡，坡体陡倾，坡度约 60°。该段斜坡基岩为 $\in_q$ 硅质板岩，产状 300° ∠ 60°，主要发育有两组结构面：① 240° ∠ 34°，顺倾；② 110° ∠ 45°，斜交。斜坡高约 32.5m，长约 38.6m，坡向约 85°。

在地震力作用下，斜坡顶部碎裂岩体在两组斜交结构面的控制下沿强弱风化界面产生滑移式楔形体破坏，总方量约 200m³，堆积于坡脚，掩埋路基，毁坏护栏（图 11-78）。

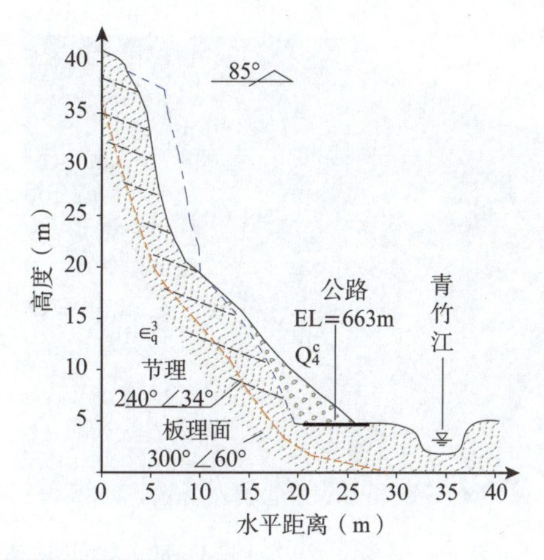

图 11-78 坡面照片及剖面示意图

Figure 11-78 The photos of slope and sketch map of the cross-section

（12）K11+581 左侧斜坡堆积体滑坡（LM-12 号点）

斜坡为基岩—土层岩土二元结构，属直线形坡，坡体陡倾，坡度约 43°，该段斜坡基岩为 $\in_q$ 强风化千枚岩，产状 235°∠31°。斜坡高约 34.8m，长约 60m，坡向约 7°。

在地震力作用下，边坡下部堆积体沿基覆界面发生推移式滑塌失稳，总方量约 4 000m³，掩埋路基 60 余米（图 11-79）。

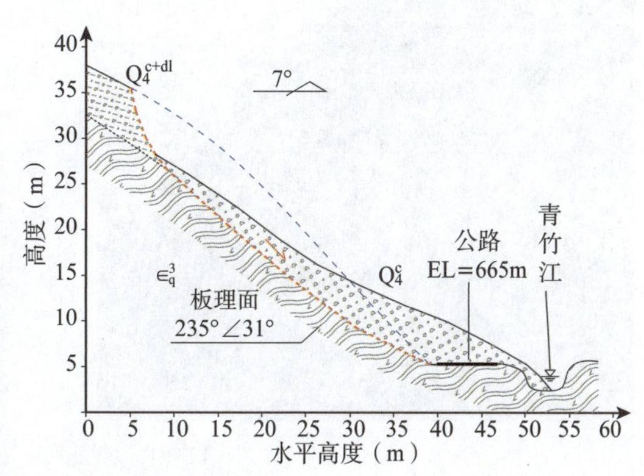

图 11-79 坡面岩土失稳照片及剖面示意图

Figure 11-79 The photos of unstable rock and soil of the slope and sketch map of the cross-section

（13）K11+037 左侧斜坡崩塌（LM-13 号点）

斜坡为顺倾层状结构，属直线形坡，坡体陡倾，坡度约 37°。该段斜坡基岩为 $\in_q$ 强风化板岩，层面 146°∠31°，主要发育有两组结构面：① 20°∠53°，顺倾；② 281°∠49°，斜交，斜坡高约 45.6m，长约 86m，坡向 30°。

在地震力作用下，斜坡上的碎裂岩体沿顺坡结构面发生滑移失稳，方量约 4 500m³，掩埋公路，毁坏护栏（图 11-80）。

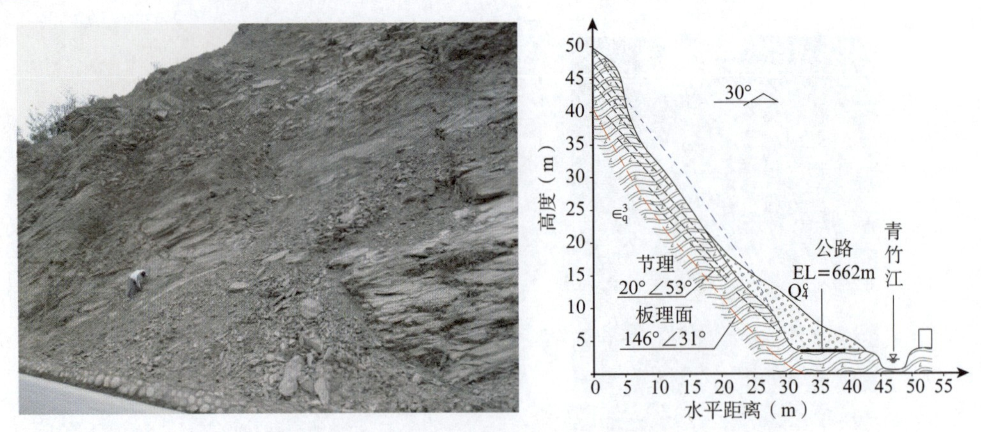

图 11-80 坡面照片及剖面示意图

Figure 11-80 The photos of slòpe and sketch map of the cross-section

（14）K10+179 左侧滑移式崩塌（H14 号点）

斜坡为顺倾层状结构，属直线形坡，坡体陡倾，坡度约 65°。该段斜坡基岩为 $\in_q$ 强风化硅质板岩，产状 350° ∠ 10°，主要发育两组结构面：① 210° ∠ 49°；② 290° ∠ 77°。斜坡高约 31.6m，长约 120m，坡向约 310°。

在地震力作用下，斜坡上大面积碎裂岩体沿近顺坡层面发生滑移失稳，总方量约 4 000m³，壅塞河道，损毁公路（图 11-81）。

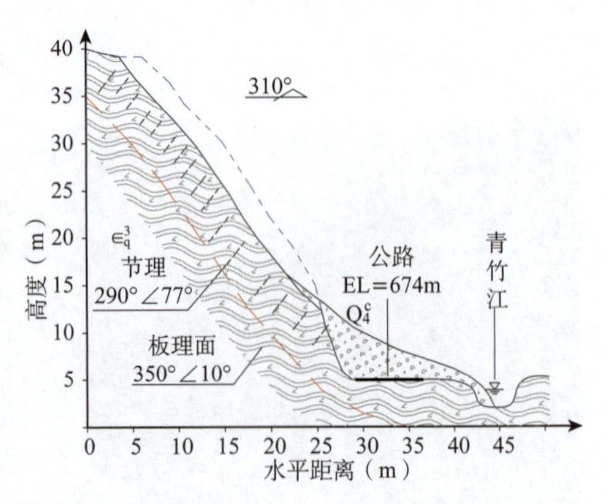

图 11-81 坡面照片及剖面示意图

Figure 11-81 The photos of slope and sketch map of the cross-section

（15）K09+029 右侧斜坡东河口滑坡（LM-15 号点）

斜坡为顺倾层状结构，属折线形坡，坡体陡倾、阶梯状，坡度约 42°。该段斜坡基岩为灰岩（顶部）+ 硅质板岩（中部）+ 千枚岩（下部），产状 8° ∠ 25°，后缘拉裂面 155° ∠ 75°，斜坡高约 600m，长约 500m，坡向约 60°。

在地震力作用下，发震断层强烈错动，斜坡顶部灰岩地层岩体抛射而下，冲击坡体下部覆盖层，形成高速碎屑流，总方量约 2 200 × 10⁴m³，岩土体瞬间席卷了东河口村，造成 670 余人遇难的惨痛伤亡，并形成了两处堰塞湖（图 11-82~ 图 11-85）。

图 11-82　坡面照片 A

Figure 11-82　Photo A of the slope

图 11-83　坡面照片 B

Figure 11-83　Photo B of the slope

图 11-84　坡面照片 C

Figure 11-84　Photo C of the slope

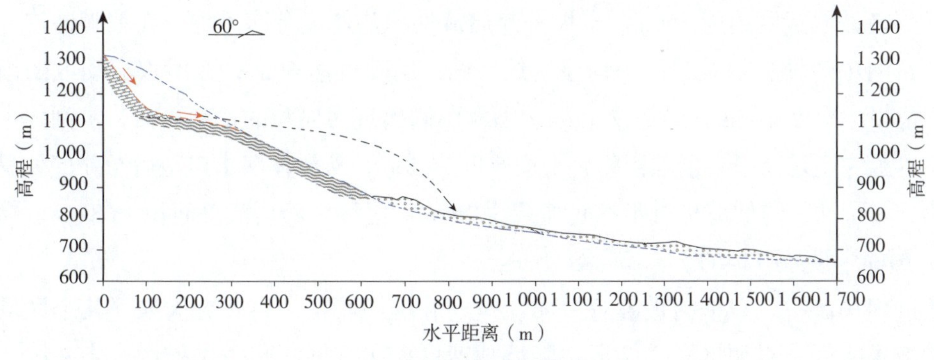

图 11-85　剖面示意图

Figure 11-85　Sketch map of the cross-section

东河口滑坡调查期间，野外工作组确切地发现东河口滑坡后缘右侧石坎断层出露，并且滑坡后缘右侧以断层为界，完全受断层控制，滑坡位于断层上盘。该断面走向北东，倾向 300° ~320°，倾角 55° ~65°，见图 11-86。上盘为寒武系下统邱家河组的硅质板岩、碳质板岩夹灰岩透镜体，断层及破碎带附近岩体炭化程度较高，呈黑色、灰黑色，风化后呈细密板状、千枚状，板状劈理极为发育，岩石强度较低，呈脆性，岩层产状 55° ∠ 15° ；下盘为寒武系下统油房组及邱家河组的钙质沉凝灰质砂岩、沉凝灰岩、绢云千枚岩，呈灰色、灰白色，表层风化呈淡黄色、土黄色，节理发育，风化后强度较低，岩层产状 92° ∠ 17°，局部产状不稳定，差异较大；断面光滑，可见挤压擦痕、断层透镜体和镜面，断层带可见角砾和炭化泥等，断层影响带宽 50m 左右。

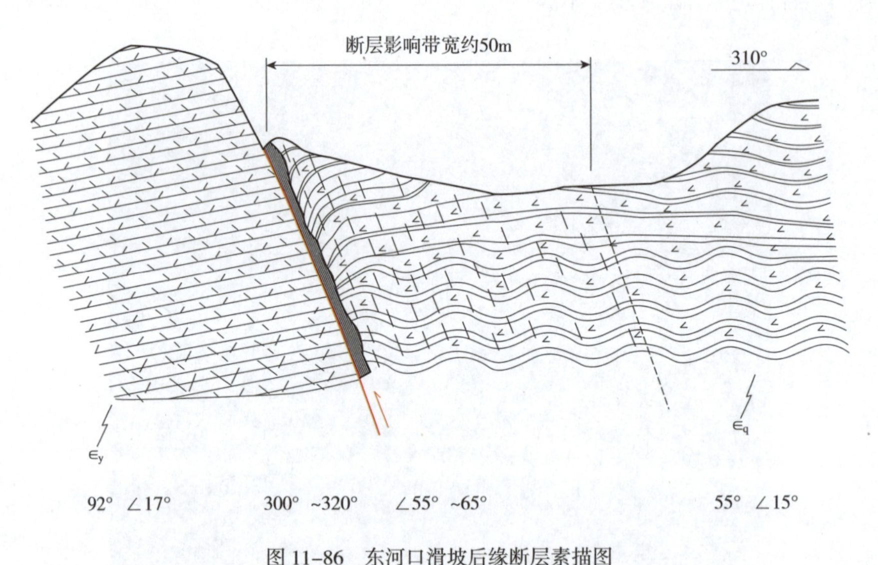

图 11-86　东河口滑坡后缘断层素描图
Figure 11-86　Fault drawing in the back margin of donghekou landslide

滑坡平面形态似“蝌蚪”形，滑坡—碎屑流方向 NE55° 。滑坡—碎屑流长 2 450m，宽 100~600m，滑源区较宽，受到两侧斜坡地形限制，演变为碎屑流后的堆积区相对较窄，堆积区前缘最大宽度约为 150m。滑坡—碎屑流堆积物厚度分布不均，在坡脚冲沟、青竹江及红石河中的堆积物较厚，平均厚度约 50m，局部可达 60m ；在滑坡运动区的山脊上堆积物很少，厚度 1~5m，局部仅 1.2m，山脊两侧出现大面积的铲刮光面，铲刮面平整光华，在滑源区还残留了大量堆积物，平均厚度约 40m，从滑体剪出口至后缘陡壁处呈薄—厚—薄分布特征，滑坡剪出口距谷底高差约 260m。滑坡—碎屑流总面积 1.08km^2，体积约 1 500 × 10^{4}m^3，见图 11-87。

通过现场调查，根据滑坡发育分布、运动和堆积特征，将其分为如下几个区域。Ⅰ区：滑坡Ⅰ-1 区，滑源区；Ⅰ-2 区，陡坡加速区；Ⅰ-3 区，临空抛射区；Ⅰ-4 区，碎屑流区。Ⅱ区：崩塌Ⅱ-1 区，崩塌源区；Ⅱ-2 区，崩塌堆积区，以及碰撞铲刮区、冲击超高区、冲击抛撒区和崩滑重叠堆积区。

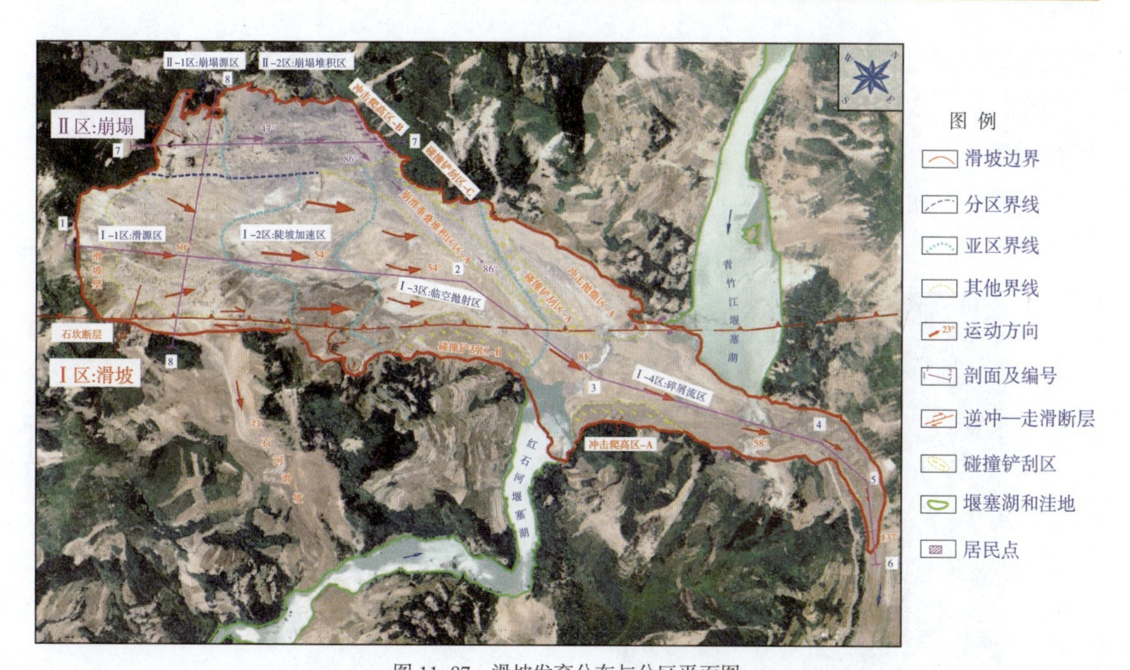

图 11-87　滑坡发育分布与分区平面图

Figure 11-87　Distribution and parttion map of donghekou landslide

（16）K66+622 左侧斜坡堆积体滑坡（LM-16 号点）

斜坡为基岩—强风化层岩土二元结构，属直线形坡，坡体陡倾，坡度约 75°。该段斜坡基岩为 $\in_q$ 硅质板岩，产状 35°∠28°，主要发育两组结构面：① 348°∠88°（侧裂面），② 242°∠75°（顺倾，卸荷裂隙）。斜坡高约 258m，长约 95m，坡向约 260°。

在地震力作用下，斜坡中上部崩坡积物沿基覆面发生滑移失稳，总方量约 6 000m³，掩埋路基近百米（图 11-88）。

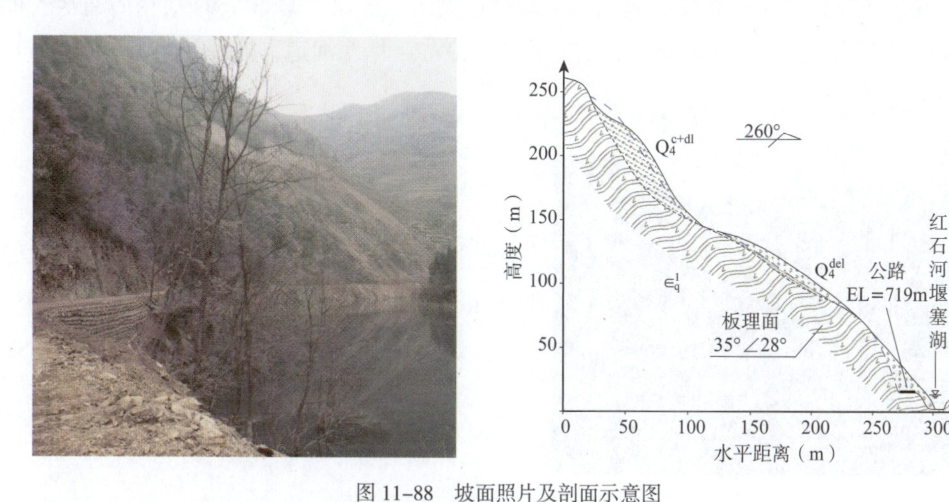

图 11-88　坡面照片及剖面示意图

Figure 11-88　The photos of slope and sketch map of the cross-section

（17）K66+285 左侧斜坡崩塌（LM-17 号点）

斜坡为反倾层状结构斜坡，属直线形坡，坡面陡倾，坡度约 65°。该段斜坡基岩为 $\in_q^1$

寒武系邱家河组薄层状千枚岩，产状 183°∠29°，主要发育两组结构面：① 25°∠65°（侧裂面）；② 303°∠71°（侧裂面），①与②构成楔形体。斜坡高约 14m，长约 171m，坡向约 330° 。

在地震力作用下，斜坡下部强风化岩体向陡立临空面楔形体滑移，方量约 3 000m³，掩埋路基百余米（图 11-89）。

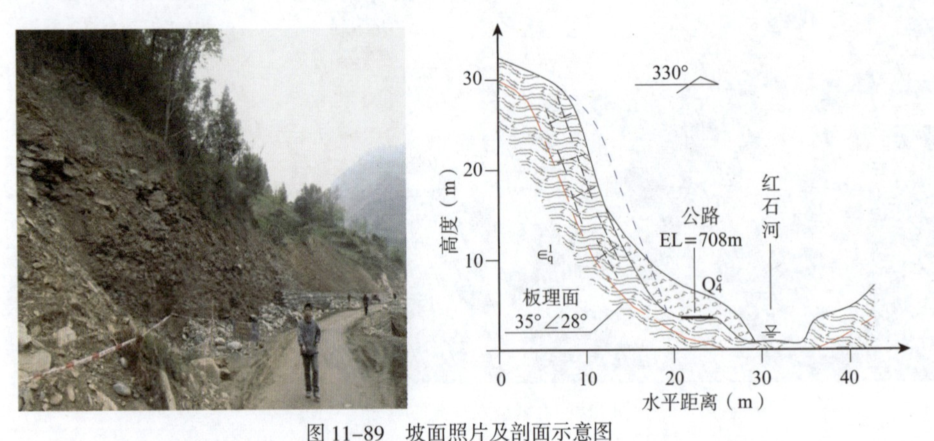

图 11-89 坡面照片及剖面示意图

Figure 11-89 The photos of slope and sketch map of the cross-section

（18）K66+225 右侧斜坡滑坡（LM-18 号点）

斜坡为反倾层状结构，属直线形坡，坡面陡倾，坡度约 40°。该段斜坡基岩为灰岩（顶部）+ 硅质板岩（中部）+ 千枚岩（下部），产状 8°∠25°，后缘拉裂面 155°∠75°。斜坡高约 190m，长约 50m，坡向约 125°。

在地震力作用下，斜坡顶部结构破碎的山体在外动力作用下，整体破裂、解体、溃散、垮塌，碎裂岩体迅速破裂、解体，岩屑、岩块高速喷出，犹如"爆炸"，崩落物质通常散布在较大范围，并沿沟形成高速碎石流。总方量约 2×10^4m³，堵塞河道，掩埋公路（图 11-90）。

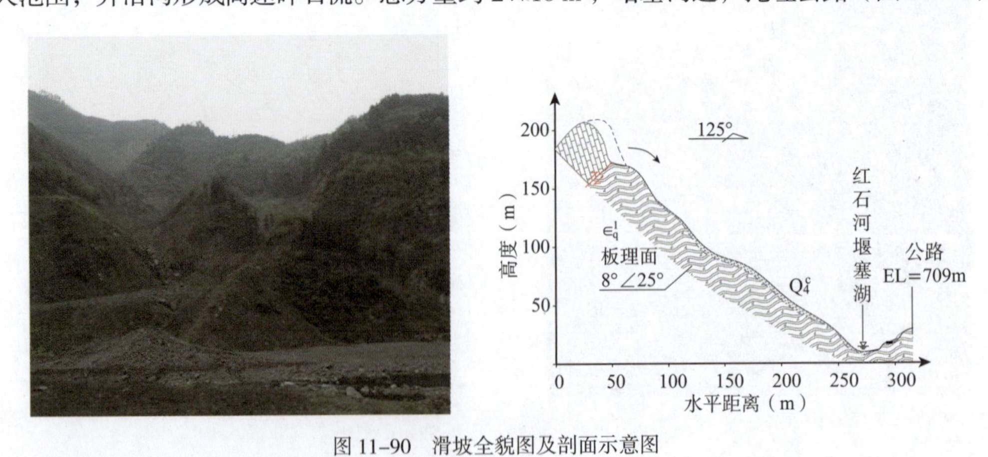

图 11-90 滑坡全貌图及剖面示意图

Figure 11-90 Full view of the landslide and sketch map of the cross-section

（19）K65+218 右侧斜坡滑坡（LM-19 号点）

斜坡为基岩—强风化层岩土二元结构斜坡，属直线形坡，坡面陡倾，坡度约 55°。该段斜坡顶部为灰岩，中下部为硅质板岩，层面产状为 130°∠35°，主要发育两组结构面：① 20°∠70°；② 285°∠80°。斜坡高约 190m, 长约 50m，坡向约 125°。

在地震力作用下，斜坡中上部，结构破碎的山体在外动力作用下发生溃散式破坏，岩体整体破裂、解体、溃散、垮塌，崩落散布在坡表。总方量约 1 000m³，在坡脚堆积、滑移，掩埋公路路基（图 11-91）。

图 11-91　坡表变形照片及剖面示意图

Figure 11-91　The photos of slope deformation and sketch map of the cross-section

（20）K62+989 左侧斜坡崩塌（LM-20 号点）

斜坡为反倾层状结构，属直线形坡，坡面陡倾，坡度约 75°。该段基岩为变质岩屑砂岩，产状为 48°∠8°，反倾，主要发育两组结构面：① 182°∠80°；② 298°∠75°。斜坡高约 17m，长约 32m，坡向约 225°。

在地震力作用下，斜坡整体发生错断式破坏，因差异风化或局部崩塌，坡体中下部产生凹岩腔，上部出现悬挂岩体突然剪断，岩体急速下坠。总方量约 200m³，在坡脚堆积、坠落，落石损毁路面（图 11-92）。

图 11-92　坡表变形照片及剖面示意图

Figure 11-92　The photos of slope deformation and sketch map of the cross-section

（21）K61+328 滑坡（LM-21 号点）

斜坡为堆积物土质斜坡，属直线形坡，坡面陡倾，坡度约 35°。该段斜坡基岩为变质岩屑砂岩，坡表崩坡积物为块碎石土，块碎石含量约 70%，粒径 0.3~0.5m。斜坡高约

58m，长约 22m，坡向约 330°。

在地震力作用下，斜坡中下部崩坡积物沿内部软弱面发生浅表层滑塌，总方量约 1 000m³。在坡脚堆积、滑移，挤压河道，对公路无影响（图 11-93）。

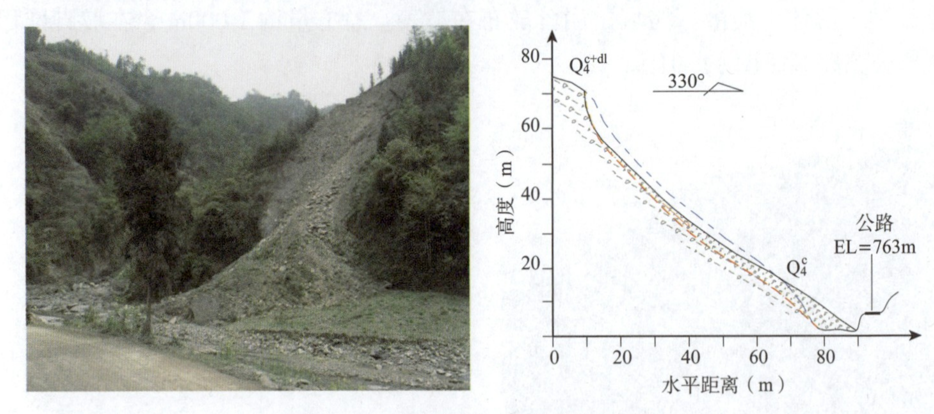

图 11-93　坡表失稳岩土体及剖面示意图

Figure 11-93　The photos of unstable rock and soil of the slope and Sketch map of the cross-section

（22）K58+613 左侧斜坡滑坡（LM-22 号点）

斜坡为堆积物土质斜坡，属折线形坡，坡面上缓下陡，坡度约 35°。该段斜坡基岩为硅质板岩，产状 148°∠41°，反倾。斜坡高约 123m，长 115m，坡向约 355°。

在地震力作用下，斜坡中下部崩坡积物沿基覆界面发生牵引式滑坡，总方量约 5×10^4m³，壅塞河道，淹没公路（图 11-94）。

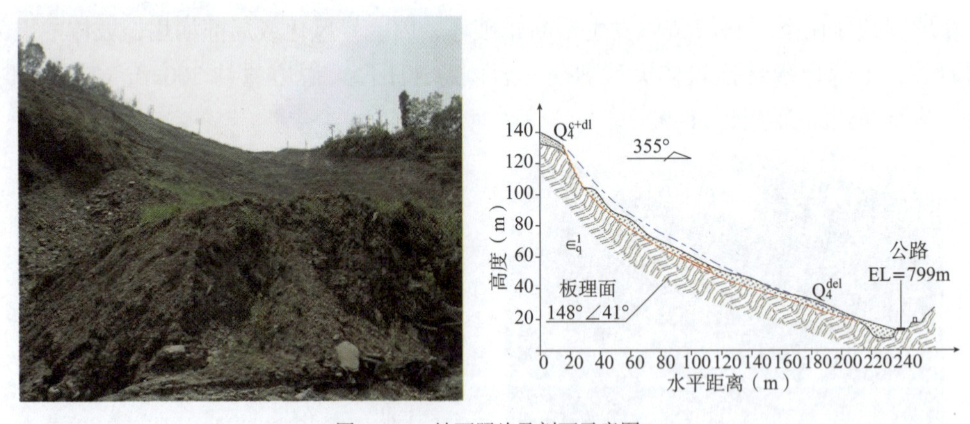

图 11-94　坡面照片及剖面示意图

Figure 11-94　The photos of slope and sketch map of the cross-section

（23）K57+974 右侧斜坡滑坡（LM-23 号点）

斜坡为碎裂结构，属直线形坡，坡面陡倾，坡度约 35°。该段斜坡基岩为千枚岩夹硅质板岩，产状为 355°∠62°，反倾。斜坡高约 82m，长约 153m，坡向约 335°。

在地震力作用下，斜坡中、下部岩土体沿顺层软弱面产生拉裂变形，使该面大部分内聚力丧失，而发生拉裂—顺层滑移破坏。总方量约 3×10^4m³，坡脚堆积，掩埋河道（图 11-95）。

图 11-95　坡面照片及剖面示意图

Figure 11-95　The photos of slope and sketch map of the cross-section

（24）K57+576 右侧斜坡滑坡（LM-24 号点）

斜坡为顺倾层状结构，属直线形坡，坡面陡倾，坡度约 40°。该段斜坡基岩为硅质板岩，产状 315°∠30°，主要发育两组结构面：① 280°∠80°（后缘拉裂面）；② 165°∠75°(侧裂面)。斜坡高约 128m, 长约 116m，坡向约 290°。

在地震力作用下，斜坡中下部碎裂岩体沿顺层软弱面产生拉裂变形，使该面大部分内聚力丧失，而发生拉裂 - 顺层滑移破坏。总方量约 $10\times10^4m^3$，在坡脚堆积、滑移，堵塞河道，掩埋公路（图 11-96）。

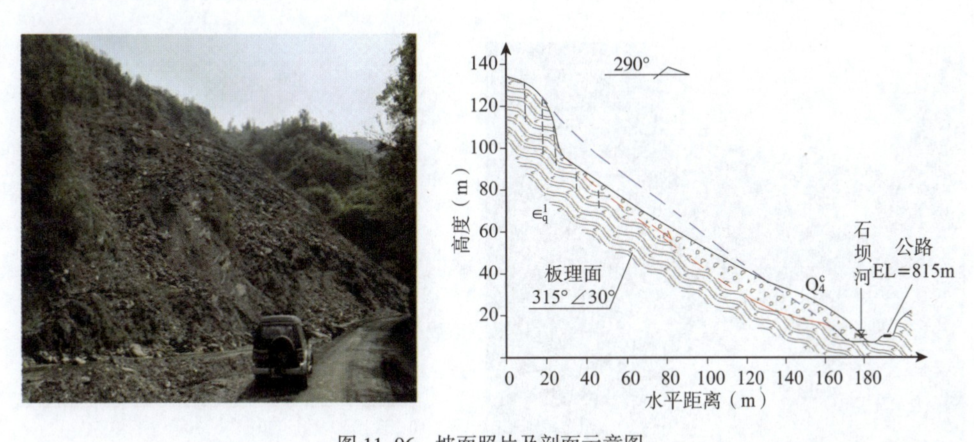

图 11-96　坡面照片及剖面示意图

Figure 11-96　The photos of slope and sketch map of the cross-section

（25）K57+075 右侧斜坡滑坡（LM-25 号点）

斜坡为顺倾层状结构，属直线形坡，坡面陡倾，坡度约 35°。该段斜坡基岩为硅质板岩，产状为 355°∠46°，主要发育两组结构面：① 95°∠38°（侧裂面）；② 85°∠18°（侧裂面）。斜坡高约 108m，长约 74m，坡向 30°。

在地震力作用下，斜坡中下部崩坡积物沿基覆面滑塌，总方量约 $2\times10^4m^3$，挤占河道（图 11-97）。

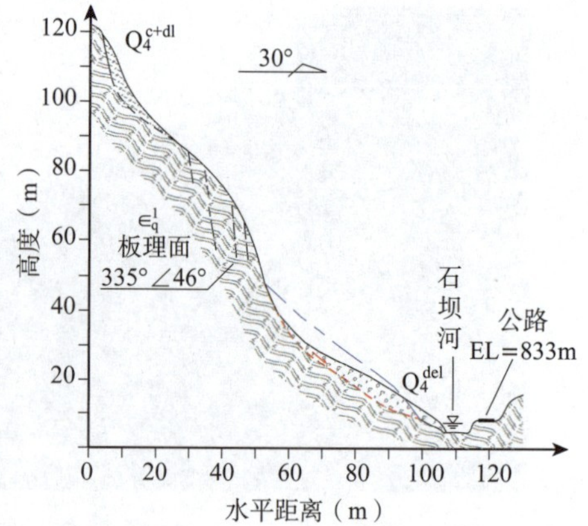

图 11-97　坡面变形照片及剖面示意图

Figure 11-97　The photos of slope deformation and sketch map of the cross-section

（26）K56+056 左侧斜坡崩塌（LM-26 号点）

斜坡为斜交层状结构，属直线形坡，坡面陡倾呈、坡度约 70°。该段斜坡基岩为硅质板岩，坡脚有炭质页岩夹层，基岩产状 228°∠88°，主要发育两组结构面：① 145°∠20°；② 305°∠70°。斜坡高约 108m，长约 74m，坡向约 30°。

在地震力作用下，斜坡中下部岩体因差异风化或局部崩塌，坡体中下部产生凹岩腔，悬挂岩体突然剪断，岩体急速下坠，错断式破坏，在坡脚堆积、坠落，总方量约 1 500m³，挤占河道（图 11-98）。

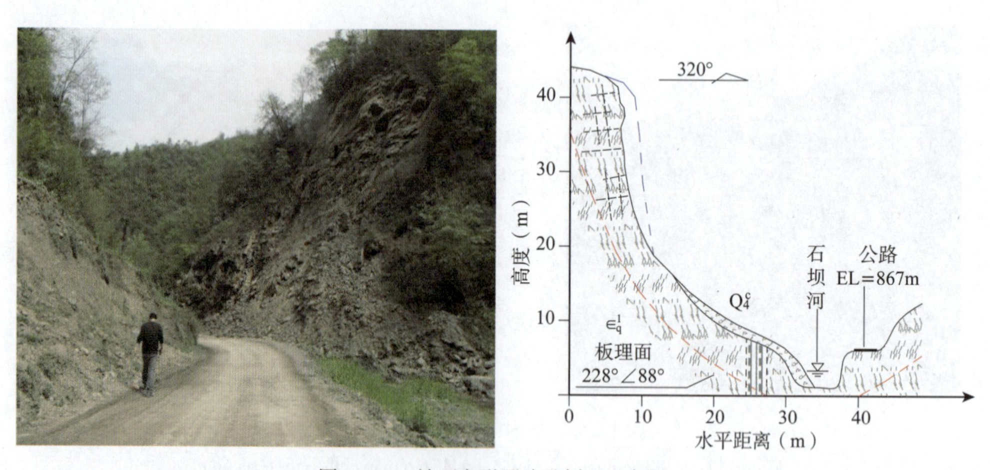

图 11-98　坡面变形照片及剖面示意图

Figure 11-98　The photos of slope deformation and sketch map of the cross-section

（27）K55+798 右侧斜坡崩塌（LM-27 号点）

斜坡为顺倾层状结构，属折线形坡，坡体上缓下陡，坡度约 35°。该段斜坡基岩为石英细砂岩，产状为 310°∠48°，主要发育两组结构面：① 285°∠70°；② 10°∠75°。斜坡高约 175m，长约 60m，坡向 320°。

在地震力作用下，斜坡中部岩体结构面发育，碎裂岩体沿顺坡结构面发生滑移破坏，在坡脚堆积，顺坡滑移，总方量约1 500m³，挤占河道（图11-99）。

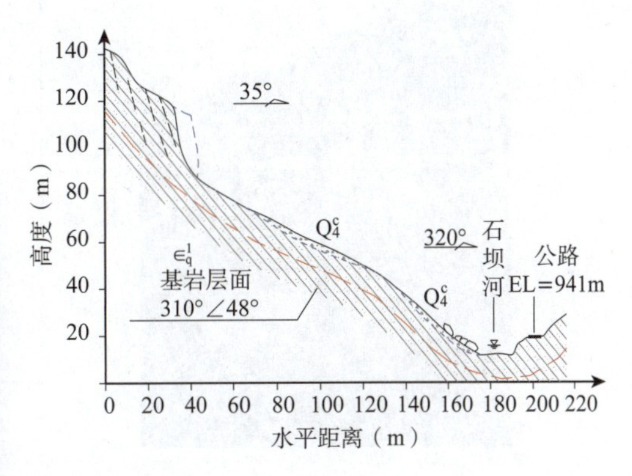

图11-99 坡面岩土失稳照片及剖面示意图

Figure 11-99 The photos of unstable rock and soil of the slope and sketch map of the cross-section

（28）K54+791右侧斜坡崩塌（LM-28号点）

斜坡为基岩—土层岩土二元结构，属折线形坡。坡面陡倾，坡度约45°。该段斜坡基岩为千枚岩，夹硅质板岩，产状115°∠13°，主要发育两组结构面：①82°∠80°；②130°∠75°。斜坡高约14m，长约27m，坡向150°。

在地震力作用下，斜坡下部坡表崩坡积物沿基覆面滑塌失稳，总方量约700m³，掩埋公路（图11-100）。

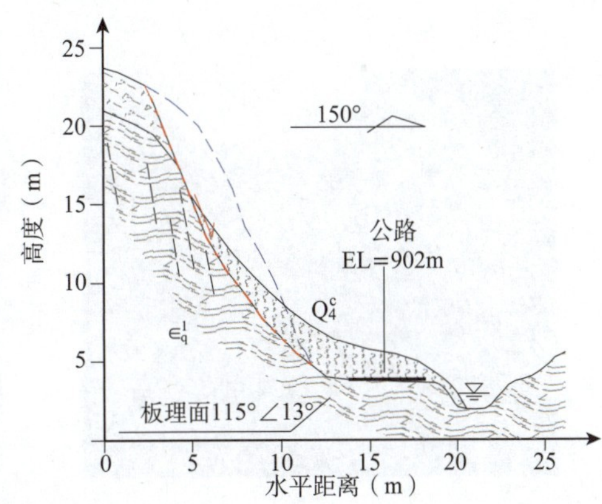

图11-100 坡面岩土失稳照片及剖面示意图

Figure 11-100 The photos of unstable rock and soil of the slope and sketch map of the cross-section

（29）K53+429右侧斜坡崩塌（LM-29号点）

斜坡为基岩—强风化层岩土二元结构，属直线形坡，坡面陡倾，坡度35°。该段斜坡基岩为变质岩屑砂岩，产状108°∠21°，主要发育两组侧裂面：①45°∠80°；②325°∠75°。斜坡高约120m，长约23m，坡向约25°。

在地震力作用下，斜坡中部陡立岩层顶部或中上部被折断、倾倒、摔出，坡脚堆积，属倾倒式失稳破坏，总方量约500m³，损毁路基（微弱）（图11-101）。

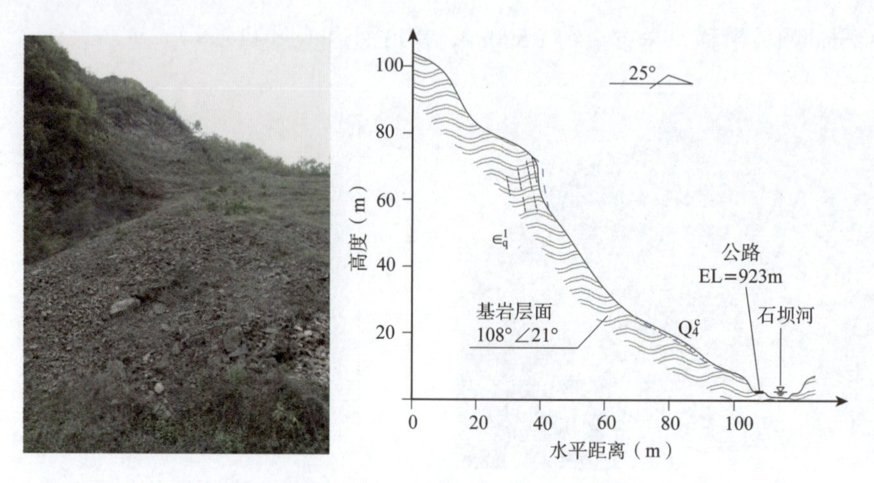

图 11-101 坡面岩土失稳照片及剖面示意图

Figure 11-101 The photos of unstable rock and soil of the slope and sketch map of the cross-section

（30）K53+168 右侧斜坡滑坡（LM-30 号点）

斜坡为顺倾层状结构，属折线形坡，坡体上缓下陡，坡度约 35°。该段斜坡上部为灰岩，下部为硅质板岩，产状 5°∠22°，顺倾，主要发育两组结构面：① 175°∠72°；② 265°∠71°。斜坡高约 45m，长约 69m，坡向约 5°。

在地震力作用下，斜坡中下部岩体沿顺层软弱面产生拉裂变形，使该面大部分内聚力丧失，从而发生顺层滑动。属拉裂—顺层滑移式破坏，总方量约 5 000m³，堵塞河道（图 11-102）。

图 11-102 坡面照片及剖面示意图

Figure 11-102 The photos of slope and sketch map of the cross-section

（31）K52+325 右侧斜坡崩塌（LM-31 号点）

斜坡为顺倾层状结构，属直线形坡，坡面陡倾，坡度约 42°。该段斜坡上部为灰岩，产状 333°∠5°，顺倾；下部为硅质板岩，产状 325°∠33°，顺倾。主要发育两组结构面：① 25°∠82°；② 165°∠71°。斜坡高约 87m，长约 51m，坡向约 330°。

在地震力作用下，斜坡中下部碎裂岩体沿顺倾结构面发生滑移破坏，失稳后岩土体顺坡面滑移，坡脚堆积。总方量约 2 000m³，掩埋公路，堵塞河道（图 11-103）。

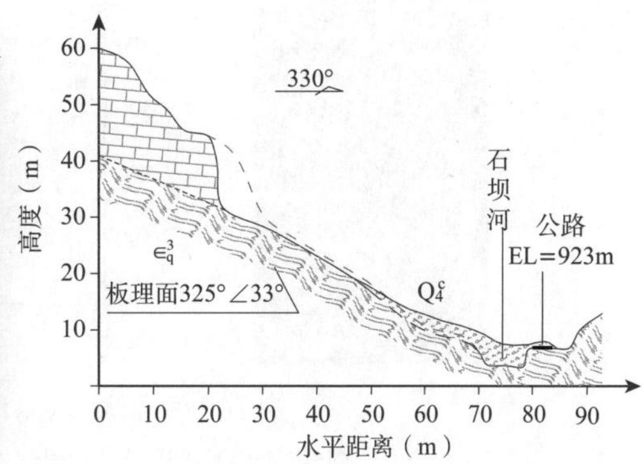

图 11-103　坡面照片及剖面示意图

Figure 11-103　The photos of slope and sketch map of the cross-section

（32）K52+126 左侧斜坡崩塌（LM-32 号点）

斜坡为基岩—强风化层岩土二元结构，属直线形坡，坡面陡倾，坡度约 35°。该段斜坡基岩为硅质板岩，产状 325°∠33°，主要发育两组结构面：① 178°∠67°；② 315°∠80°。斜坡高约 87m，长约 51m，坡向约 330°。

在地震力作用下，斜坡中下部碎裂岩体整体破裂、解体、溃散、垮塌，属溃散式破坏，崩落物质通常散布于坡体表面，顺坡面滑移，坡脚堆积。总方量约 1 500m³，掩埋公路，堵塞河道（图 11-104）。

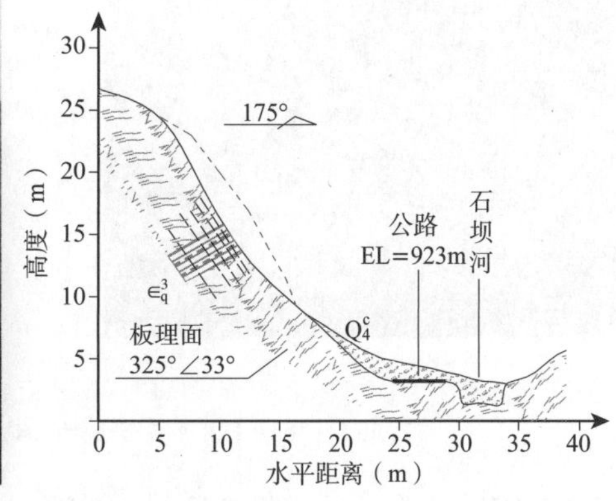

图 11-104　坡面岩土失稳照片及剖面示意图

Figure 11-104　The photos of unstable rock and soil of the slope and sketch map of the cross-section

（33）K51+102 右侧斜坡滑坡（LM-33 号点）

斜坡为顺倾层状结构，属直线形坡，坡面陡倾，坡度约 30°。该段斜坡基岩为硅质板岩，产状 347°∠18°。斜坡高约 440m，长约 90m，坡向约 335°。

在地震力作用下，斜坡中上部碎裂岩体沿顺层软弱面产生拉裂变形，使该面大部分内聚力丧失，而后沿该拉裂面发生顺层滑动，属拉裂—顺层滑移式破坏。岩土体顺坡滑移、坡脚堆积。总方量约 150×10⁴m³，堵塞河道，掩埋公路（图 11-105）。

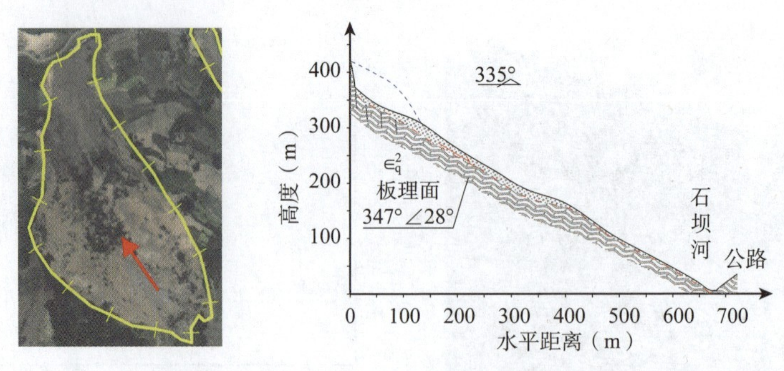

图 11-105 滑坡区遥感图及剖面示意图

Figure 11-105 Remote sensing figure in landslide region and sketch map of the cross-section

（34）K50+922 右侧斜坡董家滑坡（LM-34 号点）

斜坡为碎裂结构，属折线形坡，坡体上缓下陡，坡度约 35°~65°。该段斜坡基岩为锰砂质板岩夹白云质灰岩透镜体，产状 160°∠15°，主要发育两组结构面：① 350°∠79°；② 5°∠80°。斜坡高约 170m，长约 230m，坡向约 10°。

在地震力作用下，破坏发生在斜坡中下部，坡体后缘沿一组陡倾坡外的结构面形成深大拉裂面，外动力使深大拉裂缝底端产生拉裂和剪切滑移变形，形成切层滑移面，并最终沿此面滑动失稳。其破坏模式属拉裂—剪断滑移式，为高速远程滑坡，方量约 $88\times10^4m^3$，掩埋公路，堵塞河道，形成堰塞湖（图 11-106）。

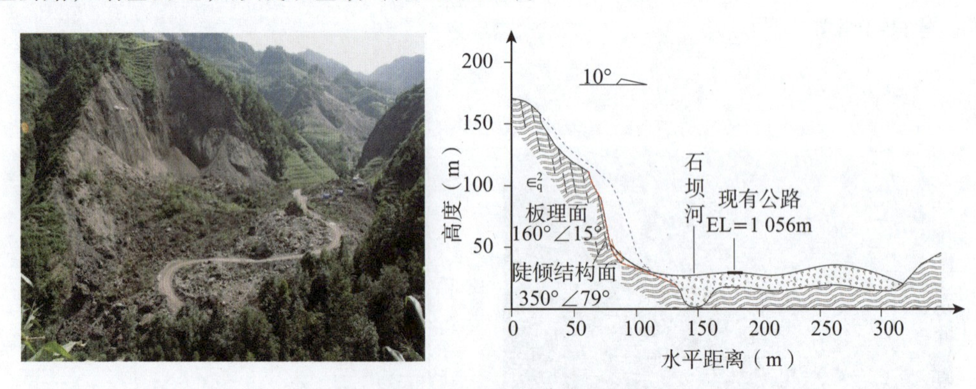

图 11-106 灾害点全貌及剖面示意图

Figure 11-106 Full view of the disaster and sketch map of the cross-section

滑坡形成后，后缘形成长 273m、高 76m、坡度 65°~80° 的断壁。断壁陡峻粗糙，局部呈锯齿状，岩体破碎，呈层状—碎裂结构，岩体卸荷松弛，陡立结构面间距 3~5cm，局部张开 1~2cm。断壁右上角尚有部分拉裂下错的残留体，断壁震裂岩体上发育一组竖向裂缝。裂缝长 10~20m，裂缝上宽下窄，上段较为平直，张开 10~20cm，下段呈锯齿状，向下逐渐尖灭。残留体沿该组裂缝震裂下错（图 11-107）。

滑坡后壁剖面呈 S 形，上部较为粗糙，岩体破碎，呈锯齿状，中部向外突出，表面较为光滑，下部陡立，略为内凹。陡壁中部残留有竖向擦痕以及岩体滑脱后形成的凹腔，擦痕总体上粗下细，这表明滑坡体是失稳过程中存在一个整体下坐的运动过程。斜坡震裂失稳后，后缘形成 70 余米的高陡临空面。

图 11-107 滑源区

Figure 11-107 Sliding source region

堆积区上游侧滑坡体运动受到山体的阻挡沿坡面爬高约 20m，下游侧受沟谷地形的影响侧向扩散约 35m。堆积体前缘块石粒径 1~2.5m，局部有未解体的巨块石。堆积体前缘块石中板岩板理面近于水平。同时，碎裂的板岩板理面显示出弧状拉裂特征，显示出运动过程中块体间剧烈的相互碰撞挤压。堆积区中部凹槽部位树木明显向后倾倒，块石呈倾斜状，倾向为滑坡后缘，这显示出滑坡体下坐旋转的运动特征。堆积区后部滑动距离短，无明显的优势倾倒方向（图 11-108）。

图 11-108 堆积区特征

Figure 11-108 The accumulation characteristics of zone

（35）K50+265 右侧斜坡崩塌（LM-35 号点）

斜坡为碎裂结构斜坡，属直线形坡，坡面陡倾，坡度约 35°。该段斜坡基岩为含锰砂质板岩夹白云质灰岩，产状 160°∠15°，反倾，主要发育两组结构面：① 45°∠74°；② 140°∠85°。斜坡高约 89m，长约 173m，坡向 145°。

在地震力作用下，斜坡顶部碎裂岩体被整体“拔起”、抛射出来，属于抛射式破坏，总方量约 1 600m³，掩埋公路（图 11-109）。

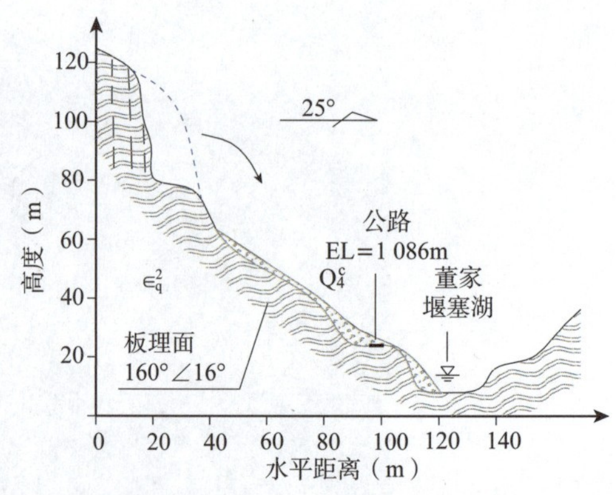

图 11-109　坡面照片及剖面示意图

Figure 11-109　The photos of slope and sketch map of the cross-section

（36）K49+488 左侧斜坡滑坡（LM-36 号点）

斜坡为块状结构坡体，属直线形坡，坡面陡倾，坡度约 40°。该段斜坡坡体顶部为灰岩，下部为硅质板岩，产状 160°∠15°，主要发育有两组结构面：① 45°∠74°，② 345°∠80°。斜坡高约 170m，长约 180m，坡向约 340°。

在地震力作用下，岩土体顺坡面滑移，在坡脚堆积，破坏发生在整个坡面，属于拉裂—水平滑移式破坏。方量约 $120\times10^4m^3$，掩埋公路，堵塞河道，形成堰塞湖（图 11-110）。

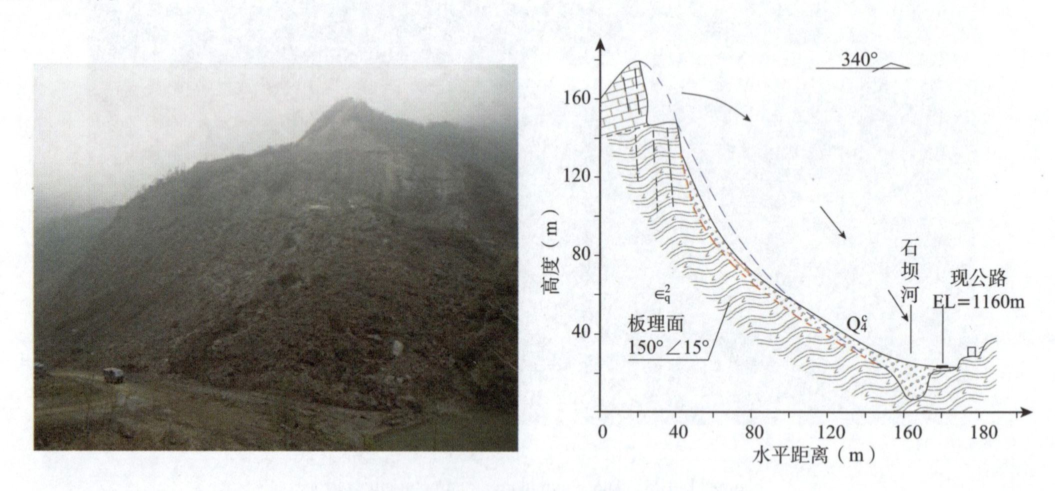

图 11-110　坡面照片及剖面示意图

Figure 11-110　The photos of slope and sketch map of the cross-section

（37）K48+665 滑坡（LM-37 号点）

斜坡为块状—次块状结构灰岩、反倾层状结构千枚岩斜坡，属直线形坡，坡体上部地形陡峻、局部近于直立，中下部为崩坡积物，坡面陡倾，坡度约 40°。该段斜坡基岩顶部为灰岩，下部为千枚岩，主要发育两组结构面：① 85°∠76°；② 185°∠80°。斜坡高约 170m，长约 180m，坡向 340°。

在地震力作用下，抛射式整体型破坏，发生在整个坡面，顺坡面滑移，坡脚堆积。总方量约 $5 \times 10^4 m^3$，掩埋公路（图 11-111）。

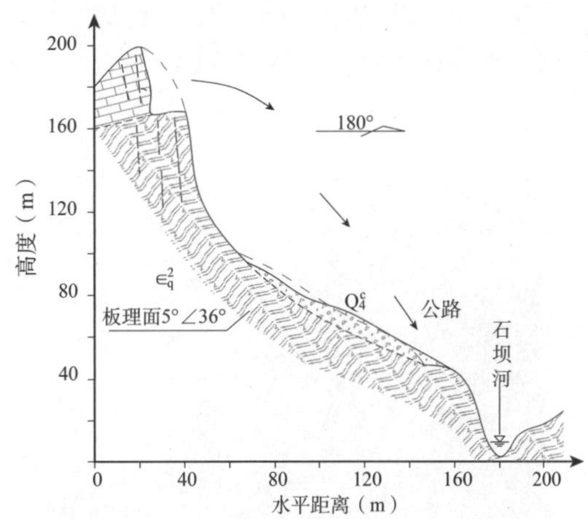

图 11-111 滑坡全貌图及剖面示意图

Figure 11-111 Full view of the landslide and sketch map of the cross-section

（38）K47+972 崩塌（LM-38 号点）

斜坡为反倾层状结构炭质板岩 + 块状结构灰岩斜坡，属直线形坡，坡面陡倾，坡度约 35°，上部缺口为小断层通过部位，走向 N15° E，崩塌体右侧斜坡为断层上盘，左侧斜坡为断层下盘。该段斜坡基岩以板岩和白云质灰岩为主，炭质板岩产状 326° ∠ 54°（断层产状，斜交），灰岩产状 324° ∠ 39°（角度不整合，斜交），后缘发育一组结构面：45° ∠ 80°。斜坡高约 27m，长约 45m，坡向约 60°。

在地震力作用下，破坏发生在整个边坡范围，失稳岩土体高速远程运动，局部弹跳抛射，破坏模式为错断—抛射，方量约为 $400m^3$，掩埋公路，落石损毁路面（图 11-112）。

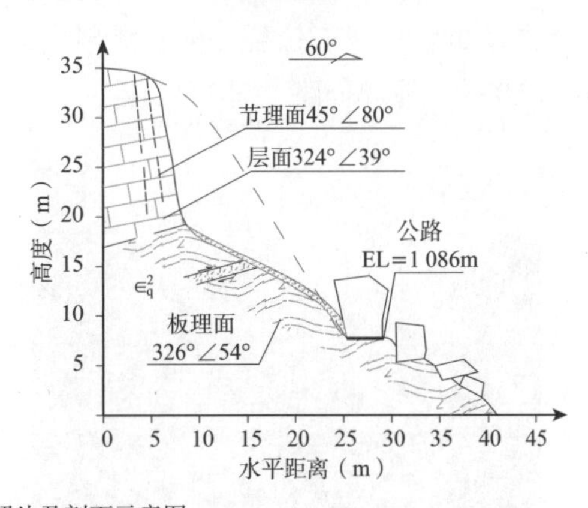

图 11-112 坡表变形照片及剖面示意图

Figure 11-112 The photos of slope deformation and sketch map of the cross-section

（39）K47+448 崩塌（LM-39 号点）

斜坡为反倾层状结构硅质板岩斜坡 + 块状结构灰岩斜坡，属直线形坡，坡面陡倾，坡度约 45°，公路开挖形成陡立临空面，上部为巨块状灰岩。该段斜坡坡体上部为白云质灰岩，下部为硅质板岩，产状 268°∠20°，反倾，发育一组后缘拉裂面：100°∠80°。斜坡高约 20m，长约 30m，坡向约 100°。

在地震力作用下，破坏发生在边坡中下部，岩土体顺坡堆积、坠落抛射，属于倾倒式破坏。方量约 300m³，掩埋公路（图 11-113）。

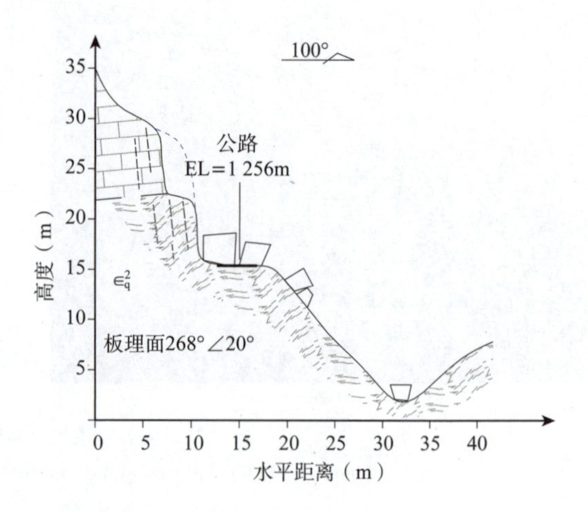

图 11-113　灾害点照片及剖面示意图

Figure 11-113　The photos of disaster and sketch map of the cross-section

（40）K47+482 右侧斜坡滑坡（LM-40 号点）

斜坡为反倾层状结构硅质板岩 + 块状结构灰岩斜坡，属直线形坡，坡度约 30°。该段斜坡坡体上部为白云质灰岩，下部为硅质板岩，产状 268°∠20°。斜坡高约 260m，长约 60m，坡向约 355°。

在地震地作用下，斜坡顶部，坡体后缘沿一组陡倾坡外的结构面形成拉裂面，进一步持续的外动力使拉裂缝底端产生拉裂和剪切滑移变形，形成切层滑移面，并最终沿此面滑动失稳，属于拉裂—剪断滑移式整体型变形破坏，岩土体高速远程运动。方量约 200×10⁴m³，掩埋公路（图 11-114）。

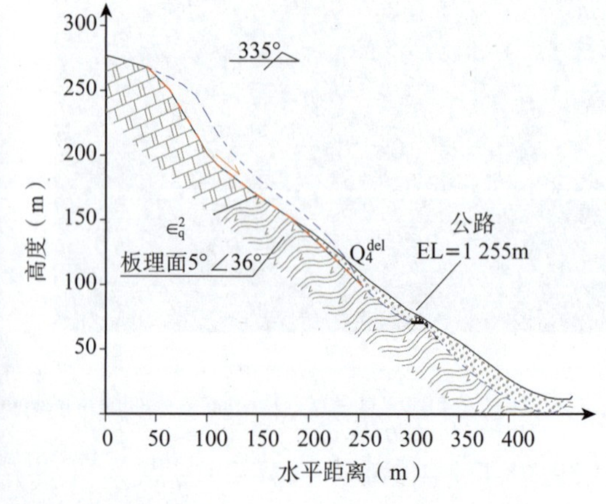

图 11-114　失稳岩土体及剖面示意图

Figure 11-114　The photos of unstable rock and soil of the slope and sketch map of the cross-section

（41）K46+664 右侧斜坡崩塌（LM–41 号点）

斜坡为块状斜坡，属直线形坡，坡度约 65°。该段斜坡基岩为厚层状硅质岩，产状 80° ∠ 4°。主要发育两组结构面：① 65° ∠ 80° ；② 168° ∠ 78°。斜坡高约 20m，长约 30m，坡向约 260°。

在地震力作用下，斜坡中下部碎裂岩体沿陡倾结构面发生倾倒失稳，坡脚堆积。方量约 1 000m³，掩埋公路（图 11–115）。

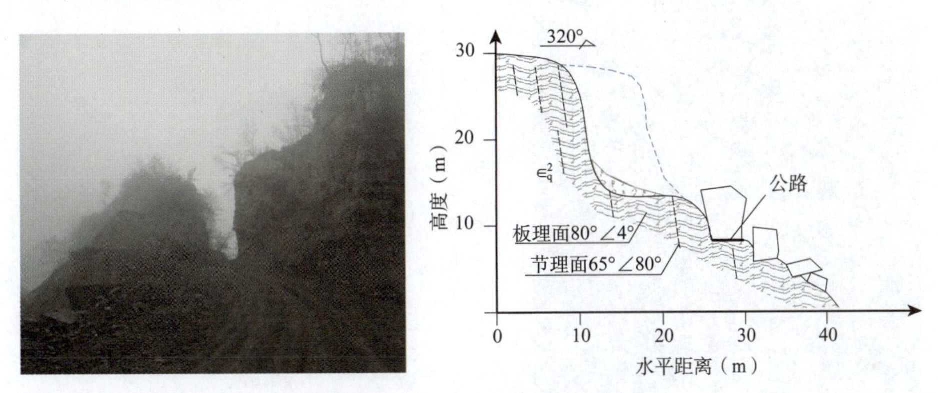

图 11–115 失稳岩土体及剖面示意图

Figure 11–115 The photos of unstable rock and soil of the slope and sketch map of the cross–section

（42）K46+207 右侧斜坡滑坡（LM–42 号点）

滑坡为块状结构斜坡，属折线形坡，上部岩体陡峻，中部较宽缓，下部公路边坡开挖形成陡立临空面，坡度达 60° ~70°。该段斜坡坡体上部为硅质岩，下部为千枚岩，产状 320° ∠ 40°。斜坡高约 166m，长约 200m，坡向约 340°。

在地震力作用下，斜坡顶部坡体后缘拉裂缝底端产生拉裂和剪切滑移变形，形成切层滑移面，使顶部岩体最终沿此面滑动失稳，同时高速运动形成碎屑流。属于拉裂—剪断滑移式破坏，总方量约 $100 \times 10^4 m^3$，掩埋公路（图 11–116）。

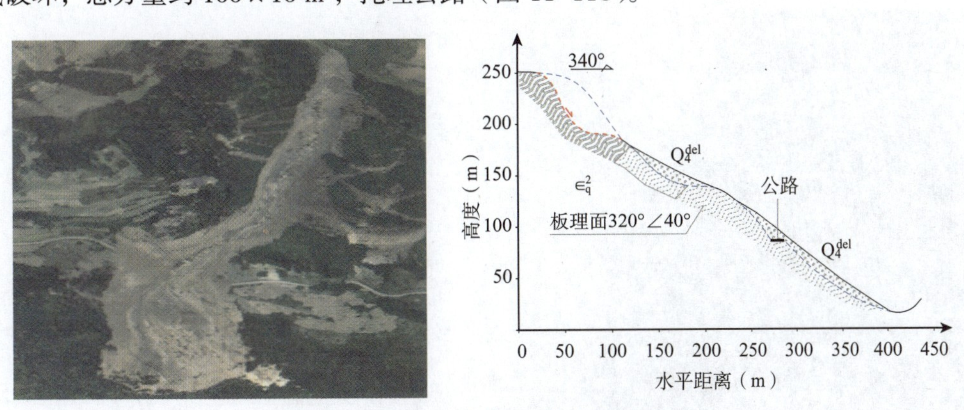

图 11–116 滑坡区遥感图及剖面示意图

Figure 11–116 Remote sensing figure in landslide region and sketch map of the cross–section

（43）K45+523 右侧斜坡崩塌（LM–43 号点）

斜坡为反倾层状结构斜坡，属折线形坡，坡体坡面较缓，坡度约 30°。该段斜坡基岩

为硅质岩，产状 110°∠20°，反倾，主要发育两组结构面：① 245°∠80°；② 355°∠70°。斜坡高约 25m，长约 40m，坡向约 340°。

在地震力作用下，中下部碎裂岩体沿结构面发生倾倒失稳，岩土体坡脚堆积。方量约为 2 000m³，掩埋公路（图 11-117）。

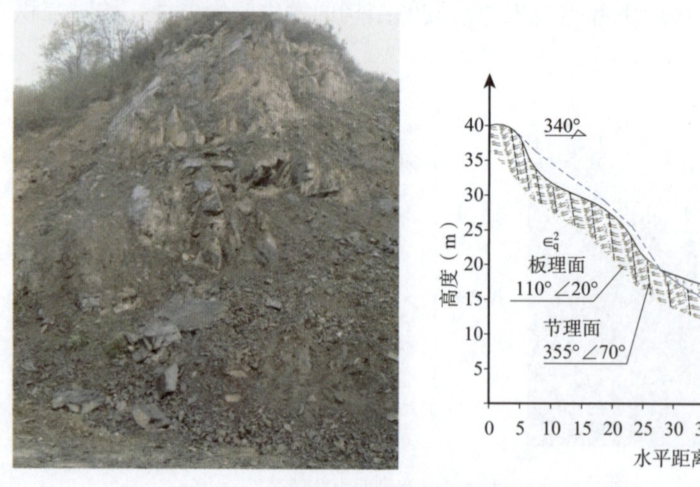

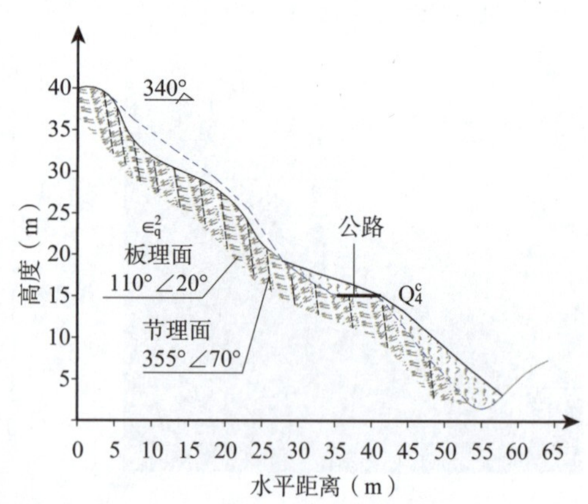

图 11-117 坡面变形照片及剖面示意图

Figure 11-117 The photos of slope deformation and sketch map of the cross-section

（44）K45+184 右侧斜坡崩塌（LM-44 号点）

斜坡为斜交层状结构斜坡，公路开挖形成陡立临空面，岩体卸荷强烈，坡体陡峻，坡度达 60°~70°。该段斜坡基岩为硅质板岩，产状 110°∠25°，主要发育两组结构面：① 20°∠78°（后缘拉裂面）；② 80°∠40°（滑移面）。斜坡高约 40m，长约 100m，坡向约 70°。

在地震力作用下，破坏发生在边坡坡面，岩土体顺坡滑移，形成高速碎屑流。方量约 5×10⁴m³，掩埋公路（图 11-118）。

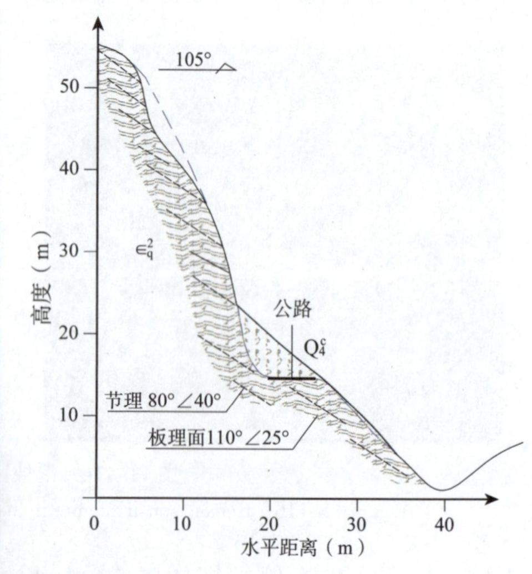

图 11-118 坡面变形照片及剖面示意图

Figure 11-118 The photos of slope deformation and sketch map of the cross-section

（45）K45+114 右侧斜坡堆积体滑坡（LM–45 号点）

斜坡为基岩—强风化层岩土二元结构，属折线形坡，斜坡顶部陡峻，坡度达 60°~70°；下部较为宽缓，崩坡积物深厚；坡面陡倾，坡度约 40°。该段斜坡基岩为硅质板岩，产状 110°∠25°。斜坡高约 70m，长约 100m，坡向约 40°。

在地震力作用下，斜坡中下部崩坡积物顺坡滑移，堆积于坡脚，方量约 $10\times10^4m^3$，掩埋公路（图 11–119）。

图 11–119　坡面失稳岩土体及剖面示意图

Figure 11–119　The photos of unstable rock and soil of the slope and sketch map of the cross–section

（46）K43+425 右侧斜坡崩塌（LM–46 号点）

斜坡为反倾层状结构，属直线形坡，公路开挖形成陡立临空面，岩体卸荷强烈，坡面陡倾，坡度约 45°。该段斜坡坡体上部为硅质板岩，下部为炭质页岩，产状 260°∠46°，主要发育两组结构面：① 35°∠78°（顺倾后缘拉裂面）；② 310°∠75°（侧裂面）。斜坡高约 30m，长约 30m，坡向约 30°。

在地震力作用下，斜坡下部碎裂岩体沿顺坡结构面发生滑移失稳，堆积于坡脚，方量约 $1\times10^4m^3$，掩埋公路（图 11–120）。

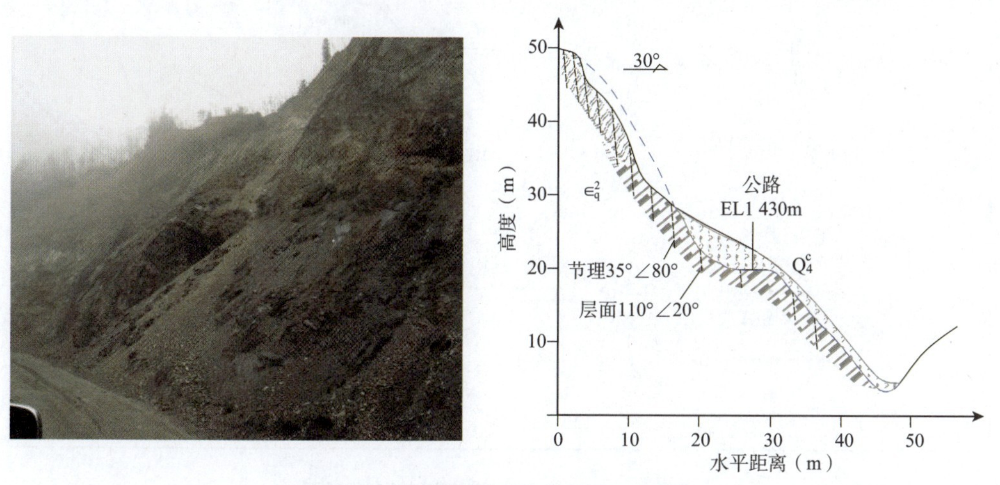

图 11–120　坡面失稳岩土体及剖面示意图

Figure 11–120　The photos of unstable rock and soil of the slope and sketch map of the cross–section

第12章 甘肃省公路地震崩滑灾害
Chapter 12 The Slope disasters triggered by earthquake in Gansu Province highways

12.1 公路概况 Highway survey

甘肃地震灾区处于汶川地震灾区的东北部，汶川地震对区内国道212线宕昌—罐子沟段公路沿线边坡有一定的影响。国道212线起点为甘肃兰州，终点为重庆市，是连接甘肃、四川、重庆的重要通道，全长1 302km，其中甘肃境内共704km，主要经过临洮、漳县、岷县、宕昌、武都和文县。公路等级为二、三级结合（图12-1）。

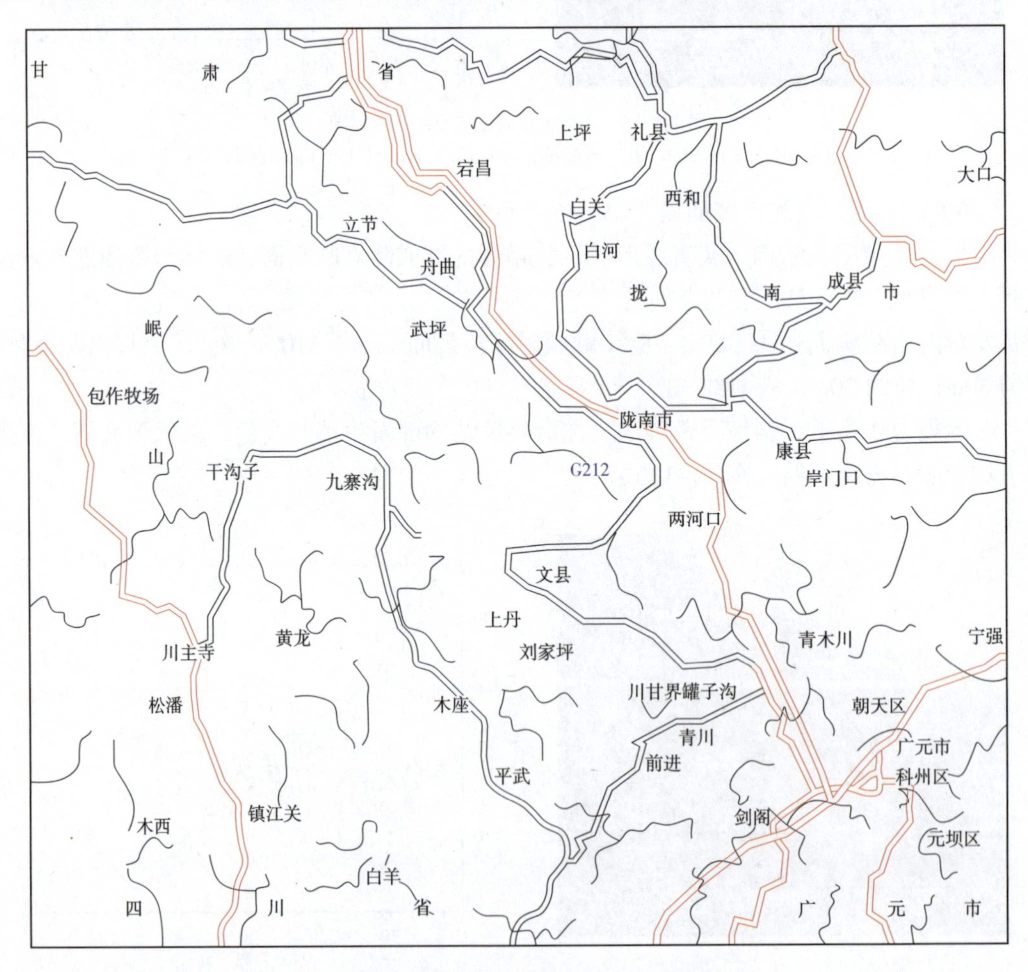

图12-1 G212宕昌—罐子沟段地理位置图

Figure 12-1 Location map of the road from Tanchang to Guanzigou in State Road G212

12.2 沿线地质概况及灾害发育情况 Geological environmental conditions and disaster situation

12.2.1 地质概况 Geological conditions

12.2.1.1 地形地貌

该公路处于青藏高原东北缘陡坡过渡带，属于西秦岭高山、中山山地，总的地势西高东低。西部为跌山、西倾山、达里加山等，海拔高度大于3 500m，切割深度在500~1 000m的高山地貌，山大沟深是研究区最明显的地貌特征。陇南、甘南和天水等地区位于青藏块体东缘，处在南北构造带和昆仑—秦岭构造带等多组深大断裂的交汇复合部位，为南北两侧的龙门山和六盘山晚新生代挤压隆起构造区之间的过渡地带，也是青藏、华南和华北三大I级活动地块区的交汇部位，涉及祁连、柴达木、昆仑、华南和鄂尔多斯等五个活动地块，为不同方向、不同性质活动断裂之间构造转换的关键地区。研究区横跨两大地貌单元及其次级单元，使得地形地貌具有复杂多变的特点，故其滑坡、崩塌、泥石流等地质灾害发育频繁、变化复杂。

12.2.1.2 地层岩性

G212线陇南段南北跨越三个纬度，区内出露地层类型众多复杂，且跨越地层分区界限，最古老的是古元古界(北段)和蓟县系(南段)，最新的是第四系。该段内发育的土质类型有黄土、冲洪积巨粒土和粗粒土、坡残积巨粒土。

岩性中有大量的千枚岩，岩质软弱、破碎，易产生大量的滑塌等补给物质，黏土质含量高，含盐量大，都是形成泥石流特别是黏性泥石流的有利条件；其次为上古生界岩层，岩性以中薄层砂岩、黏土岩、粉砂岩、板岩为主，也有中厚层灰岩，但常夹有千枚岩等软弱夹层，加之大量的断层分割，因此也比较破碎，泥石流也较为发育。

12.2.1.3 地质构造

按板块构造学说，据《中华人民共和国1:250万地质图说明书》(中国地质调查局，2004)，欧亚板块的中国部分划分为西伯利亚、塔里木、华北、扬子、华夏5个古板块，加上冈底斯—印度、菲律宾海板块，整个中国分属7个板块。本项目研究区位于华北板块的中央造山系北部单元（Ⅲ3）和扬子板块的中央造山系南部单元（Ⅳ1）内。本项目研究区穿越西秦岭北缘断裂带和白龙江断裂带。

中国大陆现今的大地构造单元划分为三大构造体系域和两大构造带，本项目研究区位于板块构造背景下形成的中国新构造东西分区界限的南北地震构造带内，特别是G212线陇南段位于中央造山带（即西秦岭）与南北构造带的交汇部位，处于分割中国大陆新构造一级分界、地震活跃、地幔上隆的南北构造带内。

南北地震构造带是一宽600余公里，纵贯横跨长近3 000km的不同地质构造单元、地貌单元的浅源地震密集带。据统计，该带已发生$M_s \geq 6$级地震216次，$M_s \geq 7$级地震 39 次，$M_s \geq 8$ 级地震 6 次。南北构造带也是我国地质灾害严重的地带，地震、滑坡、崩塌、泥石流等与南北地震构造带的活动和青藏高原的隆升的联合作用有很密切的内在联系。

12.2.2 灾害发育情况 Disaster situation

该公路地处青藏高原向中部高原的过渡带，分为北部陇西黄土丘陵中山区和南部西秦岭高山、中山区两大单元地貌。研究区内不同区段的高程、河谷密度、山坡坡度具有明显差异，滑坡、泥石流、崩塌灾害发育，灾害多发区的海拔高度多在 1 100~2 500m 之间，山坡坡度多在 30° ~40° 之间。

研究区滑坡主要分布在陇南市宕昌县、武都区、文县、康县及甘南州舟曲县境内，具有分布范围广、密度大、危害严重等特点。滑坡所经地区人口密度大，耕地多，山坡裸露，人类工程活动强烈，地质环境条件差，滑坡灾害发育。滑坡灾害一般分布于山坡中下部或坡脚，公路沿线往往是滑坡较为发育的地段。滑坡对公路的危害，表现为阻断交通运输，影响社会经济的发展。对公路的破坏基本上有四种形式：

（1）滑动面在路基以上的，以埋没路基为主要危害形式。

（2）滑动面在路基以下的，以路基下滑为主要危害形式。

（3）滑坡体积大，阻断江河，形成堰塞湖，水位上涨淹没上游路基，中断交通。

（4）地震崩滑堆积物是大中型泥石流沟的固体物质的主要来源。

12.3 宕昌—罐子沟段灾害点 The disasters from Tanchang to Guanzigou

灾害点名称及位置	灾害点地质概况	地震破坏情况	附 图
K364+500~K364+600 滑坡（G212-01）	边坡高 120m，长 100m，坡向 75° 。上部为坡积碎石土，下部为岩层，坡面破碎，山体坡面风化严重，表面松散	山体表层沿基岩与土体结合面滑动，滑坡方量近 160 000m³，掩埋公路，砸毁路面，中断交通	图 12-2
K365+832~K366+100 滑坡（G212-02）	该段路基沿岷江河岸展线，在坡脚开挖通过，坡面陡直失稳。边坡高 140m，长 268m，坡向 39° ，由灰岩、千枚岩和板岩构成，断层、褶皱发育，岩体内裂隙十分发育，沟谷深切，山势陡峭，堆积作用明显，地质环境脆弱，坡面岩体破碎、松散，风化严重	山体整体深层滑动，滑坡方量近 1 970 000m³，掩埋公路，砸毁路基，中断交通	图 12-3
K373~K374 崩塌（G212-03）	该段路基内侧山体坡面陡直、破碎，边坡高 30m，长 1 000m，坡向 70° 。由灰岩和千枚岩组成，断层、褶皱发育，岩体内节理裂隙十分发育，沟谷深切，山势陡峭，堆积作用明显，地质环境脆弱，坡面岩体破碎、松散，风化严重	路基内侧山体发生大面积崩塌，崩塌方量近 20 000m³，掩埋公路，砸毁路面，中断交通	图 12-4

续上表

灾害点名称及位置	灾害点地质概况	地震破坏情况	附 图
K376+475~K377+617 滑坡（G212-04）	该段路基沿岷江河岸展线，在山脚开挖通过，坡面陡直失稳，由碎石土、灰岩和板岩组成，断层、褶皱发育，岩体节理裂隙十分发育，坡面岩体破碎、松散，风化严重，沟谷深切，山势陡峭，堆积作用明显，地质环境脆弱	山体整体深层滑动，滑体长1 018m，上端宽1 500m，下端宽1 685m，中间宽301m，山体、路基整体下滑，中断交通	图12-5
K476+100~K476+300 滑坡（G212-05）	该段路基沿山腰开挖通过，坡面陡直失稳，边坡高75m，长200m，坡向70°。山体陡峭，开挖路基破坏原山体的稳定，无防护设施，山体失稳	坡面陡直，山体失稳，山体整体产生深层滑动，滑坡体长200m，宽15m，高20m，滑坡方量近60 000m³。掩埋公路，中断交通	图12-6

a）

b）

图12-2 K364+500~K364+600 滑坡坡面照片

Figure 12-2 Photograph of the landslide from K364+500 to K364+600 slope

图12-3 K365+832~K366+100 滑坡坡面照片

Figure 12-3 Photograph of the landslide from K365+832 to K366+100

a）

b）

图 12-4 K373~K374 崩塌坡面照片

Figure 12-4 Photograph of the collapse from K373 to K374 slope

图 12-5 K376+475~K377+617 滑坡坡面照片

Figure 12-5 Photograph of the landslide from K376+475 to K377+617 slope

a）

b）

图 12-6 K476+100~K476+300 滑坡坡面照片

Figure 12-6 Photograph of the landslide from K476+100 to K476+300

灾害点名称及位置	灾害点地质概况	地震破坏情况	附 图
K482+200~K482+600 崩塌（G212-06）	该段路基沿山脚通过，河岸狭窄，边坡高 35m，长 400m，坡向 81°，由灰岩和板岩组成。断层、褶皱发育，岩体节理裂隙十分明显。山体陡峭，堆积作用明显，地质环境脆弱	坡面岩体破碎、松散，风化严重，山体表面崩塌，山体发生局部崩塌，崩塌方量近 10 000m³，掩埋公路，砸毁路面，交通中断	图 12-7
K492~K495 崩塌（G212-07）	该段路基沿山腰开挖通过，坡面破碎、陡直，沟谷深切，山势陡峭，堆积作用明显，地质环境脆弱，断层、褶皱发育，岩体节理裂隙十分明显。边坡高 40m，长 3 000m，坡向 87°，由板岩组成	坡面岩体破碎、松散，风化严重，山体表面多处崩塌，塌方量近 80 000m³，掩埋公路，砸毁路面，中断交通	
K501+200~K501+600 滑坡（G212-08）	该段路基左侧山体坡面破碎，山体陡直。边坡高 100m，长 400m，坡向 67°，由砂岩构成。岩层节理裂隙十分发育，断层明显。沟谷深切，山势陡峭，堆积作用明显，地质环境脆弱	坡面岩体破碎、松散，风化严重，经常有山石滚落，山体坡面整体滑动，滑坡体长 400m，宽 130m，高 20m，滑坡方量近 160 000m³，掩埋公路，交通中断	图 12-8
K503+000~K503+200 崩塌（G212-09）	该段路基左侧山体，坡面破碎、陡直，斜坡高 43m，长 200m，坡向 83°，由灰岩和板岩构成，断层、褶皱发育，岩体节理裂隙十分发育。沟谷深切，山势陡峭，堆积作用明显，地质环境脆弱	坡面岩体破碎、松散，风化严重，山体表面多处崩塌，塌方量近 10 000m³，掩埋公路，砸毁路面，中断交通	图 12-9
K592~K593 崩塌（G212-10）	该段路基左侧山体坡面破碎，山体陡直，斜坡高 28m，长 1 000m，坡向 84°，由板岩构成，断层、褶皱发育，岩体节理裂隙十分明显。沟谷深切，山势陡峭，堆积作用明显，地质环境脆弱，坡面岩体破碎、松散，风化严重，经常有山石滚落	山体表层崩塌，崩塌方量 10 000m³，砸毁路面和构造物，阻断交通	图 12-10

a）

b）

图 12-7　K482+200~K482+600 崩塌坡面照片

Figure 12-7　Photograph of the collapse from K482+200 to K482+600

图 12-8　K501+200~K501+600 滑坡照片

Figure 13-2　Photograph of the landslide from K501+200 to K501+600 slope

图 12-9　K503+000~K503+200 崩塌照片

Figure 12-9　Photograph of the collapse from K503+000 to K503+200

a）

b）

图 12-10　K592~K593 崩塌照片

Figure 12-10　Photograph of the collapse from K592 to K593

灾害点名称及位置	灾害点地质概况	地震破坏情况	附图
K657~K662 崩塌（G212-11）	边坡高 50m，长 5 000m，坡向 87°，由灰岩和板岩构成。该段路基沿山腰开挖通过，坡面破碎、陡直，断层、褶皱发育，岩体节理裂隙十分明显，沟谷深切，山势陡峭，堆积作用明显，地质环境脆弱	坡面岩体破碎、松散，风化严重，山体表层多处崩塌，塌方近 50 000m³，掩埋公路，砸毁路面，中断交通	图 12-11
K662~K667 崩塌（G212-12）	边坡高 48m，长 5 000m，坡向 86°，由灰岩和板岩构成。该段路基沿山腰开挖通过，坡面破碎、陡直，断层、褶皱发育，岩体节理裂隙十分明显，沟谷深切，山势陡峭，堆积作用明显，地质环境脆弱	坡面岩体破碎、松散，风化严重，山体表层多处崩塌，塌方近 40 000m³，掩埋公路，砸毁路面，中断交通	图 12-12
K669+000~K669+300 滑坡（G212-13）	边坡高 44m，长 300m，坡向 87°，由砂岩构成。该段路基沿山腰开挖通过，坡面破碎、陡直，断层、褶皱发育，岩体节理裂隙十分发育，沟谷深切，山势陡峭，堆积作用明显，地质环境脆弱	坡面岩体破碎、松散，风化严重，山体表层整体滑动，长 300m，宽 10m，高 17m，山体表层滑坡，滑坡方量近 50 000m³，掩埋公路，砸毁路面，中断交通	图 12-13

续上表

灾害点名称及位置	灾害点地质概况	地震破坏情况	附 图
K670~K673 崩塌（G212-14）	边坡高 47m，长 3 000m，坡向 87°，由板岩构成。该段路基沿山腰开挖通过，坡面破碎、陡直，断层、褶皱发育，岩体节理裂隙十分发育，沟谷深切，山势陡峭，堆积作用明显，地质环境脆弱	坡面岩体破碎、松散，风化严重，山体表层多处崩塌，塌方量近 40 000m³，掩埋公路，砸毁路面，中断交通	图 12-14
K694~K697 崩塌（G212-15）	边坡高 56m，长 3 000m，坡向 87°，由灰岩和板岩构成。该段路基沿山腰开挖通过，坡面破碎、陡直，断层、褶皱发育，岩体节理裂隙十分发育，沟谷深切，山势陡峭，堆积作用明显，地质环境脆弱	坡面岩体破碎、松散，风化严重，山体表层多处崩塌，塌方量近 10 000m³，掩埋公路，砸毁路面，中断交通	图 12-15
K700~K703 崩塌（G212-16）	边坡高 47m，长 3 000m，坡向 87°，由灰岩和板岩构成。该段路基沿山腰开挖通过，坡面破碎、陡直，沟谷深切，山势陡峭，堆积作用明显，地质环境脆弱	坡面岩体破碎、松散，风化严重，山体表层多处崩塌，塌方量近 15 000m³，掩埋公路，砸毁路面，中断交通	图 12-16

a）

b）

图 12-11 K657~K662 崩塌坡面照片

Figure 12-11 Photograph of the collapse from K657 to K662 slope

a）

b）

图 12-12 K662~K667 崩塌照片

Figure 12-12 Photograph of the collapse from K662 to K667 slope

a）

b）

图 12-13 K669+000~K669+300 滑坡照片

Figure 12-13 Photograph of the landslide from K669+000 to K669+300 slope

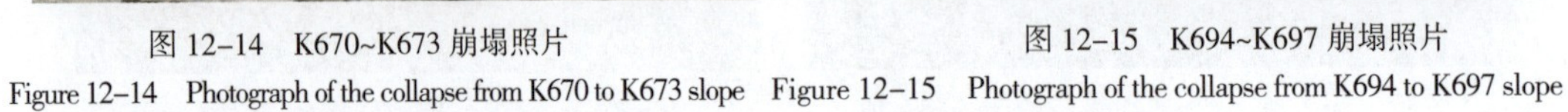

图 12-14 K670~K673 崩塌照片

Figure 12-14 Photograph of the collapse from K670 to K673 slope

图 12-15 K694~K697 崩塌照片

Figure 12-15 Photograph of the collapse from K694 to K697 slope

a）

b）

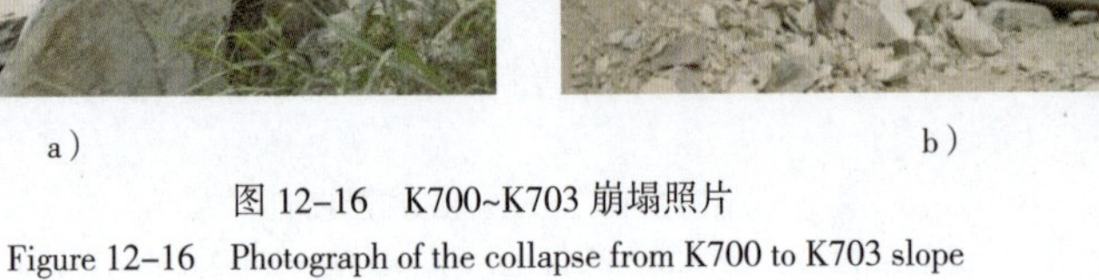

图 12-16 K700~K703 崩塌照片

Figure 12-16 Photograph of the collapse from K700 to K703 slope

第 13 章　陕西省公路地震崩滑灾害
Chapter 13　The Slope disasters triggered by earthquake in Shaanxi Province highways

13.1　公路概况 Highway survey

汶川地震陕西省受灾地区主要分布在汉中市，宝鸡市全部以及西安市、安康市、咸阳市的西部。受灾区公路主要包括 S104 线西安—千阳段，S212 陇凤段，G108 陕西省境内，S306，G316 陕西境内，S211，S309，姜眉公路眉太段，西汉高速陕西段，S210 等，见图 13-1。

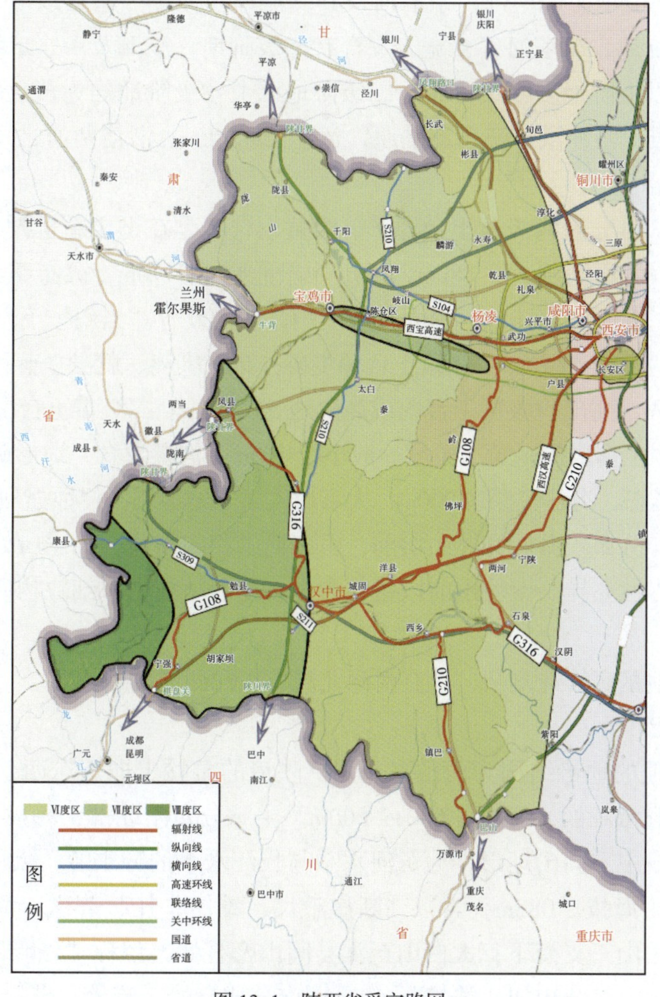

图 13-1　陕西省受灾路网

Figure 13-1　The affected road net of Shaanxi Provence

13.2 区域地质背景及灾害概况 Geological environmental conditions and disaster situation

13.2.1 区域地质背景 Geological conditions

13.2.1.1 区域地貌

此次地震影响区域主要是陕西省关中盆地以及陕南秦岭巴山山地。

（1）关中盆地

关中盆地东西长约360km，南北宽30~60km，俗称“八百里秦川”。渭河横贯盆地，东入黄河，河槽地势低缓，海拔322~600m。渭河南、北两侧地势，由一、二级河流阶地到高出渭河200~500m的一级或二级黄土台塬，呈不对称阶梯状增高。

①冲积平原：位于盆地中部，系渭河及其支流冲积而成。眉县以西，渭河河谷狭窄，发育有四至五级阶地，以东河谷变宽，发育有三级阶地。漫滩及一、二级阶地宽广平坦，连续分布，三级以上阶地多断续分布。二级阶地以上各级阶地均为黄土覆盖。渭河北岸，泾河以东的泾、石、洛冲洪积三角洲平原，宽达10~24km。渭洛两河之间为在阶地基础上形成的沙丘地。

②黄土台塬：可分为两级黄土台塬。一级黄土台塬是在下更新世湖盆基础上形成的，黄土厚100余米，塬面高程540~880m，高出冲积平原40~170m，分布于渭河北岸及西安、渭南、潼关等地。塬面上有洼地，塬周斜坡陡峭，冲沟发育。当斜坡下部有隔水的软弱土（岩）出露时，斜坡稳定性差。二级黄土台塬主要分布在宝鸡、乾县、蓝田、白水、澄城等地，高600~1 000m，高出一级黄土台塬或高阶地50~150m。二级黄土台塬是在第三纪末准平原或山前洪积扇上形成的，黄土厚度一般小于100m，沟壑发育，地形破碎。如蓝田横岭塬呈丘陵状地貌形态，沟谷切深逾200m，大多切入第三纪地层，侵蚀强烈。

③洪积平原：分布于秦岭和北山山前，由多期洪积扇组成。由于所处地质环境和物质来源不同，组成岩性亦异。秦岭山前以粗粒为主，北山山前则以细粒物质为主，且多被黄土覆盖。

关中断陷盆地基底构造复杂，具有南深北浅、东深西浅的特点。

（2）陕南秦巴山区

陕南秦巴山地的地势结构为两山夹一川。陕境的秦岭走向近东西，是秦岭山系的骨干，北陡南缓，巍峨壮丽，海拔1 500~3 000m。主脉分布于北部，海拔2 000m以上的山峰连绵矗立，构成中、高山地形，为黄河水系与长江水系的分水岭。太白山海拔3 767m，为秦岭主峰；华山海拔2 083m，素以“断崖千尺，雄伟非凡”著称。由太白山往西分南岐山、凤岭和紫柏山三支南下；太白山至洋县间山峦叠嶂，俗称“九岭十八坡”；太白山往东至商洛山区，山势结构如“掌状”，向东、南分成蟒岭、流岭、鹘岭—新开岭等支脉。秦岭北陡南缓的山势，导致北坡溪峪短急，较大者为黑河、沣峪、灞河等；南坡诸水源远流长，除嘉陵江由北而南直入长江外，其余褒河、湑水河、子午河、旬河、金钱河、丹江诸水均南入汉江；分隔秦岭主脉和小秦岭的洛河由西而东注入黄河。川、陕间的大巴山、米仓山呈西北—东南走向，一般海拔1 500~2 000m，长约300余公里，最高峰化龙山海拔2 917m。大巴山、米仓山北坡有牧马河、任河、灞河诸水依势北入汉江。汉江横贯秦岭、巴山之间，源于紫柏山和米仓山西端。勉县武侯镇至洋县龙亭铺之间为汉中盆地，长约100km，宽5~25km，海拔500~600m。龙亭铺以东汉江穿凿基岩形成洋县—石泉大峡谷，著名的黄金峡即在大峡谷的西段。向东过安康入湖北境内，于汉口注入长江。

①高山：主要分布在秦岭主峰太白山—鳌山一带，海拔3 000~3 767m，高出渭河平原2 800m左右，由燕山期花岗岩、花岗片麻岩等组成。

②高中山：主要分布在秦岭主脊玉皇山—终南山—华山、紫柏山—摩天岭—羊山及大巴山化龙山一带，海拔2 000~3 000m。其特点是山坡陡峻，山顶突兀、尖削，多齿状和刃状山脊，切割深度500~1 200m，沟谷深邃。组成山体的岩石有片麻岩、花岗岩、变质砂岩、石灰岩和片岩等。现代地质作用以风化、重力崩塌和剥蚀侵蚀为主。亚高山已不适宜农作物生长，人类活动较少，仅在大巴山可见零星散居者。植被一般保存较好。

③中山：主要分布于略阳、佛坪—宁陕、镇安—山阳—商州—丹凤、宁强—镇巴—紫阳—岚皋—平利—镇坪等地，海拔600~1 800m。山脊一般狭长平缓，起伏较小，局部有陡峭孤峰，切割深度500~1 000m，组成地层主要为：古老变质岩系（片岩、板岩、千枚岩等）、花岗岩、石灰岩等。外营力以流水侵蚀作用为主，季节冻融作用也较为普遍。中山适宜小麦、玉米、土豆、四季豆等农作物的生长。随着农耕范围的扩大，天然林均受到不同程度的破坏。人类活动已成为推动现代地貌发展演变的重要地质营力，水土流失有不断增强的趋势。

④低山丘陵：主要分布于汉中、安康、商（州）丹（凤）和西乡盆地边缘，海拔170~1 000m，绝大部分在800m以下。组成岩石是古生界片岩、千枚岩、板岩、花岗岩、砂岩及石灰岩。山势低缓破碎，深切河曲发育，切割深度一般不超过400m，山坡较平缓。山坡、山脊上一般堆积有厚1~8m的残坡积层。滑坡、泥石流广泛发育，流水的侵蚀和堆积作用较强。低山丘陵地区土质较好，人类活动频繁。目前低山丘陵基本被开垦，自然植被遭到严重破坏，是秦巴山区水土流失最严重的地区之一。

⑤盆地：是指经断陷作用与堆积作用所形成，由宽阔的阶地、坝子，以及丘陵、河谷等构成的地貌单元。本区主要有汉中盆地、西乡盆地、安康盆地和商丹盆地。

盆地内普遍分布有一到四级阶地：

一级阶地高出河床4~15m，阶地宽100~3 500m。前缘以陡坎与漫滩或河床相接，由砂土、粉砂土及砂卵石组成。土壤肥沃，耕垦率甚高，主要城镇均位于此阶地上。

二级阶地高出河床20~40m，前缘陡坎高10m以上，阶地宽100~3 000m，汉中以北可达5km。由于流水切割，阶地面已不太完整，多呈片状分布。主要地层为上更新统冲积粉土、粉砂及砂砾。

三级阶地高出河床40~70m，在有些河段（如月河）高出河床60~110m。在汉中汉江北岸连续分布，南岸断续分布，一般宽 1~3km；在汉中湑水河至河东店之间宽达 5~7km。地层岩性为更新统红色黏土、粉砂及砂砾层，黏土中含钙核。

四级阶地主要分布在盆地边缘，高出河床 80~120m。大都由黏土充填的砂砾石组成，局部盖有薄层粉质黏土。由于长期受侵蚀破坏，已成孤丘或残梁零星分布。

13.2.1.2　**地质构造**

陕西省跨三大构造单元。北属中朝准地台，南属扬子地台，中部为秦岭褶皱系。中朝准地台，省内仅涉及其西南部，南侧以八渡—虢镇—眉县—铁炉子—三要断裂带为界，由陕甘宁台坳、汾渭断陷和豫西断隆组成。秦岭褶皱系，北与中朝准地台为邻，南以宽川铺—饶峰—麻柳坝—钟宝断裂与扬子准地台相隔，由六盘山断陷、北秦岭加里东褶皱带、礼县—柞水华里西褶皱带、南秦岭印支褶皱带、康县—略阳华力西褶皱带、北大巴山加里东褶皱带、摩天岭加里东褶皱带组成。扬子准地台，本省仅涉及其北缘。北与秦岭褶皱系为邻，南部延入重庆、湖北两省（市），由龙门—大巴台缘隆褶带、四川台坳组成。第三纪以来，新构造活动剧烈、复杂，类型多样，构成了独具特色的新构造景观。

陕北高原拱起地块，自中生代以来，堆积了巨厚的陆相碎屑岩建造，岩层产状平缓，褶皱断裂不发育。新生代在晚白垩世缓慢上升为大面积拱起区，且具有在更新世西南部掀斜、全新世东北部掀斜的特点。现代地貌为沙漠高原和黄土高原，新构造所形成大的活动断裂不明显，在中生界基岩中有裂隙密集带发育，在新生代地层中可见小断层发育，其走向一般近东西。

渭河地堑系新生代断陷盆地，新构造运动强烈，活动性断裂发育，地震活动频繁，区域稳定性差。活动性断裂以近东西、北东东、北东向为主，北西向次之。近东西向断裂形成于中生代末新生代初，直接控制着侏罗、白垩、老第三系和中新统的分布，第三纪以来仍有活动，如口镇—关池大断裂；北东东向断裂形成于中新世早期—上新世初，直接控制着中新统和上新统的分布，直至现在仍有活动，如渭河大断裂、乾县—临猗大断裂。同期的还有北北东向断裂，如韩城断裂；北东向断裂形成于第三纪末—第四纪初，控制着第三系张家坡组，第四系上、中更新统的分布，现在仍在活动，主要有毛家河断裂、白龙潭断裂等。同期的还有北西向断裂，如八渡—虢镇断裂。断裂皆为高角度断层，直接控制、影响沉陷的形成和发展，使本区形成具差异性断块构造的某些特征。近东西向地堑与北东向凹陷叠加形成断陷洼地，如陵前洼地、保南洼地、卤阳洼地等，近东西向地垒与北东向隆起带共同作用形成断块中低山、断块黄土塬，如嵯峨山、将军山、尧山、五龙山、九龙塬、紫金塬、焦作塬、铁镰塬等。

秦巴断块隆起，是由走向东西的紧密褶皱和压性断裂组成的强烈挤压带，地质构造极为复杂。多深大断裂，且具长期活动性，产状、性质变化大等特点。因差异升降形成汉中—西乡、安康断陷盆地，和北北东向斜列的石门、洛南、商丹、山阳等中、新生代断陷盆地，断裂活动明显，沟谷深切，地形破碎，动力地质作用强烈。

13.2.1.3　**区域地层**

陕西省地跨华北、秦岭和扬子三个一级综合地层区。除上白垩统缺失、上侏罗统尚有争议和下元古界尚不清楚外，各时代地层发育较为齐全。各公路涉及灾害点地层岩性情况在各灾害点中论述，详细地层不再罗列。

13.2.2　灾害概况 Disaster situation

汶川地震诱发陕西地震灾区各路段一定数量和规模的地质灾害，主要有黄土边坡的坍塌以及岩质边坡的崩塌、滑坡等灾害，并在高陡斜坡上残留大量危岩体。

各路段灾害情况见表 13-1。

表 13-1　灾害点数量

Table 13-1　The number of disaster points

序号	路线	崩塌灾害点数量	滑坡灾害点数量	泥石流灾害点数量
1	S104 西安—千阳公路次生地质灾害	9	0	0
2	S212 陇凤段次生地质灾害	21	7	0
3	G108 陕西省次生地质灾害	5	0	0
4	S306 次生地质灾害	2	0	0
5	G316 次生地质灾害	5	0	0
6	S211 次生地质灾害	6	0	6
7	S309 次生地质灾害	2	0	0
8	眉太段次生地质灾害	9	0	0
9	西汉高速陕西段次生地质灾害	9	0	0
10	S210 陕西省次生地质灾害	34	3	2
总计		102	10	8

根据调查，陕西省地震灾区公路沿线地质灾害主要有崩塌、滑坡、泥石流等，以崩塌灾害为主，总结起来，陕西省地震地质灾害有以下几个特点。

（1）单点边坡崩塌摧毁路基、路面：这种破坏类型在震区公路上比较普遍，存在分布范围广、数量多、规模大、危害严重等特点，是震区和地震波及区公路最为主要的一种破坏类型。这些单个或成线状发育的崩塌阻断交通、砸毁车辆，对公路等基础设施造成了严重破坏。

（2）地震造成边坡出现大量变形和裂缝，有利于降雨和融雪的渗透，减小了岩土体的力学强度指标，导致地下水位的上升和径流条件的改变，为崩、滑、流的形成创造了条件。地震触发的崩塌、滑坡以及其他水源条件的变化等又为泥石流提供了大量的松散固体物质和水源，形成了“地震→崩塌 / 滑坡→泥石流”或“地震→崩塌 / 滑坡→堰塞湖→溃决洪水 / 泥石流”的灾害链。因此，地震发生以后的几年内，因为降雨、融雪等诱发的崩、滑、流，甚至可能比地震发生时所触发的还要多。

（3）崩塌土体占用河道。由于陕西省特殊的地质背景，公路大多为沿河走向，地震作用下发生的崩塌、滑坡等地质灾害造成了土体滑落向河道中，占用河道。

13.3 灾害点 The disasters

13.3.1 S104 西安—千阳段 from Xian to Qianyang road(S104)

S104 西安—千阳段，起点位于西安市，终点位于宝鸡市的千阳县，长 179km。途经咸阳、兴平、扶风、岐山、凤翔等地，是陕西省境内干线公路网的重要组成部分。

据调查，沿线共发育崩塌等地震地质灾害 9 处，详情如下。

灾害点名称及位置	灾害点地质概况	地震破坏情况	附 图
K98+350~K98+390（两侧）	黄土边坡，边坡上部黄土垂直节理裂隙发育	黄土底部发生错断、鼓胀，导致黄土边坡倾倒破坏。灾害体长 80m，平均高度 8m，平均宽度 2.5m，失稳方量约 1 600m³	
K98+390~K98+520（两侧）	黄土边坡，边坡上部黄土垂直节理裂隙发育	黄土底部发生错断、鼓胀，导致黄土边坡倾倒破坏。灾害体长 260m，平均高度 8m，平均宽度 2.5m，失稳方量约 5 200m³	
K98+550~K98+650	黄土边坡，边坡上部黄土垂直节理裂隙发育	黄土底部发生错断、鼓胀，导致黄土边坡倾倒破坏。灾害体长 100m，平均高度 9m，平均宽度 2.5m，失稳方量约 1 350m³	
K98+740~K98+820	黄土边坡，边坡上部黄土垂直节理裂隙发育	黄土底部发生错断、鼓胀，导致黄土边坡倾倒破坏。灾害体长 80m，平均高度 8m，平均宽度 2.5m，失稳方量约 1 600m³	图 13-2
K98+820~K99+000（两侧）	黄土边坡，边坡上部黄土垂直节理裂隙发育	黄土底部发生错断、鼓胀，导致黄土边坡倾倒破坏。灾害体长 360m，平均高度 9m，平均宽度 2.5m，失稳方量约 8 100m³	图 13-3
K99+350~K99+500（两侧）	黄土边坡，边坡上部黄土垂直节理裂隙发育	黄土底部发生错断、鼓胀，导致黄土边坡倾倒破坏。灾害体长 40m，平均高度 8m，平均宽度 2.5m，失稳方量约 1 600m³	
K99+500~K99+800	黄土边坡，边坡上部黄土垂直节理裂隙发育	黄土底部发生错断、鼓胀，导致黄土边坡倾倒破坏。灾害体长 300m，平均高度 10m，平均宽度 2.5m，失稳方量约 7 500m³	
K103+700~K103+820（两侧）	黄土边坡，边坡上部黄土垂直节理裂隙发育	黄土底部发生错断、鼓胀，导致黄土边坡倾倒破坏。灾害体长 240m，平均高度 7m，平均宽度 2.5m，失稳方量约 4 200m³	
K103+820~K103+950	黄土边坡，边坡上部黄土垂直节理裂隙发育	黄土底部发生错断、鼓胀，导致黄土边坡倾倒破坏。灾害体长 130m，平均高度 8m，平均宽度 2.5m，失稳方量约 2 600m³	图 13-4

图 13-2 K98+740~K98+820 边坡失稳照片

Figure 13-2 Photograph of the unstable slope from K98+740 to K98+820

图 13-3 K98+820~K99+000 边坡失稳照片

Figure 13-3 Photograph of the unstable slope from K98+820 to K99+000

图 13-4 K103+820~K103+950 边坡失稳照片

Figure 13-4 Photograph of the unstable slope from K103+820 to K103+950

13.3.2 S212 陇凤段 Longfeng road（S212）

S212 陇凤段，起点位于陇县，终点位于凤县，沿途经过草碧镇、寇家河乡、千阳县、红峰乡、金河乡、宝鸡市、神农镇等地，长 210km。据调查，沿线共发育崩塌等灾害点 27 处，详情如下。

灾害点名称及位置	灾害点地质概况	地震破坏情况	附 图
K34+800~K35+000	紫红色砂岩、泥岩互层，发育结构面产状 340°∠70°	斜坡上部结构面切割岩体、风化层失稳，方量约 480m³	图 13-5
K45+500~K46+200	砂板岩，发育结构面产状 310°∠70°	斜坡上部结构面切割岩体、风化层失稳，失稳岩体坠落堆积于公路之上	

续上表

灾害点名称及位置	灾害点地质概况	地震破坏情况	附 图
K86+720~K86+770	黄土边坡，边坡上部黄土垂直节理裂隙发育	边坡上部土层失稳，失稳方量约 25m³	图 13-6
K85+940~K85+960	黄土边坡，边坡上部黄土垂直节理裂隙发育	边坡上部土层失稳，失稳方量约 200m³	
K83+800~K83+820	红色砂岩，岩层近水平，发育结构面产状 210°∠68°	边坡上部结构面切割楔形体失稳，失稳方量约 400m³	
K126+500~K126+580、K128+600~K128+900、K130+200~K130+450、K132+600~K132+700、K132+800~K132+900、K133+900~K134+500、K142+050~K142+150 等 7 处灾害点	灰岩，顺层结构，风化强烈	顺层面及结构面岩体滑移，单左右处失稳方量 200m³ 左右	
K144+084~K144+096	碎石土	土层边坡上部土体失稳，失稳方量约 36m³	
K167+396~K167+474、K152+635~K152+700、K167+396~K167+474、K178+670~K178+700、K179+700~K180+000、K180+000~K180+400、K180+600~K181+000、K181+000~K181+600、K183+100~K183+250、K183+700~K183+950、K184+800~K185+150、K185+580~K185+850、K186+500~K187+300、K188+400~K188+950 等 14 处灾害点	陡倾层状硬质岩陡坡	斜坡上部结构面切割岩体失稳，失稳块石坠落堆积于坡脚	

图 13-5　K34+800~K35+000 边坡失稳照片

Figure 13-5　Photograph of the unstable slope from K34+800 to K35+000

图13-6 K86+720~K86+770边坡失稳照片

Figure 13-6 Photograph of the unstable slope from K86+720 to K86+770

13.3.3 G108线陕西境 Shanxi road（G108）

陕西境内G108共经过城固段、佛坪段、勉县段、宁强段和洋县段5个路段，总长748km。

经调查，沿线发育5处崩塌等各类灾害，如下所示。

灾害点名称及位置	灾害点地质概况	地震破坏情况	附 图
K1709+200~K1709+300	硬质岩陡坡	结构面切割岩体崩塌失稳，坠落堆积于坡脚，失稳方量约97.5m³	图13-7
K1742+000~K1742+060	变质砂岩，结构面发育	结构面切割岩体失稳，失稳方量约200m³	图13-8
K1750+760~K1750+790	花岗岩	结构面切割岩体失稳，失稳方量约250m³	
K1534+620~K1534+650	变质岩陡坡	局部结构面切割岩体失稳，残留危岩体	
K1539+540~K1539+570	变质岩陡坡	局部结构面切割岩体失稳，残留危岩体	图13-9

图13-7 K1709+200~K1709+300边坡崩塌失稳

Figure 13-7 Photograph of the unstable slope from K1709+200 to K1709+300

图 13-8 K1742+000~K1742+060 边坡崩塌失稳

Figure 13-8 Photograph of the unstable slope from K1742+000 to K1742+060

图 13-9 K1539+540~K1539+570 边坡崩塌失稳

Figure 13-9 Photograph of the unstable slope from K1539+540 to K1539+570

13.3.4 S306 线（S306）

S306 西起宝鸡市麟游县两亭镇，与 S210 相交，东至咸阳市旬邑县马栏镇，长 209km。沿线灾害点情况如下所示。

灾害点名称及位置	灾害点地质概况	地震破坏情况	附 图
K180+200 右侧	硬质岩陡坡	结构面切割岩体崩塌失稳，岩体震裂松动形成危岩体	图 13-10
K188+200 右侧	硬质岩陡坡	结构面切割岩体崩塌失稳，岩体震裂松动形成危岩体	图 13-11

图 13-10 K180+200 右侧崩塌及松动岩体照片

Figure 13-10 Photograph of the collapses and loose rock by K180+200′s right side

图 13-11 K188+200 右侧崩塌及松动岩体照片

Figure 13-11 Photograph of the collapses and loose rock by K188+200′s right side

13.3.5 G316线陕西境 Shanxi road（G316）

G316，起点为福建福州，终点为甘肃兰州的国道，全程2915km。此次调查主要针对陕西省境内白河、旬阳、安康、汉阴、石泉、西乡、城固、汉中、留坝以及凤县，全长521km，沿线地质灾害点情况如下所示。

灾害点名称及位置	灾害点地质概况	地震破坏情况	附 图
K2194+205~K2194+250	片岩陡坡	顺片理滑移失稳，失稳方量约400m³	图13-12
K2192+800~K2192+920	片岩陡坡	结构面切割岩体倾倒破坏，失稳方量约630m³	图13-13
K2192+300	千枚岩和片岩	结构面切割岩体滑移失稳，失稳方量约132.6m³	图13-14
K2229+200~K2229+230	岩浆岩、变质岩	结构面切割岩体崩塌失稳，失稳方量约200m³	
K2270+550~K2270+600	岩浆岩及较大孤石及黏性土	顺外倾结构面滑移失稳，失稳方量约15 000m³	图13-15

图13-12 K2194+205~K2194+250边坡崩塌灾害照片

Figure 13-12 Photograph of the collapse slope from K2194+205 to K2194+250

图13-13 K2192+800~K2192+920边坡崩塌灾害照片

Figure 13-13 Photograph of the collapse slope from K2192+800 to K2192+920

图13-14 K2192+300结构面切割岩体滑移灾害点照片

Figure 13-14 Photograph of the slip disaster of structural plane cutting rocks by K2192+300

图 13-15 K2270+550~K2270+600 灾害点照片

Figure 13-15 Photograph of the disaster from K2270+550 to K2270+600

13.3.6 S211 线（S211）

经过的主要城镇有南郑县—青树镇—塘坊乡—喜神坝乡。该路段属于山区二级公路弯道段，山体靠路右，属改建公路所开，山体坡面较陡，岩层多属于沉积岩，少量岩浆岩出露，有风化现象，对于路堑段，设有 NSN 主动型防护网。

沿线灾害点情况如下所示。

灾害点名称及位置	灾害点地质概况	地震破坏情况	附 图
K51+700~K51+705、K52+200~K52+215	基岩陡坡，有主动网防护	小规模结构面切割岩体崩塌失稳	
K46+700~K46+750、K52+200~K52+220、K52+300~K52+308	基岩陡坡	小规模结构面切割岩体崩塌失稳	
K54+380~K54+410	页岩等，风化强烈	顺外倾结构面滑移失稳	图 13-16

13.3.7 S309 线（S309）

S309 线陕西省略阳县勉县—略阳段（K000+000~K46+700），以勉县为起点，以略阳为终点，通过村庄主要有三家店村—长岭村—王家营村—小寨子村—观音堂村—七里店村，全长 46.7km。

图 13-16　K54+380~K54+410 结构面切割岩体滑移失稳照片

Figure 13-16　Photograph of the slip disaster of structural plane cutting rocks from K54+380 to K54+410

地形地貌总体轮廓呈高山峡谷特征，按其形态及成因类型，可将调查区划分为剥蚀山地和侵蚀—堆积河谷两大类。岩石类型主要为岩浆岩、沉积岩和硅质石灰岩。沿线地质灾害如下所示。

灾害点名称及位置	灾害点地质概况	地震破坏情况	附 图
K33+400	岩浆岩陡坡，局部风化强烈	结构面切割岩体崩塌失稳	图 13-17
K65+350	硅质石灰岩，发育结构面 104°∠75°，65°∠65°	结构面切割岩体崩塌失稳	图 13-18

图 13-17　K33+400 结构面切割岩体崩塌失稳照片

Figure 13-17　Photograph of the collapse of structural plane cutting rocks by K33+400

图 13-18 K65+350 结构面切割岩体崩塌失稳照片

Figure 13-18 Photograph of the collapse of structural plane cutting rocks by K65+350

13.3.8 姜眉公路 Jiangmei road

眉太路是姜眉路的一条二级公路。姜眉路南起陕西汉中留坝姜窝子，与 G316（汉中—甘肃天水段）相接，北穿秦岭到眉县渭河大桥，与西宝高速相连，全长 165km，是西安通往陕南汉中，通往四川北部的一条捷径。它的里程短、路况好、弯度小、时速高、收费少、车流量大，而且大都是货运载重车辆，是一条“黄金”运输线。姜眉公路也是省会西安通往陕南汉中，连接 G310、G316 和 G108，是沟通四川北部、甘肃东南部的一条重要边界通道。眉太路眉县段地势平坦，视野开阔，是客商投资西部的首选之地。从眉县途经天王镇—清溪乡—潘家弯村—七里川村到达太白县。

通过对姜眉公路眉太线的调查分析，可以看出沿线地震地质灾害点共发 现 9 处，灾害类型主要为路基边坡崩塌。

灾害点名称及位置	灾害点地质概况	地震破坏情况	附 图
K19+038~K19+042	变质岩陡坡，发育结构面 265° ∠ 50°	结构面切割岩体崩塌失稳	
K22+450~K22+500	反倾层状结构基岩斜坡	结构面切割岩体崩塌失稳	图 13-19
K23+900~K23+100	硬质岩陡坡	结构面切割岩体崩塌失稳	图 13-20
K29+700~K29+800	硬质岩陡坡	结构面切割岩体崩塌失稳	
K33+700~K33+800	硬质岩陡坡	结构面切割岩体崩塌失稳	
K34+950~K35+600	硬质岩陡坡	结构面切割岩体崩塌失稳	图 13-21
K37+150~K37+190	顺层结构硬质岩边坡	局部岩体滑移、倾倒失稳	图 13-22
K38+100~K38+200	顺层结构硬质岩边坡	局部岩体滑移、倾倒失稳	
K49+200~K49+400	硬质岩陡坡，上部有碎石土层	局部土层及岩体失稳	

图13-19 K22+450~K22+500结构面切割岩体崩塌失稳照片

Figure 13-19 Photograph of the collapse of structural plane cutting rocks from K22+450 to K22+500

图13-20 K23+900~K23+100结构面切割岩体崩塌失稳照片

Figure 13-20 Photograph of the collapse of structural plane cutting rocks from K23+900 to K23+100

图13-21 K34+950~K35+600结构面切割岩体崩塌失稳照片

Figure 13-21 Photograph of the collapse of structural plane cutting rocks from K34+950 to K35+600

图13-22 K37+150~K37+190结构面切割岩体崩塌失稳照片

Figure 13-22 Photograph of the collapse of structural plane cutting rocks from K37+150 to K37+190

13.3.9 西汉高速 Xihan road

西汉高速公路是国家高速公路网G5京昆高速，在陕西境内的一段，是陕西省“米”字形公路主骨架的重要组成部分。该公路北起户县涝峪口，接已建成通车的西安至户县高速公路，南止勉县元墩，接在建的勉县至宁强高速公路。路线主线全长258.65km，全线采用双向四车道高速公路标准建设，根据地形条件分级设计计算行车速度60~100km/h，路基宽度20~26m，全封闭，全立交。路线全长258.65km，沿线灾害点情况如下所示。

灾害点名称及位置	灾害点地质概况	地震破坏情况	附 图
K296+800~K296+900、K297+200~K297+280、K297+750、K299+385	泥页岩开挖边坡，局部为碎石土	局部岩体失稳	

续上表

灾害点名称及位置	灾害点地质概况	地震破坏情况	附 图
K312+200~K312+230	灰色粉砂质泥岩	岩体拉裂变形	图 13-23
K318+720~K318+840	灰色、灰绿色泥页岩粉砂岩薄层或条带，风化后成黄绿色、浅黄色页状或碎屑状	局部结构面切割岩体滑移、倾倒失稳	
K319+200 上行右侧	软质泥岩边坡	局部结构面切割岩体倾倒失稳	
K321+335	边坡由钙质泥岩、泥岩组成，近水平层状结构	结构面切割岩体倾倒失稳，坠落堆积于路面上	图 13-24
K298+240	黄褐色泥岩、粉砂岩，松散破碎、风化强烈	贺家峡隧道洞口上部边坡出现滑塌（左侧），失稳方量约 675m^3	

图 13-23 K312+200~K312+230 边坡岩体拉裂变形照片

Figure 13-23 Photograph of the slope of fractured rock from K312+200 to K312+230

图 13-24 K321+335 边隧道仰坡岩体崩塌照片

Figure 13-24 Photograph of the rock collapse of tunnel front slope by K321+335

13.3.10　S210 线（S210）

陕西省境内 S210 是一条南北走向的公路，起点为麟游白家西坡，止于留坝姜窝子 。全长 238km，北接 G310，南接 G316。途经凤翔县、宝鸡县、太白县。沿线灾害点汇总如下所示。

灾害点名称及位置	灾害点地质概况	地震破坏情况	附 图
K35+150~K35+200	人工开挖紫红色泥质岩边坡	局部岩体失稳	
K47+720~K47+820、K48+900~K48+950	人工开挖土层边坡，陡倾裂隙发育	土体拉裂，威胁公路安全	图 13-25 图 13-26
K49+150~K49+160、K50+210~K50+310、K50+460~K50+500、K50+560~K50+710、K53+400~K53+500	人工开挖土层边坡，陡倾裂隙发育	上部土层失稳，并造成土体拉裂，威胁公路安全	
K112+760~K112+777 段左侧	公路临河路基	河流岸坡上部土层失稳	图 13-27
K140+600~K142+450、K143+151~K143+320、K149+450~K149+550、K149+800~K149+820、K152+780~K153+300	人工开挖基岩陡坡	局部结构面切割岩体失稳	图 13-28
K154+550~K154+820、K157+900~K158+050、K159+500~K159+580、K162+400~K162+700、K163+020~K163+800、K164+900~K165+100、K167+350~K167+420、K168+300~K168+430、K169+400~K169+550	人工开挖基岩陡坡	局部结构面切割岩体失稳	图 13-29
K170+400~K170+850	人工开挖碎石土边坡	边坡上部滑移失稳	图 13-30
K171+900~K172+100、K176+280~K176+600、K177+400~K177+550、K178+150~K178+600、K182+350~K182+380、K214+300~K214+400、K221+300~K221+500	人工开挖基岩陡坡	局部结构面切割岩体失稳	图 13-31 图 13-32
K199+250~K199+280 、K215+300~K215+350 、K222+100~K222+180	开挖边坡，表层破碎、风化强烈	斜坡上部局部土层及强风化层失稳	
K223+850~K223+900	折现斜坡，上部基岩陡坡，下部碎石土斜坡	上部基岩陡坡崩塌失稳	图 13-33

图 13-25 K47+720~K47+820 土体拉裂变形照片

Figure 13-25 Photograph of the slope of fractured soil from K47+720 to K47+820

图 13-26 K48+900~K48+950 土体拉裂变形照片

Figure 13-26 Photograph of the slope of fractured soil from K48+900 to K48+950

图 13-27 K112+760~K112+777 段左侧临河岸坡失稳照片

Figure 13-27 Photograph of the unstable slope along the river from K112+760 to K112+777

图 13-28 K152+780~K153+300 边坡崩塌失稳照片

Figure 13-28 Photograph of the collapse slope from K152+780 to K153+300

图 13-29 K169+400~K169+550 边坡崩塌失稳照片

Figure 13-29 Photograph of the unstable slope collapse from K169+400 to K169+550

图 13-30 K170+400~K170+850 边失稳照片

Figure 13-30 Photograph of the unstable slope from K170+400 to K170+850

图13-31 K177+400~K177+550边坡失稳照片

Figure 13-31 Photograph of the unstable slopefrom K177+400 to K177+550

图13-32 K182+350~K182+380边坡失稳照片

Figure 13-32 Photograph of the unstable slope from K182+350 to K182+380

图13-33 K223+850~K223+900边坡崩塌失稳照片

Figure 13-33 Photograph of the unstable slope collapse from K223+850 to K223+900

第四篇　震后次生泥石流

Part 4　The Debris flow after Earthquake

第 14 章 震后次生泥石流
Chapter 14 The debris flow after earthquake

14.1 概况 Survey

汶川地震诱发大量崩塌及滑坡灾害，崩塌滑坡堆积物大量堆积于坡脚，掩埋公路，形成堰塞湖。淹没公路的同时，还有大量物质堆积于斜坡缓坡带、冲沟内，成为雨季泥石流物源。在震后 2008~2010 年三个雨季中，每年均不同程度爆发泥石流灾害，尤以 2010 年 8 月 13 日暴雨诱发泥石流灾害最为严重，给灾区公路恢复重建和安全运营带来严重威胁。

震后泥石流灾害，主要表现为坡面泥石流灾害和沟谷型泥石流灾害，在数量上，坡面泥石流较多，在规模和危害上，沟谷型泥石流较大。图 14-1 为典型坡面型和沟谷型泥石流照片。

图 14-1 震后典型坡面型及沟谷型泥石流照片

Figure 14-1 The picture of representative slope and cleuch debris flow picture after earthquake

从震后 3 年泥石流发育情况看，震后泥石流主要有两个高发区。

Ⅰ区：北川—南坝—东河口一线，中央主断裂上盘，寒武系碎屑岩区。该区域主要位于中央主断裂上盘，地震诱发大量崩滑灾害，物源区主要为碎屑岩、千枚岩等变质岩，崩滑堆积物以碎石土为主，大颗粒物质较少，泥石流主要爆发在 2008~2009 年，数量众多，由于泥石流大部分位于公路对面，所以对公路造成的危害不是很大。

Ⅱ区：映秀北川段，中央主断裂与后山断裂之间，侵入岩体、灰岩分布区，以及前山断裂与中央主断裂之间，灰岩分布区。地震崩滑堆积物中坚硬、大粒径物质偏多，2008~2009 年间爆发部分泥石流灾害，在 2010 年灾害群发，数量众多，规模巨大。

震后泥石流灾害主要有如下特点。

（1）灾害群发

震后泥石流灾害特点之一为群发性，以 2010 年 8 月 13 日暴雨为例，诱发Ⅱ区内映秀—耿达、映秀—草坡、都江堰—龙池公路、红白—青牛沱公路、汉旺—清平—桂花岩等公路沿线泥石流灾害集中爆发。其中，映秀—卧龙公路沿线爆发对公路有影响的泥石流灾害 32 处，映秀—草坡公路沿线爆发对公路有影响的泥石流灾害 18 处。

灾害群发的根本原因在于如下两个方面：

①区域内地形地质条件、地形地貌条件、气候条件的相似性。该区域内处于龙门山带地形梯度最大区域，不足 20km 范围内海拔高度由 900m 左右上升到 4 989m，区内河谷密布，溯源侵蚀作用极为强烈，且处于华西雨屏带，降雨量大且多暴雨。

②在特殊的地层岩性、地形地貌条件下，区内为地震崩滑灾害强烈发育区，大量地震崩滑堆积物堆积于斜坡坡面、次级沟谷，为泥石流爆发提供了丰富的物源。

（2）灾害突发

突发性是泥石流灾害本身的一个固有特点，汶川地震震后泥石流更具有突发性，往往一夜数小时之内，泥石流突然爆发，造成严重损毁。

灾害突发性首先在于区内特殊的气候条件，即容易产生暴雨灾害；其次在于特殊的山区沟域地形特点，山区沟谷往往具有汇水面积大、沟床纵坡陡，而流通区范围小、出口狭窄的特点。

第三在于地震崩滑堆积物堆积特点，地震区崩滑主要发生在沟谷两侧，其堆积物往往顺沟不连续堆积，暴雨条件下排水不畅形成连续堰塞湖，一旦启动容易形成连锁反应。

（3）危害巨大

震后泥石流破坏力巨大的原因，主要在于特殊的地形地貌条件。

沟谷型泥石流多发生在岷江、渔子溪等次级沟谷，河谷狭窄，泥石流冲出后没有充分的堆积空间，直接掩埋公路、堰塞主河道形成堰塞湖，危害巨大。坡面型泥石流爆发后则直接掩埋公路。图 14-2 为映秀—汶川几处典型泥石流遥感影像图。由图可以看出，泥石流爆发后，堆积物直接掩埋公路、堰塞岷江。

图 14-2　映秀—汶川几处典型泥石流遥感影像图

Figure 14-2　The remote sensing image of some representative debris flow between Yingxiu to Wenchuan

由于震后泥石流灾害持续时间长，分布范围广，本书仅对泥石流灾害作概略性论述，其中 G213 线都江堰—映秀—汶川公路和 S303 线映秀—卧龙段依据 2008~2011 年泥石流调查资料编写，汉旺—清平公路依据 2010 年泥石流调查资料编写，其他公路均为 2009 年及以前泥石流灾害调查资料编写。

14.2 G213 线都江堰—映秀—汶川公路沿线泥石流灾害
The debris flows from Dujiangyan to Yingxiu to Wenchuan road（G213）

G213 线都江堰—映秀—汶川公路，汶川地震诱发大量崩滑灾害的同时，在岷江次级沟谷、斜坡坡面残留大量崩滑堆积物，给后期泥石流灾害的发生提供了丰富的物源。

该公路沿线泥石流灾害自 2008 年震后即开始爆发，如一碗水大桥下游岷江右侧次级河谷泥石流爆发，堰塞岷江，并造成银杏乡部分房屋被淹。最为严重的是 2010 年 8 月 13~14 日，四川普降暴雨，映秀—草坡段沿线泥石流灾害群发，给恢复重建公路造成严重损毁。

根据本项目调查统计，沿线震后共有 18 处（对公路无影响的未统计）泥石流灾害（表 14–1），给 G213 线公路造成严重威胁。

表 14–1　G213 都江堰—映秀—汶川公路震后次生泥石流爆发情况总表

Table 14–1　The occurred debris flows summary listing from Dujiangyan to Yingxiu to Wenchuan load（G213）after earthquake

序号	位置及名称	泥石流类型	泥石流灾害情况
N01	牛圈沟泥石流	沟谷型	掩埋便道，2008 年爆发，以后每年均有活动
N02	牛圈沟沟口左侧泥石流	坡面型	掩埋新 G213 线，2008 年爆发
N03	枫香树沟泥石流	沟谷型	2010 年 8 月 13 日爆发泥石流，掩埋 G213 线
N04	烧房沟泥石流	沟谷型	2010 年 8 月 13 日爆发泥石流，掩埋明洞，堰塞岷江
N05	K27+500 泥石流（老街村 1 号沟泥石流）	沟谷型	2010 年 8 月 13 日爆发泥石流，掩埋新 G213 线
N06	K27+640 泥石流（老街村 2 号沟泥石流）	沟谷型	2010 年 8 月 13 日爆发泥石流，掩埋新 G213 线
N07	K28+010 右侧沟谷泥石流（10–1 号点、老虎嘴沟泥石流）	沟谷型	2010 年 8 月 13 日爆发泥石流，掩埋新 G213 线
N08	K28+665~K29+500 右侧斜坡泥石流	坡面型	2010 年 8 月 13 日爆发泥石流，掩埋新 G213 线
N09	K30+130~K30+330 公路右侧泥石流	坡面型	2010 年 8 月 13 日爆发泥石流，掩埋明洞
N10	K30+400 对面，老 G213 线左侧泥石流	沟谷型	2008 年爆发，以后每年均有不同程度活动，堰塞岷江，掩埋老 G213 线
N11	K33+850 皂角湾隧道出口泥石流	坡面型	2010 年 8 月 13 日爆发泥石流，部分掩埋洞口
N12	K34+370~K34+700 右侧泥石流	坡面型	多次爆发泥石流，掩埋新 G213 线
N13	K36+000 对面沟谷泥石流	沟谷型	2008 年爆发，以后每年均有不同程度活动，堰塞岷江，掩埋老 G213 线
N14	银杏坪沟泥石流	沟谷型	2010 年 8 月 13 日爆发泥石流，堰塞岷江
N15	毛家湾隧道出口泥石流	坡面型	2010 年 8 月 13 日爆发泥石流，部分掩埋洞口
N16	K40+000~K41+150 对面泥石流	沟谷型	堰塞岷江，掩埋老 G213 线
N17	K16+530 高家沟泥石流	沟谷型	2009 年小规模爆发，掩埋老 G213 线；2011 年大规模爆发，堰塞河道、冲毁新 G213 线路基
N18	彻底关沟泥石流	沟谷型	2011 年爆发，淤塞中桥

沿线主要泥石流灾害点情况如下。

（1）牛圈沟泥石流

主要为牛圈沟高速远程滑坡碎屑流体，在牛圈沟内堆积长度约 1 000m，前缘距百花桥头 206m，牛圈沟形成堰塞湖。2008 年雨季地表水作用下形成泥石流，最终泥石流堆积物前缘进入岷江（图 14-3）。

（2）牛圈沟沟口左侧泥石流

斜坡地貌，斜坡中部发育微冲沟，地震诱发上方土层及强风化层滑移失稳，顺坡及微冲沟下泻，掩埋公路，2008 年雨季形成坡面泥石流，约 2 000m³（图 14-4）。

图 14-3 牛圈沟泥石流沟口照片

Figure 14-3 The picture of debris flow mizoguchi of Niuquangou

图 14-4 牛圈沟沟口左侧滑坡及次生泥石流

Figure 14-4 The picture of landslip and secondary debris flow at Niuquangou mizoguchi left side

（3）枫香树沟泥石流

枫香树沟位于映秀镇对面，为岷江左岸支沟。汶川地震诱发沟床两侧斜坡大量崩塌灾害，崩塌堆积物堆积于沟床内。2010 年 8 月 13 日暴雨，诱发次生泥石流灾害，堰塞岷江、淹没公路及映秀镇（图 14-5）。

图 14-5 枫香树泥石流沟沟口遥感图及照片

Figure 14-5 The remote sensing image and picture of debris flow mizoguchi of Fengxiangshu

（4）烧房沟泥石流

该处为斜坡地貌，中部发育冲沟，冲沟上部及两侧覆盖土层及强风化层，地震诱发冲沟上部及两侧岩土体失稳破坏，失稳岩土体顺坡下泻形成碎屑流。崩塌失稳物质部分堆积于冲沟内，部分下泻到坡脚掩埋公路。冲沟流域面积 627 312m²（图 14–6）。

震后，公路设置明洞防治泥石流灾害，但 2010 年 8 月 13 日暴雨，诱发上方冲沟内崩坡积物启动，并下切沟床，形成泥石流灾害，掩埋明洞并堰塞岷江。

a）烧房沟泥石流堆积区掩埋棚洞、堰塞岷江

b）烧房沟泥石流流通区

c）烧房沟震后遥感影像图

d）烧房沟 2010 年 8 月 14 日泥石流爆发后遥感图

图 14–6 烧房沟泥石流遥感影像图及典型照片

Figure 14–6 The remote sensing image and representative picture of debris flow in Shaofanggou

（5）K27+500 泥石流（老街村 1 号沟泥石流）

公路右侧沟谷，地震诱发沟谷两侧斜坡大量崩塌灾害，堆积于斜坡坡脚及沟谷内，2010 年 8 月 13 日暴雨诱发泥石流，掩埋公路。道路上堆积体长约 300m，高出公路 5~15m，水毁路段长约 30m。冲沟流域面积 416 276m²（图 14–7 和图 14–8）。

图 14-7 老街村 1 号、2 号泥石流、K28+010 右侧沟谷泥石流遥感影像图

Figure 14-7 The remote sensing image of 1#、2# debris flow in Laojiecun and cleuch debris flow at the K28+010′s right side

a）泥石流掩埋公路、损坏房屋情况

b）泥石流流通区

c）泥石流堆积区

图 14-8 K27+500 泥石流（老街村 1 号沟泥石流）掩埋公路照片

Figure 14-8 Picture of the road was buried by debris flow at the K27+500（the 1# debris flow in Laojiecun）

（6）K27+640 泥石流（老街村 2 号沟泥石流）

公路右侧沟谷，地震诱发沟谷两侧斜坡大量崩塌灾害，堆积于斜坡坡脚及沟谷

内，2010年8月13日暴雨诱发泥石流，掩埋公路。道路上堆积体长约150m，高出公路5~10m。冲沟流域面积364 429m²（图14–9）。

a）泥石流堆积区，掩埋公路

b）泥石流流通区沟口

c）泥石流堆积体掩埋公路

图14–9 K27+640泥石流（老街村2号沟泥石流）照片

Figure 14–9 The picture of debris flow at the K27+640（the 2[#] debeis flow in Laojiecun）

（7）K28+010右侧沟谷泥石流（10–1号点、老虎嘴沟泥石流）

公路右侧沟谷，地震诱发沟谷两侧斜坡大量崩塌灾害，堆积于斜坡坡脚及沟谷内，2010年8月13日暴雨诱发泥石流，掩埋公路和桥梁。道路上堆积体长约500m，高出公路5~10m（图14–10）。

（8）K28+665~K29+500右侧斜坡泥石流

坡体呈台阶状，折线形，上部为闪长岩陡坡，中下部台阶为岷江高阶地卵石。地震诱发上部基岩陡坡滑移式崩塌，崩塌堆积体堆积于平台上。下部卵石层斜坡中上部土层滑移失稳破坏，失稳土体堆积于坡脚。2010年8月13日暴雨诱发坡面泥石流，掩埋公路（图14–11）。

（9）K30+130~K30+330公路右侧泥石流

总体为斜坡地貌，中部发育微冲沟，斜坡段坡面呈折线形，上下陡，中部缓，总体坡度约50°，中部缓坡带坡度25°~35°，为缓坡平台。

a）泥石流爆发前照片（2009 年 3 月）

b）2010 年 8 月 14 日泥石流爆发掩埋公路及桥梁

图 14-10　K28+010 右侧沟谷泥石流照片

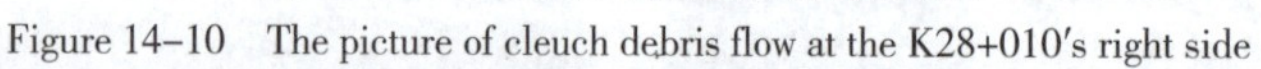

Figure 14-10　The picture of cleuch debris flow at the K28+010′s right side

图 14-11　K28+665~K29+500 右侧坡面泥石流照片

Figure 14-11　The picture of slope debris flow at the K28+665 to K29+500′s right side

地震诱发上部陡坡岩体倾倒、滑移失稳破坏，顺沟槽下泻，堆积于冲沟内，部分下泻堆积于坡脚。冲沟内堆积物质在雨季容易爆发泥石流，震后公路下方设棚洞防护。

2010 年 8 月 13 日暴雨，诱发微冲沟内堆积物质启动形成泥石流，掩埋公路及棚洞（图 14-12）。

a）震后修建棚洞

b）被 2010 年 8 月 14 日泥石流掩埋的棚洞

c）

图 14-12　K30+130~K30+330 公路右侧泥石流

Figure 14-12　The picture of debris flow at the K30+130 to K30+330′s right side

（10）K30+400 对面，老 G213 线左侧泥石流（17 号点）

岷江左侧之沟谷，地震诱发沟谷两侧斜坡大量崩塌灾害，崩塌堆积物堆积于沟床内。2008 年雨季即诱发泥石流爆发，泥石流堆积物堰塞岷江，之后每年雨季均有活动（图 14-13）。

a）泥石流全貌

图　14-13

b）震后 2008 年雨季爆发泥石流情况

c）2010 年 8 月 14 日泥石流再次爆发情况

图 14–13　K30+400 对面，老 G213 线左侧泥石流照片

Figure 14–13　The picture of debris flow that face to the K30+400（ the former G213 left side ）

图 14–14　皂角湾隧道出口泥石流

Figure 14–14　The picture of debris flow at the tunnel exit of Zaojiaowan

（11）K33+850 皂角湾隧道出口泥石流

斜坡位于岷江转弯处，条状山脊北侧，二级斜坡地貌，地震诱发上部陡坡岩体滑移、倾倒崩塌破坏，失稳岩土体在斜坡缓坡段及坡脚堆积。2010 年 8 月 13 日，暴雨诱发斜坡上堆积物质形成坡面泥石流，部分掩埋皂角湾隧道出口（图 14–14）。

（12）K34+370~K34+700 右侧泥石流

折线斜坡，上部基岩裸露，植被不发育，总体呈土层及强风化层—基岩二元结构。地震诱发斜坡上方岩土体滑移失稳破坏，失稳岩土体堆积于下部斜坡段及坡脚。后期降雨形成次生坡面泥石流，尤其是 2010 年 8 月 13 日暴雨后，泥石流掩埋公路（图 14–15）。

（13）K36+000 对面沟谷泥石流

岷江左侧沟谷，地震诱发沟谷两侧斜坡大量崩塌灾害，崩塌堆积物堆积于斜坡坡脚及沟谷中，2008 年雨季发生泥石流，掩埋沟口老 G213 公路，并堰塞岷江形成堰塞湖，淹没岷江阶地上的房屋，之后每年泥石流均有活动（图 14-16）。

a）地震崩塌失稳照片

b）震后 8.13 泥石流照片

图 14-15　K34+370~K34+700 右侧泥石流照片

Figure 14-15　The picture of debris flow at the K34+370 to K34+700′s right side

a）2008 年爆发泥石流照片

b）2011 年泥石流爆发后照片

图 14-16　K36+000 对面沟谷泥石流

Figure 14-16　The picture of cleuch debris flow that face to the K36+000

（14）银杏坪沟泥石流

银杏坪右侧之银杏坪沟，沟域内河流切割作用强烈，沟道两岸地形陡峻，银杏坪沟沟域形态近似扇形，沟域纵向长度 4.1km，沟域平均宽度 1.9km，沟域面积 7.7km²，沟域最高点高程 3 036.5m，最低点位于银杏坪沟汇入岷江口处，高程 1 003m，相对高差 2 033.5m。出露基岩为花岗岩和闪长岩及黄水群的黑云角闪片岩，汶川地震诱发沟床两侧斜坡大量崩塌滑坡灾害，崩滑堆积物大量堆积于沟床内（图 14-17）。

银杏坪沟地震前为低频泥石流，5.12 大地震以前近 100 年未发生过，5.12 地震后，在 2009 年 7 月份曾爆发过小型的泥石流，在沟口形成长度约 90m，宽约 30m，平均厚度约 5m 左右的泥石流堆积扇，总方量约 13 500m³。由于沟谷上游物源丰富，在 8.13 特大洪灾中诱发大型泥石流，形成总方量约 240 000m³ 的泥石流堆积扇，G213 以桥梁形式跨越泥石流沟流通区沟口，泥石流下切沟床，对 G213 线基本无影响。

a）G213 跨越泥石流沟

b）泥石流流通区

c）泥石流堆积区

d）泥石流堆积扇全貌

图 14-17　银杏坪沟泥石流照片

Figure 14-17　The picture of debris flow in Yinxingpinggou

（15）毛家湾隧道出口泥石流

隧道出口为块状结构闪长岩斜坡，坡面发育多条微冲沟，斜坡上部浅层风化强烈，局部覆盖土层。

地震诱发上方陡坡岩土体失稳，堆积于坡面及坡脚。后期雨季隧道出口右侧坡面泥石流（图 14–18）。

图 14–18 毛家湾隧道出口泥石流

Figure 14–18 The picture of debris flow at Maojiawan tunnel exit

（16）K40+000~K41+150 对面泥石流

该处为折线斜坡地貌，坡面微冲沟极发育，上部为基岩陡坡，中下部为块碎石土层，斜坡呈土层及强风化层——基岩二元结构。地震诱发上方岩土体失稳，堆积于冲沟内及斜坡地带，雨季形成泥石流，掩埋老 G213 公路 400m（图 14–19）。

a）2009 年 2 月照片

b）2011 年 9 月照片

图 14–19 K40+000~K41+150 对面泥石流

Figure 14–19 The picture of debris flow that face to the K40+000 to K41+150

（17）K16+530 高家沟泥石流

该处为沟谷型泥石流，为老泥石流沟，汶川地震诱发沟谷两侧斜坡大量崩滑失稳，失稳岩土体堆积于沟床内。震后 2008~2009 年雨季爆发泥石流，其堆积体堆积于路线右侧岷江江边，堆积扇顺江长约 80m，宽 15~20m，厚 2~3m，掩埋老 G213 公路（图 14–20）。在 2011 年 7 月暴雨后，该沟泥石流大规模爆发，泥石流堆积物堰塞岷江，岷江河水顶冲左侧 G213 公路，造成公路被洪水冲毁。

（18）彻底关沟泥石流

彻底关隧道与福堂隧道之间，公路设中桥跨越。地震诱发冲沟两侧大量崩滑灾害，崩滑堆积物堆积于沟床内，2011 年 7 月暴雨诱发泥石流，泥石流堆积物淤塞桥梁（图 14-21）。

图 14-20　高家沟泥石流

Figure 14-20　The debris flow of Gaojiagou

图 14-21　彻底关沟泥石流

Figure 14-21　The debris flow of Chediguangou

14.3　S303 线映秀—卧龙公路沿线泥石流灾害

The debris flows from Yingxiu to Wolong road(S303)

S303 线映秀—卧龙公路，汶川地震诱发大量崩滑灾害的同时，在渔子溪次级沟谷、斜坡坡面残留大量崩滑堆积物，给后期泥石流灾害的发生提供了丰富的物源。

该公路泥石流灾害自 2008 年震后即开始爆发，2008 年 6 月 24 日，瀑布山庄泥石流爆发，掩埋约 300km 公路，并摧毁了瀑布山庄。自 2009 年公路开始恢复重建，泥石流灾害成为危害公路施工安全和便道通行的主要威胁。最为严重的是 2010 年 8 月 13~14 日，四川普降暴雨，映秀—卧龙公路沿线泥石流灾害群发，据调查统计，共发生大型沟谷型泥石流 12 处，坡面形泥石流 23 处，给恢复重建公路造成严重损毁。

根据本项目调查统计，沿线震后共有 35 处（对公路无影响的未统计）泥石流灾害（表 14-2），给公路造成严重威胁。

表 14-2　为映秀—卧龙公路震后次生泥石流爆发情况总表

Table 14-2　The secondary occurred debris flows summary listing from Yingxiu to Wolong load（G213）after earthquake

序号	位置及名称	泥石流类型	泥石流灾害情况
N01	K0+850 右侧泥石流	坡面型	2010 年 8 月 13 日爆发，方量约 3 000m³
N02	K1+280~K1+600 右侧泥石流	坡面型	2010 年 8 月 13 日爆发，方量约 3 000m³
N03	K1+800~K2+100 右侧泥石流	坡面型	2010 年 8 月 13 日爆发，方量约 90 000m³

续上表

序号	位置及名称	泥石流类型	泥石流灾害情况
N04	K2+700 右侧泥石流	坡面型	2010 年 8 月 13 日爆发，方量约 4 000m^3
N05	K2+920~K3+050 右侧瓦可沟泥石流	沟谷型	2010 年 8 月 13 日爆发，方量约 150 000m^3
N06	K3+430~K3+790 南华隧道进口右侧泥石流	坡面型	2010 年 8 月 13 日爆发
N07	K5+100~K5+420 肖家沟泥石流	沟谷型	2010 年 8 月 13 日爆发，方量约 1 000 000m^3
N08	K6+400~K6+700 段瀑布山庄泥石流	沟谷型	2008 年 6 月 24 日爆发，之后 2009、2010 每年爆发
N09	K6+862 香家沟泥石流	沟谷型	2010 年 8 月 13 日爆发
N10	K7+100~K7+380	坡面型	2010 年爆发，相邻 2 处泥石流灾害
N11	K07+460~K08+920 右侧泥石流灾害群	坡面型	2010 年 8 月 13 日爆发，共 4 处坡面泥石流灾害
N12	K9+947~K10+000、K10+000~K10+270 盘龙山隧道出口右侧	坡面型	2010 年 8 月 13 日爆发，共 2 处坡面泥石流灾害
N13	K10+300 右侧银厂沟泥石流	沟谷型	2010 年 8 月 13 日爆发
N14	K10+800~K11+210 右侧泥石流	坡面型	2010 年 8 月 13 日爆发
N15	K11+400~K12+580 右侧泥石流灾害群	坡面型	2010 年 8 月 13 日爆发，5 处坡面泥石流
N16	K12+440~K12+580 右侧大阴沟泥石流	沟谷型	沟床内局部爆发
N17	K13+600~K14+000 崩塌及坡面泥石流	坡面型	2010 年爆发
N18	K16+560~K16+810 右侧坡面泥石流	坡面型	2010 年 8 月 13 日爆发
N19	K17+160 右侧沟谷泥石流	沟谷型	2010 年 8 月 13 日爆发
N20	K17+480~K17+580 右侧沟谷泥石流	沟谷型	震后多次爆发
N21	K17+750~K17+850 右侧沟谷泥石流	沟谷型	震后多次爆发
N22	K18+000~K18+100 右侧沟谷泥石流	沟谷型	震后多次爆发
N23	K18+286~K18+486 左侧坡面泥石流	坡面型	2010 年 8 月 13 日爆发
N24	K27+850~K28+050 公路右侧泥石流	沟谷型	2008 年 6 月 2 日爆发，方量约 65 300m^3
N25	K29+150~K29+200 公路右侧泥石流	沟谷型	2008 年爆发
N26	K31+100~K31+300 公路左侧 泥石流	坡面型	2008 年爆发
N27	K18+286~K18+486 左侧	坡面型	2010 年 8 月 13 日爆发
N28	K26+035~K26+060	坡面型	2010 年 8 月 13 日爆发
N29	K27+900~K27+987	坡面型	2010 年 8 月 13 日爆发
N30	K28+200~K28+220	坡面型	2010 年 8 月 13 日爆发
N31	K33+750~K33+820	坡面型	2010 年 8 月 13 日爆发
N32	K34+908~K34+924	坡面型	2010 年 8 月 13 日爆发
N33	K37+420~K37+480	坡面型	2010 年 8 月 13 日爆发
N34	K37+584~K37+664	坡面型	2010 年 8 月 13 日爆发
N35	K39+662~K39+754	坡面型	2010 年 8 月 13 日爆发

14.3.1 K0+605（烧火坪隧道出口）~K3 段泥石流灾害点 The debris flow disasters from K0+605(tunnel exit of Shaohuoping) to K3

该段公路沿渔子溪左岸布线，该侧无大型沟谷，主要发育多处坡面冲沟，震后灾害主要为坡面泥石流。

据调查，该处共发育 4 处泥石流灾害，见图 14-22 和表 14-2。

a）2008 年 5 月遥感图　　b）2010 年 8.13 之后

图 14-22　K0+605（烧火坪隧道出口）~K3 段泥石流灾害示意图

Figure 14-22　The debeis flow disaster sketch image of the K0+605（tunnel exit of Shaohuoping）to K3

（1）K0+850 右侧泥石流及崩塌（N01）

坡面冲沟，流域面积约 3.2 万 m²，沟床纵坡大于 30°。2010 年 8 月 13 日暴雨诱发泥石流，泥石流堆积物质以块石为主，掩埋公路约 40m，方量约 3 000m³。陡坡上方岩体倾倒式崩塌，方量小于 100m³。上部微冲沟内尚有丰富物源，后期仍有可能爆发泥石流灾害。

（2）K1+280~K1+600 右侧泥石流及崩塌（N02）

斜坡上发育两条冲沟，流域面积约 31 400m² 及 52 000m²，沟床纵坡大于 40°。2010 年 8 月 13 日暴雨诱发泥石流，泥石流堆积物质以块石为主，掩埋公路约 60m，方量约 3 000m³（图 14-23）。陡坡上方岩体崩塌。斜坡上部尚有丰富物源，2011 年再次大规模爆发泥石流灾害，后期仍有可能爆发泥石流灾害。

a）2010 年暴雨后

b）2011 年暴雨后

图 14-23　K1+280~K1+600 右侧泥石流及崩塌全貌照片

Figure 14-23　The full view picture of debris flow and collapse at the K1+280 to K1+600′s right side

（3）K1+800~K2+100 右侧泥石流（N03）

坡面发育两条冲沟，流域面积约 36.1 万 m²。2010 年 8 月 13 日暴雨诱发泥石流，泥石流堆积物质以块碎石为主，掩埋便道，淤积桥梁，方量约 9 万 m³（图 14-24），2011 年再次大规模爆发泥石流灾害。

（4）K2+700 右侧泥石流及崩塌（N04）

斜坡上发育冲沟，流域面积约 81 300m²。2010 年 8 月 13 日暴雨诱发泥石流，掩埋公路约 30m，方量约 4 000m³（图 14-25）。斜坡上方局部岩体崩塌失稳，顺坡下泻。上部微冲沟内尚有丰富物源，后期仍有可能爆发泥石流灾害。

图 14-24 K1+800~K2+100 右侧泥石流堆积区

Figure 14-24 The debris flow accumulation area at the K1+800~K2+100′s right side

图 14-25 K1+800~K2+100 右侧泥石流及崩塌

Figure 14-25 The debris flow and collapse at the K1+800~K2+100′s right side

14.3.2 K3~K7 段泥石流灾害点 The debris flow disasters from K3 to K7

该段发育 K2+920~K3+050 右侧瓦可沟泥石流、K3+430~K3+790 南华隧道进口右侧泥石流、K5+100~K5+420 南华隧道出口肖家沟泥石流、K6+400~K6+700 段瀑布山庄泥石流、K6+862 香家沟泥石流等 5 条大型泥石流灾害（图 14-26 和图 14-27），均对公路造成严重危害。

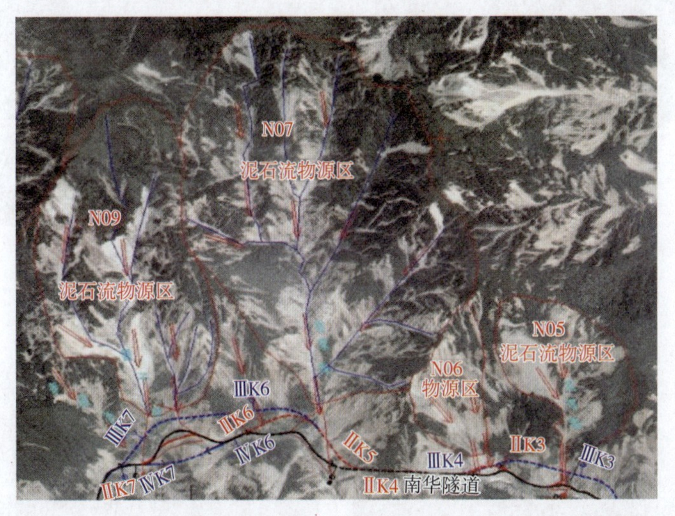

图 14-26 K3~K7 段泥石流灾害示意图（2008 年汶川地震震后遥感图）

Fig ure14-26 The debeis flow disaster sketch image of the K3 to K7（the remote sensing map after Wenchuan earthquake in 2008）

该段各泥石流灾害情况如下：

（1）K2+920~K3+050 右侧瓦可沟泥石流（N05）

瓦可沟泥石流位于 K2+920~K3+050 段路线右侧，冲沟平面形态似伞状，沟域长度约 1.5km，沟域面积 0.32km²（图 14-28）。

图 14-27　K3~K7 段泥石流灾害示意图（2010 年 8.13 泥石流后）

Figure 14-27　The debeis flow disaster sketch image of the K3 to K7 (after the 13/8/2010 debris flow)

a）

b）　　　　c）

图 14-28　N05 及 N06 沟域遥感影像图及泥石流照片（遥感影像为 2008 年震后影像）

Figure 14-28　The remote sensing map and the picture of debris flow about N05 and N06 gully area

由图14–28可以看出，冲沟两侧堆积大量地震崩塌堆积物，本次暴雨诱发泥石流灾害，并将震前沟床下切。流通区沟口位于公路右侧陡坡段沟谷，长度约500m，宽10~50m；下方公路及渔子溪为堆积区，泥石流掩埋公路，其堆积范围长度约100m，顺路线长约130m，厚5~10m，堆积方量约15万m^3。

该沟汇水区面积约0.32km^2，物源区面积约0.25km^2，松散物质方量估计为70万~100万m^3，因此后期该泥石流沟仍有大量物源。

（2）K3+430~K3+790南华隧道进口右侧坡面泥石流（N06）

该泥石流位于原设计南华隧道进口右侧斜坡上，路线桩号为K3+430~K3+790，公路右侧为折线斜坡地貌，共三级斜坡。第一级为基岩陡坡，残留危岩体；第二级为缓坡段，植被茂密，部分为地震崩塌堆积物和泥石流堆积物覆盖；第三级为陡基岩边坡。

地震诱发第三级基岩斜坡崩塌，崩塌堆积物堆积在第Ⅱ区域堆积于斜坡后缘，在第Ⅲ区域顺坡下泻，掩埋下方公路。暴雨条件下诱发泥石流，在第Ⅱ区域泥石流前缘尚未越过缓坡平台下泻至公路，如图14–29所示。

a）南华隧道进口上方沟谷内的泥石流堆积体，下泻将直接威胁公路（Ⅱ区）

b）冲沟两侧残留震裂岩体及强风化岩体

图14–29 K3+430~K3+790南华隧道进口右侧坡面泥石流照片

Figure 14–29 The picture of slope debris flow at the Nanhua tunnel enter right side（The K3+430 to K3+790）

根据现场调查，将整个泥石流区域可划分为Ⅰ、Ⅱ、Ⅲ、Ⅳ四个区，其各个分区情况如下。

Ⅰ区为大块石堆积区，后缘汇水面积不大，后期泥石流启动可能不大；Ⅱ区在2010年雨季已爆发泥石流，但前缘距坡顶尚有20~50m宽度，后期雨季必将下泻至公路；Ⅲ区在震后即顺坡下泻至公路。Ⅳ区为坡顶植被区。第Ⅱ、Ⅲ区域在后期暴雨作用下，泥石流将越过平台下泻至公路，危害隧道进口和公路安全。

该泥石流坡面物源区面积约0.23km^2，松散物质方量估计有50万~70万m^3。因此后期该泥石流沟仍有大量物源。

（3）K5+100~K5+420肖家沟泥石流（N07）

南华隧道出口外右侧为肖家沟，2010年暴雨诱发肖家沟大型黏性泥石流灾害，掩埋公路、堰塞河道，并堵塞了南华隧道出口。同时，K5+100~K5+200右侧陡坡发生滑坡及坡面泥石流灾害。

肖家沟泥石流位于桩号 K5+300~K5+420 段路线右侧，冲沟平面形态似伞状。冲沟两侧堆积大量地震崩塌堆积物，2010 年暴雨诱发泥石流，并将震前沟床下切。其堆积范围宽约 350m，长约 200m，平均厚度约 15m，堆积方量 80 万 ~120 万 m³，2011 年再次爆发泥石流（图 14-30）。

a）2010 年泥石流远观

b）2010 年肖家沟泥石流堆积物

c）2010 年南华隧道出口右侧坡面滑坡及泥石流

d）2010 年被掩埋的南华隧道出口

e）2011 年 7 月暴雨后泥石流情况

图 14-30　K5+100~K5+420 肖家沟泥石流灾害照片

Figure 14-30　The picture of debris flow in Xiaojiagou（The K5+100 to K5+420）

该泥石流汇水区面积约 2.4km²，松散物质方量估计为 800 万 ~1 000 万 m³，因此后期该泥石流沟仍有大量物源。

（4）K6+400~K6+700 段瀑布山庄泥石流（N08）

瀑布山庄泥石流沟实际上在震前即为古泥石流沟。2008 年 5 · 12 地震后，于当年 6 月 24 日爆发泥石流灾害，并在 2009 年也爆发泥石流。2010 年 8 月暴雨，再次爆发大型黏性泥石流灾害。

该冲沟共有两条支沟，冲沟两侧有大量地震崩塌堆积物，暴雨诱发泥石流，并将震前沟床下切；流通区沟口位于公路右侧陡坡段沟谷，长度约 1 700m，宽 10~50m；下方公路及渔子溪为堆积区，泥石流掩埋公路，泥石流堆积体横向（路线方向）宽 350m，纵向长 193m，厚度约 15m，堆积方量约 100 万 m^3（图 14–31）。该沟 2011 年暴雨，再次爆发泥石流灾害。

a）2010 年泥石流区遥感影像图（泥石流爆发前）

b）2010 年流通区出口及堆积区中后缘照片

c）2010 年泥石流远观

d）2010 年蟹子沟泥石流堆积物

e）2010 年蟹子沟泥石流沟口形态

f）2010 年蟹子沟泥石流堵江

图　14–31

Figure　14–31

g）2011 年暴雨后泥石流灾害照片

图 14-31 K6+400~K6+700 段瀑布山庄泥石流照片（DN20）
Figure 14-31 The picture of debris flow in Pubushanzhuang（The K6+400 to K6+700）

图 14-32 香家沟泥石流堆积物
Figure 14-32 The debris flow accumulation area in Xiangjiagou

该泥石流汇水区面积约 1.6km²，松散物质方量为 500 万 ~700 万 m³，因此后期该泥石流沟仍有大量物源。

（5）K6+862 香家沟泥石流（N09）

场地内 K6+862 右侧沟谷陡坡滑移式崩塌及泥石流。香家沟泥石流冲沟平面形态似伞状，沟域平均宽度 50~150m，长度约 1.2km，沟域面积 0.21km²。冲沟两侧堆积大量地震崩塌堆积物，暴雨诱发泥石流，淤塞导流槽并掩埋公路（图 14-32）。

14.3.3 K7~K13.3（大阴沟）段泥石流灾害点 The debris flow disasters from K7(Dayingou) to K13.3

本段以坡面泥石流为主，对公路破坏主要为泥石流堆积物掩埋公路、损坏被动网。

（1）K6+790~K6+910 右侧斜坡震后崩塌

公路对面泥石流，对公路基本无影响。公路右侧边坡震后倾倒式崩塌，损坏被动网（图 14-33）。

（2）K7+100~K7+380 右侧坡面泥石流（N10）

该处公路右侧为一级闪长岩基岩斜坡，地震诱发顺外倾结构面滑移崩塌灾害。二级斜坡汶川地震仅诱发顶部分水岭地带（渔子溪与银厂沟支沟）少量崩塌灾害。2010 年 8 月 13 日暴雨，主要诱发二级斜坡带顶部地震崩塌堆积物爆发泥石流，顺冲沟向下，掩埋公路长约 60m，方量小于 4 000 m³（图 14-34 和图 14-35）。

（3）K07+460~K08+920 右侧泥石流灾害群（N11）

公路右侧为单面斜坡，斜坡中下部为震前崩塌堆积物及地震崩塌堆积物，顶部为基岩陡坡，坡面发育多处小型冲沟（图 14-36 和图 14-37）。

图 14-33 K6+790~K6+910 对面泥石流及右侧边坡崩塌灾害

Figure 14-33 the disaster of debris flow that face to the K6+790 to 910 and slope collapse at the K6+790~K6+910′s right side

图 14-34 K7+100~K7+380 右侧震后遥感影像图

Figure 14-34 The remote sensing map of the K7+100 to K7+380′s right side after earthquake

图 14-35 K7+100~K7+380 右侧 8.13 泥石流灾害后遥感影像图

Figure 14-35 The remote sensing map of the K7+100 to K7+380 ′s right side after 13/8 debris flow disaster

图 14-36 K07+460~K08+920 右侧震后遥感影像图

Figure 14-36 The remote sensing map of the K07+460 to K08+920′s right side after earthqualke

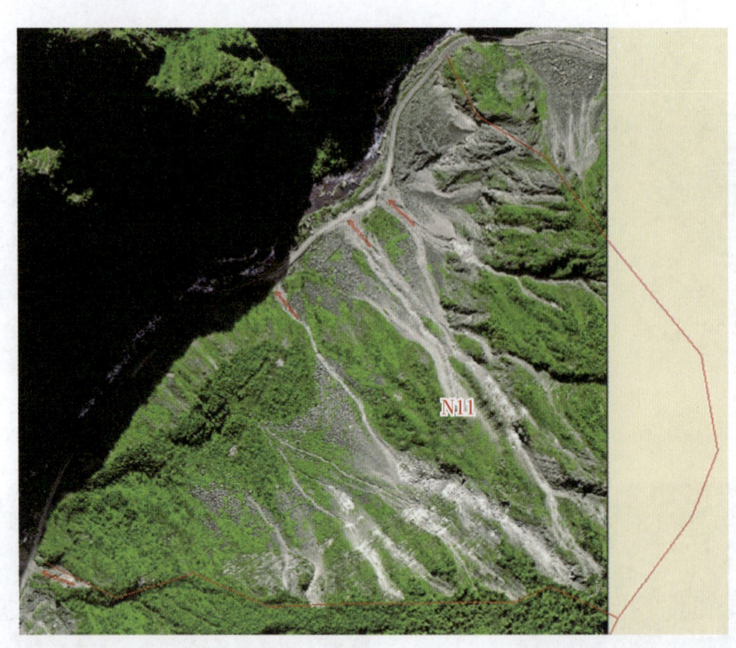

图 14-37 K07+460~K08+920 右侧 2010 年 8 月 13 日泥石流后遥感影像图

Figure 14-37 The remote sensing map of the K07+460 to K08+920 right side after 13/8/2010 debris flow

该段右侧坡面 2010 年 8 月 13 日暴雨诱发多处泥石流灾害，掩埋公路、损坏被动网。

①K07+460~K08+200 右侧崩塌及坡面泥石流灾害，掩埋公路 40m，方量小于 1 000m³（图 14-38）。

图 14-38 K07+460~K08+200 坡面泥石流掩埋公路、损坏被动网

Figure 14-38 The road was buried and passivity net was destroied by the slope debris flow at the K07+460 to K08+200

②樱花树 K8+300 坡面泥石流灾害，掩埋公路长约 30m，方量小于 2 000 m³（图 14-39）。

③樱花树 K8+380~K8+420、K8+420~K8+485 坡面泥石流灾害，约 3 万 m³，掩埋公路 65m（图 14-40）。

④K8+550~K8+620、K8+620~K8+920 右侧坡面泥石流及崩塌灾害

K8+550~K8+620 坡面泥石流及崩塌，斜坡上方微冲沟内堆积物为暴雨启动诱发坡面泥石流，斜坡上方岩土体崩塌失稳。K8+620~K8+920 右侧斜坡岩体局部崩塌失稳（图 14-41）。

图 14–39　K8+300 右侧泥石流灾害

Figure 14–39　The debris flow disaster at the K8+300′s right side

a）坡面泥石流发育情况

b）泥石流堆积物掩埋公路

c）斜坡上方物源区，潜在崩塌威胁

图 14–40　K8+380~K8+420、K8+420~K8+485 右侧边坡崩塌及泥石流灾害

Figure 14–40　The slope collapse and debris flow disaster at the K8+380~K8+420、K8+420 to K8+485′s right side

图 14–41　K8+550~K8+620、K8+620~K8+920 右侧坡面泥石流

Figure 14–41　The slope debris flow at the K8+550 to K8+620、K8+620 to K8+920′s right side

（4）盘龙山隧道出口右侧泥石流（N12）

盘龙山隧道出口右侧，K9+947~K10+000 右侧坡面泥石流，掩埋公路约 20m，方量约 1 000m³（图 14-42）。

图 14-42　盘龙山隧道出口右侧泥石流以及潜在崩塌威胁

Figure 14-42　The debris flow and potential collapse threaten at Panlongshan tunnel exit right side

（5）K10+300 右侧银厂沟泥石流（N13）

为渔子溪支沟，流域面积 6.2km²，汶川地震诱发沟谷两侧斜坡大量崩滑灾害，崩滑堆积物堆积于沟床内。2010 年 8 月 13 日诱发泥石流灾害，泥石流堆积物主要堆积于沟口，部分掩埋老桥及便道（图 14-43~ 图 14-45）。

图 14-43　银厂沟汶川震后遥感影像图

Figure 14-43　The remote sensing map in Yinchanggou after wenchuan earthquake

图 14-44　银厂沟 8.13 泥石流后遥感影像图

Figure 14-44　The remote sensing map in Yinchanggou after 8/13 debris flow

（6）K10+800~K11+210 右侧坡面泥石流（N14）

公路右侧为高陡斜坡，地震发生诱发上部岩体崩塌。震后设置有右侧斜坡上设置有被动网，2010 年 8 月 13 日暴雨，诱发局部岩体崩塌失稳及坡面泥石流，损坏被动网（图 14-46）。

图 14-45　K10+300 右侧银厂沟泥石流沟口

Figure 14-45　The debris flow Mizoguchi of Yinchanggou at the K10+300′s right side

图 14-46　K10+800~K11+210 右侧坡面泥石流损坏被动网

Figure 14-46　The passivity net was destroyed by the slope debris flow at the K10+800 to K11+210′s right side

（7）K11+400~K12+580 右侧泥石流灾害群（N15）

该段右侧为高陡斜坡，汶川地震诱发大量崩滑灾害，部分崩滑堆积物堆积于斜坡微冲沟及坡面，震后 2008 年 6 月即诱发泥石流灾害，之后灾害频发，给便道通行和公路恢复重建带来巨大威胁（图 14-47~ 图 14-49）。

图 14-47　K11+400~K12+580 段震后遥感影像图

Figure 14-47　The remote sensing map about the K11+400 to K12+580 after earthquake

图 14-48　K11+400~K12+580 段 2010 年 8.13 泥石流灾后遥感影像图

Figure 14-48　The remote sensing map about the K11+ 400 to K12+580 after the 13/8/2010 debris flow

大阴沟左侧边坡坡面泥石流

图 14-49 K11+400~K12+580 右侧泥石流灾害典型照片

Figure 14-49 The disaster representative picture of debris flow at K11+400 to K12+580′s right side

（8）大阴沟泥石流（N16）

大阴沟位于 K12+440~K12+580 右侧，平面形态似伞状，沟域平均宽度 50~150m，长度约 7km，该沟流域面积约 21.3km²。冲沟两侧堆积大量地震崩塌堆积物（图 14-50）。

a）震后

b）2010 年 8 月 13 日暴雨后

图 14-50 大阴沟震后遥感影像图

Figure 14-50 The remote sensing map about Dayingou after earthquake

图 14-51 大阴沟沟口 2011 年暴雨后泥石流照片

Figure 14-51 The picture of Dayingou debris flow after the the rainstorm of 2011

该泥石流属次级沟谷型泥石流，在泥石流形成过程中，沟域内地形陡峻，沟谷上游纵坡较大，为水源和泥沙的汇聚提供了有利的地形地貌条件。5·12 地震后，局部的岸坡滑塌、沟源崩滑，局部水土流失的加剧，沟床内大量的松散堆积物为泥石流的发生提供了丰富的松散固体物源。震后局部爆发泥石流灾害（图 14-51），但尚未整体爆发大规模泥石流灾害。

14.3.4 K13.3（大阴沟）—耿达隧道段泥石流灾害点 The debris flow disasters from K13.3(Dayingou) to Genda tunnel

（1）K13+600~K14+000 段崩塌及坡面泥石流（N17）

场地内 K16+600~K14+000 紫荆隧道进口前右侧崩塌及坡面泥石流。

该段为折线斜坡地貌，下为基岩陡坡，上为稍缓斜坡，地震诱发上方斜坡前表层土体滑移破坏，后期暴雨作用下诱发泥石流及崩塌灾害。K13+250~K13+350 段上方斜坡泥石流及崩塌，顺坡下泻，损坏下方棚洞结构物（图 14-52）。

a）DN07 坡面泥石流遥感影像图（2008 年 5 月）

b）远观紫荆隧道进口泥石流

c）远观紫荆隧道出口泥石流

d）泥石流破坏紫荆隧道出口

e）泥石流破坏紫荆隧道进口

图 14-52 K12+580~K13+500 段崩塌及坡面泥石流（DN07）照片及遥感图

Figure 14-52 The picture and remote sensing map about the collapse and slope debris flow（DN07）at K12+580 to K13+500

K14~ 耿达隧道进口段，爆发多处泥石流灾害，该段震后遥感影像图见图 14-53。

图 14-53　K14~ 耿达隧道段泥石流及崩塌灾害分布示意图

Figure 14-53　The debris flow and collapse disaster distribution sketch map at the K14 to Gengda tunnel part

（2）K16+560~K16+810 右侧坡面泥石流（N18）

公路右侧为高陡斜坡，坡面发育冲沟。汶川地震诱发上方滑移式崩塌破坏，顺坡下泻掩埋公路，并在坡面残留块碎石土。2010 年暴雨诱发坡面泥石流及崩塌灾害，掩埋公路、损坏被动网（图 14-54）。

a）泥石流堆积物掩埋公路（后段）

b）坡面泥石流全貌

c）前段坡面泥石流全貌及损坏被动网情况

图 14-54　K16+560~K14+810 右侧坡面泥石流照片

Figure 14-54　The picture of the slope debris flow at the K16+560 to K14+810′s right side

（3）K17+160 右侧沟谷泥石流（N19）

该处为沟谷型泥石流，流通区沟口远高于路面，泥石流堆积物主要堆积于公路右侧斜坡。公路右侧沟谷两侧残留大量崩坡积块碎石土。2008 年雨季即诱发泥石流，后修建排导槽及涵洞。2010 年 8 月 13 日暴雨再次诱发泥石流，涵洞部分被淤，滚动块石损坏结构物（图 14–55）。

图 14–55　K17+160 右侧沟谷泥石流

Figure 14–55　The cleuch debris flow at K17+160′s right side

（4）K17+480~K17+580 右侧沟谷泥石流（N20）

公路右侧上方沟谷内残留崩坡积块碎石土，暴雨（2008~2010 年）诱发泥石流灾害。流通区出口狭窄，且远高于路面，堆积物在公路右侧斜坡坡面及坡脚堆积，掩埋公路约 60m，损坏被动网（图 14–56）。

图 14–56　K17+480~K17+580 右侧沟谷泥石流

Figure 14–56　The cleuch debris flow at the K17+480 to K17+580′s right side

（5）K17+750~K17+850 段右侧沟谷泥石流（N21）

场地内 K17+750~K17+850 右侧沟谷型泥石流，泥石流冲沟沟口平面形态似伞状。冲沟两侧堆积大量地震崩塌堆积物，流通区沟口位于公路右侧陡坡段沟谷，长约 250m，宽约 20m，流通区沟口原高于公路路面。泥石流物质在公路右侧斜坡坡面堆积，并掩埋公路，其堆积范围长度约 30m，顺路线长约 80m，平均厚度 5~10m，堆积方量约 16 000m^3（图 14–57）。

图 14-57　K17+750~K17+850 段右侧沟谷泥石流（DN02）照片

Figure 14-57　The picture of the cleuch debris flow（DN02）at the K17+750 to K17+850′s right side

（6）K18+000~K18+100 右侧沟谷泥石流（N22）

公路右侧为次级沟谷，上有两条支沟，汶川地震诱发沟床两侧斜坡大量崩滑灾害，失稳岩土体堆积于沟床内。2008 年 6~7 月降雨诱发泥石流，掩埋公路并部分掩埋渔子溪三号桥桥墩。2010 年 8 月 13 日及 2011 年暴雨再次诱发泥石流，掩埋公路并致排导槽被淤塞（图 14-58）。

a）

b）2009 年 4 月拍摄泥石流爆发情况

c）2010 年 8 月 14 日拍摄照片

图　14-58

Figure　14-58

d）2011 年暴雨后泥石流灾害照片

图 14-58　K18+000~K18+100 右侧沟谷泥石流

Figure 14-58　The cleuch debris flow at the K18+000 to K18+100′s right side

（7）K18+286~K18+486 左侧坡面泥石流（N23）

公路左侧斜坡，发育一条坡面冲沟，地震诱发上方崩滑灾害，失稳岩土体顺冲沟下泻掩埋公路，并在坡面残留大量块碎石。2010 年 8 月 13 日暴雨，诱发坡面泥石流，损坏被动网、部分掩埋公路，后期暴雨诱发崩塌、坡面泥石流灾害（图 14-59）。2011 年泥石流大规模爆发，掩埋公路、淤塞桥梁。

a）2010 年 8 月暴雨泥石流掩埋公路

b）2010 年 8 月崩塌及泥石流损坏被动网

c）2011 年暴雨后泥石流灾害照片

图 14-59　K18+286~K18+486 左侧坡面泥石流

Figure 14-59　The slope debris flow at the K18+286 to K18+486 left side

14.3.5 耿达隧道—卧龙段泥石流灾害点 The debris flow disasters from Genda tunnel to Wolong

里程范围 K20+388~K44（耿达隧道出口），主要出露地层为志留系茂县群、泥盆系危关群、石炭系、二叠系、三叠系地层，主要为变质砂岩、粉砂岩、板岩、灰岩、千枚岩、变粒岩、片岩等。地质构造上属于小金弧形褶皱带，由一系列紧密同斜倒转之线性褶皱和规模不大的压扭性断层组成的弧形褶皱带。

该段受地质构造、地层岩性和斜坡地貌特征影响，汶川地震地质灾害发育程度与映秀—耿达段大为不同，主要表现在灾害密度低、规模相对小、对公路损毁也比映秀—耿达段大为降低。

（1）K27+850~K28+050 公路右侧泥石流（N24）

Sm 千枚岩及第四系崩坡积层，公路右侧发育两条支沟。左侧支沟沟床纵坡较陡，两侧斜坡主震作用下岩土体震裂，在 2008 年 6 月 2 日早上 6 点左右下滑失稳。失稳岩土体夹杂地表水，顺支沟以稀性泥石流形式下泻，掩埋公路以及民房。泥石流堆积面积 8 657m²，方量约 65 300m³（图 14-60）。

图 14-60 K27+850~K28+050 公路右侧泥石流

Figure 14-60 The debris flow at the K27+850 to K28+050′s right side

（2）K29+150~K29+200 公路右侧泥石流（N25）

Dwg 变质砂岩及第四系崩坡积层，公路右侧发育支沟。两侧斜坡发育地震崩塌灾害，在 2008 年降雨作用下诱发泥石流。

泥石流堆积体掩埋公路，堆积面积 1 070m²，方量约 5 000m³（图 14-61）。

（3）K31+100~K31+300 公路左侧泥石流（N26）

公路左侧边坡上方为微冲沟，地震诱发冲沟左侧土层斜坡失稳，在 2008 年降雨作用下诱发泥石流。泥石流掩埋公路，堆积面积约 1 000m²，堆积方量约 5 000m³（图 14-62）。

（4）2010 年 8.13 日暴雨 8 处泥石流灾害

该段 2010 年 8 月 13 日诱发 8 处泥石流灾害，规模一般不大，见表 14-3 及图 14-63。

图 14-61　K29+150~K29+200 公路右侧泥石流
Figure 14-61　The debris flow at the K29+150~K29+200's right side

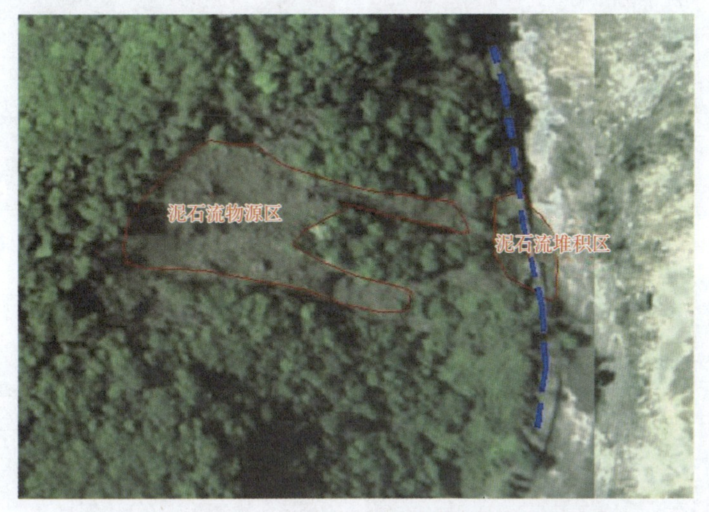

图 14-62　K31+100~K31+300 公路左侧泥石流平面示意图
Figure 14-62　The plane sketch map of the debris flow at K31+100~K31+300's left side

表 14-3　2010 年 8 月 13 日耿达—卧龙段泥石流灾害调查表
Table 14-3　The debris flows survey list from Gengda to Wolong part at 13/8/2010

序号	编号	里程范围及位置	泥石流特征	处 治 建 议
1	N04	K26+035~K26+060	坡面泥石流，规模不大	后期及时清理
2	N05	K27+900~K27+987	已治理，未爆发	后期及时清理
3	N06	K28+200~K28+220	8 月 13 日降雨引发小型泥石流，掩埋公路长 20m，宽 1.5m	后期及时清理
4	N07	K33+750~K33+820	掩埋公路 70m	设挡墙，后期及时清理
5	N08	K34+908~K34+924	掩埋公路 4m、宽 1m、堵塞涵洞进口	清理涵洞进口，后期爆发及时清理
6	N09	K37+420~K37+480	掩埋公路、挡墙 70m，部分段砸坏挡墙	后期泥石流及崩塌灾害，加高挡墙，设置被动网，后期及时清理和恢复
7	N10	K37+584~K37+664	掩埋公路 65m、宽 6~11m、厚 0.1~0.4m	后期上方存在崩塌可能，应加高挡墙，设置被动网
8	N11	K39+662~K39+754	掩埋公路长约 100m、宽约 12m	设置挡墙、后期及时清理

a）K26+035~K26+060 段坡面泥石流　b）K28+200~K28+220 段小型泥石流

c）K33+750~K33+820 段泥石流　d）K34+908~K34+924 段泥石流

e）K37+420~K37+480 段泥石流　f）K37+584~K37+664 段泥石流

图 14-63　2010 年 8 月 13 日耿达—卧龙段泥石流灾害照片

Figure 14-63　The picture of the debris flow about Gengda to Wolong part on 13/8/2010

14.4　汉旺—清平—桂花岩公路沿线泥石流灾害 The debris flows from Hanwang to Qingping to Guihuayan road（G213）

汉旺—清平公路为连接汉旺镇与清平乡的通乡公路，清平—桂花岩段为矿山公路。汶川地震诱发该公路沿线两侧大量崩塌及滑坡灾害，崩滑堆积物堆积于坡脚及河床，在后期雨季爆发大量泥石流灾害。

2010 年 8 月，该区域普降暴雨，诱发大量泥石流灾害。该公路两侧几乎所有的次级沟谷都爆发了泥石流，将恢复重建公路几乎全部掩埋，绵远河河道整体抬升，清平—桂花岩段地震形成的数十个堰塞湖，几乎全部被泥石流堆积物所掩埋。

14.4.1　汉旺—清平段泥石流灾害点 The debris flow disasters from Hanwang to Qingping

汉旺—清平段主要处于中央主断裂与前山断裂之间，地震诱发大量滑坡及崩塌灾害，形成小岗剑、一把刀等堰塞湖。震后绵远河两侧支沟及坡面爆发大量泥石流灾害，以文家沟泥石流规模最大。

该段主要泥石流情况见表 14-4。

表 14-4　汉旺—清平段泥石流情况一览表

Table 14-4　List about the debris flows situation from Hanwang to Qingping

编号	沟名	位置	泥石流特征
N1	开水桥泥石流	K8+400 右侧	绵远河左岸冲沟，纵坡陡、流域面积较大，沟域植被发育较茂密，汶川地震诱发多处崩塌堆积于沟中，为该泥石流主要固体物质来源，2010 年 8 月 13 日暴雨诱发泥石流，泥石流堆积物堆积于沟口，掩埋公路，方量约 5 000m³
N2	楠木沟泥石流	K9 右侧	绵远河左岸常年流水沟，沟域植被较发育，汶川地震诱发沟域两侧斜坡产生多处大规模崩塌、滑坡灾害，崩滑堆积物堆积于沟谷中，2010 年 8 月 13 日暴雨诱发泥石流，淤塞绵远河、掩埋公路，部分掩埋在建楠木沟大桥，估计方量约 5 万 ~8 万 m³
N5	窝窝店泥石流	K9+800 右侧	位于土槽沟小里程方向，坡面冲沟，2010 年 8 月 13 日暴雨诱发坡面泥石流季节性冲沟，方量约 5 000m³，掩埋公路 
N7	小岗剑泥石流		公路左侧坡面冲沟，地震诱发冲沟两侧陡坡岩体崩塌灾害，崩塌堆积物堆积于沟床内，2010 年 8 月 13 日暴雨诱发泥石流，掩埋公路
N9	长滩泥石流	K12+200 右侧	公路左侧冲沟，为老泥石流沟，汶川地震诱发冲沟上方陡坡大规模崩塌灾害（长滩崩塌），崩塌堆积物堆积于沟床内，2010 年 8 月 13 日暴雨诱发泥石流，将老堆积体切割成宽 30~50m、深 5~15m 的 V 形凹槽，泥石流冲出沟口进入绵远河或堆积于岸边 

续上表

编号	沟名	位置	泥石流特征
N12	沟谷泥石流	K13 右侧	公路右侧狭窄沟谷，沟谷两侧为高陡斜坡，地震诱发崩塌灾害，崩塌堆积物堆积于沟床内，2010 年 8 月 13 日暴雨诱发泥石流，掩埋公路估计方量约 5 000m³ 
N14	灰沟泥石流	K13+750 右侧	公路右侧绵远河次级沟谷，沟谷狭窄呈 V 形，两侧斜坡陡峻，沟道纵坡较陡。汶川地震诱发沟谷两侧斜坡大量崩滑灾害，崩滑堆积物堆积于沟谷内，2010 年 8 月 13 日暴雨诱发泥石流，掩埋公路估计方量约 1 万 m³，部分掩埋灰沟大桥  
N15	枇杷崖 1 号泥石流	K14+700 右侧	公路右侧，绵远河左岸次级小型冲沟，汶川地震诱发冲沟上方岩土体崩塌灾害，崩滑堆积物堆积于沟谷内，2010 年 8 月 13 日暴雨诱发泥石流，掩埋公路估计方量约 5 000m³。 该泥石流小里程侧，还有一处坡面泥石流，地貌上表现为一坡面凹槽，泥石流堆积物掩埋公路，估计方量 2 000m³ 
N17	蒋家沟泥石流	K16+600 右侧	公路右侧冲沟，汶川地震诱发冲沟两侧、源头部分位置崩滑灾害，崩滑堆积物堆积于斜坡坡面及沟谷，2010 年 8 月 13 日暴雨诱发泥石流，呈“扇状”堆积于沟口，掩埋公路，估计方量 6 000~8 000m³

续上表

编号	沟名	位置	泥石流特征
N20	文家山泥石流	K19+200 对面	绵远河右侧支沟，为常年流水沟。该沟流域面积大、沟道纵坡陡，沟域植被发育较茂密，汶川地震诱发文家沟巨型滑坡，滑坡体堆积于原沟床内，体积达 4 000 万 m^3 以上。在 2008~2009 年不同程度爆发泥石流灾害，但危害不大，2010 年 8 月 13 日暴雨，形成堰塞溃决型特大泥石流，泥石流沿沟堆积，并直冲至绵远河右岸，堆积厚度达 2~5m，厚者大于 10m，一次性冲出固体物质达 200 万 m^3 以上。泥石流掩埋民房、街道、堵塞绵远河，泥石流几乎掩埋了半个清平场镇，公路位于泥石流对面，对公路危害主要表现在淤塞清平绵远河桥

14.4.2 清平—桂花岩段泥石流灾害 The debris flow disasters from Qingping to Guihuayan

清平—桂花岩段，处于中央主断裂与后山断裂之间，地形上为 V 字形深切峡谷地段，主体岩性为闪长岩、灰岩、白云岩等，河谷狭窄、两侧岸坡陡峻，呈连续、成群分布，地震诱发大量崩塌灾害，形成数十个串珠状分布的堰塞湖群。绵远河及清水河两侧支沟中堆积了大量的崩滑堆积物，为泥石流灾害提供了丰富的物源。

图 14-64 K22 左侧，公路对面泥石流灾害

震后于 2008~2009 年，部分沟谷爆发了泥石流灾害，但灾害规模不大。在 2010 年 8 月 13 日，持续暴雨诱发绵远河及清水河两侧支沟泥石流灾害群发，几乎每条支沟都爆发了泥石流灾害，泥石流堆积物冲入主河道，几乎再次完全掩埋了恢复重建的公路。经河水再次搬运，震后数十个堰塞湖几乎全部被填平，导致河道整体抬升，最为突出的是小木岭堰塞湖，原深约 30m 的堰塞湖几乎全部被淤平（图 14-64~ 图 14-72）。

图 14-65 K22+500 右侧坡面泥石流

图 14-66 K23 右侧坡面泥石流

图 14–67　K24+700 右侧泥石流

图 14–68　黑洞岩沟泥石流

图 14–69　小木岭堰塞湖几乎被淤平

图 14–70　被完全抬升的清水河河床

图 14–71　K29+300 右侧泥石流

图 14–72　K29+400 左侧泥石流

14.5　其他公路沿线泥石流灾害 The debris flows in other road

14.5.1　G213 汶川—川主寺段公路泥石流灾害点 The debris flow disasters from Wenchuan to Chuanzhusi road (G213)

汶川地震震后泥石流具有沿发震断裂呈带状分布的特征，灾害点主要分布在 IX 以上烈度的极震区。G213 线汶川—川主寺段地震烈度为Ⅵ～Ⅸ度，公路沿线崩滑灾害以斜坡陡缓交界处（包括公路开挖形成的陡缓交界处）强风化岩体沿强弱风化界面的滑塌以及坡表崩坡积物沿基岩面的滑塌（剥皮现象）为主，失稳规模相对较小，且失稳高度不大。岷江两岸地势陡峻，失稳部位坡度可达 50°~70°，斜坡失稳后崩滑体大部分堆积于坡脚及深切河谷中，坡面上残留物较少，这从物源方面限制了泥石流的发育。在河谷深切和九顶山背风坡产生的焚风效应的影响下，汶川和茂县形成河谷暖温带半干旱气候，斜坡崩滑灾害发育的深切河谷部位降雨稀少，这从客观上限制了泥石流的启动条件。因此，项目组调查期间，G213 线汶川—川主寺段公路沿线泥石流灾害不甚发育。

泥石流（编号 G213-N01）桩号：K854+188 左侧。

该泥石流为稀性泥石流，沟口宽 15m，流向为 280°（图 14-73）。公路位于岷江泥石流堆积扇上，公路下方为河道。泥石流堆积物中，块石粒径 2~5m，含量 30%；碎石含量 60%，碎块石主要为灰岩。沟谷两侧物源丰富，多为地震时期导致的滑坡崩塌物质。泥石流沿沟谷奔腾掩埋公路，淤埋宽 0.8m，高 0.5m 的涵洞。泥石流处于活跃期，发生大规模泥石流几率大。

图 14-73　泥石流沟口照片

Figure 14-73　The picture of the debris flow mizoguchi

14.5.2　S105 线彭州—北川—青川（沙洲）公路泥石流灾害点 The debris flow disasters from Pengzhou to Beichuan to Qingchuan road (S105)

S105 线彭州—青川（沙洲）段公路沿线泥石流灾害的发育分布情况与汶川地震发震断裂有着密切的关系。泥石流灾害集中发育于近断层的北川—南坝路段，该路段处于Ⅹ～Ⅺ度极震区，崩滑灾害极其发育，规模巨大，这为泥石流的发育提供了丰富的物源。该地区属于亚热带湿润季风气候，每年 5~9 月多暴雨。巨量松散的地震崩积体在暴雨的冲刷下以拉槽深切的方式阵性爆发，对当地人民的生命财产安全及公路的安全运行造成了巨大的威胁。截至 2009 年 3 月底，项目组调查 S105 北川—南坝段公路沿线共发育泥石流 3 处，均为沟谷型泥石流。

（1）泥石流（编号 S105-N01）桩号：K163+164，北川 9.24 泥石流

该泥石流区在构造上属龙门山前山与后山交界地带，紧邻汶川大地震的主发震断裂：映秀—北川断裂的上盘，是较为典型的构造不稳定区域。映秀—北川断裂断层为志留系和寒武系的砂板岩逆冲于泥盆系乃至石炭系的碳酸盐岩之上，岩体破碎，风化卸荷强烈，地质环境十分脆弱。2008 年 9 月 24 日，导致 42 人死亡、失踪，由于通往乡村道路几乎被泥石流全毁，使 4 000 多人被围困山里（图 14-74）。

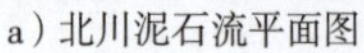

a）北川泥石流平面图

b）泥石流物源区

c）泥石流堆积区

图 14-74　灾害点全貌图

Figure 14-74　The full view image of the disaster point

（2）泥石流（编号 S105-N02）桩号：K174+701

泥石流形成区沟床长度 1 090m，沟床纵坡 25%，沟床两侧斜坡自然坡度 30°~35°，坡表为崩坡积的块、碎石土，估计方量 20 万 m^3。流通区沟床长约 780m，沟床纵坡 18%，沟床底部堆积大量洪积物。堆积区块、碎石堆积杂乱，面积为 260m^2，方量约 2 000m^3，堆积物掩埋公路，冲毁房屋（图 14-75）。

a）

b）

图 14-75　灾害点全貌图

Figure 14-75　The full view image of the disaster point

（3）泥石流（编号 S105-N03）桩号：K176+315

形成区沟床长度 1 320m，沟床纵坡 30%，沟床两侧斜坡自然坡度 30°~35°，坡表为崩坡积的块、碎石土，估计方量 10 万 m³。流通区沟床长约 320m，沟床纵坡 18%，沟床底部堆积大量洪积物。堆积区块、碎石堆积杂乱，面积为 200m²，方量约 3 000m³，堆积物掩埋公路 100m（图 14-76）。

图 14-76　灾害点全貌图

Figure 14-76　The full view image of the disaster point

14.5.3　S302 线江油—北川—茂县—黑水公路泥石流灾害点 The debris flow disasters from Jiangyou to Beichuan to Maoxian to Heishui road（S302）

S302 线江油—北川—茂县—黑水公路沿线泥石流集中发育于近断层的擂禹路苏保河流域。汶川地震后，由于地震带来的大量崩塌、滑坡直接为泥石流活动提供了丰富的松散固体物质。这些地震崩积物具有孔隙率大，孔隙不均匀且连通性差、结构松散、黏粒含量极少、不易胶结的特点，在仅相当于非地震泥石流的 2/3 临界雨量情况下就能启动爆发。2008 年 9 月 24 日苏保河流域突降暴雨，导致流域内的 10 余条主要支沟爆发泥石流，激起主河也大规模爆发了泥石流（图 14-77）。泥石流横冲直撞，沿沟两岸的震后灾民临时安置区、居民住宅、公路、桥梁、应急电力和通信设施等被冲毁或淤埋。

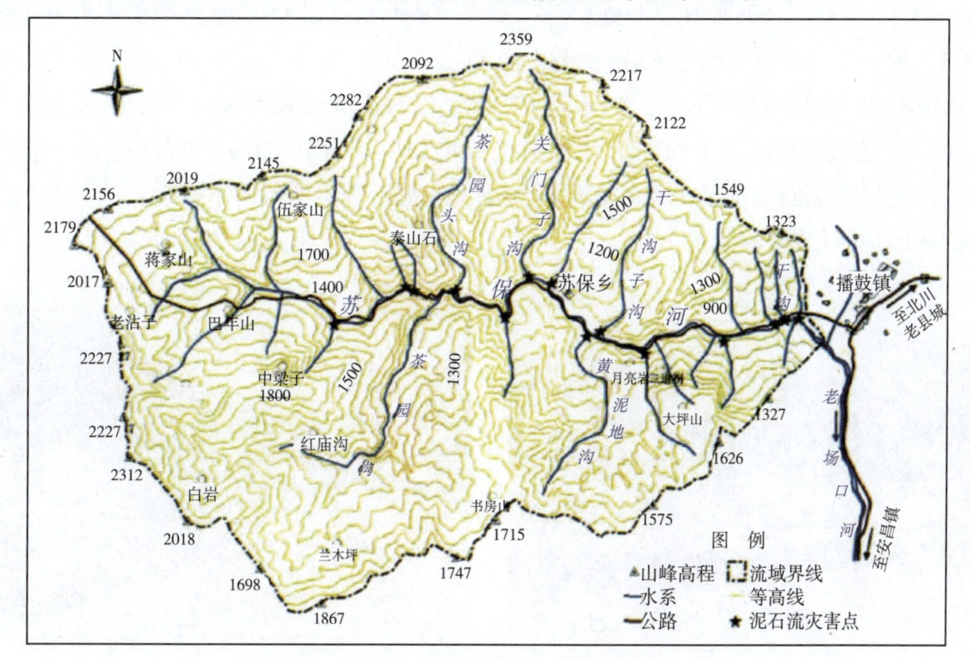

图 14-77　苏保河流域泥石流分布情况图（游勇，2010）

Figure 14-77　The debris flow distribution map in Subao River area（Youyong，2010）

由于项目组调查时，苏保河流域尚未大规模爆发泥石流，在此仅对当时调查的3处典型的泥石流沟作简要的介绍。

（1）沟谷型泥石流（编号 S302-N01）

该泥石流为沟谷型泥石流，沟口走向约 30°，泥石流沟两侧斜坡基岩为 $S_{2-3}mx^2$ 灰岩。公路沿线泥石流堆积区长度约 30m，泥石流前缘堆积块径为 1m × 1.5m × 1m 的块石，有水流出，总方量约 1 万 m^3，掩埋公路（图 14-78）。

（2）沟谷型泥石流（编号 S302-N02）

该泥石流为沟谷型泥石流，沟口走向约 63°，泥石流沟两侧斜坡基岩为 ϵ_1q 灰岩。公路沿线泥石流堆积区长度约 106m，泥石流前缘堆积块径为 1~1.5m 的块石，总方量约 10 万 m^3，掩埋公路及民房（图 14-79）。

图 14-78 灾害点全貌

Figure 14-78 The full view image of the disaster point

图 14-79 灾害点全貌

Figure 14-79 The full view image of the disaster point

（3）沟谷型泥石流（编号 S302-N03）右侧

该泥石流为沟谷型泥石流，沟口走向 333°，泥石流沟两侧斜坡基岩为 D_2 灰岩。公路沿线泥石流堆积区长度约 1 112m，泥石流前缘堆积块径为 10~20cm 的石块。泥石流活动频繁，开挖河道剖面显示至少有三期泥石流爆发。泥石流沿沟谷向下流动，掩埋公路，总方量约 40 万 m^3（图 14-80）。

图 14-80 灾害点全貌

Figure 14-80 The full view image of the disaster point

14.5.4 G212 线甘肃宏宕—四川广元公路泥石流灾害点 The debris flow disasters from Hongdang Gansu to Guangyuan Sichuan road (G212)

G212 线甘肃宏宕—四川广元公路沿线处于秦岭山脉与龙门山山脉的接合部，山体高耸挺拔，地势险峻，河谷深切，水流湍急，主要呈 V 形谷或峡谷地形特征。公路沿线斜坡海拔高度大于 3 500m，切割深度达 500~1 000m。研究区区域构造上属西秦岭构造带西延部分，受印支、燕山和喜马拉雅山等多期造山运动的影响，区内新构造运动十分活跃，为地震强烈活动区。本区出露的地层岩性主要是泥盆系、二叠系的灰色千枚岩、硅质灰岩、碳质页岩和板岩等，在多期构造运动作用下，岩体内褶皱、裂隙、节理比较发育，很容易风化形成岩屑和黏土。此外，该地区人口密度大，耕地多，人类工程活动强烈，地质环境脆弱，滑坡灾害发育。这为泥石流的发育提供较为充足的物源。公路沿线处于汶川地震 6 度烈度地区，地震对公路沿线的白龙江流域内的山体的稳定性有一定的影响，为泥石流提供了更多的固体物源。2008 年 7 月 21 日，白龙江流域普降暴雨，导致了公路沿线 5 条泥石流的小规模暴发，对 G212 的安全通行造成了一定的威胁。

（1）石敖子沟谷型泥石流（编号 G212–N01）位置：K386+190~K386+300

地层主要为泥盆系和洪积物，部分岩层为粉砂岩、千枚岩和板岩，断层、褶皱发育，岩体内节理裂隙十分明显，沟内松散物质分布在中下游主沟道，两侧多为滑坡体，沟床两侧斜坡坡面陡峭，破碎松散，风化严重，堆积作用明显，地质环境脆弱（图 14–81）。

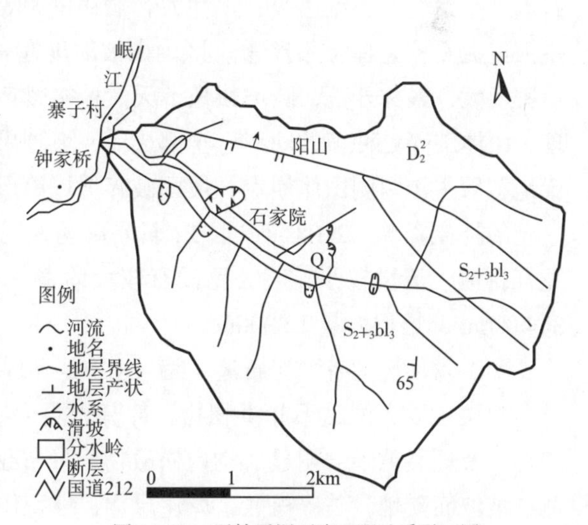

图 14–81 石敖子泥石流工程地质平面图

Figure 14–81 The engineering geology plane view of the debris flow in Shiaozi

堆积区特征及危害描述：该泥石流沟总体特征表现为，中下游物源比较丰富，受断裂带和地层岩性的控制明显，河谷、沟道开阔，局部丰富的物源缺乏水动力条件，主河道泥石流总体上不严重。区内山坡坡度在 40%~80% 之间，山体陡直，河谷深切，人口密度大，毁林开荒，陡坡耕植，天然植被毁坏严重，造成严重的水土流失，由于地震后主沟两侧山体崩塌，坡面破碎坍塌等形成的松散固体物质，为泥石流形成提供了丰富的物源，2008 年 7 月 21 日因暴雨诱发泥石流，但流量较小，基本没有上路，要提高警惕，危险等级为一般。

（2）火烧沟沟谷型泥石流（编号 G212–N02）位置：K430+533~K430+793

地层主要为泥盆系和洪积物，部分岩层为粉砂岩、千枚岩和板岩，断层、褶皱发育，岩体内节理裂隙十分明显。沟床两侧斜坡坡面陡峭，破碎松散，风化严重，堆积作用明显，地质环境脆弱。沟床陡峭，松散物质较多（图 14–82）。

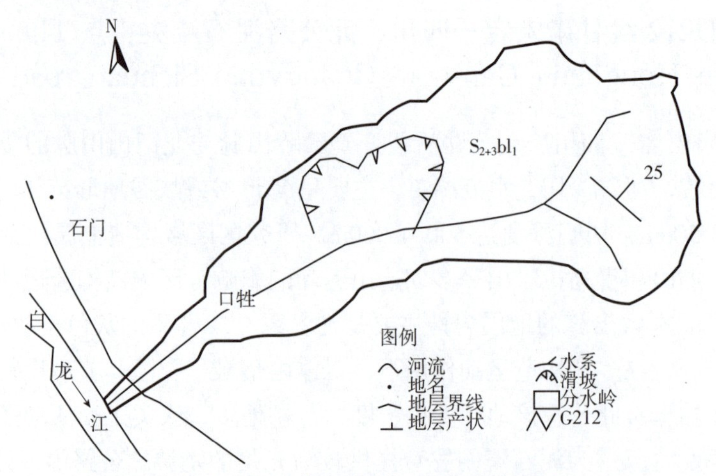

图 14-82 火烧沟泥石流工程地质平面图

Figure 14-82 The engineering geology plane view of the debris flow in Huoshaogou

该泥石流沟是处于旺盛期的典型黏性泥石流沟，每当泥石流爆发即阻断交通，该泥石流有凝聚性大、流速快、惯性大和输移量大等特点，河道易发生演变。总体特征表现为主河道泥石流总体上不严重。区内山坡坡度在40%~80%之间，山体陡直，河谷深切，人口密度大，毁林开荒，陡坡耕植，天然植被毁坏严重，造成严重的水土流失，最近经过治理，山体破碎处种植的幼树已全部成活，坡脚果园成片，主沟道杂草丛生，基本稳定。由于地震后主沟两侧山体崩塌，坡面破碎坍塌等形成的松散固体物质，为泥石流形成提供了一定的补充资源，2008年7月21日暴雨诱发泥石流，泥石流冲出沟口桥梁后，沿沟向白龙江排泄，流量较小，对公路没有较大危害，要提高警惕，危险等级为一般。堆积面积344 000m²，堆积方量12 000m³。

（3）勾坝河沟谷型泥石流（编号G212-N03）位置：K435+500左侧

地层主要为泥盆系和洪积物，部分岩层为粉砂岩、千枚岩和板岩，断层、褶皱发育，岩体内节理裂隙十分明显，沟内松散物质分布在中下游主沟道，两侧多为滑坡体，沟床两侧斜坡坡面陡峭，破碎松散，风化严重，堆积作用明显，地质环境脆弱（图14-83）。

堆积区特征及危害描述：该泥石流沟是处于旺盛期的典型稀性泥石流沟，每当泥石流爆发即阻断交通，河道易发生演变，爆发频率为1.5次/年。总体特征表现为，主沟道沿构造线发育，因此断层破碎带物质及风化物是泥石流主要补给来源，泥石流主要由支线沟汇入形成，泥石流性质决定于暴雨的覆盖范围，泥石流以稀性为主，有时也发生黏性泥石流，主河道泥石流总体上不严重。区内山坡坡度在40%~80%之间，山体陡直，河谷深切，人口密度大，毁林开荒，陡坡耕植，天然植被毁坏严重，造成严重的水土流失，最近经过治理，山体破碎处种植的幼树已全部成活，坡脚果园成片，主沟道杂草丛生，基本稳定。岩层主要为泥盆系地层，岩体较破碎，物源较丰富，有7处滑坡分布，由于受地震影响，这7个滑坡体表面崩塌，影响了滑坡体的稳定性，坡面破碎坍塌等形成的松散固体物质，为泥石流形成提供了丰富的补充资源，2008年7月21日暴雨诱发泥石流，泥石流冲出沟口桥梁后，沿沟向白龙江排泄，流量较小，对公路没有较大危害，要提高警惕，危险等级为一般。

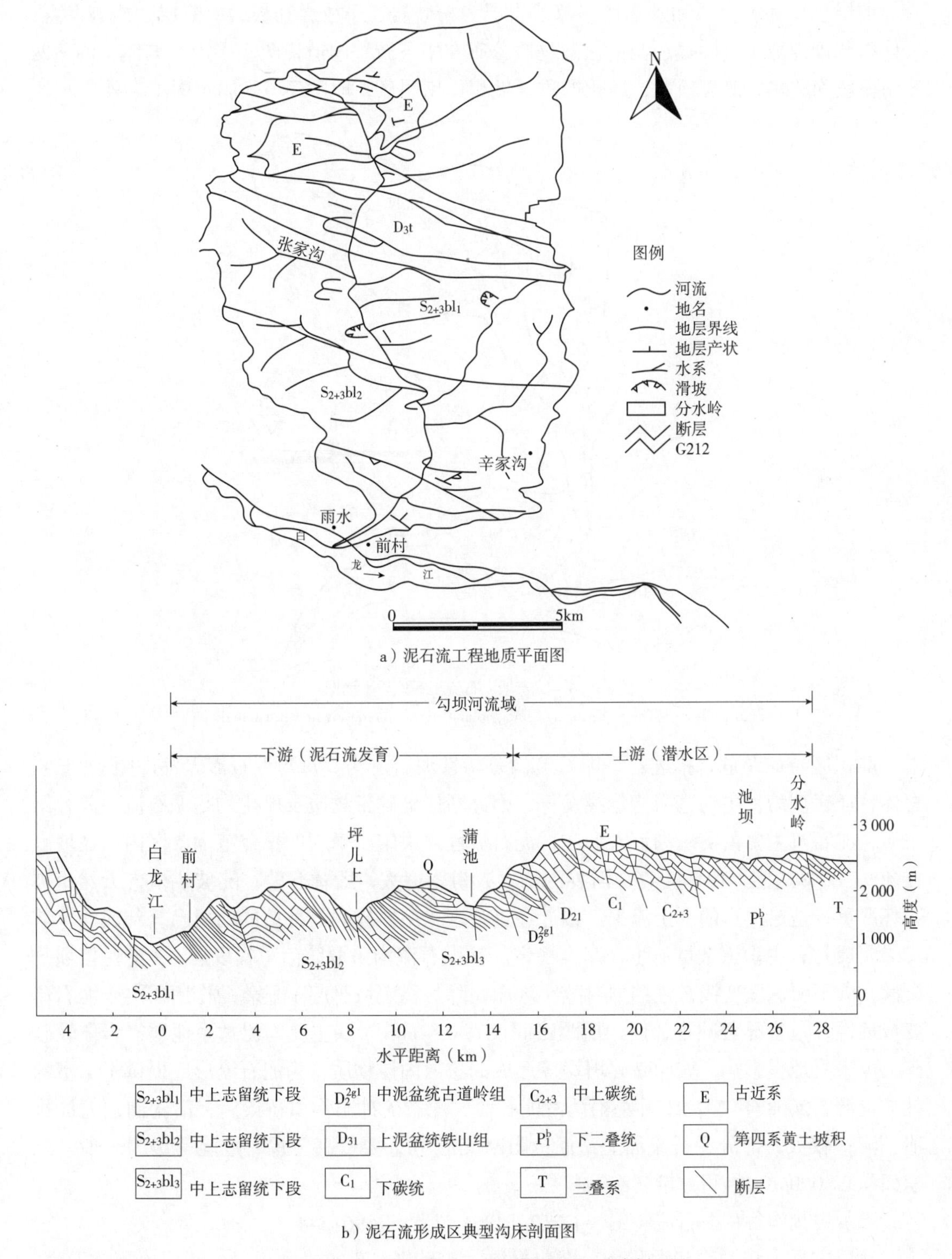

a）泥石流工程地质平面图

b）泥石流形成区典型沟床剖面图

图 14-83　勾坝河泥石流工程地质平面图及沟床剖面图

Figure 14-83　The engineering geology plane view and the gully bed cutaway view of the debris flow in Gouba River

（4）黄家坝沟沟谷型泥石流（编号 G212–N04）位置：K442+196

地层主要为泥盆系和洪积物，部分岩层为粉砂岩、千枚岩和板岩，断层、褶皱发育，岩体内节理裂隙十分明显，沟内松散物质分布在中下游主沟道，两侧多为滑坡体，沟床两侧斜坡坡面陡峭，破碎松散，风化严重，堆积作用明显，地质环境脆弱（图 14–84）。

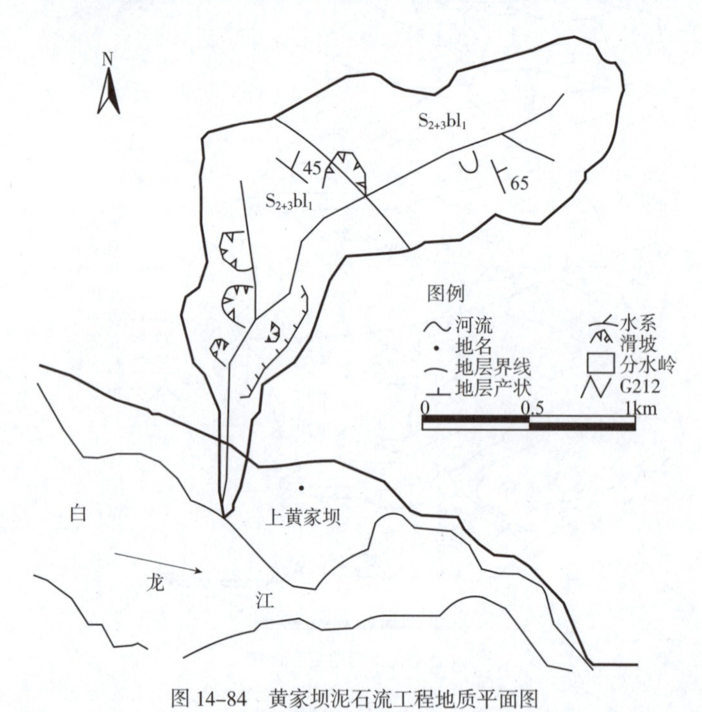

图 14–84 黄家坝泥石流工程地质平面图

Figure 14–84 The engineering geology plane view of the debris flow in Huangjiaba

堆积区特征及危害描述：该泥石流沟是稀性泥石流沟，每当泥石流爆发即阻断交通。总体特征表现为，主沟道沿构造线发育，因此断层破碎带物质及风化物是泥石流主要补给来源，泥石流主要由支线沟汇入形成，泥石流性质决定于暴雨的覆盖范围。区内山坡坡度在 40%~80% 之间，山体陡直，河谷深切，人口密度大，毁林开荒，陡坡耕植，天然植被毁坏严重，造成严重的水土流失。最近经过治理，山体破碎处种植的幼树已全部成活，坡脚果园成片，主沟道杂草丛生，基本稳定。该泥石流沟采取防治工程以后，2 道拦挡坝已淤满，向下游深度变浅，拦挡坝对减小沟床比降、稳定坡脚起了显著的作用，由于泥石流变成稀性，危害显著减小，但沟槽距路面仅有 0.54m。岩层主要为泥盆系地层，岩体较破碎，由于受地震影响，坡面破碎坍塌等形成的松散固体物质，为泥石流形成提供了丰富的补充资源，2008 年 7 月 21 日暴雨诱发泥石流，泥石流冲出沟口桥梁后，沿沟向白龙江排泄，流量较大，部分泥石流涌上路面，阻断交通 1h，要提高警惕，危险等级为一般。堆积面积 27 000m^2，堆积方量 7 800m^3。

（5）关沟沟谷型泥石流（编号 G212–N05）位置：K596+544

地层主要为泥盆系和洪积物，部分岩层为粉砂岩、千枚岩和板岩，断层、褶皱发育，岩体内节理裂隙十分明显，沟内松散物质分布在中下游主沟道，两侧多为滑坡体，沟床两侧斜坡坡面陡峭，破碎松散，风化严重，堆积作用明显，地质环境脆弱（图 14-85）。

堆积区特征及危害描述：该泥石流沟是黏性泥石流沟，区域内山高谷深，地形十分复杂，流域内暴雨频发，水土流失十分严重，各支沟滑坡、泥石流十分发育。总体特征表现为，主沟道沿构造线发育，因此断层破碎带物质及风化物是泥石流主要补给来源，泥石流主要由支线沟汇入形成，泥石流性质决定于暴雨的覆盖范围。区内山坡坡度在 40%~80% 之间，锐峰林立，河谷幽深，新构造运动十分活跃，产生堆积物分布普遍，主要表现为滑坡、崩塌、泄溜，所形成堆积物总量超过 2 000 万 m^3。人类的生产活动中，毁林开荒，陡坡耕植，天然植被毁坏严重，造成严重的水土流失，经过 10 年的治理，上游人为破坏减少，山体破碎处种植的幼树已全部成活，山上逐渐茂盛起来。该泥石流沟采取的防治工程为，主沟内设置 1 道拦挡坝，支沟内设置 13 道拦挡坝，G212 线在距白龙江 30m 处跨沟通过，距离主沟拦挡坝 1 500m，排道沟采用浆砌片石护堤，向下游深度变浅，拦挡坝对减小沟床比降、稳定坡脚起了显著的作用，沟内近几年没有发生泥石流，拦挡坝结构完好。岩层主要为泥盆系地层，岩体较破碎，由于受地震影响，坡面破碎坍塌等形成的松散固体物质，为泥石流形成提供了丰富的补充资源。2008 年 7 月 21 日暴雨诱发泥石流，泥石流冲出沟口桥梁后，沿沟向白龙江排泄，流量较小，对公路没有什么危害，但要提高警惕，危险等级为一般。堆积面积 37 万 m^2，堆积方量 78 $000m^3$。

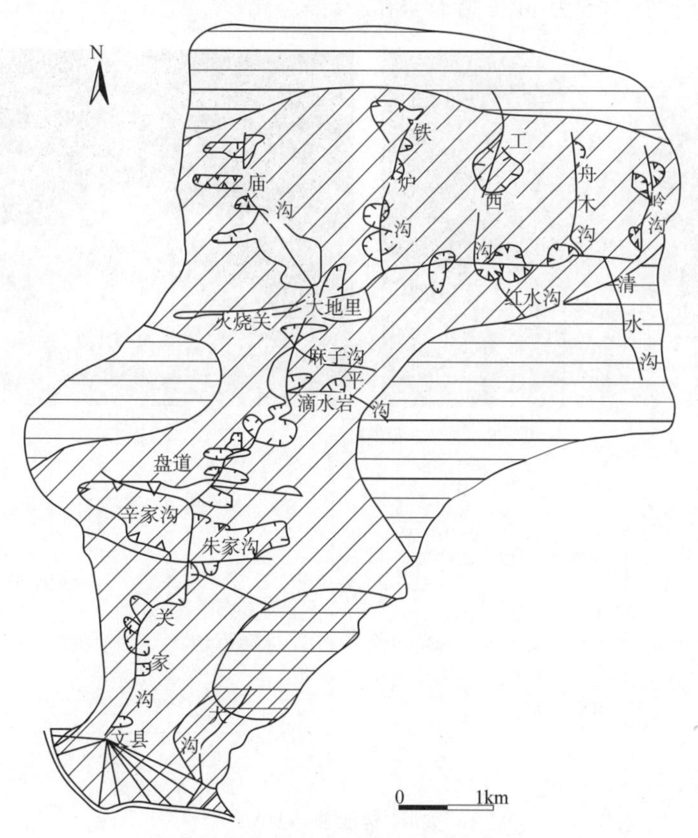

图 14-85　关沟泥石流工程地质平面图

Figure 14-85　The engineering geology plane view of the debris flow in Guangou

14.5.5 XN19 都江堰—龙池公路泥石流灾害点 The debris flow disasters from Dujiangyan to Longchi road (XN19)

都江堰—龙池公路沿线跨越中央断裂带映秀断层与前山断裂带二王庙断层，断裂构造发育，岩体在强烈的挤压揉皱下十分破碎。汶川地震中公路沿线地震烈度达Ⅷ ~ Ⅺ度，特别是龙池附近近断层区域烈度达到Ⅺ度，在剧烈的断层错动和近断层地震波震动效应作用下山体大规模崩滑，岩体失稳呈现大规模抛射的运动特征。这为泥石流的发育提供了极其丰富的固体物质来源。该区域属亚热带湿润季风气候区，夏季 5~9 月多暴雨，这为泥石流的暴发提供良好的启动条件。2010 年 8 月 13 日午后龙池镇开始降雨，15：30 降雨增大，最大降雨量达 75mm/h，从 16：00 泥石流开始爆发。8.13 强降雨使龙池镇约 50 条沟同时爆发泥石流和滑坡灾害，估算进入河道的总固体物源量超出 1 000 万 m^3，使分布于龙溪沟河床的绝大多数房屋部分或全部被掩埋，其中以八一沟最为典型和严重。

项目组调查期间，泥石流灾害还未完全显现，公路沿线仅发育了 1 处泥石流。

桂花树村泥石流（编号 XN19–N01）位置：K20+580~K20+760 段左侧。

场地内出露地层 Pt_3^3G 花岗岩，山顶的陡坡段在地震中产生崩塌，崩塌堆积。形成区沟床长度 660m，沟床纵坡 30%~35%，沟床两侧斜坡自然坡度约 15°，坡表为崩坡积的块、碎石土，估计方量 15 万 m^3（图 14–86）。

a）流通区照片

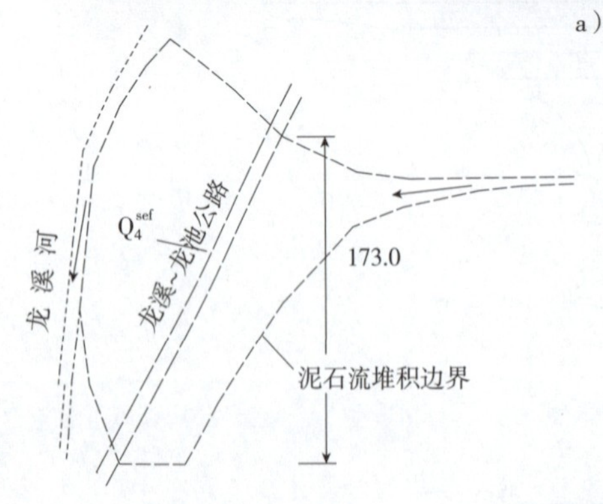

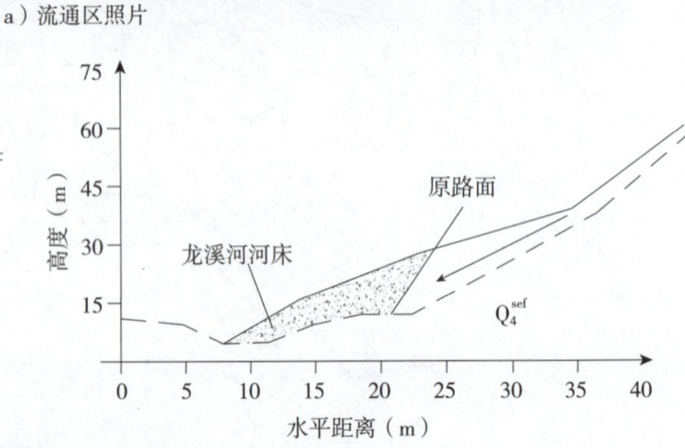

b）流通区沟床剖面示意图

图 14–86 桂花树村泥石流照片及沟床剖面图

Figure 14–86 The picture and the gully bed cutaway view of the debris flow in Guihuashu village

流通区沟床长约 200m，沟床纵坡 25%~30%，沟床较顺直，宽 1~1.5m，沟心出露为块、碎石。堆积区呈扇形，扇面块、碎石堆积杂乱，方量约 6 万 m^3，堆积物掩埋公路使路面最高处抬升 7.5m。

14.5.6　XH17 凉水—东河口、X124 东河口—马公公路泥石流灾害点 The debris flow disasters from Liangshui to Donghekou road (XH17) and Donghekou to Magong road (X124)

凉水—关庄—石坝—马公公路汶川地震后马公、石坝等地处龙门山深处的乡镇通往外界的交通要道。汶川地震后东河口—马公乡路段遭到了极其严重的破坏，大部分路段被掩埋或淹没。公路沿线灾害点的分布及规模与断层有十分显著的关系。近断层的东河口及石坝—马公路段崩滑体大规模连片发育，岩体呈现抛射失稳特征。暴雨情况下，大量松散堆积物顺坡面冲沟倾泻而下，掩埋公路，冲毁民房及耕地。

截至 2010 年 4 月中旬项目组调查期间，公路沿线共发育沟谷型泥石流 4 处。

（1）沟谷型泥石流（编号 X124–N01）桩号：K61+374 右侧

泥石流洪积物较为细小，粒径 2~10cm。物源主要为矿渣，诱发因素为暴雨。形成区沟床长度 200m，纵坡 224‰。沟床两侧斜坡自然坡度约 20°~25°，坡表为崩坡积块、碎石土，植被茂密。堆积区面积 2 万 m^2，方量 6 万 m^3（图 14–87）。

堆积区冲毁路基及车辆，掩埋耕地。有大量矿渣仍胡乱堆积于沟内，在此爆发泥石流的危险性很大。

图 14–87　灾害点照片图

Figure 14–87　The picture of the disaster point

（2）沟谷型泥石流（编号 X124–N02）桩号：K54+546 右侧

泥石流沟上有物源，崩塌滑坡十分发育，流通区两岸岩体陡峻，呈 V 形谷，洪积扇宽度 90m，洪积物中含大量巨块石，含量约 40%，最大粒径达 4m × 5m × 4m。形成区沟床两侧斜坡自然坡度 20°~25°，堆积区面积 3 000m^2，方量 6 000 m^3（图 14–88）。

（3）沟谷型泥石流（编号 X124–N03）桩号：K51+609 左侧

泥石流为攀家沟，沟谷上游中央断裂带北支断层横穿沟谷，地震触发了数处大型滑坡，堵塞河道。形成区沟床两侧斜坡自然坡度 20°~25°，坡表为崩坡积块、碎石土，植被

茂密。堆积区面积 3 000m²，方量 8 000m³（图 14-89）。

图 14-88 灾害点照片及地貌图

Figure 14-88 The picture and the physiognomy image of the disaster point

图 14-89 灾害点照片及地貌图

Figure 14-89 The picture and the physiognomy image of the disaster point

（4）沟谷型泥石流（编号 X124-N04）桩号：K45+837 左侧

泥石流物源区沟谷接近发震断层，崩塌滑塌大量发育，形成大量物源。形成区汇水面积较小，搬运能力比较有限。泥石流洪积物粒径块石含量约 30%，粒径 1.5~2m。流通区沟床长 400m，堆积区面积 500m²，方量 1 500m³（图 14-90）。

图 14-90 灾害点照片及地貌图

Figure 14-90 The picture and the physiognomy image of the disaster point

目前物源区仍有不少地震崩积物，爆发中小型稀性泥石流的危险性仍较大。

14.5.7 陕西省、甘肃省泥石流灾害点 The debris flow disasters in Shaanxi Province and Gansu Province

（1）甘肃省震后次生泥石流灾害

G212 线宕昌—罐子沟段，震后共发生 5 处次生泥石流灾害，详见表 14–5。

表 14–5 甘肃省震后主要次生泥石流灾害汇总表

Table 14–5 The main secondary occurred debris flows summary listing in Gansu Province after earthquake

路线及里程	特　征	定型
K386+190~K386+300，石敖子泥石流	该泥石流沟总体特征表现为：中下游物源比较丰富，受断裂带和地层岩性的控制明显，河谷、沟道开阔，局部丰富的物源缺乏水动力条件，主河道泥石流总体上不严重。由于地震后主沟两侧山体崩塌，坡面破碎坍塌等形成的松散固体物质，为泥石流形成提供了丰富的资源，2008 年 7 月 21 日因暴雨诱发泥石流，但流量较小，基本没有上路，要提高警惕，危险等级为一般	坡面泥石流
K430+533~K430+793，火烧沟泥石流	该泥石流沟是处于旺盛期的典型黏性泥石流沟，每当泥石流爆发即阻断交通，该泥石流有凝聚性大、流速快、惯性大和输移量大等特点，河道易发生演变。由于地震后主沟两侧山体崩塌，坡面破碎坍塌等形成的松散固体物质，为泥石流形成提供了一定的补充资源，2008 年 7 月 21 日暴雨诱发泥石流，泥石流冲出沟口桥梁后，沿沟向白龙江排泄，流量较小，对公路没有较大危害，要提高警惕，危险等级为一般	坡面泥石流
K435+544，沟坝河泥石流	该泥石流沟是处于旺盛期的典型稀性泥石流沟，每当泥石流爆发即阻断交通，河道易发生演变，爆发频率为 1.5 次 / 年。岩层主要为泥盆系地层，岩体较破碎，物源较丰富，有 7 个滑坡分布，由于受地震影响，这 7 个滑坡体表面崩塌，影响了滑坡体的稳定性，坡面破碎坍塌等形成的松散固体物质，为泥石流形成提供了丰富的补充资源，2008 年 7 月 21 日暴雨诱发泥石流，泥石流冲出沟口桥梁后，沿沟向白龙江排泄，流量较小，对公路没有较大危害，要提高警惕，危险等级为一般	坡面泥石流
K442+196，黄家坝沟泥石流	该泥石流沟是稀性泥石流沟，每当泥石流爆发即阻断交通。岩层主要为泥盆系地层，岩体较破碎，由于受地震影响，坡面破碎坍塌等形成的松散固体物质，为泥石流形成提供了丰富的补充资源，2008 年 7 月 21 日暴雨诱发泥石流，泥石流冲出沟口桥梁后，沿沟向白龙江排泄，流量较大，部分泥石流涌上路面，阻断交通 1h，要提高警惕，危险等级为一般	沟谷型泥石流
K596+500，关沟泥石流	该泥石流沟是黏性泥石流沟，岩层主要为泥盆系地层，岩体较破碎，由于受地震影响，坡面破碎坍塌等形成的松散固体物质，为泥石流形成提供了丰富的补充资源，2008 年 7 月 21 日暴雨诱发泥石流，泥石流冲出沟口桥梁后，沿沟向白龙江排泄，流量较小，对公路没有什么危害，但要提高警惕，危险等级为一般	沟谷型泥石流

（2）陕西省震后次生泥石流灾害

根据震后次生泥石流灾害调查，陕西省公路沿线共 8 处泥石流灾害，其中坡面泥石流 5 处，沟谷性泥石流 3 处，其中 S211 线 6 处，S210 线 2 处，几处主要泥石流灾害见表 14–6。

泥石流的产生除了地震诱发因素外，降雨也是必不可少的原因。坡面泥石流边坡表面土体松散堆积，降雨量在 10mm 以上就可以诱发泥石流。依据舒森、李家春等人编写的《陕西省公路灾害防治技术指南》，沟道泥石流作用强度等级，陕西地震灾区公路主沟长度小于 1km，堆积方量小于 10 000m³，沟谷型泥石流均属于轻微级别。

表 14–6　陕西省主要震后次生泥石流灾害汇总表

Table 14–6　The main secondary occurred debris flows summary listing in Shaanxi Province after earthquake

路线及里程	特　　征	定型
S211 汉南路 K52+600~K52+620	伴随降雨导致山体泥质层滑移，导致边沟堵塞，拥堵路面	坡面泥石流
S211 汉南路 K52+800~K52+825	大量泥石流拥堵路面	坡面泥石流
S211 汉南路 K53+300~K53+330	伴随降雨导致山体泥质层滑移，导致边沟堵塞，拥堵路面	坡面泥石流
S211 汉南路 K54+080~K54+100	伴随降雨导致山体泥质层滑移，导致边沟堵塞，拥堵路面	坡面泥石流
S210 线 K197+750~K197+800	高边坡、黄泥遇地震及水易形成泥石流，阻塞交通毁坏绿化、水沟等构造物	沟谷型泥石流
K208+200~K208+300	高边坡、黄泥遇地震及水易形成泥石流，阻塞交通毁坏绿化、水沟等构造物	沟谷型泥石流

参考文献
Reference

[1] Burchfiel. B. C，Chen. Z，Liu. Y，et al. Tectonics of the Longmenshan and adjacent regions [J]. International Geology Review，1995，37（8）：661-735.

[2] 四川省区域地层表编写组. 西南地区区域地层表（四川分册）[M]. 北京：地质出版社，1978.

[3] 李智武，刘树根，陈洪德，等. 龙门山冲断带分段扮分带性构造格局及其差异变形特征 [J]. 成都理工大学学报（自然科学版）.2008，35（4）：440-454.

[4] 杨晓平，冯希杰，戈天勇. 龙门山断裂带北段第四纪活动的地质地貌证据 [J]. 地震地质，2008，9（30）.

[5] 余团，何昌荣，龙学明. 龙门山南段五龙断裂带构造岩特征 [J]. 矿物岩石，1999，3（19）.

[6] 李勇，黄润秋，周荣军，Alexander. L. Densmore. 龙门山地震带的地质背景与汶川地震的地表破裂 [J]. 工程地质学报，2009，17（1）.

[7] 马保起，苏刚，侯治华，舒赛兵. 利用岷江阶地的变形估算龙门山断裂带中段晚第四纪滑动速率 [J]. 地震地质，2005，6（27）.

[8] 徐锡伟，闻学泽，叶建青. 汶川 MS8.0 地震地表破裂带及其发震构造 [J]. 地震地质，2008，9（30）.

[9] 周荣军，李勇，Alexander. L. Densmore. 青藏高原东缘活动构造 [J]. 矿物岩石，2006，6（26）.

[10] 李传友，宋方敏，冉勇康. 龙门山断裂带北段晚第四纪活动性讨论 [J]. 地震地质，2004，6（26）.

[11] 黄润秋. 5·12 汶川地震触发崩滑灾害机理及其地质力学模式 [J]. 岩石力学与工程学报，2009，6（28）.

[12] 程强. 汶川强震区公路沿线地震崩滑灾害发育规律研究 [J]. 岩石力学与工程学报，2011，30（9）：1747-1760.

[13] Buech. F，Davies. T. R，Pettinga. J. R. The little red hill seismic experimental study：topographic effects on ground motion at a bedrock-dominated mountain edifice [J]. Bulletin of the Seismological Society of America，2010，100（5A）：2219-2229.

[14] 殷跃平. 汶川八级地震地质灾害研究 [J]. 工程地质学报，2008，16（4）：433-444.

[15] 孙广忠. 岩体结构力学 [M]. 北京：科学出版社，1988：182-251.

后 记
Postscript

地震震害调查是人们认识地震、研究工程抗震技术最直接的方法，是恢复重建的必需工作，也是为防震减灾工作提供宝贵基础资料的有效手段。

“5·12”汶川地震发生后，交通运输部部长李盛霖、副部长翁孟勇、副部长冯正霖、总工程师周海涛等领导亲赴灾区指导抗震救灾和公路抢通工作，交通运输部公路局、规划司等部门分别牵头，立即组织了全国公路行业的专家赶赴灾区一线提供技术指导和开展资料收集工作。灾区各省交通运输厅在抗震救灾的同时，也迅速组织开展抢通、保通的调查与技术资料的收集工作。

2008年7月15日，冯正霖副部长在北京主持召开交通系统灾区恢复重建技术研讨会，要求将公路震害详细客观地记录下来作为史料保存并加以深入研究。交通运输部科技司及西部交通建设科技项目管理中心相继启动公路抗震救灾系列科研项目，形成“汶川地震灾后重建公路抗震减灾关键技术研究”重大专项，作为重大专项的基础性项目——“汶川地震公路震害评估、机理分析及设防标准评价”随即全面展开。

2008年11月21日，交通运输部周海涛总工程师在北京主持召开“汶川地震公路震害调查资料收集整理工作”会议，决定由四川省交通运输厅牵头，甘肃省交通运输厅和陕西省交通运输厅参与，开展汶川地震灾区公路震害调查资料收集整理工作，并作为西部交通建设科技项目“汶川地震公路震害评估、机理分析及设防标准评价”的最重要组成部分。

因公路震害调查范围包括四川、甘肃和陕西三省地震极重灾区和重灾区的国省干线及典型县乡道路，面积达10余万平方公里，具有空间跨度大、涉及专业面广、协调难度大、时间紧和任务重等特点。2008年11月交通运输部成立了以周海涛总工程师为组长，部公路局、科技司、三省交通运输厅有关领导为成员的工作领导小组，同时成立了具体负责协调该项工作的协调小组，三省交通运输厅也各自成立了工作小组。

公路震害调查资料的收集整理工作得到了各级领导的高度重视。在交通运输部的统一领导下，四川、甘肃、陕西三省交通运输厅密切配合；交通运输部周海涛总工程师多次组织工作会并主持研究大纲的评审，三省交通运输厅领导多次听取工作汇报并及时解决有关问题；项目承担单位的领导亲临现场检查，积极督促，并在资料收集、整理和震害分析等方面均给予了大力支持与指导。

在该项目研究过程中，项目牵头单位——四川省交通运输厅公路规划勘察设计研究院，会同甘肃省公路管理局、陕西省公路局、西南交通大学、成都理工大学、交通运输部公路科学研究院、重庆交通科研设计院、同济大学等参研单位深入地震灾区，全面收集公路震害资料，确保资料丰富、翔实。

通过近三年的研究，该项目于2011年5月通过交通部西部交通建设科技项目管理中心组织的鉴定验收。

项目组得到了交通运输部、交通部西部交通建设科技项目管理中心、四川省交通运输厅、甘肃省交通运输厅、陕西省交通运输厅等单位的各级领导的关心、帮助和指导，尤其是四川、甘肃、陕西三省交通运输厅在震害调查和物力上给予了极大的帮助，四川省交通运输厅公路规划勘察设计研究院提供了大量的第一手珍贵资料，并在人力、物力上予以极大的支持；另外，许多兄弟单位和个人提供了珍贵图片资料。

在此一并致以衷心的感谢！